순서대로 따라 하며 완성하는

BIM 실무설비설계

김명호 · 강동식 공저

특징
- 실무 경험의 축적된 **know-how** 전수
- 실무 적용에 초점을 맞춘 **3D Modeling**
- 시공설비도면 설계와 같은 **실무에 바로 적용**

 BIM실무설비설계 자료 내려받기 https://cafe.naver.com/bookwk
도서자료 → BIM실무설비설계 → 실습자료 다운 클릭

머리말

　대규모 초고층 빌딩 증가와 함께 건축기술도 지속해서 발전해왔으며, 건물의 구조 및 외관뿐만 아니라, 설비와 전기 시스템도 고도화에 따라 복잡해지고 있기 때문에, 이제는 CAD 프로그램으로는 건축기술 Scale UP에 한계가 있습니다.
　따라서 오래 전부터 설비와 전기 시스템에도 여러 가지 3D 프로그램의 활용을 시도해 왔으며, 현재 대한민국 건설업에도 BIM 프로그램이 도입된 지 10년이라는 세월이 흘렀습니다.

　BIM은 건물의 설계, 시공, 건물 운영 및 폐기단계까지 컴퓨터를 이용하여 데이터를 정리하고, 각 전문 분야에서의 정보를 상호 운용하는 프로그램입니다. 설계 및 시공단계 과정에서 각 전문 분야 간에 표준화된 데이터를 상호 운용할 수 있다는 것이 BIM의 기본 개념으로, 건물의 설계 및 시공단계의 기간을 최소화하면 비용 절감 효과가 클 것이라는 기대가 BIM에 관한 관심을 증가시킨 원인이라고 볼 수 있습니다. 또한 세계적으로 에너지 소비와 이산화탄소 방출을 줄이기 위한 노력도 BIM 활용의 확대에 영향을 미친 주요 요인 중 하나입니다.

　「순서대로 따라 하며 완성하는 BIM 실무설비설계」는 다른 서적과 다르게 프로그램 운용 방법이 아닌 실무 적용에 초점을 맞추었습니다. 대부분 사용자가 프로그램 운용방법만 배우느라 시공설비도면 설계와 같은 실무적용에 어려움을 겪으며, 이러한 사용자들의 길잡이 역할을 위해서 본 서적을 출간하게 되었습니다. 그 동안 설계사무소와 건설사 등 오랜 실무 경험을 통해 축적된 비결을 본 서적에 담았기 때문에 BIM 실무설비설계를 접하게 될 많은 제현 동학에게 도움이 되었으면 합니다.

　이 책이 나오기까지 많은 도움을 주신 건기원 관계자분들과 3년이라는 집필과정 동안 아낌없이 노력해준 박훈선, 송창훈, 오문열 군들에게도 진심으로 감사드립니다.

저자

차례 Contents

머리말

Revit 다운로드 방법

Chapter 01   건축물 소개   7
Chapter 02   BIM과 명령어   15
Chapter 03   BIM 공조덕트 설계하기   41
Chapter 04   BIM 공조배관 설계하기   87
Chapter 05   BIM 위생배관 설계하기   129
Chapter 06   BIM 가스배관 설계하기   189
Chapter 07   BIM 소화배관 설계하기   213
Chapter 08   BIM 기계실 배치 설계하기   243
Chapter 09   BIM 기계실 공조덕트 설계   275
Chapter 10   BIM 기계실 공조배관 설계   321
Chapter 11   BIM 기계실 위생배관 설계   377
Chapter 12   BIM 기계실 가스배관 설계   405
Chapter 13   BIM 기계실 소화배관 설계   415

부록

패밀리 다운로드 방법   431

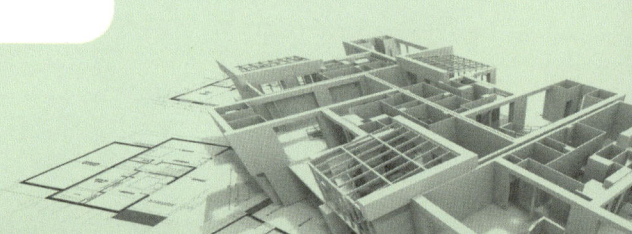

Revit 프로그램 다운로드 방법 (https://www.autodesk.co.kr/)

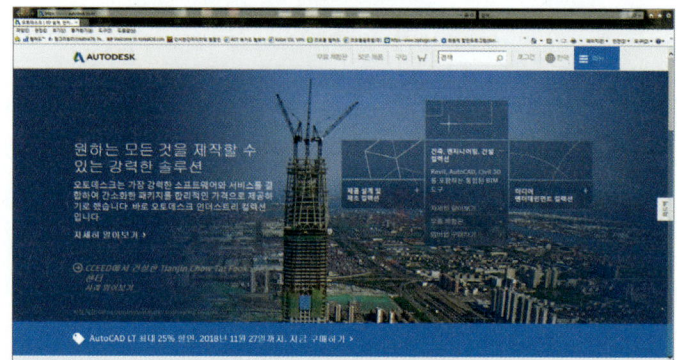

[메인 화면]

1-1. [체험판(30일 무료사용 가능_한국어)]

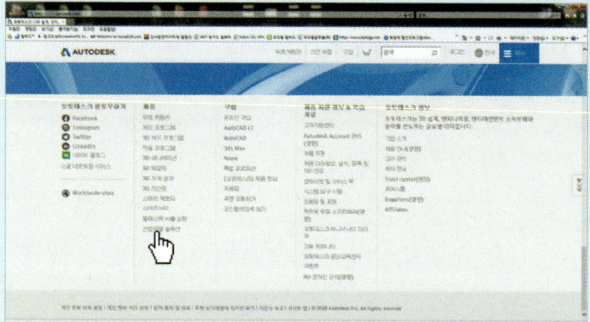

스크롤 하단 내림 → 산업군별 솔루션 좌 클릭

1-2.

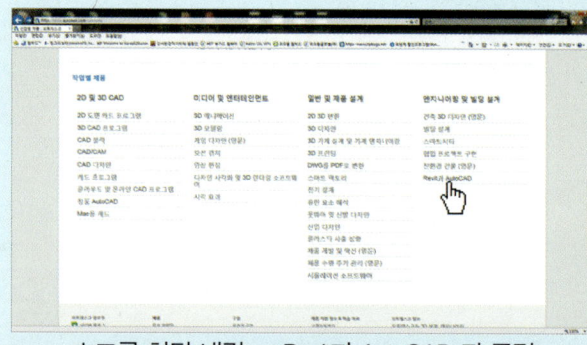

스크롤 하단 내림 → Revit과 AutoCAD 좌 클릭

1-3.

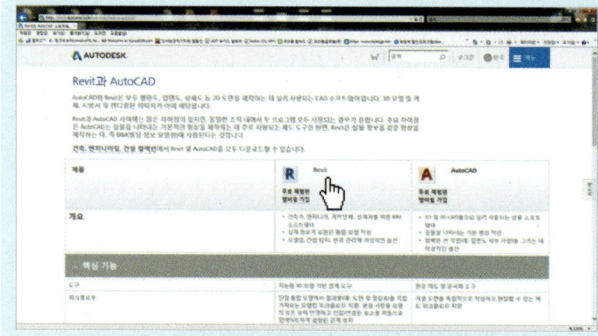

스크롤 하단 내림 → Revit 좌 클릭

2-1. [학생용(2년 무료사용 가능_영어)]

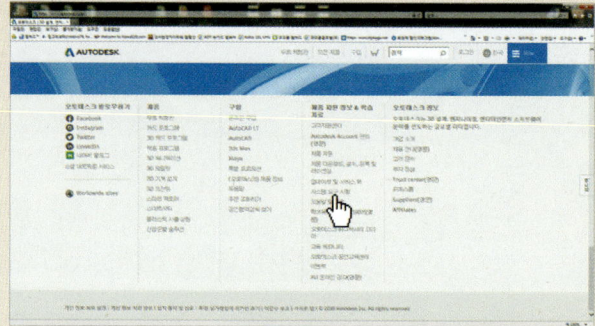

스크롤 하단 내림 → 학생용 무료 소프트웨어 좌 클릭

2-2.

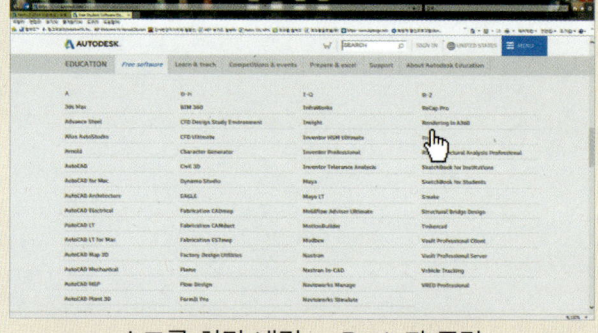

스크롤 하단 내림 → Revit 좌 클릭

2-3.

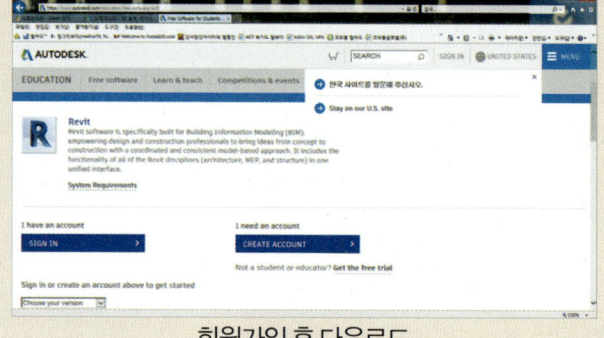

회원가입 후 다운로드

Chapter 01

건축물 소개

1-1 건축물

   Revit 설비를 사용하여, 연면적 4,380[m^2], 지하 1층 지상 5층으로 신축되는 기숙사의 공조덕트, 공조배관, 위생(급수, 급탕, 오수 그리고 배수)배관, 가스 배관, 소화 배관 및 기계실 배관 등을 설계한다.

1-2 건축 개요

공 사 명	0000 고등학교 기숙사 신축공사		
지역지구	2종 일반주거지역/ 일반미관지구/ 교육시설 보호지구		
대지면적	학교 용지		
건축면적	9,707.38[m^2] 중 5,032.4[m^2]		
연 면 적	4,380[m^2]	지상층 연면적	730[m^2]
		지하층 연면적	3,650[m^2]
용 도	교육연구시설		
구 조	철근콘크리트조		
층 수	지하 1층, 지상 5층		
최고높이	26.5m		
주차개요	주차계획 54대(장애인 주차 5대)		
	〈산출근거〉 기타 건축물; 시설면적 250[m^2] 당 1대 (4,380[m^2]−730[m^2])/250 = 14.6대 15대 x 3[%] = 0.438 = 1대		
기타	상기 면적은 인허가 시 변경될 수 있음.		

1-3 층별 개요

층 별		면적[m²]	용도
지하층	1층	730	기계실, 전기실, 발전기실, MDF실, 중앙제어실, 휀룸
	소계	730	
지상층	1층	730	기숙사실
	2층	730	
	3층	730	
	4층	730	
	5층	730	
	소계	3,650	
합계		4,380	

1-4 건축도면

1 건축물 조감도

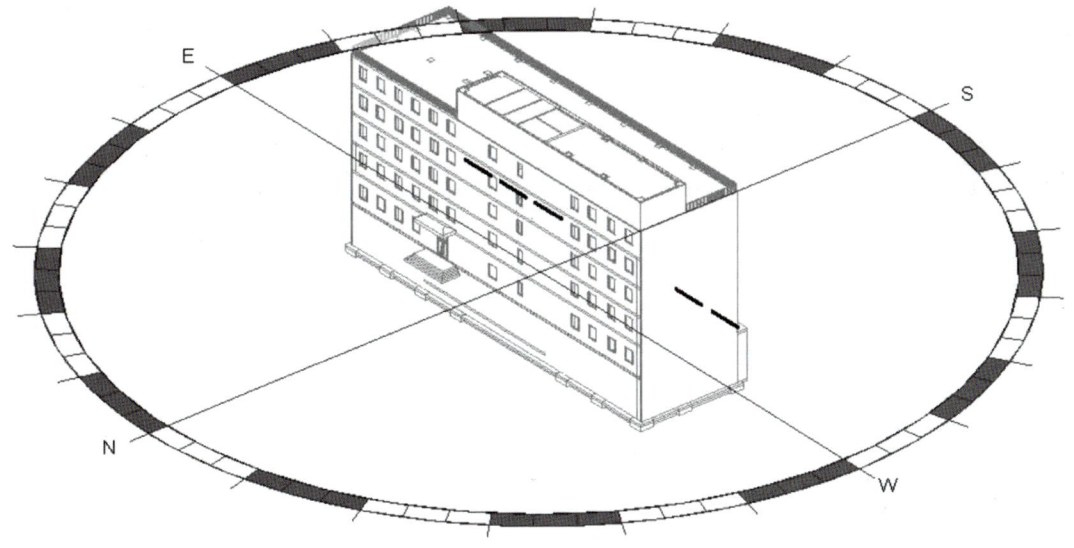

2 지하 1층 평면도

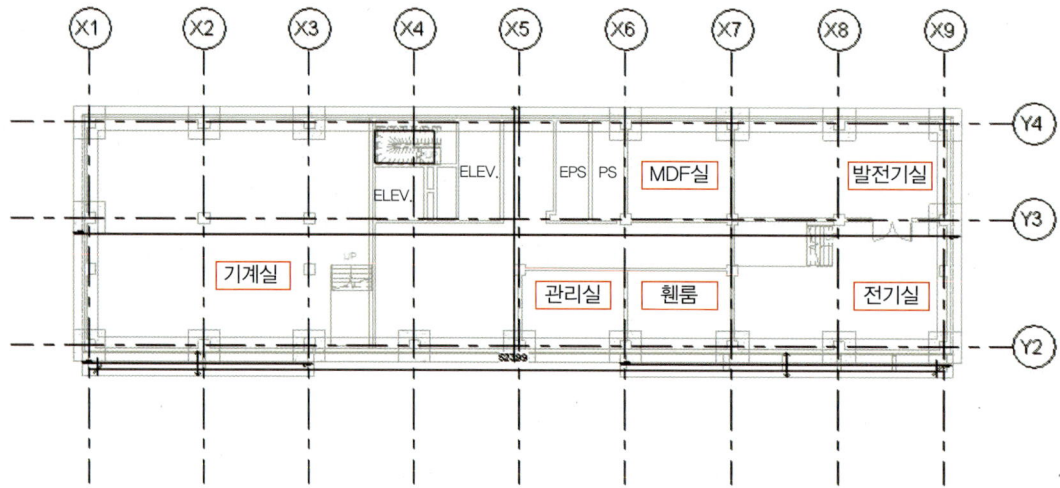

3 1층 평면도

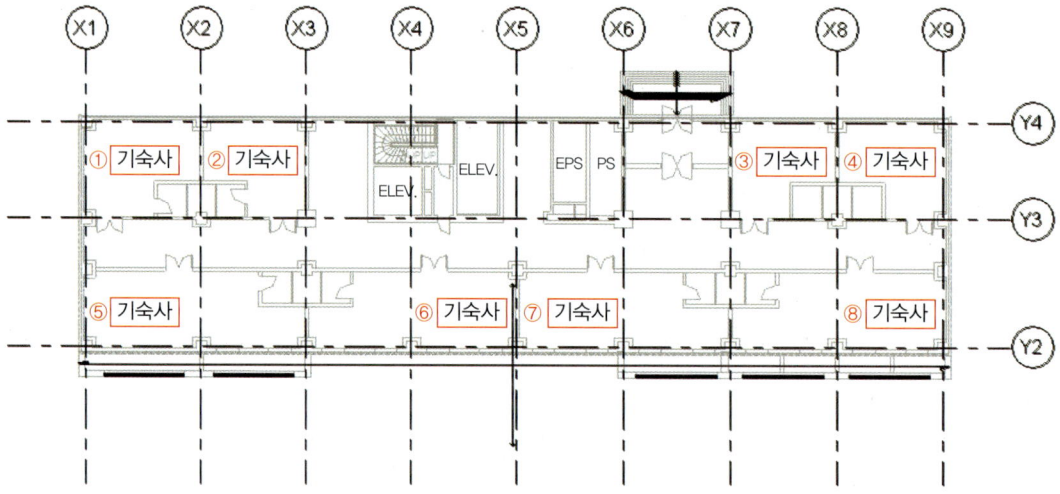

4 2층 평면도

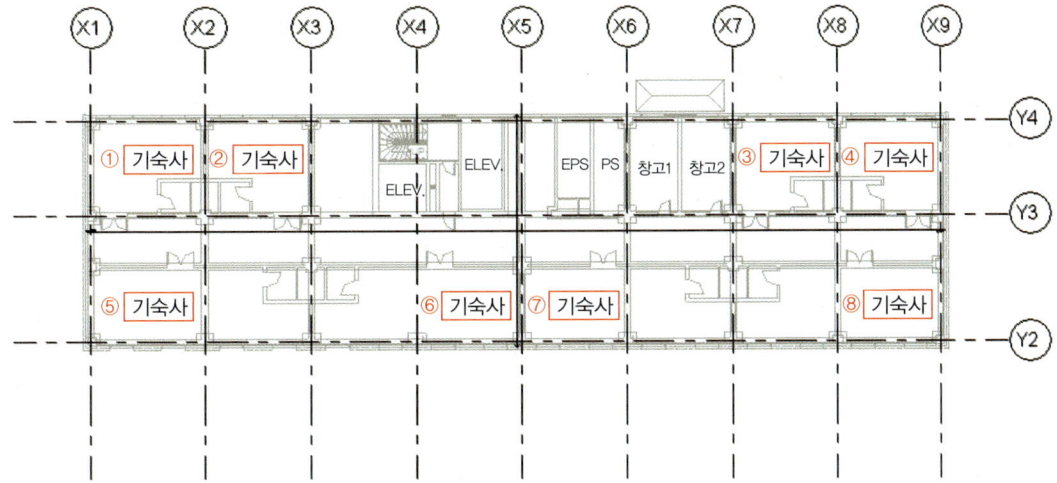

5 3층~5층 평면도

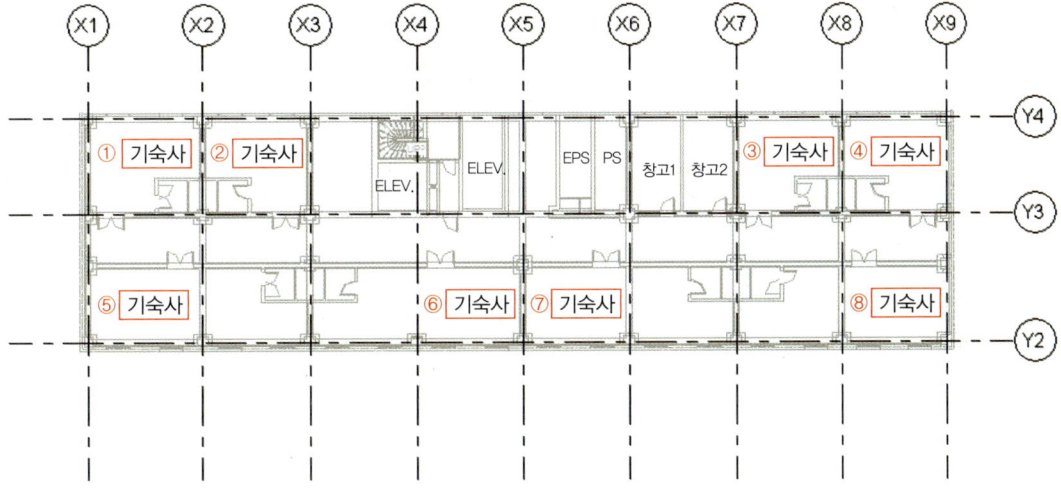

6 옥탑층 평면도

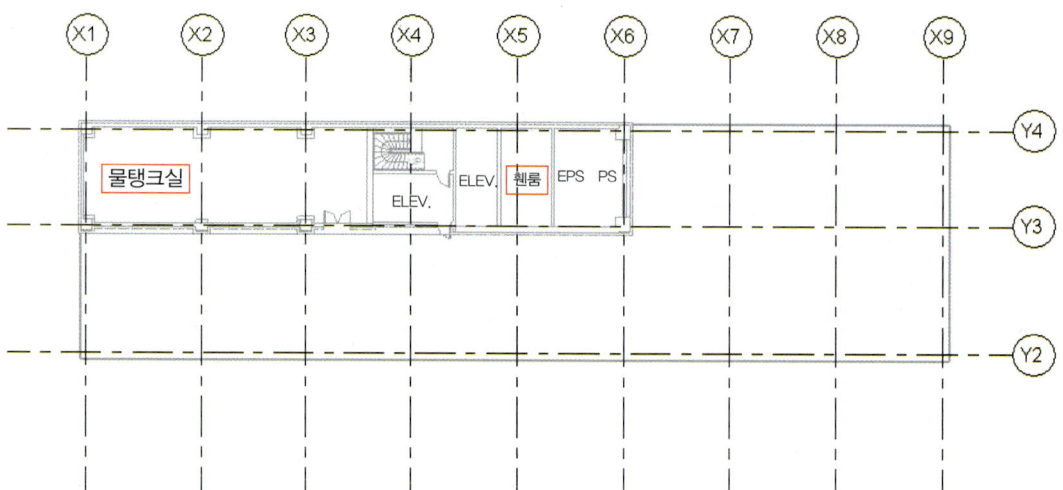

7 동측면도와 서측면도

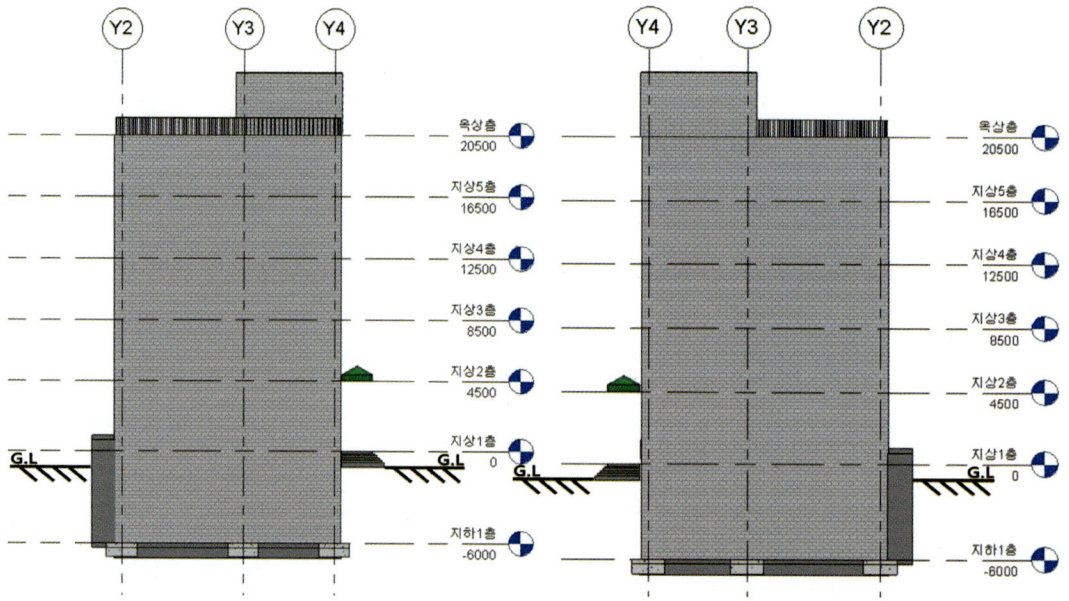

8 남측면도

9 북측면도

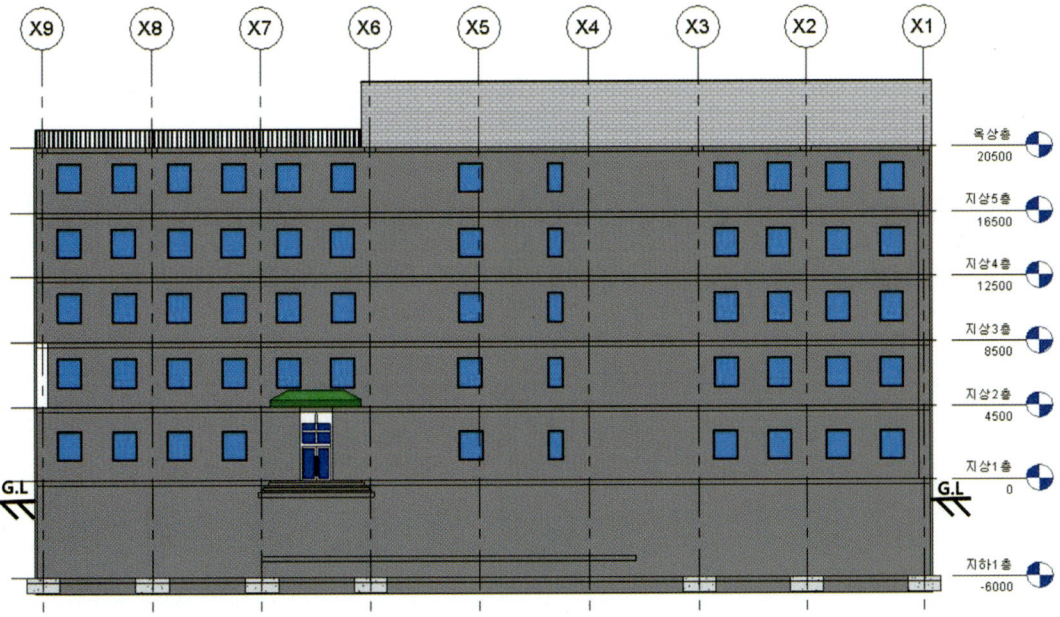

🔟 3D 평면도

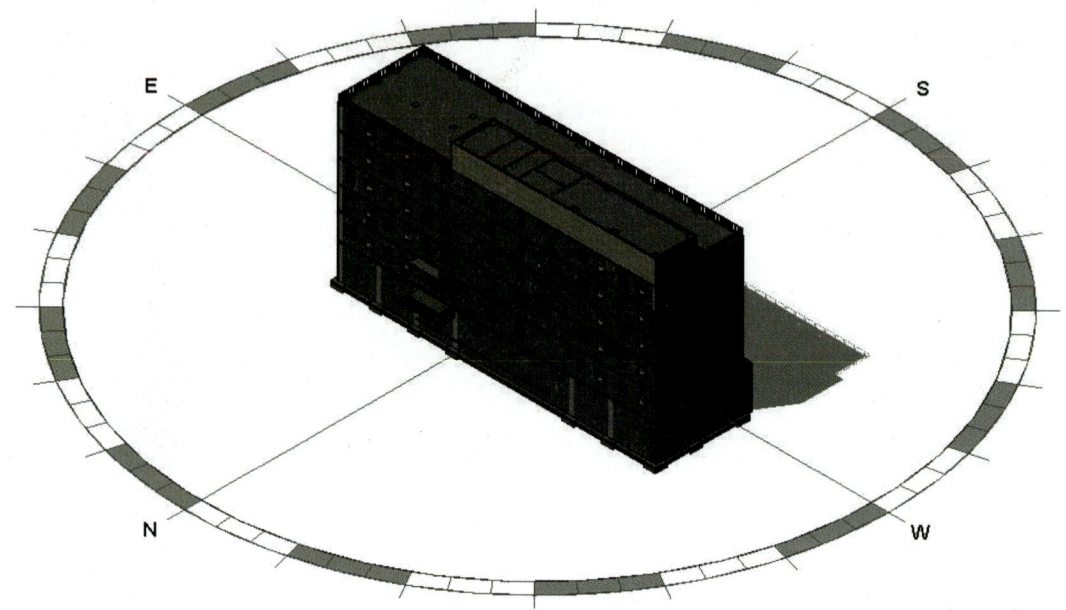

Chapter

02

BIM과 명령어

2-1 BIM의 기본용어

1 프로젝트 작업창(Project)

덕트, 파이프, 전선관 및 케이블 트레이 등을 사용하여 2D와 3D화면으로 그림 2-1과 같이 설계하는 작업 영역을 말한다.

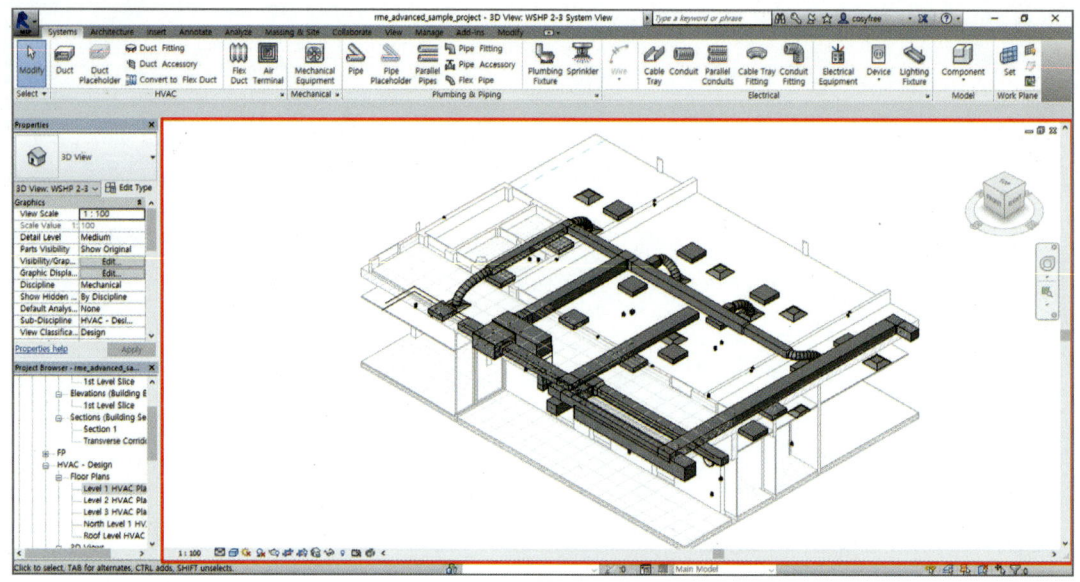

[그림 2-1] 프로젝트 작업창

2 패밀리(Family)

건축물에 필요한 요소의 덕트, 배관 및 그 부속품(티, 엘보 및 트랜지션) 등이 객체로 만들어져 있는 곳을 라이브러리라고 하며, 이 라이브러리에서 불러온 객체를 그림 2-2와 같이 조합한 것을 패밀리라고 한다.

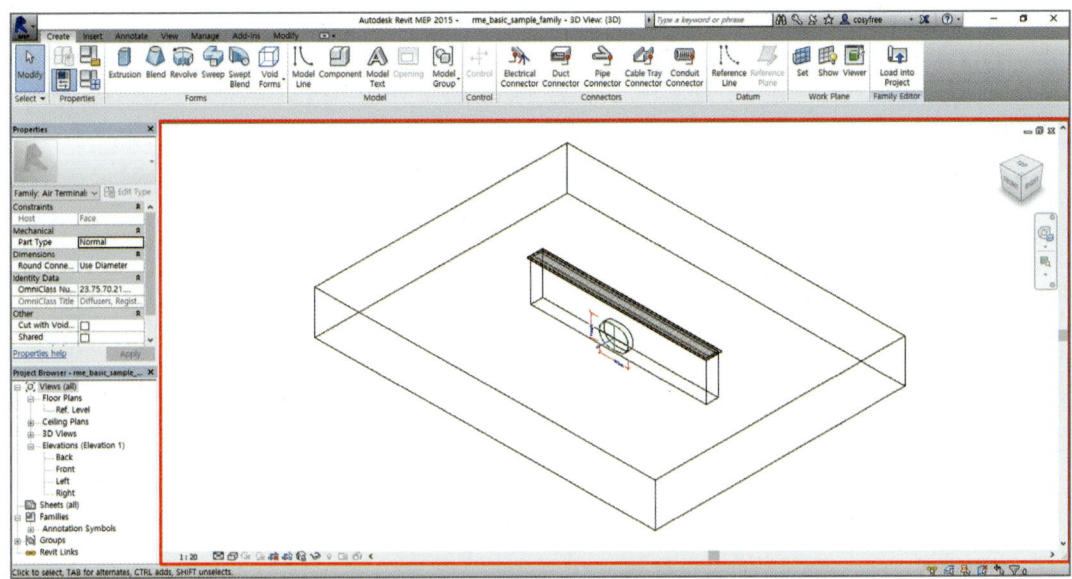

[그림 2-2] 패밀리

3 매개변수(Parameter)

덕트, 배관 및 그 부속품 등과 같은 객체들의 크기, 길이 또는 재질 등의 정보를 매개변수라고 한다.

4 레벨(Level)

각 층의 바닥면 또는 덕트나 배관의 시공높이 등을 레벨이라 하며, 이 책에서는 Offset의 수치로 표현된다.

[그림 2-3] 레벨

5 그리드(Grid)

덕트나 배관들을 수직이나 수평으로 설계할 때 그림 2-4와 같은 그리드 선을 기준으로 하여 그린다.

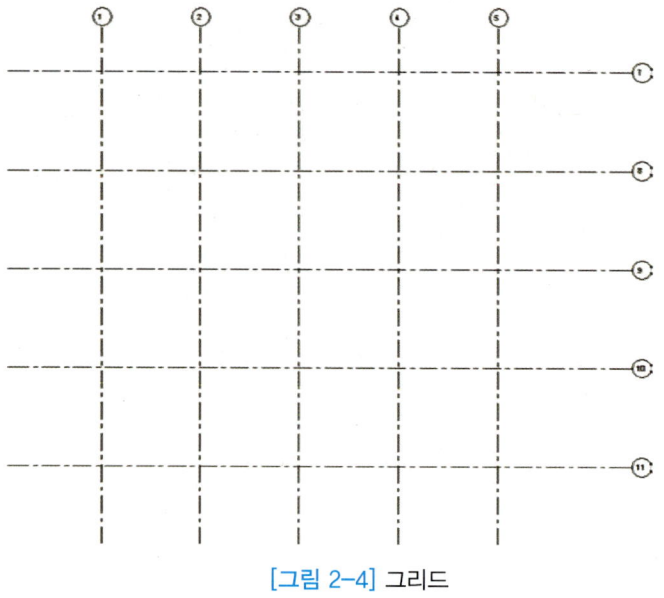

[그림 2-4] 그리드

6 Revit

그림 2-5와 같이 3개의 카테고리(Model, Annotation, Import)와 그 하위계층인 4개의 시스템 패밀리로 구성되고, 최하위계층인 5개의 컴포넌트 패밀리로 구성된다.

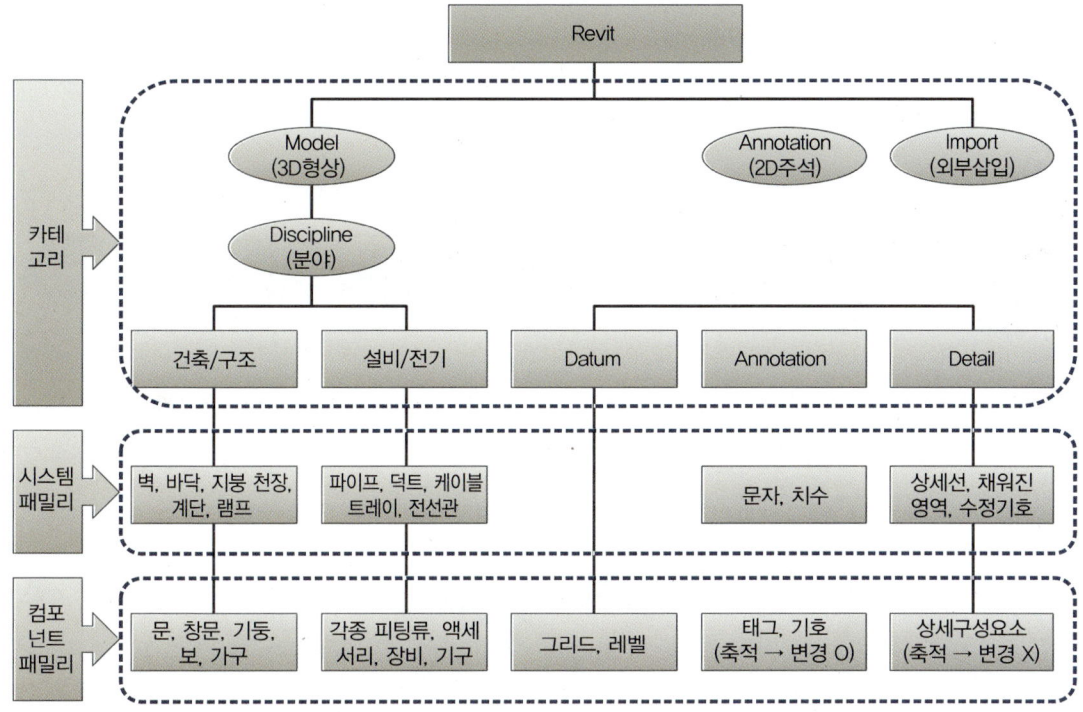

[그림 2-5] 구성요소

7 3D 형상(Model)

Shift 와 마우스 휠을 누르면 설계도면을 상하좌우로 회전시킬 수 있다.

8 2D 주석(Annotation)

3D로 설계된 도면은 2D로 출력되어 문서화 된다.

9 외부요소(Import)

Revit으로 건축물을 설계하려면 3D로 그려진 건축도면에 2D로 그려진 캐드설비도면을 불러(Import)와야 한다.

10 분야(Discipline)

건축, 설비 또는 전기 등과 같이 각각의 설계영역을 Discipline이라고 한다. 예를 들어 배선 관련 패밀리는 전기 Discipline에서 불러와야 되고, 덕트관련 패밀리는 설비 Discipline에서 불러와야 한다.

2-2 Revit의 설비 카테고리

1 Duct 패밀리

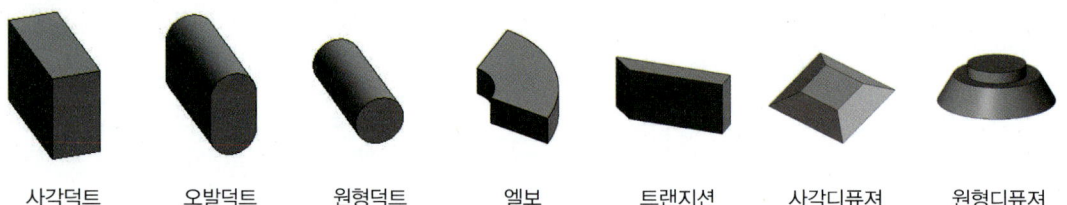

사각덕트   오발덕트   원형덕트   엘보   트랜지션   사각디퓨져   원형디퓨져

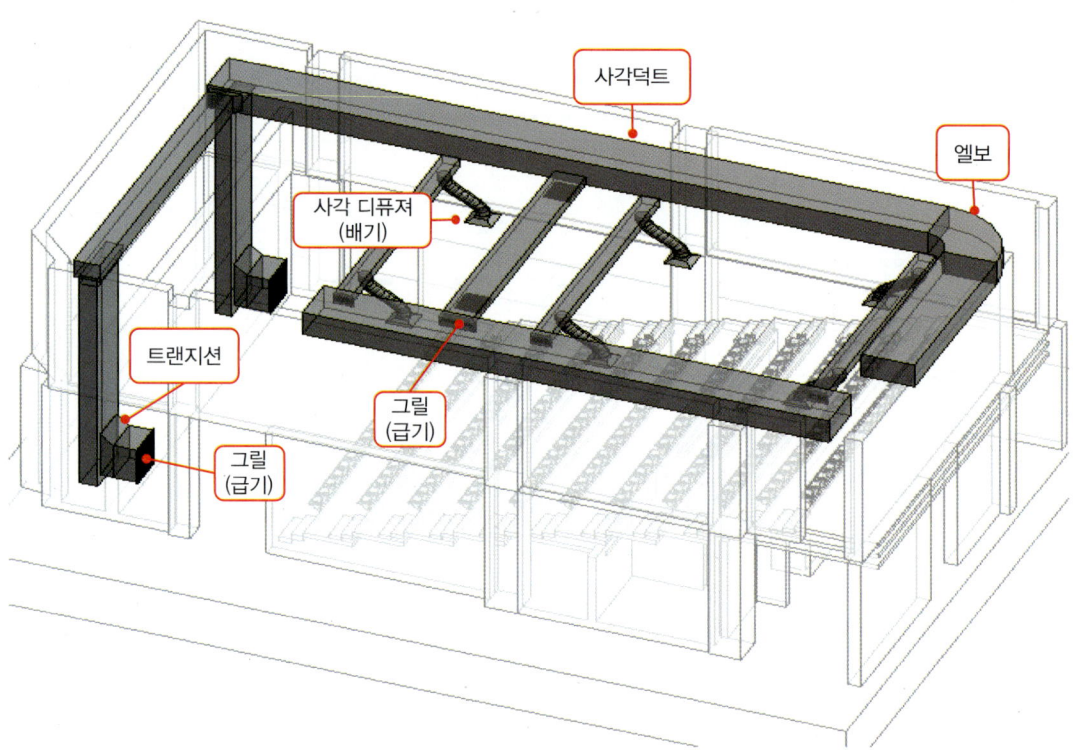

[그림 2-6] Duct 패밀리

2 Plumbing 패밀리

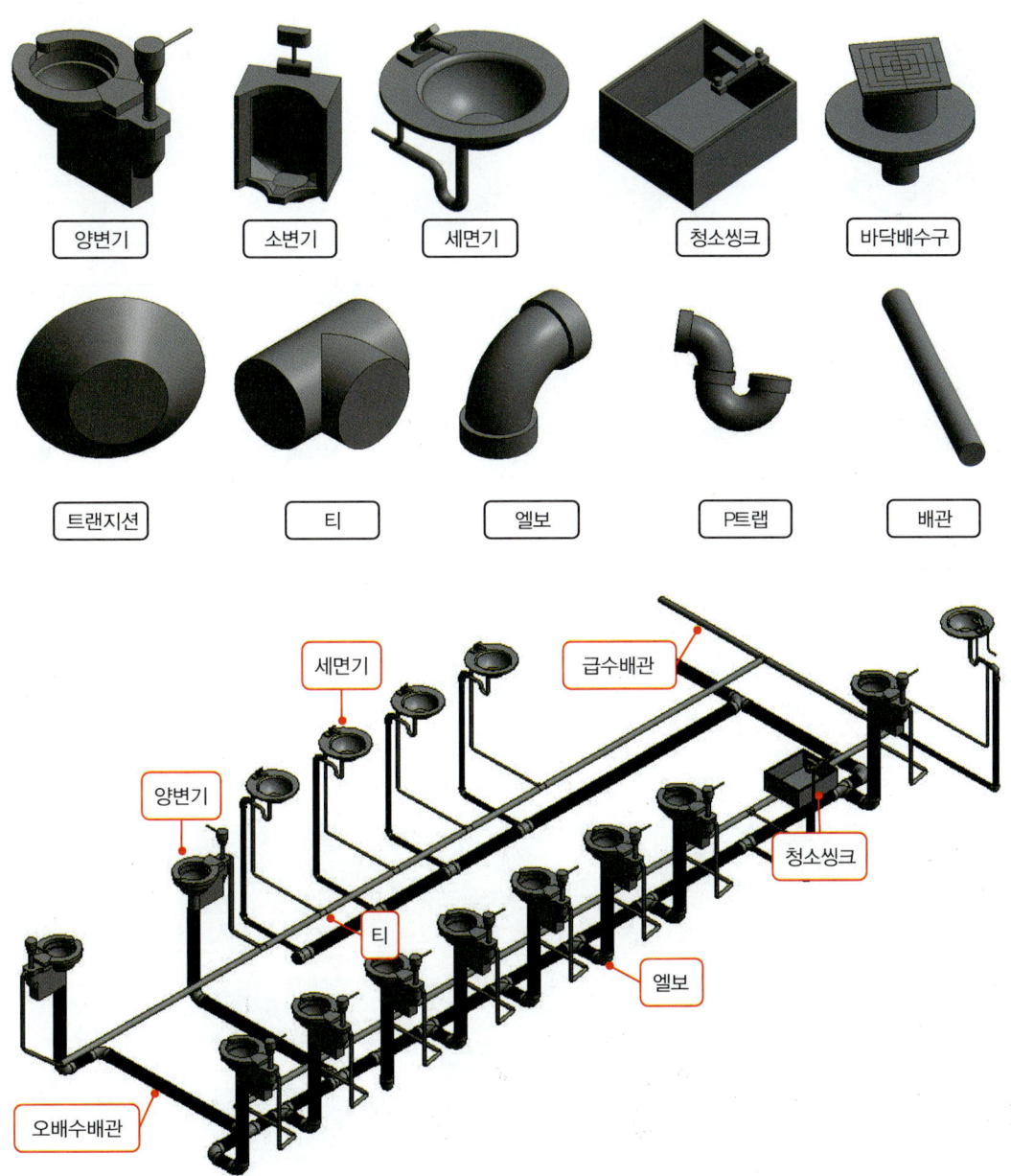

[그림 2-7] Plumbing 패밀리

3 HVAC 패밀리

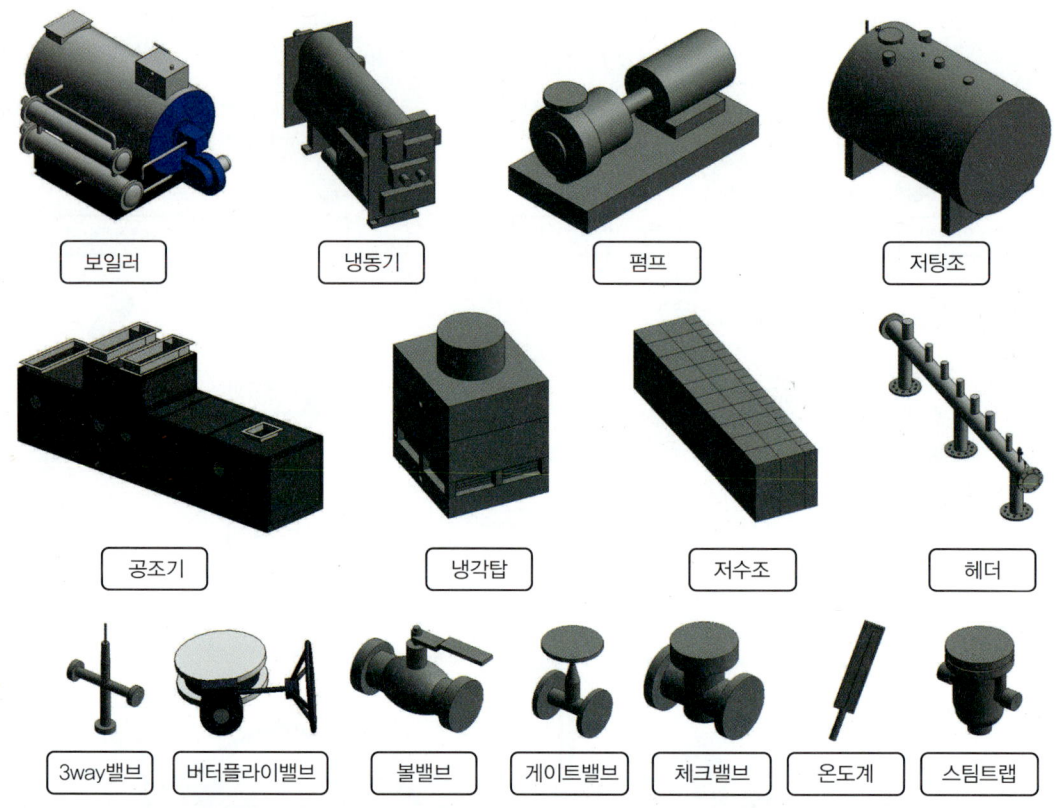

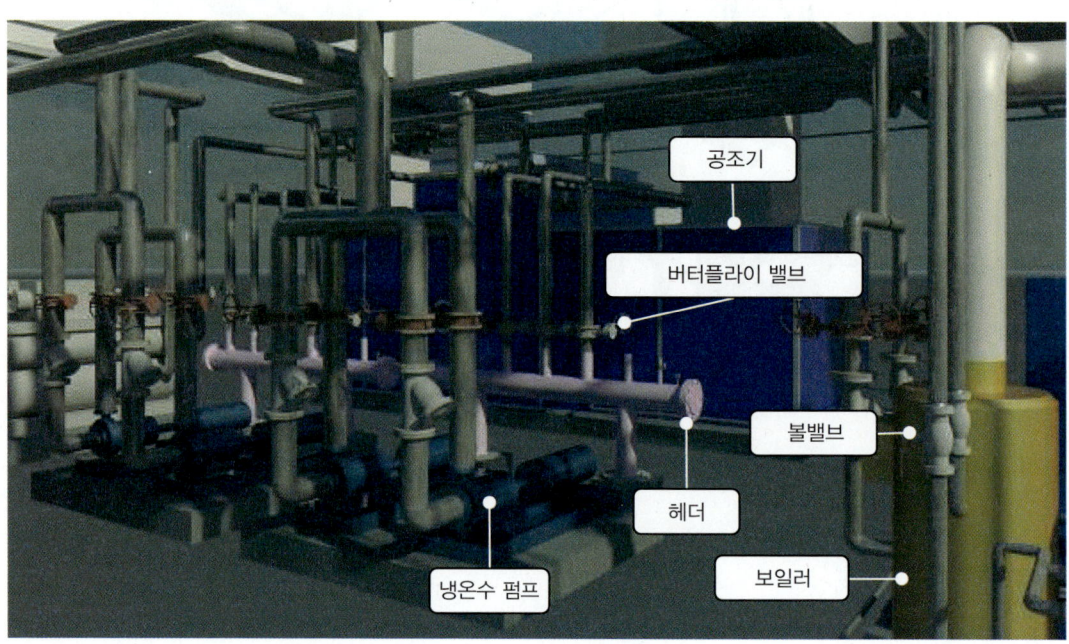

[그림 2-8] HVAC 패밀리

4 Fire Fighting 패밀리

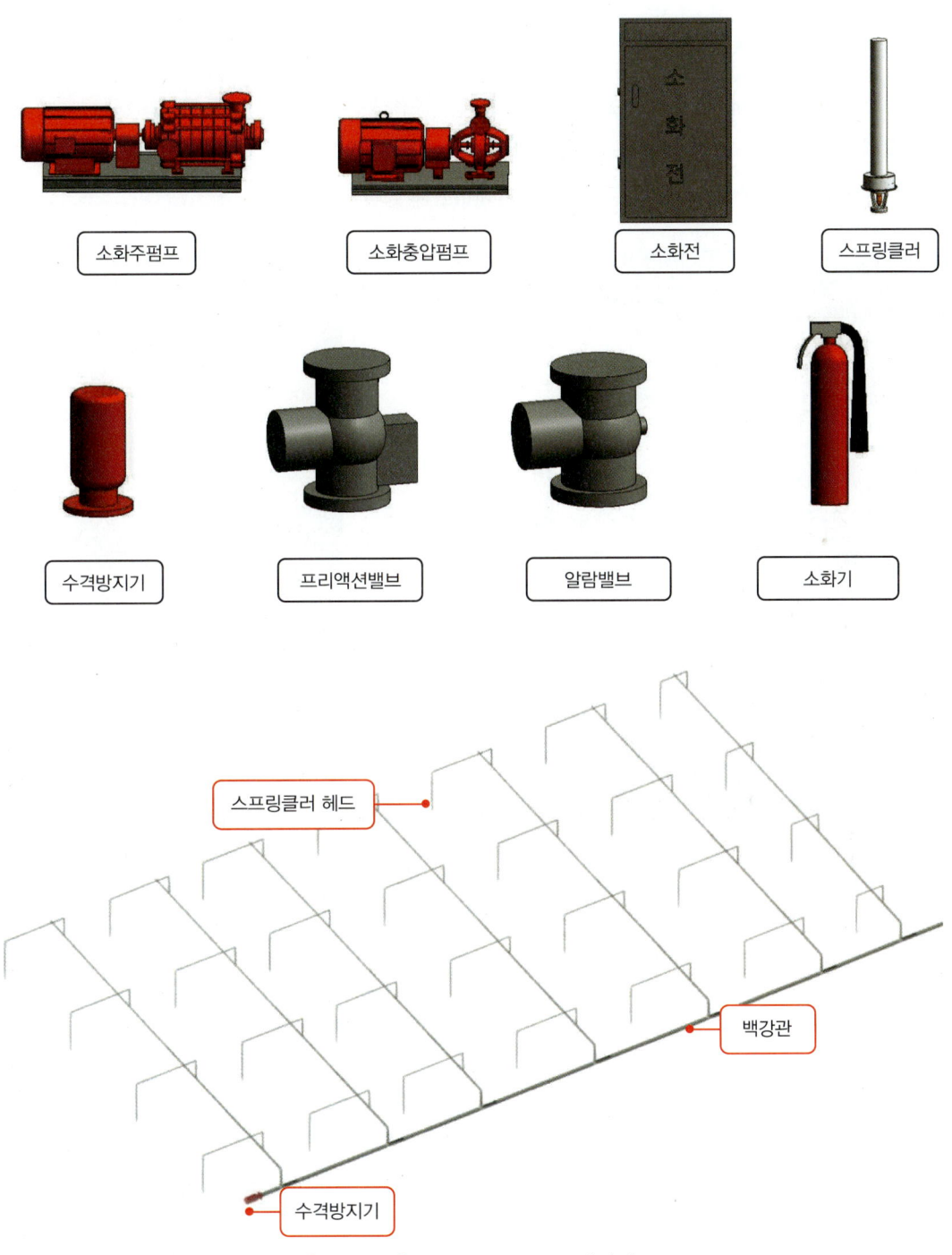

[그림 2-9] Fire Fighting Pipe 패밀리

2-2 인터페이스

1 Revit 설비의 시작화면

Revit 설비를 실행시키면 그림 2-10과 같은 화면이 생성된다. 여기에서 프로젝트의 New를 좌 클릭하면 그림 2-11과 같은 구성화면이 열린다. 또한 그림 2-10의 패밀리의 Open을 좌 클릭하면 Duct, Plumbing, HVAC 및 Fire Fighting 패밀리를 열 수 있다.

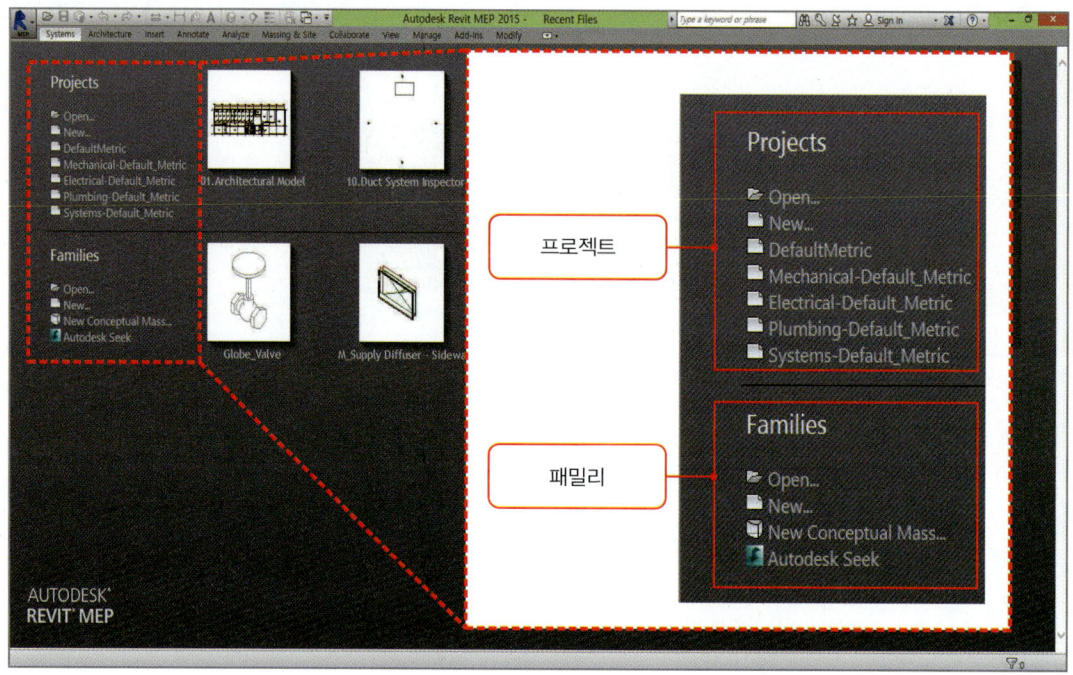

[그림 2-10] 시작 화면

2 Revit 설비의 화면구성

Revit 설비의 화면 구성은 그림 2-11과 같다.

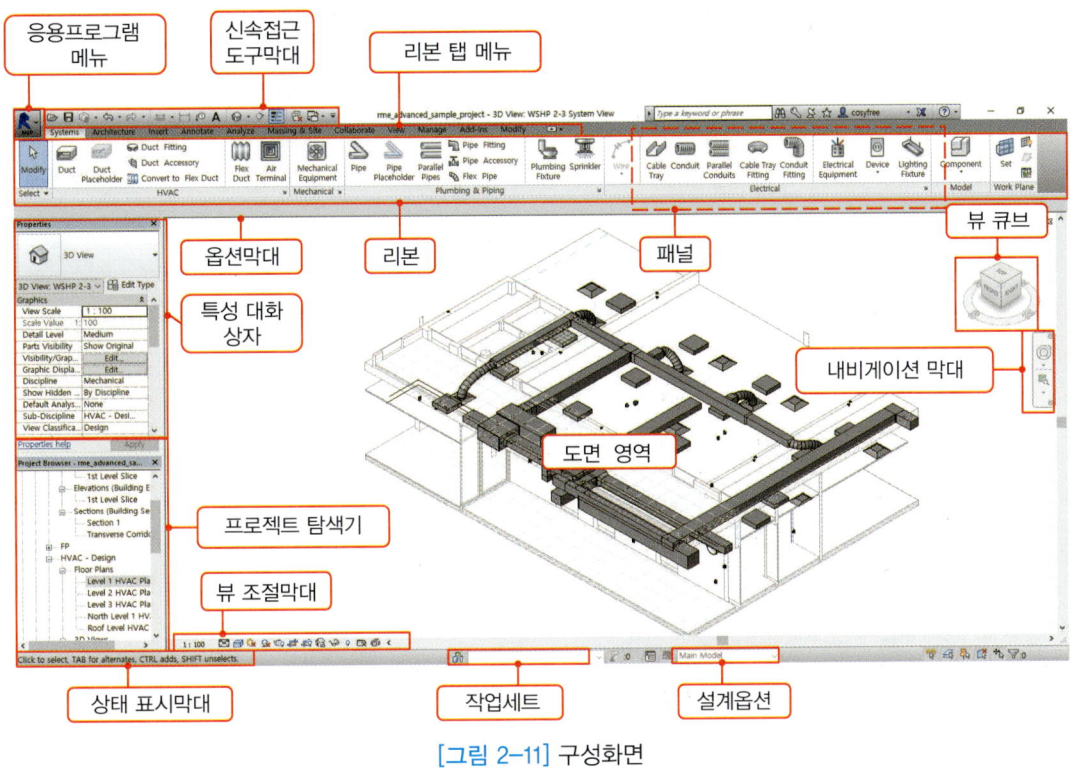

[그림 2-11] 구성화면

3 Revit 설비의 기능실행

❶ 마우스를 이용한 기능 선택

그림 2-12의 신속접근 도구막대와 리본메뉴는 마우스의 좌 클릭으로 패밀리를 불러올 수 있다.

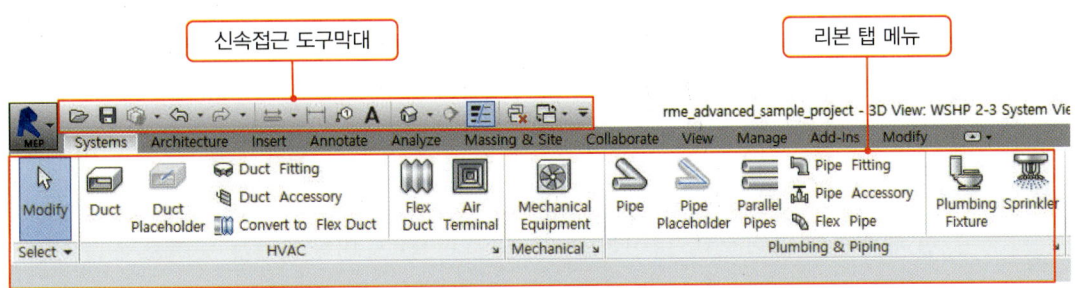

[그림 2-12] 기능 실행

❷ 키보드를 이용한 기능선택

㉠ DT라는 단축키를 입력하면 예를 들어 덕트 패밀리를 불러올 수 있다.

㉡ 단축키가 한 글자일 때는 글자 입력 후 [Space Bar] 또는 [Enter↵]를 입력해야 한다.

㉢ 리본 메뉴에 커서를 올려놓으면 그림 2-13과 같이 툴 팁이 표시된다. 괄호 안의 문자는 단축키를 의미한다.

㉣ 뷰(View) 탭 메뉴 → 사용자 인터페이스(User Interface) → 키보드 단축키(Keyboard Shortcuts)에서 그림 2-14와 같이 변경시킬 수 있다.

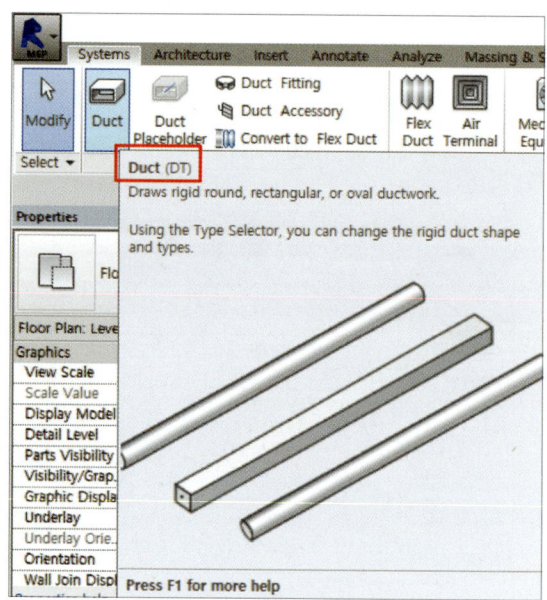

[그림 2-13] 툴 팁 표시

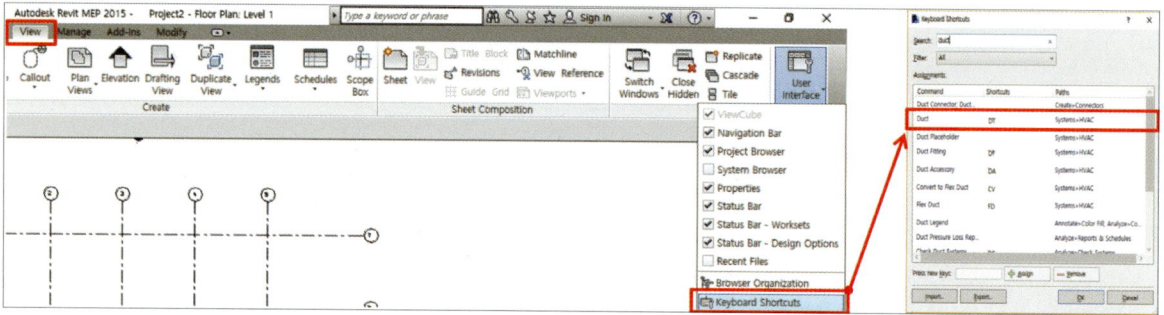

(※View → User Interface → Project Browser와 Properties를 체크 시 특성 대화 상자 및 프로젝트 탐색기를 활성화 또는 비활성화 시킬 수 있다.)

[그림 2-14] 단축키 설정방법

❸ 명령어 및 기능 취소

불러온 패밀리를 취소할 때에는 [ESC]를 두 번 클릭 또는 마우스 오른쪽 버튼으로 취소를 누른다.

❹ 화면 전환

1층 도면에서 2층 도면으로 넘어가고자 하거나 2D 도면에서 3D 도면으로 넘어가고자 할 때 [Ctrl] + 탭 [⇄]을 입력하거나 그림 2-15와 같이 뷰(View) 탭에서 스위치 창(Switch Windows)을 클릭한다.

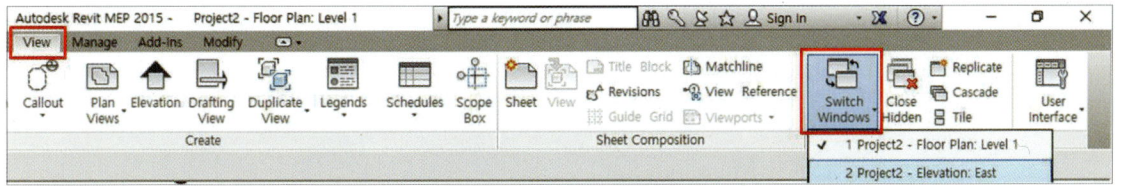

[그림 2-15] 화면 전환

❺ Revit 설비의 화면 구성 기능 요약

  ㉠ 응용프로그램 메뉴(Application)

    그림 2-16과 같이 파일을 열기, 저장, 프린터 및 내보내기 등 파일에 관련된 작업과 Revit에 대한 일반적인 옵션을 설정할 수 있다.

  ㉡ 신속접근 도구막대(Quick Access Toolbar)

    a. 자주 사용하는 기능을 등록하여 사용한다.

    b. 신속접근 도구막대에 등록하고자 할 때에는 리본 메뉴에서 HVAC, Mechanical, Plumbing Pipe & 또는 Electronic 창에 커서를 놓고 오른쪽 버튼을 클릭하면 신속접근 도구막대에 원하는 패밀리를 추가할 수 있다.

[그림 2-16] 응용프로그램 메뉴

  ㉢ 리본 탭(Ribbon Tab)

    a. 그림 2-17과 같이 Systems에서 Modify까지의 창을 리본탭이라 한다.

[그림 2-17] 리본 탭

    b. 리본 탭에서 또는 다음과 같은 기능을 갖는다.

      – 시스템(System) : 설비와 전기 패밀리가 들어있다.

      – 건축(Architecture) : 건축과 구조 패밀리가 들어있다.

- 삽입(Insert) : 외부에서 작성된 파일(2D, 3D, Cad, Revit 파일 등)을 링크, 불러온다.
- 주석(Annotate) : 치수, 선, 기호, 문자 및 태그 등의 도구가 들어있다.
- 해석(Analyze) : 부하를 계산하거나 및 분석하는 도구가 들어있다.
- 매스작업&대지(Massing&Site) : 건축물 지표면의 상태나 형상을 작성하거나 편집할 수 있는 도구가 들어있다.
- 공동작업(Collaborate) : 설비와 건축 또는 설비와 전기 간에 협업 설계하거나, 설계된 도면 간에 간섭을 체크할 수 있는 도구가 들어있다.
- 뷰(View) : 하나의 화면을 2분할 또는 다분할하여 방향별 또는 차원(2D, 3D)별로 화면을 구성할 수 있다.
- 관리(Manage) : 건축, 구조, 덕트 및 배관의 재질 또는 스타일을 변경하는 도구로 구성되어 있다.
- 수정(Modify) : 객체복사, 이동, 회전 및 대칭시키거나 객체와 객체를 엘보우나 티로 연결하는 도구로 구성되어 있다.

ㄹ 리본(Ribbon)

a. 리본 탭 메뉴 아이콘을 클릭하여 그림 2-18과 같이 사용자가 임의로 패널을 조정할 수 있다.

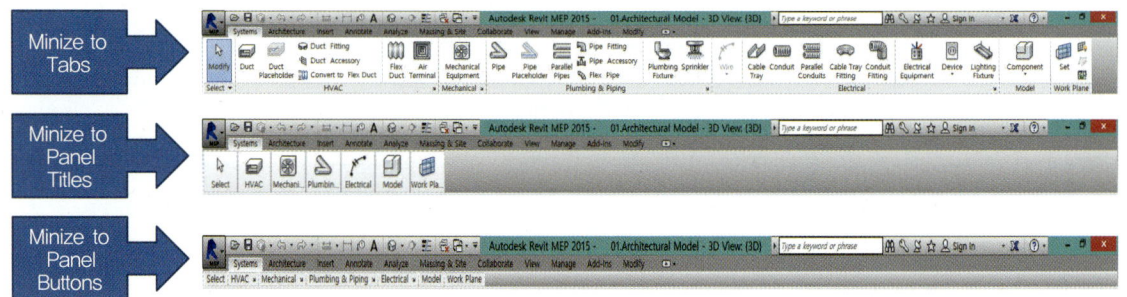

[그림 2-18] 리본 설정

b. 그림 2-19의 Dimension 아이콘을 클릭하면 다음과 같이 패널을 확장할 수 있다.

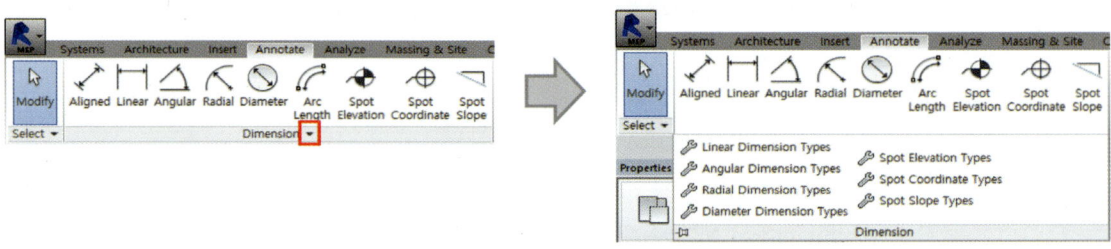

[그림 2-19] Dimension 패널 설정

c. Systems의 HVAC 패널에서 ![icon] 아이콘을 클릭하면 그림 2-20과 같이 Mechanical Settings를 조정할 수 있다.

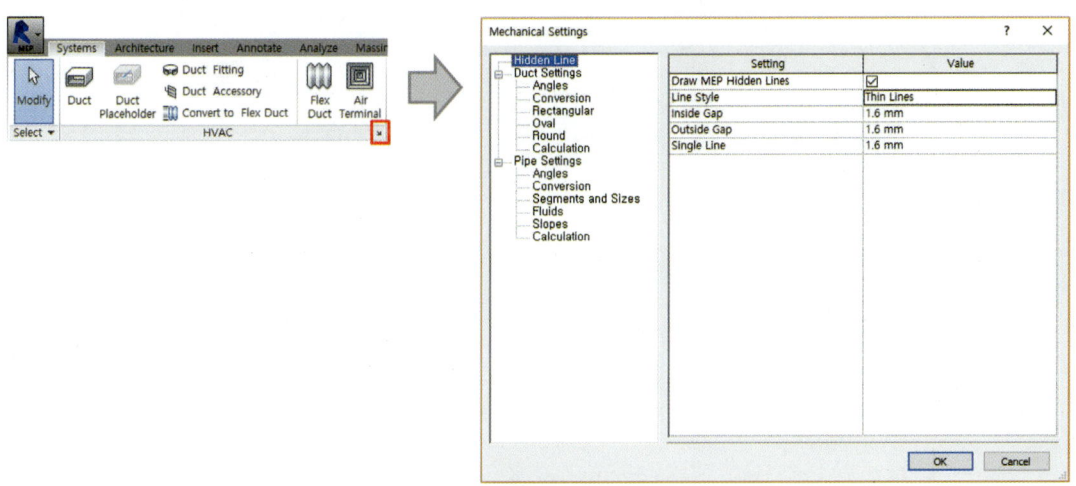

[그림 2-20] Mechanical Settings 패널 설정

ⓔ 프로젝트 탐색기(Project Browser)

Project Browser에서 보고자하는 건물의 층이나 방향을 더블 좌 클릭하면 해당 대상이 굵은고딕으로 바뀌면서 화면에 나타난다. 두 개 이상의 대상을 화면으로 관찰할 수 있다.

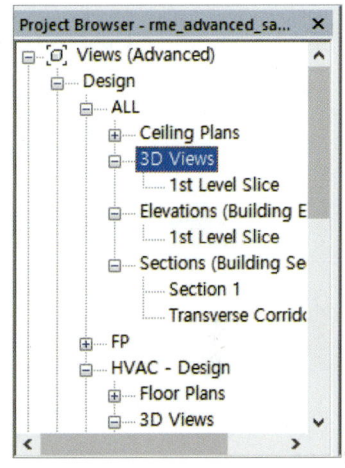

[그림 2-21] 프로젝트 탐색기

ⓕ 도면영역(Drawing Area)

a. 마우스로 도면영역의 상단 바를 좌 클릭하거나 Ctrl + 탭↹을 이용하여 다수의 도면 영역을 이동하면서 작업을 할 수 있다.

b. 도면 영역의 배경 색상은 기본적으로 흰색으로 설정되어 있으며, 옵션에서 검은색으로 전환할 수 있다.

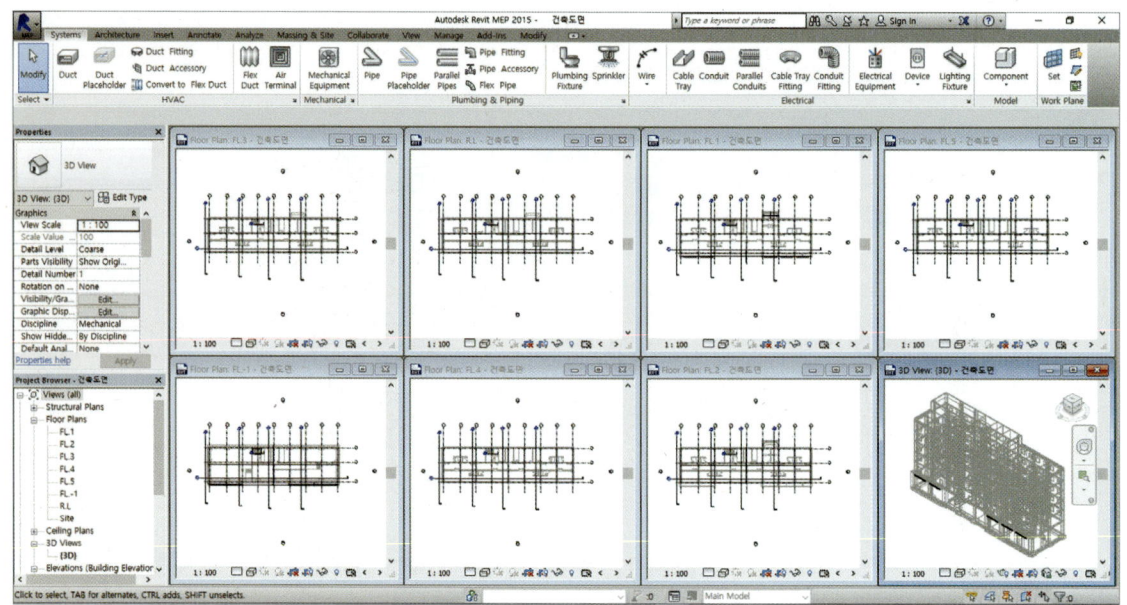

[그림 2-22] 도면 영역

Ⓐ 옵션막대(Options Bar)

Duct나 Pipe의 리본을 좌 클릭하면 그림 2-23과 같이 옵션막대가 생성된다. 옵션막대에서는 Duct나 Pipe의 시공 층, 가로·세로규격 및 시공 높이를 조정할 수 있다.

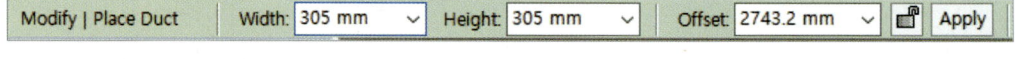

[그림 2-23] 옵션막대

Ⓞ 특성 대화 상자(Properties)

Properties의 유형 선택기를 좌 클릭하면 Oval, Rectangular 및 Round의 형태를 선택할 수 있으며, 이 중에 하나를 좌 클릭하면 그림 2-24와 같이 특성 대화 상자를 통하여 해당 객체의 세부 속성을 조정할 수 있다.

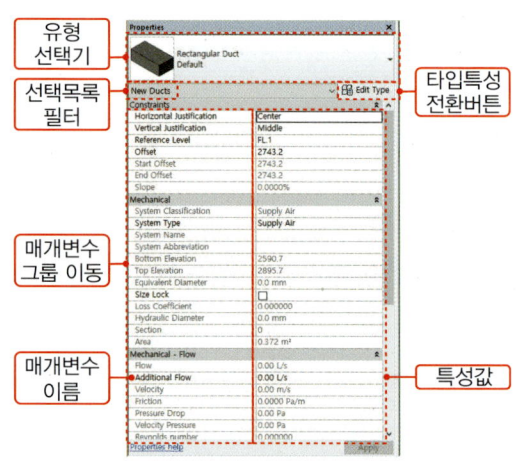

[그림 2-24] 특성대화 상자

ⓩ 뷰 조절막대(View Control Bar)

[그림 2-25] 뷰 조절막대

a. 축척(1:100) : 도면영역 좌측 하단의 뷰 조절막대를 좌 클릭하면 1:1~1:5000까지 축척을 변화시킬 수 있다. 축척에 따라 주석요소(레벨, 그리드, 치수, 태그, 문자 및 심볼 등)의 크기가 변경된다.

b. 상세수준( ) : 상세수준은 낮음(Coarse), 중간(Medium) 그리고 높음(Fine)의 3단계로 나누어져 있으며, 어느 단계를 선택하느냐에 따라서 파이프, 덕트, 케이블 트레이 및 전선관의 굵기와 모양이 바뀐다.

c. 비주얼 스타일( )
 - 와이어 프레임( ) : 건축물 내부를 투시할 수 있다.

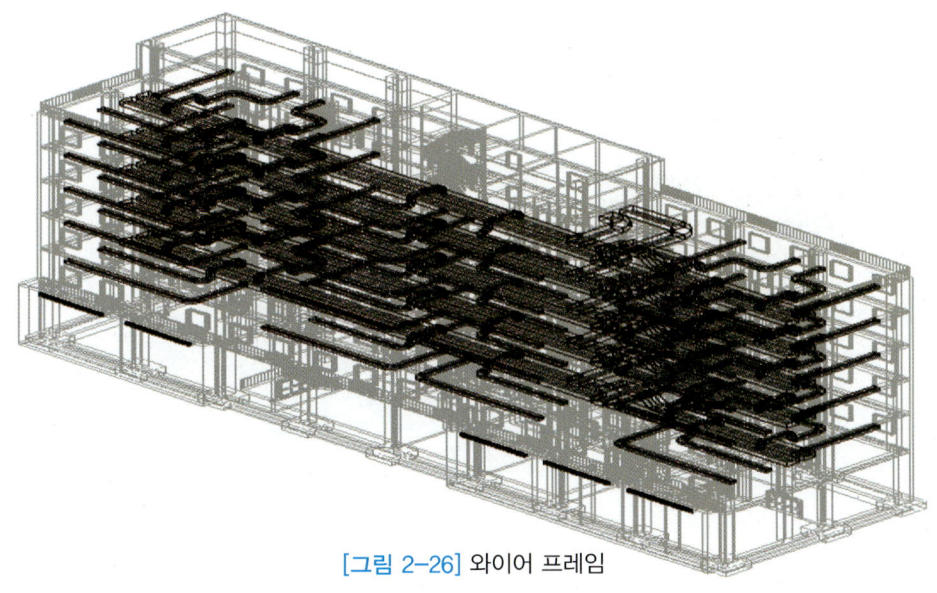

[그림 2-26] 와이어 프레임

- 은선(🗖) : 건축물의 벽면이 표시되면서 내부를 투시할 수 있다.

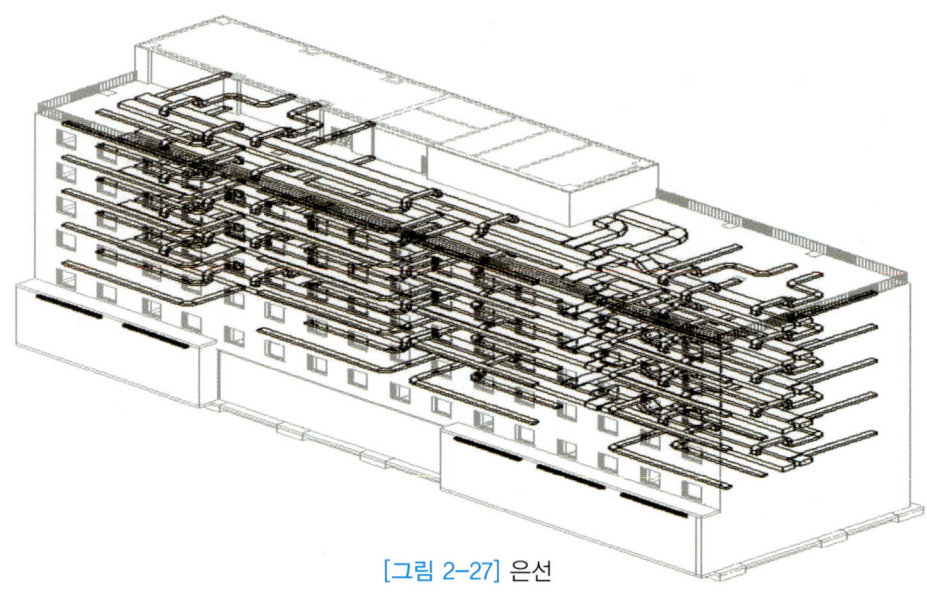

[그림 2-27] 은선

- 음영처리(🗖) : 설비의 덕트나 배관 및 케이블 트레이 등의 설비를 입체적으로 볼 수 있다.

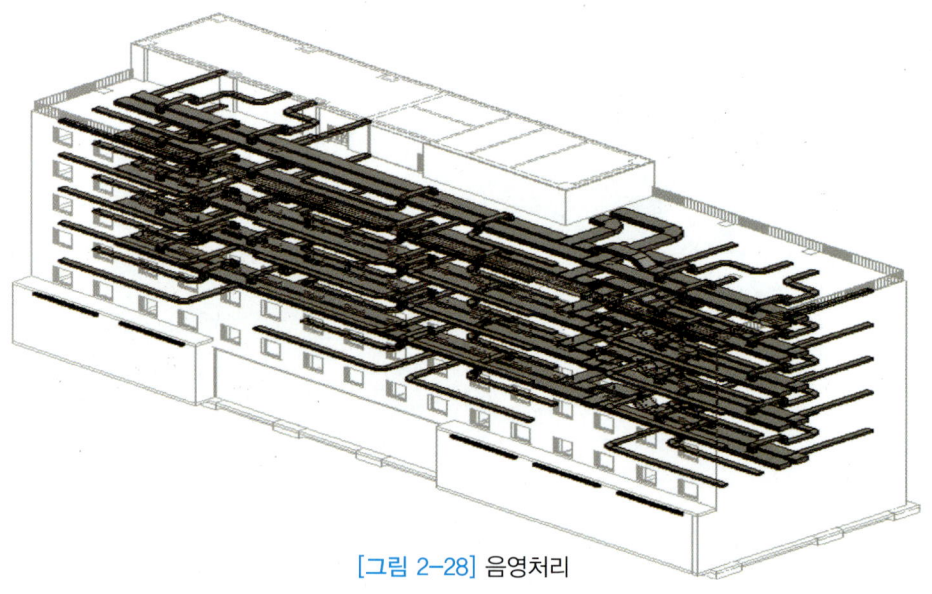

[그림 2-28] 음영처리

- 색상일치(🗖) : 설비의 덕트나 배관 및 케이블 트레이 등의 설비를 입체적 및 지정한 색상으로 음영처리된다.

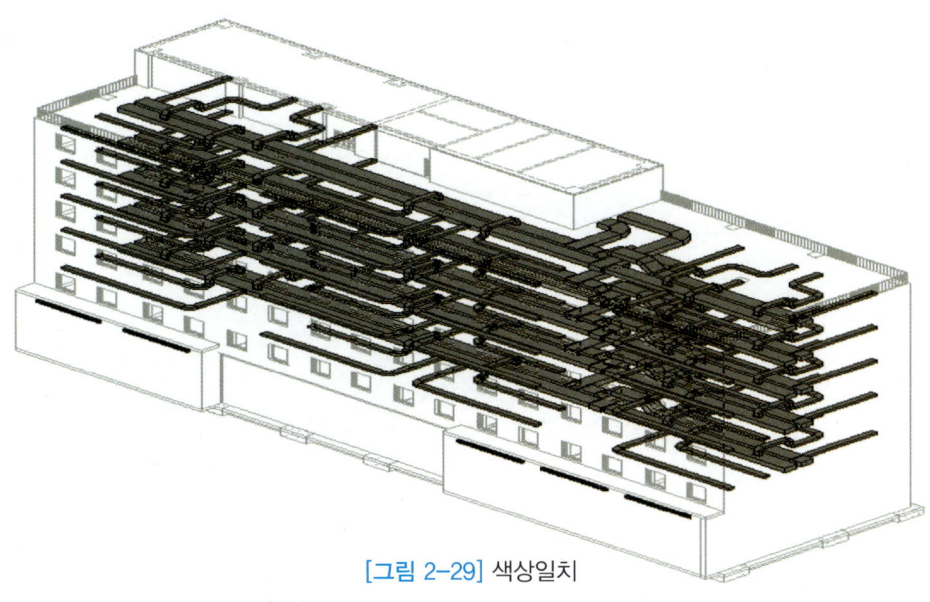

[그림 2-29] 색상일치

- 사실적(📦) : 설비의 덕트나 배관 및 케이블 트레이 등의 설비를 입체적 및 지정한 사실적인 색상으로 음영처리된다.

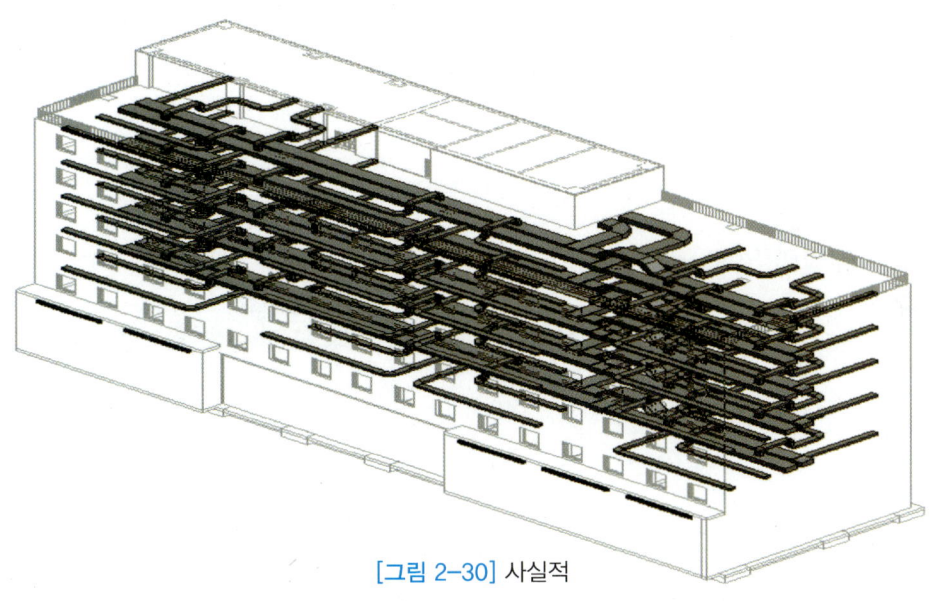

[그림 2-30] 사실적

- 레이트레이싱(☀) : 건축은 표현되지 않고, 설비의 덕트나 배관 및 케이블 트레이 등이 설비의 입체적 및 햇빛을 받은 사실적 렌더링 모습으로 된다.

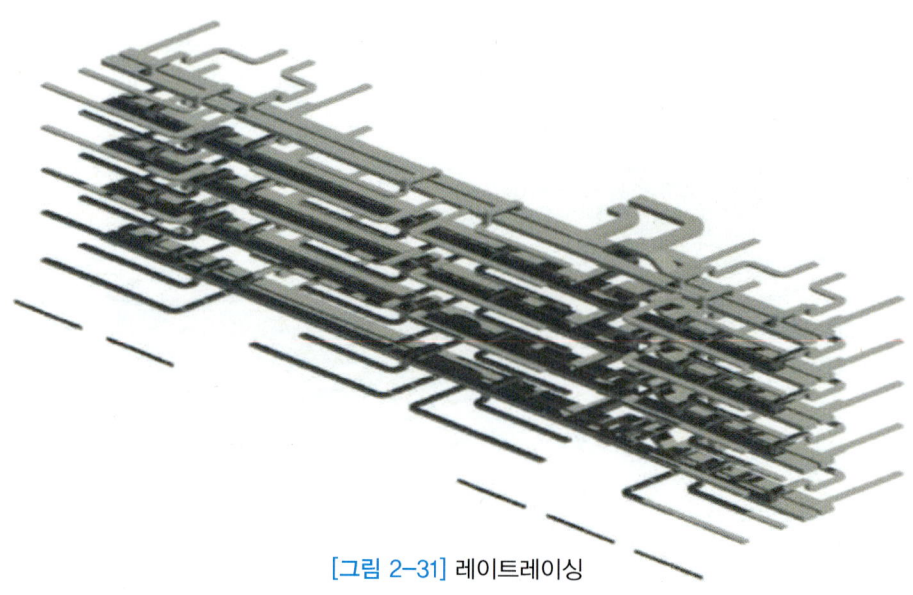

[그림 2-31] 레이트레이싱

2-3 패밀리 로드하기

건물 모델을 조합하기 위해 사용하는 구조, 부재, 벽, 창문, 파이프, 덕트, 케이블 트레이, 장비, 조명뿐 아니라 건물 모델을 문서화하기 위해 사용하는 콜아웃, 심볼, 태그, 상세 구성요소 모두 패밀리를 사용해 작성된다.

1 시스템 패밀리(System Family)

[그림 2-32] 시스템 패밀리

2 구성 요소 패밀리(Component Family)

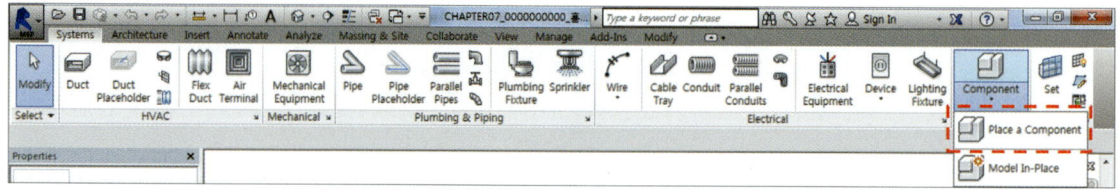

[그림 2-33] 구성 요소 패밀리

③ 내부편집 패밀리(In place Family)

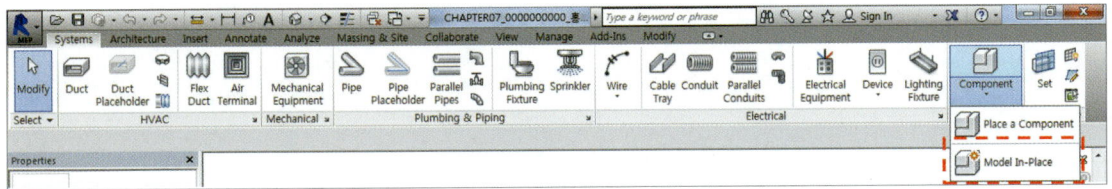

[그림 2-34] 내부편집 패밀리

2-4 Revit 설비 패밀리 로드하기

① 일반적인 로드방법

① 삽입(Insert) 탭 메뉴에서 로드 패밀리(Load Family)를 좌 클릭한다.

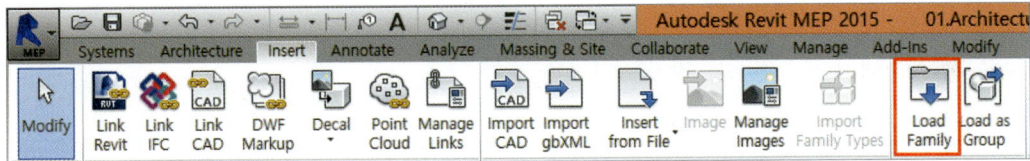

[그림 2-35] 일반적인 로드방법

② 패밀리가 저장되어 있는 폴더로 이동하여 패밀리 파일을 선택한다.
③ Ctrl 를 이용하여 패밀리 파일을 두 개 이상 선택할 수 있다.

② 리본 메뉴에서 명령어 리본을 좌 클릭하여 로드하기

① 리본 메뉴에서 배치할 설비의 명령어 리본을 클릭한다.
(예를 들어 기계장비를 배치하려면 그림 2-36과 같이 Mechanical Equipment를 좌 클릭한다.)

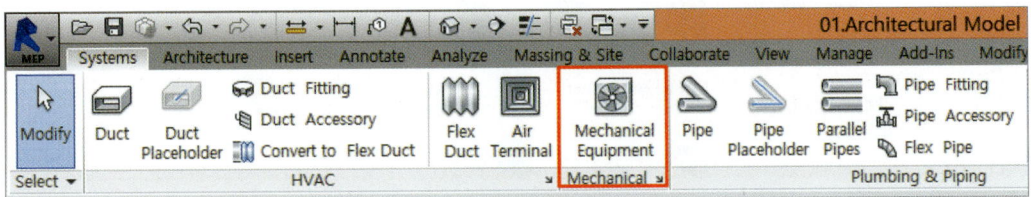

[그림 2-36] 명령어 리본을 이용하여 로드하기

② 리본 메뉴에서 로드 패밀리(Load Family)를 클릭한다.

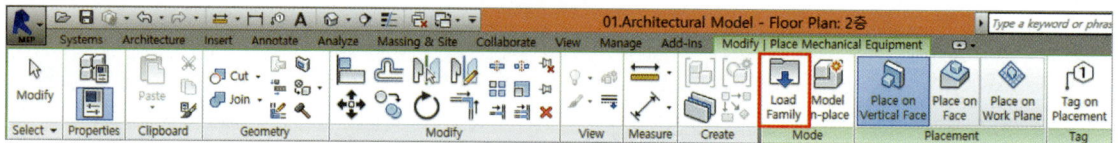

[그림 2-37] 로드 패밀리

③ 패밀리가 저장되어 있는 폴더로 이동하여 패밀리를 선택하여 로드한다.
④ 로드한 패밀리는 바로 배치가 가능하다.

2-5 Revit 기능 요약

1 공조덕트(HVAC)

그림 2-38과 같이 공조덕트, 공조덕트 피팅, 공조덕트 악세서리, 디퓨져 및 플렉시블 덕트를 배치할 수 있다.

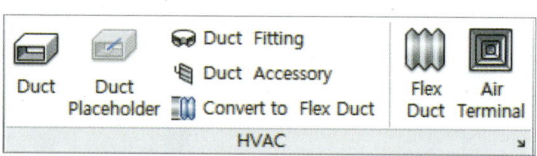

[그림 2-38] 공조덕트

리본	명칭	실 행 순 서
Duct	덕트 (Duct)	Systems 좌 클릭 → 좌 클릭 → Oval Duct Default 좌 클릭 → (오발덕트) (사각덕트) (원형덕트)에서 택 1
Duct Placeholder	덕트 자리 표시자 (Duct Placeholder)	Systems 좌 클릭 → 좌 클릭 → 덕트 지시 안내선이 그려진다.
Duct Fitting	덕트장치 (Duct Fitting)	Systems 좌 클릭 → 좌 클릭 → M_Rectangular Union Standard 좌 클릭 → (엘보) (탭) (트랜지션)에서 택 1
Duct Accessory	덕트 액세서리 (Duct Accessory)	Systems 좌 클릭 → 좌 클릭 → M_Balancing Damper - Rectangular Standard 좌 클릭→ (밸런싱댐퍼) (방화댐퍼)에서 택 1
Flex Duct	플랙시블 덕트 (Flex Duct)	Systems 좌 클릭 → 좌 클릭 → Flex Duct Round Flex - Round 좌 클릭 → (사각 플랙시블덕트) (원형 플랙시블덕트)에서 택 1

리본	명칭	실 행 순 서
Air Terminal	공기터미널 (Air Terminal)	Systems 좌 클릭 → 🔲 좌 클릭 → M_Louver - Extruded Standard 좌 클릭 → (루버) (디퓨져)에서 택 1

2 기계(Mechanical)

기계장비를 배치한다.

리본	명칭	실 행 순 서
Mechanical Equipment	기계장비 (Mechanical Equipment)	Systems 좌 클릭 → 좌 클릭 → Booster Pump_Second Stage 좌 클릭 → (냉동기) (보일러) (펌프) (냉각탑) (탱크)에서 택 1

3 배관 및 파이프(Plumbing & Piping)

그림 2-39와 같이 배관, 파이프 피팅, 파이프 액세서리, 스프링클러 및 위생기구를 배치할 수 있다.

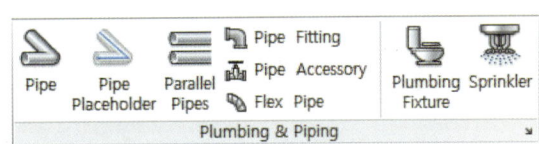

[그림 2-39] 배관 및 파이프

리본	명칭	실 행 순 서
Pipe	파이프 (Pipe)	Systems 좌 클릭 → 좌 클릭 → 원하는 위치에 파이프가 그려진다.
Pipe Placeholder	파이프 자리 표시자 (Pipe Placeholder)	Systems 좌 클릭 → 좌 클릭 → 파이프 지시 안내선이 그려진다.
Parallel pipes	평행 파이프 (Parallel pipes)	Systems 좌 클릭 → 좌 클릭 → Horizontal Number: 2, Horizontal Offset: 304.8, Vertical Number: 1, Vertical Offset: 304.8 수량과 간격 지정 → 파이프 좌 클릭
Pipe Fitting	파이프 장치 (Pipe Fitting)	Systems 좌 클릭 → 좌 클릭 → M_Wye 45 Deg Reducing - PVC - Sch... Standard 좌 클릭 → (엘보) (P-트랩) (티) (트랜지션)에서 택 1
Pipe Accessory	파이프 액세서리 (Pipe Accessory)	Systems 좌 클릭 → 좌 클릭 → M_Check Valve - 50-300 mm - Flanged 200 mm 좌 클릭 → (체크밸브) (게이트밸브) (3way 밸브) (볼밸브)에서 택 1

Flex Pipe	플랙시블 파이프 (Flex Pipe)	Systems 좌 클릭 → 좌 클릭 → 원하는 위치에 플랙시블 파이프를 그릴 수 있다.
Plumbing Fixture	배관설비 (Plumbing Fixture)	Systems 좌 클릭 → 좌 클릭 → M_Water Closet - Flush Tank Public - 6.1 Lpf 좌 클릭 → (양변기) (세면기) (소변기)에서 택 1
Sprinkler	스프링클러 (Sprinkler)	Systems 좌 클릭 → 좌 클릭 → M_Sprinkler - Pendent 15 mm Pendent 좌 클릭 → 원하는 위치에 스프링클러를 그릴 수 있다.

2-6 Revit 단축키

	단축키	내용		단축키	내용		단축키	내용
편집	MV	이동	치수	DI	치수	건축	WA	벽
	CO	복사		EL	높이 측정		DR	문
	CC	복사		DL	라인 긋기		WN	창
	RO	회전		GP	그룹 생성		CM	콤포넌트
	MM	미러복사		TX	텍스트		GP	그룹 생성
	AR	배열복사		F7	문자 스펠링 체크		GR	그리드
	RE	축척		TG	카테고리 태그		RM	룸(공간구획)
	PP	핀 생성					RT	룸태크
	UP	핀 제거	뷰	VP	뷰 특성		RP	참조 평면
	DE	삭제		VG	가시성			
	MA	매치		VV	가시성	관리	SU	태양, 그림자 설정
	AL	정렬		TL	선 굵게/얇게 변경		UN	단위 설정
	TR	트림		WC	층계 배열			
	SL	자르기		WT	타일 배열			
	OF	오프셋						
	LW	선 변경						
	SF	면 자르기						
	PT	페인트						

2-7 용어 설명

Modify의 Offset은 해당층 바닥면에서 부터 덕트나 배관의 중심까지의 거리를 말한다.

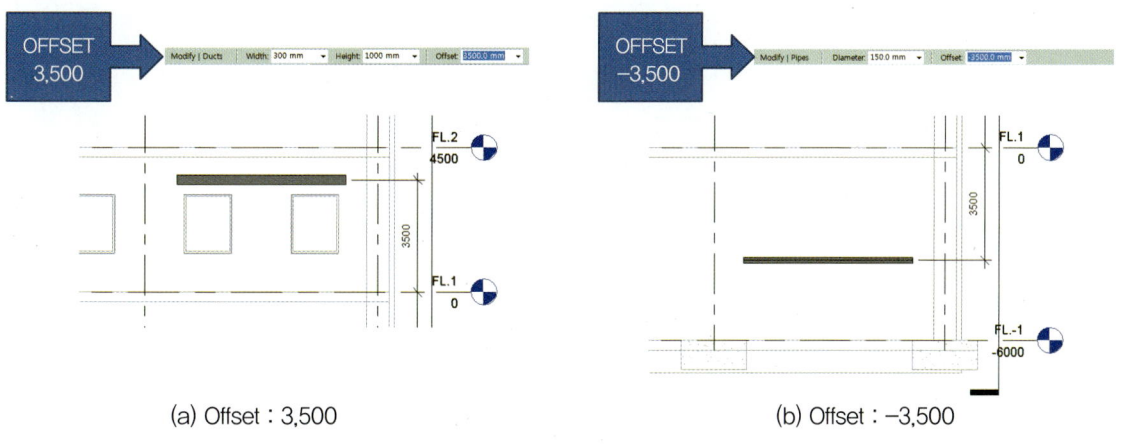

(a) Offset : 3,500 (b) Offset : -3,500

[그림 2-40] Modify의 Offset

View의 Offset은 해당층 평면도에서 보고자하는 패밀리들의 위치를 Top, Bottom 그리고 View Depth의 Level의 Offset을 조정하여 볼 수 있도록 한다.

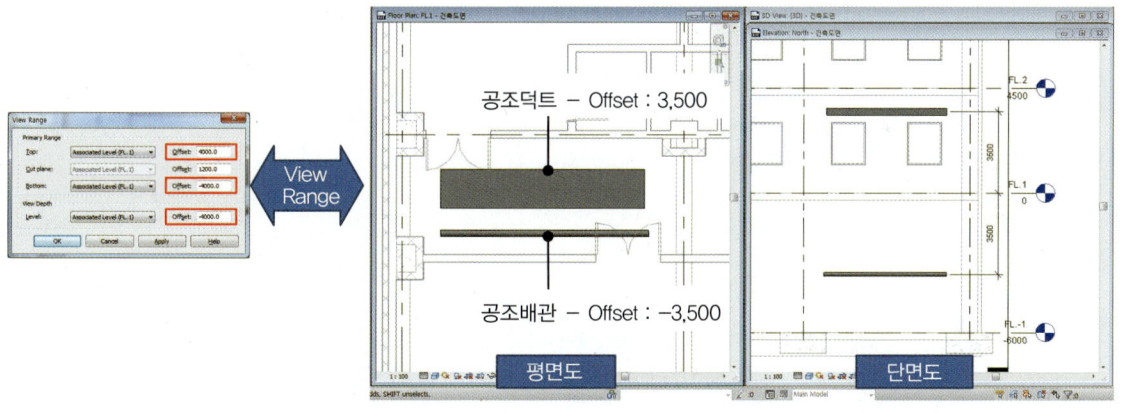

[그림 2-41] View의 Offset

그림 3-1 CAD 공조덕트 평면도와 그림 3-2 건축도면을 이용하여 그림 3-3 BIM도면을 만드는 방법을 알아본다.

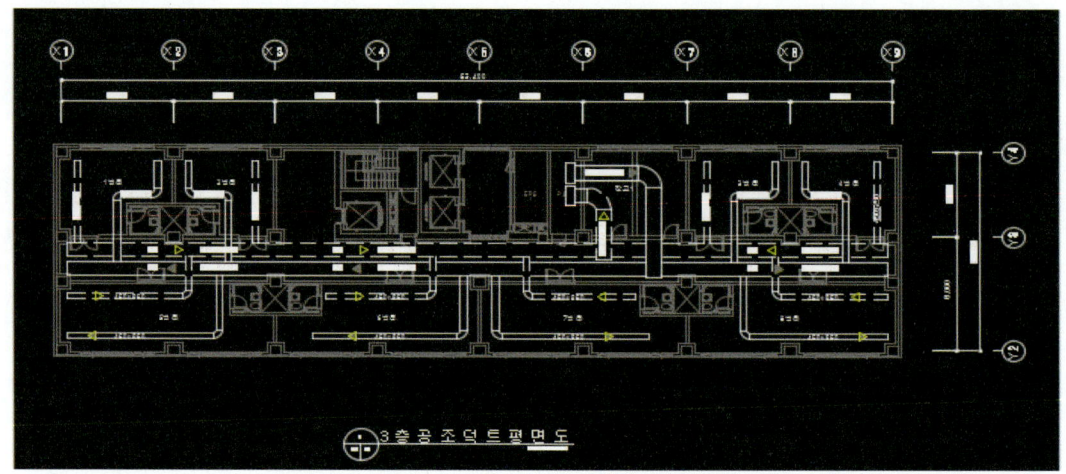

[그림 3-1 CAD] 공조덕트 평면도

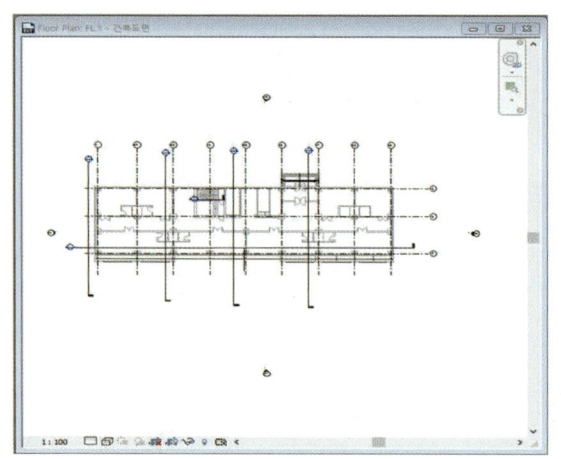

(a) BIM 건축평면도

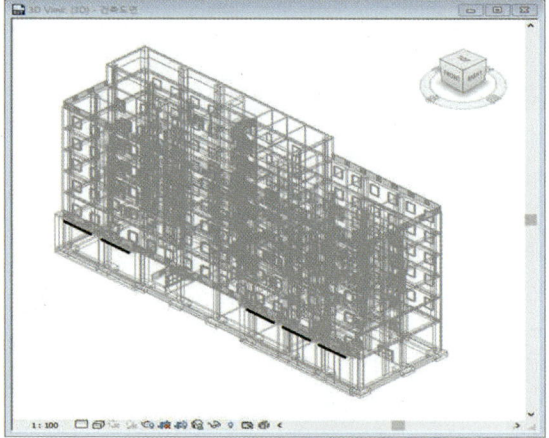

(b) BIM 3D 건축평면도

[그림 3-2] 건축도면

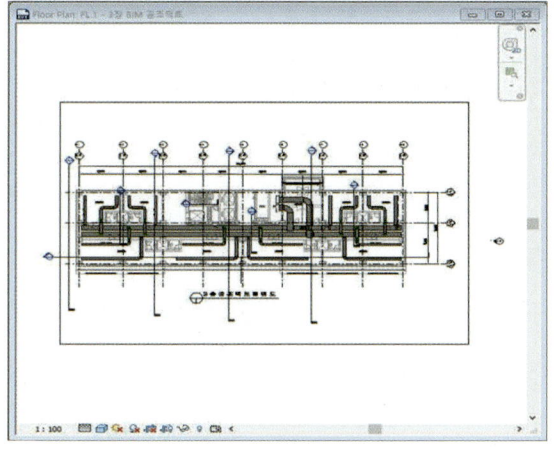
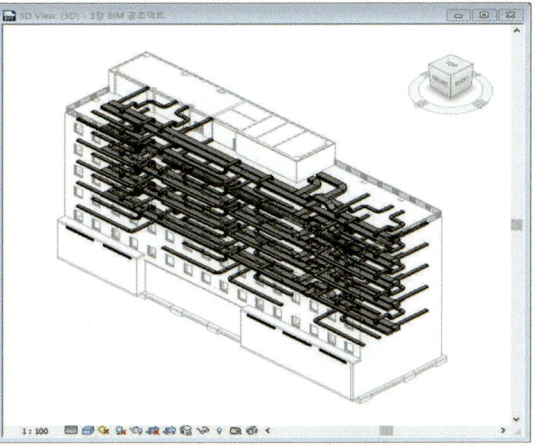

(a) BIM 공조덕트 평면도　　　　　　　　(b) BIM 3D 공조덕트 평면도

[그림 3-3] BIM도면

다운로드 받은 chapter 3.의 건축도면.rvt 파일을 더블 좌 클릭하여 실행시키면 그림 3-4와 같이 보여진다.

1. 그림 3-4(a) 건축평면도에서 설계되어야 하기 때문에, ① Floor Plan FL 1 - 건축평면도를 좌 클릭하여 도면을 활성화시킨다. 현재 활성화 창이 그림 3-4와 같지 않으면 좌측 Project Browser 창에서 3D Views › 3D 더블 좌 클릭한다.
2. 활성화된 창을 그림 3-4와 같이 보이도록 하려면 WT라고 입력한다.

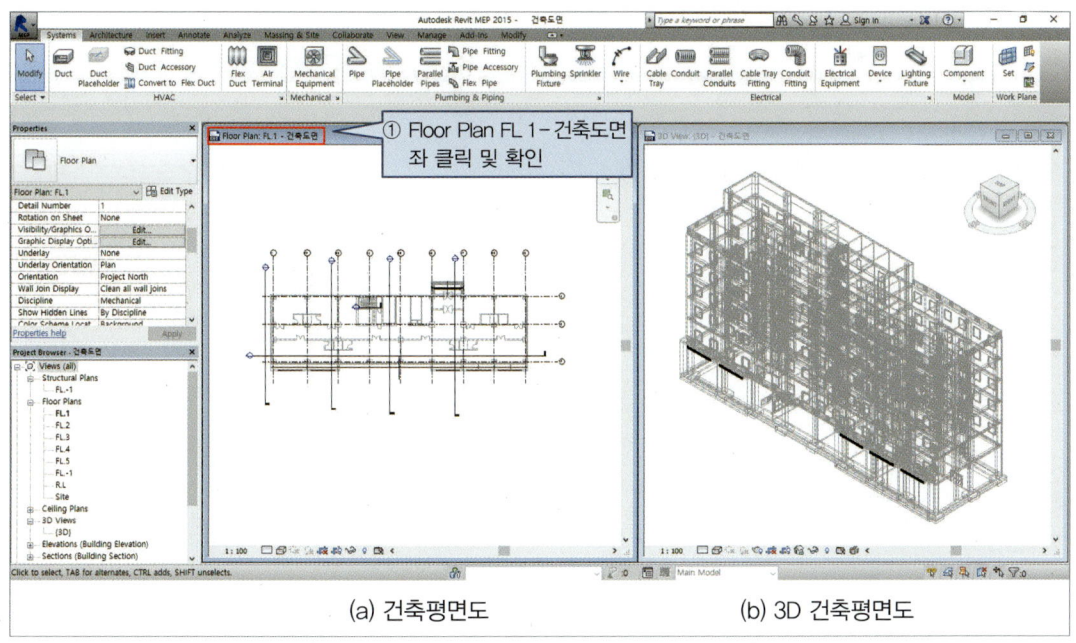

(a) 건축평면도　　　　　　　　(b) 3D 건축평면도

[그림 3-4]

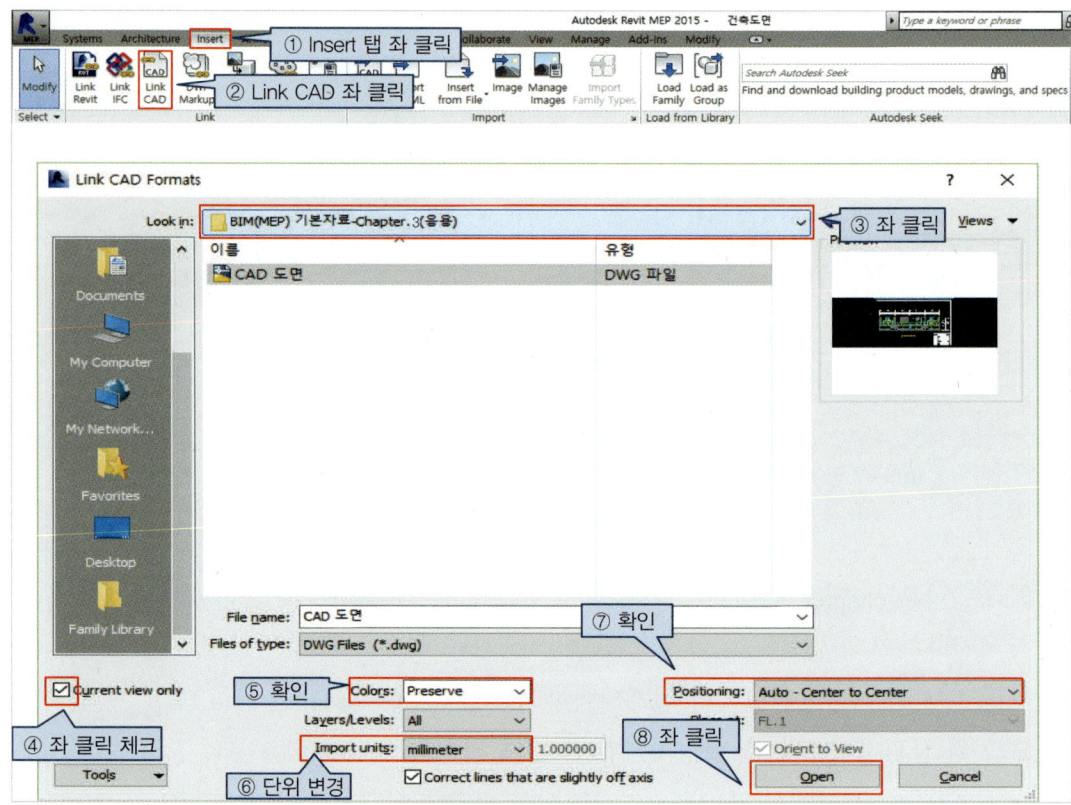

[그림 3-5]

공조덕트 평면도를 삽입시키면 그림 3-6과 같이 화면 창에 표시된다.

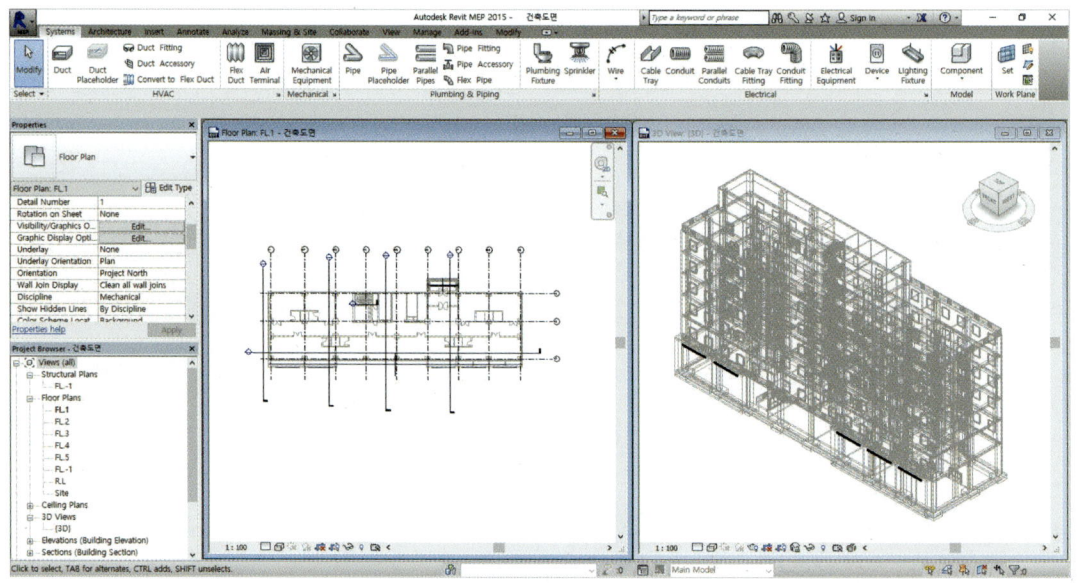

[그림 3-6]

CAD 공조덕트 평면도와 건축도면을 일치화시키는 작업을 하려면 그림 3-7~3-9와 같이 진행한다.

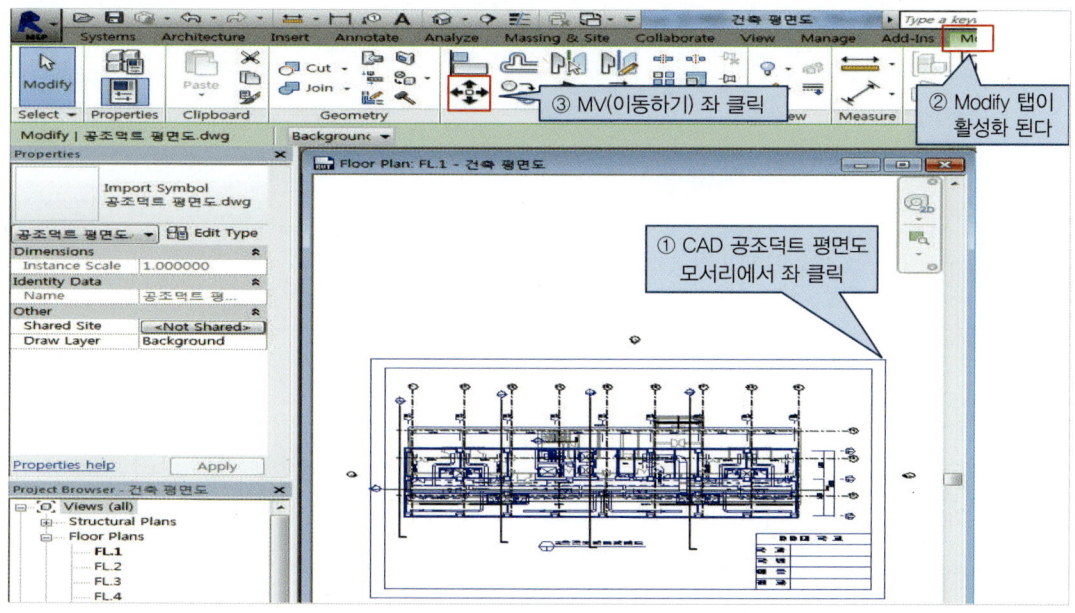

[그림 3-7]

일치화시키는 작업 중에 기준이 되는 기둥모서리가 보이지 않을 경우 그림 3-8 "a" 확대 그림과 같이 마우스 휠을 이용하여 확대하여 좌 클릭한다.

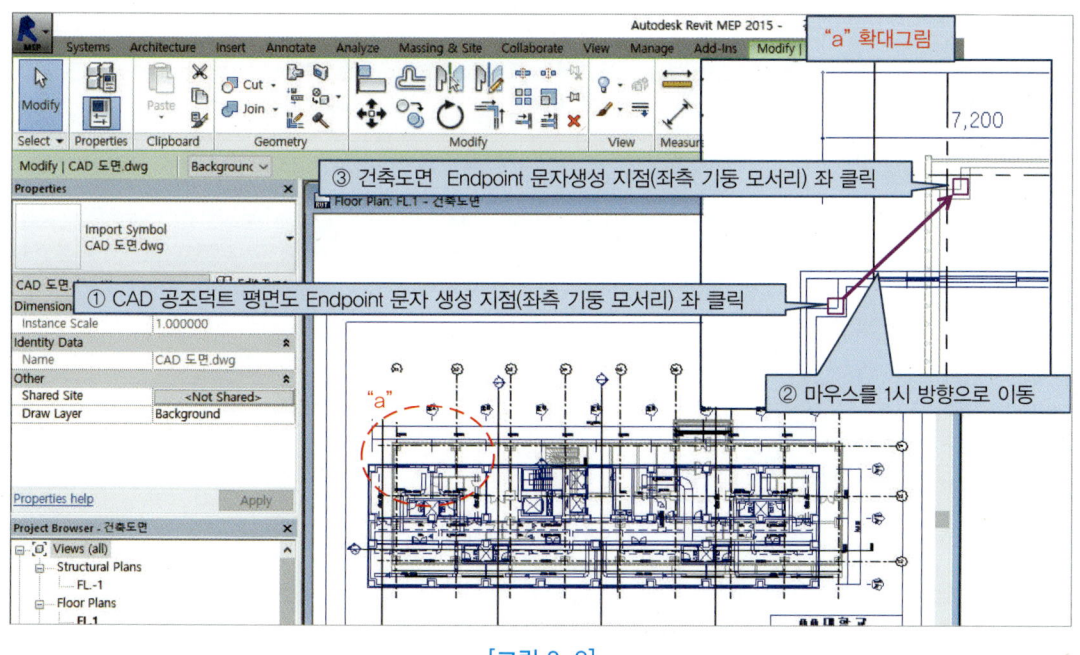

[그림 3-8]

그림 3-9와 같이 FIN으로 고정시켜 준다.

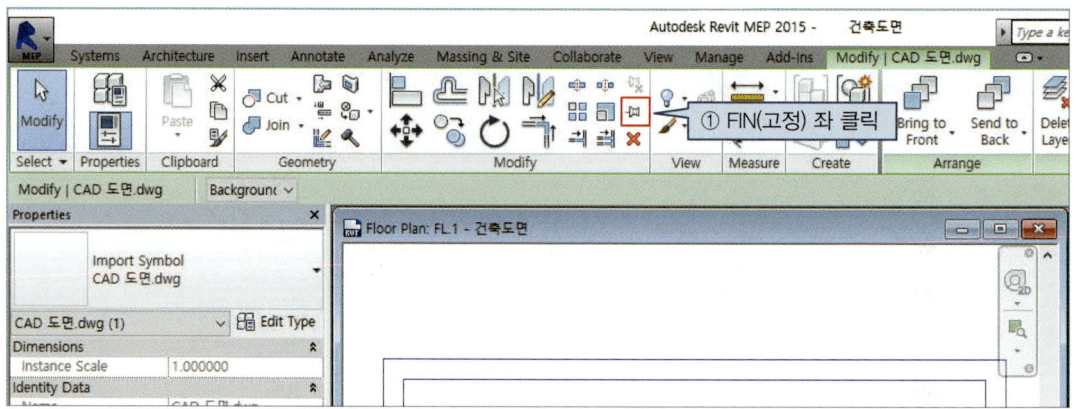

[그림 3-9]

CAD 공조덕트 평면도와 동일한 덕트 크기를 그리기 위해서 그림 3-10과 같이 진행한다. (처음 덕트를 실행하면 Oval 덕트로 선택되어 있기 때문에 순서 ④, ⑤와 같이 Rectangular 덕트로 변경시켜준다.)

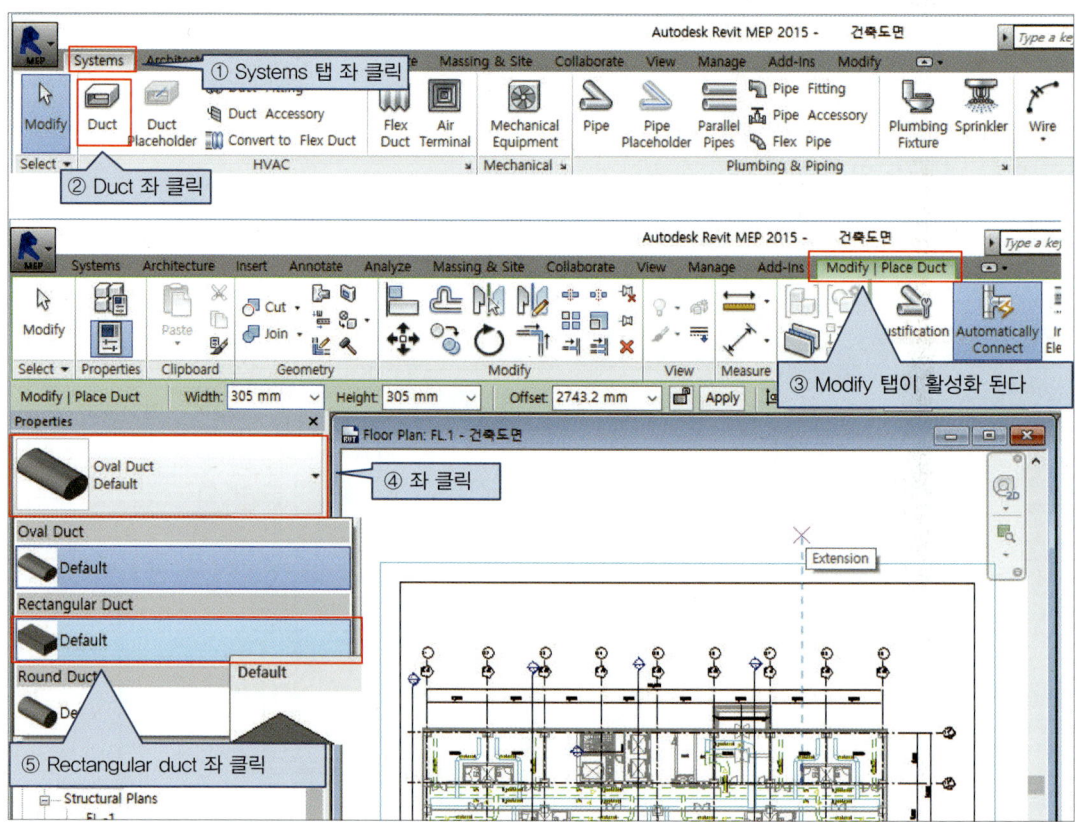

[그림 3-10]

① 공조덕트의 크기와 높이 지정
② Edit Type을 들어가서 그림 3-12~3-22와 같이 Fitting 설정을 시켜준다. (Fitting 설정을 하지 않으면 덕트 엘보와 트랜지션이 자동생성이 되지 않기 때문에 경고 메시지가 뜬다.)

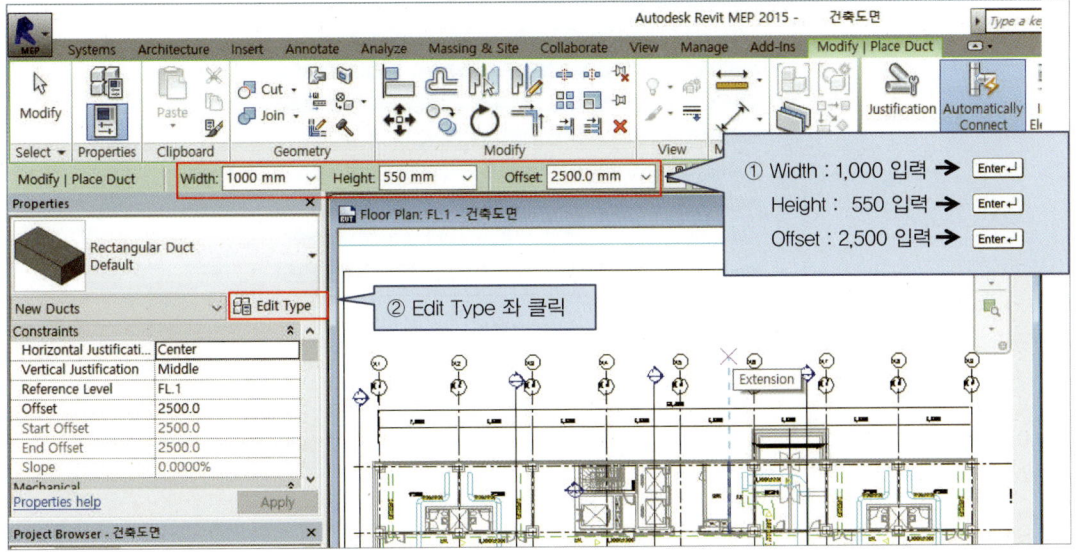

[그림 3-11]

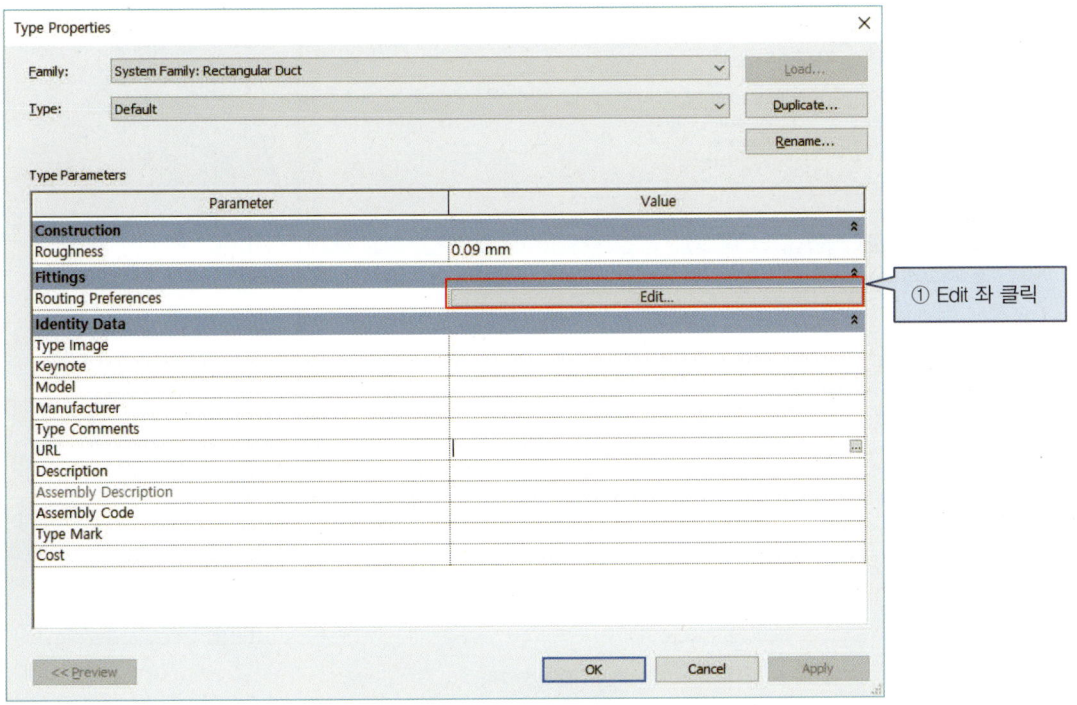

[그림 3-12]

Chapter 03 BIM 공조덕트 설계하기 047

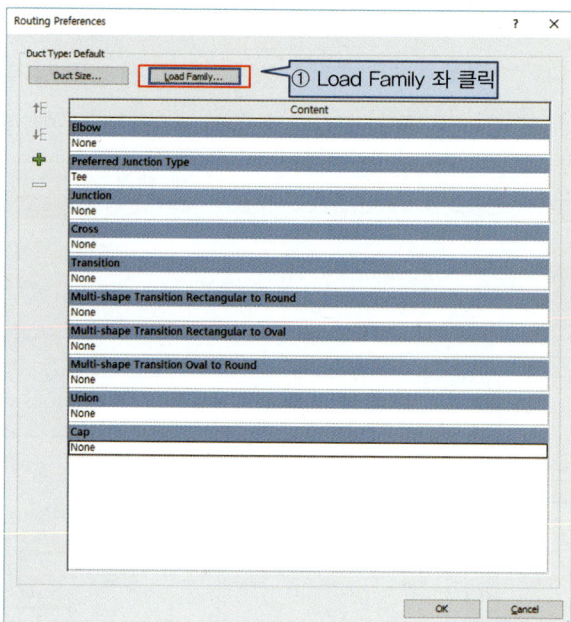

[그림 3-13]

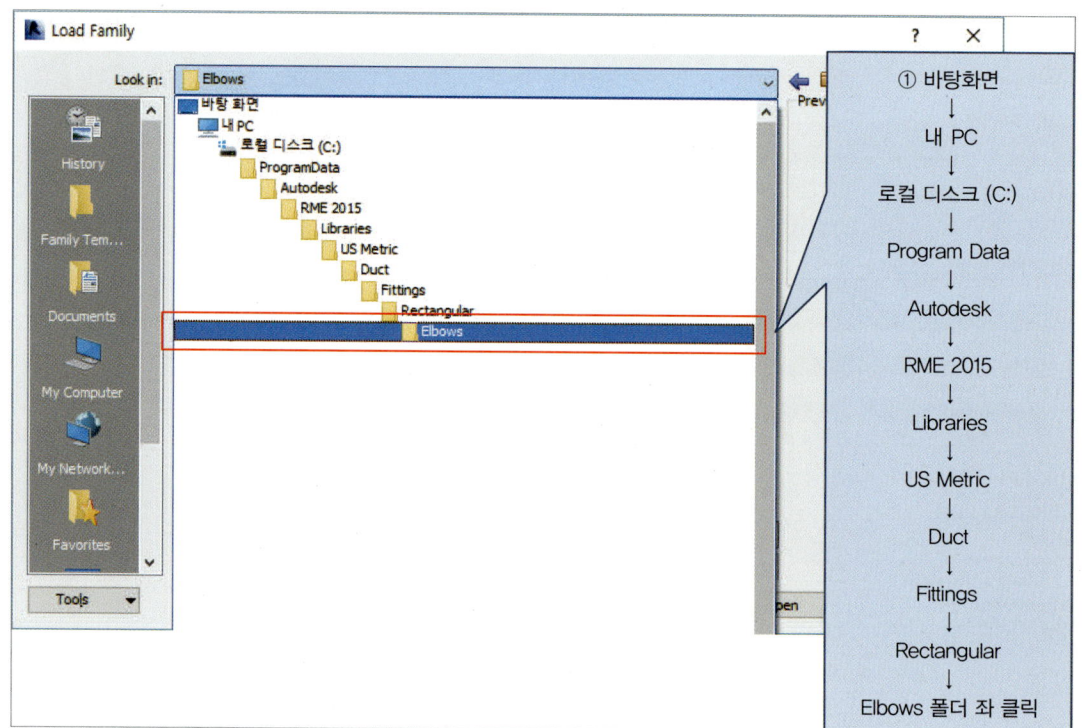

[그림 3-14]

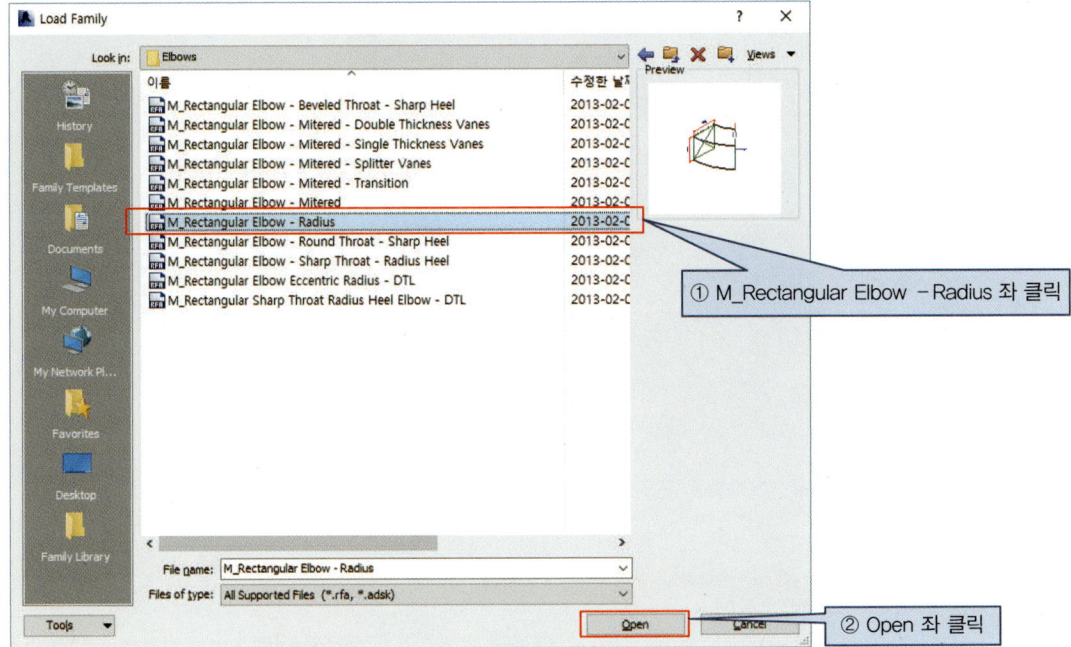

[그림 3-15]

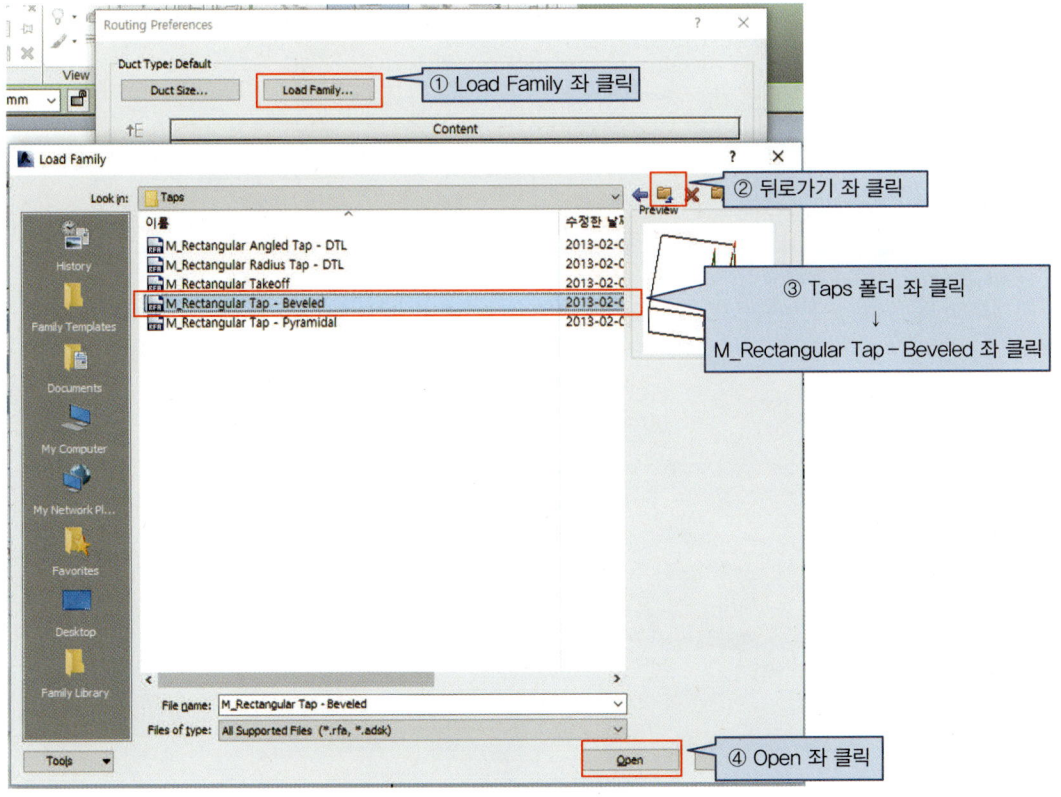

[그림 3-16]

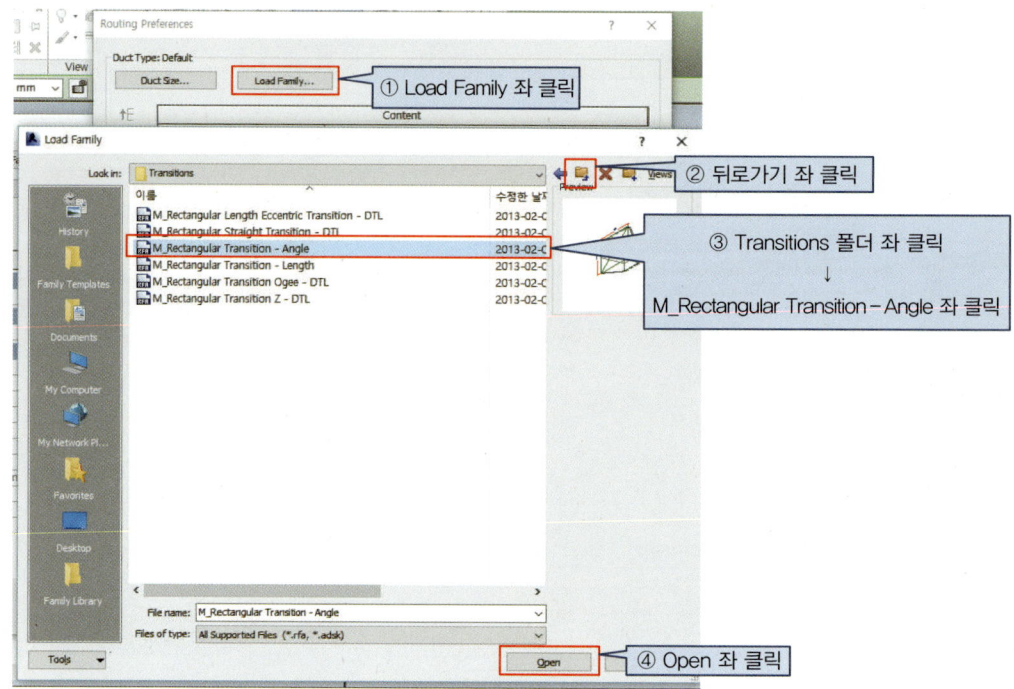

[그림 3-17]

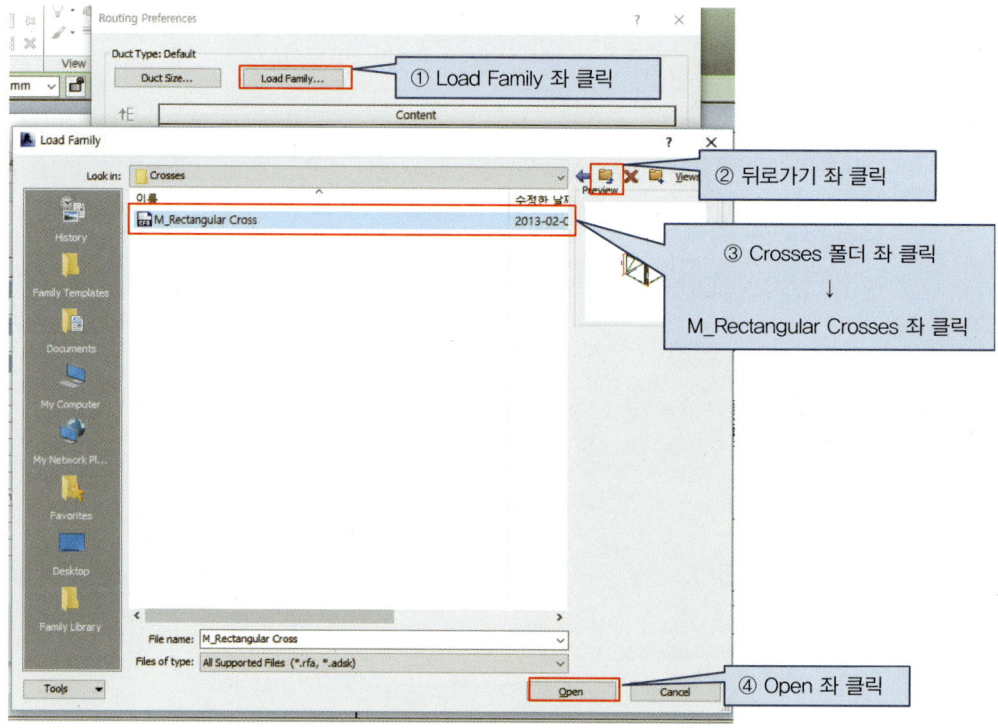

[그림 3-18]

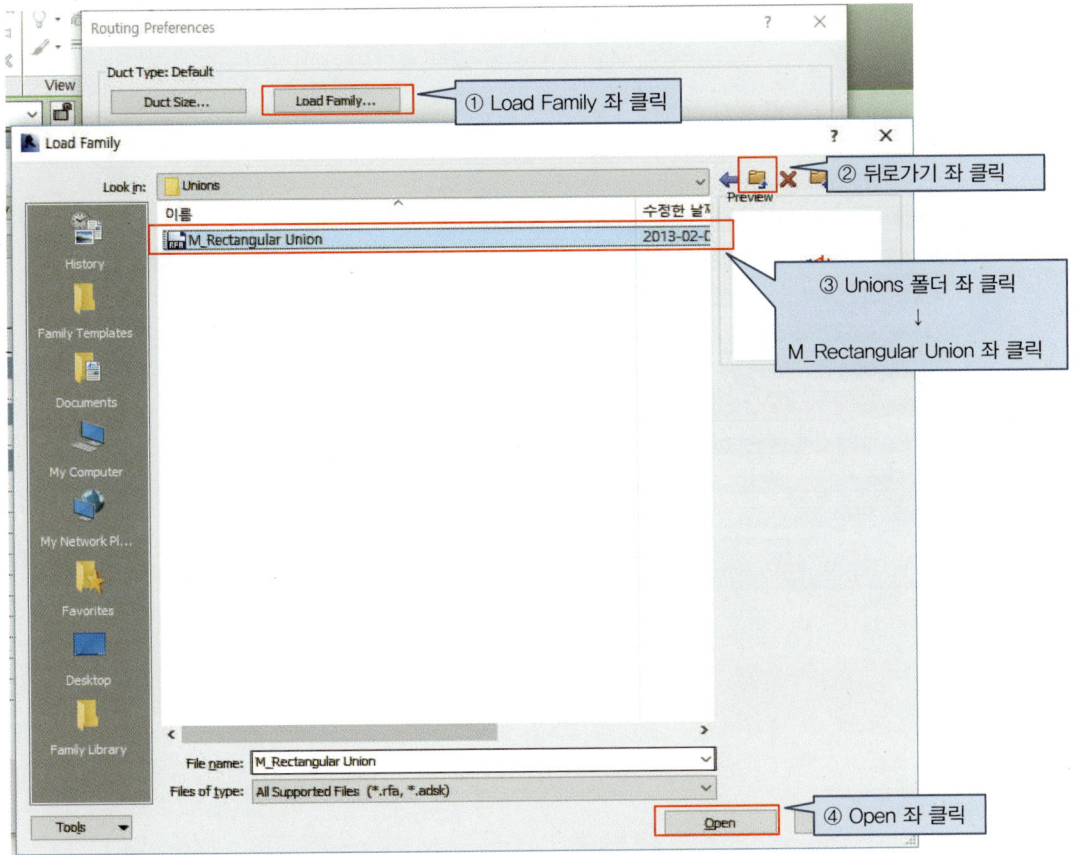

[그림 3-19]

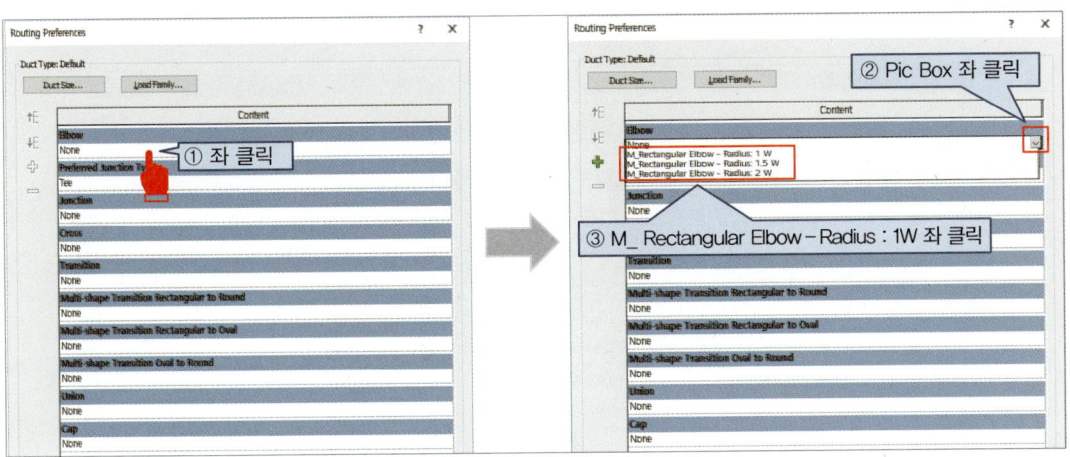

[그림 3-20]

그림 3-20과 같은 방법으로 그림 3-21과 같이 설정을 지정해 준다.

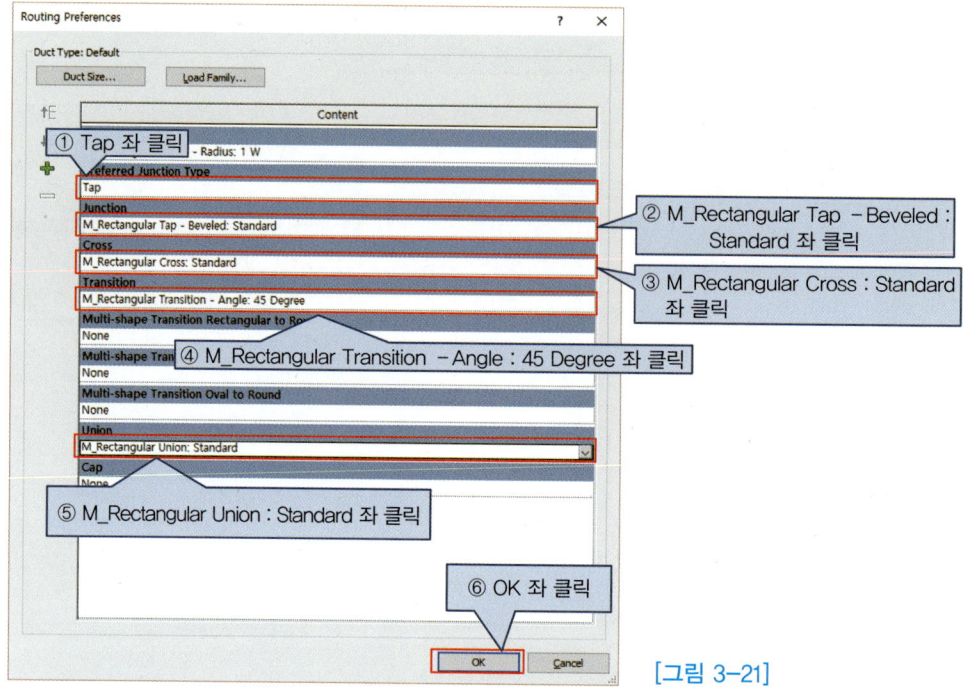

[그림 3-21]

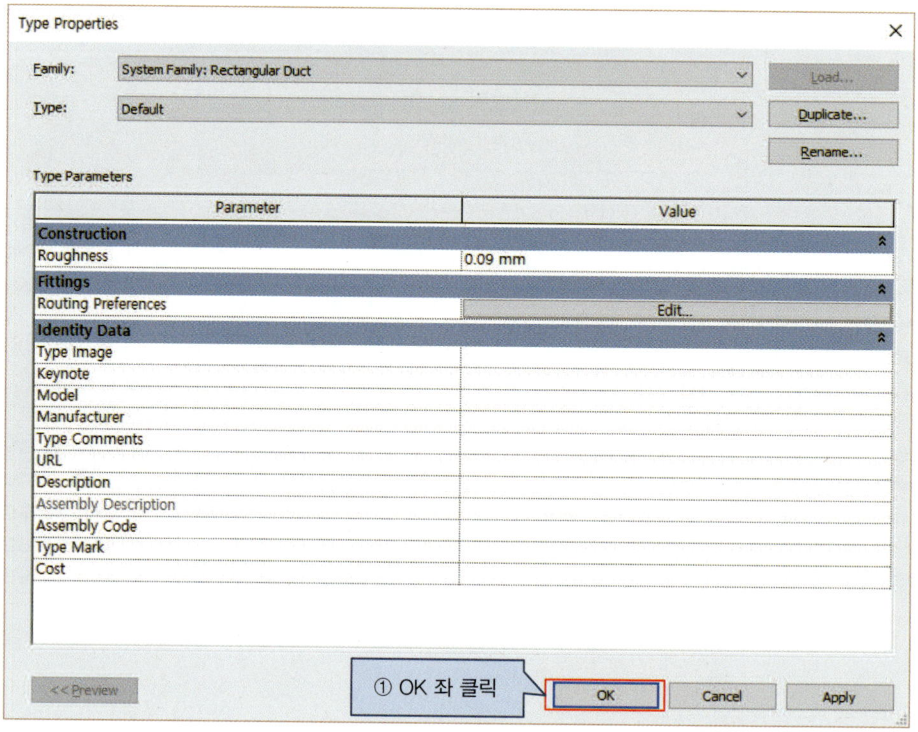

[그림 3-22]

평면도에 덕트를 그리면 덕트가 보이지 않기 때문에 그림 3-23과 같이 View Range 설정에서 Top 부분의 Offset을 4000으로 설정해야 그려진 덕트가 보여진다.

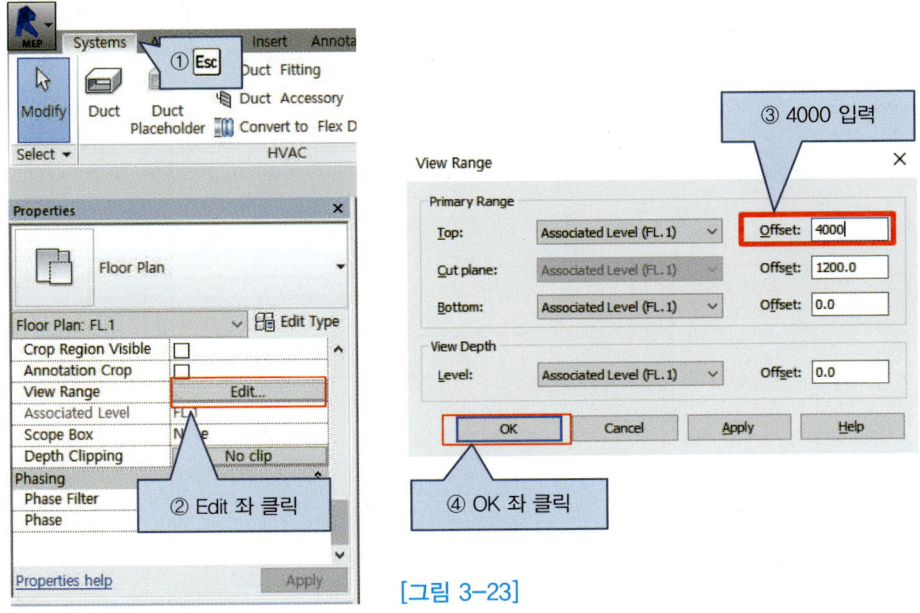

[그림 3-23]

Rectangular 덕트를 그림 3-24~3-31과 같이 그리시오.

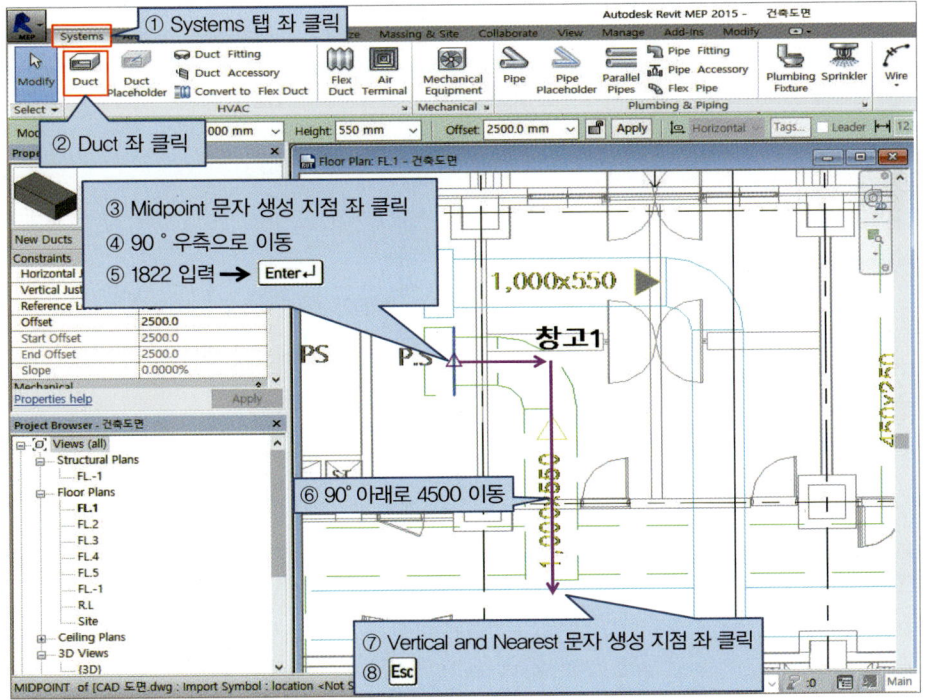

[그림 3-24]

Chapter 03 BIM 공조덕트 설계하기   053

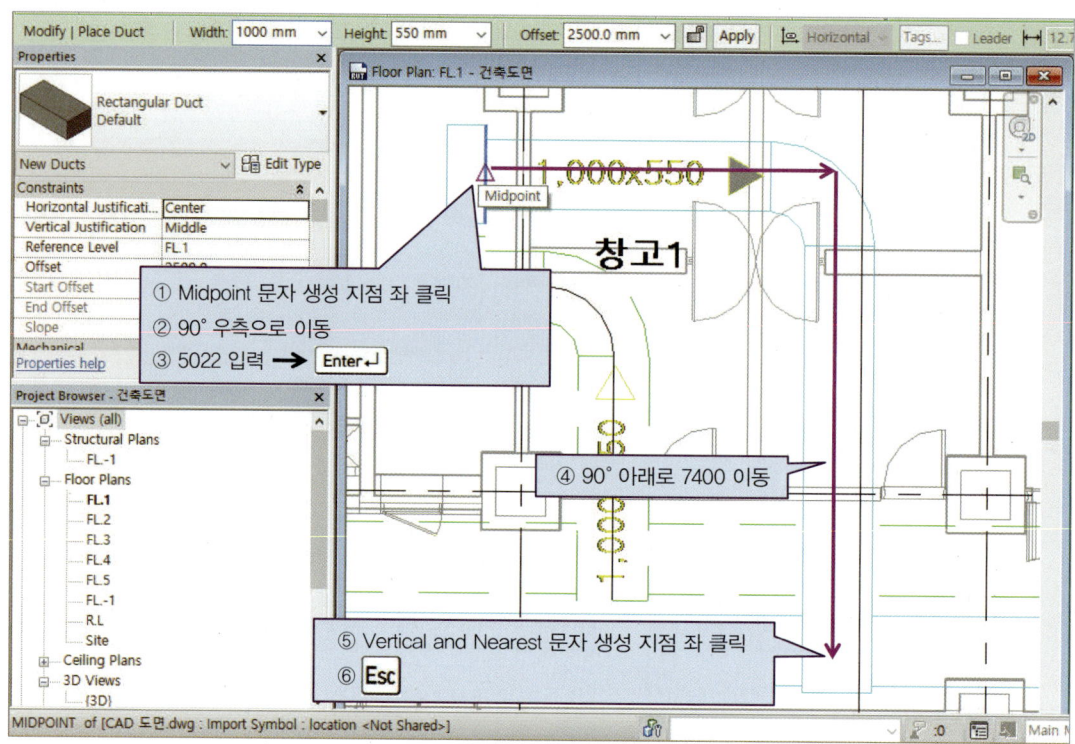

[그림 3-25]

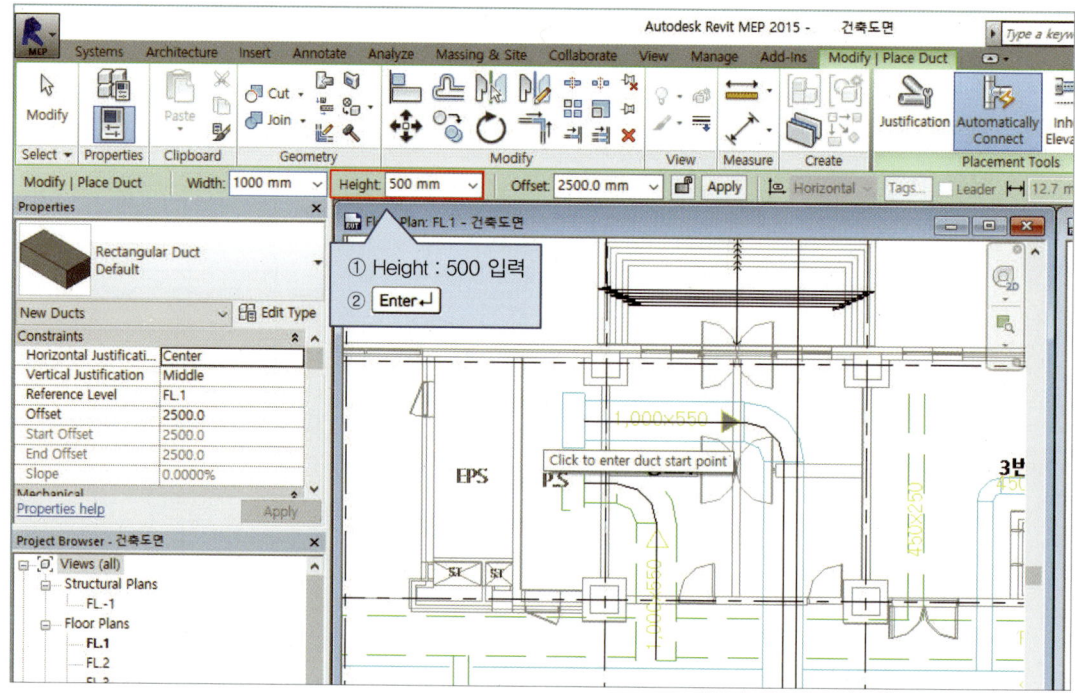

[그림 3-26]

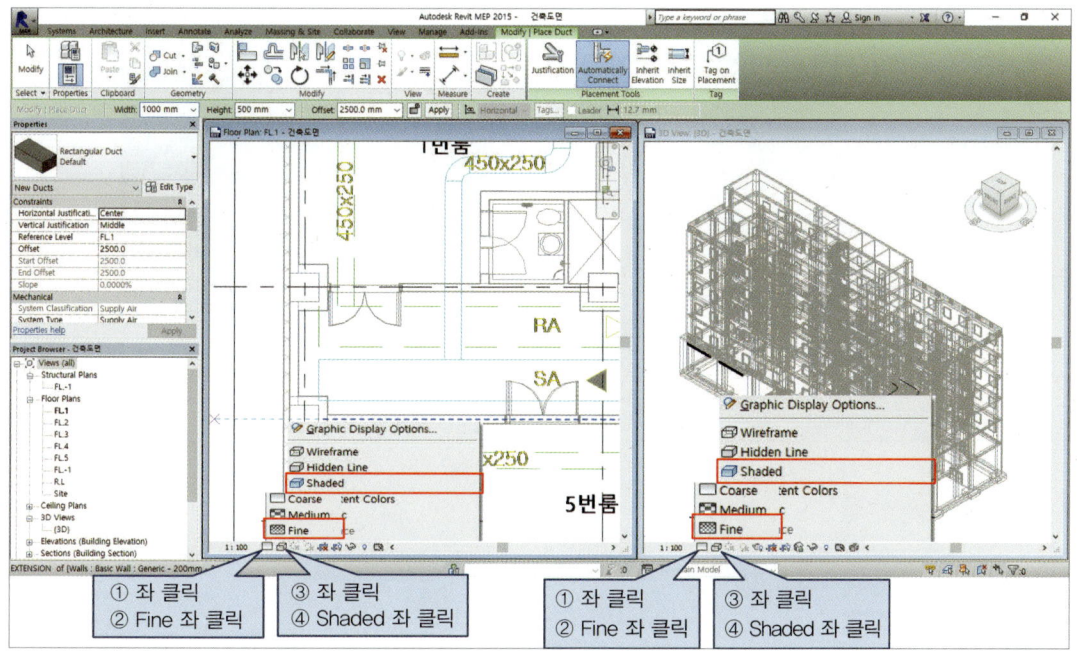

[그림 3-27]

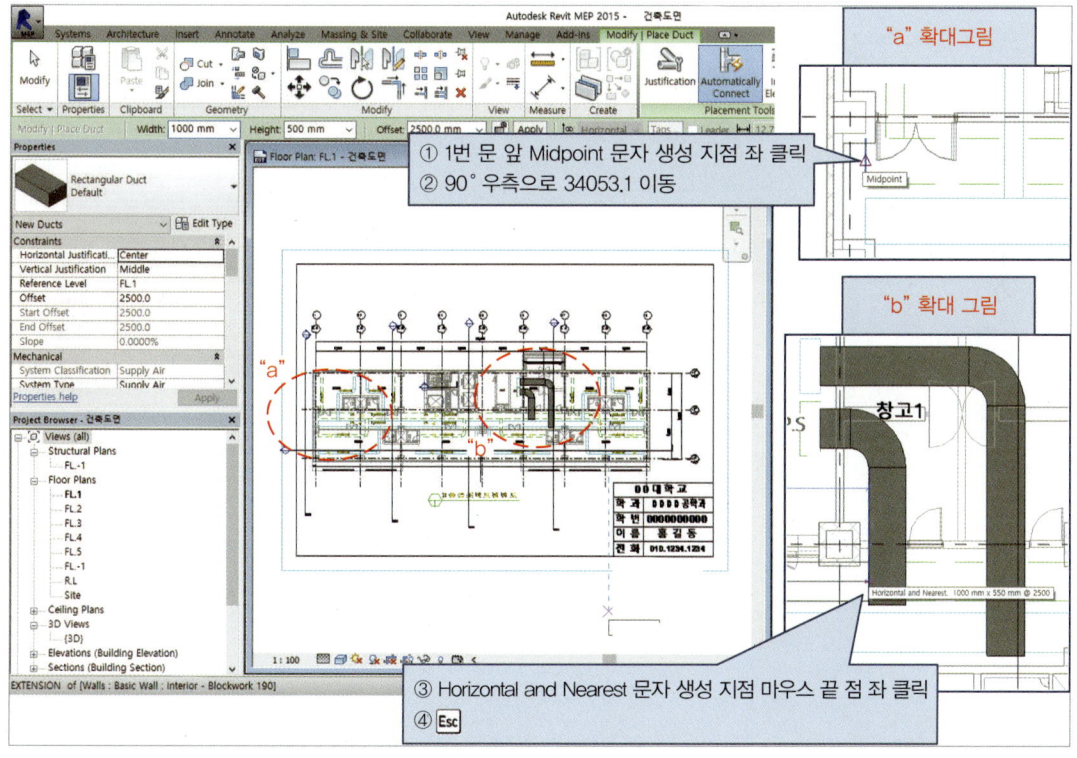

[그림 3-28]

Chapter 03 BIM 공조덕트 설계하기

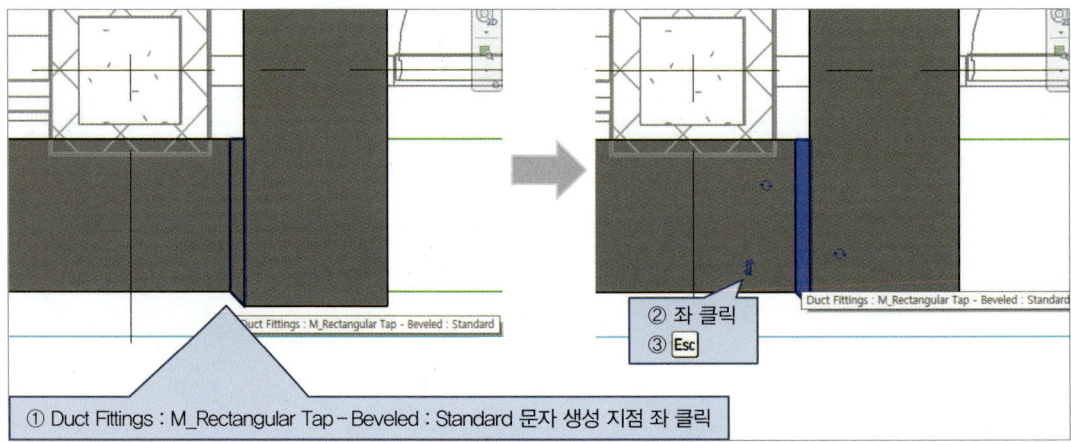

[그림 3-29]

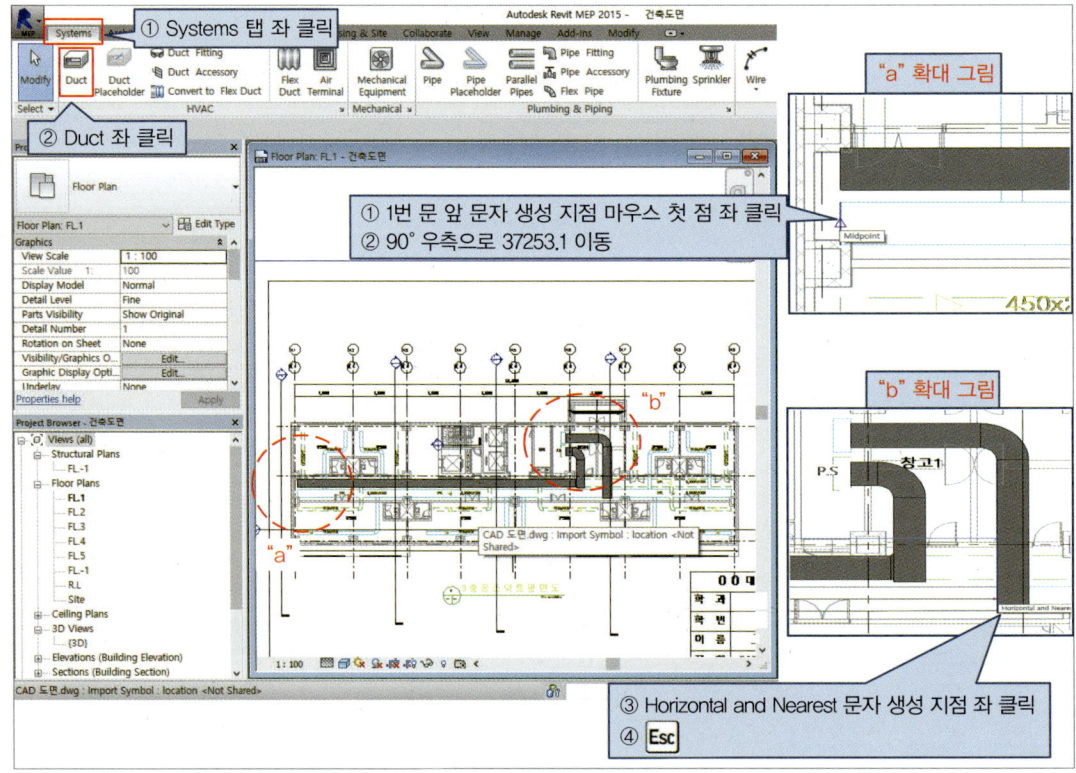

[그림 3-30]

그림 3-29와 동일한 방법으로 덕트 접합부를 그림 3-31과 같이 만드시오.

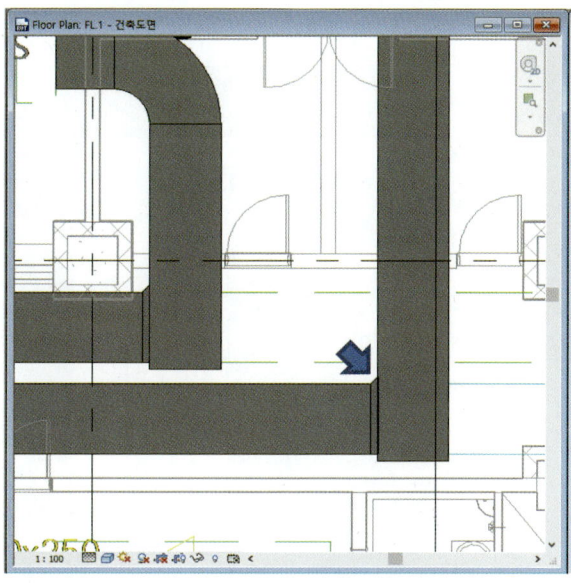

[그림 3-31]

가로 횡지덕트와 세로 횡지덕트가 충돌되는 것을 방지하기 위해서 그림 3-32~3-35와 같이 그리시오. 가로 횡지덕트는 Offset을 3500, 세로 횡지덕트는 2,500으로 하시오.

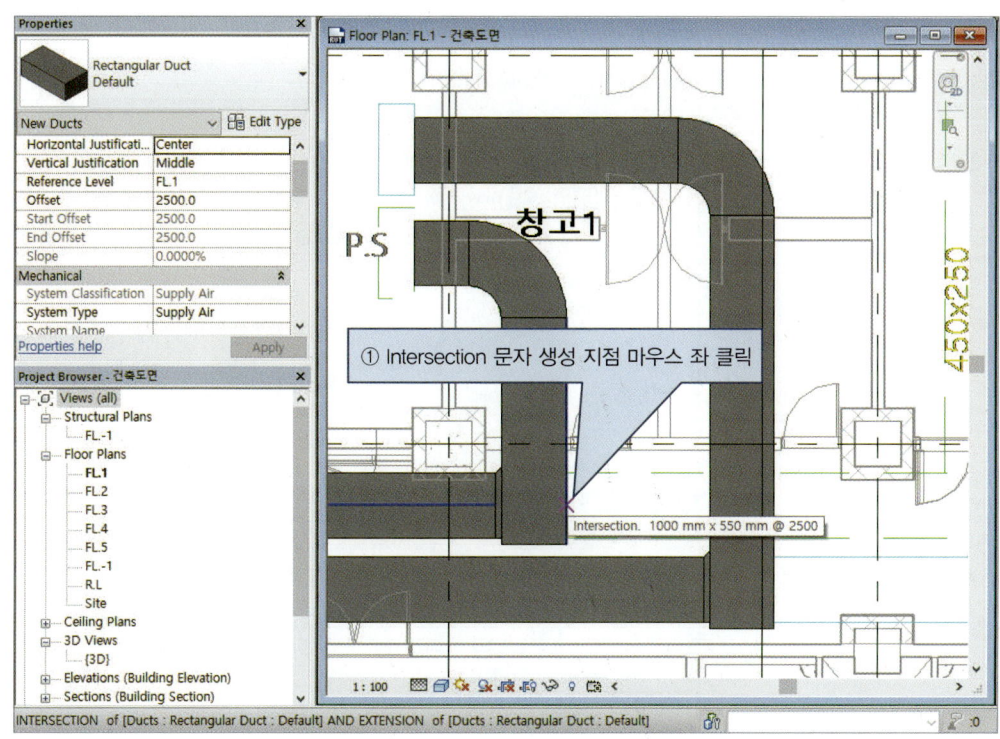

[그림 3-32]

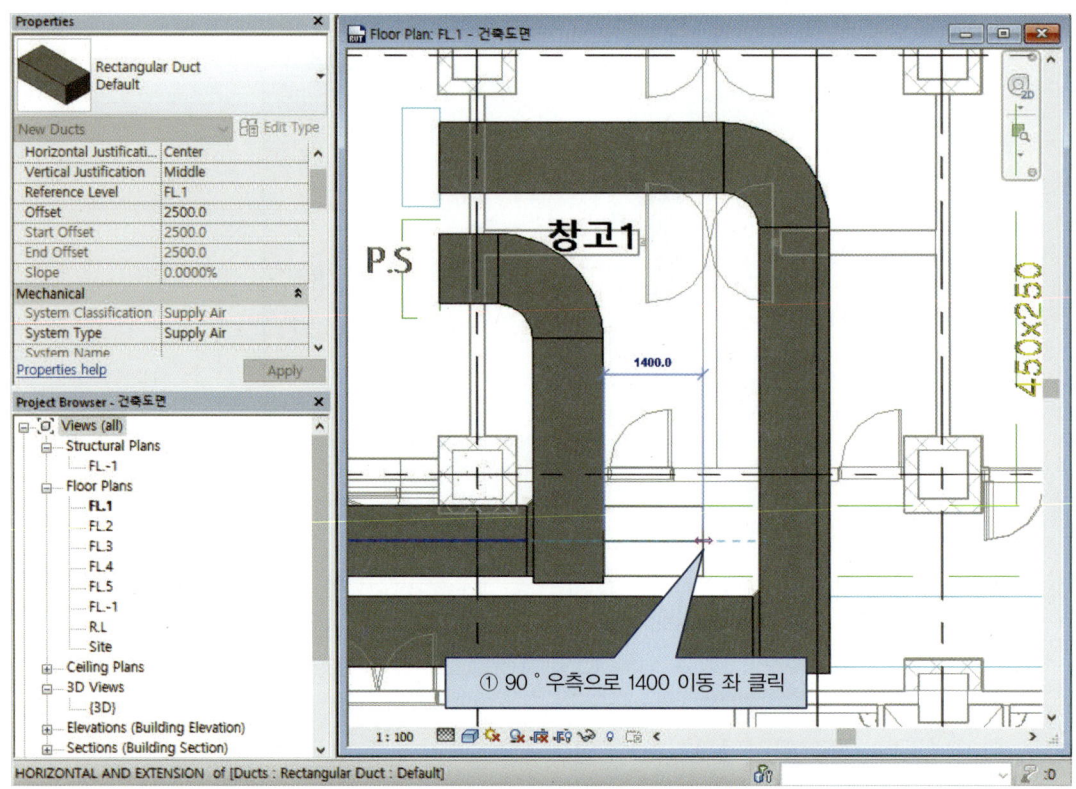

[그림 3-33]

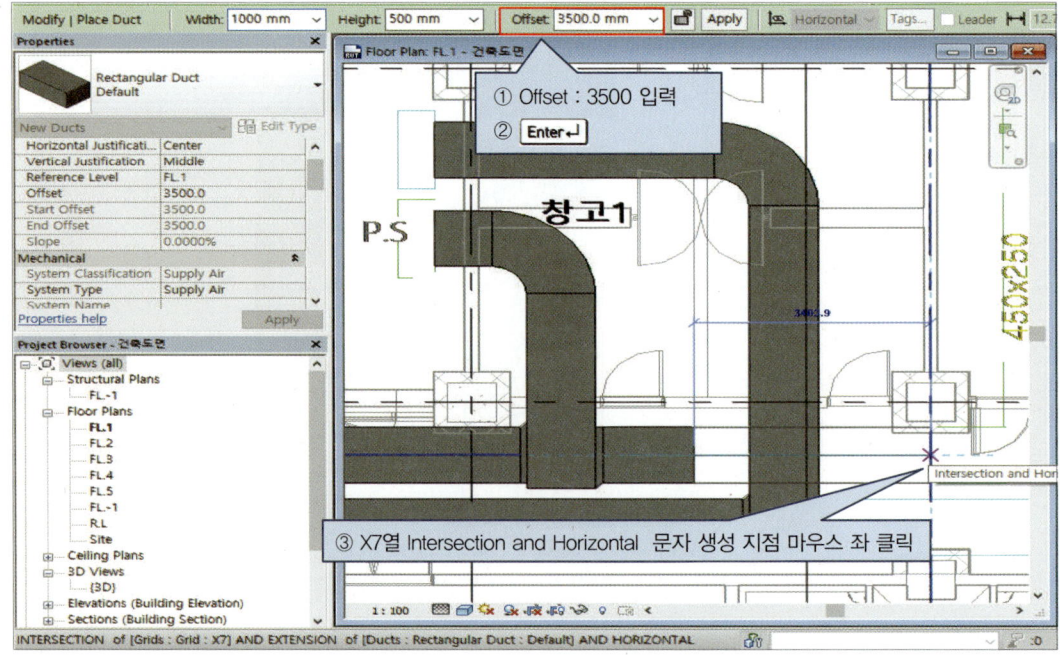

[그림 3-34]

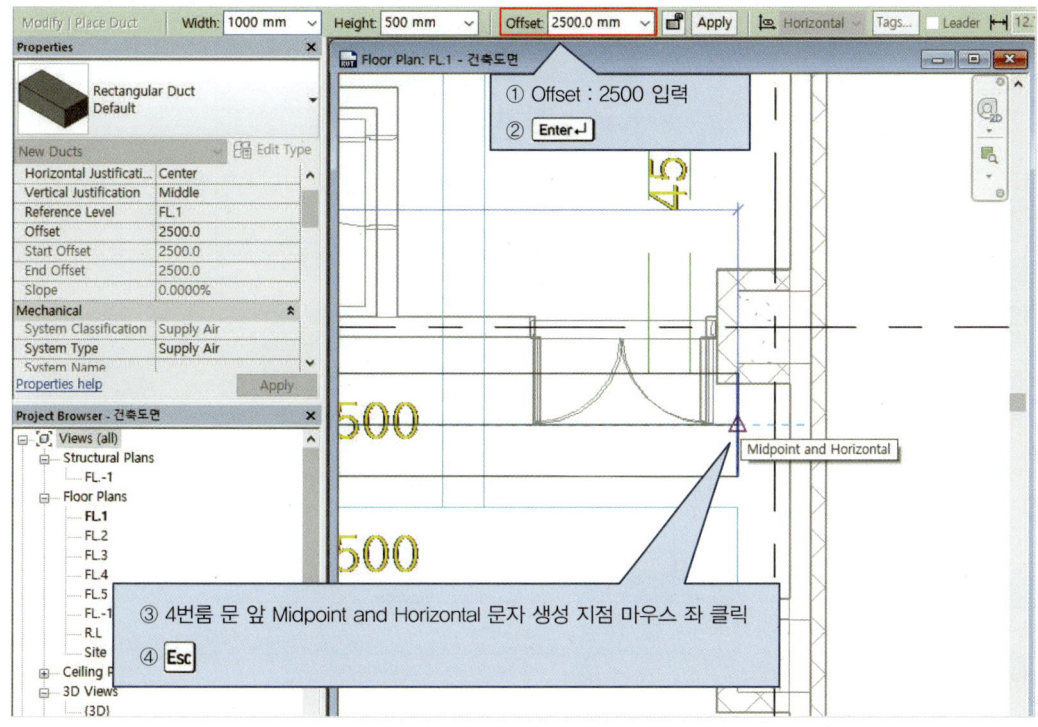

[그림 3-35]

그림 3-36~3-37과 같이 횡지덕트의 Offset을 2500으로 그리시오.

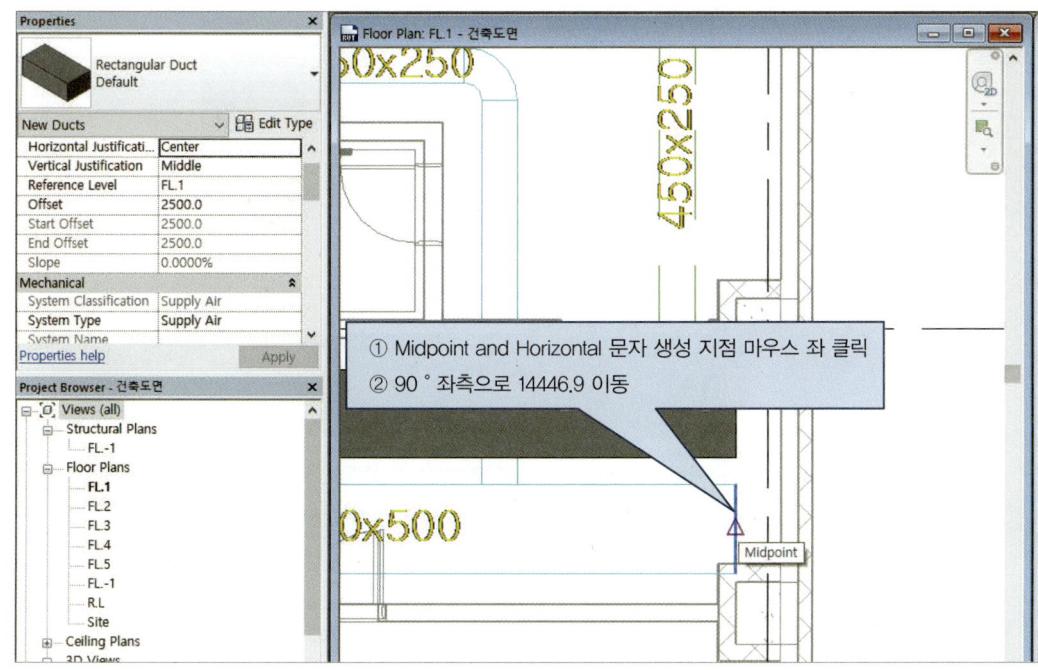

[그림 3-36]

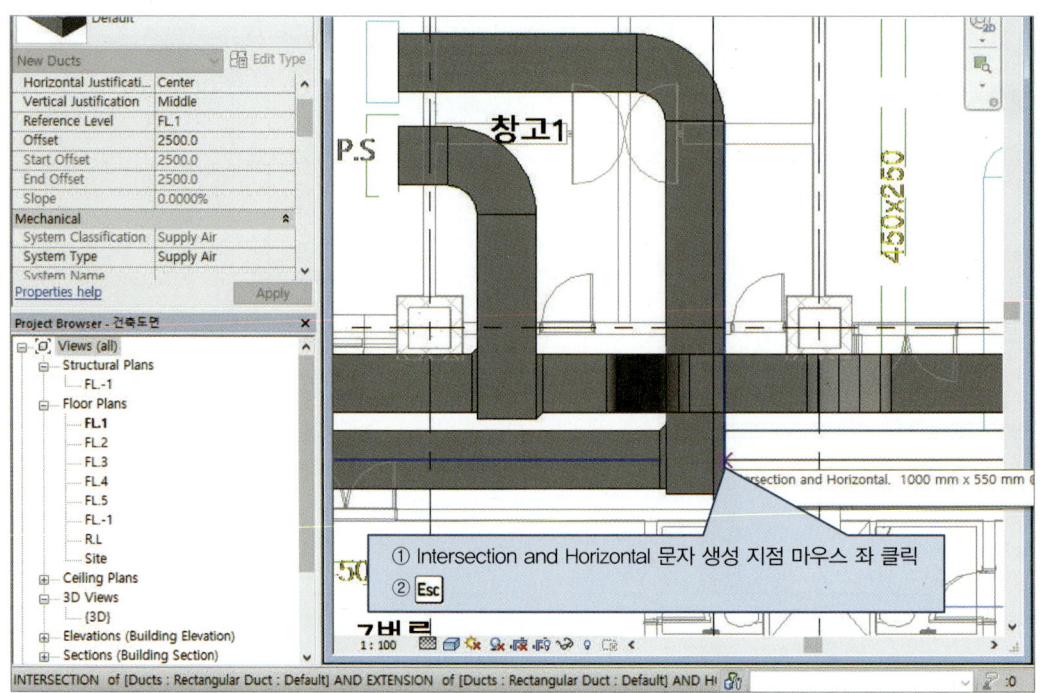

[그림 3-37]

Duct의 트랜지션 방향을 공기가 나가는 방향으로 돌려서 접합하시오.

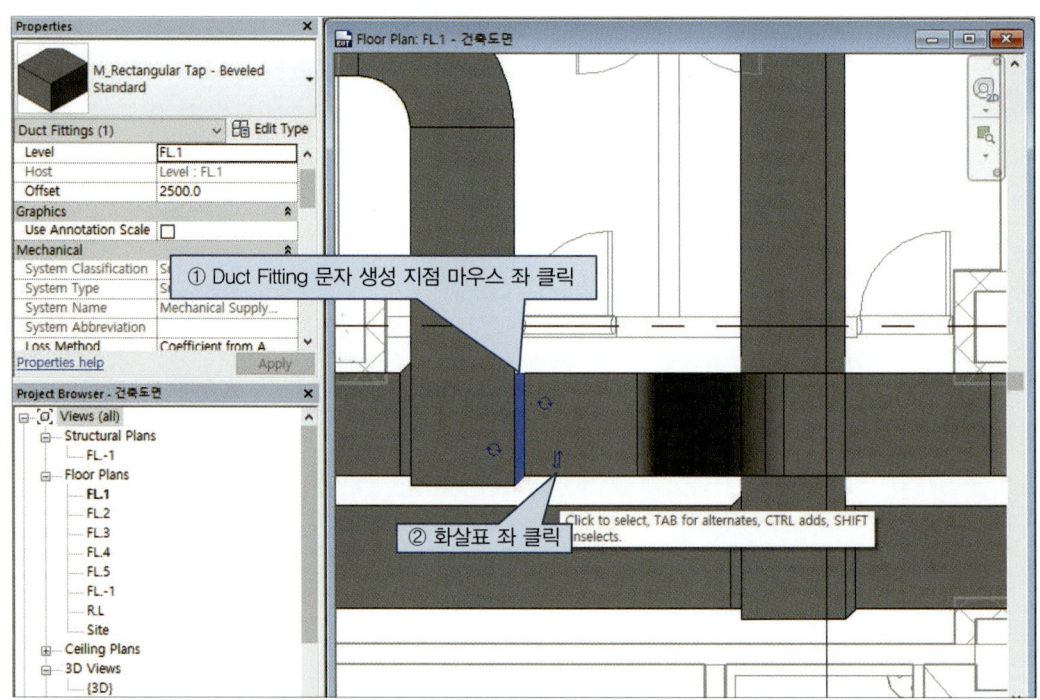

[그림 3-38]

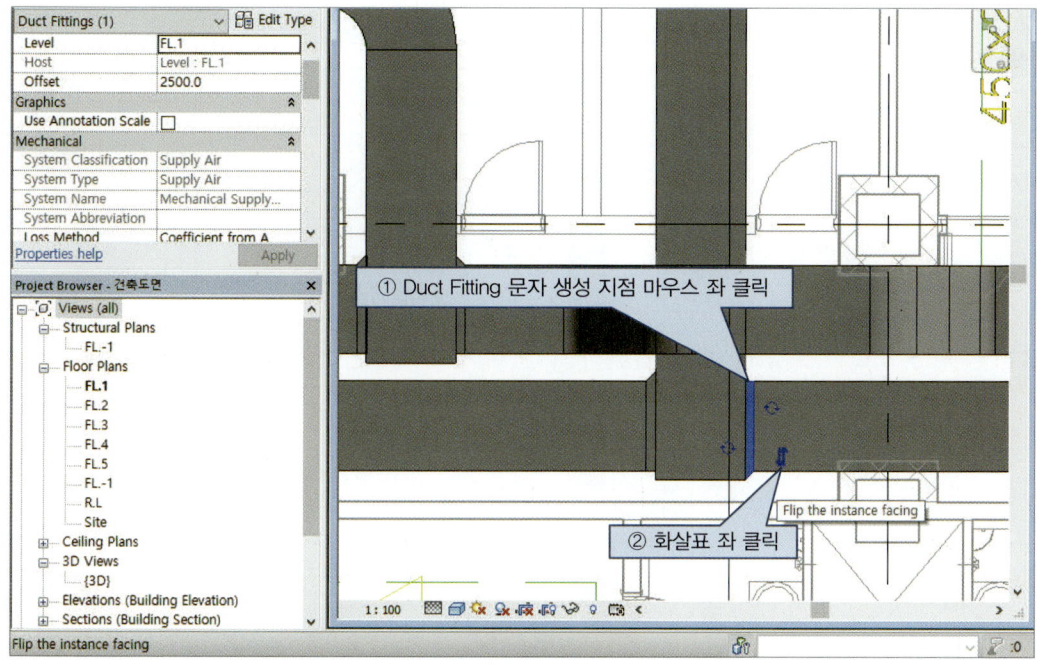

[그림 3-39]

그림 3-40~3-50과 같이 각 실에 세로 가지덕트를 그리시오.

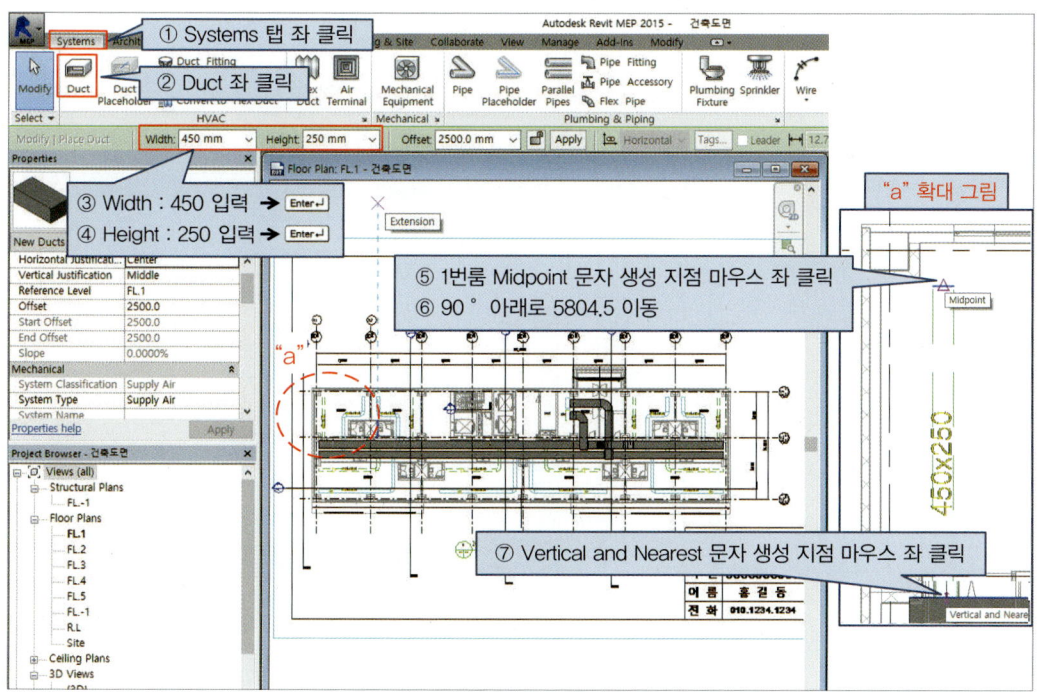

[그림 3-40]

Chapter 03 BIM 공조덕트 설계하기   061

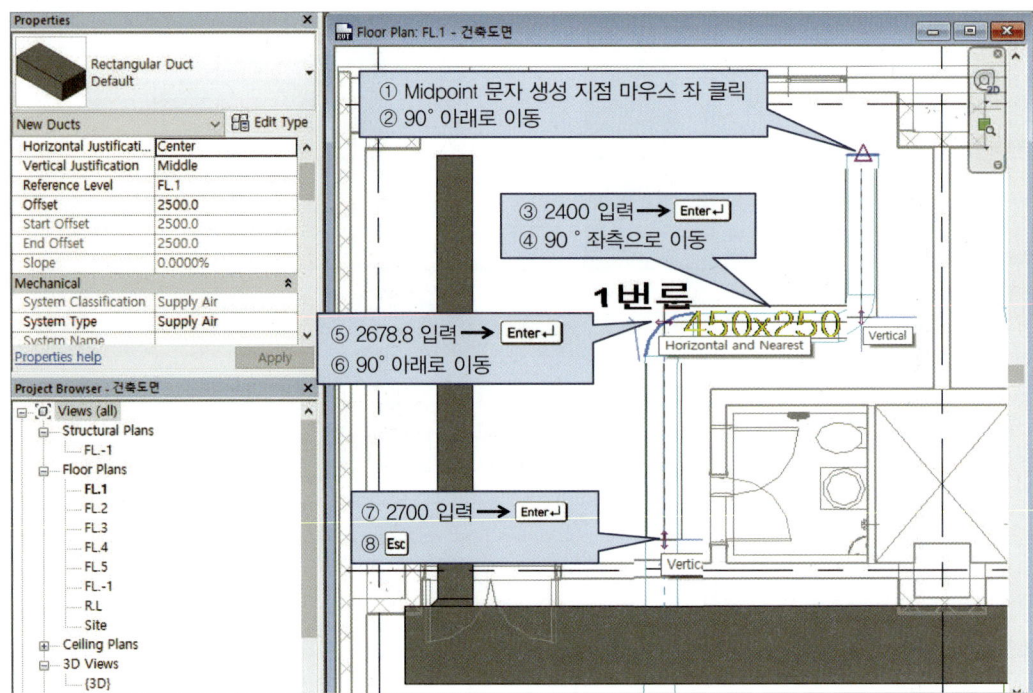

[그림 3-41]

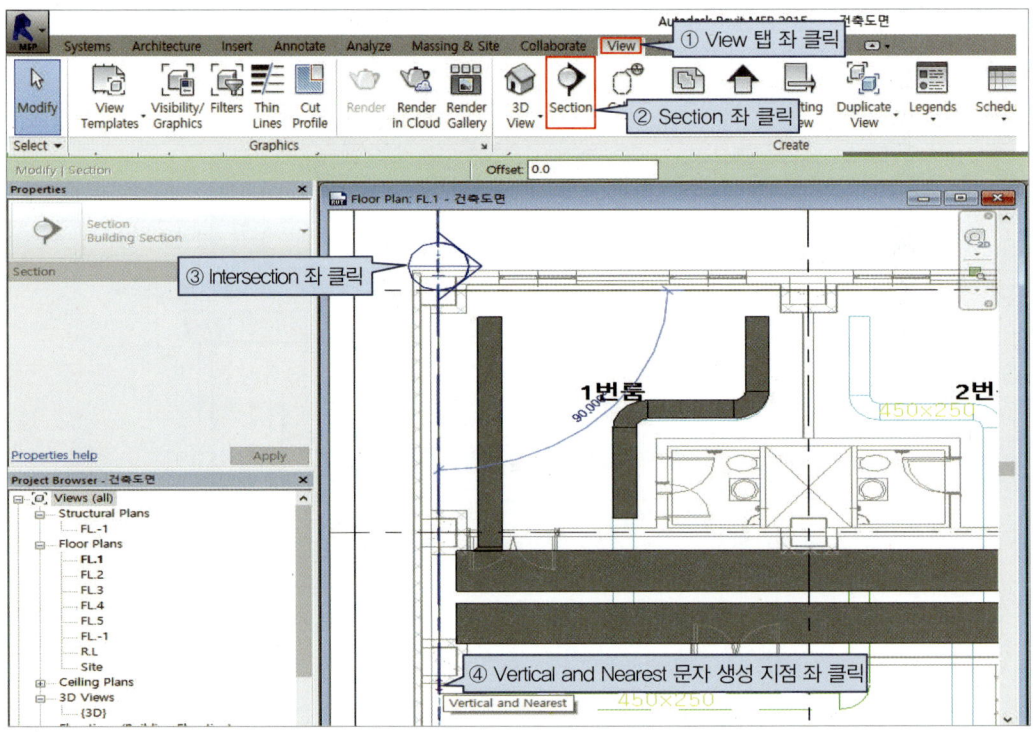

[그림 3-42]

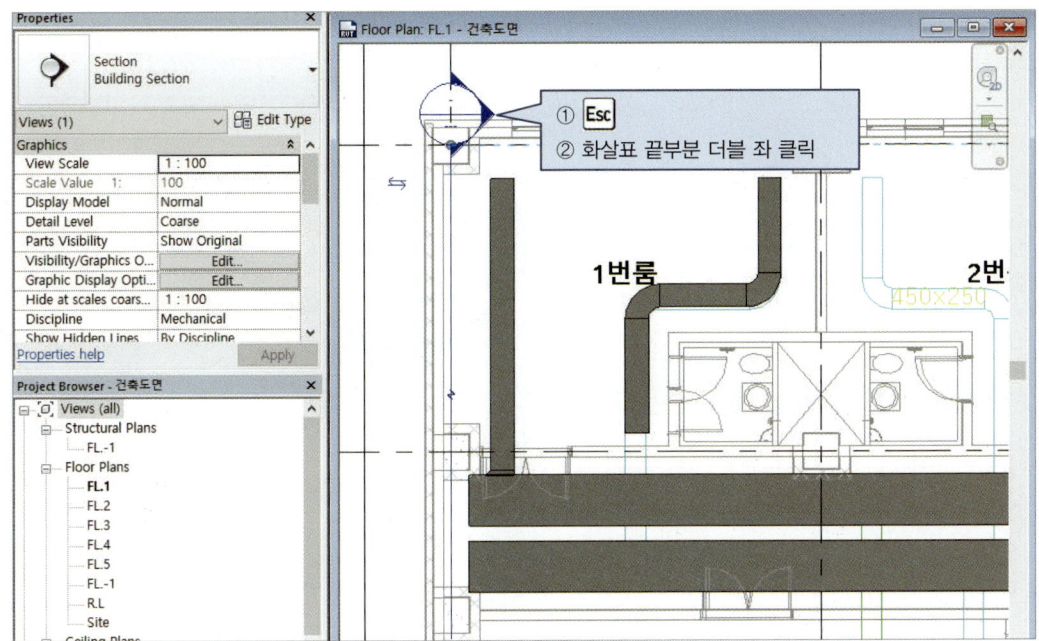

[그림 3-43]

공조덕트를 실물처럼 보기 위하여 그림 3-44와 같이 설정하시오.

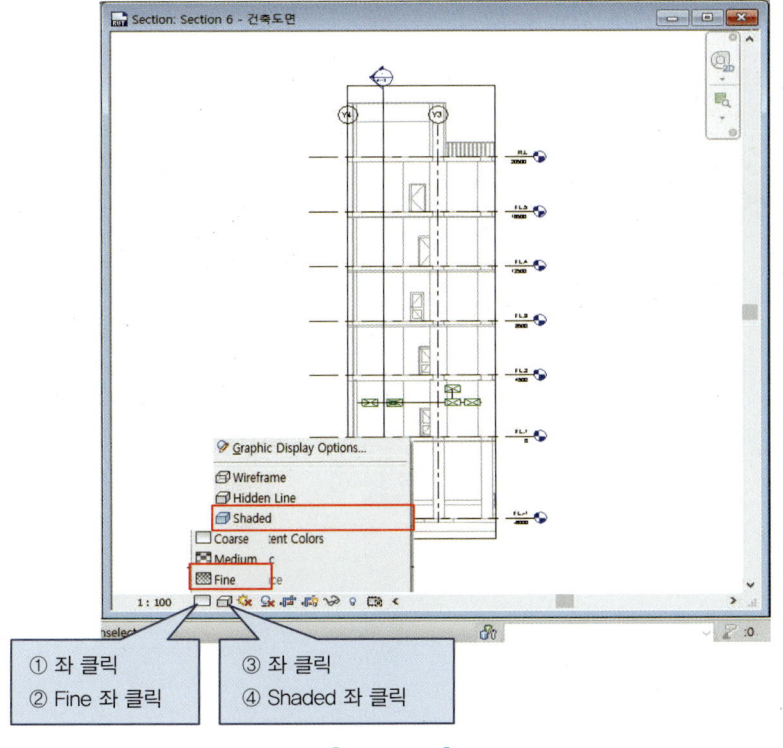

[그림 3-44]

Chapter 03 BIM 공조덕트 설계하기 063

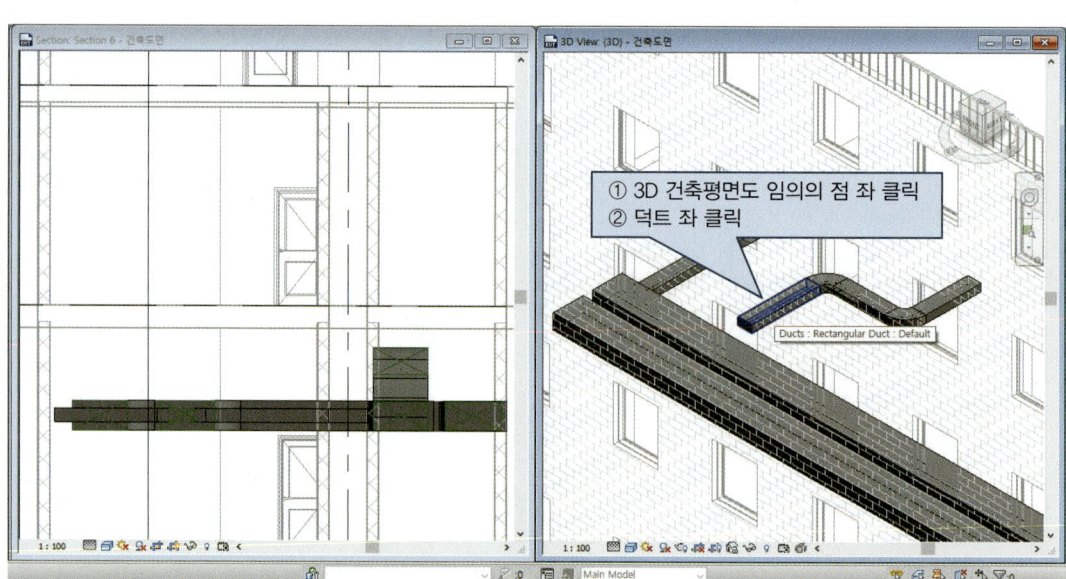

[그림 3-45]

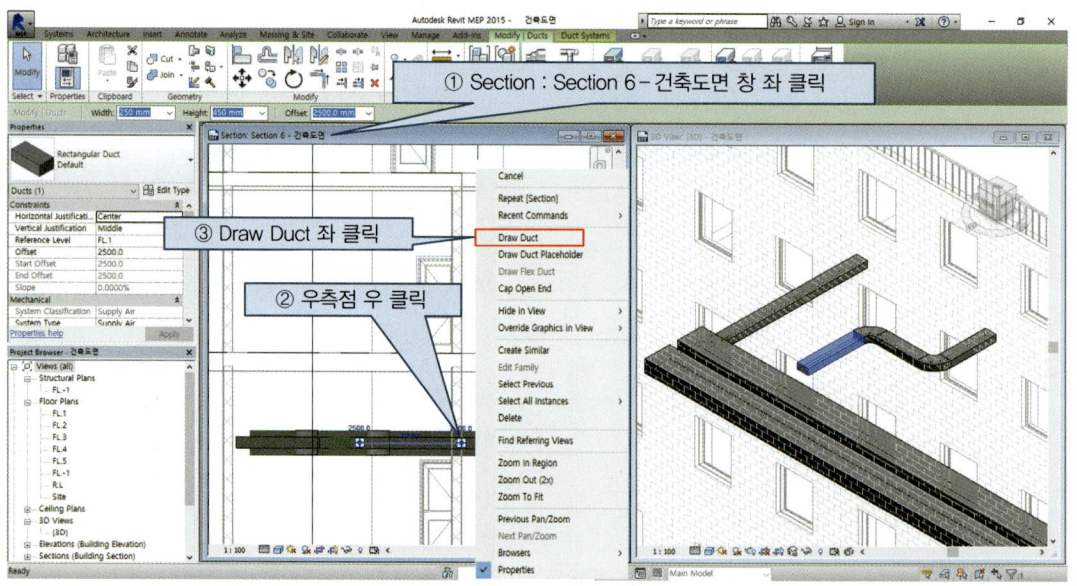

[그림 3-46]

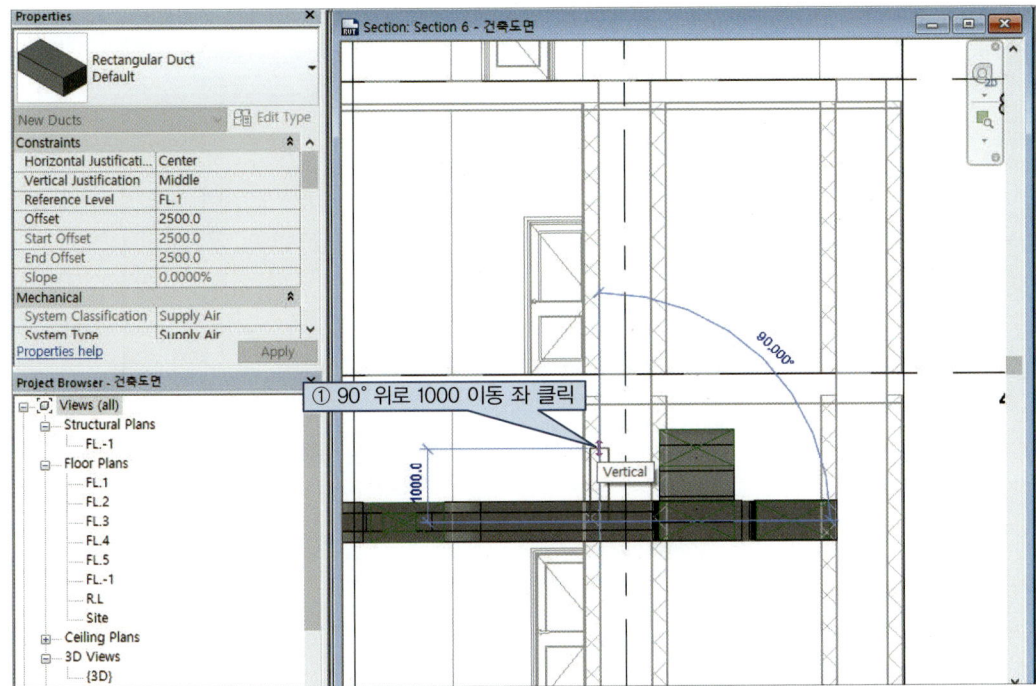

[그림 3-47]

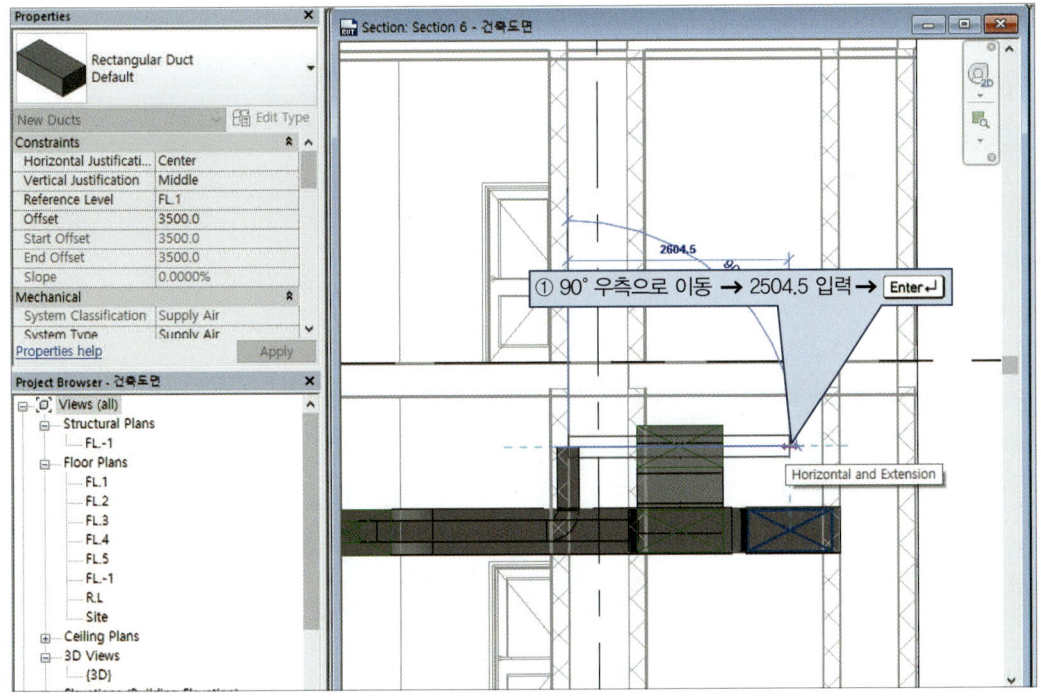

[그림 3-48]

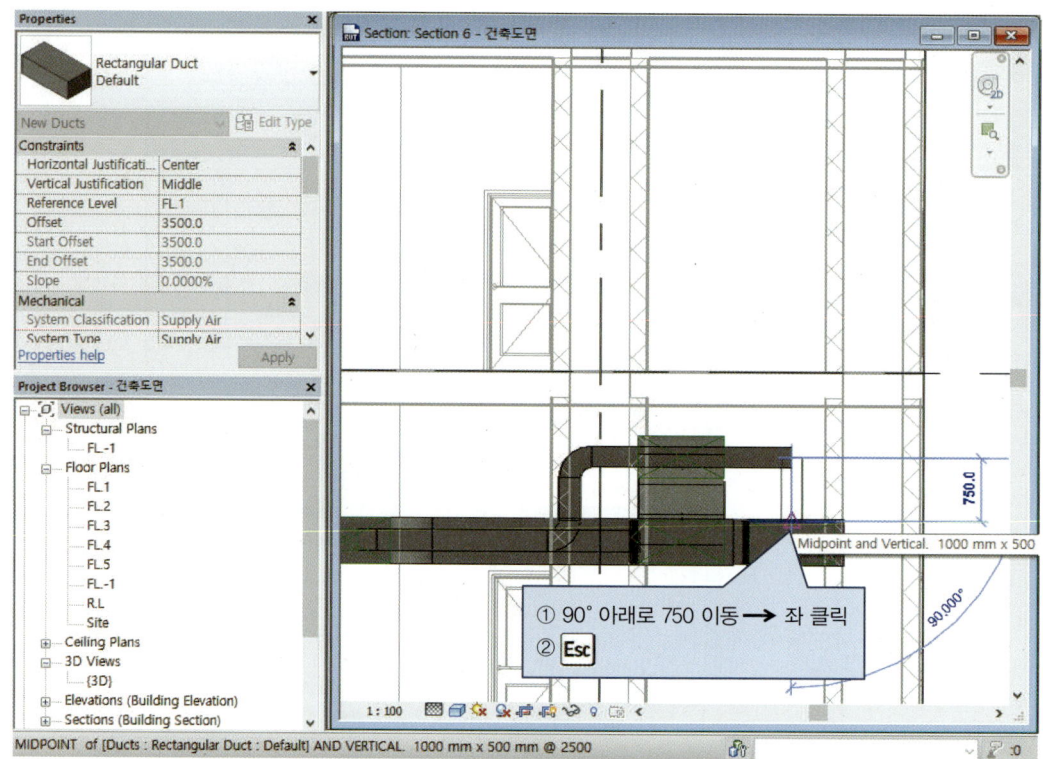

[그림 3-49]

그림 3-50 같이 도면을 그리시오.

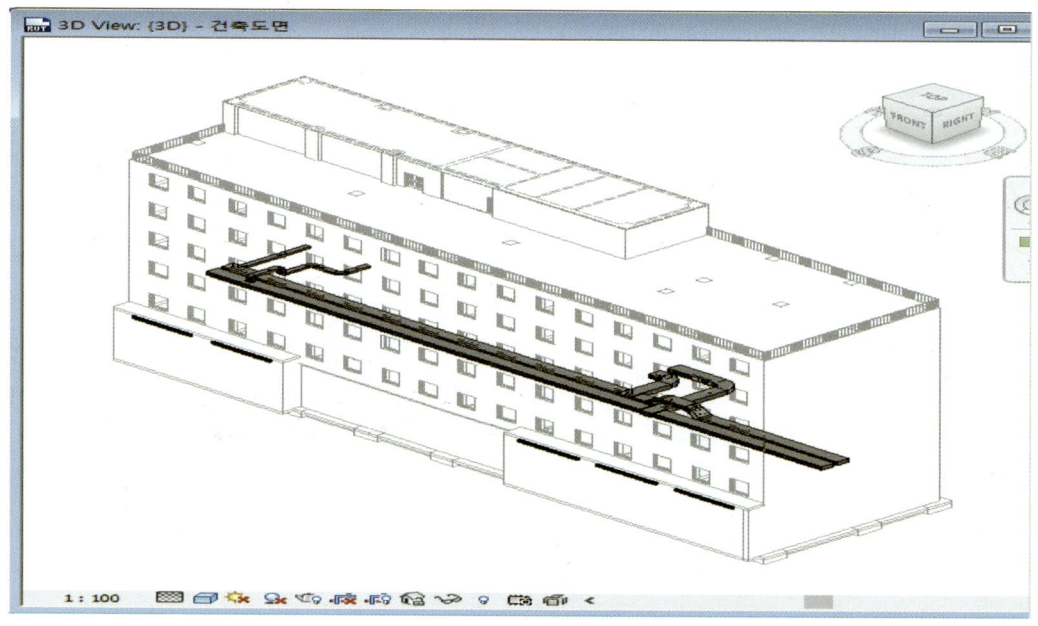

[그림 3-50]

그림 3-51~3-52와 같이 미러기능을 이용하여 1번룸의 가지덕트를 2번룸으로 복사한다.

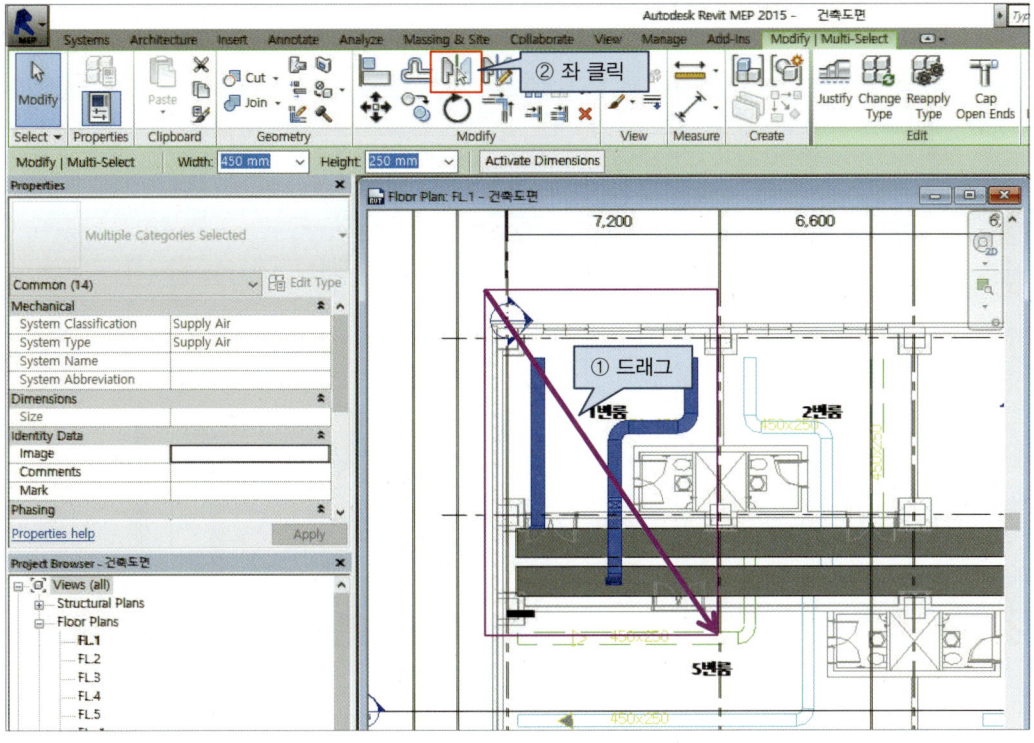

[그림 3-51]

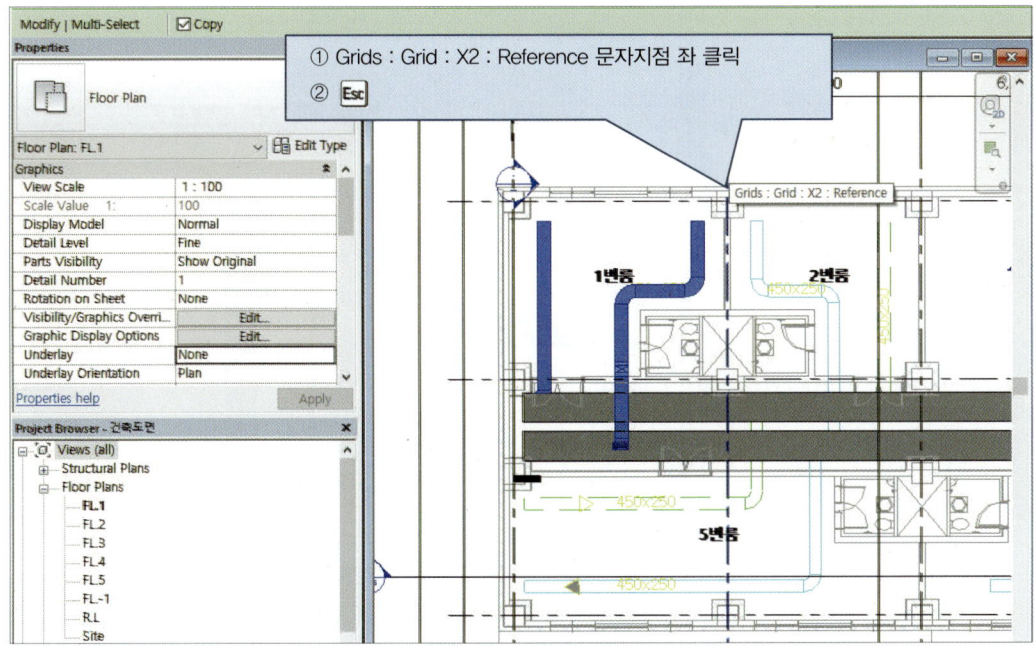

[그림 3-52]

Chapter 03 BIM 공조덕트 설계하기   067

2번룸의 가지덕트가 건축과 충돌하므로 그림 3-53~3-54와 같이 가지덕트를 좌측으로 이동시킨다.

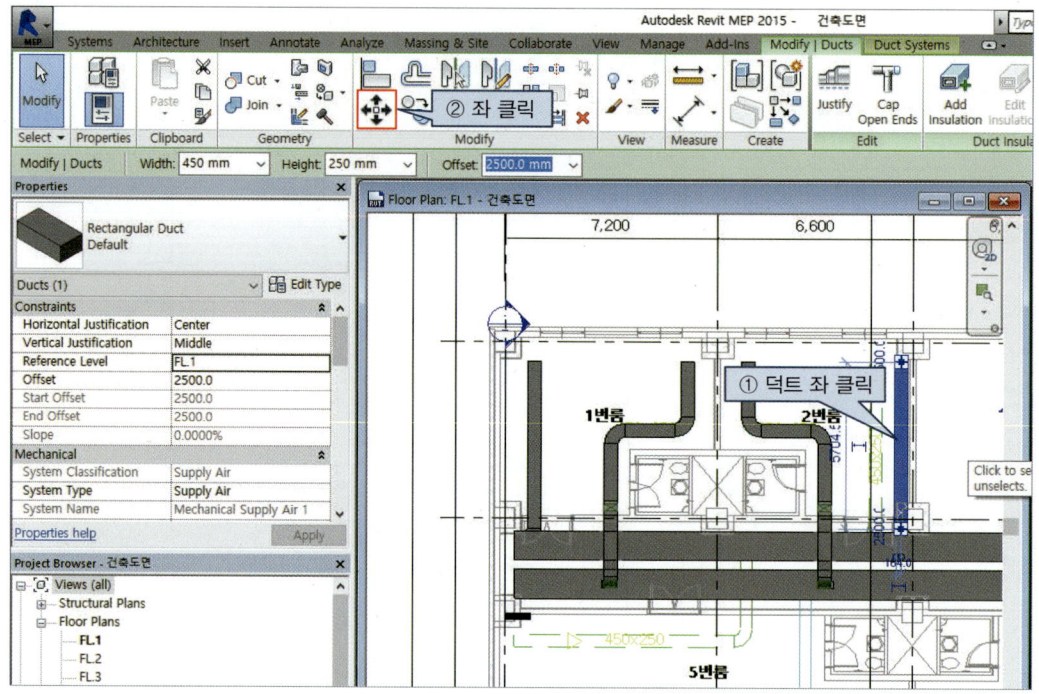

[그림 3-53]

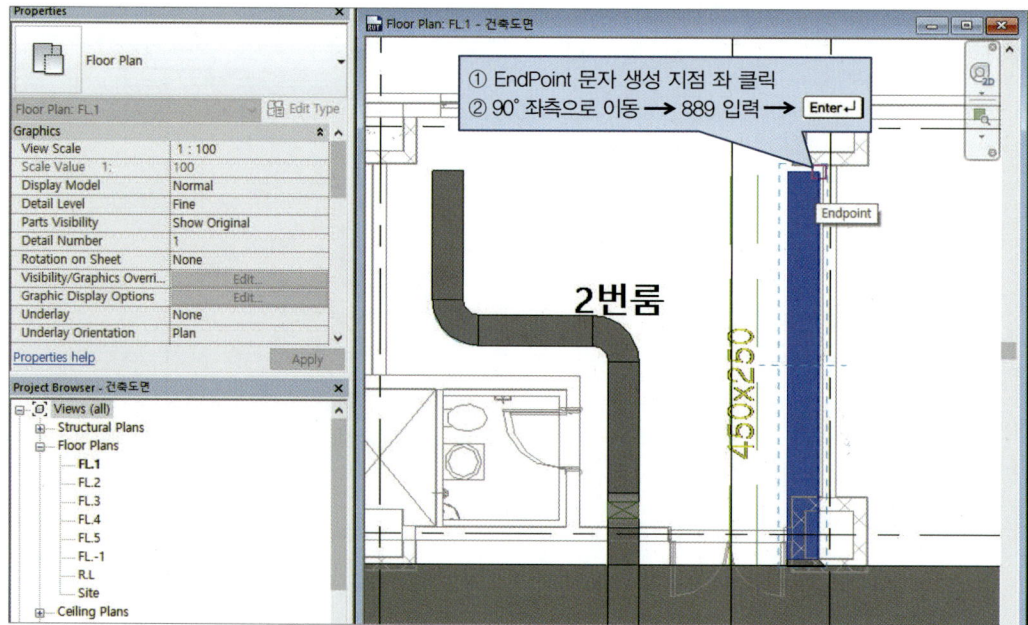

[그림 3-54]

그림 3-55~3-57과 같이 미러기능을 이용하여 1번과 2번룸의 가지덕트를 3번과 4번룸으로 복사한다.(지정되면 덕트가 파란색으로 변한다.)

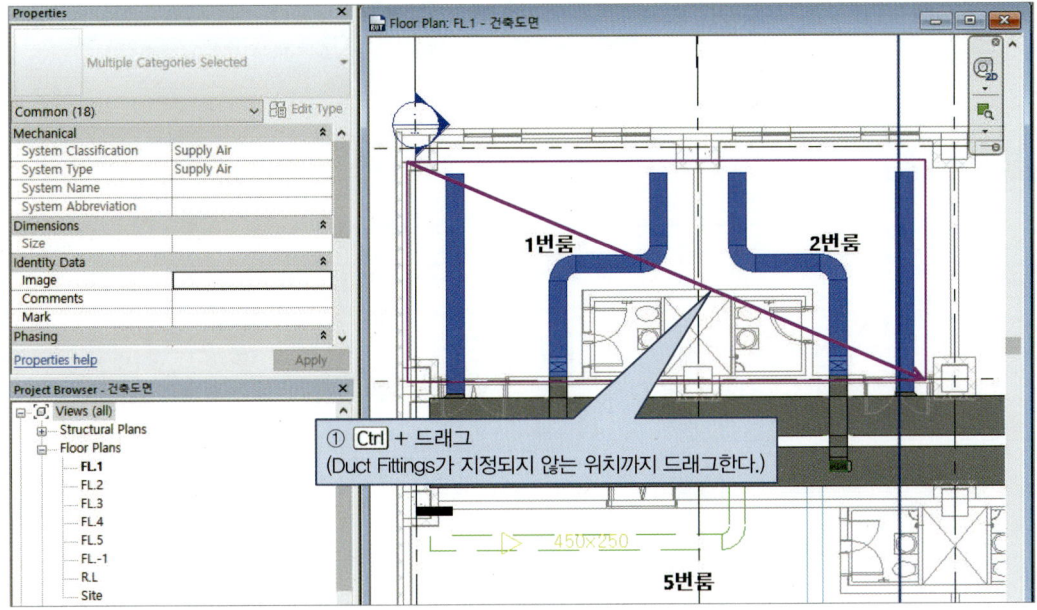

[그림 3-55]

지정되면 덕트가 파란색으로 변한다.

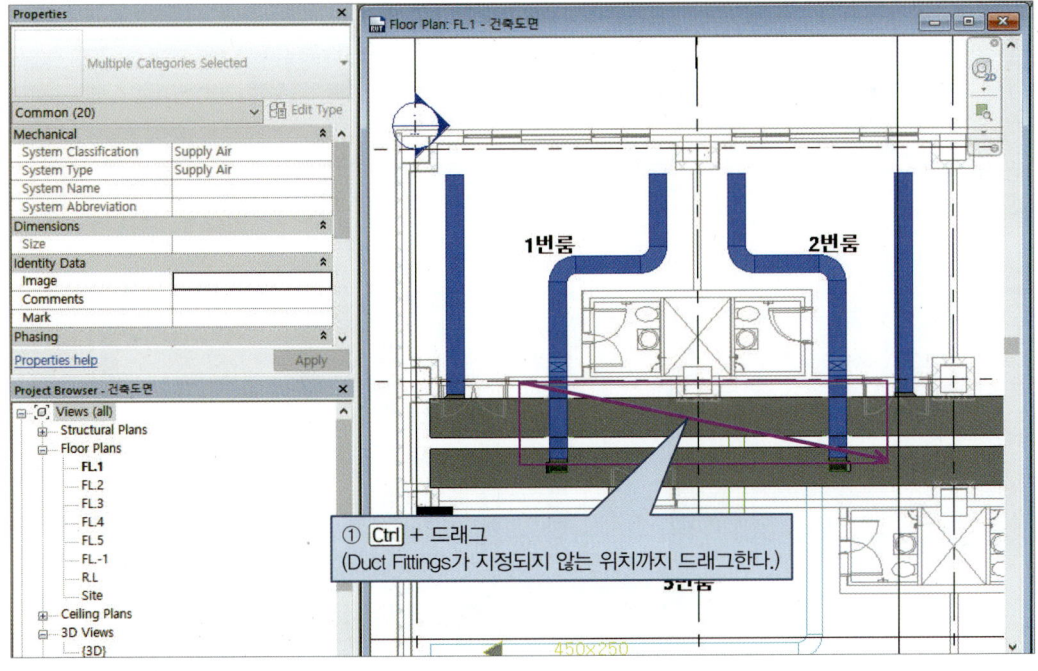

[그림 3-56]

Chapter 03 BIM 공조덕트 설계하기　069

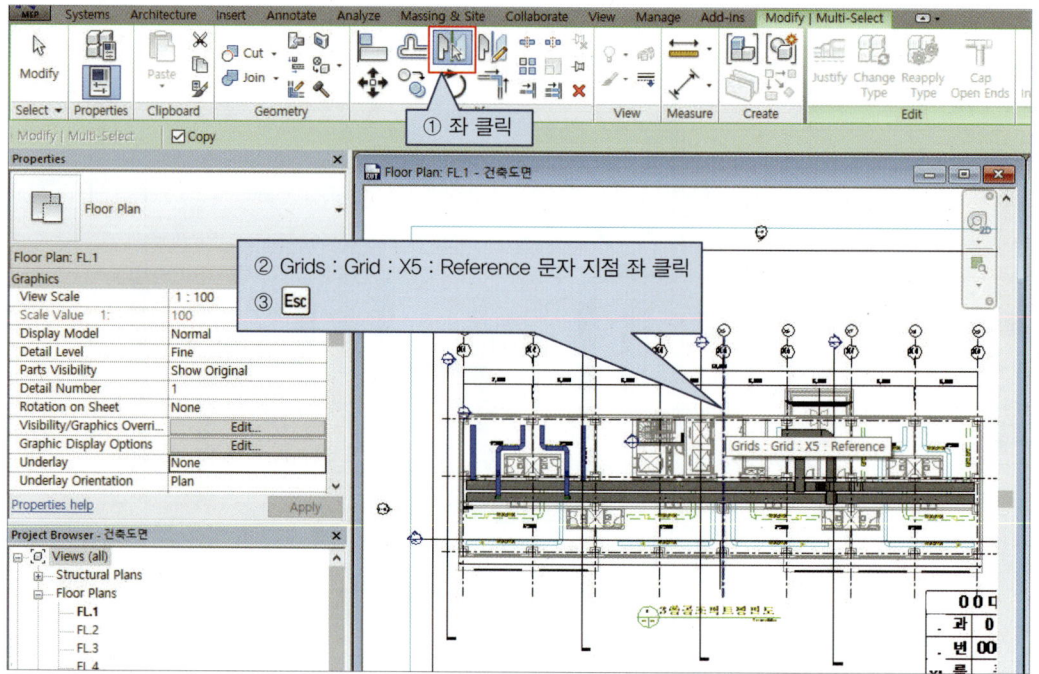

[그림 3-57]

4번룸의 세로 가지덕트가 건축과 충돌하므로 그림 3-58~3-59와 같이 가지덕트를 좌측으로 이동시킨다.

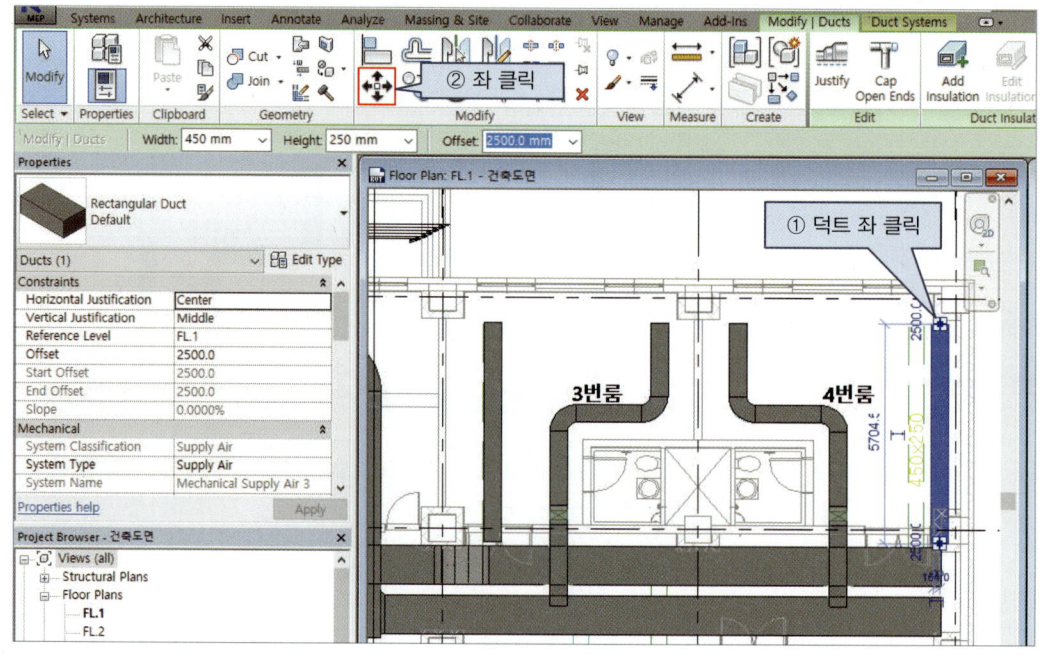

[그림 3-58]

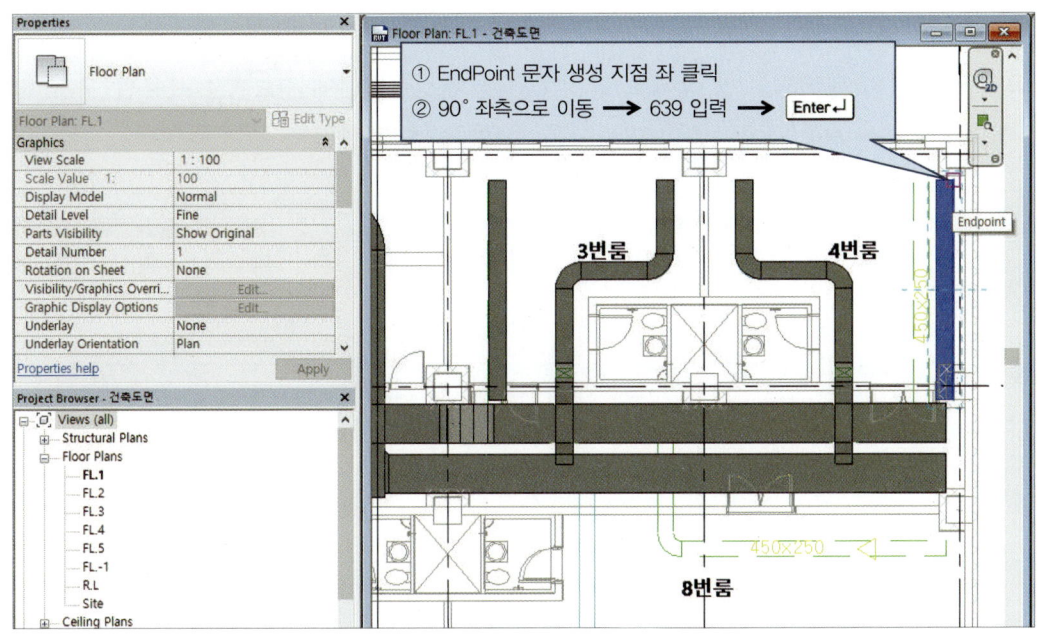

[그림 3-59]

그림 3-60과 같이 세로 가지덕트와 횡지덕트를 트랜지션으로 연결시키시오.

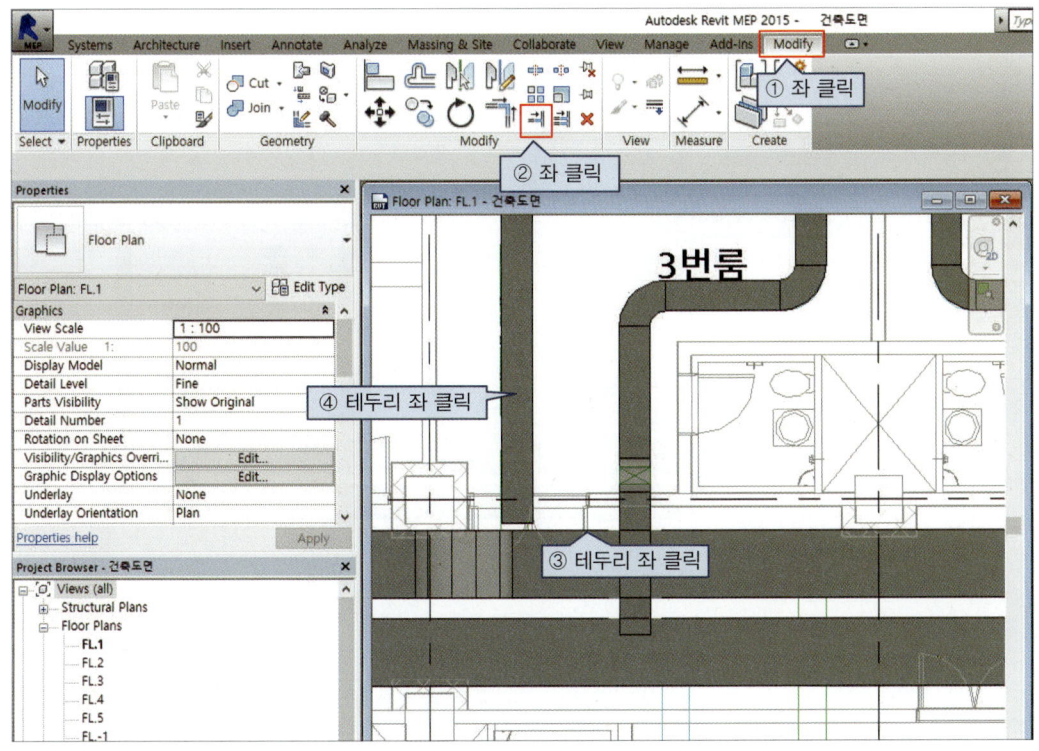

[그림 3-60]

명령어를 사용하여 트랜지션으로 수직의 가지덕트와 수평의 횡지덕트를 연결할 수 있다. 그러나 수평의 횡지덕트에 상하로 가지덕트를 연결 할 때에는 를 사용할 수가 없다. 따라서 그림 3-61~66번까지 Section 의 명령어를 사용하여 연결한다.

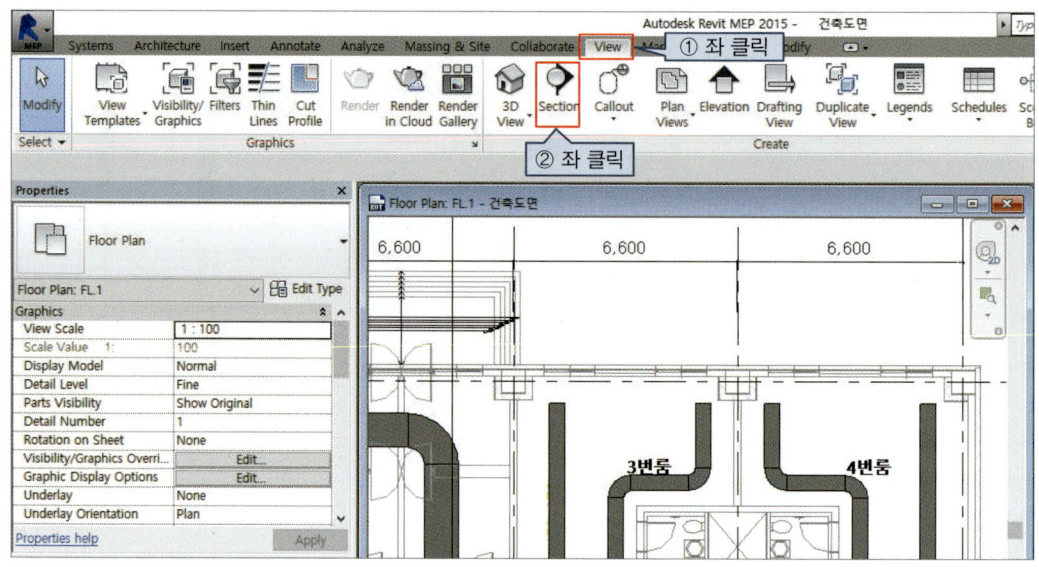

[그림 3-61]

그림 3-62와 같이 3번룸에 Section을 지정한다.

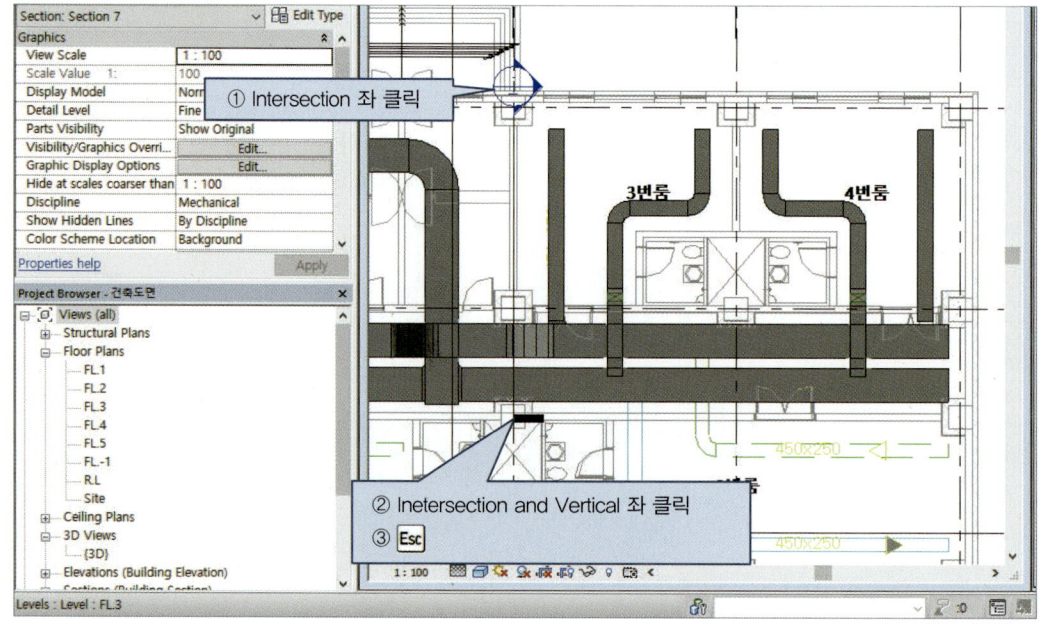

[그림 3-62]

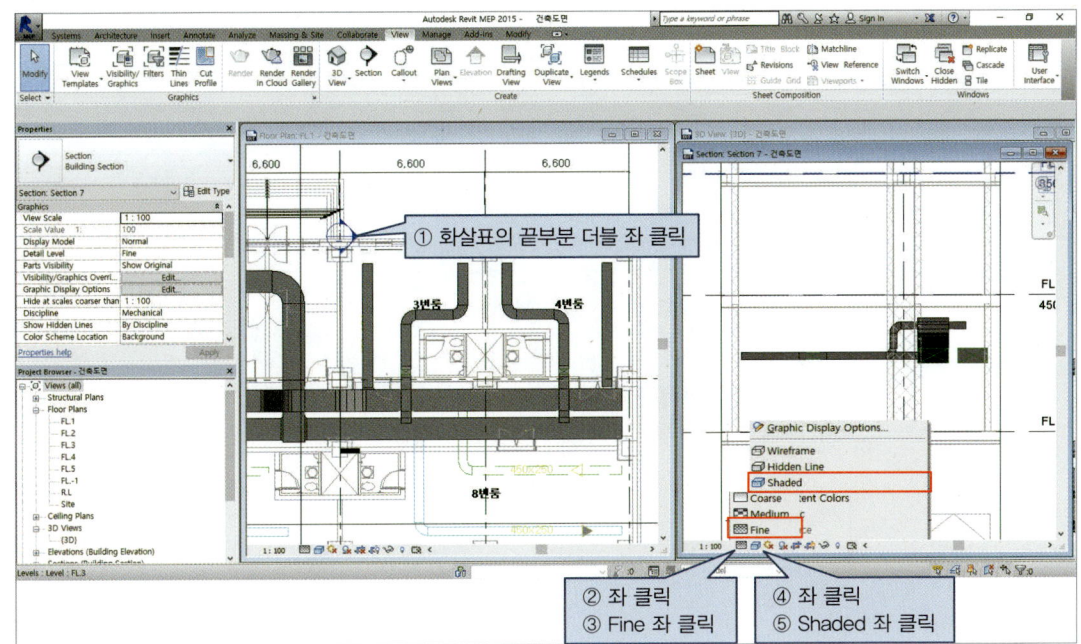

[그림 3-63]

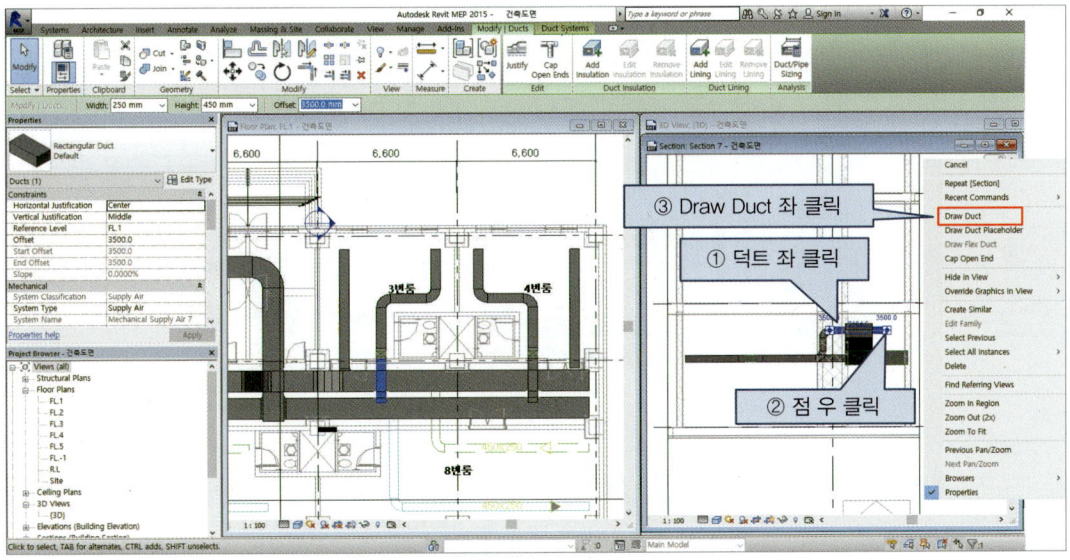

[그림 3-64]

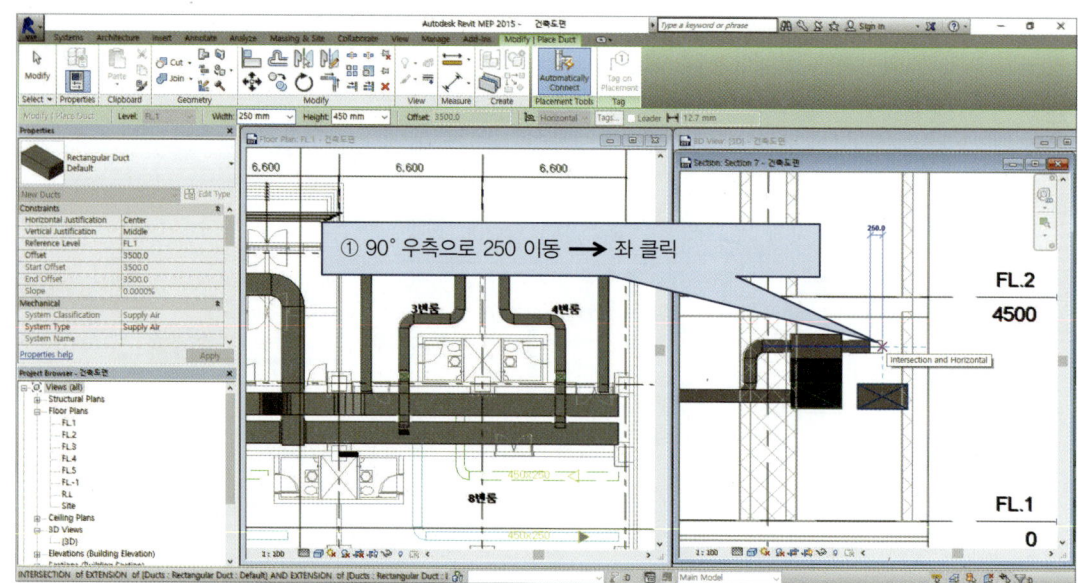

[그림 3-65]

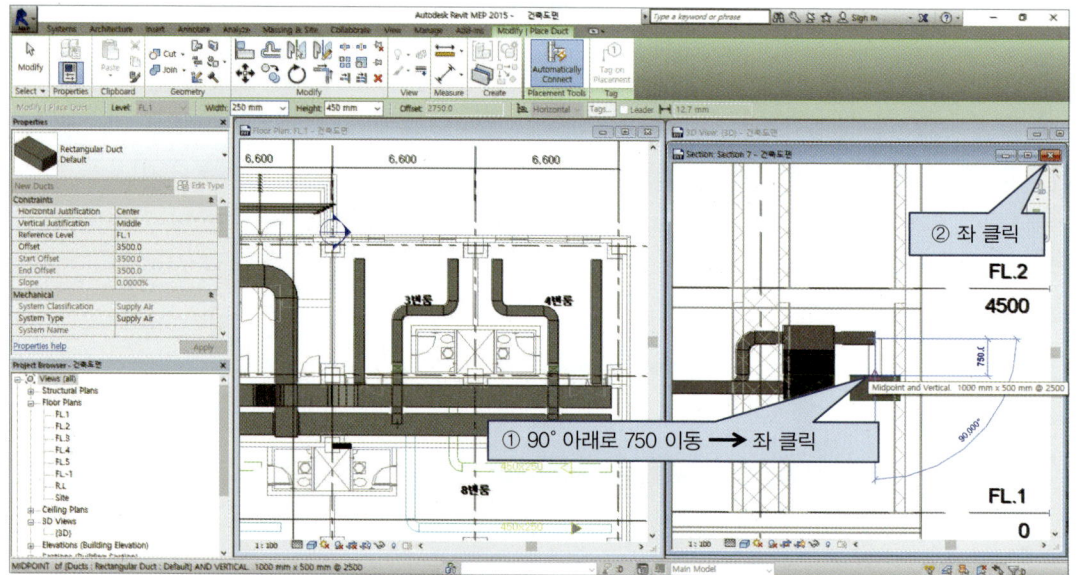

[그림 3-66]

그림 3-60~3-66과 같은 방법으로 4번룸 덕트를 그림 3-67과 같이 만드시오.
(X8의 3번룸과 4번룸 사이에 Section을 위치시킨다.)

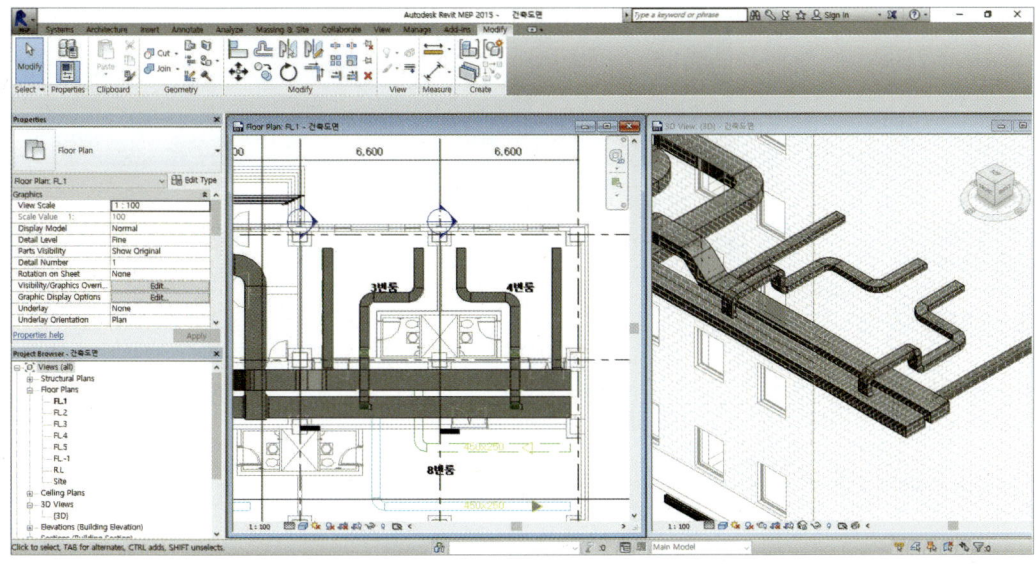

[그림 3-67]

Floor Plan FL.1 - 건축도면을 실행시킨 후에 그림 3-68을 실행시키시오.
5번룸의 가지덕트를 그리시오.

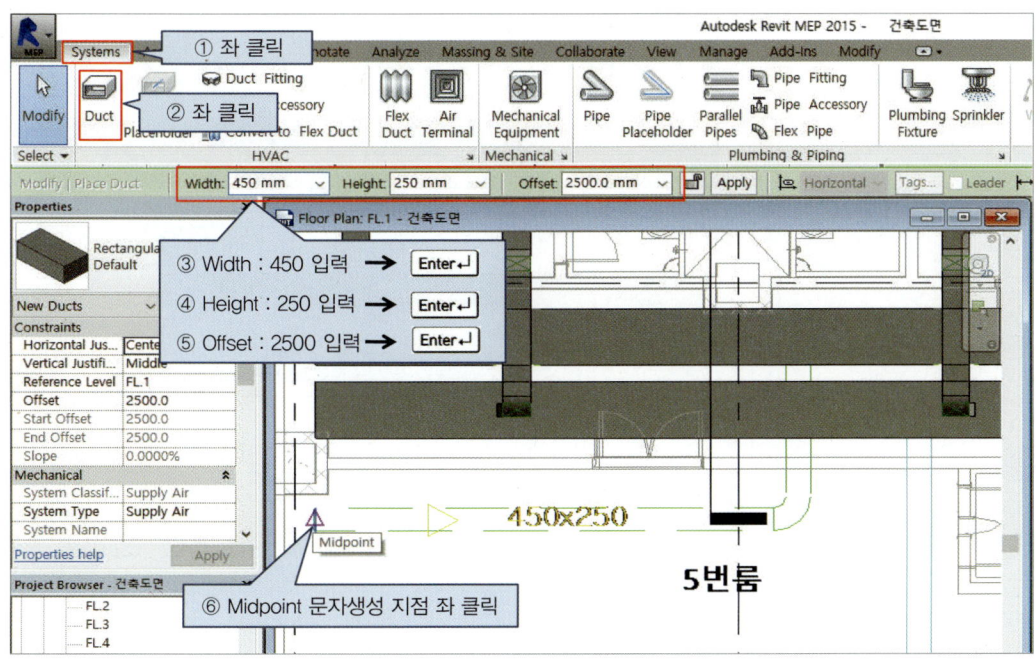

[그림 3-68]

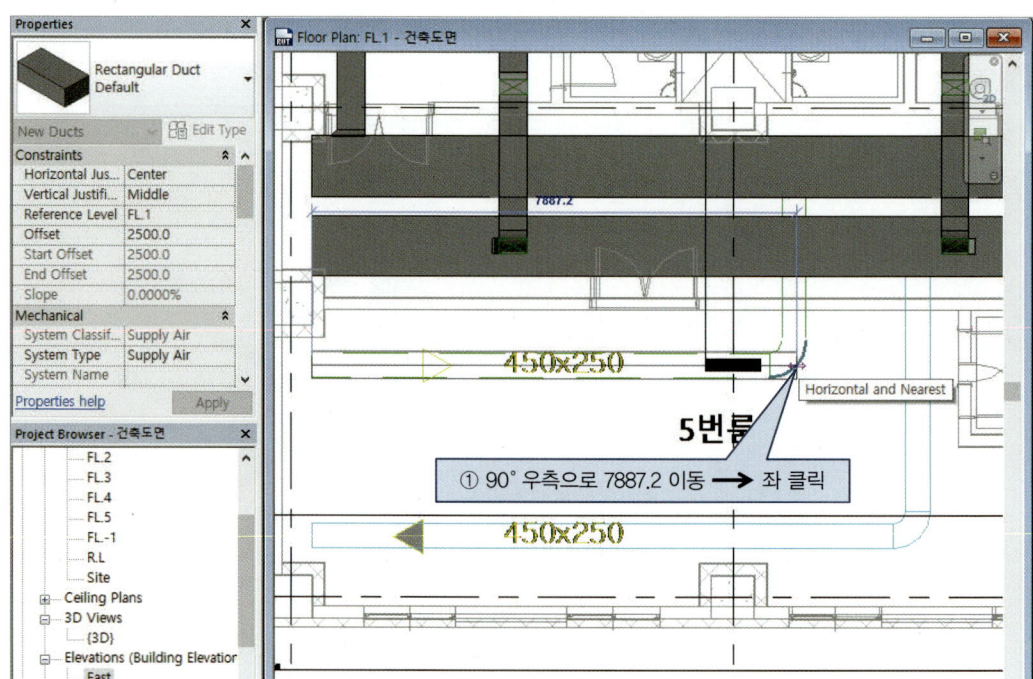

[그림 3-69]

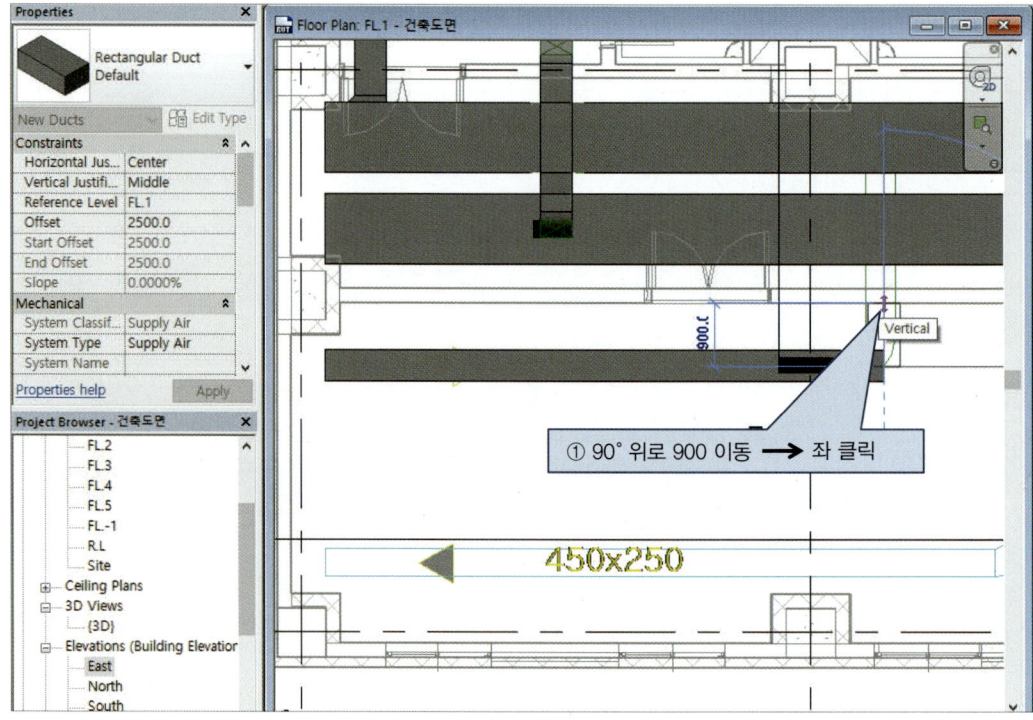

[그림 3-70]

그림 3-71과 같이 90° 위로 이동하여 1764.6입력 → Enter↵

횡지덕트와 세로가지덕트의 충돌을 방지하기 위하여 세로 가지덕트의 Offset을 3,500으로 하여 건너간다.

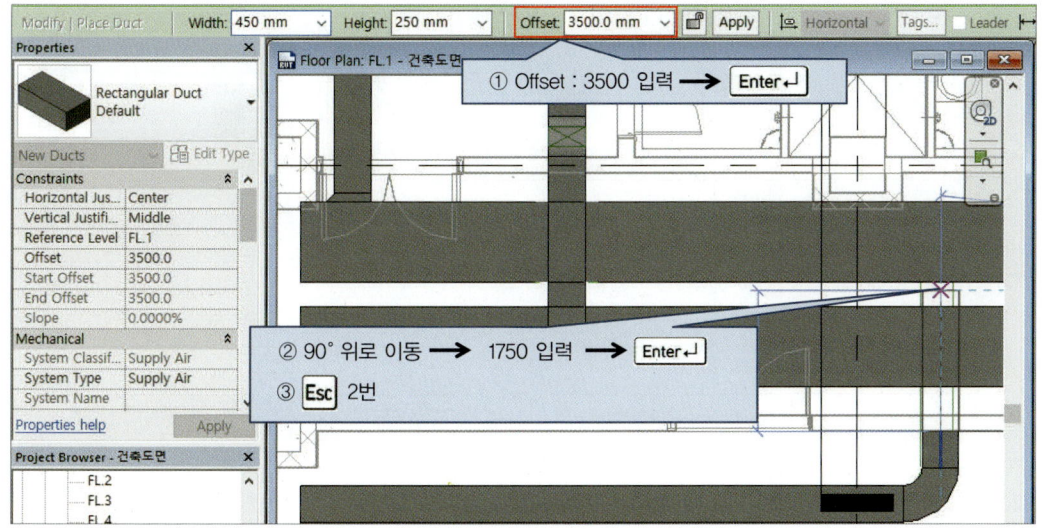

[그림 3-71]

그림 3-72와 같이 5번룸의 새로 시작되는 덕트를 Offset을 2,500으로 그리시오.

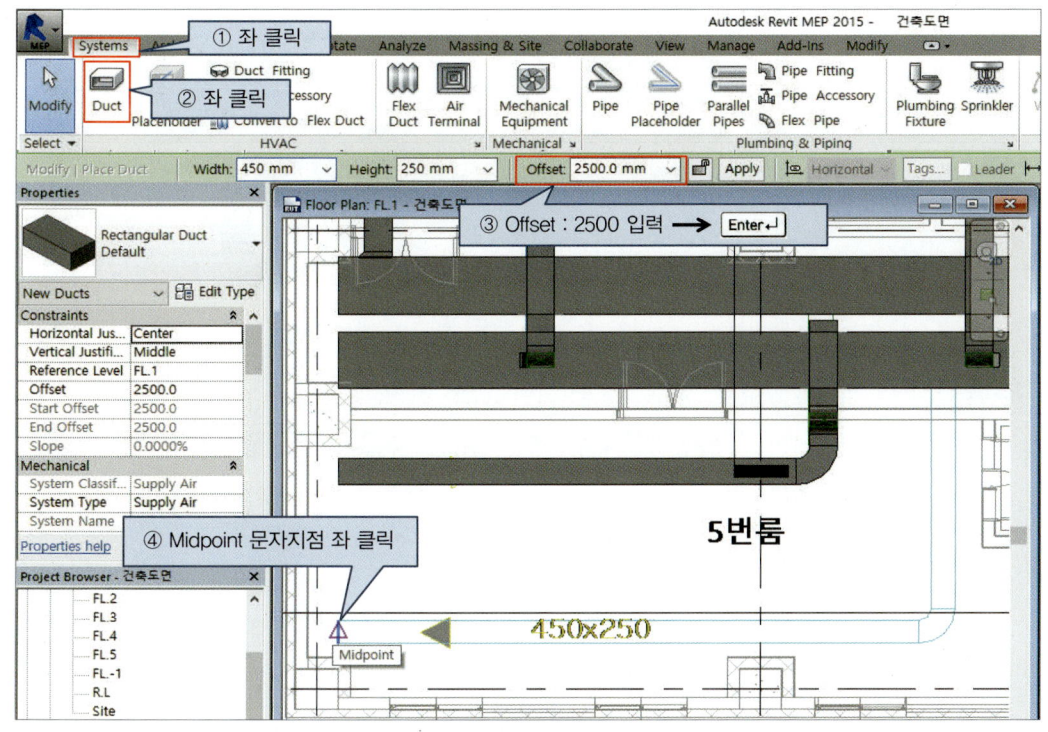

[그림 3-72]

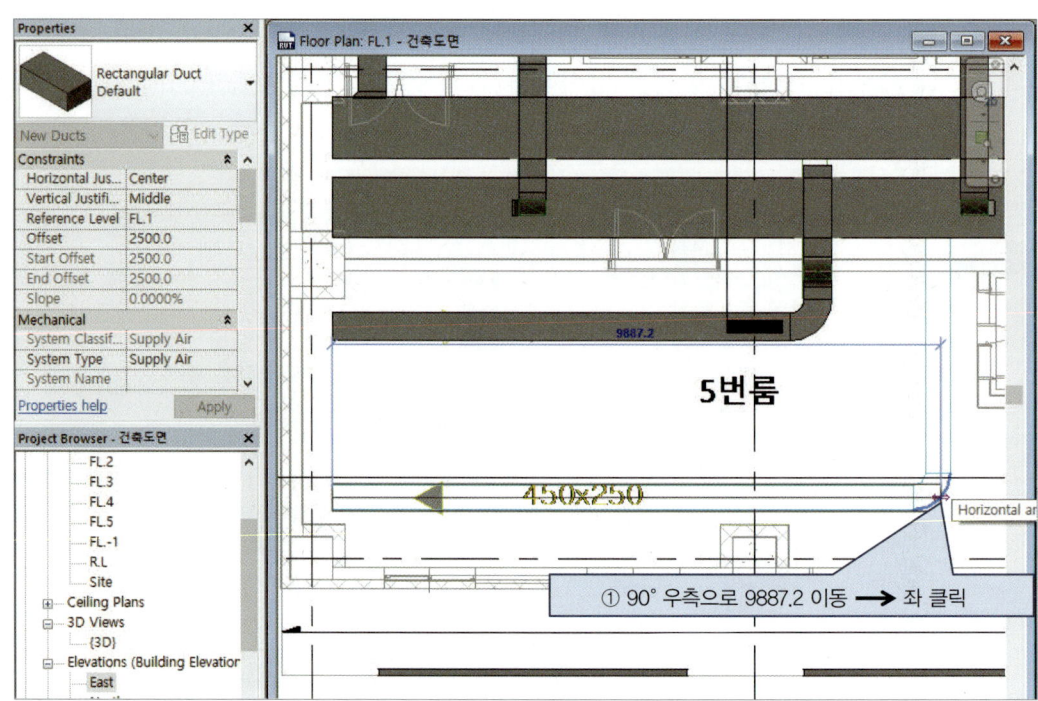

[그림 3-73]

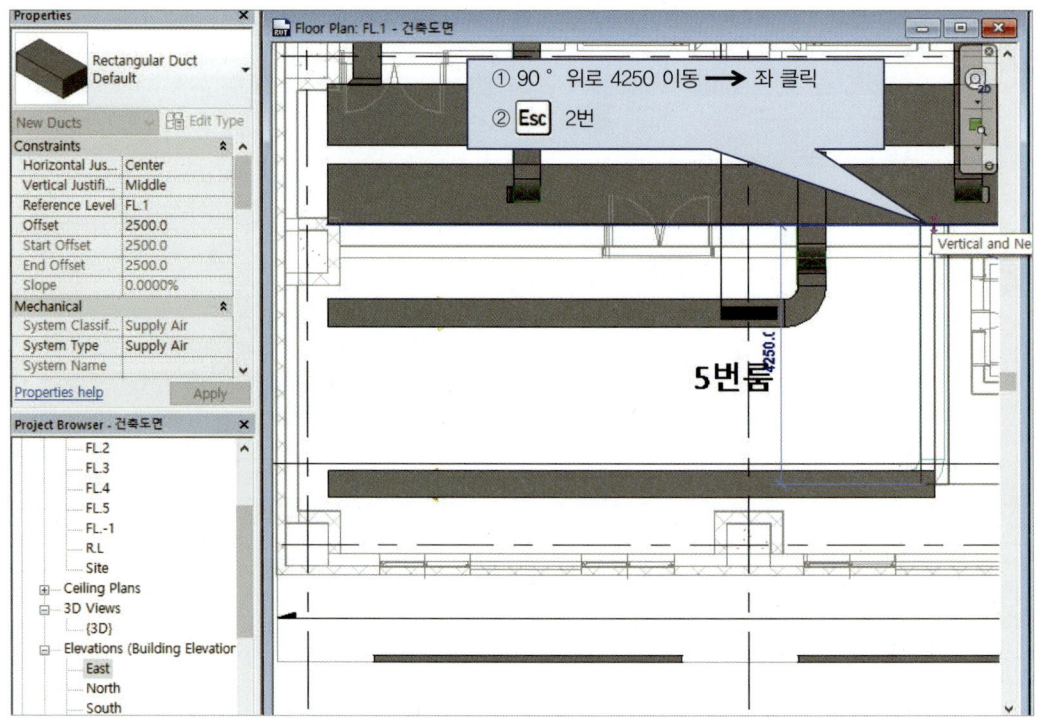

[그림 3-74]

그림 3-71에서 횡지덕트를 건너간 세로 가지덕트를 첫 번째 횡지덕트와 연결하기 위해 Section을 실행한다. 그림 3-75와 같이 보이지 않으면 5번룸 문자 위의 검은사각형을 좌 클릭하여 Section 점선의 ◀▶를 5번룸의 덕트와 덕트 사이에 두시오.

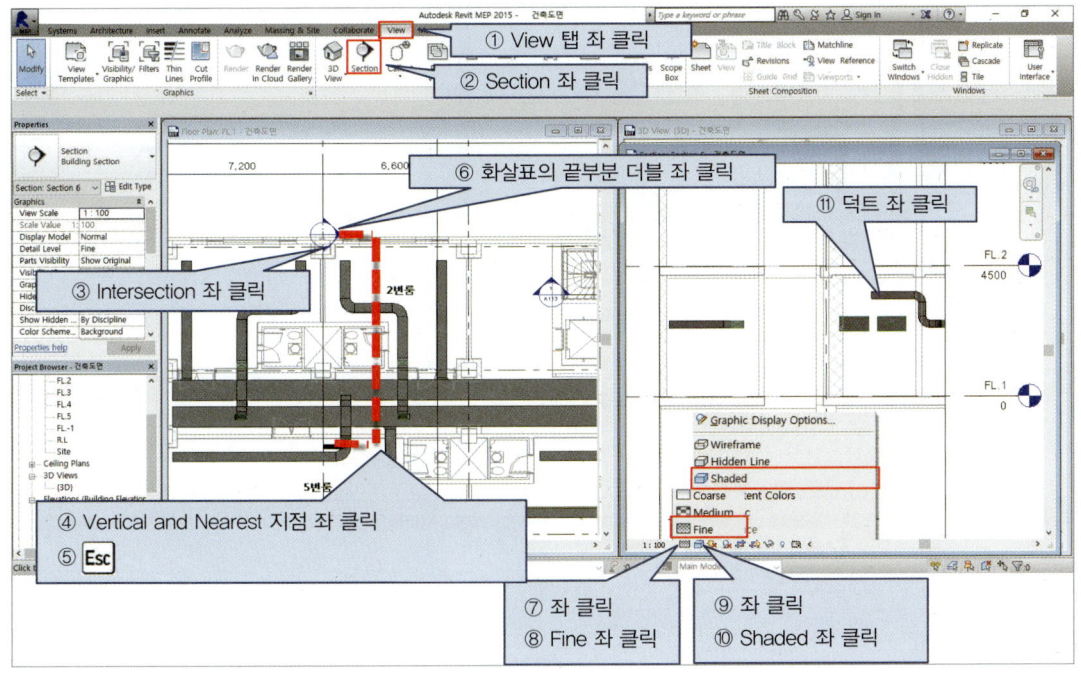

[그림 3-75]

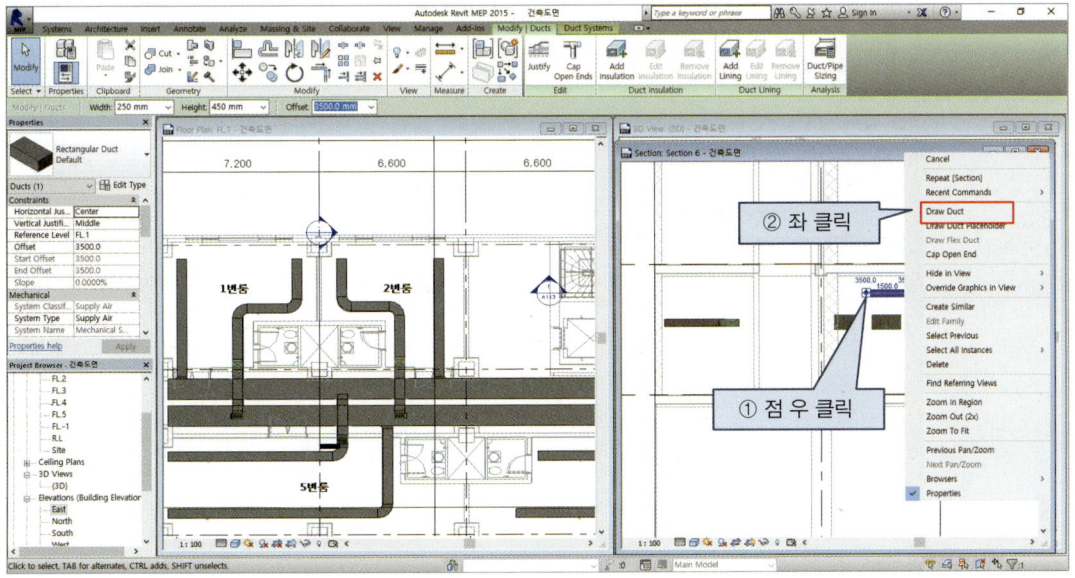

[그림 3-76]

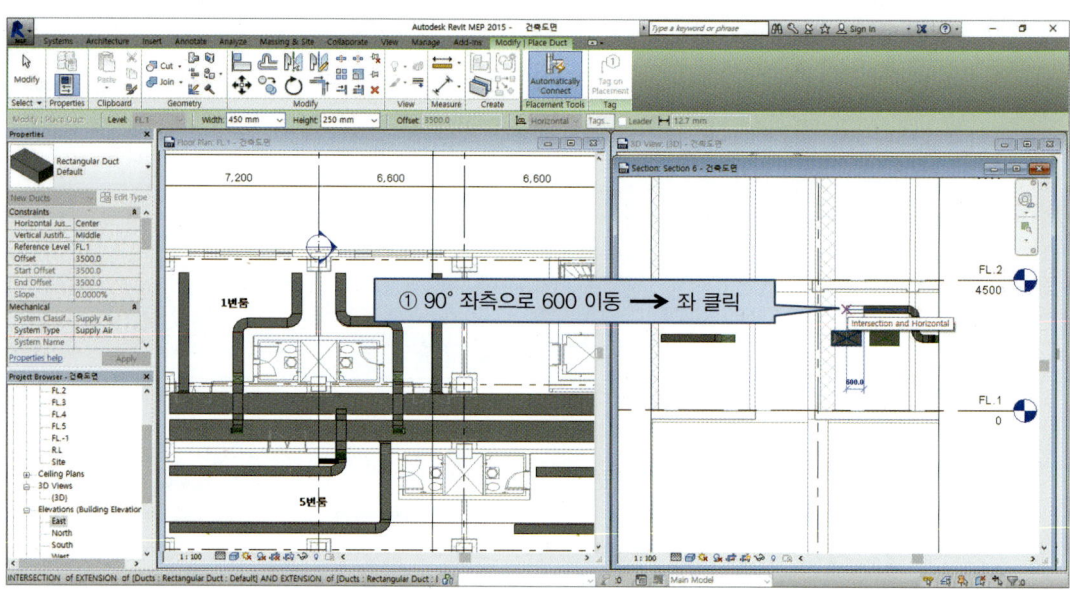

[그림 3-77]

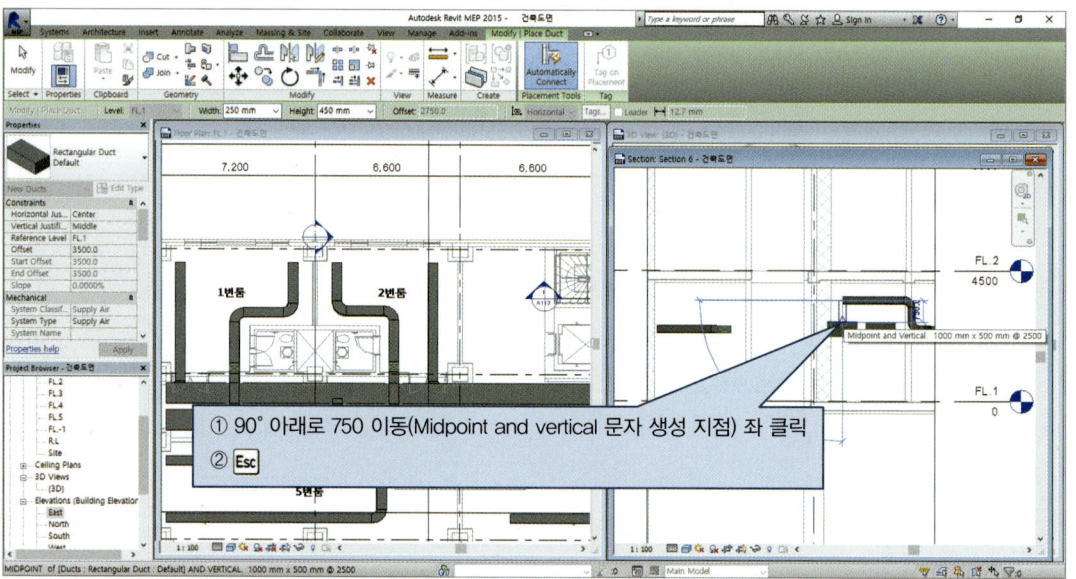

[그림 3-78]

그림 3-79와 같이 5번룸에 그린 가지덕트를 복사하여 6번룸에 그리시오.

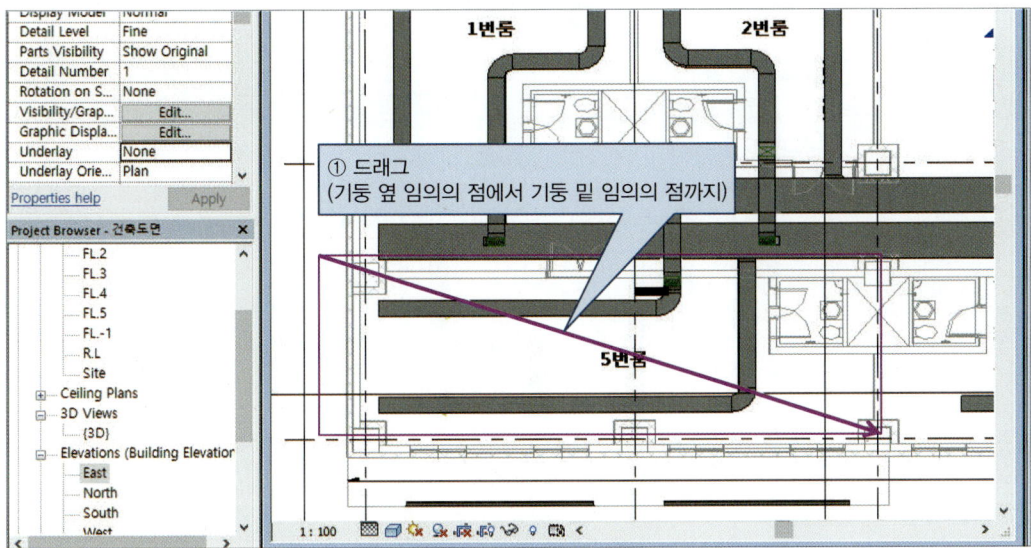

[그림 3-79]

> **참고** 블록이 잘 지정되지 않으면, Ctrl 을 누른 상태에서 마우스 좌 클릭을 한두 번 더하면 지정된다.

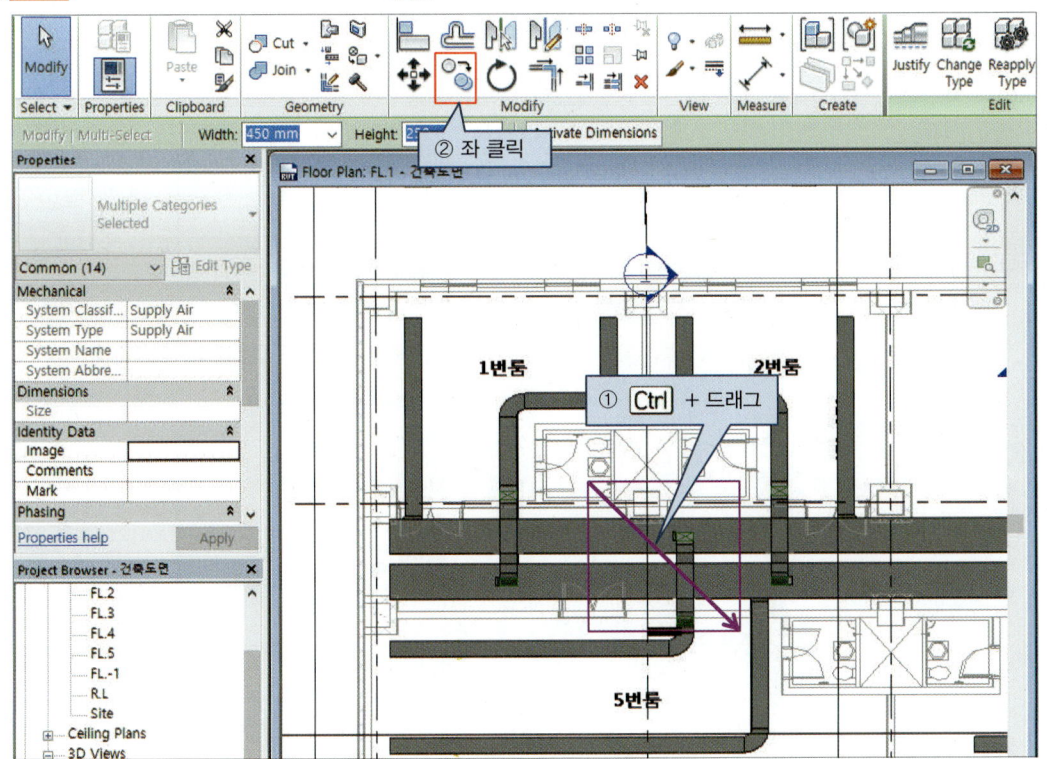

[그림 3-80]

Chapter 03 BIM 공조덕트 설계하기 **081**

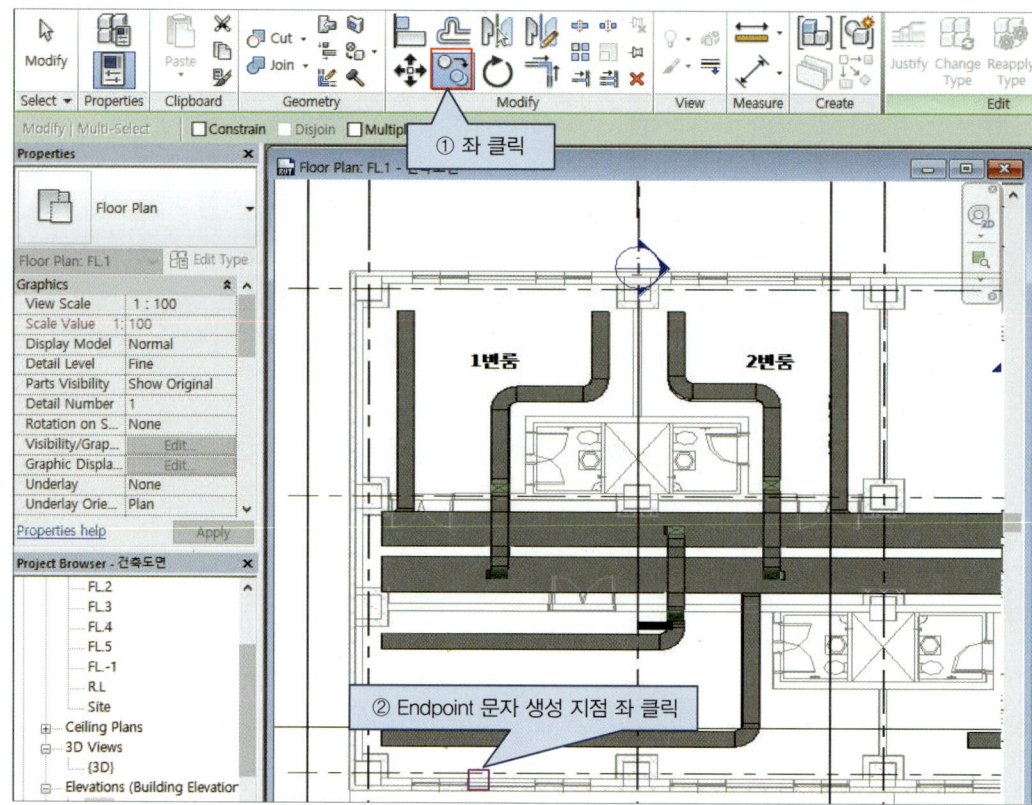

[그림 3-81]

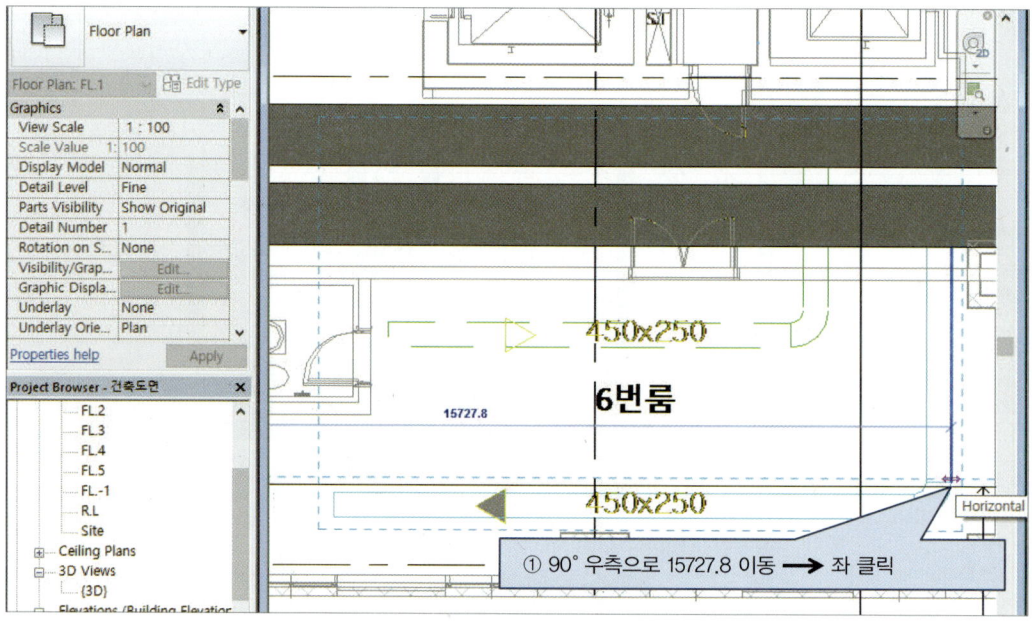

[그림 3-82]

그림 3-83과 같이 미러기능을 이용하여 6번룸에 그린 가지덕트를 7번룸에 그리시오.

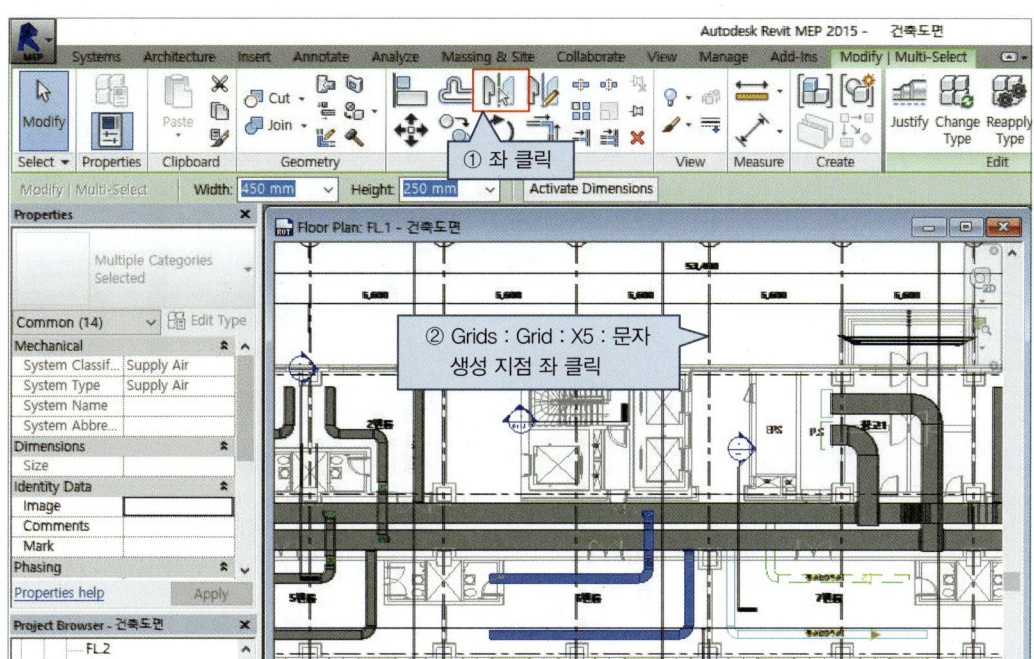

[그림 3-83]

7번룸에 복사된 가지덕트를 8번룸에 그리시오. 횡지덕트와 세로 가지덕트가 트랜지션으로 자동으로 연결되어 있기 때문에 그림 3-84~3-85와 같이 Shift 를 누르며 마우스를 드래그하여 트랜지션을 제거한다.

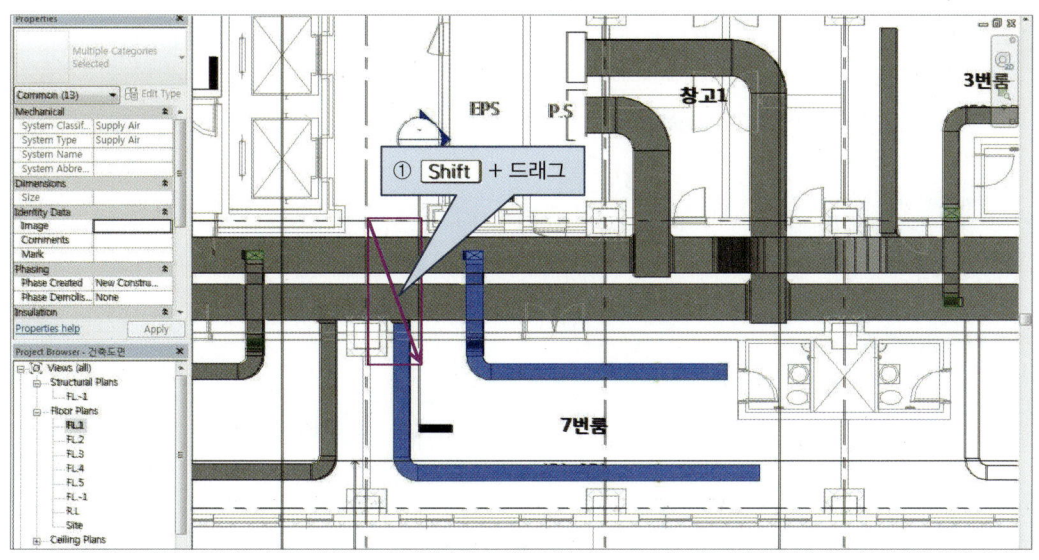

[그림 3-84]

> **참고** 3-84~3-86까지 ① `Ctrl` + 드래그 → 객체블록 지정한 후 ② `Shift` + 드래그 → 트랜지션을 제거하고 ③ Copy → Endpoint 좌 클릭 → 이동지점(목표) 좌 클릭

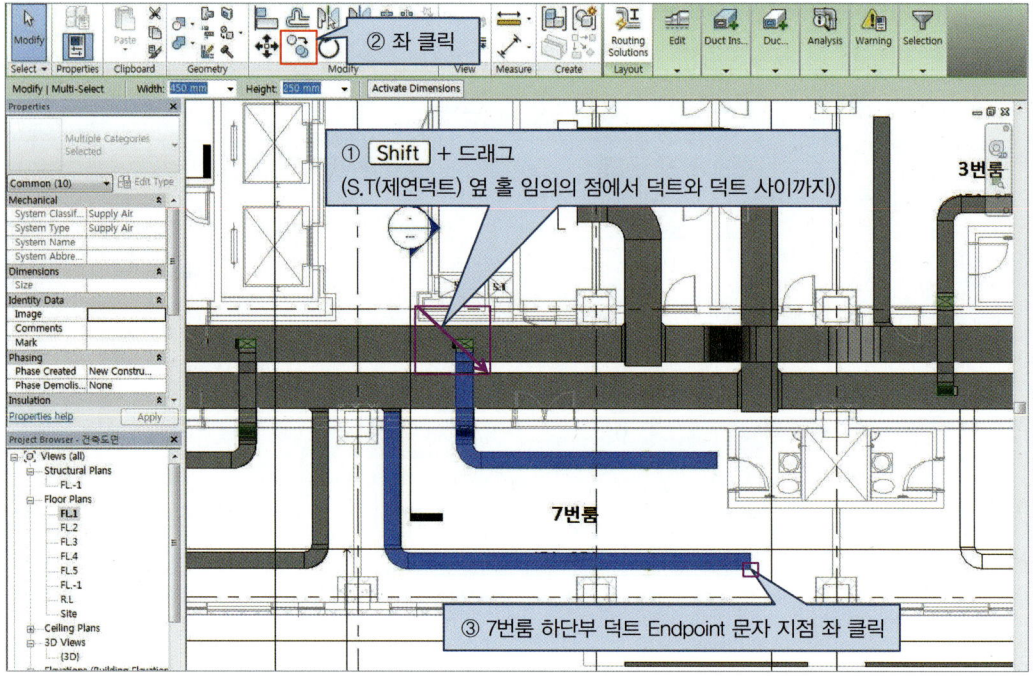

[그림 3-85]

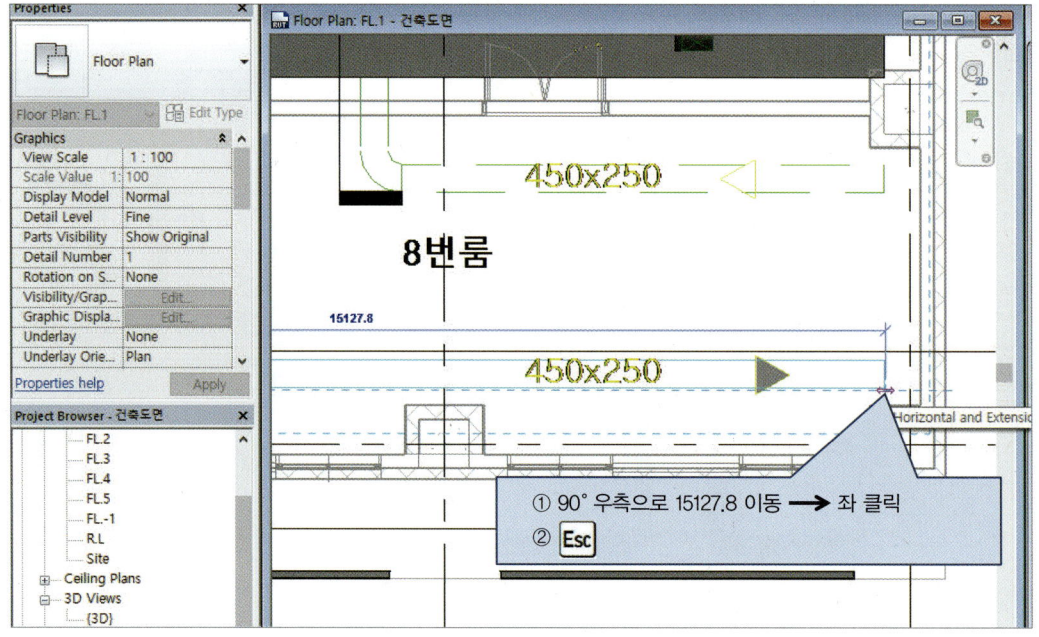

[그림 3-86]

그림 3-60~3-66과 동일한 방법으로 8번 룸의 덕트를 그림 3-87과 같이 만드시오.
(덕트가 밖으로 나갈 경우 8번룸에 복사된 덕트를 좌 클릭하여 점을 8번룸 안으로 드래그 시켜 정리시킨다.)

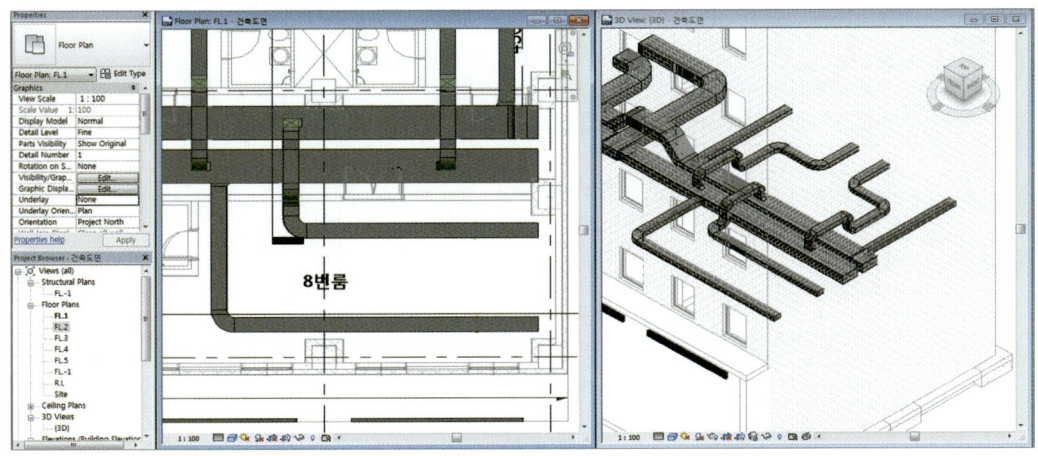

[그림 3-87]

1층 덕트가 완성되면 그림 3-88~3-89와 같이 1층 덕트를 전체 드래그하여 각 층으로 멀티복사를 시킨다.

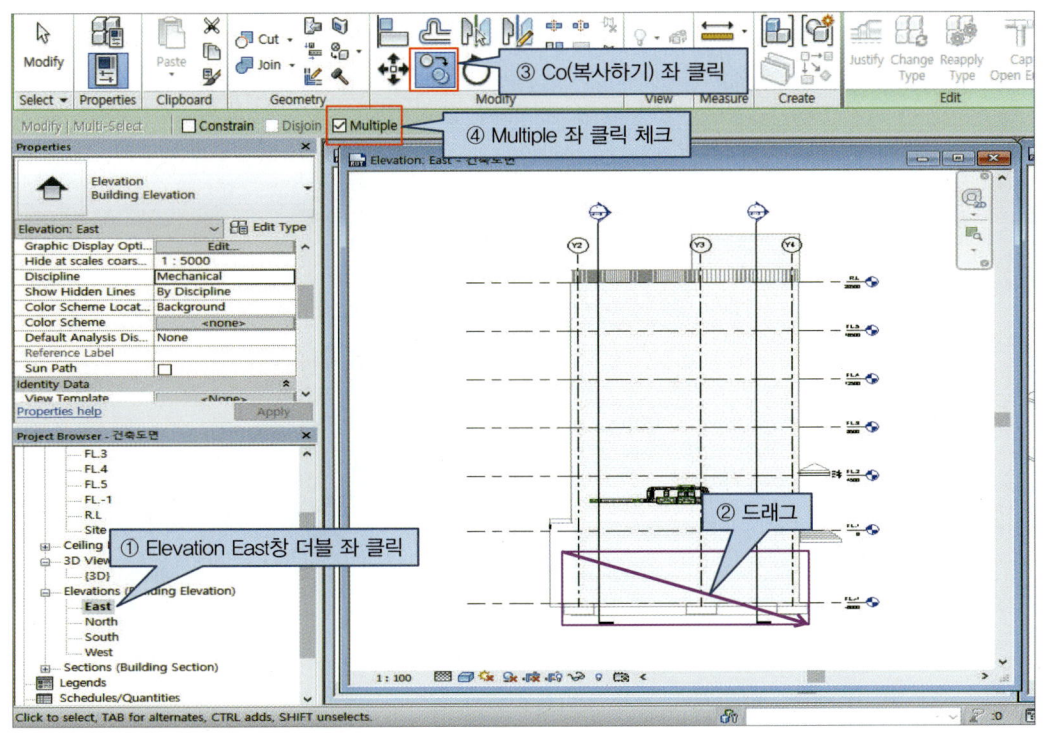

[그림 3-88]

Chapter 03 BIM 공조덕트 설계하기　085

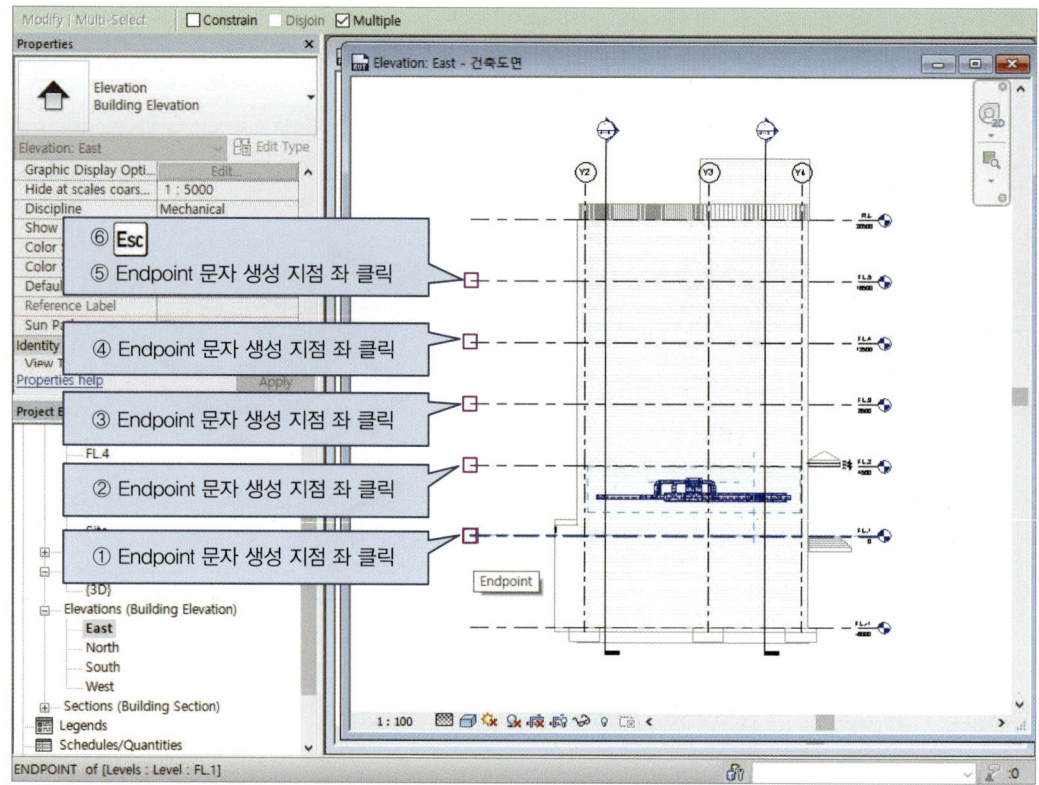

[그림 3-89]

그림 3-89와 같은 방법을 이용하여 그림 3-90과 같이 만드시오. 다음과 같이 저장하시오.
파일명 : CHAPTER03_학번_홍길동(년/월/일)

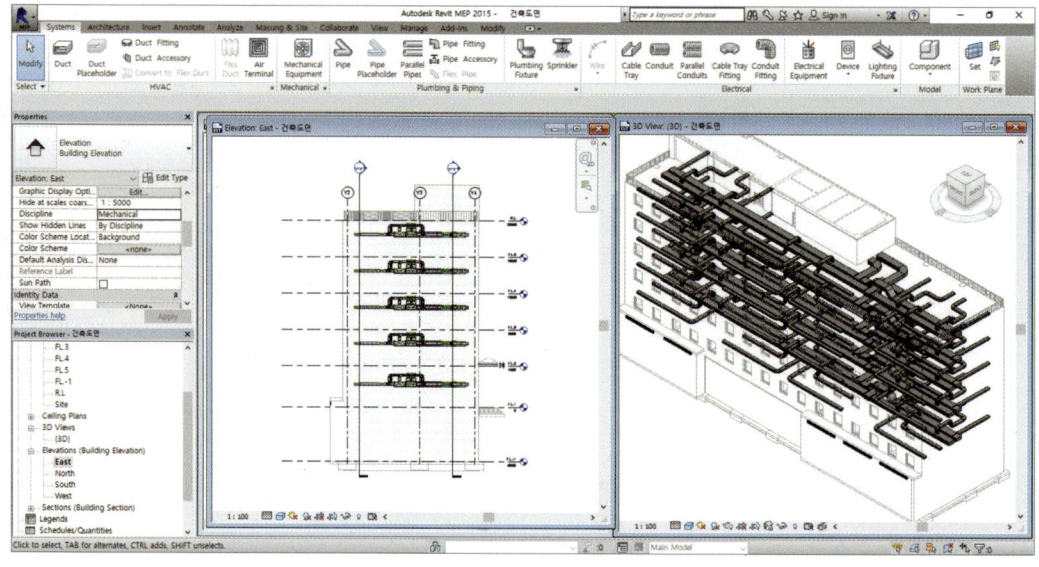

[그림 3-90]

Chapter 04

BIM 공조배관 설계하기

그림 4-1 CAD 공조배관 평면도와 그림 4-2 건축도면을 이용하여 그림 4-3 BIM도면을 만드는 방법을 알아본다.

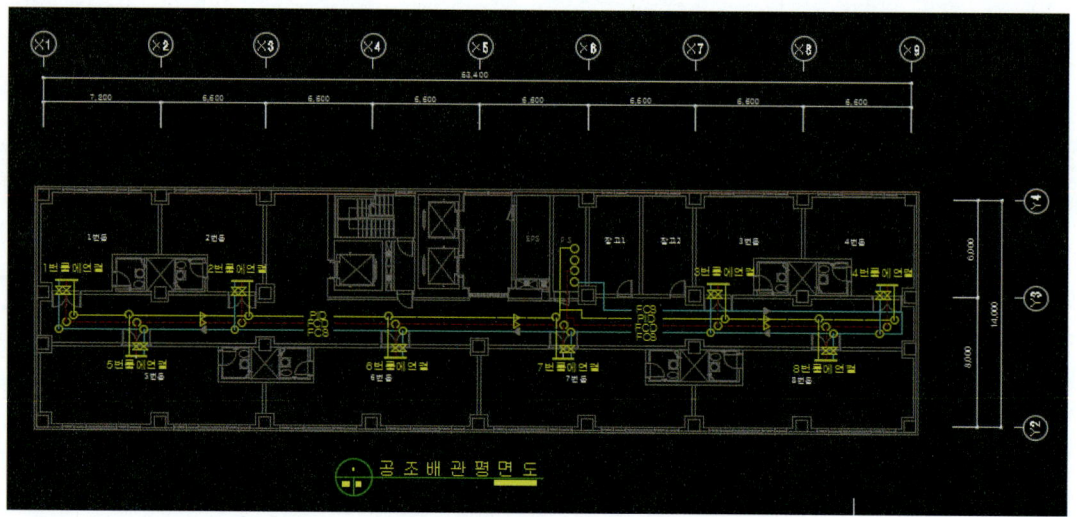

[그림 4-1] CAD 공조배관 평면도

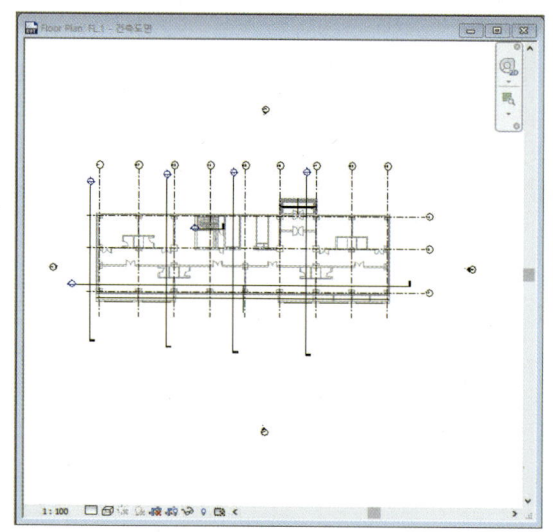

(a) BIM 건축평면도   (b) BIM 3D 건축평면도

[그림 4-2] 건축도면

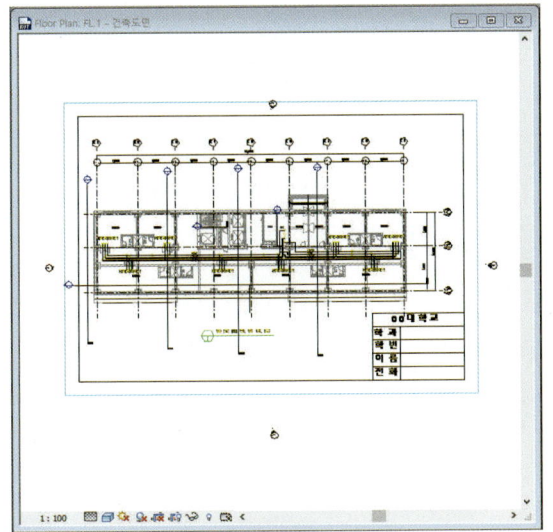

(a) BIM 공조배관 평면도

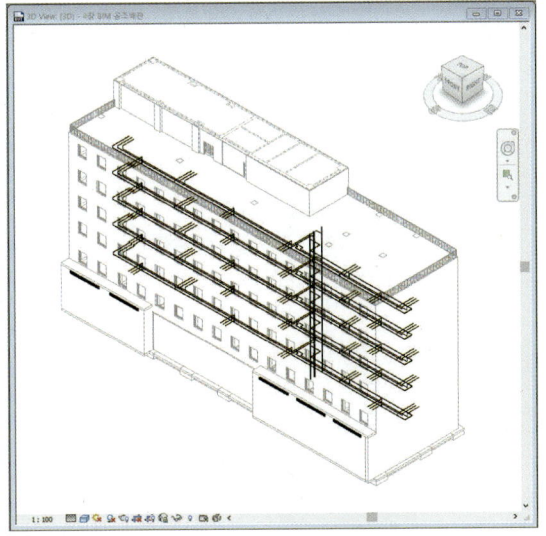

(a) BIM 3D 공조배관 평면도

[그림 4-3] BIM도면

다운로드 받은 chapter 4.의 건축도면.rvt 파일을 더블 좌 클릭하여 실행시킨다.

1. 그림 4-4(a) 건축평면도에서 설계되어야 하기 때문에, ① Floor Plan FL 1 - 건축평면도를 좌 클릭하여 도면을 활성화시킨다. 현재 활성화 창이 그림 4-4와 같지 않으면 좌측 Project Browser 창에서 3D Views 〉 3D 더블 좌 클릭한다.
2. 활성화된 창을 그림 4-4와 같이 보이도록 하려면 WT라고 입력한다.

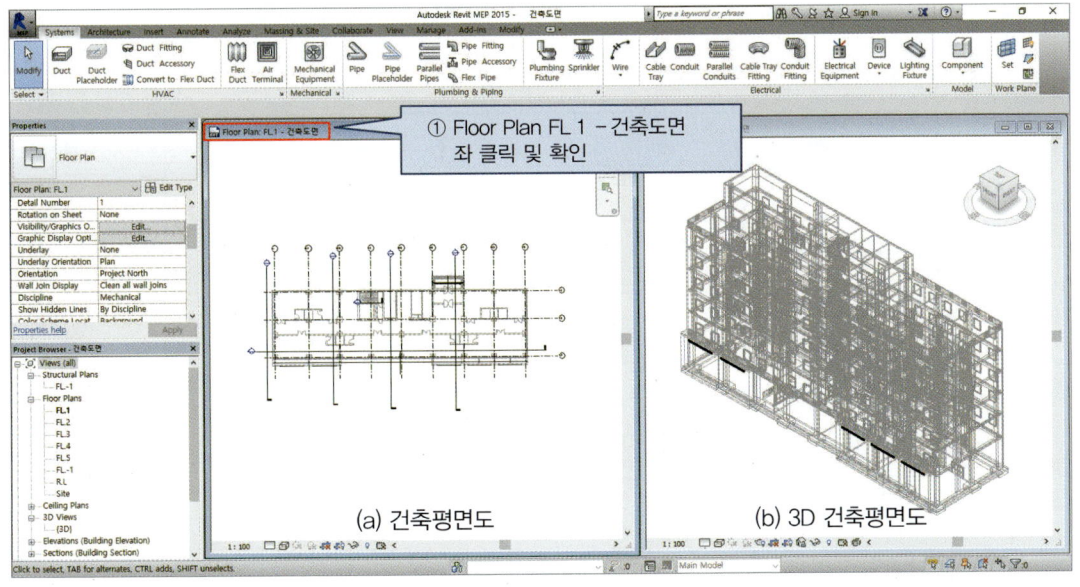

[그림 4-4]

Chapter 04 BIM 공조배관 설계하기 089

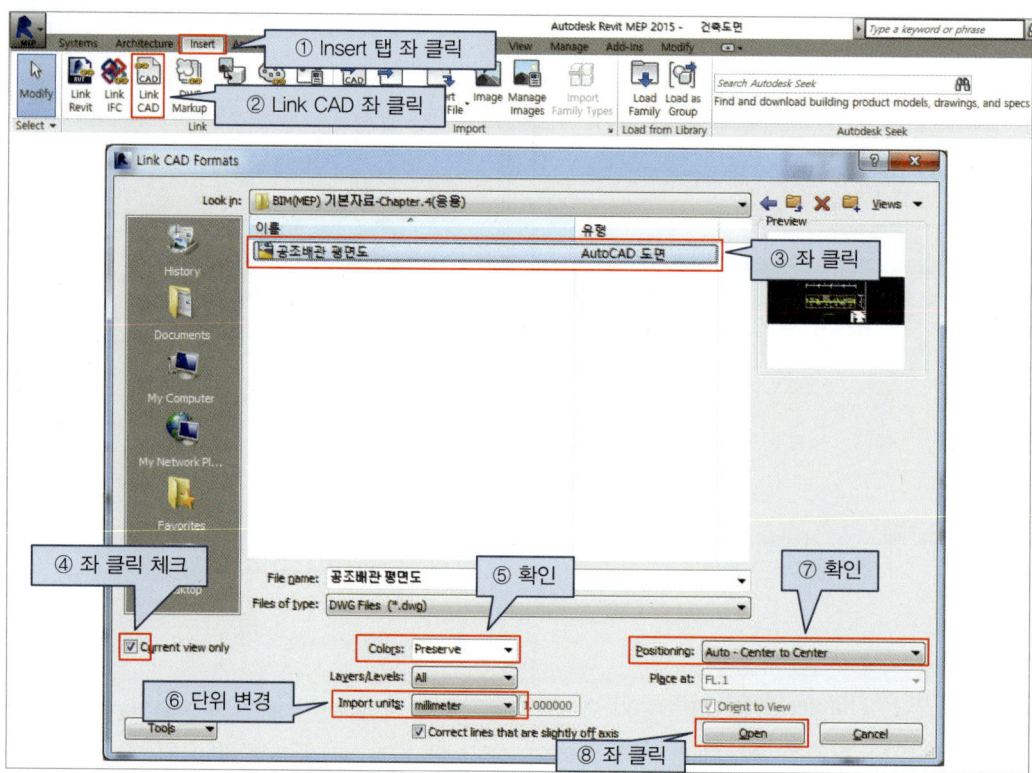

[그림 4-5]

그림 3-7~3-9와 같이 공조배관 평면도를 건축도면에 FIN으로 고정시키시오.

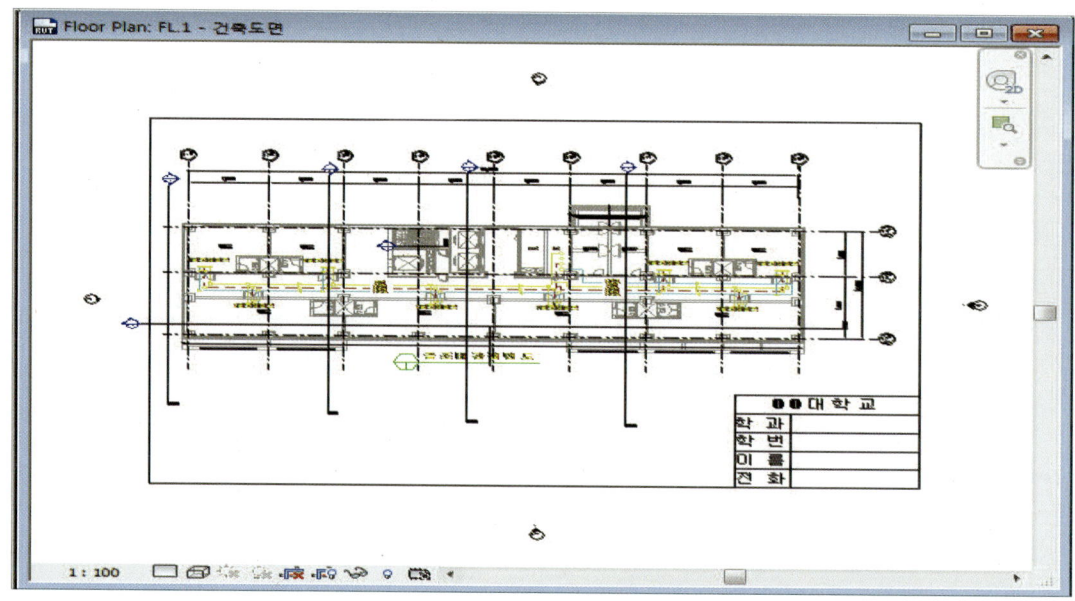

[그림 4-6]

그림 4-7~4-12와 같이 엘보우, 티 및 트랜지션을 선택하시오.

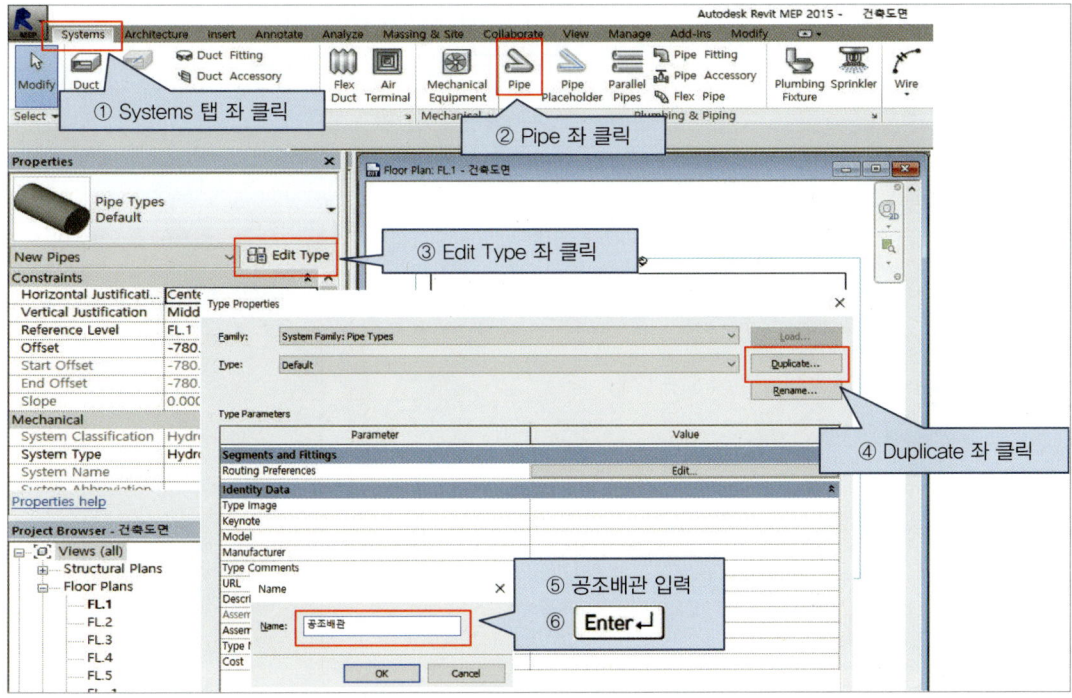

[그림 4-7]

[그림 4-8]

Chapter 04 BIM 공조배관 설계하기 091

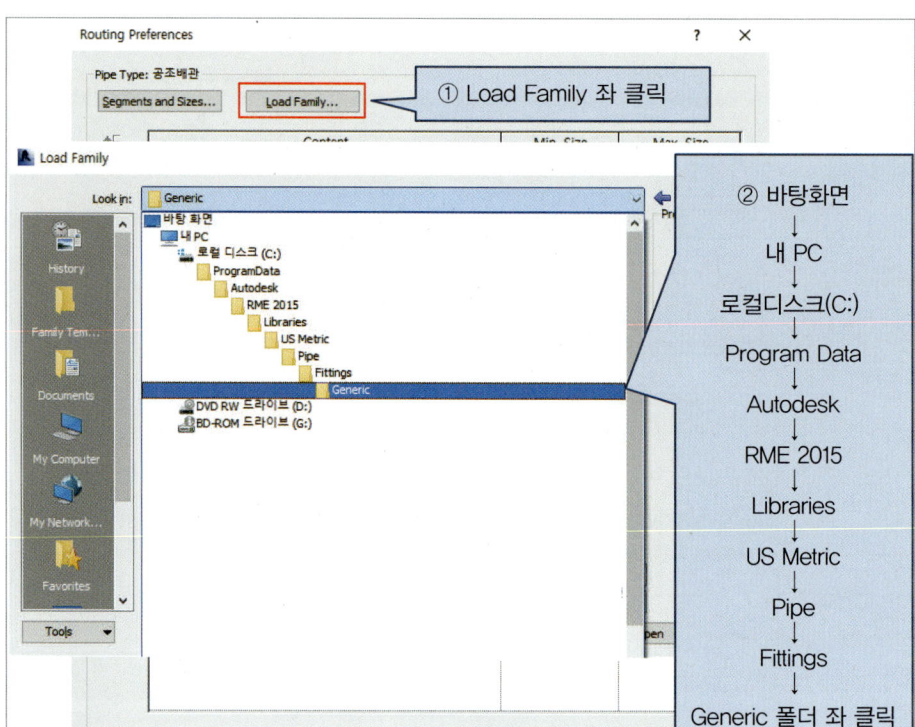

[그림 4-9]

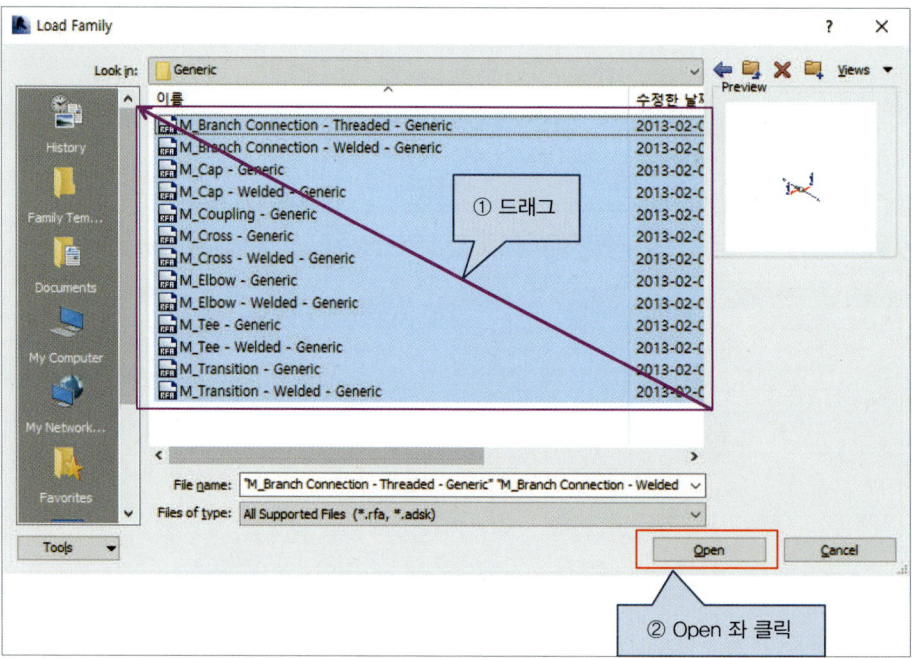

[그림 4-10]

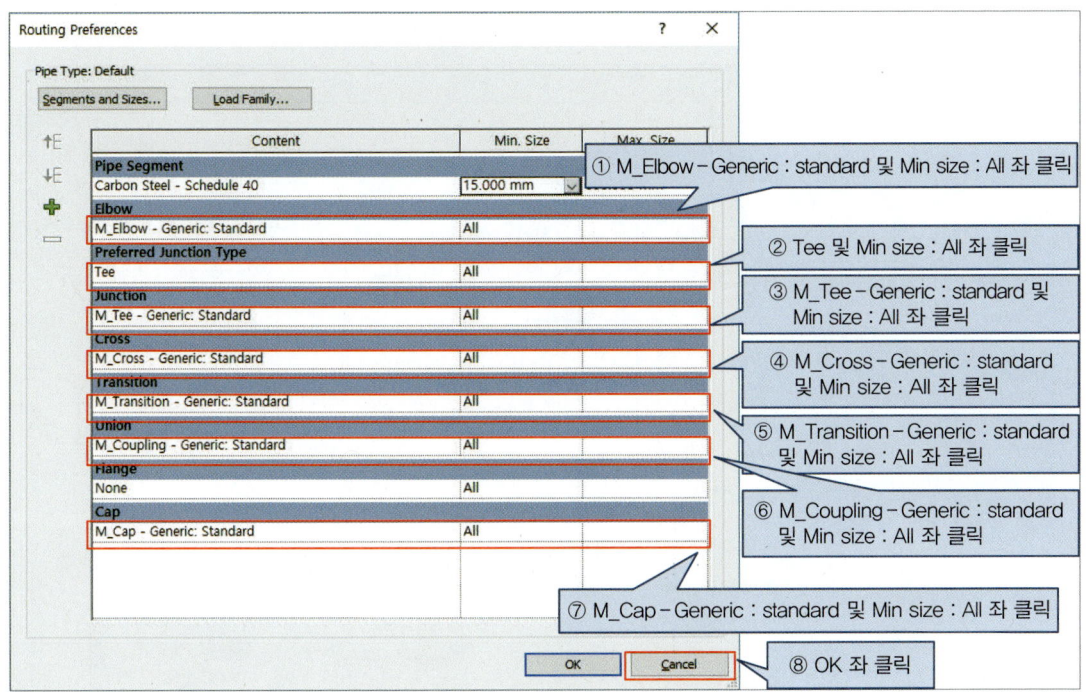

[그림 4-11]

[그림 4-12]

그려지는 배관이 보이도록 그림 4-13과 같이 Offset을 설정하시오.

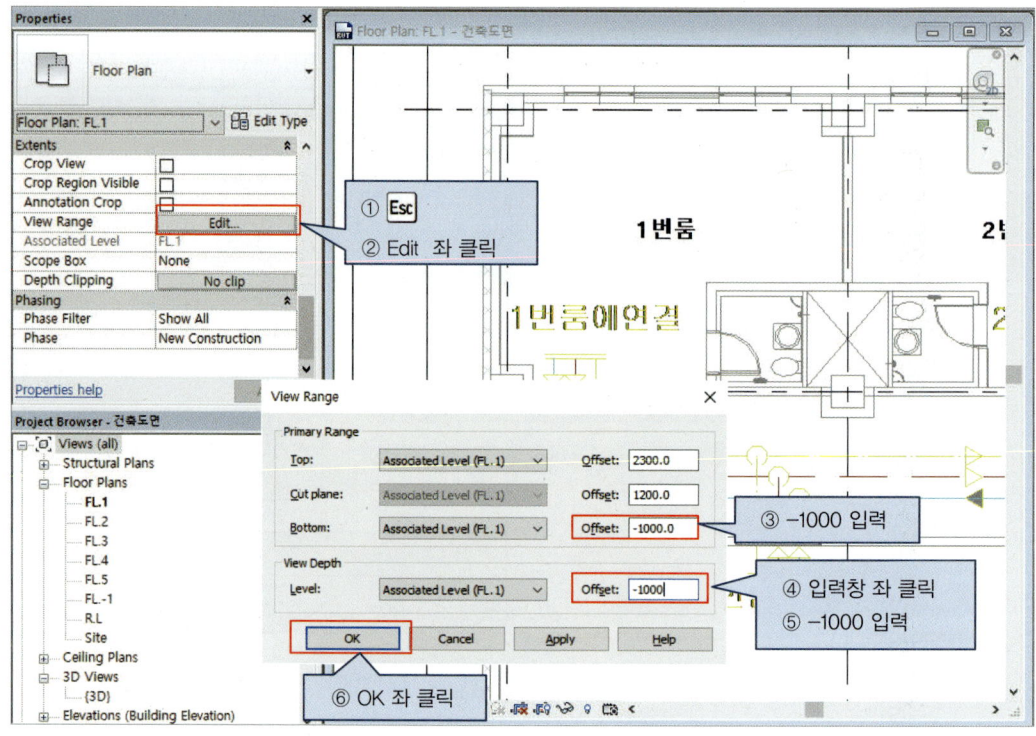

[그림 4-13]

그림 4-14~4-19는 동일한 Offset과 관경을 가지는 횡지 급수관을 그리는 과정이다.

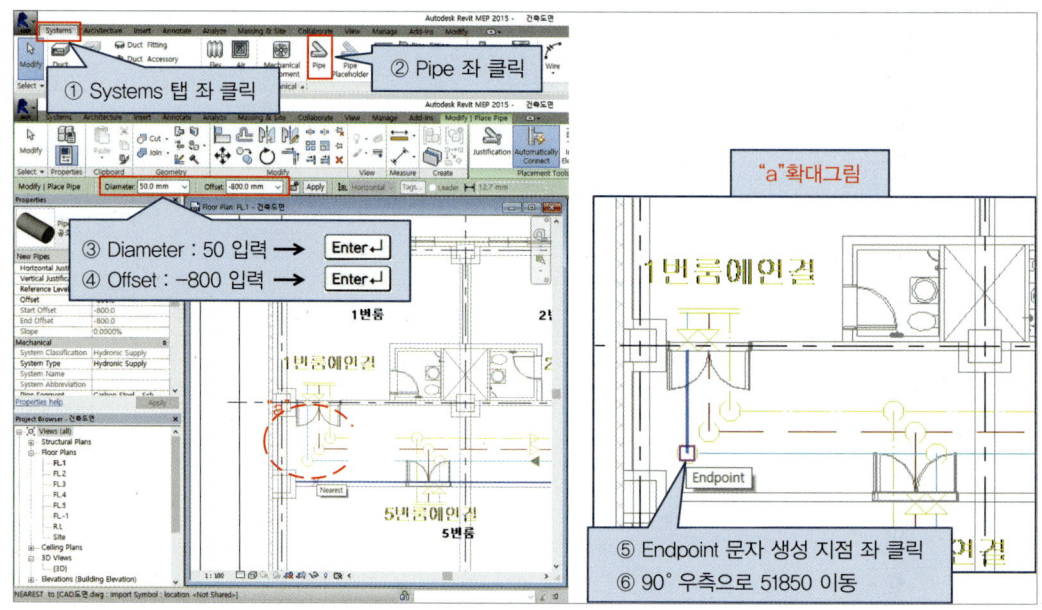

[그림 4-14]

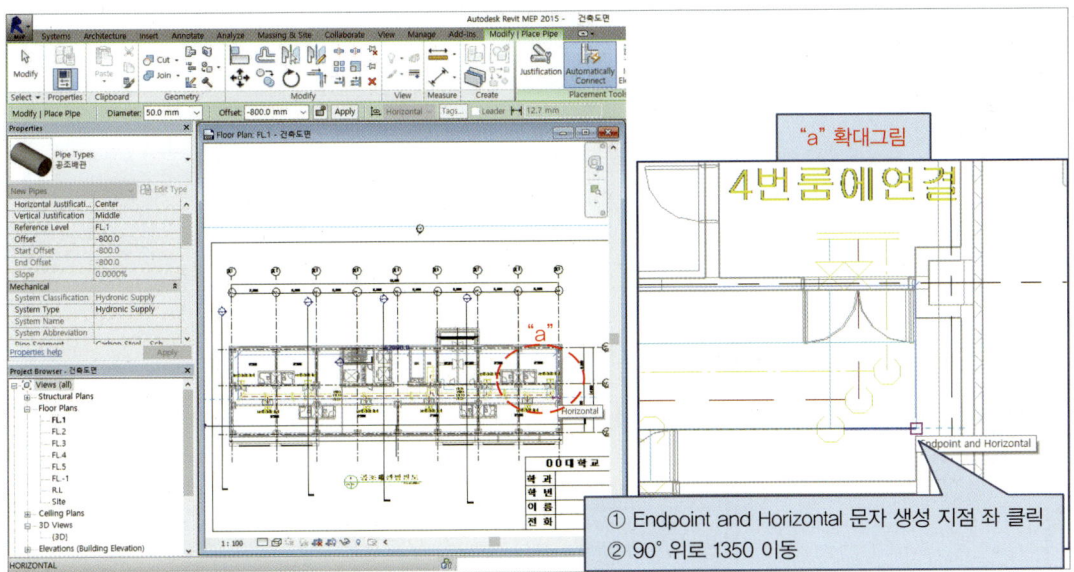

[그림 4-15]

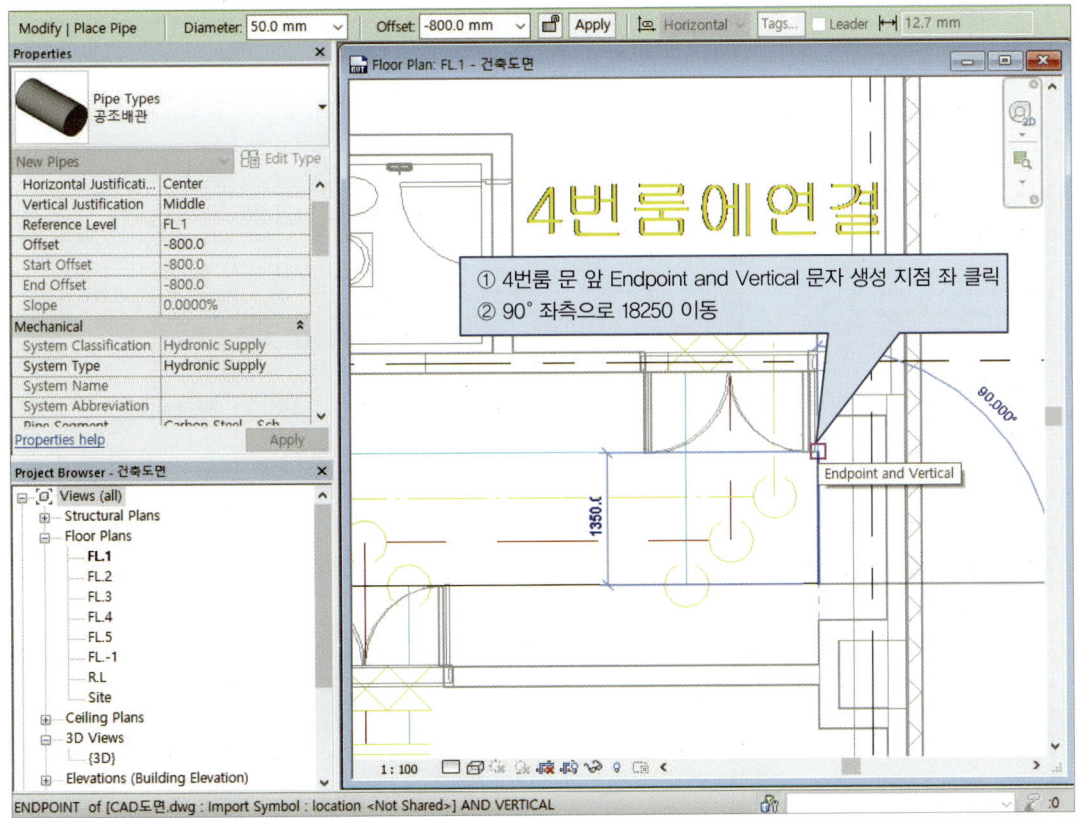

[그림 4-16]

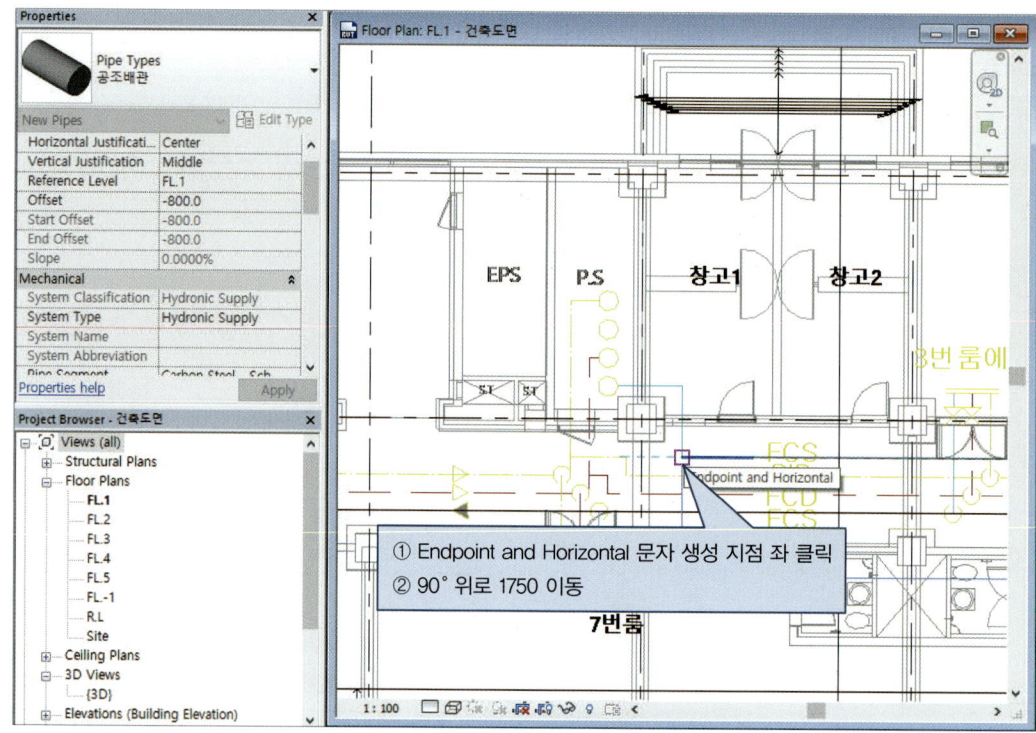

[그림 4-17]

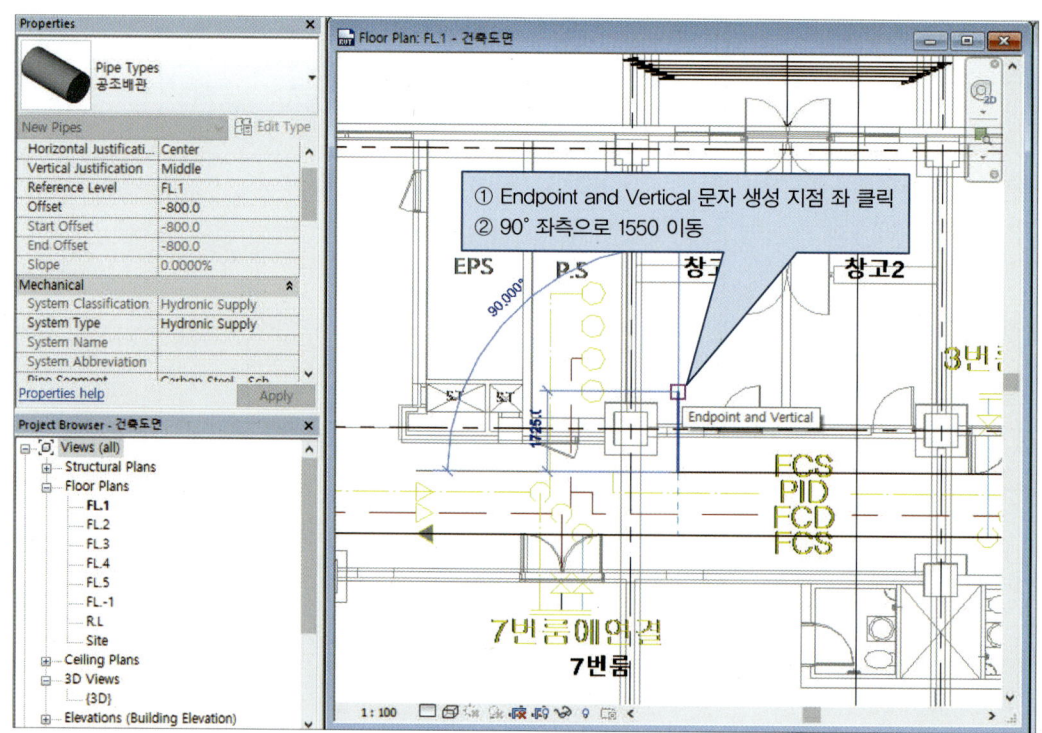

[그림 4-18]

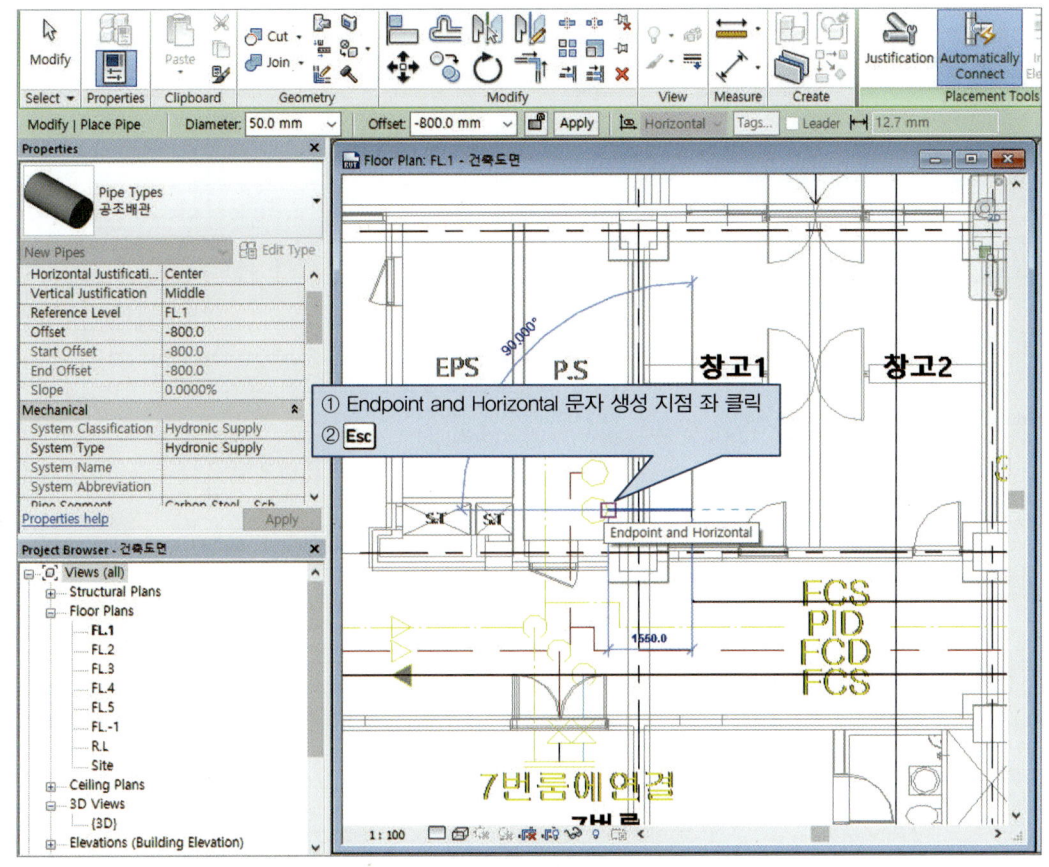

[그림 4-19]

그림 4-14~4-19와 같은 방법으로 횡지 환수관을 그림 4-20~4-27과 같이 그려준다.

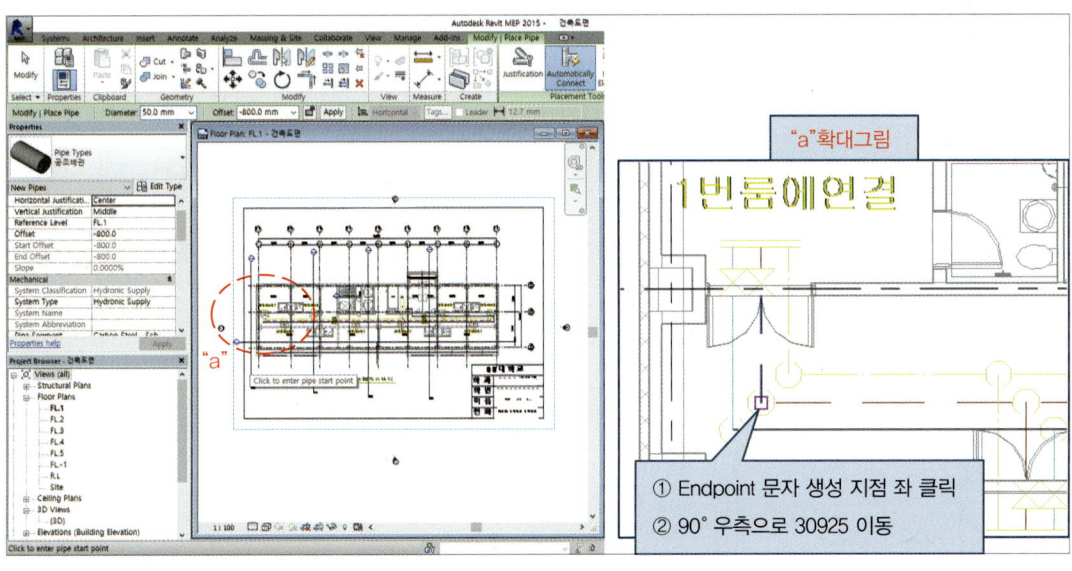

[그림 4-20]

Chapter 04 BIM 공조배관 설계하기

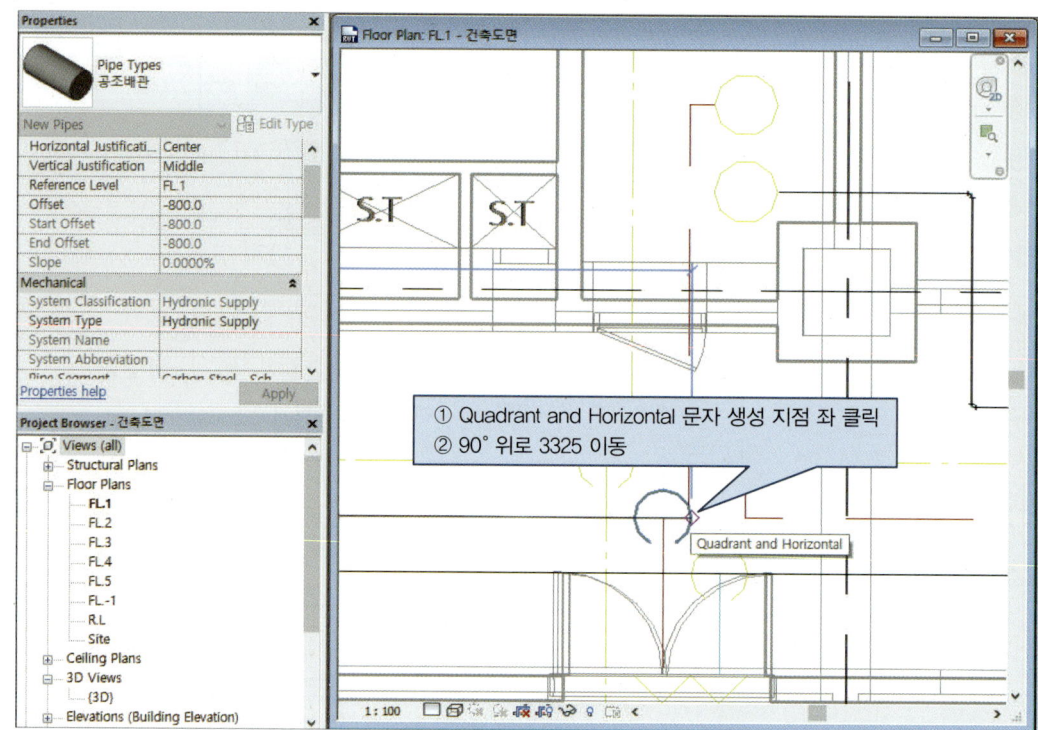

[그림 4-21]

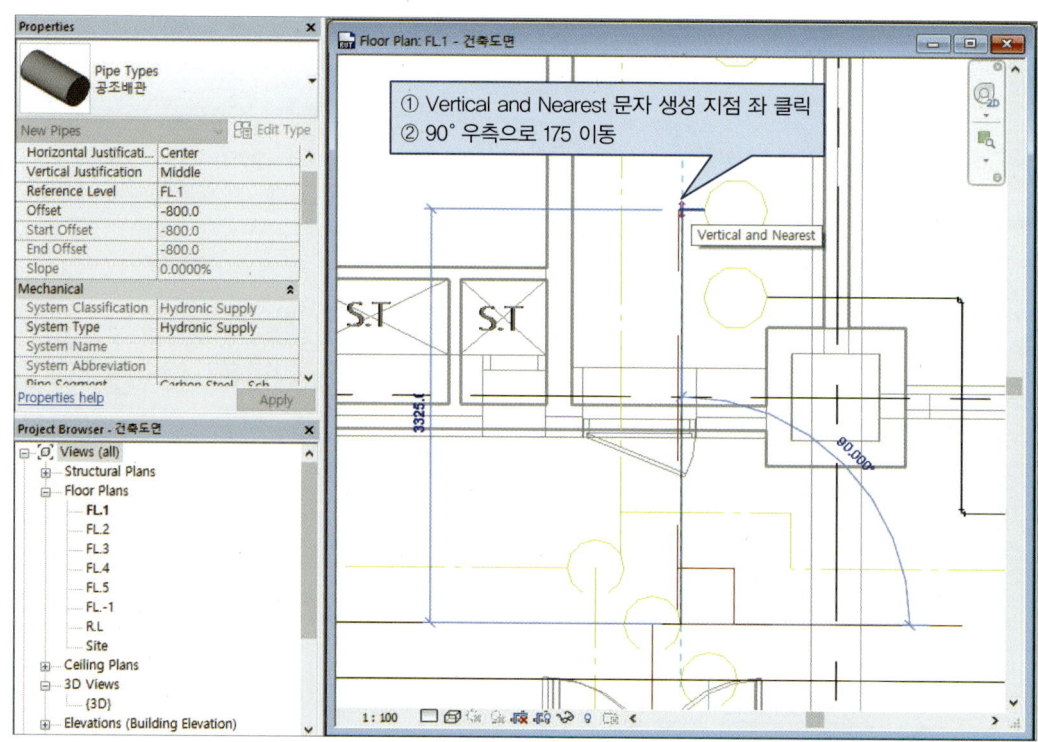

[그림 4-22]

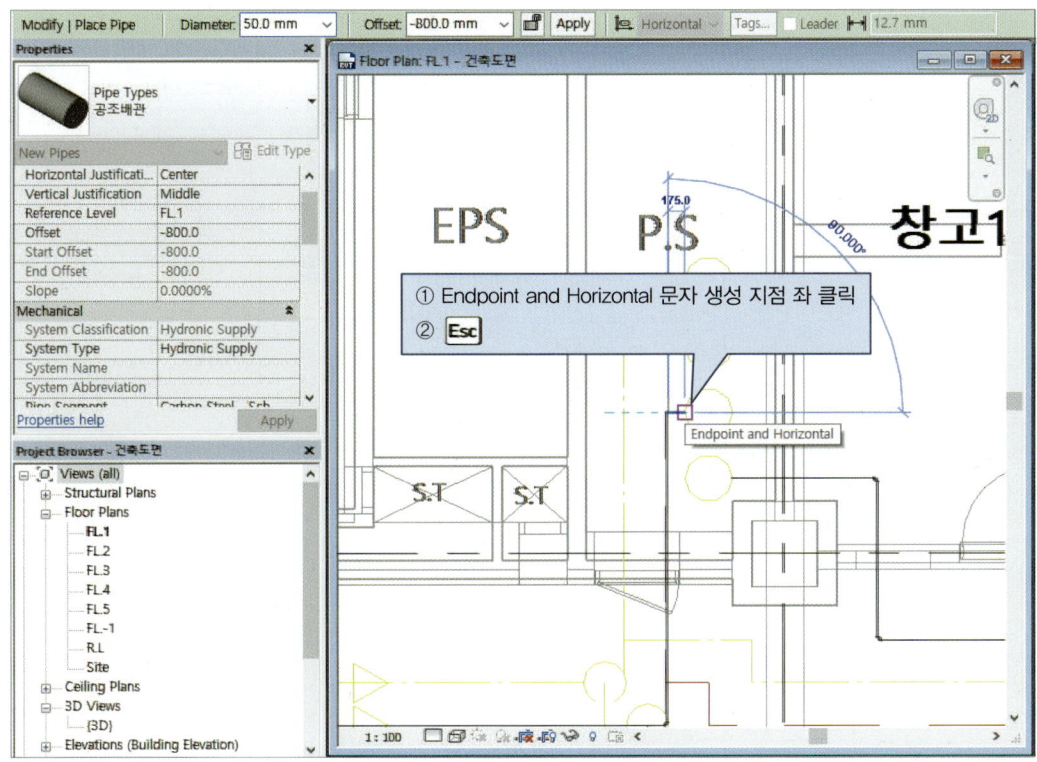

[그림 4-23]

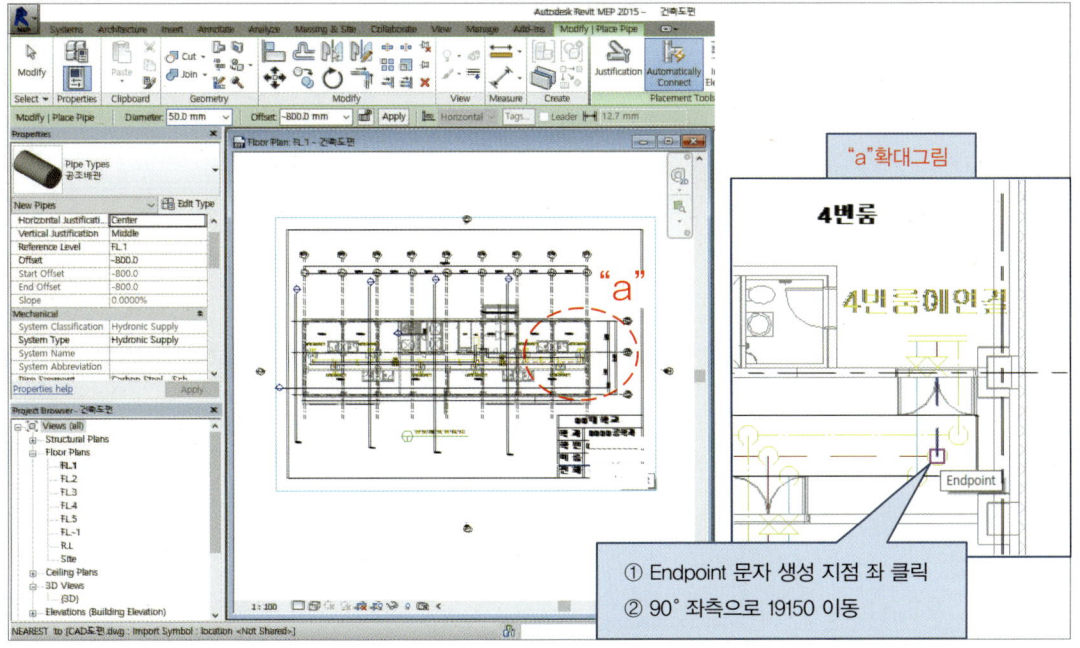

[그림 4-24]

Chapter 04 BIM 공조배관 설계하기

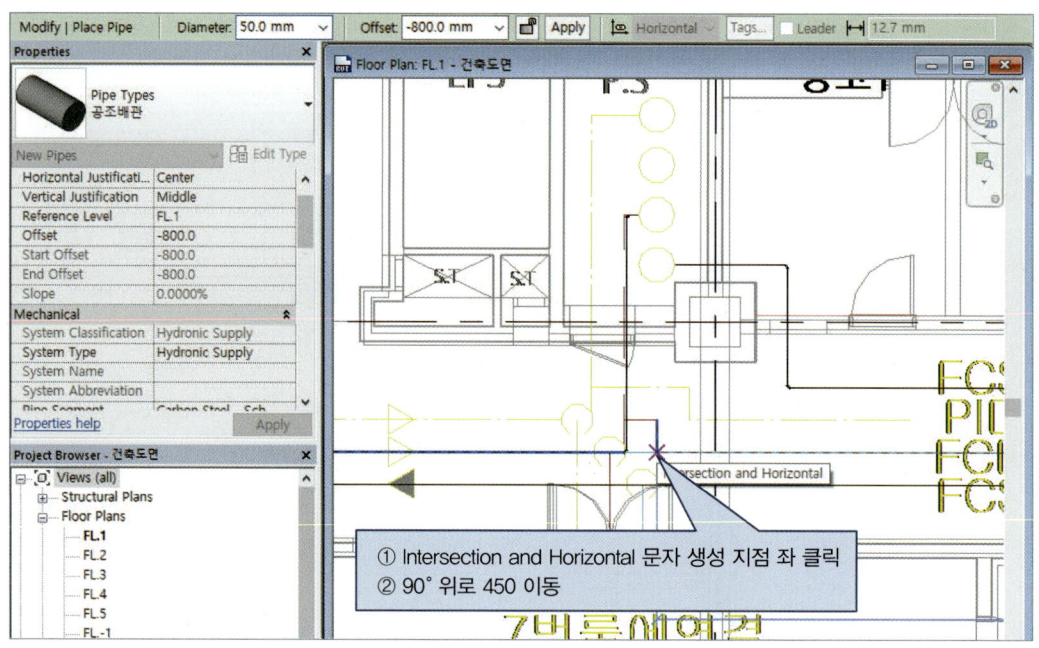

[그림 4-25]

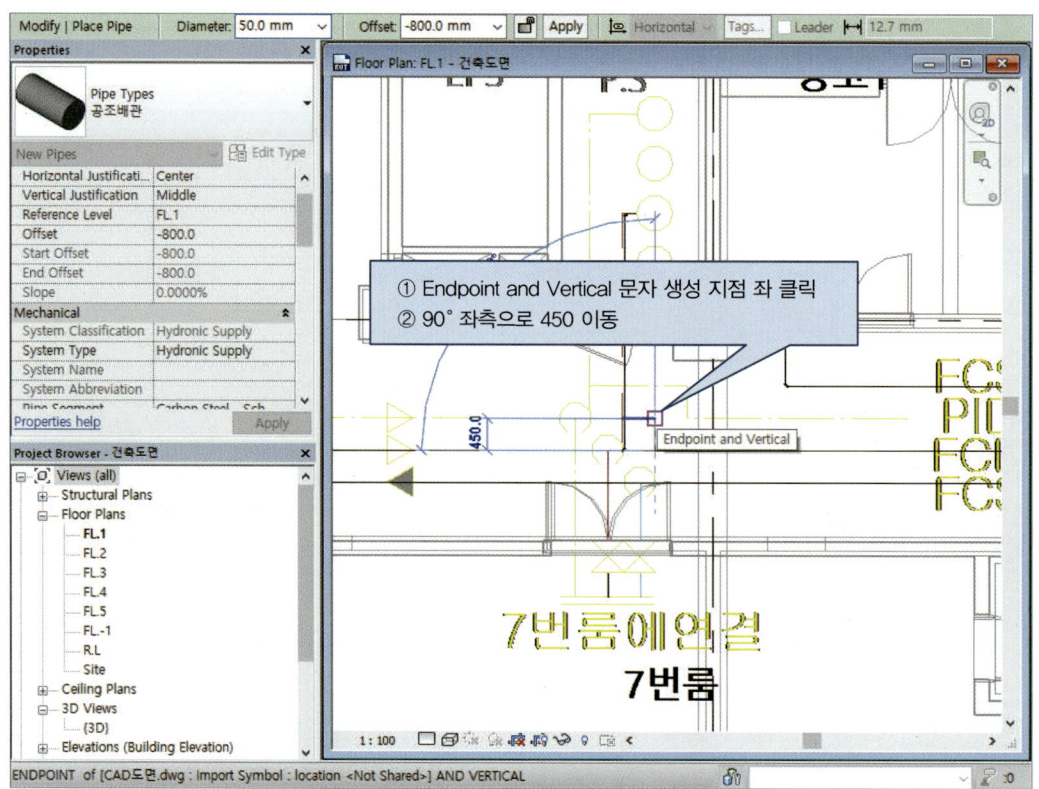

[그림 4-26]

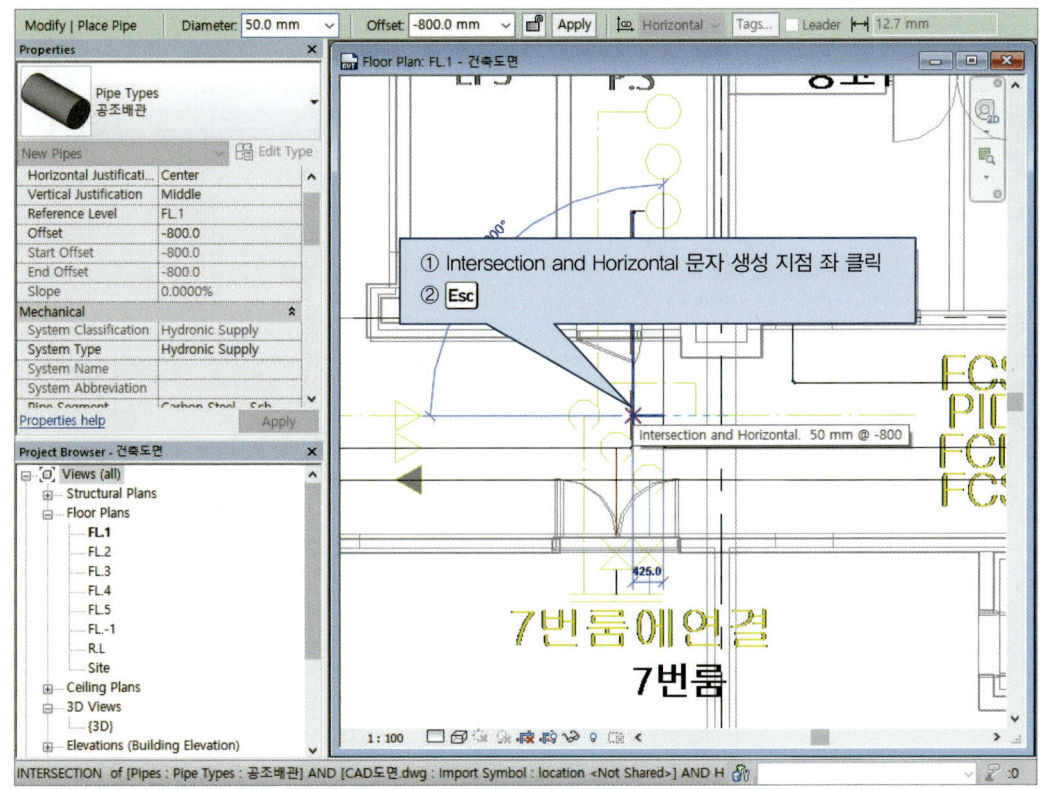

[그림 4-27]

그림 4-14~4-19와 같은 방법으로 횡지 배수관을 그림 4-28~4-35와 같이 그리시오. 관끼리 충돌을 방지하기 위하여 Offset을 -1,000으로 하시오.

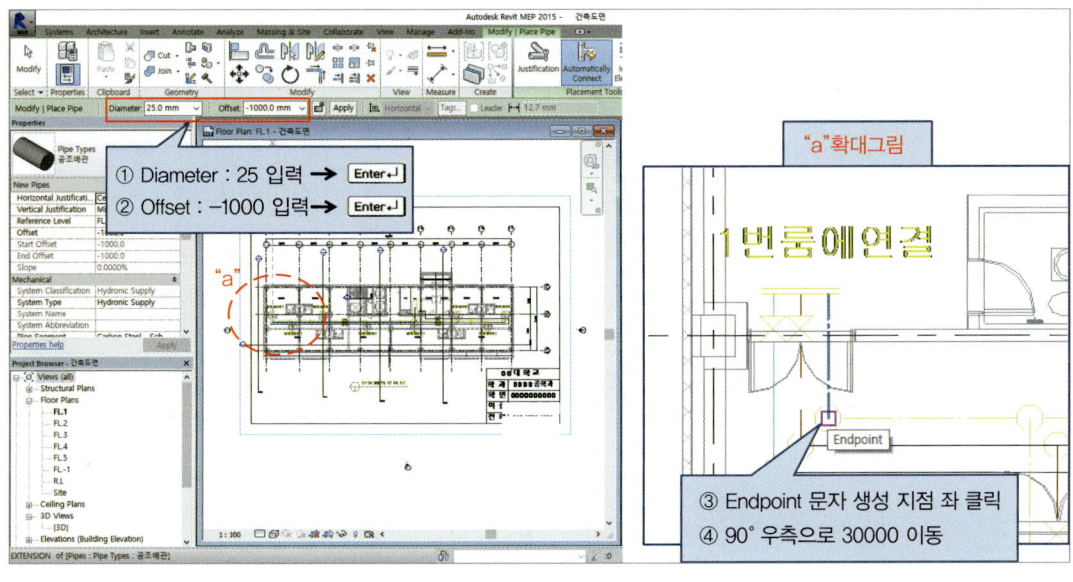

[그림 4-28]

Chapter 04 BIM 공조배관 설계하기 101

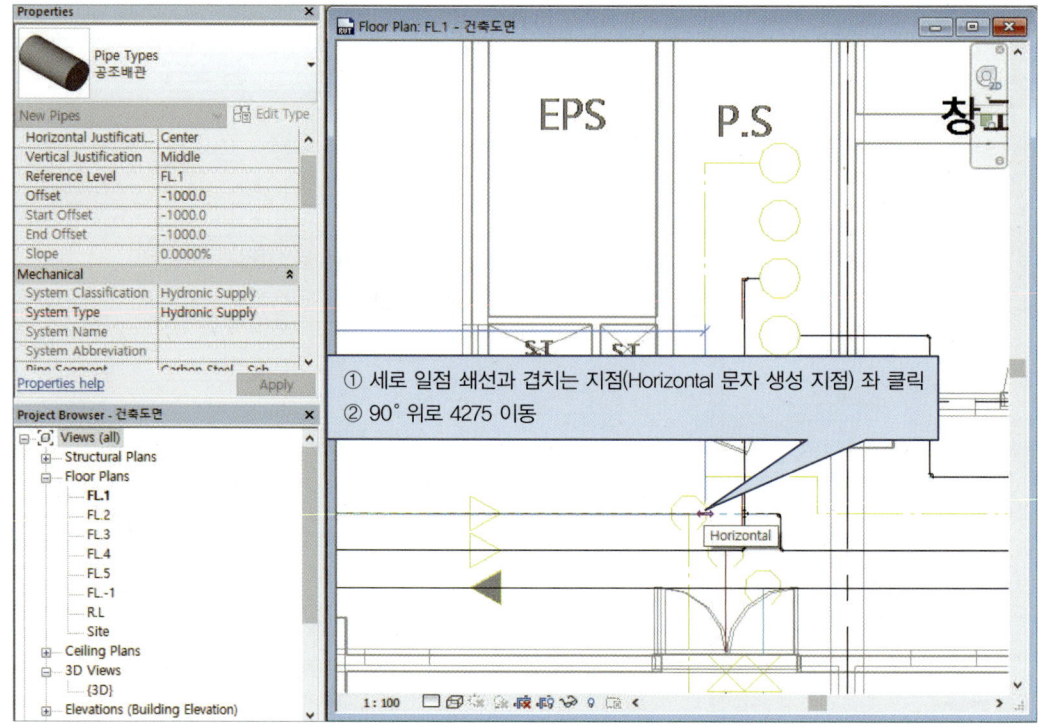

[그림 4-29]

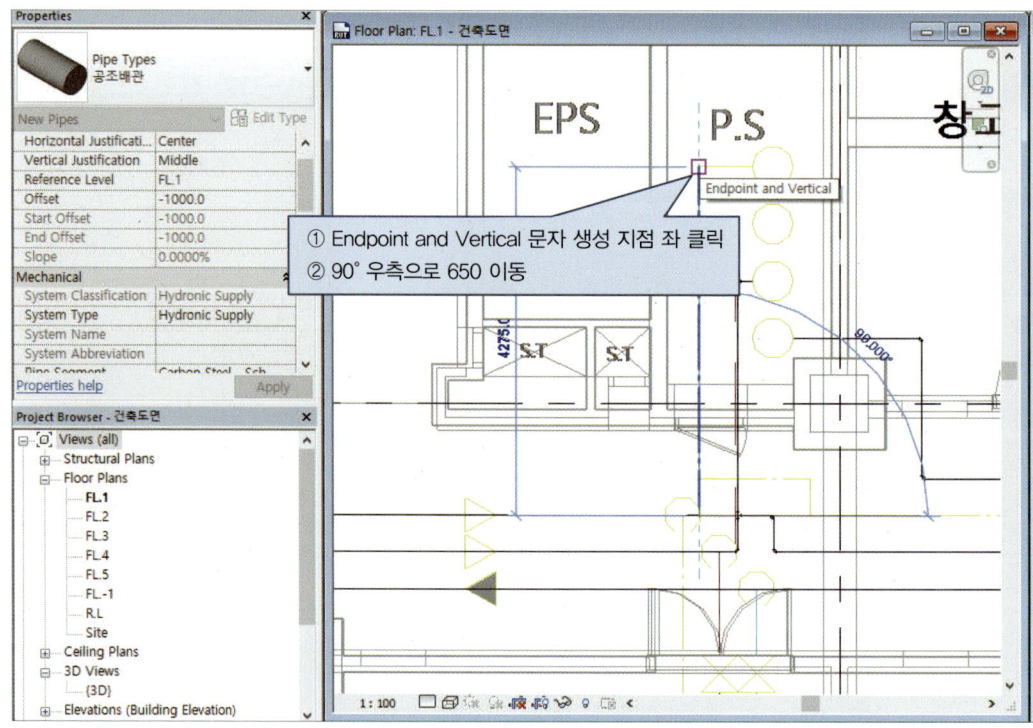

[그림 4-30]

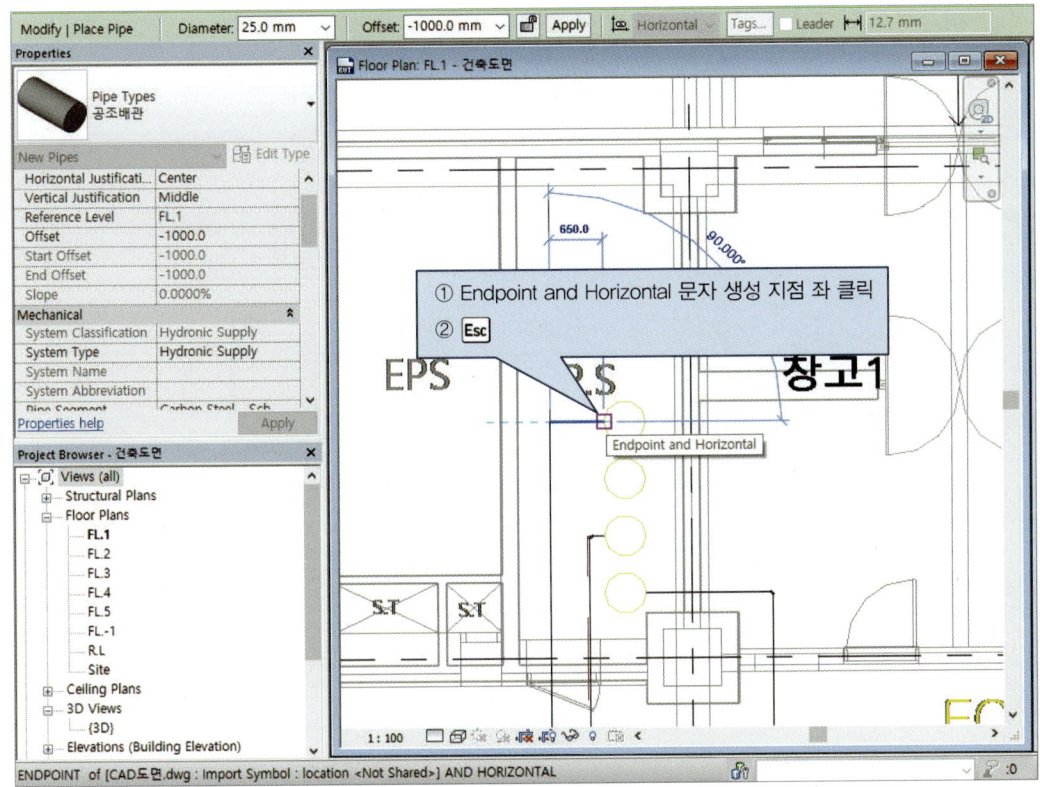

[그림 4-31]

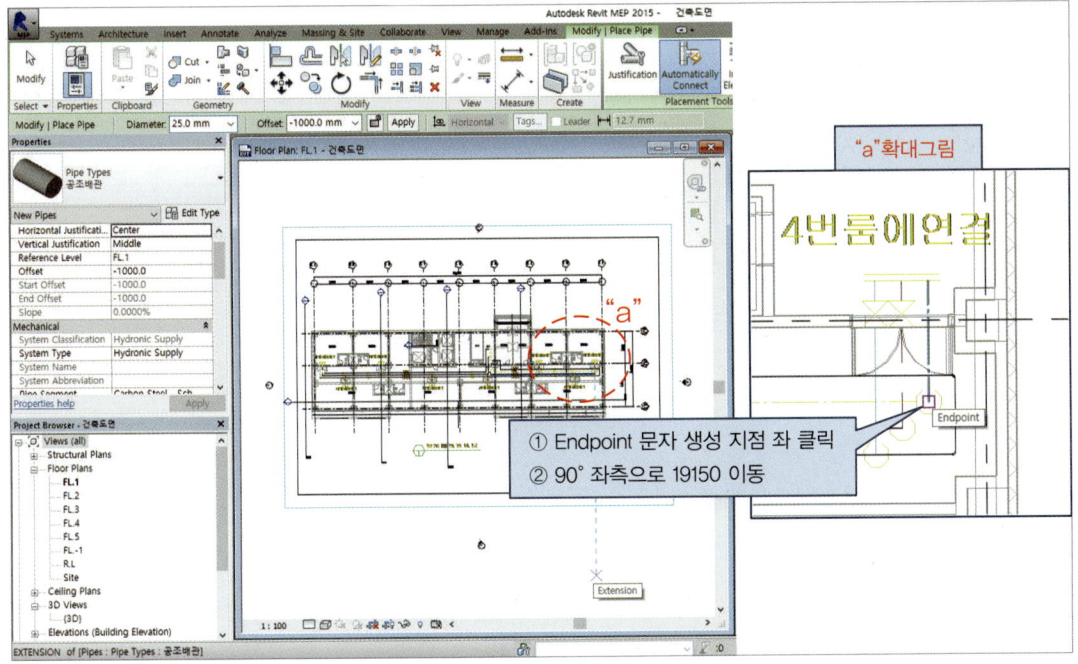

[그림 4-32]

Chapter 04 BIM 공조배관 설계하기

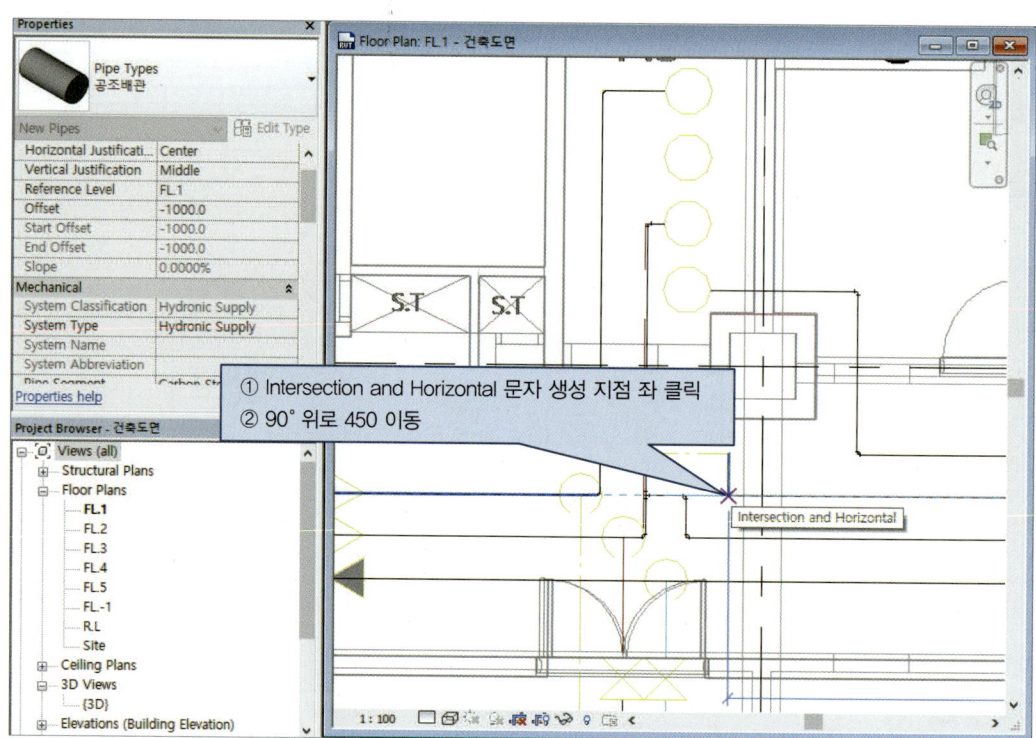

[그림 4-33]

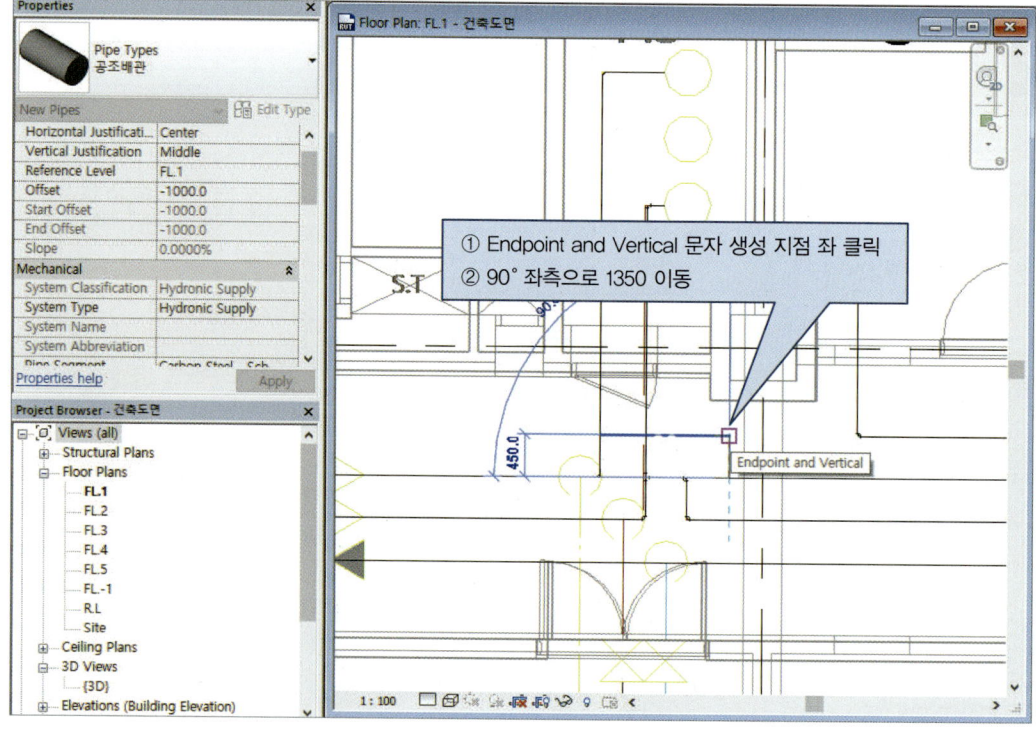

[그림 4-34]

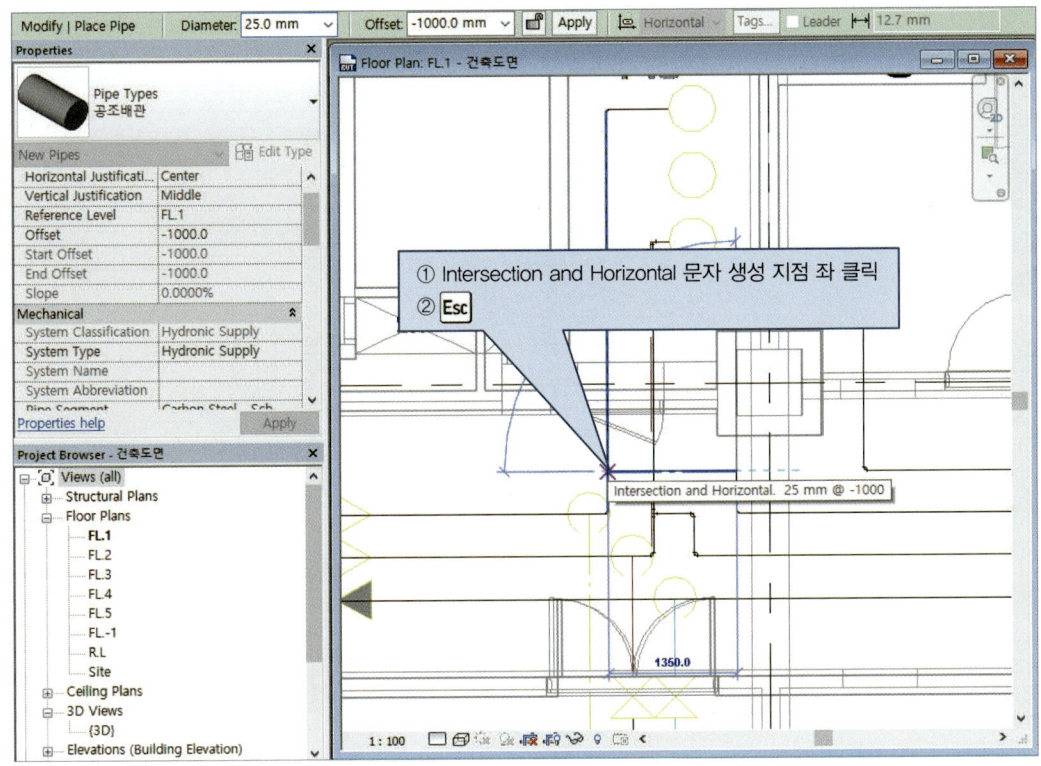

[그림 4-35]

공조배관을 실물처럼 보기 위하여 그림 4-36과 같이 설정한다.

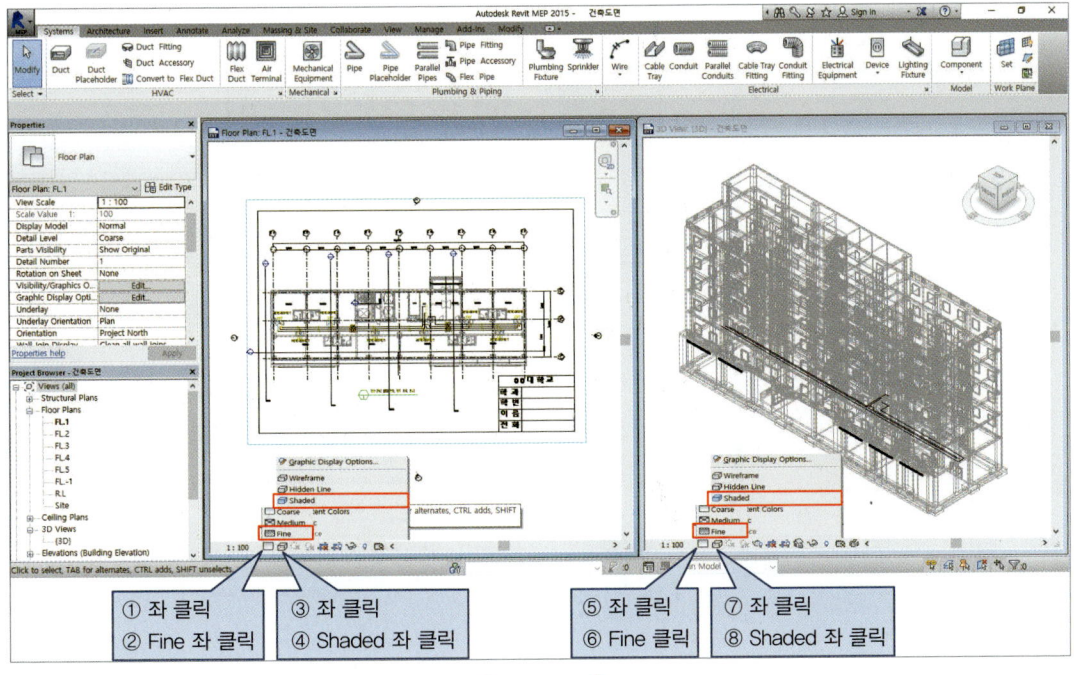

[그림 4-36]

횡지관이 완성되었으므로 1번룸에 공급 가지배관을 그림 4-37~4-38과 같이 그려주시오. 충돌을 방지하기 위하여 Offset을 -500으로 하시오.

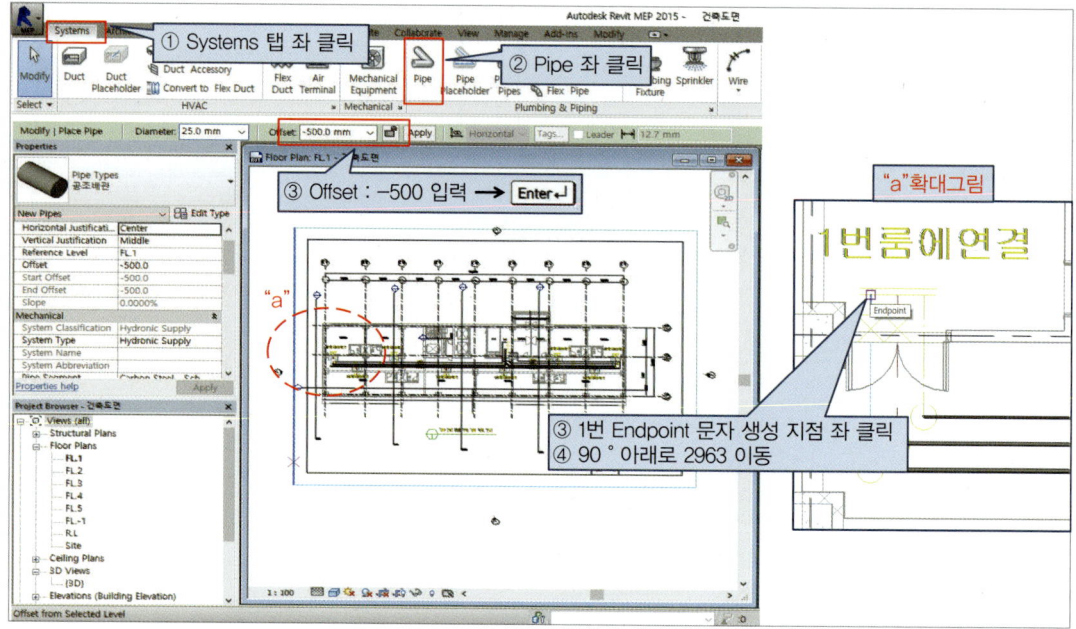

[그림 4-37]

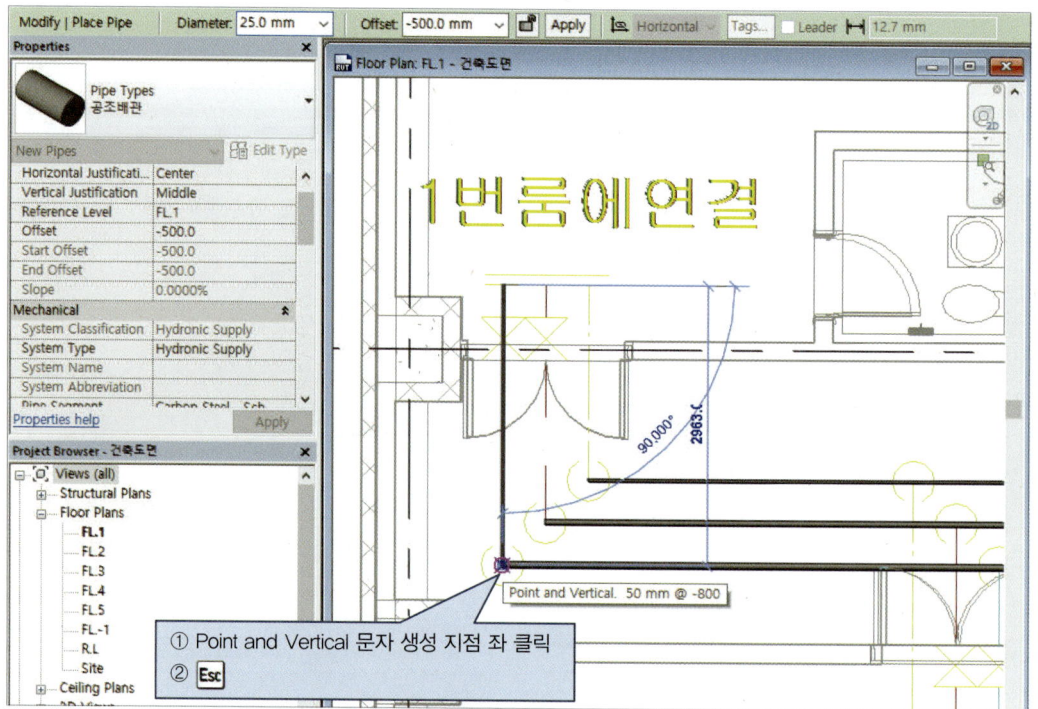

[그림 4-38]

횡지관이 완성되었으므로 1번룸에 환수 가지배관을 그림 4-39~4-40과 같이 그리시오.

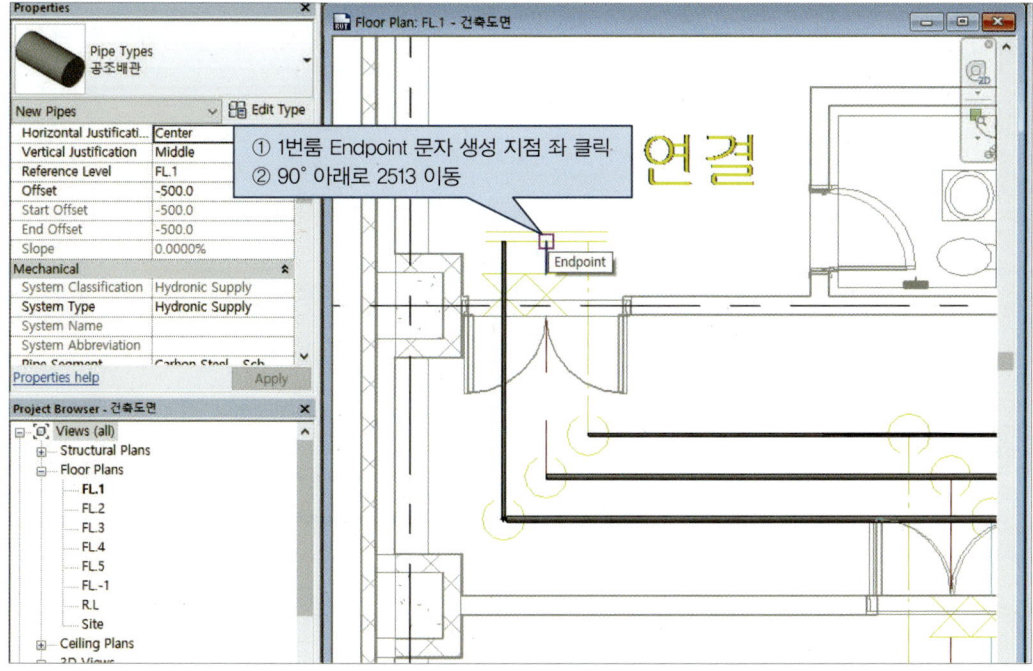

[그림 4-39]

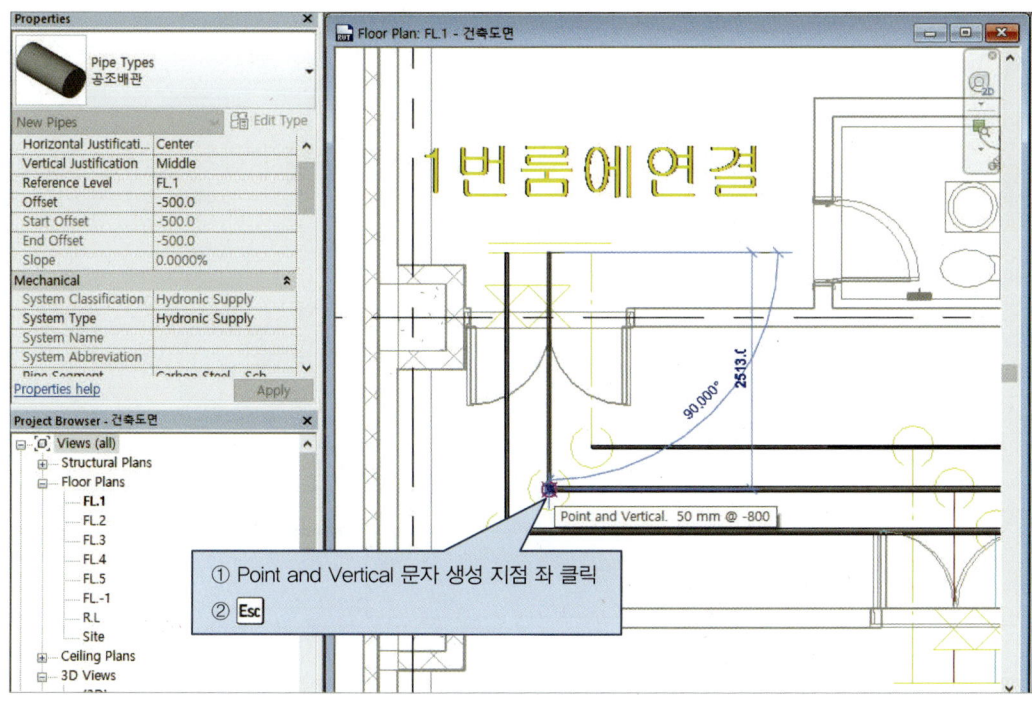

[그림 4-40]

횡지관이 완성되었으므로 1번룸에 배수 가지배관을 그림 4-41~4-42와 같이 그리시오.

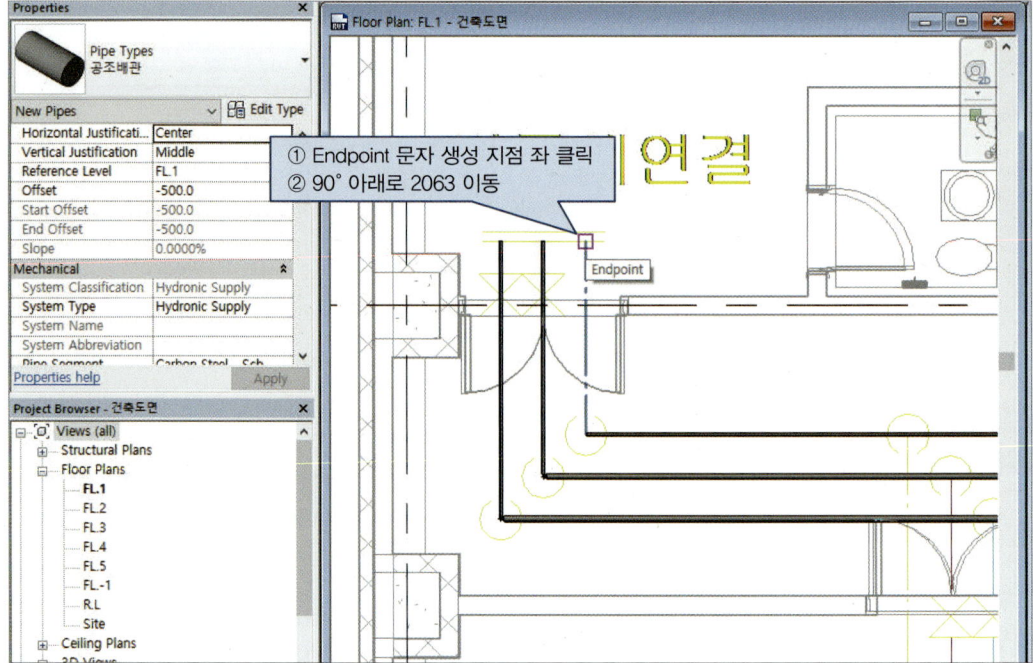

[그림 4-41]

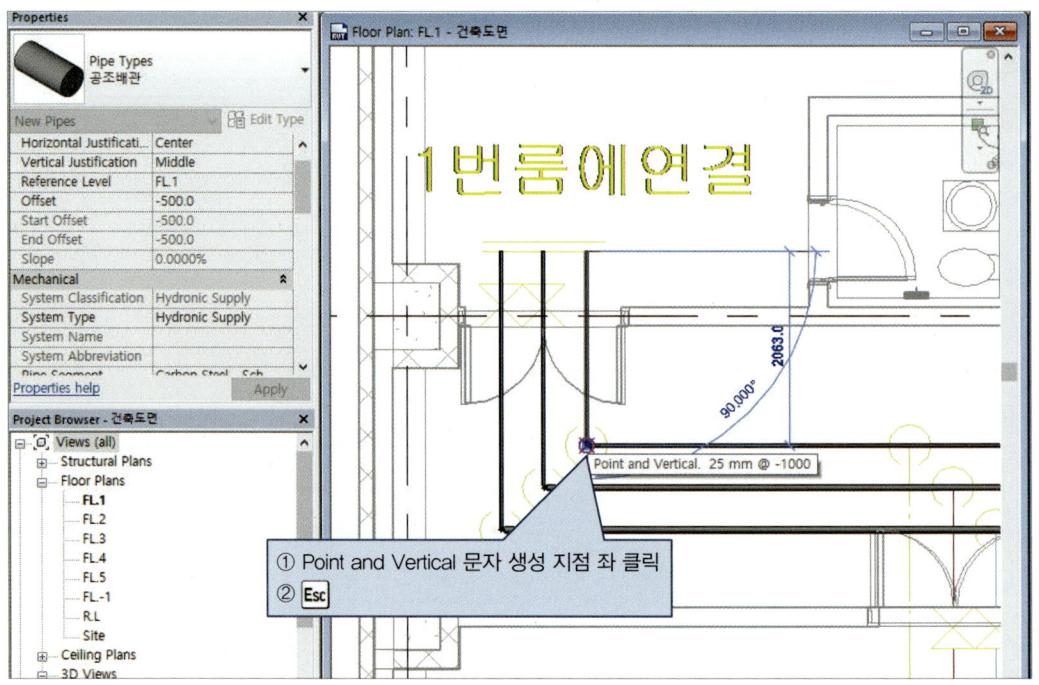

[그림 4-42]

공급관과 환수관에서의 역류를 방지하기 위하여 그림 4-43~4-44와 같이 가지배관에 체크 밸브를 연결하시오.

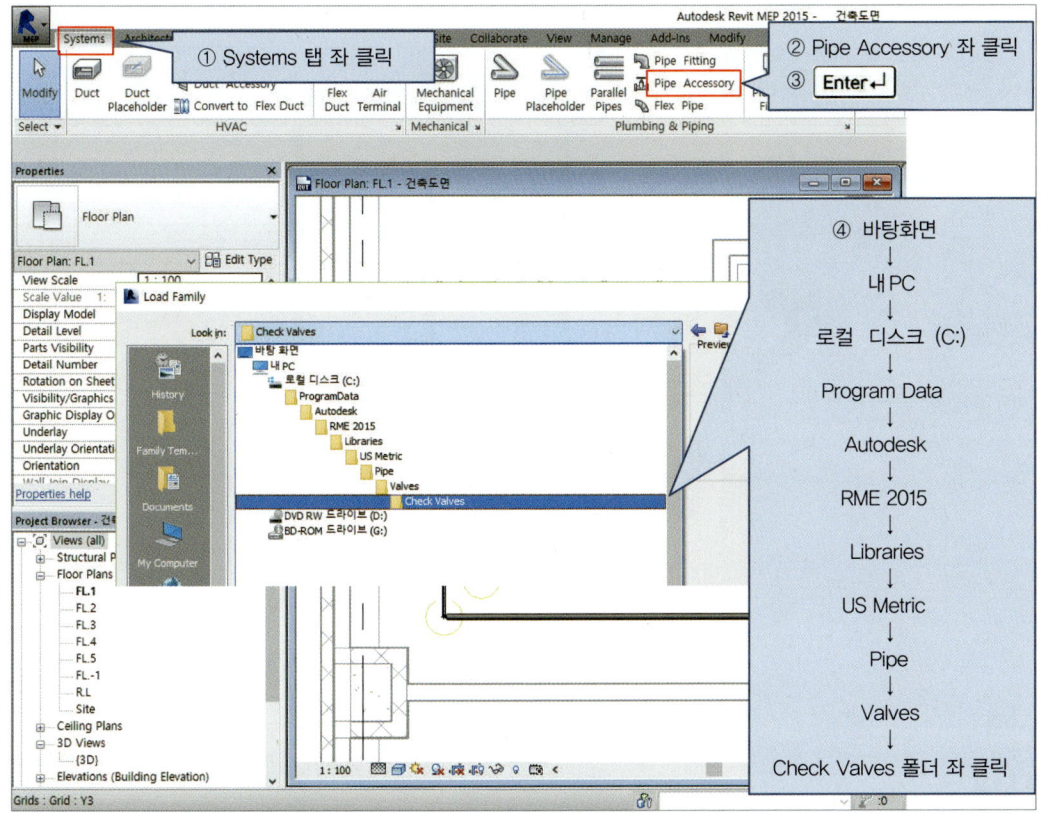

[그림 4-43]

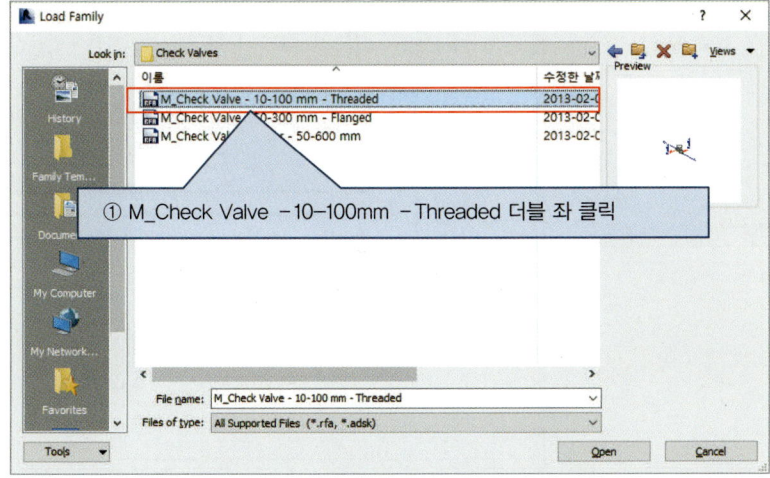

[그림 4-44]

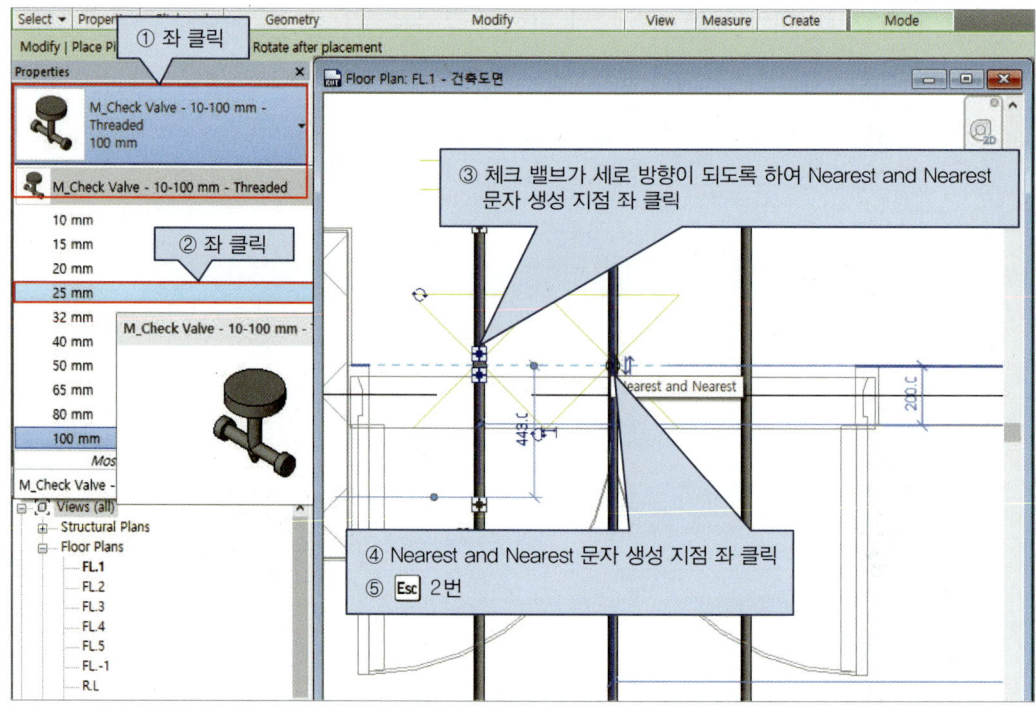

[그림 4-45]

1번룸의 가지배관을 복사하여 그림 4-47~4-48과 같이 2번룸에 그리시오.

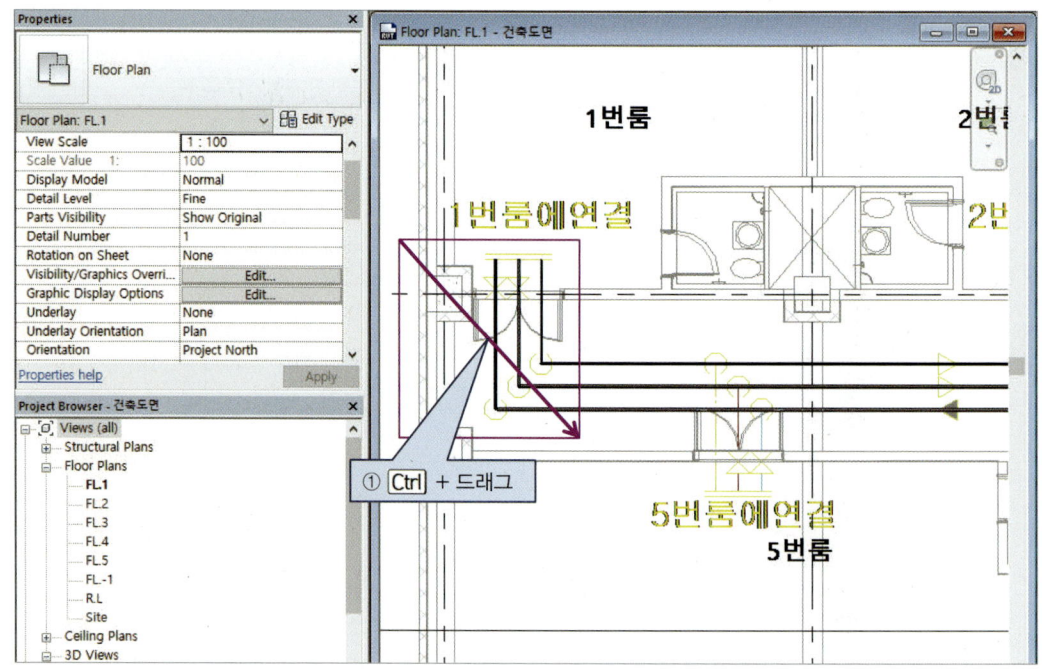

[그림 4-46]

엘보우와 티가 자동으로 연결되어 있기 때문에 드래그 선택 시 Shift 를 누르며 마우스를 드래그하여 엘보우와 티를 제거하시오.

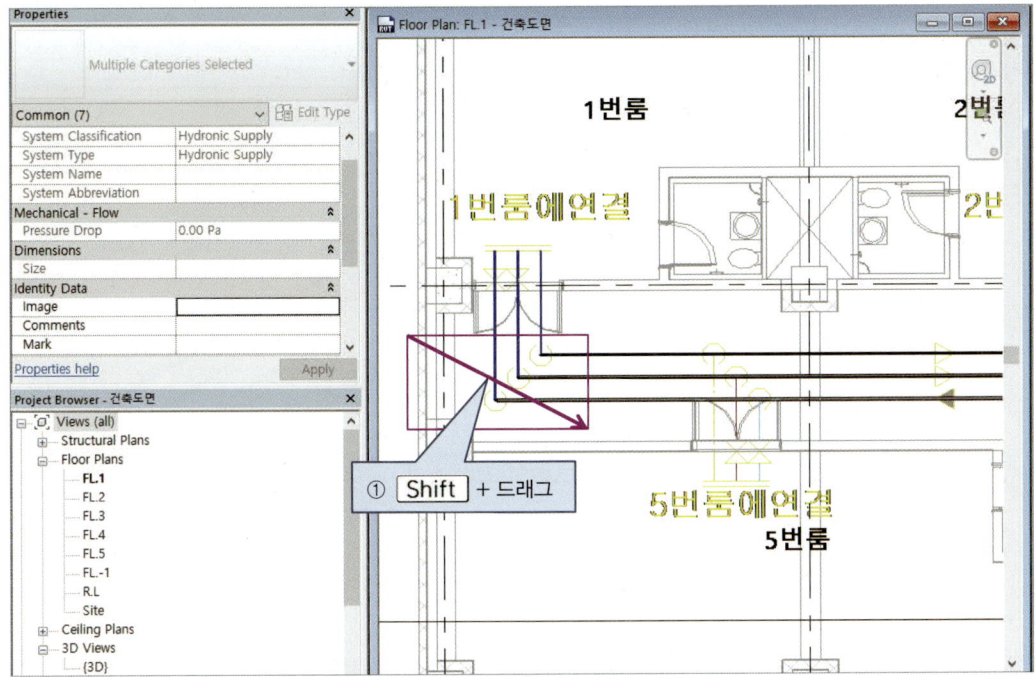

[그림 4-47]

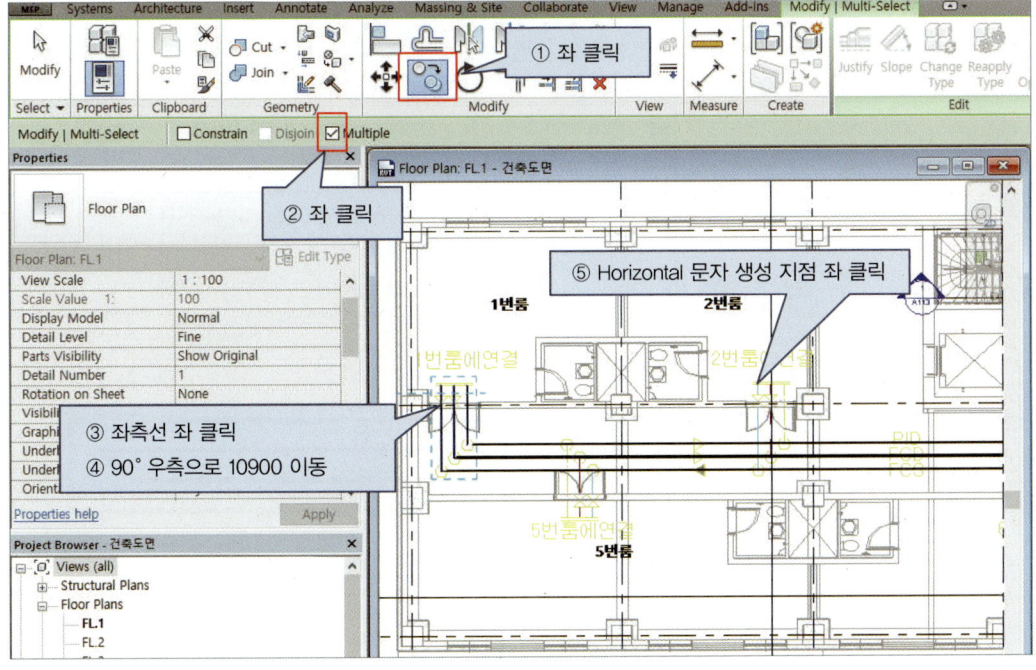

[그림 4-48]

1번룸의 가지배관을 복사하여 3번룸에 그리시오.

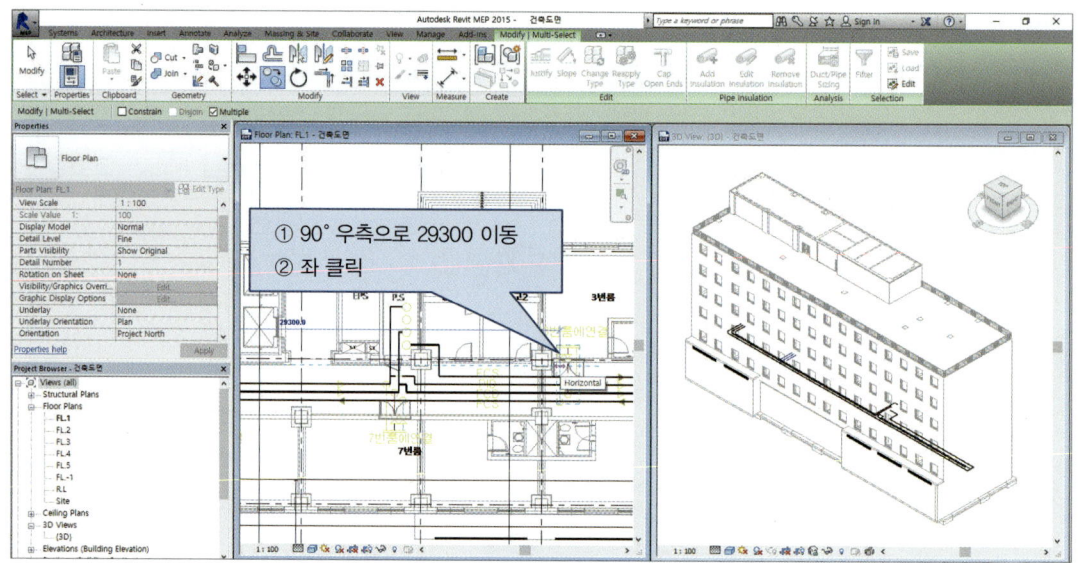

[그림 4-49]

1번룸의 가지배관을 복사하여 4번룸에 그리시오.

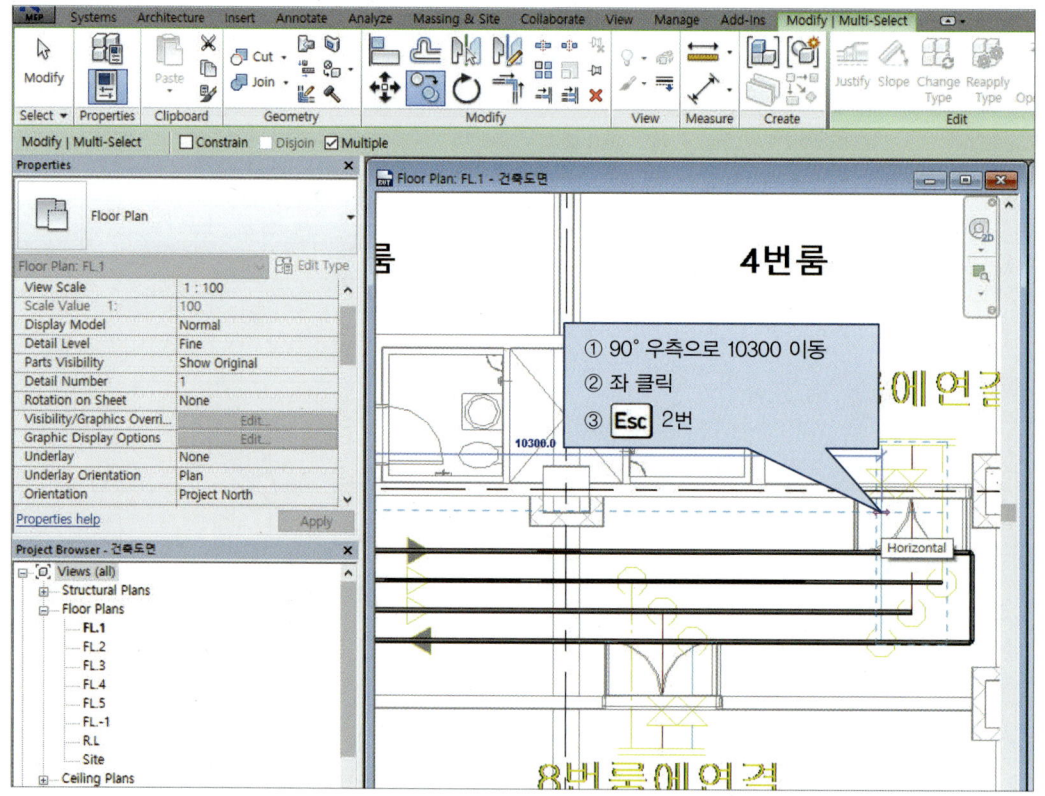

[그림 4-50]

그림 4-51~4-65와 같이 5번룸~8번룸의 가지배관을 그리시오.

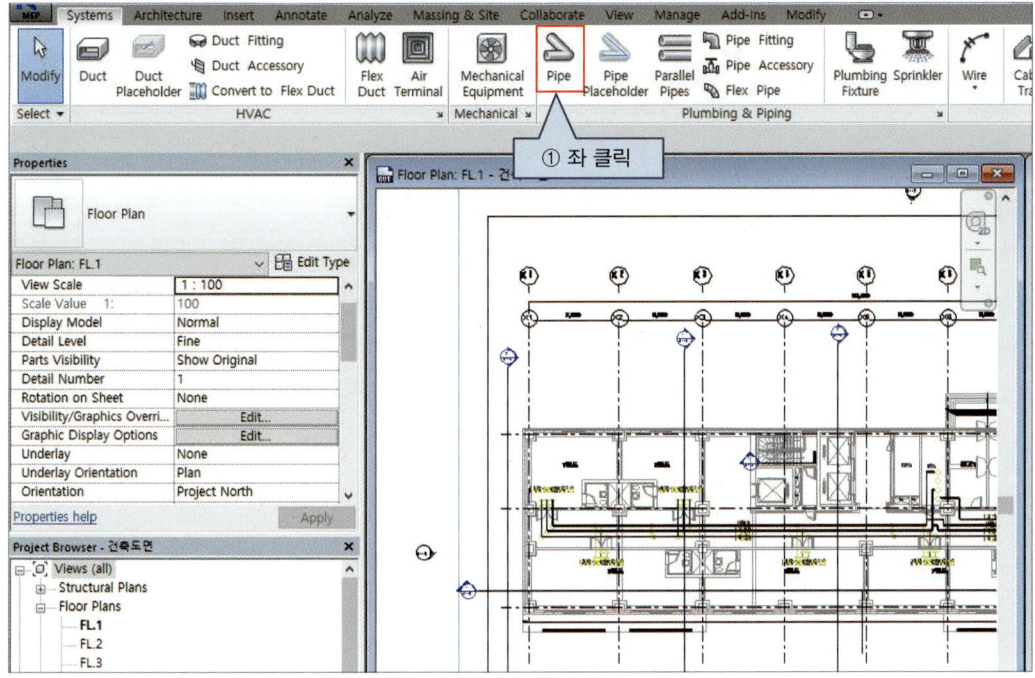

[그림 4-51]

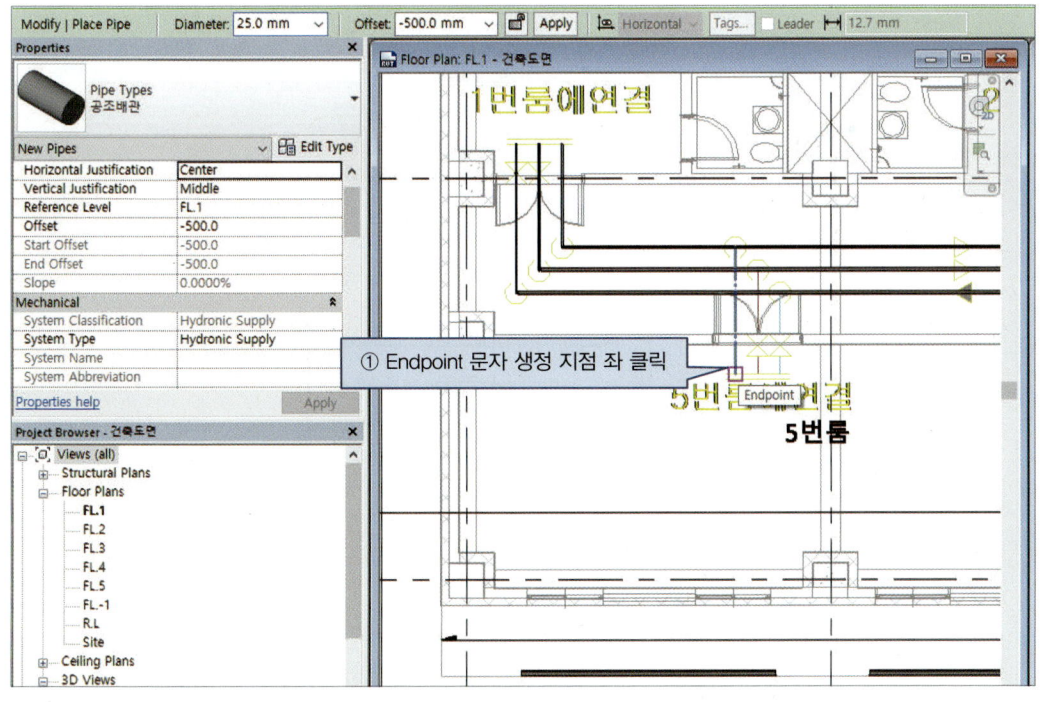

[그림 4-52]

Chapter 04 BIM 공조배관 설계하기

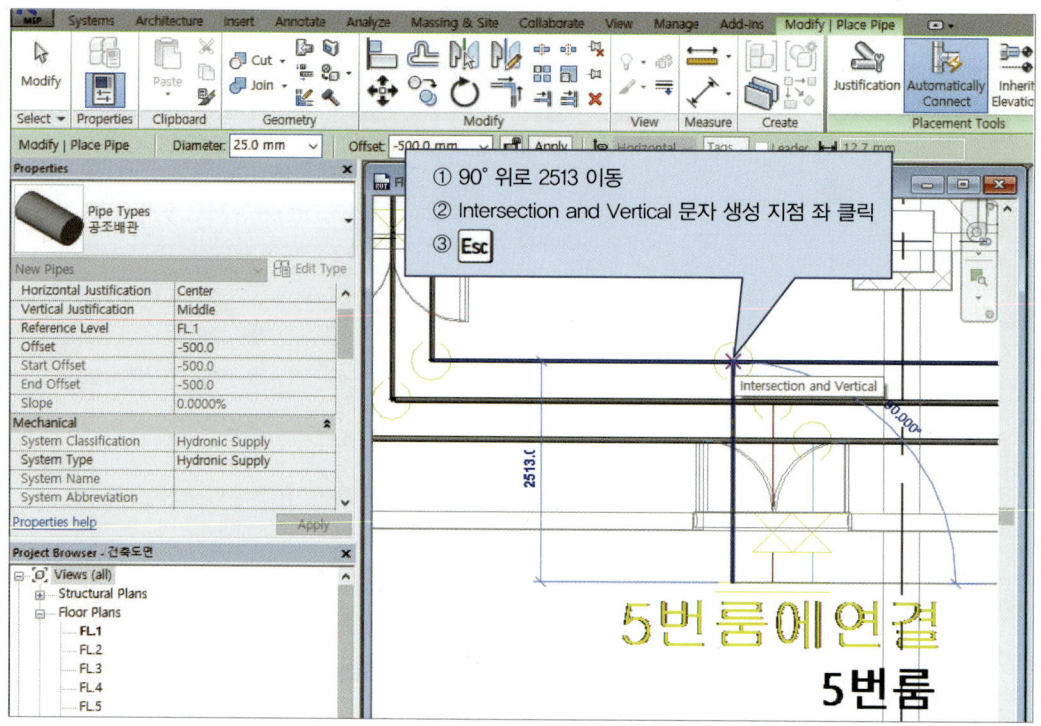

[그림 4-53]

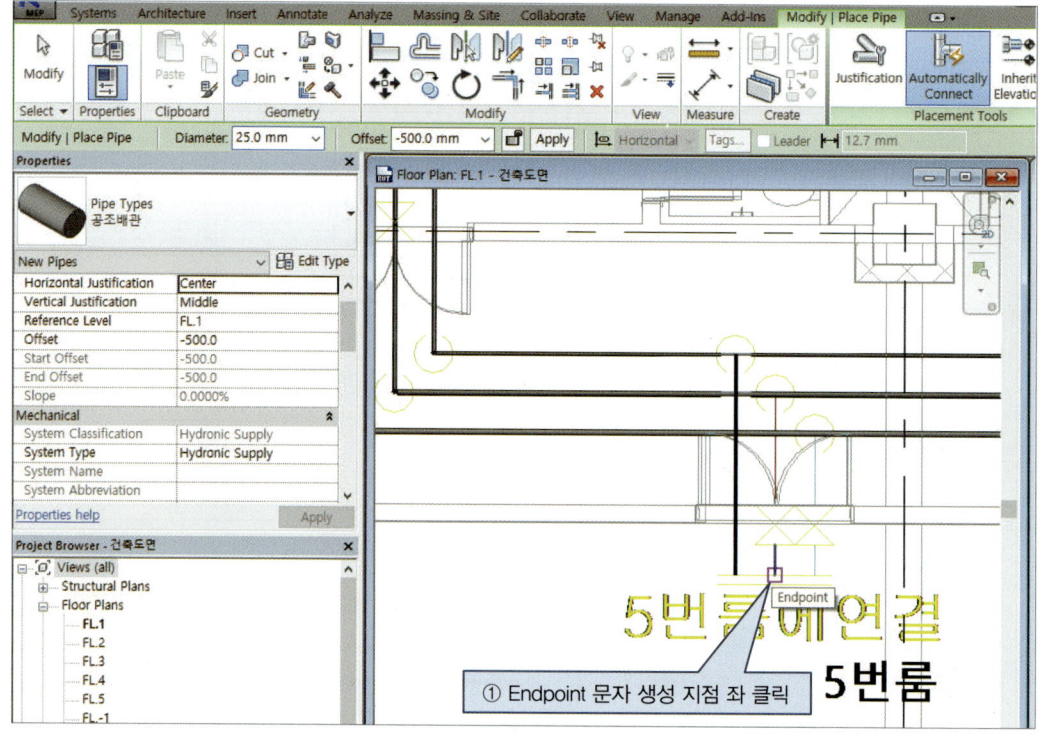

[그림 4-54]

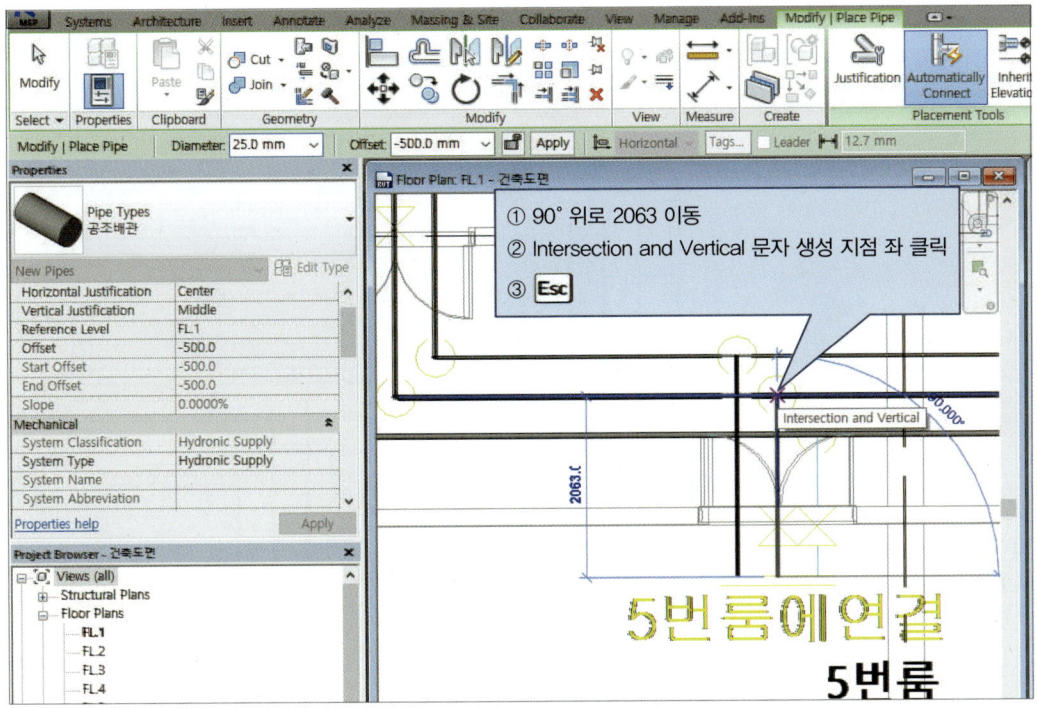

[그림 4-55]

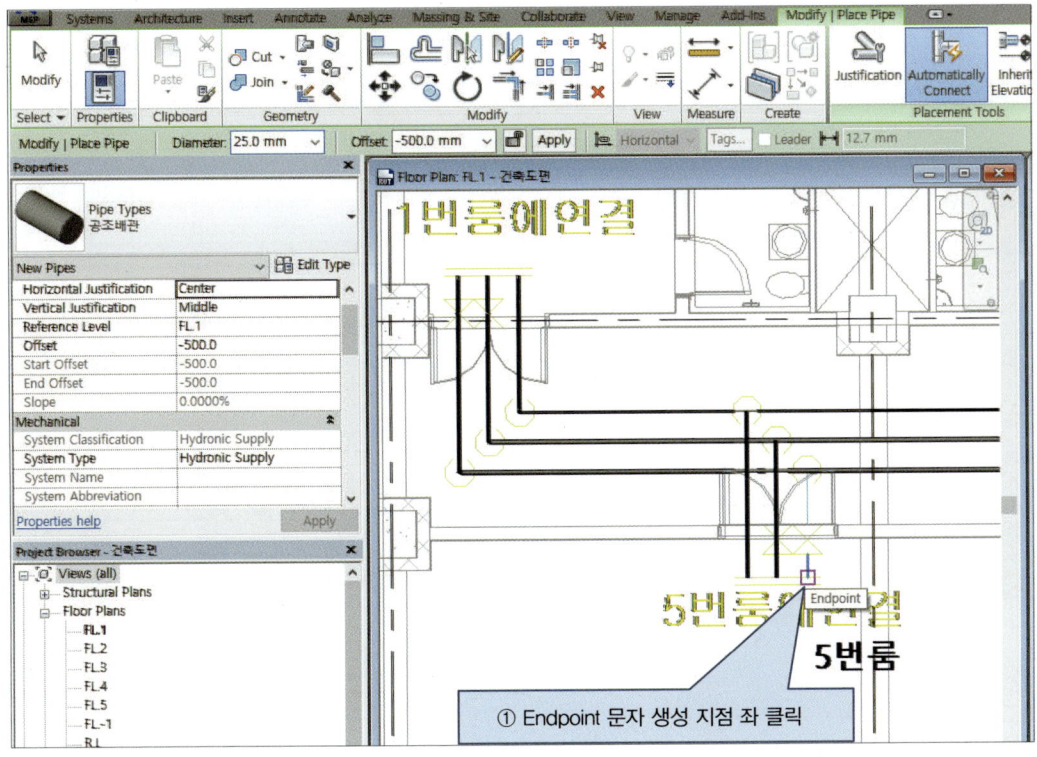

[그림 4-56]

Chapter 04 BIM 공조배관 설계하기   115

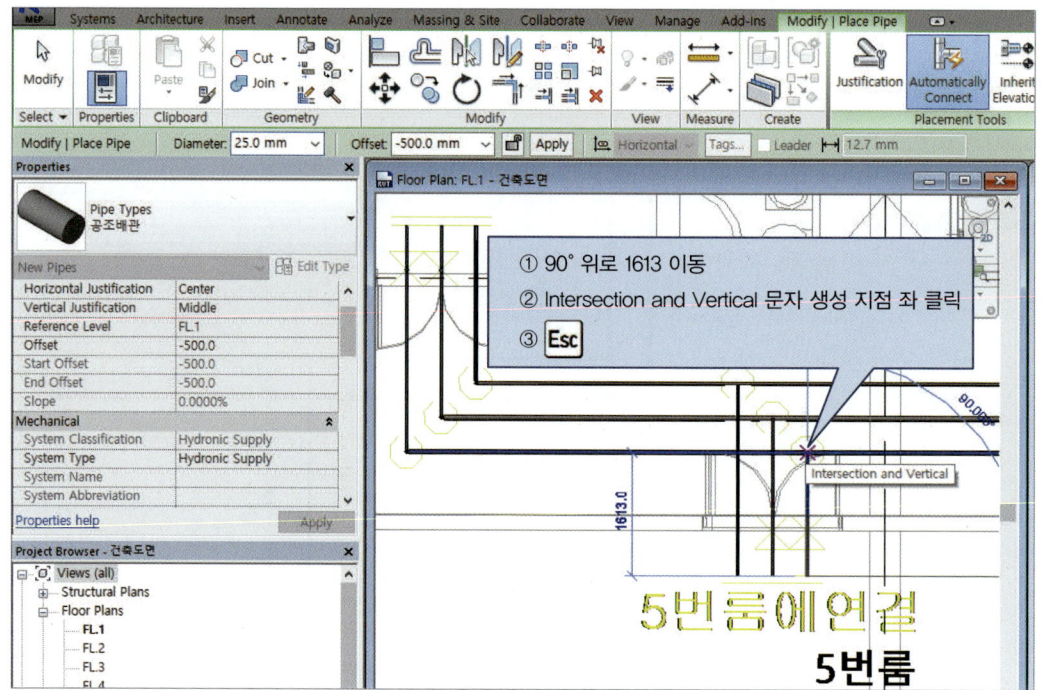

[그림 4-57]

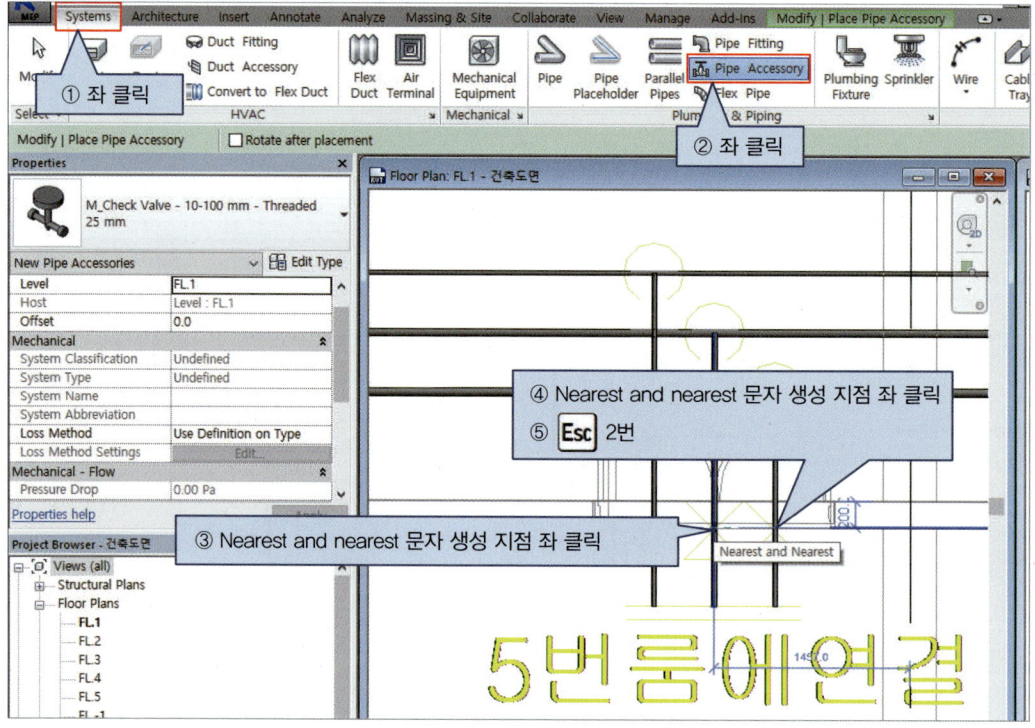

[그림 4-58]

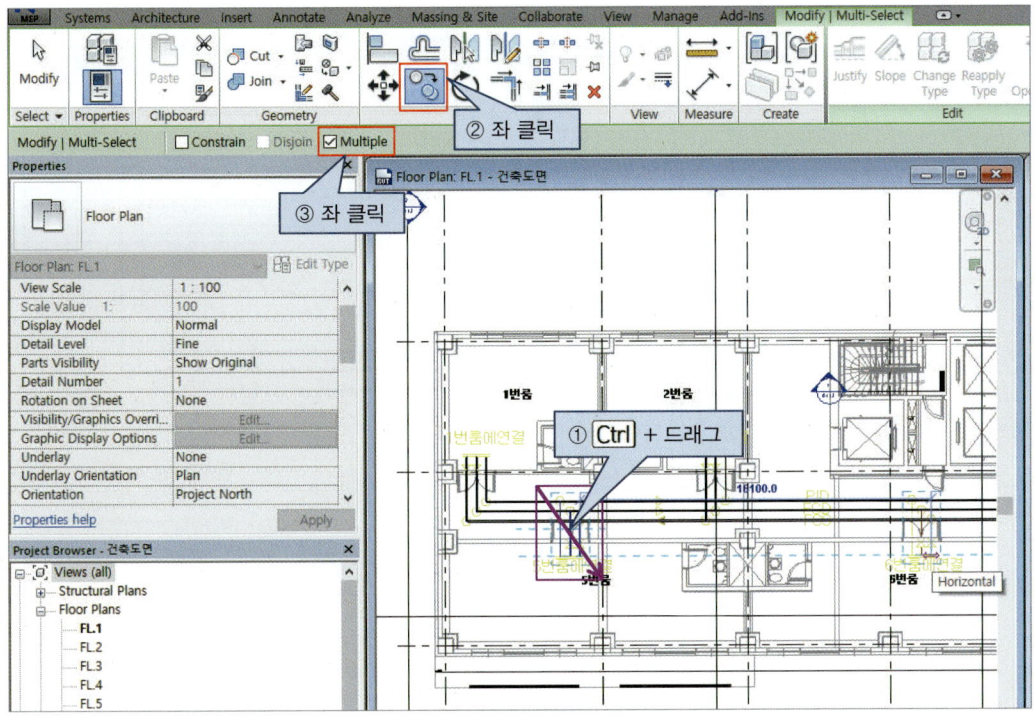

[그림 4-59]

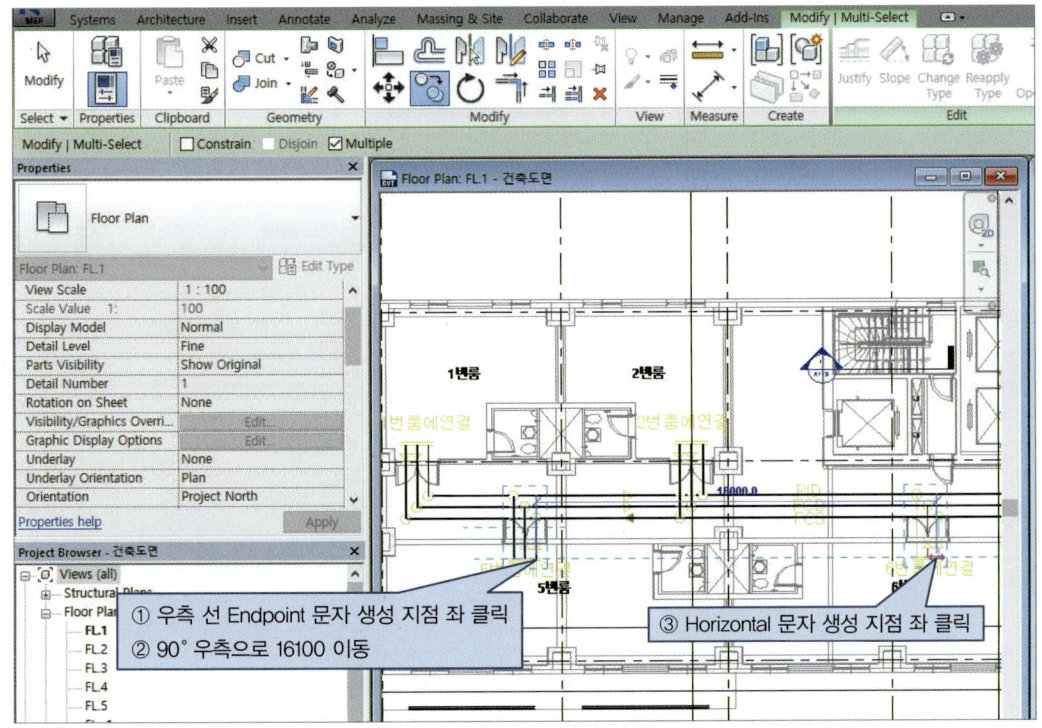

[그림 4-60]

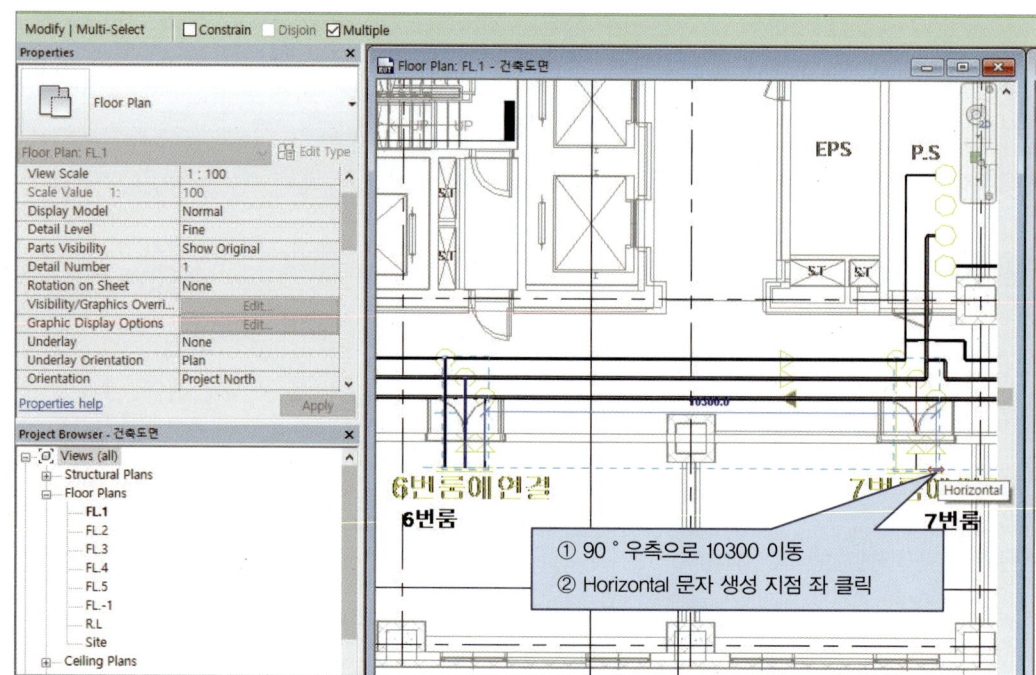

[그림 4-61]

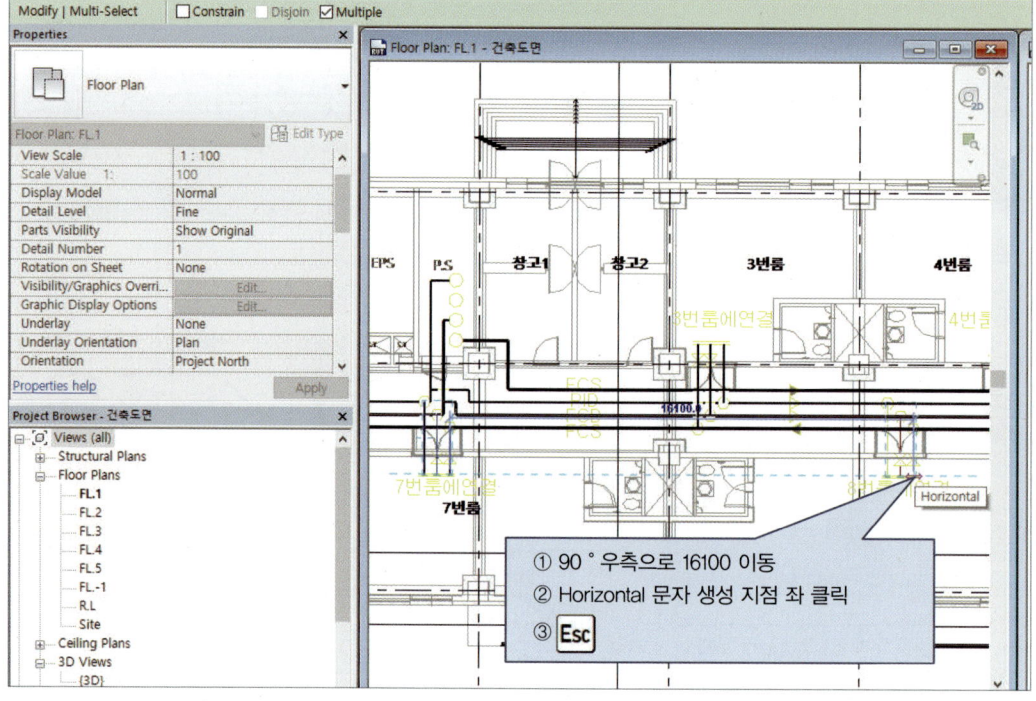

[그림 4-62]

5번룸의 횡지배관과 가지배관을 그림 4-63과 같이 Tee로 연결하시오.

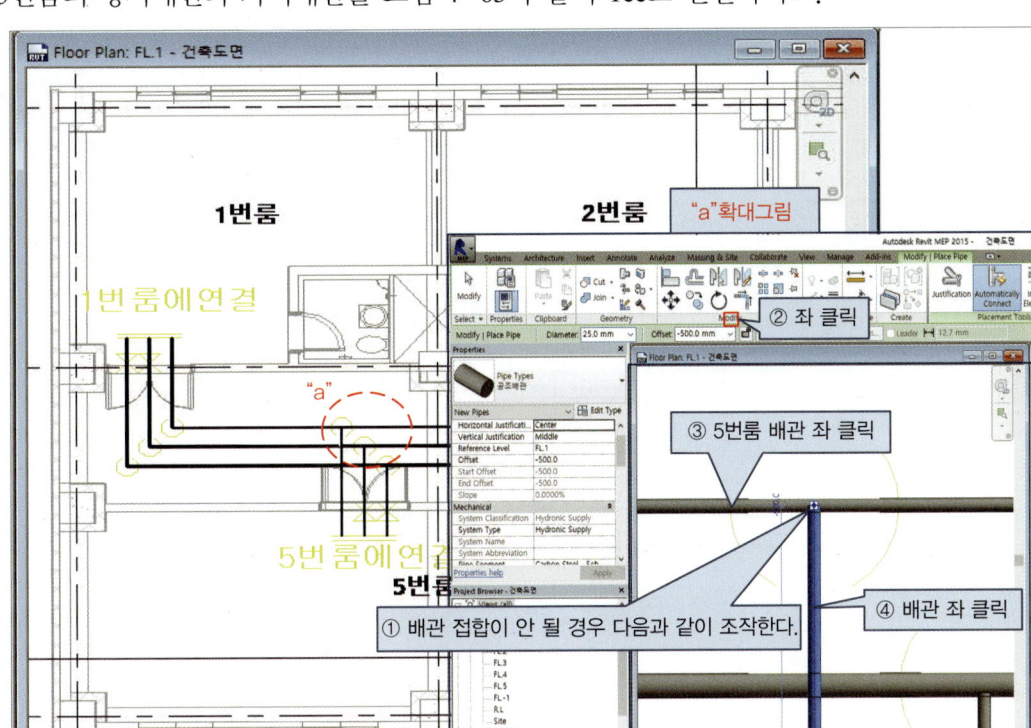

[그림 4-63]

5번룸과 같이 6번과 7번룸도 동일하게 그리시오.

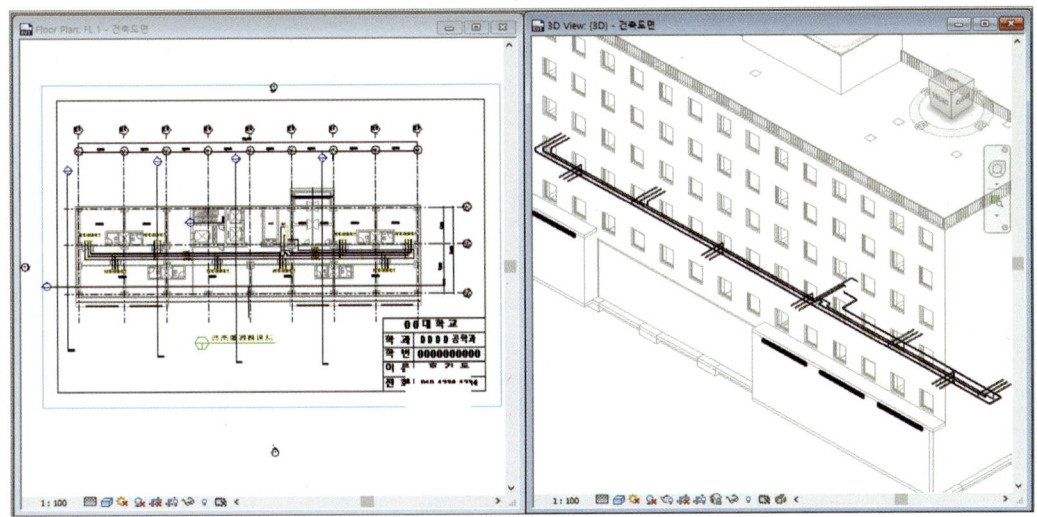

[그림 4-64]

5번룸과 같이 8번룸도 동일하게 그리시오.

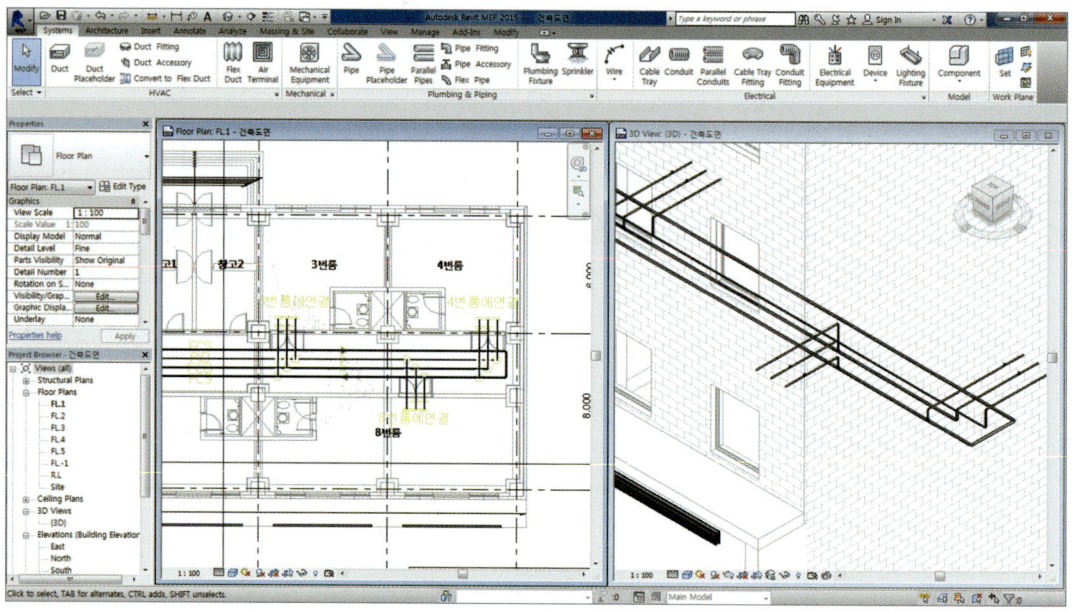

[그림 4-65]

완성된 1층 공조배관을 각 층마다 복사하기 위해 Elevations 창을 활성화시켜준다.

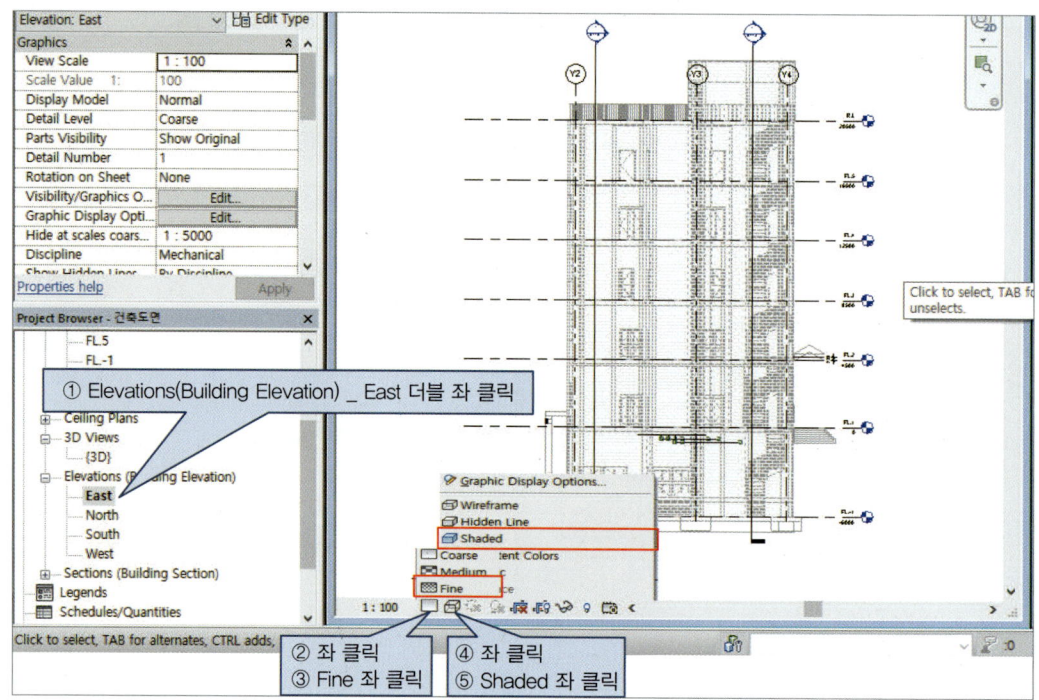

[그림 4-66]

1층 공조배관을 그림 4-67과 같이 각 층에 멀티 복사하시오.

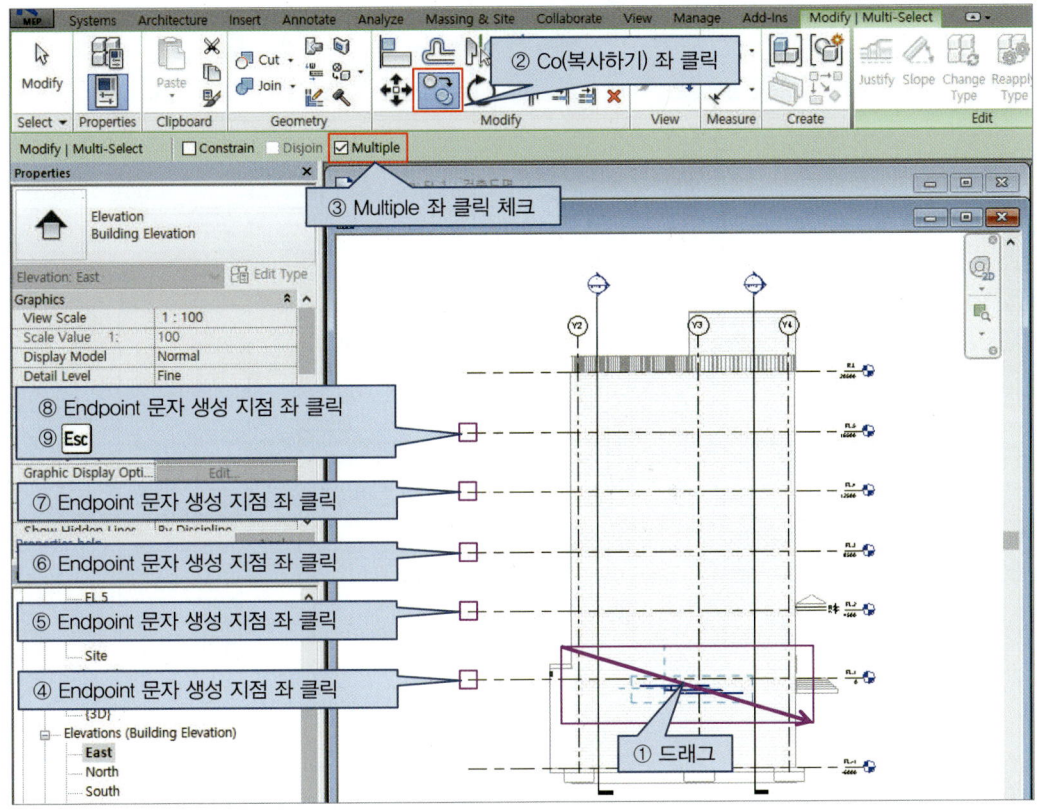

[그림 4-67]

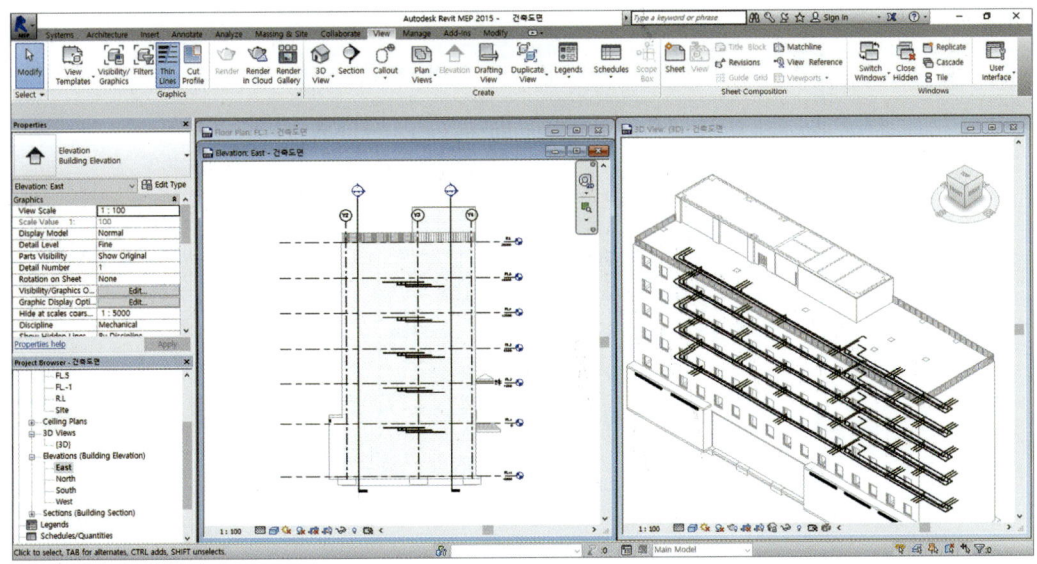

[그림 4-68]

그림 4-69~4-72와 같이 공조 입상배관을 그리시오.

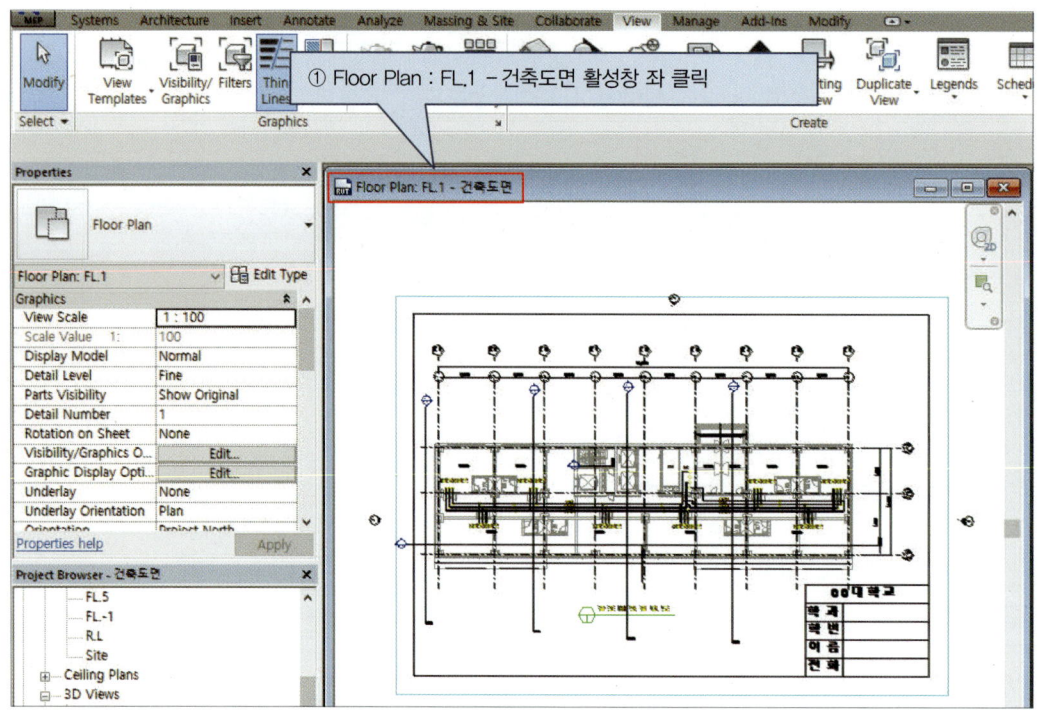

[그림 4-69]

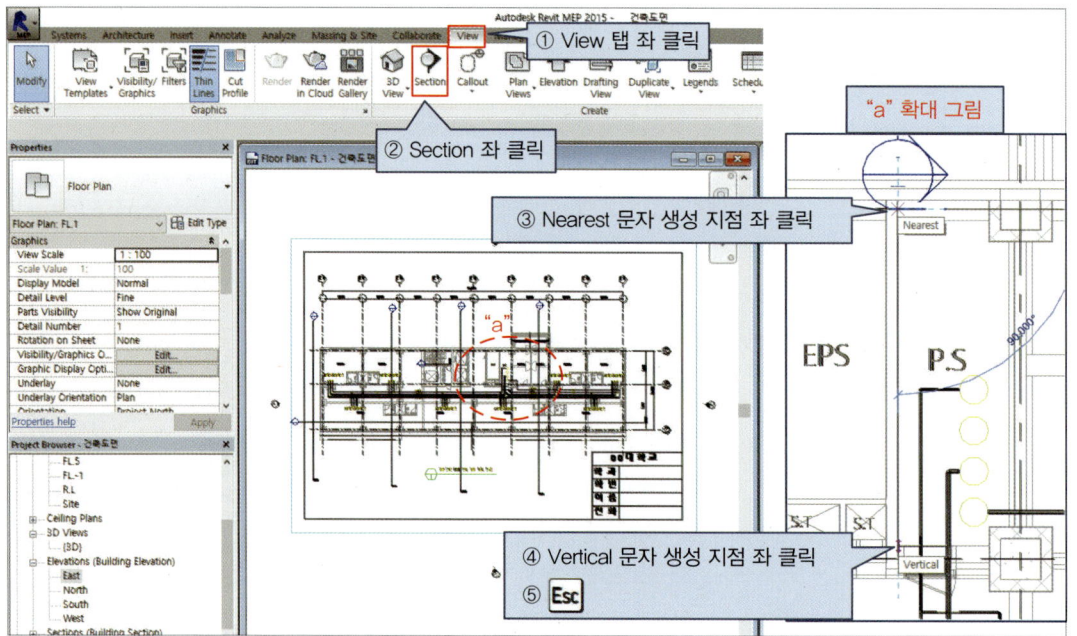

[그림 4-70]

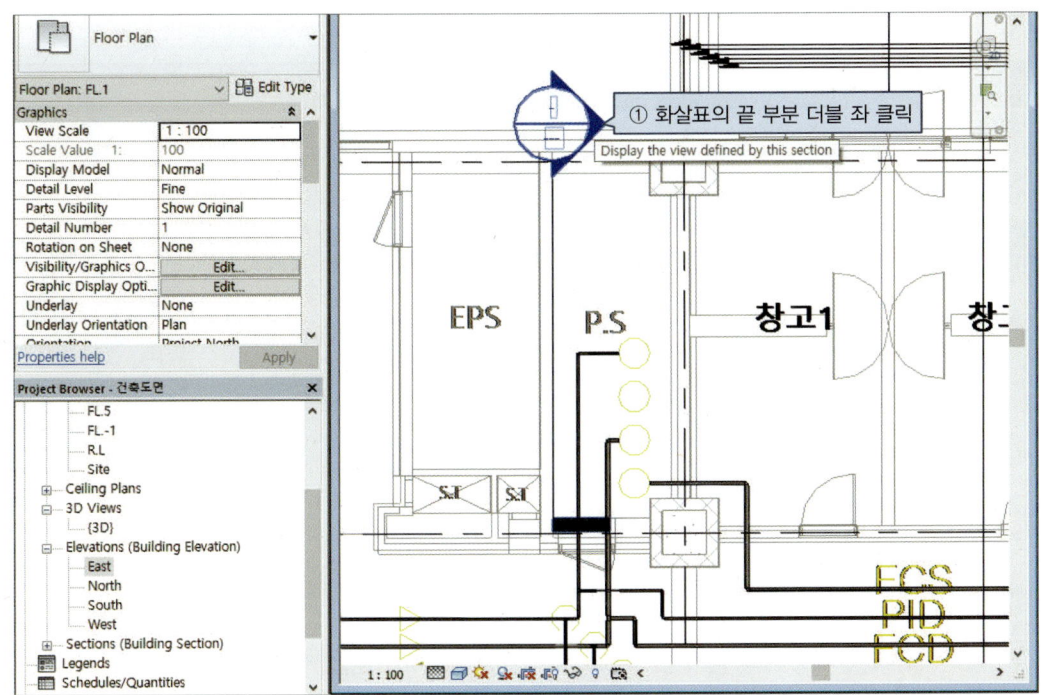

[그림 4-71]

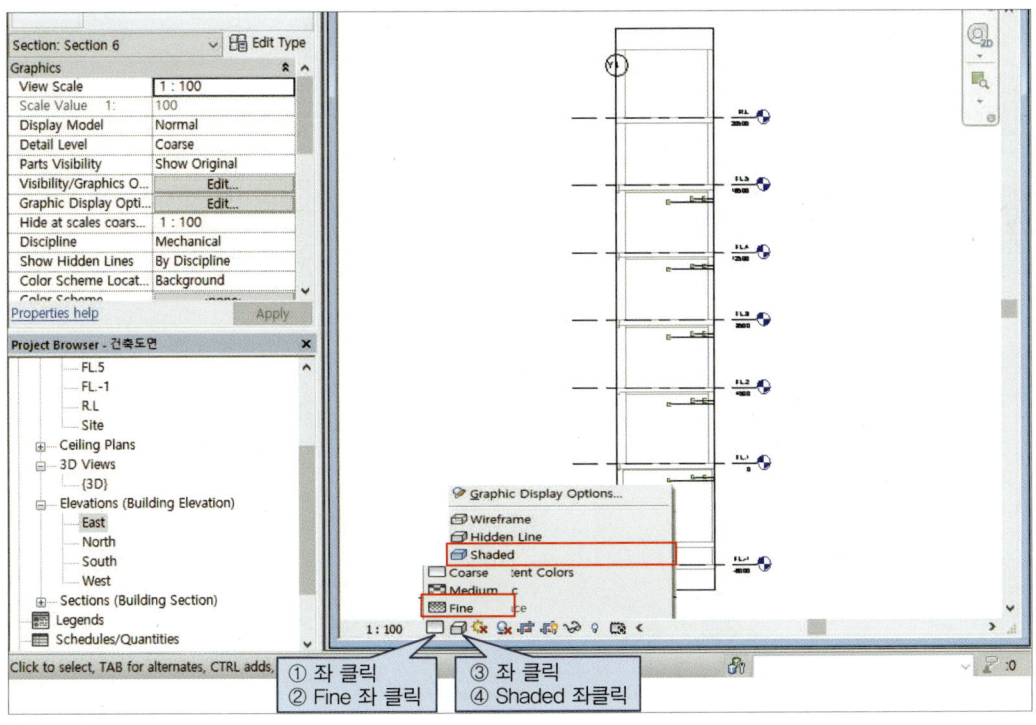

[그림 4-72]

Chapter 04 BIM 공조배관 설계하기 123

그림 4-73~4-76과 같이 공조 입상배관을 그리시오.

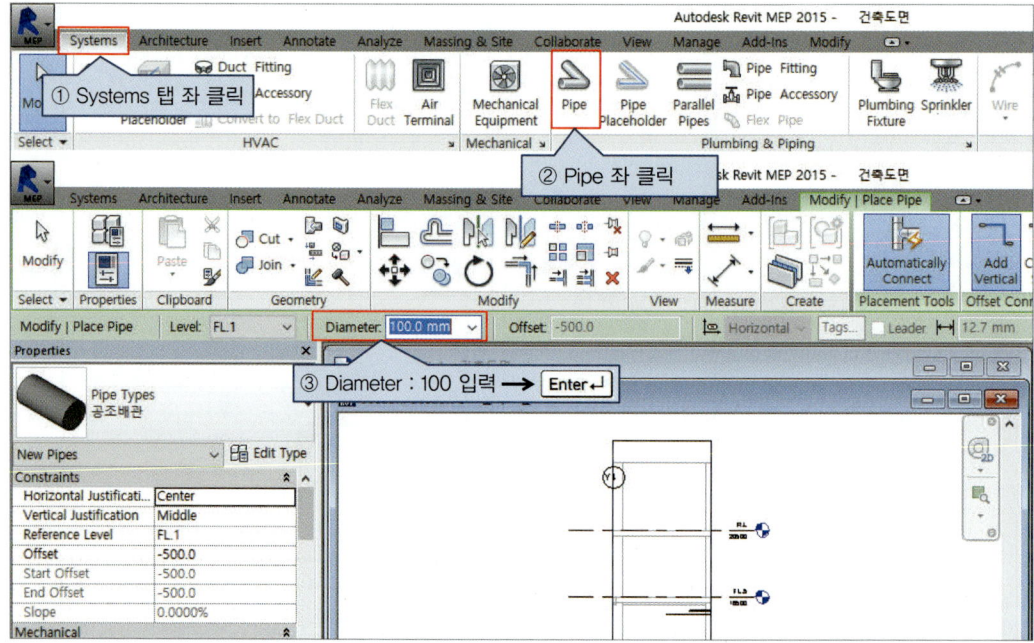

[그림 4-73]

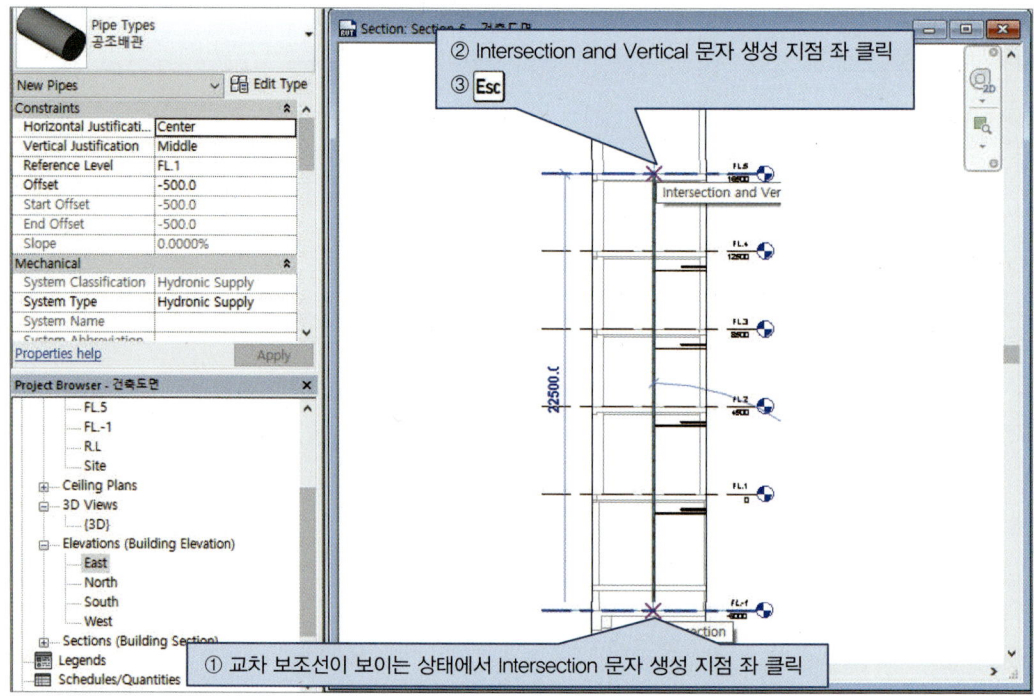

[그림 4-74]

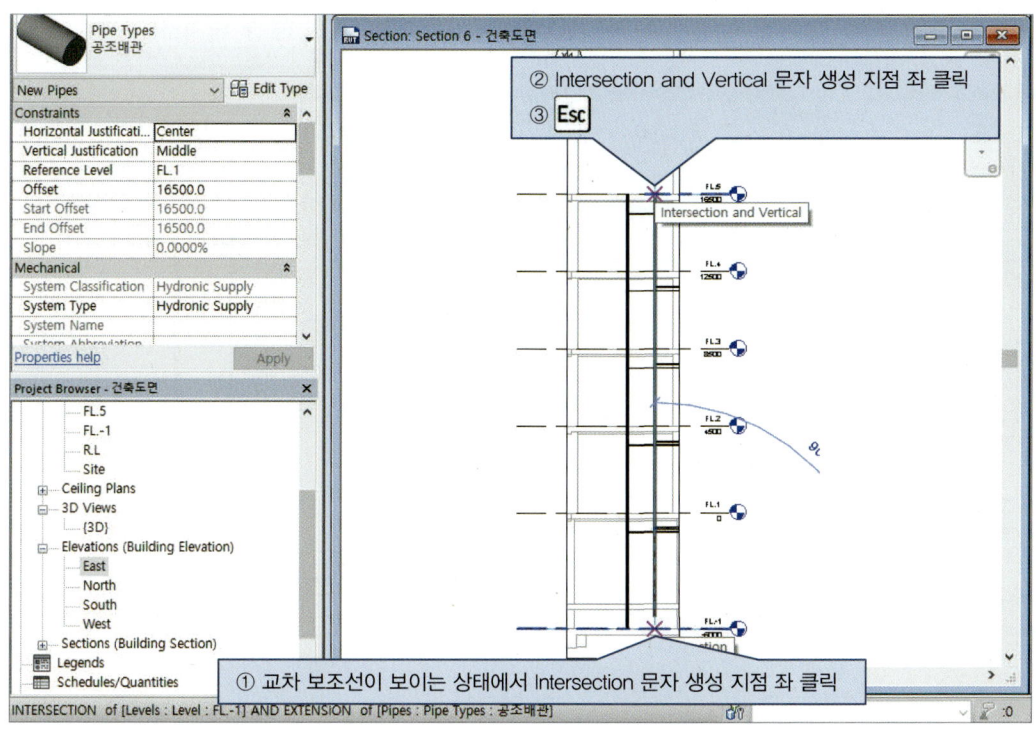

[그림 4-75]

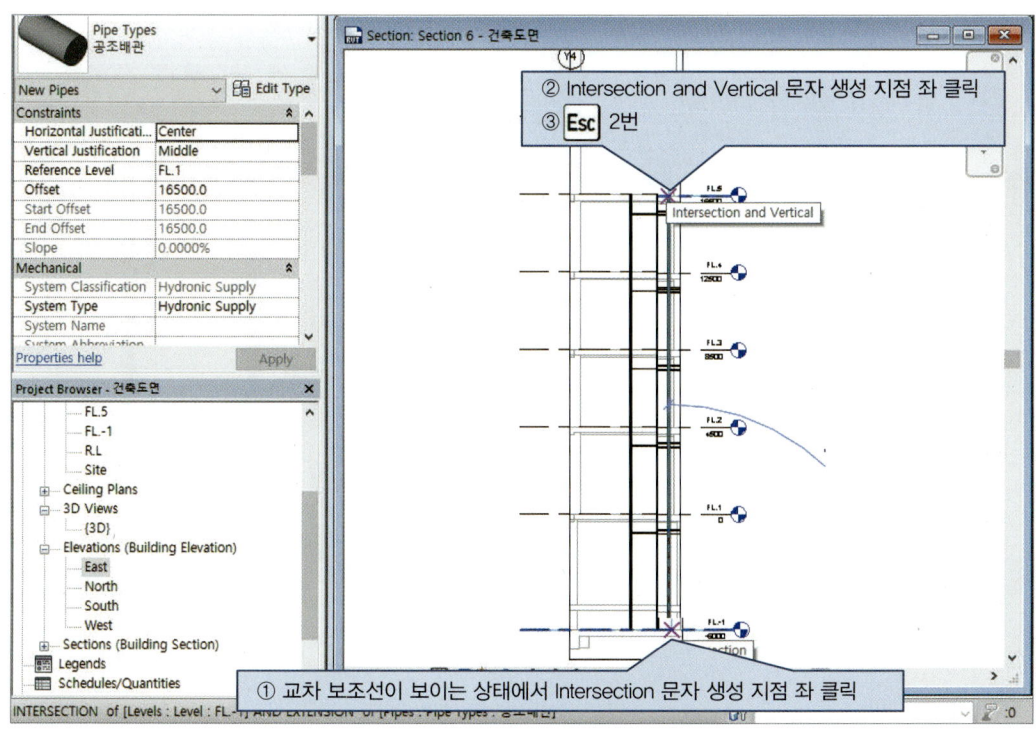

[그림 4-76]

그림 4-77과 같이 그려진 입상배관을 CAD도면에서 정했던 입상배관 위치로 이동시키시오.

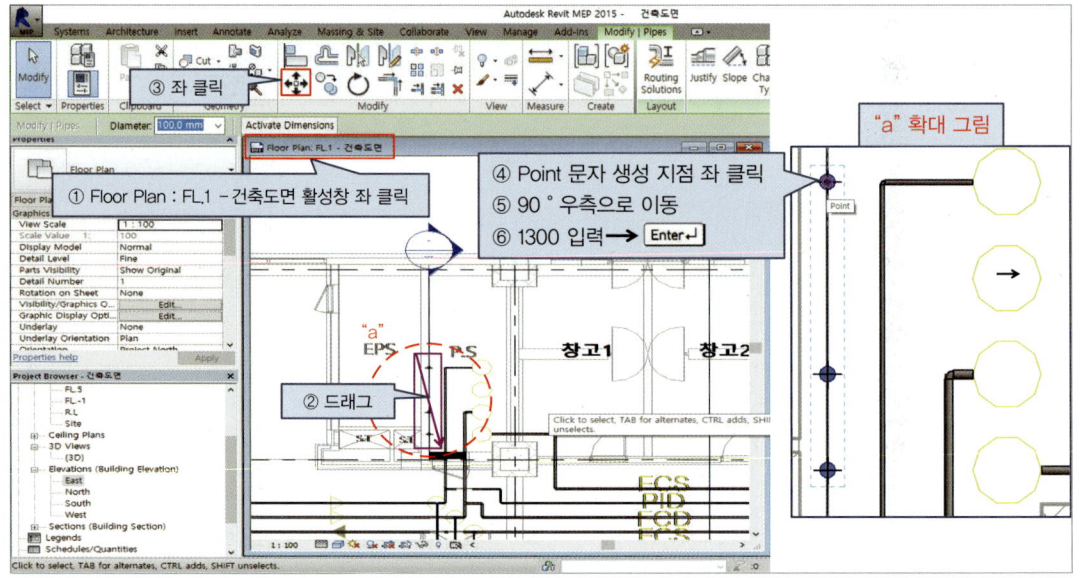

[그림 4-77]

3D 평면도 창을 보면 입상배관과 횡지배관이 서로 연결이 되지 않았기 때문에 Tee를 이용하여 그림 4-78~4-81과 같이 서로 연결시켜 준다.

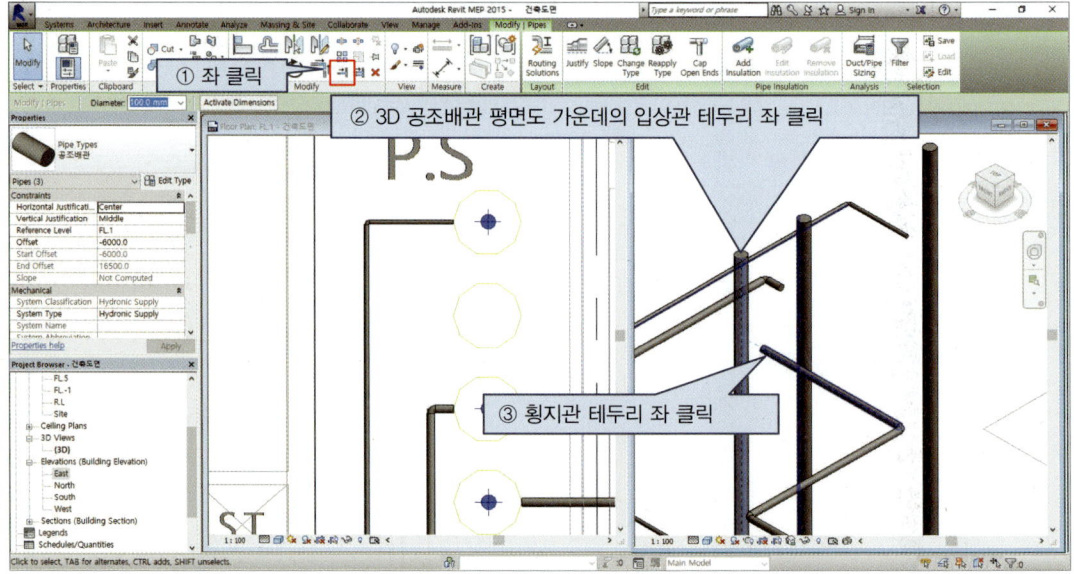

[그림 4-78]

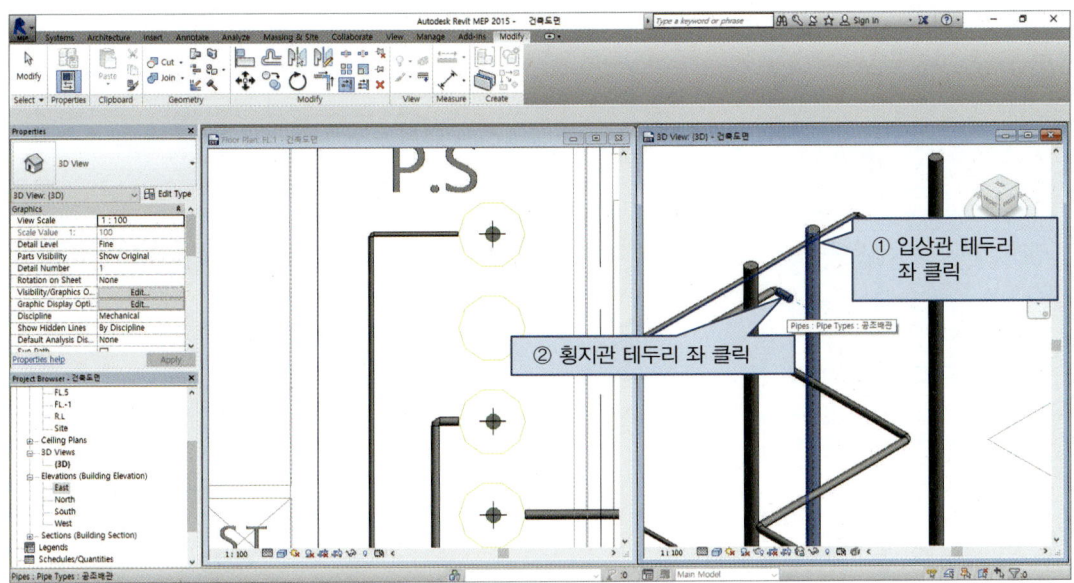

[그림 4-79]

FCS(Fan Coil Supply)와 FCR(Fan Coil Return)은 FCD(Fan Coil Drain)는 캡으로 마감한다.
Cap: ① FCD Pipe 좌 클릭

② Modify Pipe → Edit → Cap open → Ent 클릭

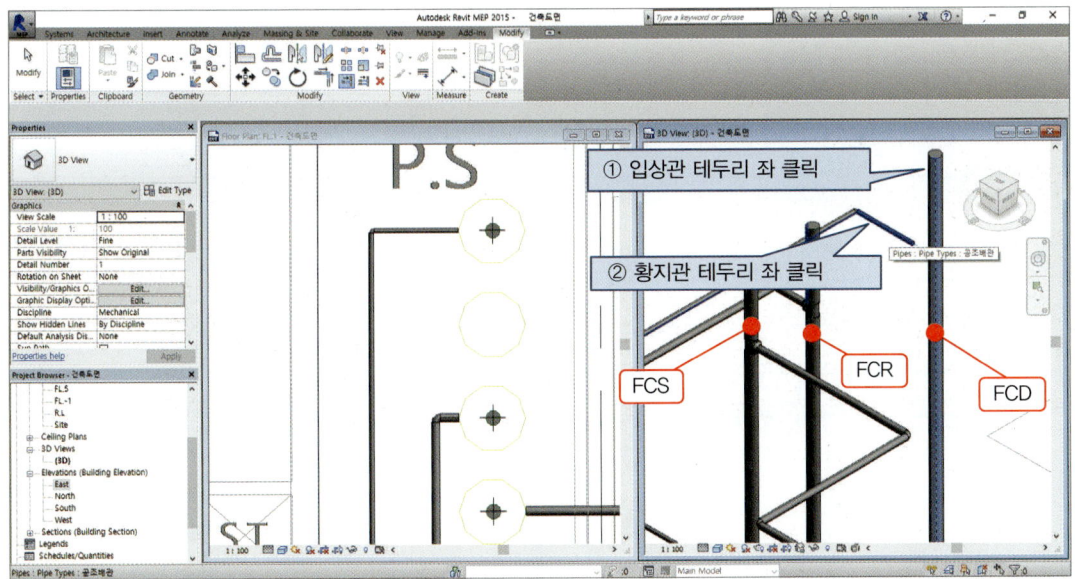

[그림 4-80]

그림 4-78~4-80과 같은 방법으로 각 층의 입상관과 횡지관을 Tee로 연결하여 그림 4-81과 같이 완성하시오.

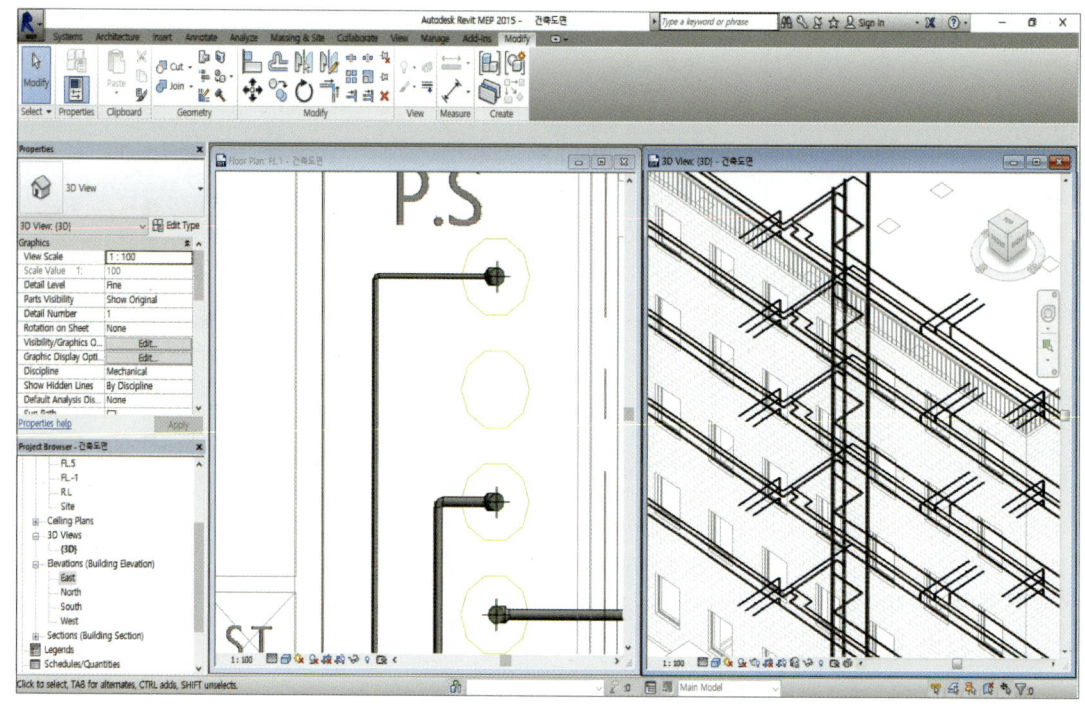

[그림 4-81]

다음과 같이 저장하시오.
파일명 : CHAPTER04_학번_홍길동(년/월/일)

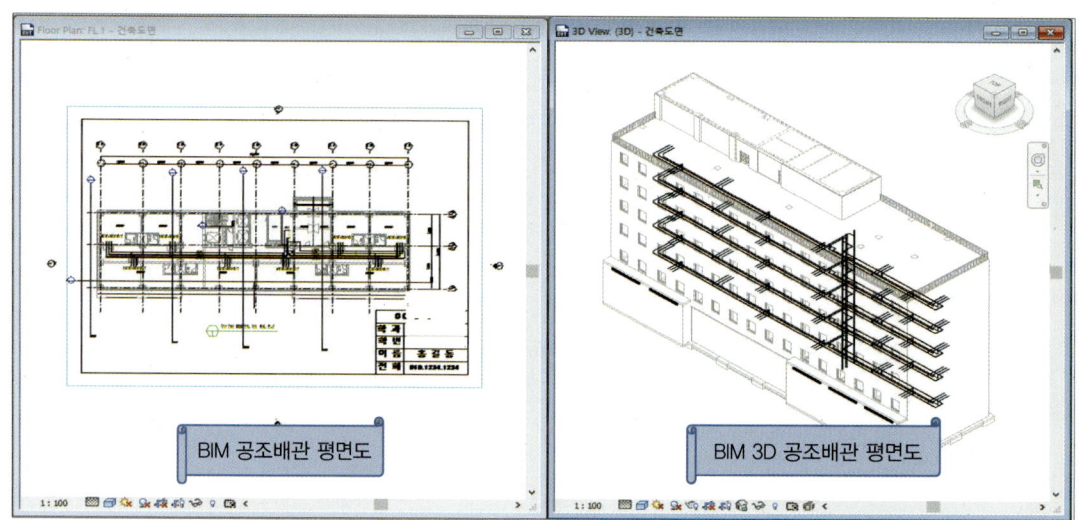

[그림 4-82]

그림 5-1 CAD 위생배관 평면도와 그림 5-2 건축도면을 이용하여 그림 5-3 BIM도면을 만드는 방법을 알아본다.

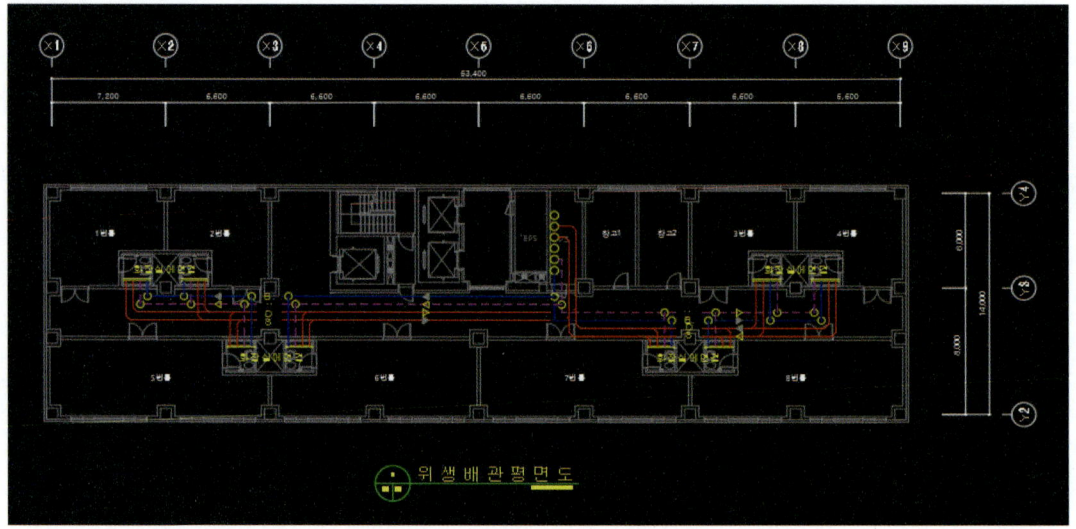

[그림 5-1] CAD 위생배관 평면도

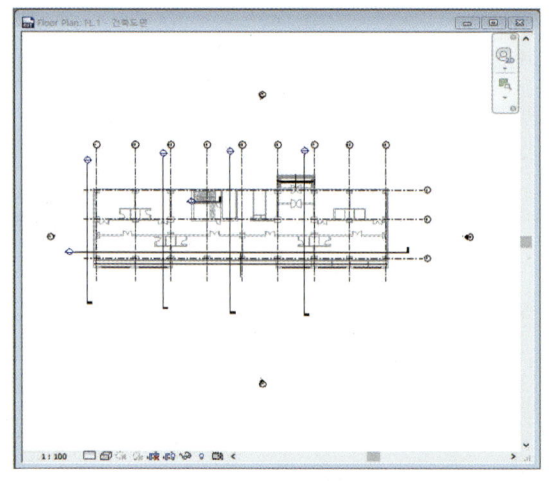
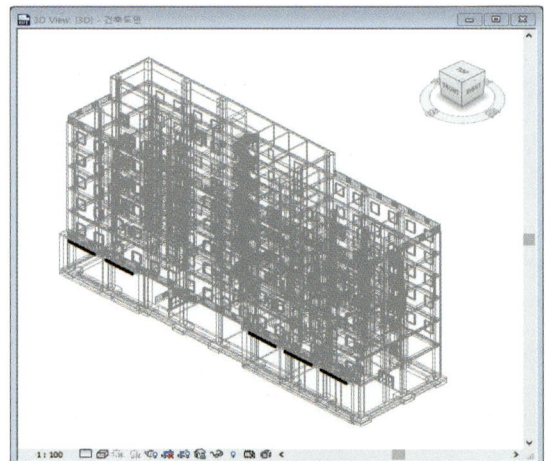

(a) BIM 건축평면도   (b) BIM 3D 건축평면도

[그림 5-2] 건축도면

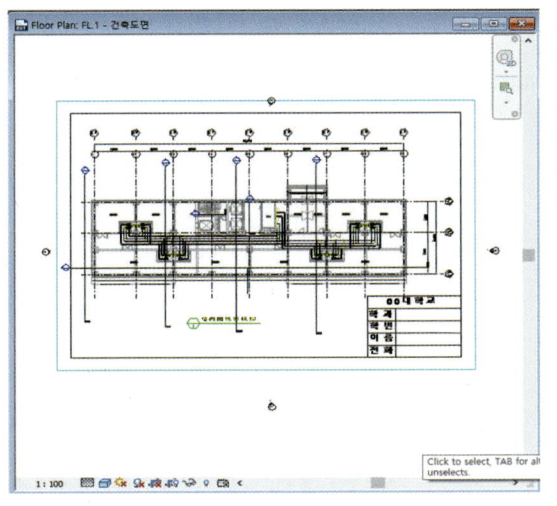
(a) BIM 위생배관 평면도

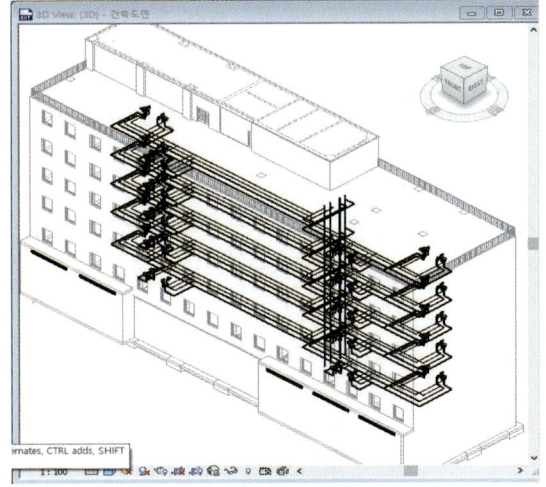
(b) BIM 3D 위생배관 평면도

[그림 5-3] BIM도면

다운로드 받은 chapter 5.의 건축도면.rvt 파일을 더블 좌 클릭하여 실행시킨다.

1. 그림 5-4(a) 건축평면도에서 설계되어야 하기 때문에, ① Floor Plan FL 1 – 건축평면도를 좌 클릭하여 도면을 활성화시킨다. 현재 활성화 창이 그림 5-4와 같지 않으면 좌측 Project Browser 창에서 3D Views > 3D 더블 좌 클릭한다.
2. 활성화된 창을 그림 5-4와 같이 보이도록 하려면 WT라고 입력한다.

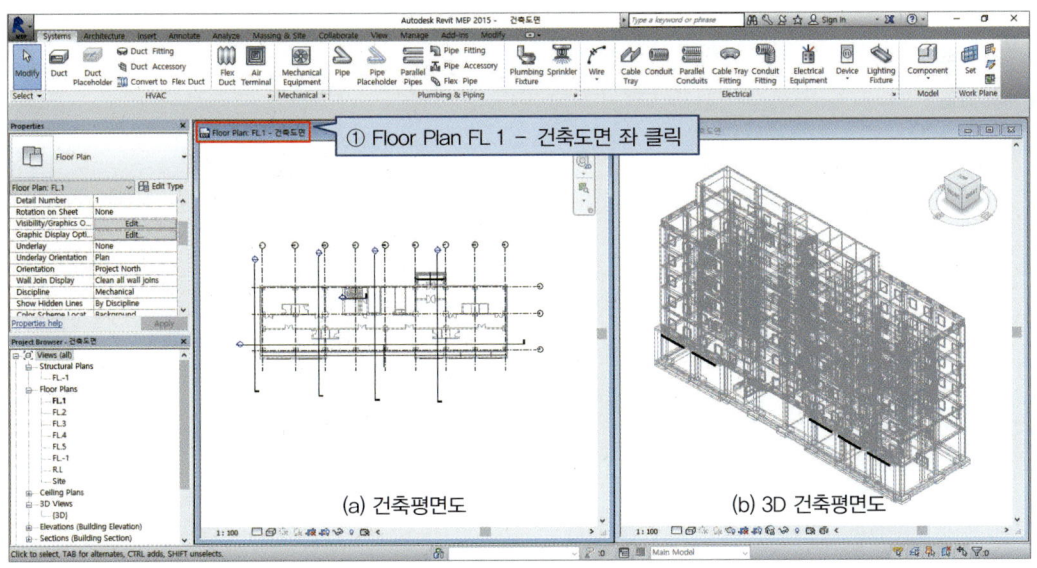

[그림 5-4]

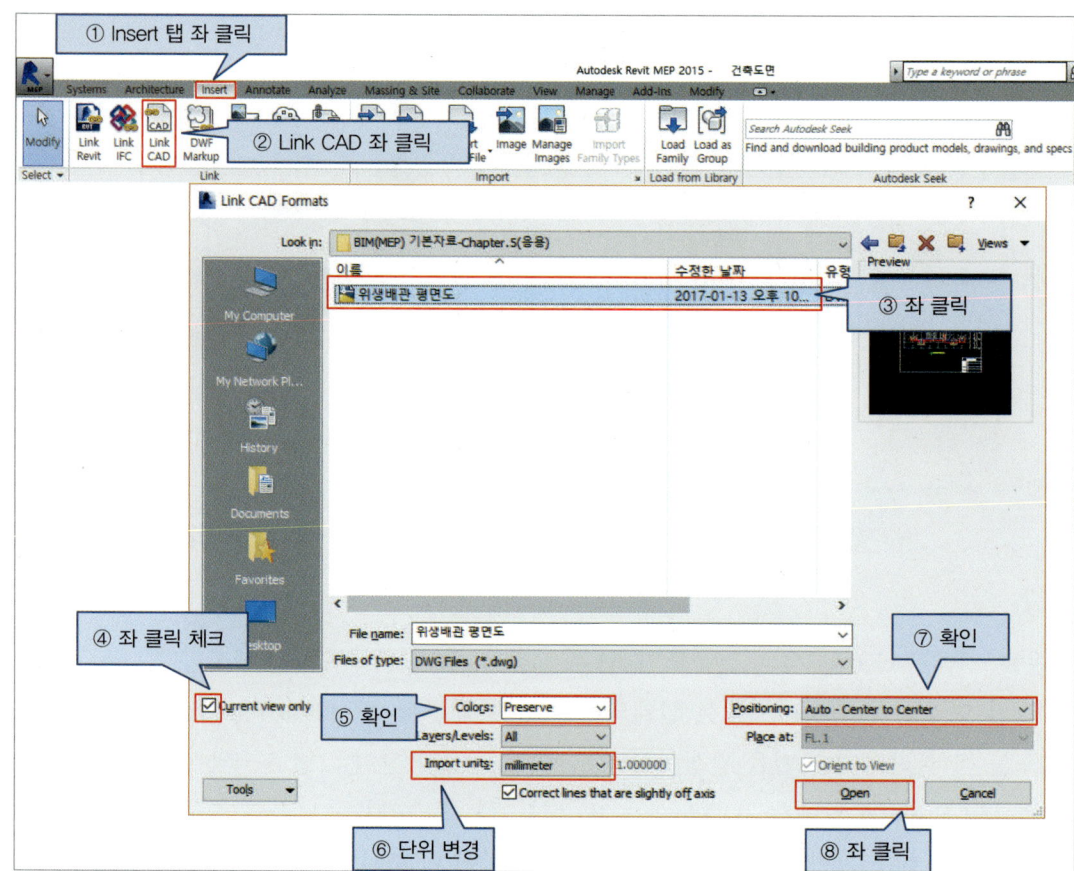

[그림 5-5]

그림 3-7~3-9와 같이 CAD 위생배관 평면도를 건축도면에 FIN으로 고정시키시오.

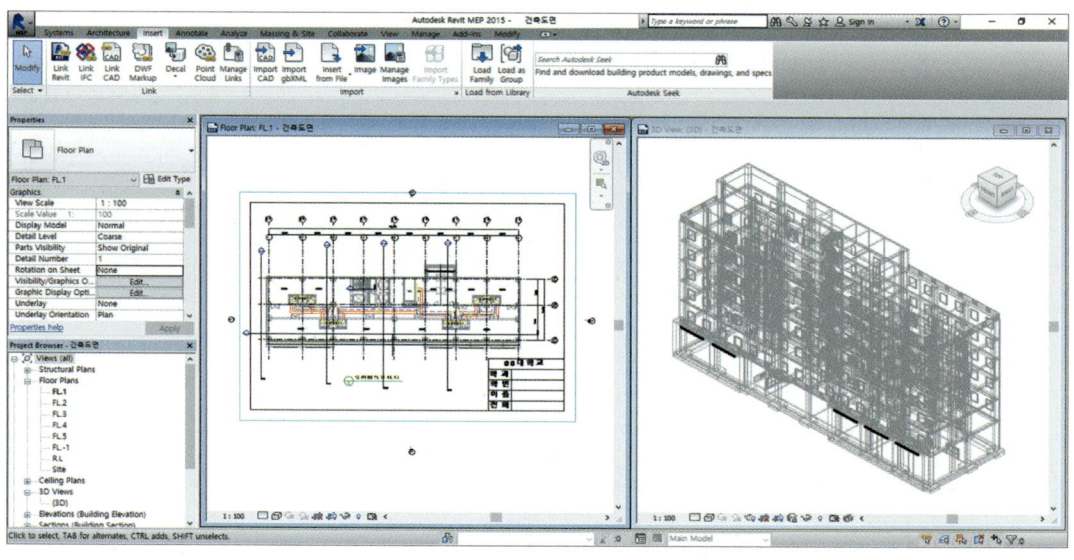

[그림 5-6]

각 실마다 세면기를 설치하기 위해 그림 5-7~5-10과 같이 그리시오.

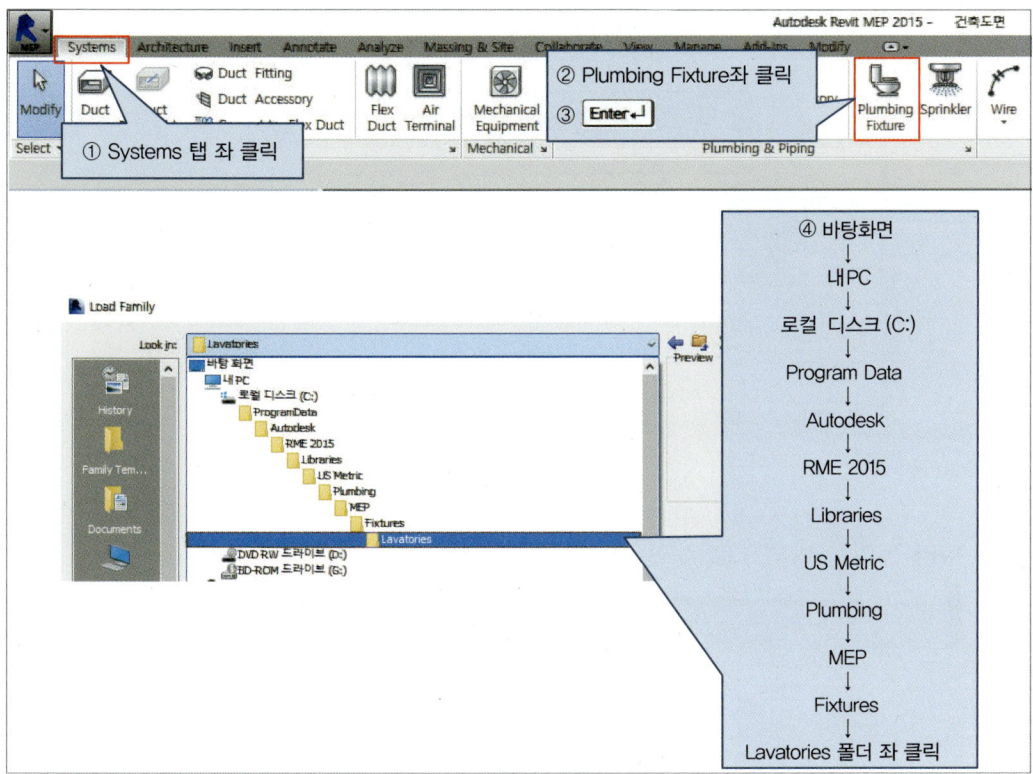

[그림 5-7]

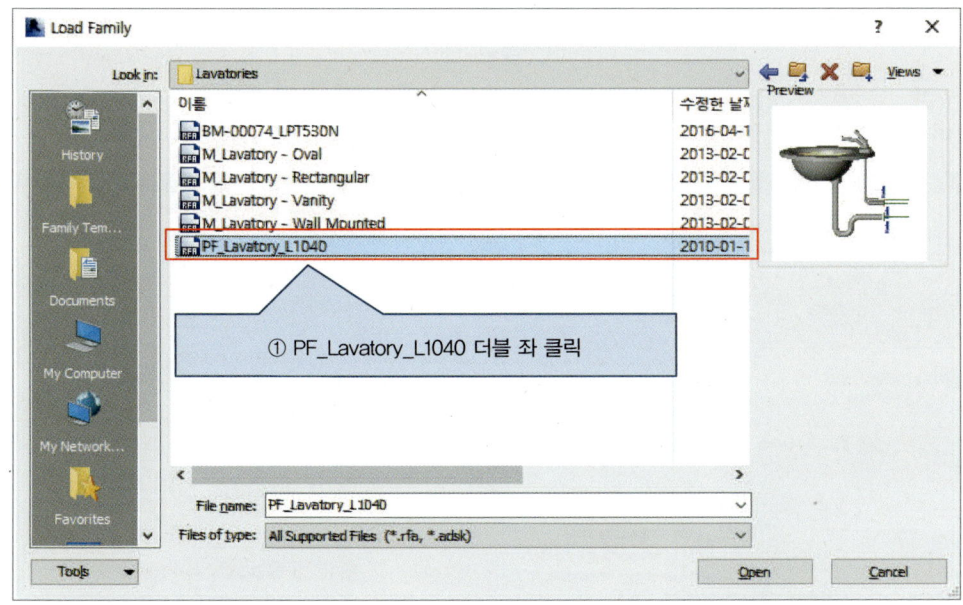

[그림 5-8]

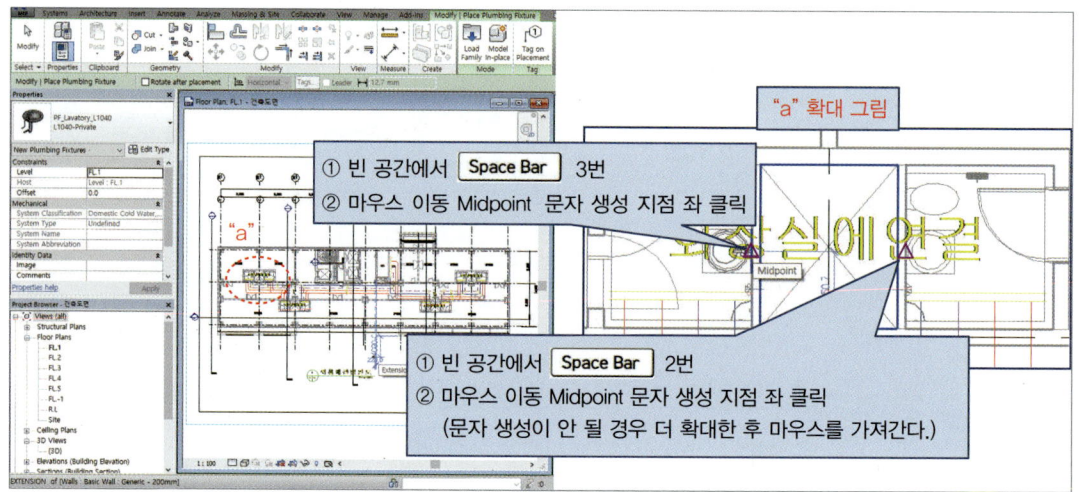

[그림 5-9]

그림 5-9와 동일한 방법으로 각 방의 화장실에 그림 5-10과 같이 세면기를 설치하시오.

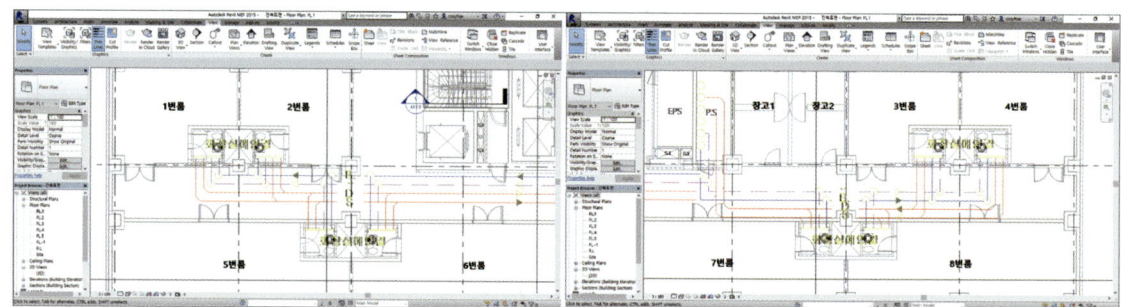

[그림 5-10]

각 실마다 양변기를 설치하기 위해 그림 5-11~5-15와 같이 그리시오.

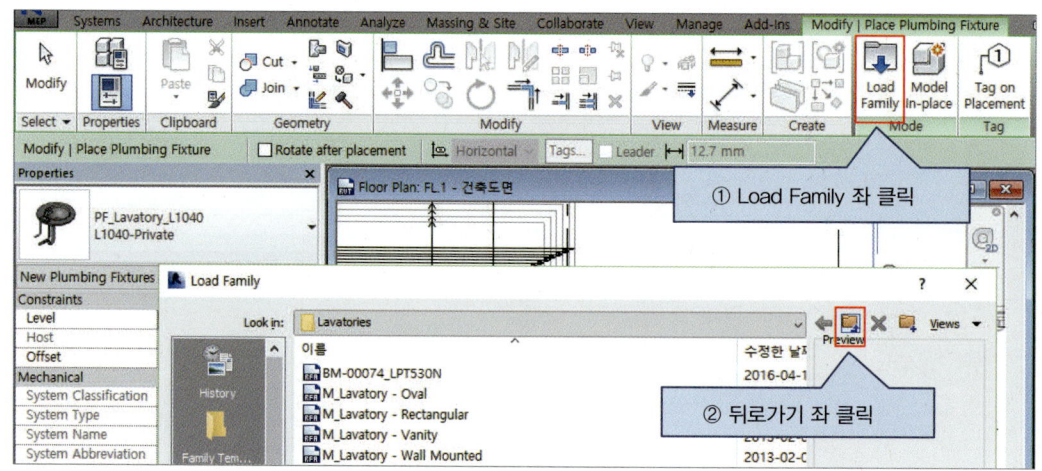

[그림 5-11]

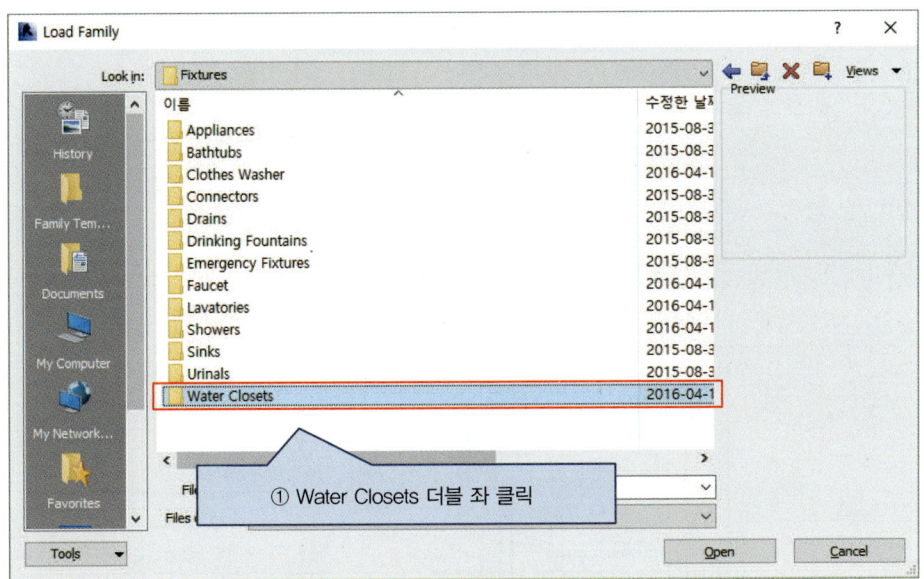

[그림 5-12]

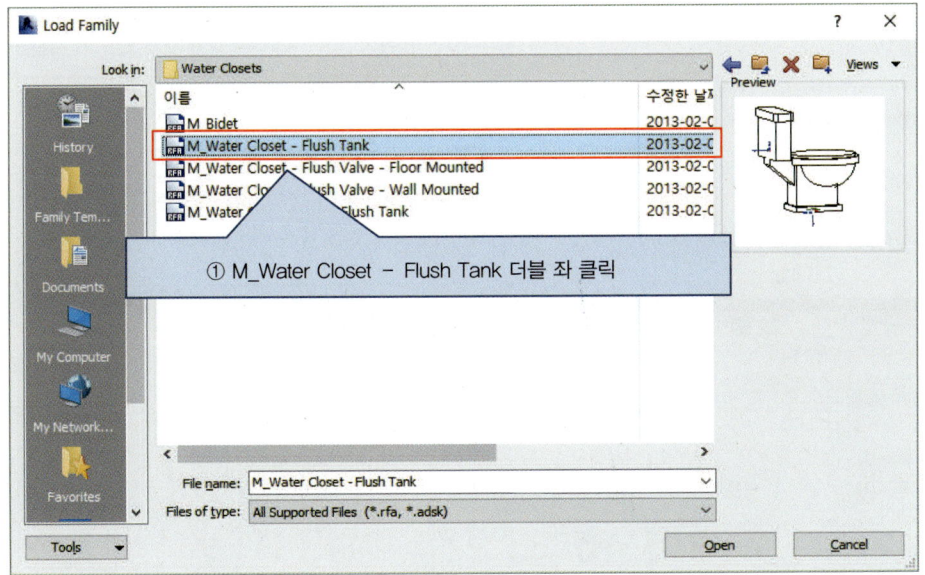

[그림 5-13]

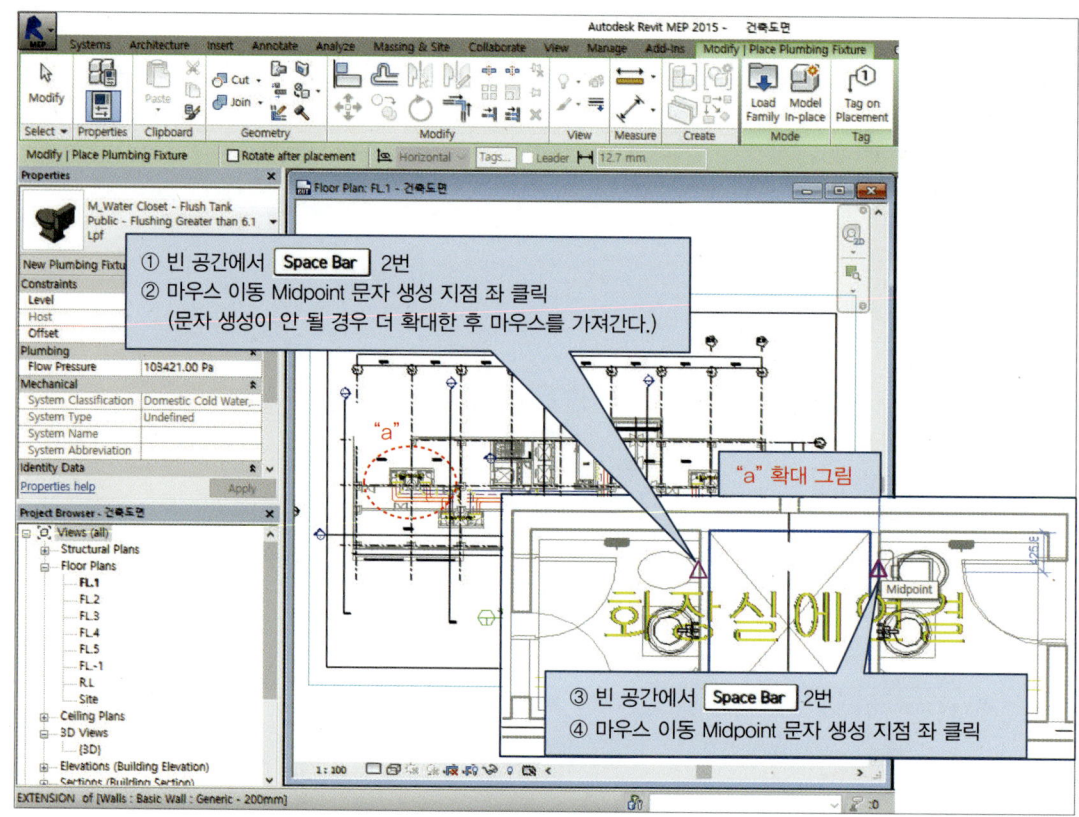

[그림 5-14]

그림 5-14와 동일한 방법을 이용하여 그림 5-15와 같이 만드시오.

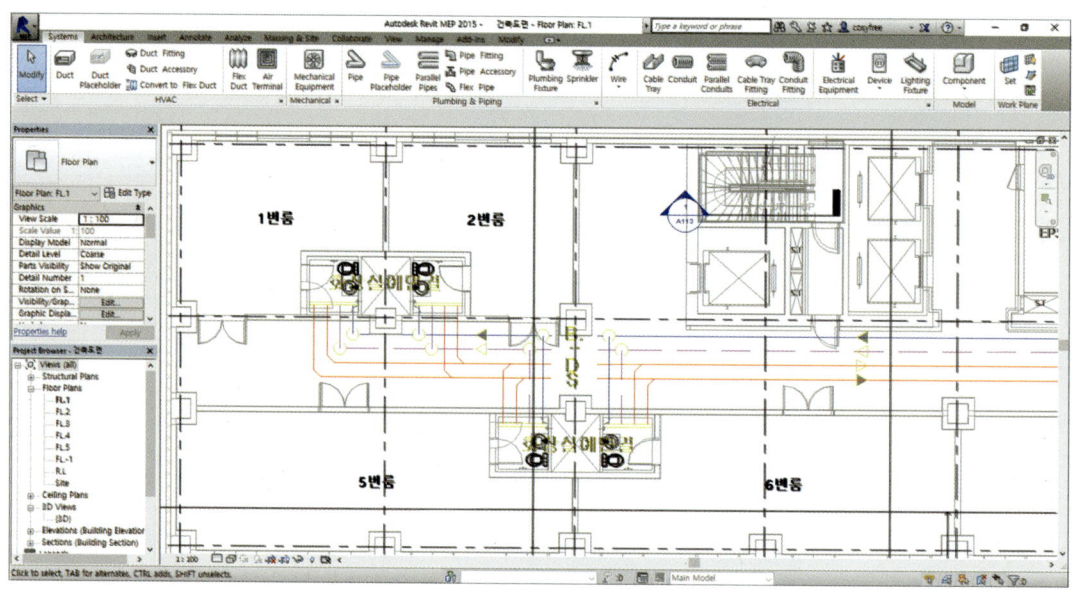

[그림 5-15]

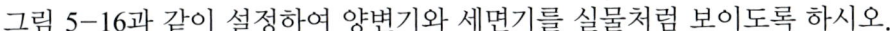

그림 5-16과 같이 설정하여 양변기와 세면기를 실물처럼 보이도록 하시오.

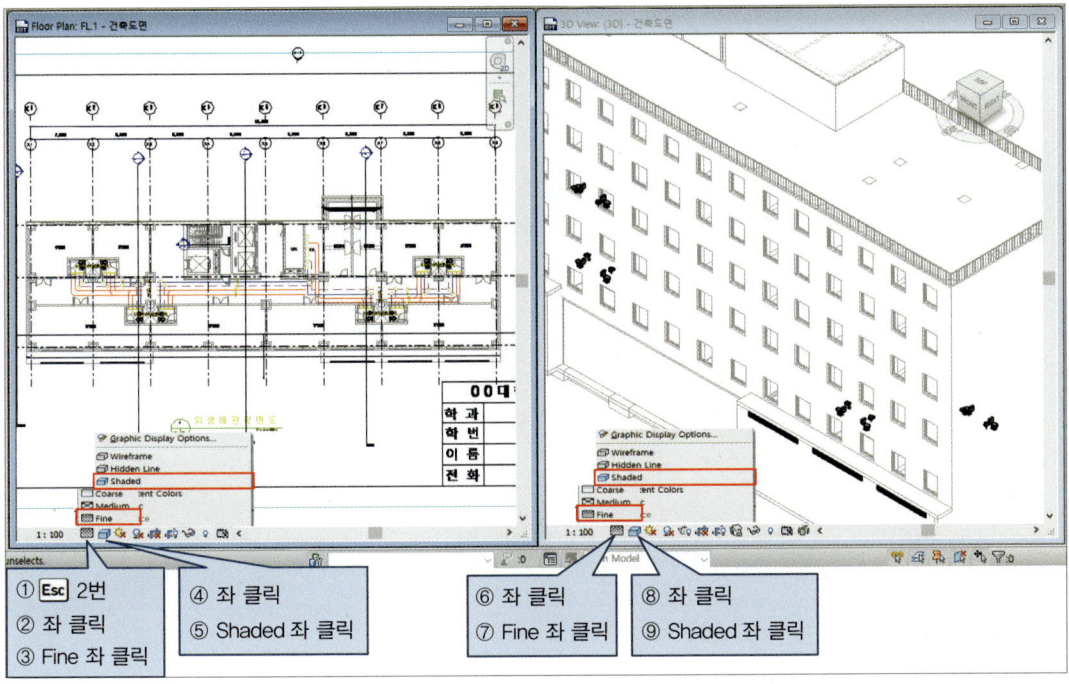

[그림 5-16]

그림 5-17~5-21과 같이 급수배관의 엘보우, 티 및 트랜지션을 선택하시오.

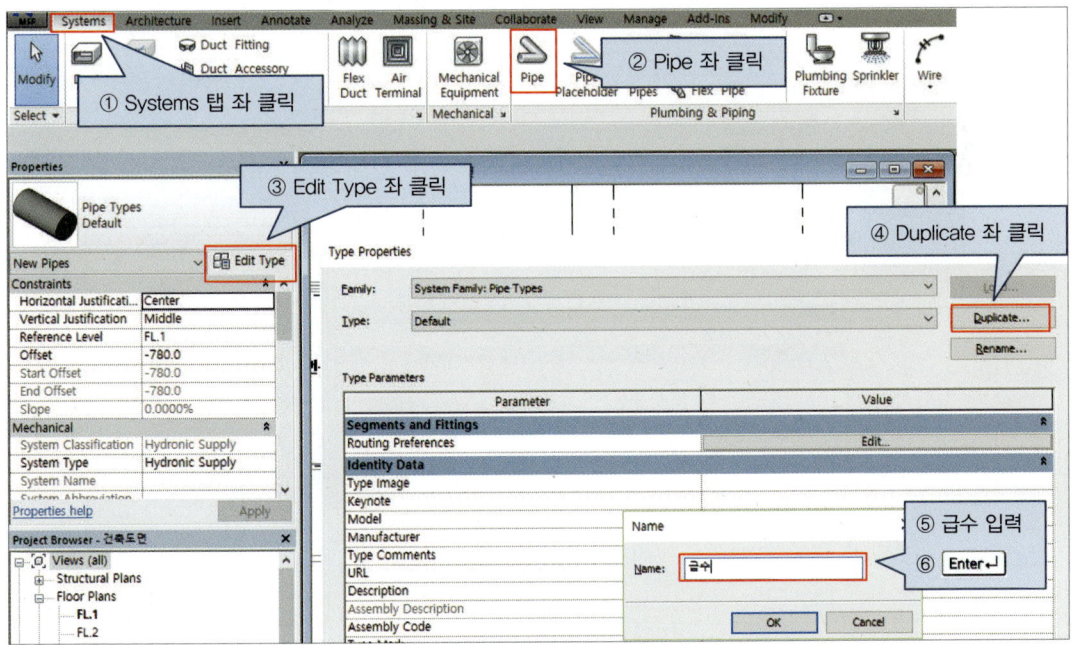

[그림 5-17]

Chapter 05 BIM 위생배관 설계하기 137

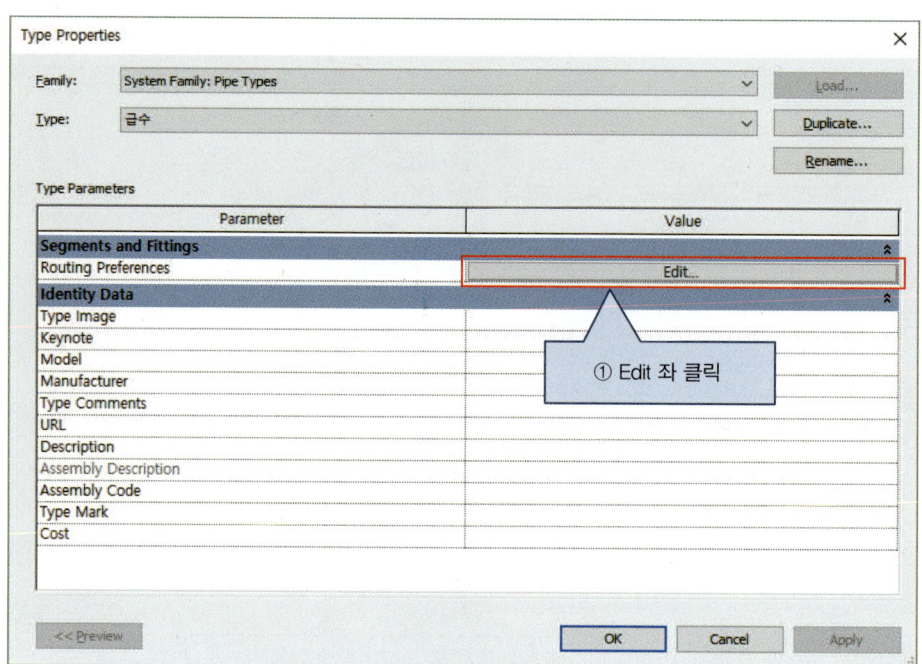

[그림 5-18]

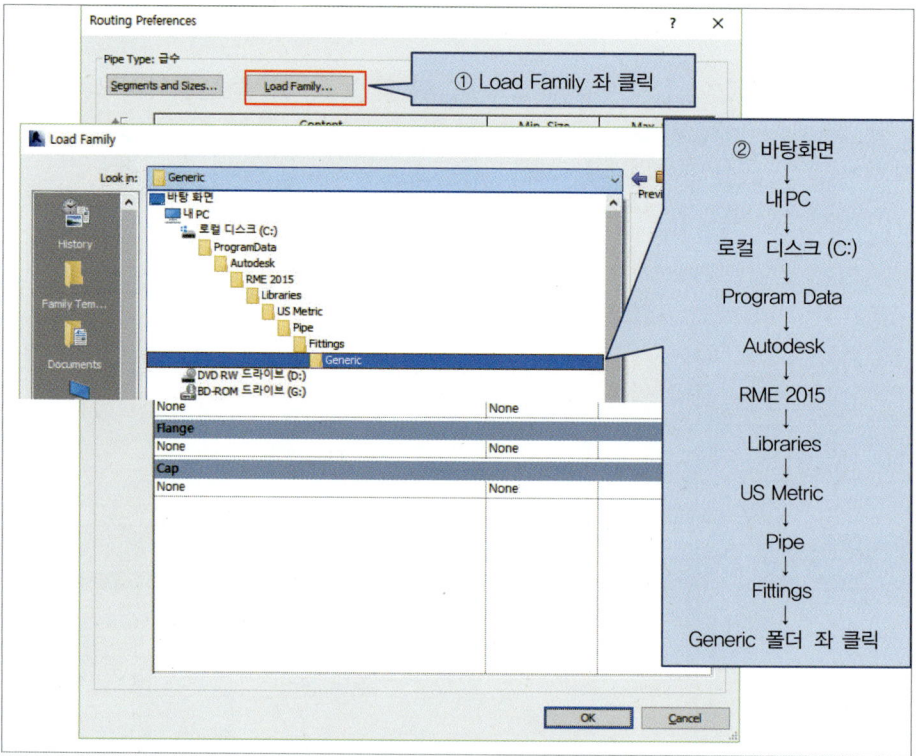

[그림 5-19]

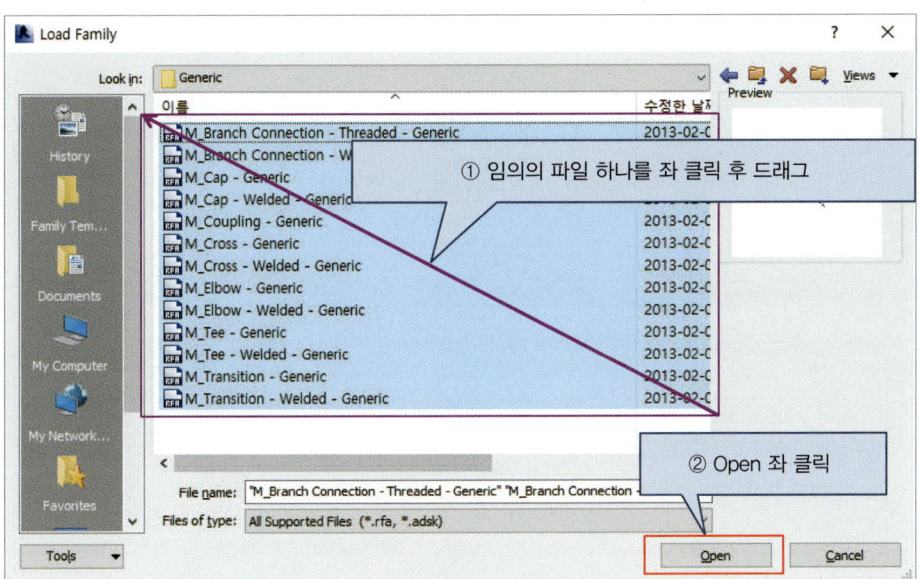

[그림 5-20]

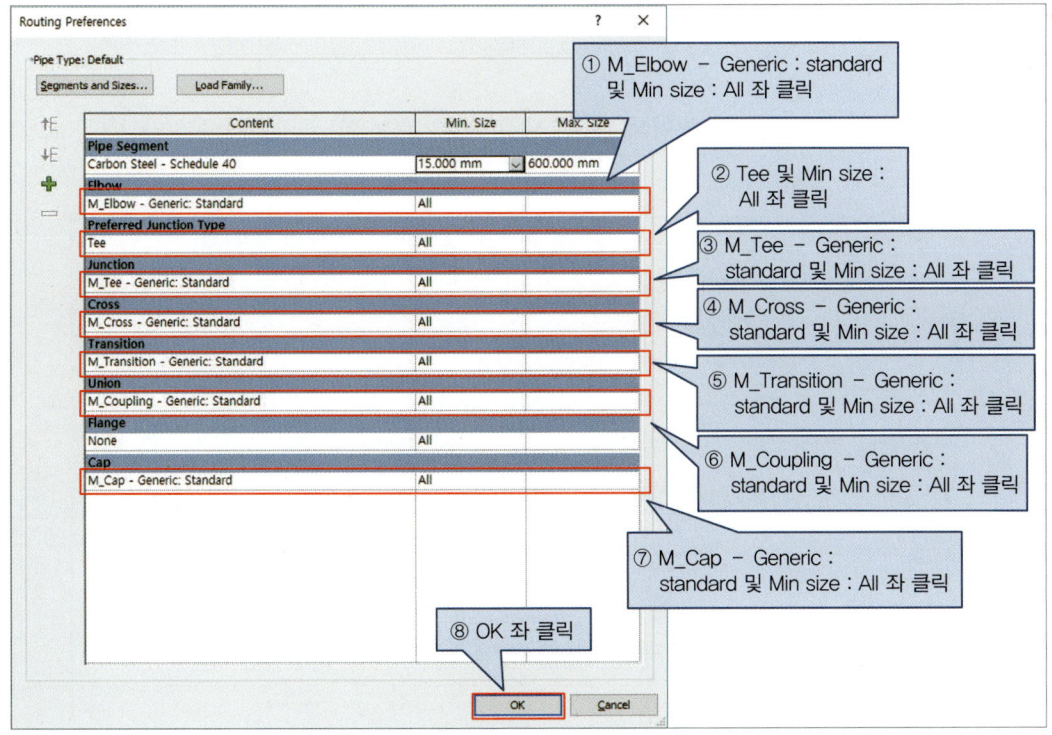

[그림 5-21]

그림 5-22와 같이 급탕배관의 패밀리를 만드시오. (급수배관과 같은 재질을 사용하시오.)

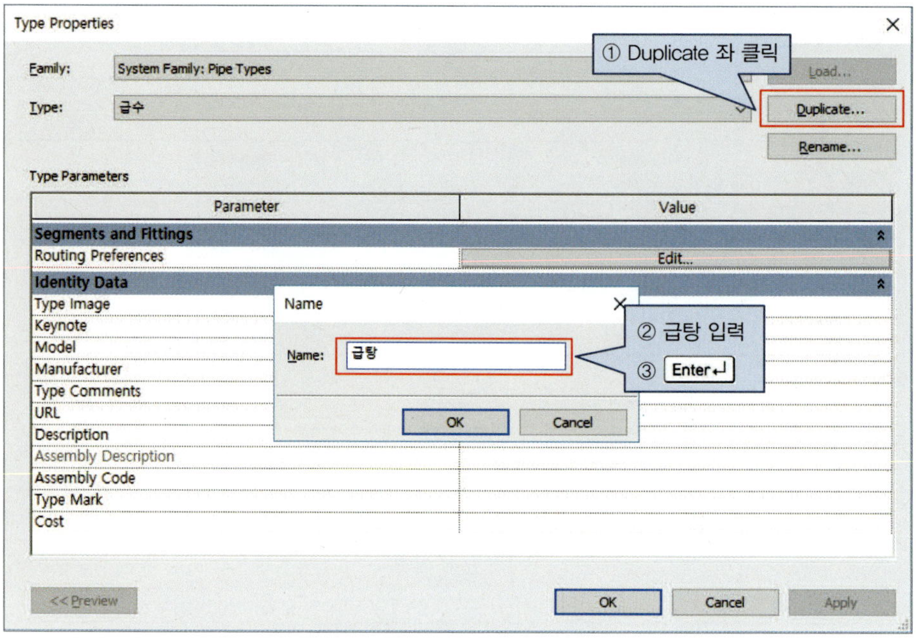

[그림 5-22]

오배수배관의 경우 급수와 급탕배관과 사용하는 배관의 재질이 다르기 때문에 그림 5-23~5-28과 같이 설정하시오.

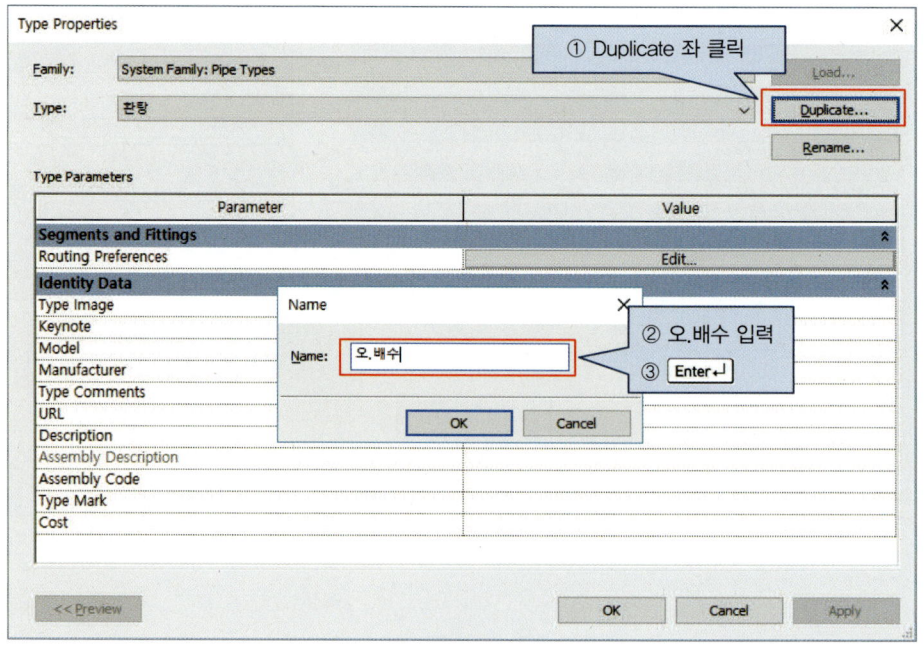

[그림 5-23]

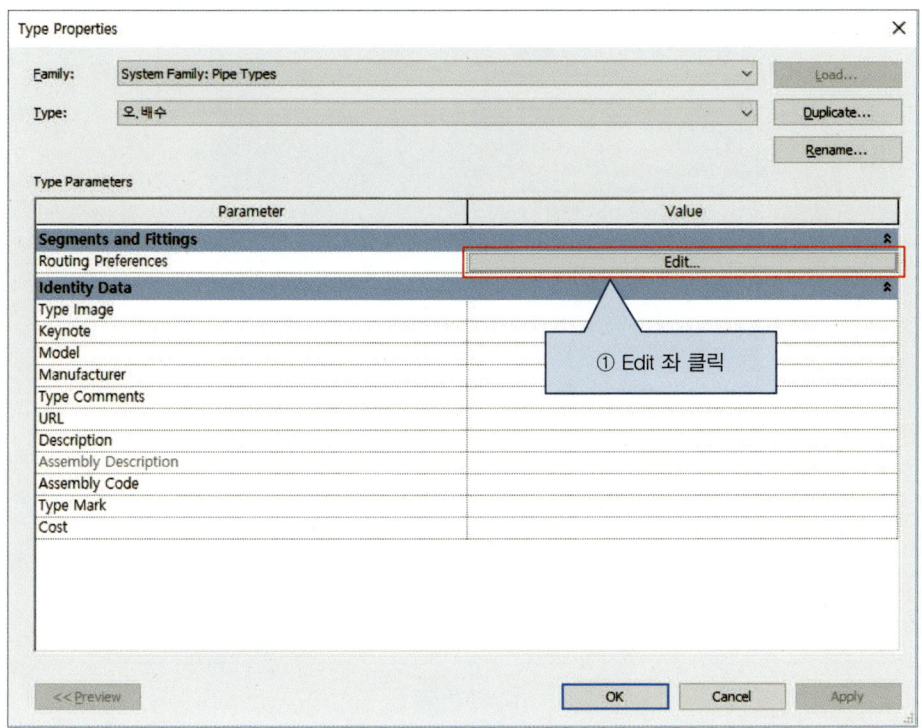

[그림 5-24]

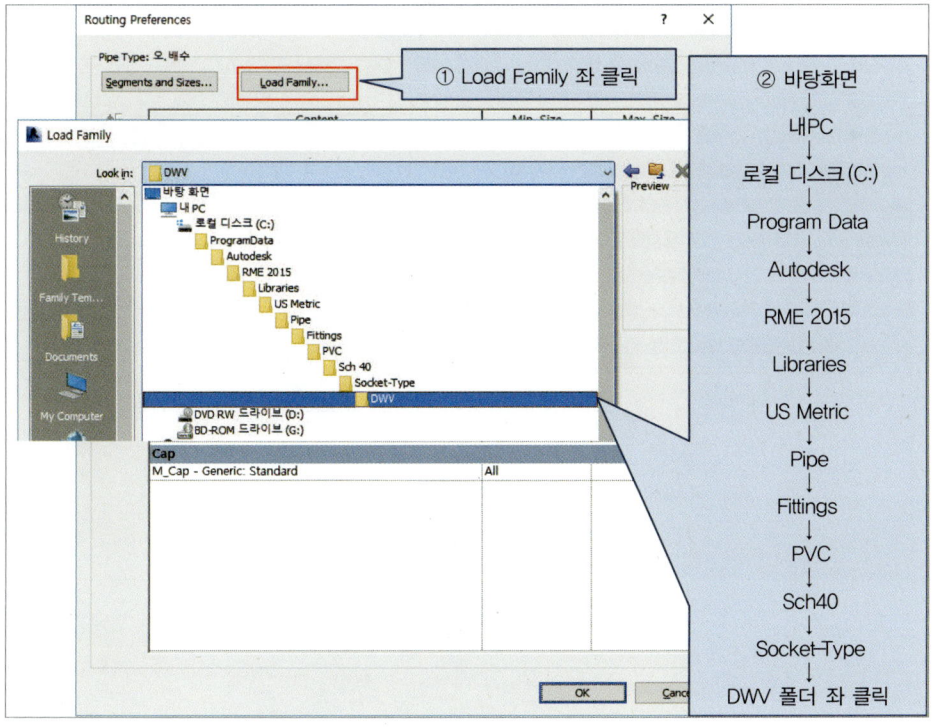

[그림 5-25]

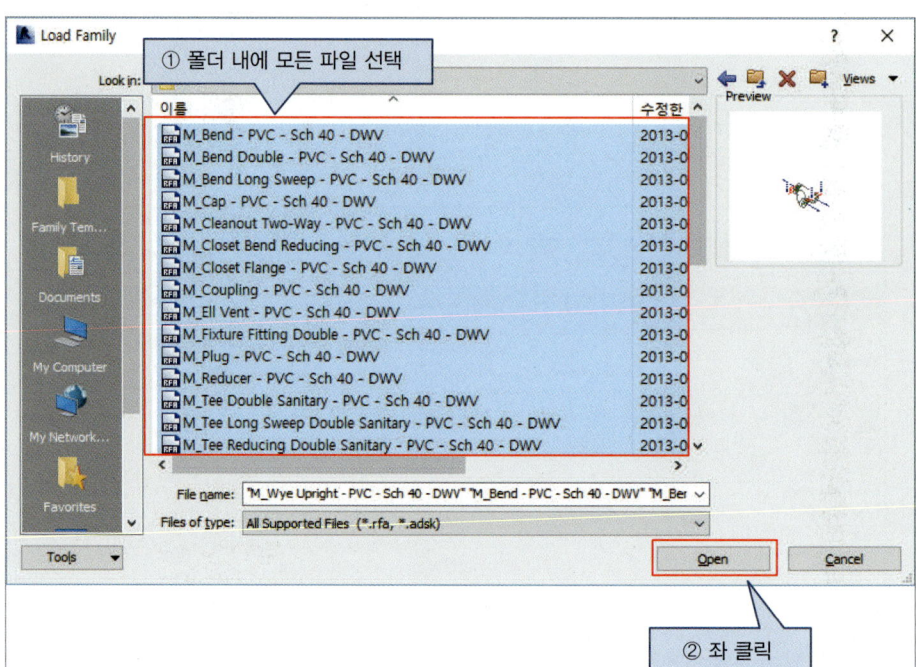

[그림 5-26]

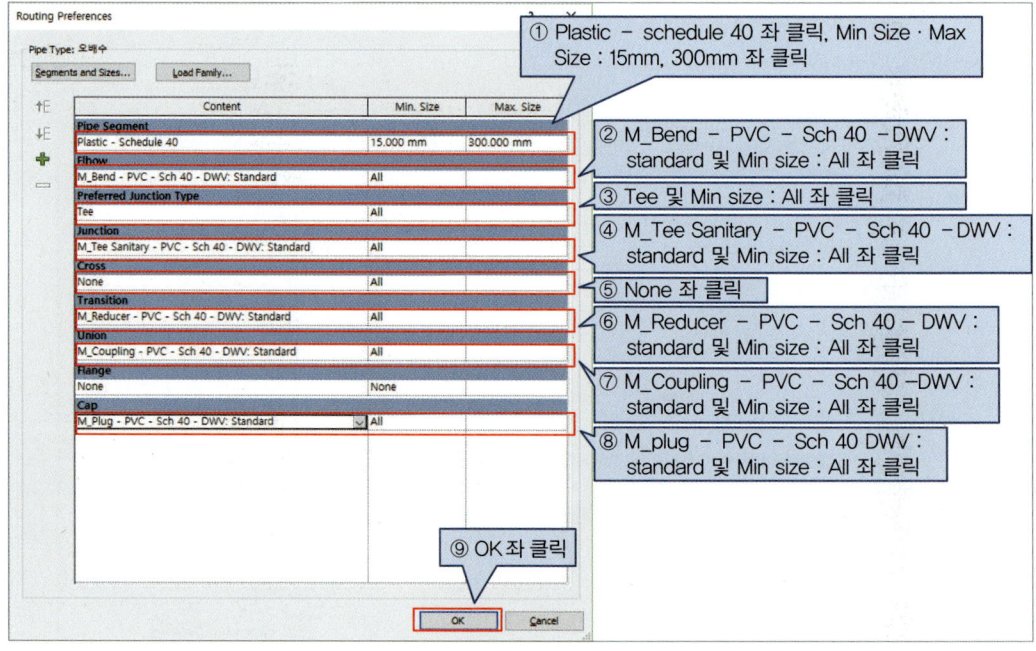

[그림 5-27]

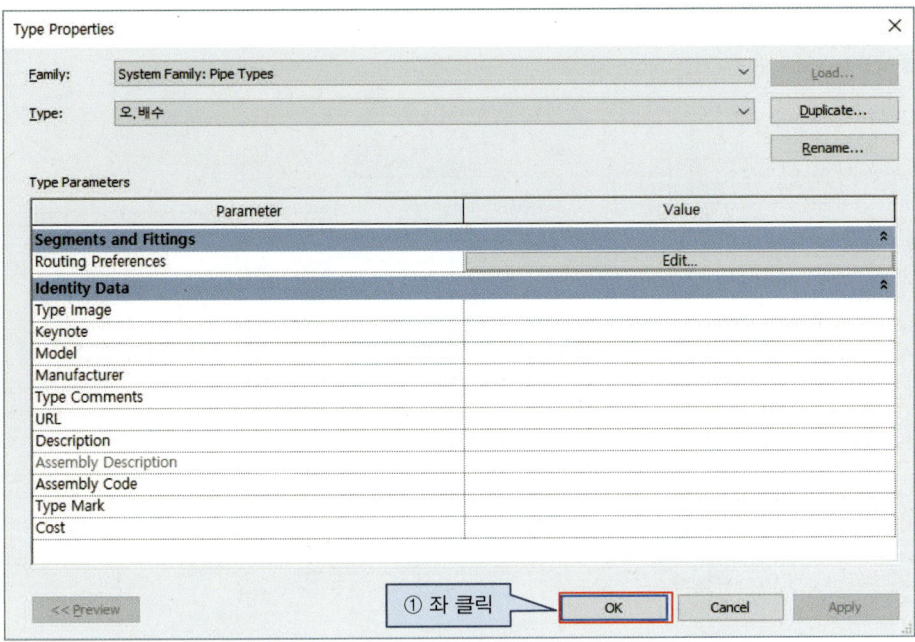

[그림 5-28]

그림 5-29와 같이 Offset을 -1000, View Depth를 -1000으로 설정하여 그려지는 배관이 보이도록 하시오.

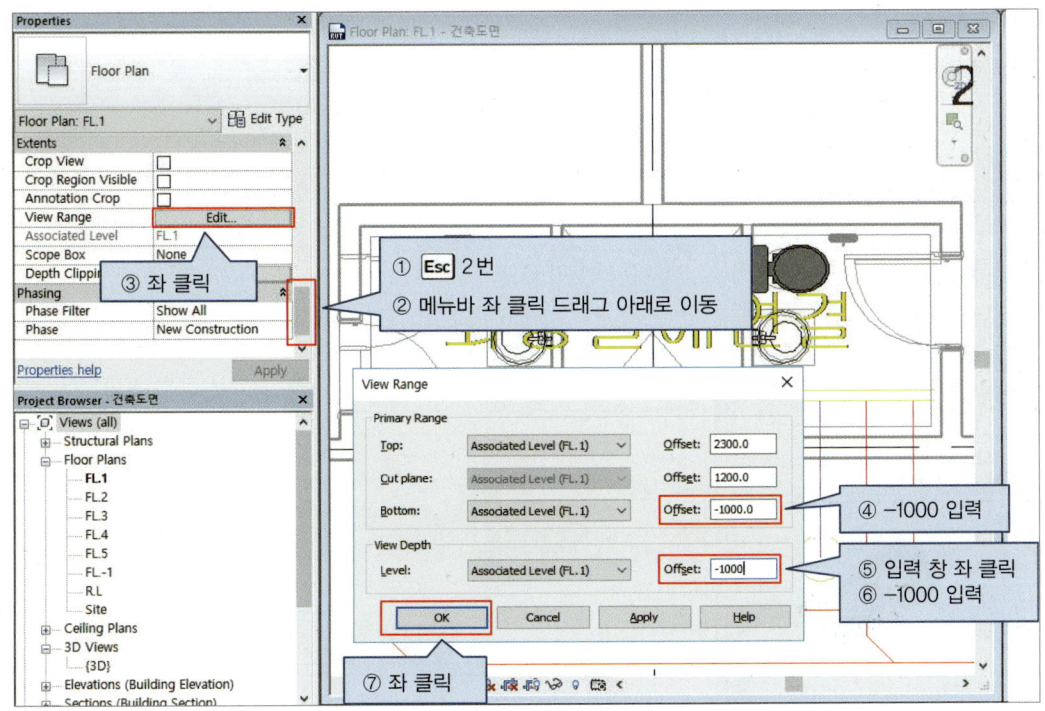

[그림 5-29]

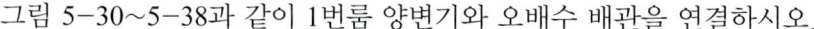

그림 5-30~5-38과 같이 1번룸 양변기와 오배수 배관을 연결하시오.

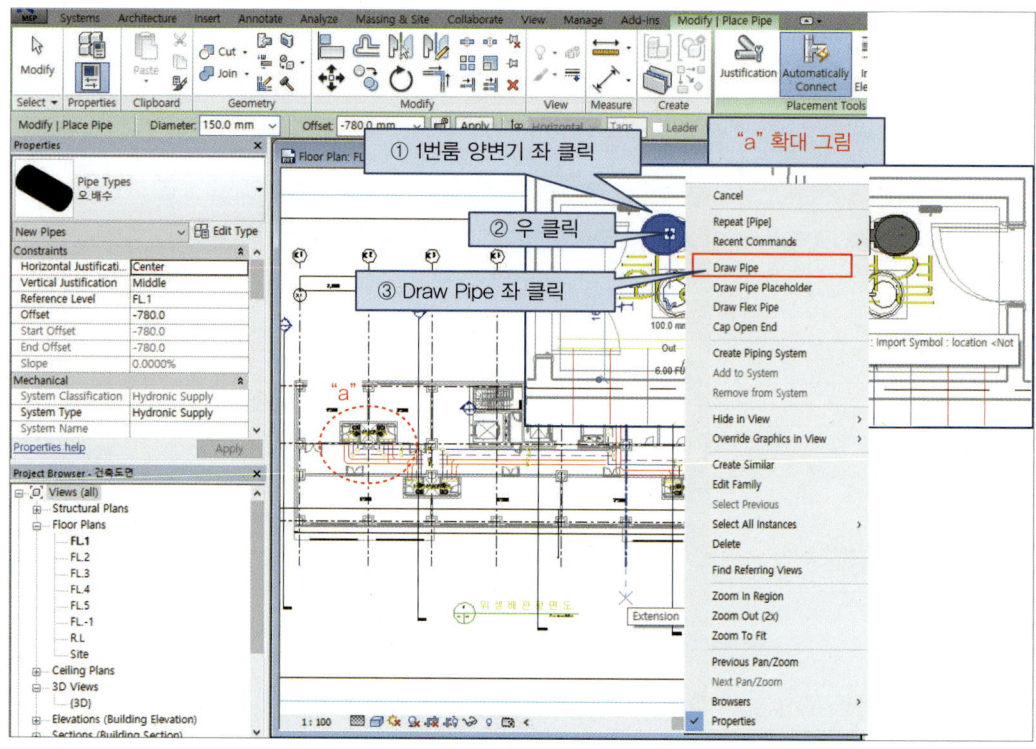

[그림 5-30]

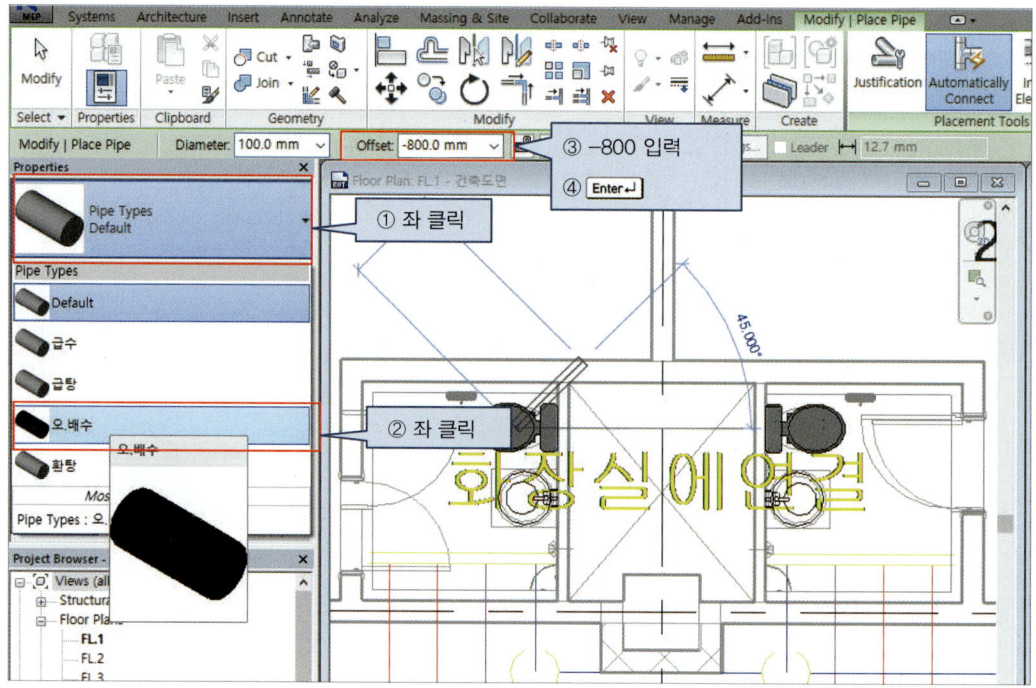

[그림 5-31]

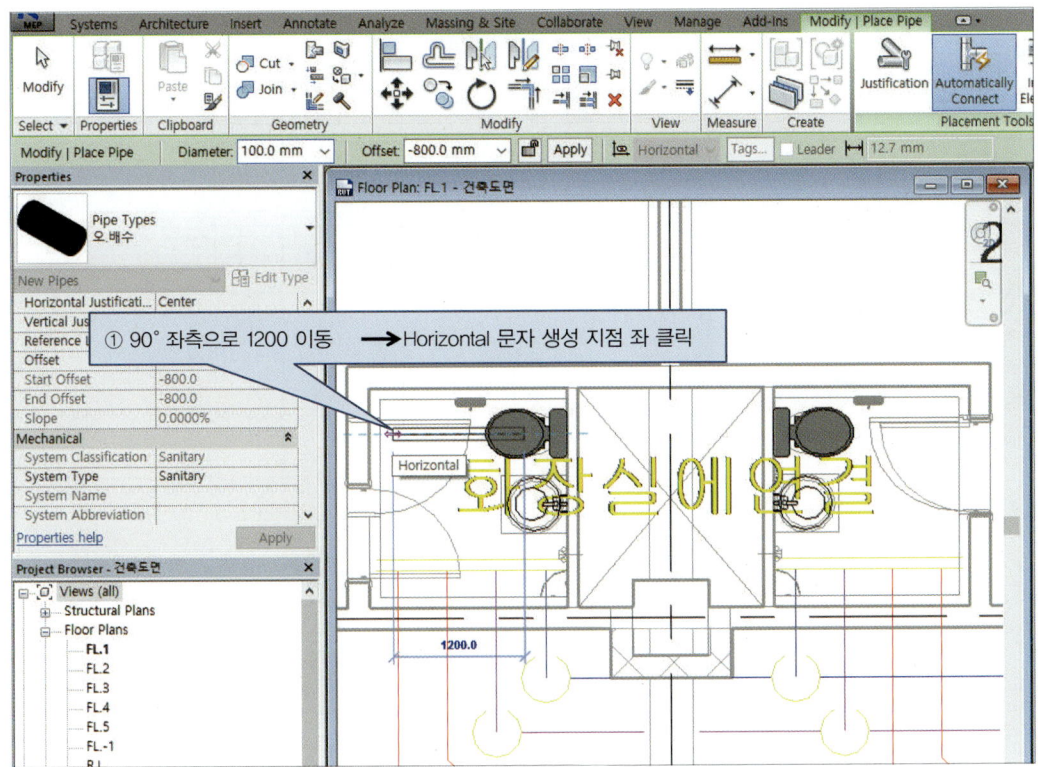

[그림 5-32]

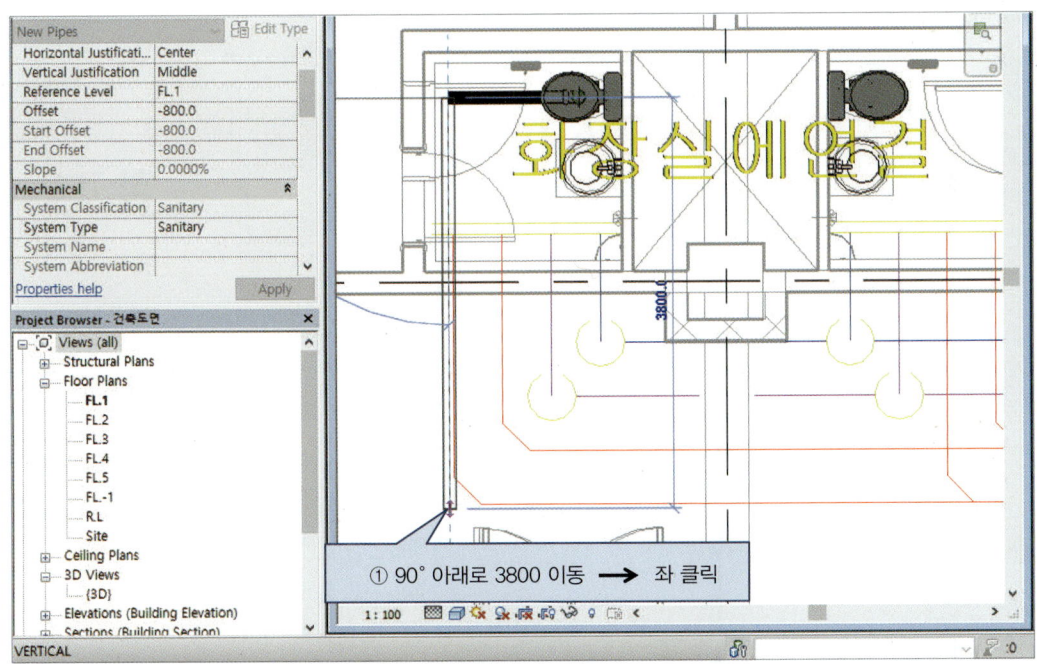

[그림 5-33]

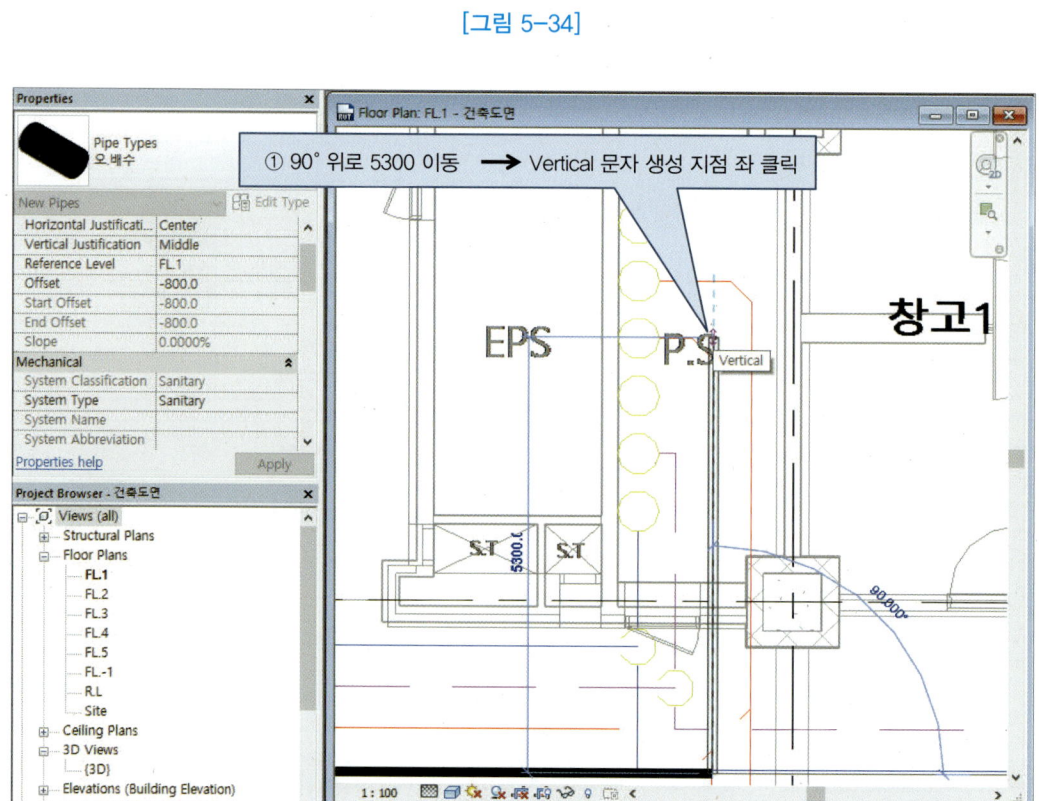

[그림 5-34]

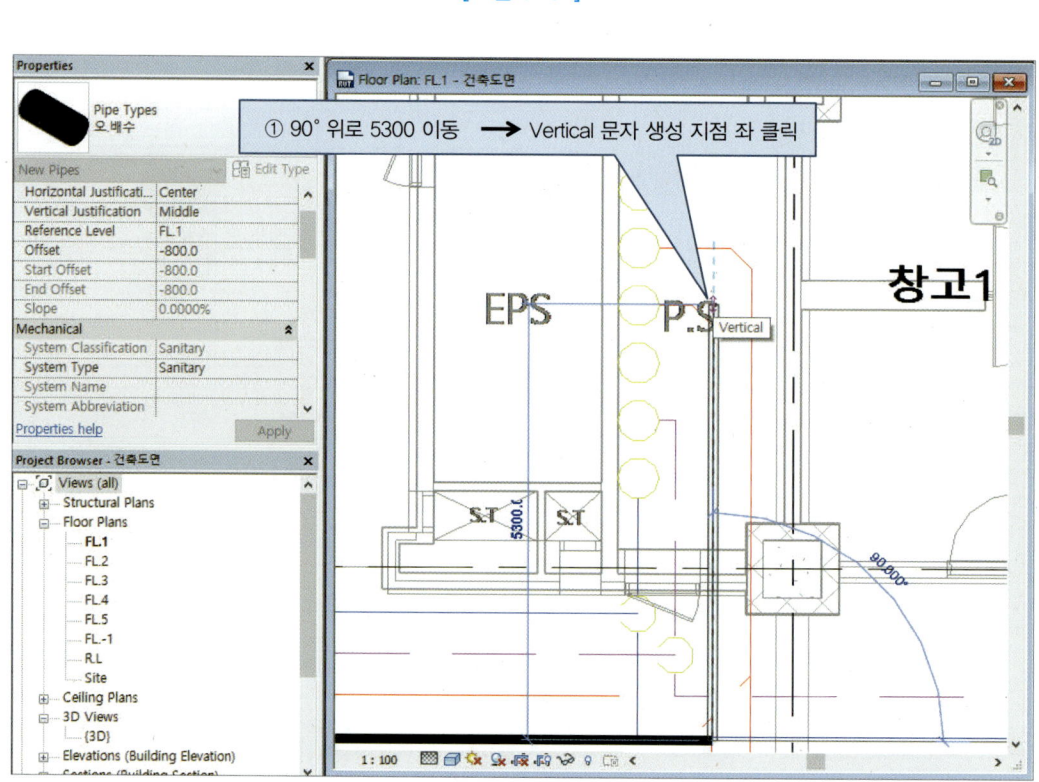

[그림 5-35]

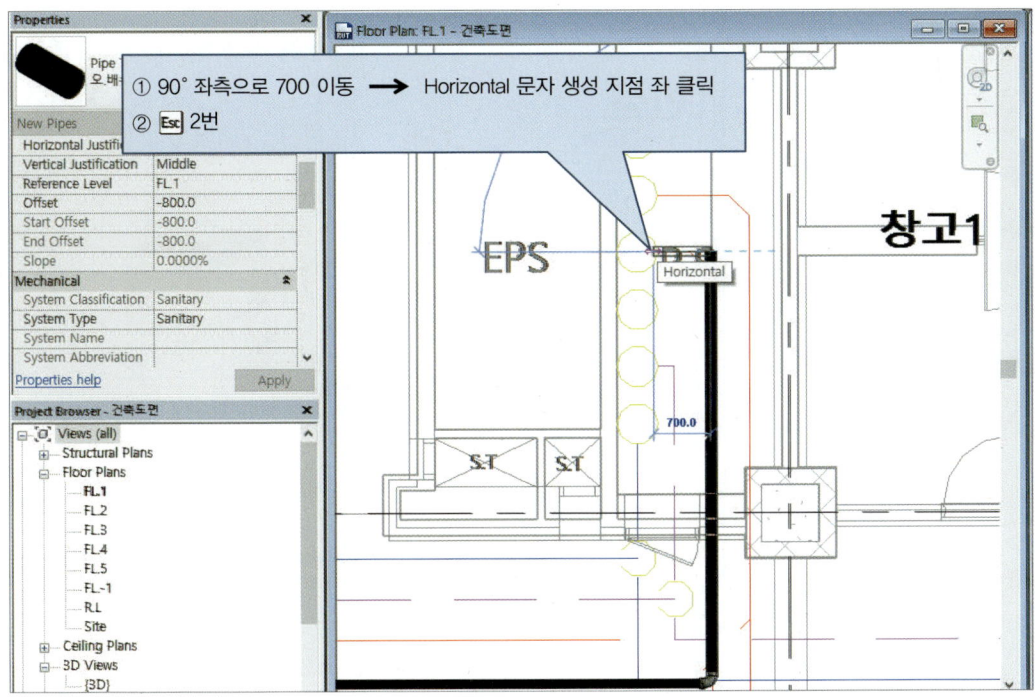

[그림 5-36]

그림 5-30~5-32와 같은 방법으로 그림 5-37~5-38과 같이 2번룸 양변기와 오배수 배관을 연결하시오.

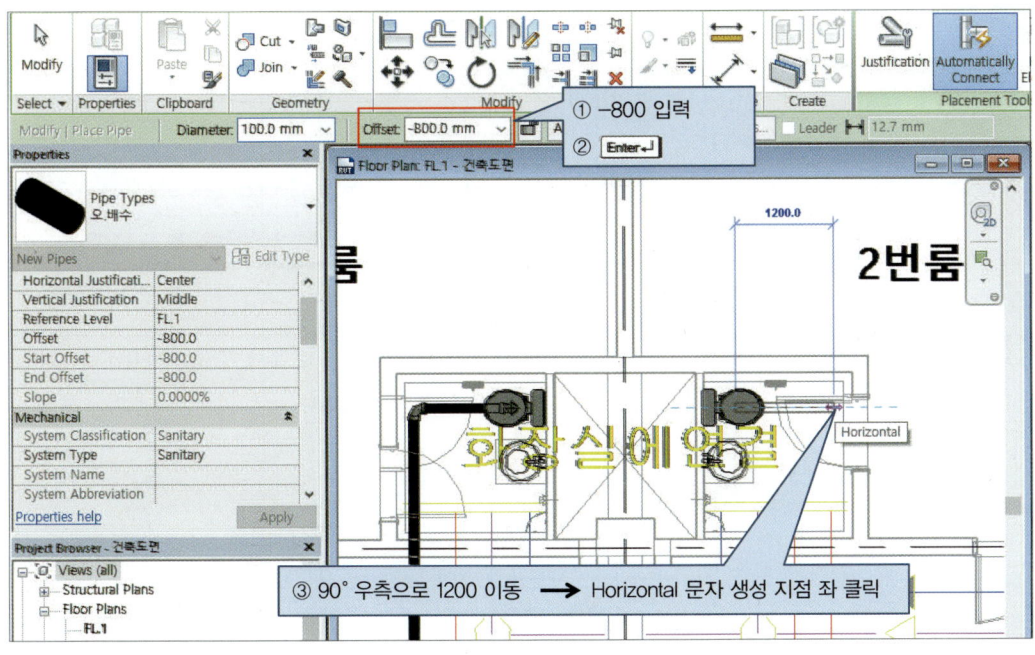

[그림 5-37]

Chapter 05 BIM 위생배관 설계하기 147

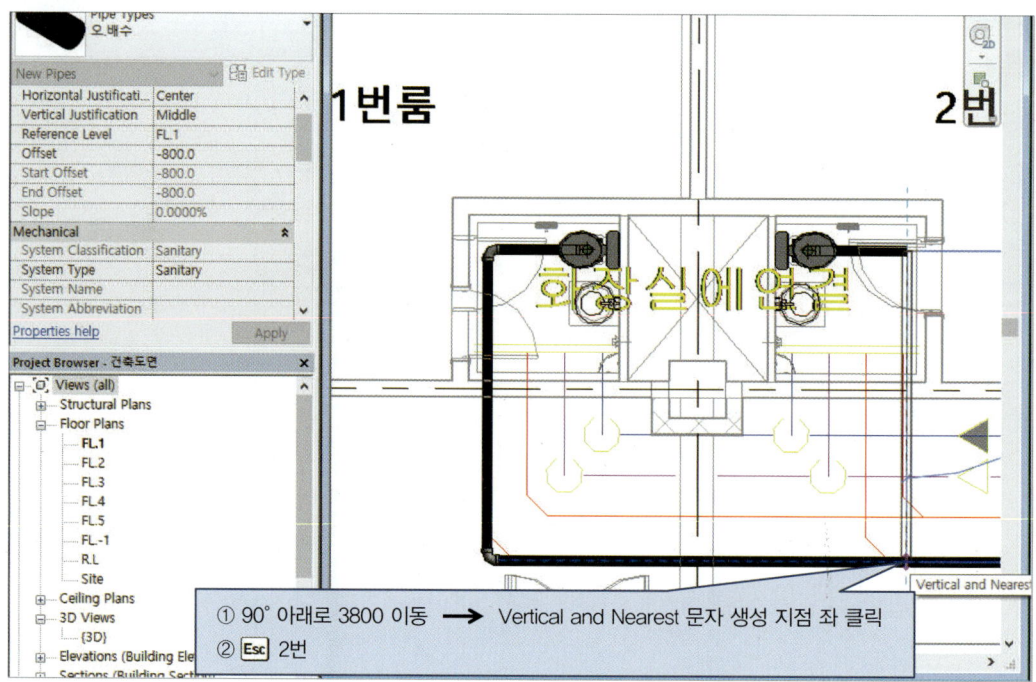

[그림 5-38]

그림 5-30~5-32와 같은 방법으로 그림 5-39~5-41과 같이 5번룸 양변기와 오배수 배관을 연결하시오.

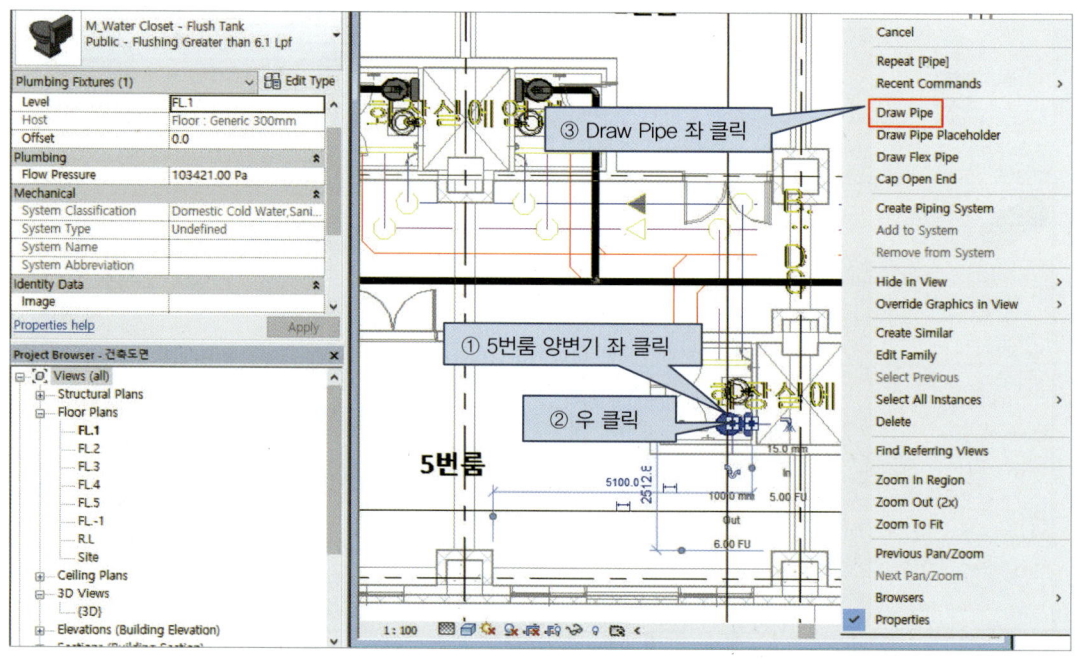

[그림 5-39]

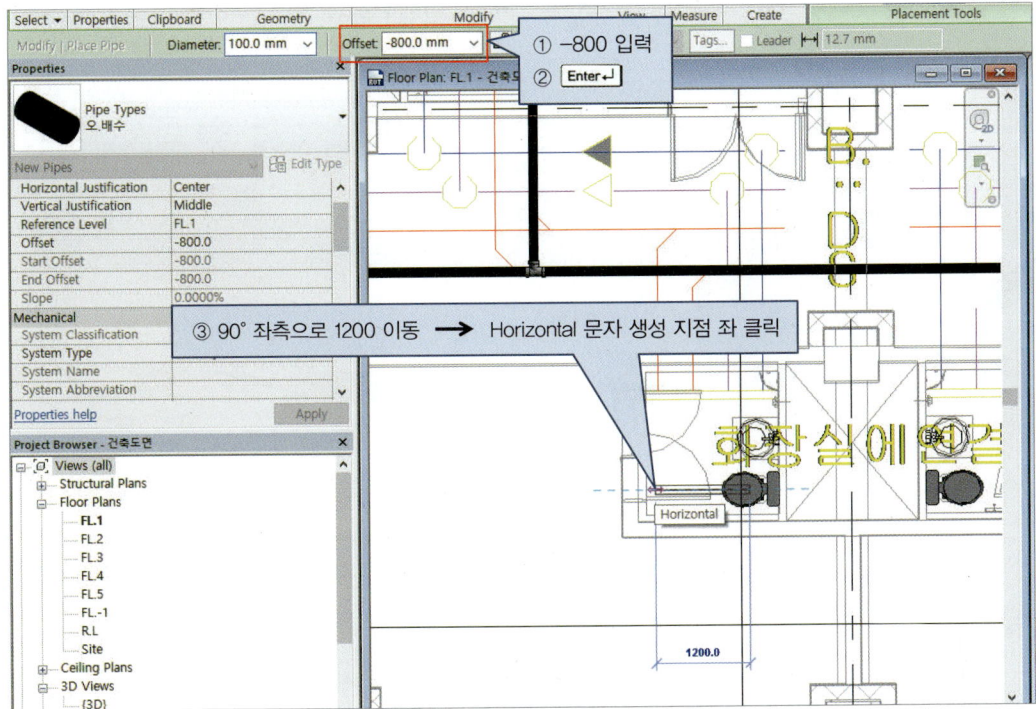

[그림 5-40]

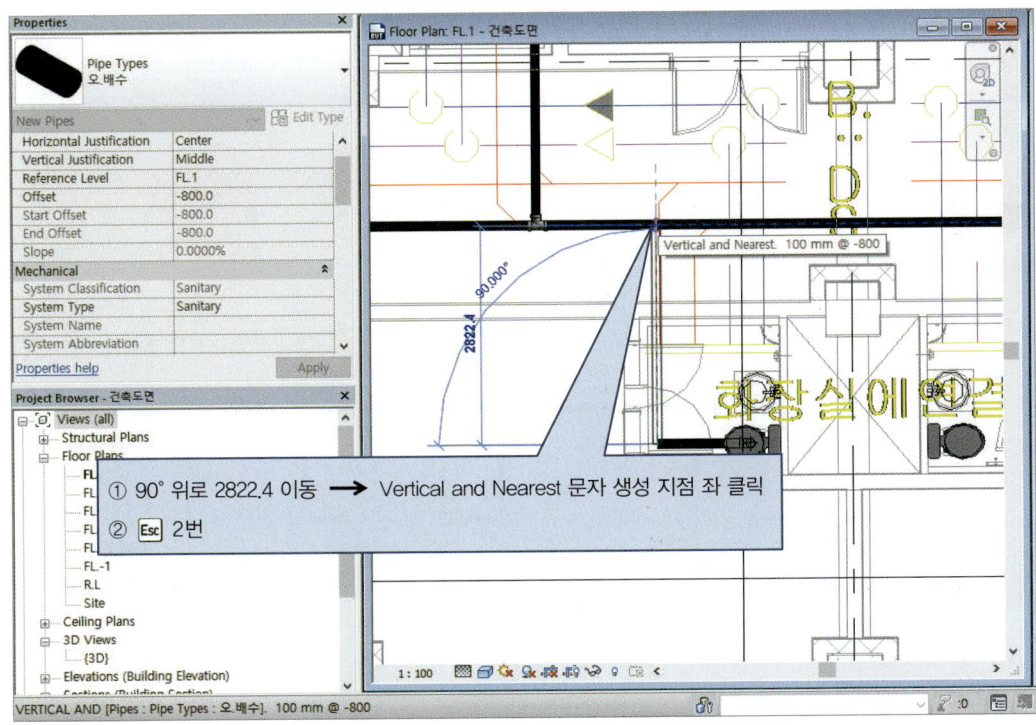

[그림 5-41]

그림 5-30~5-32와 같은 방법으로 그림 5-42~5-43과 같이 6번룸 양변기와 오배수 배관을 연결하시오.

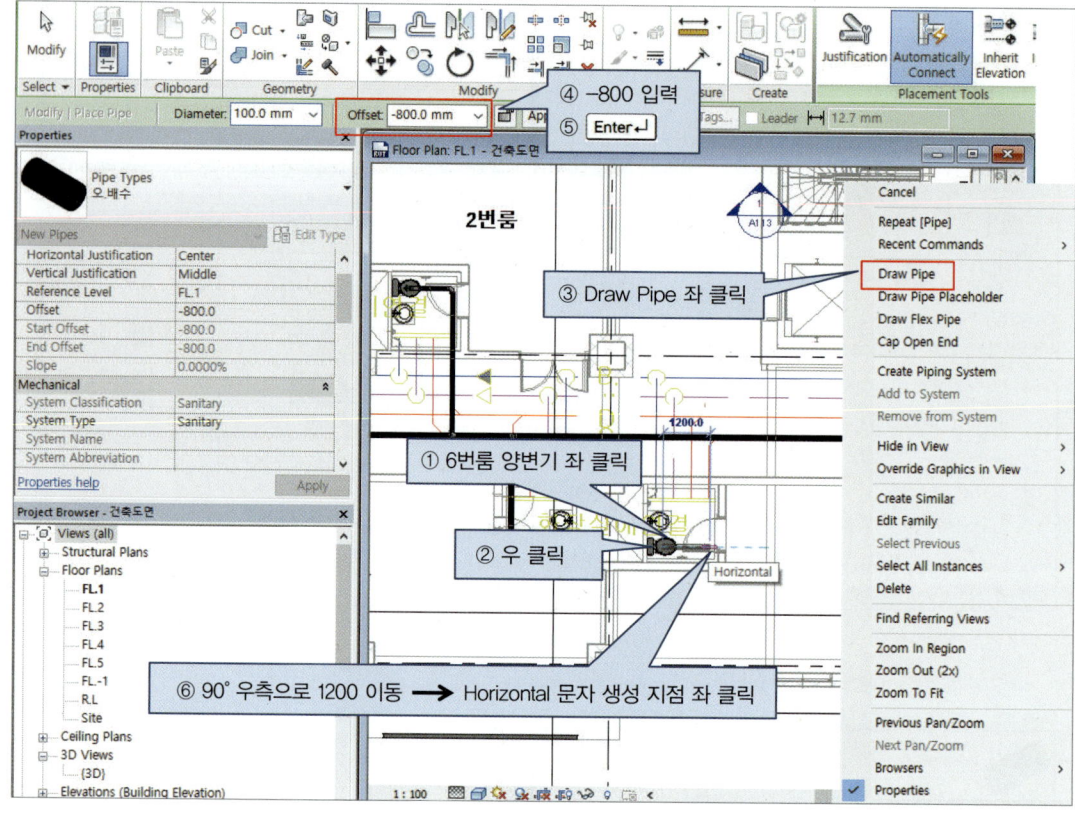

[그림 5-42]

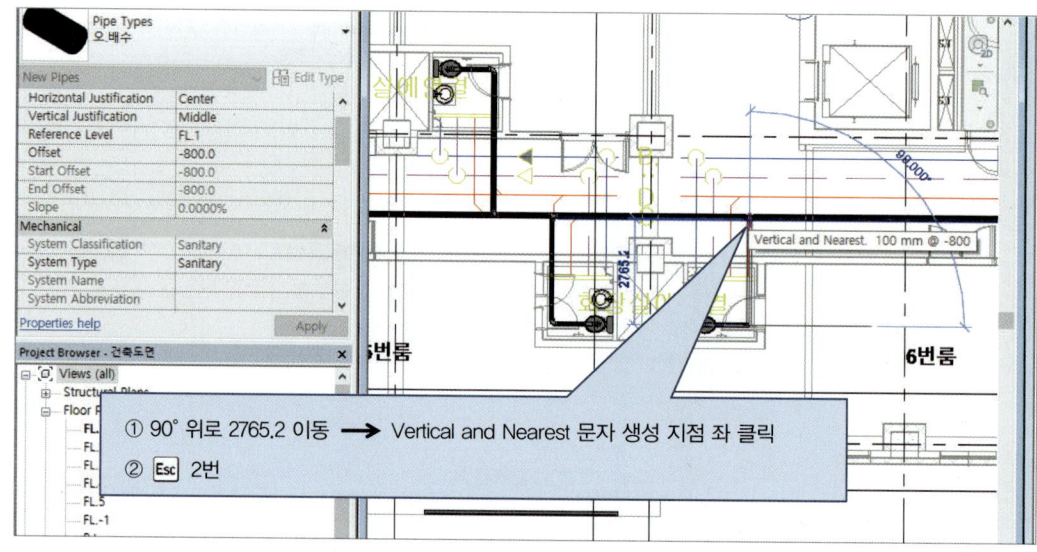

[그림 5-43]

그림 5-30~5-32와 같은 방법으로 그림 5-44~5-46과 같이 4번룸 양변기와 오배수 배관을 연결하시오.

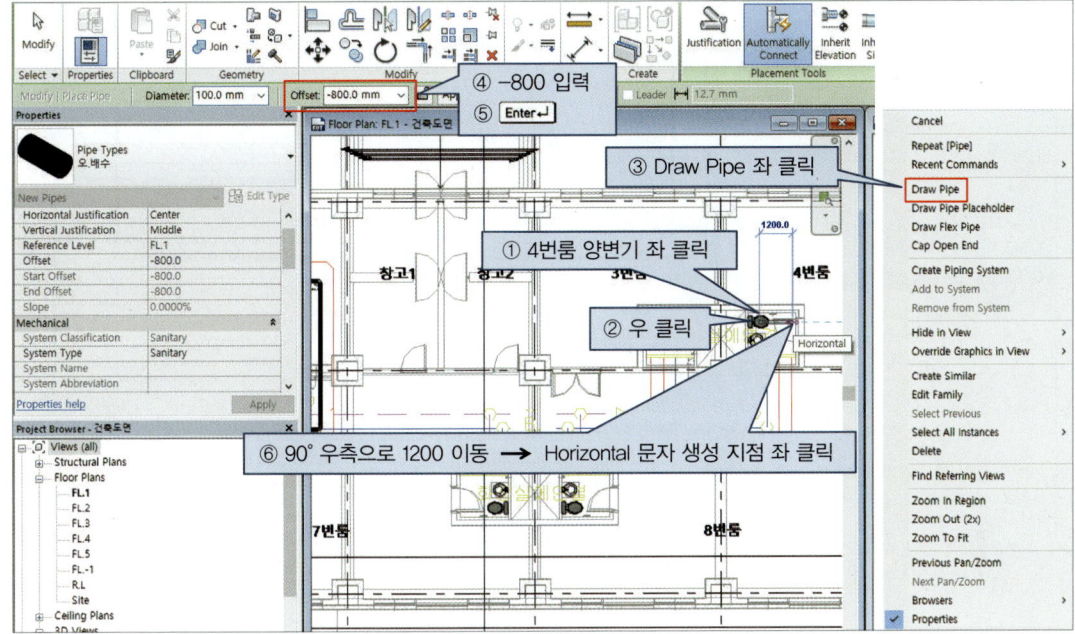

[그림 5-44]

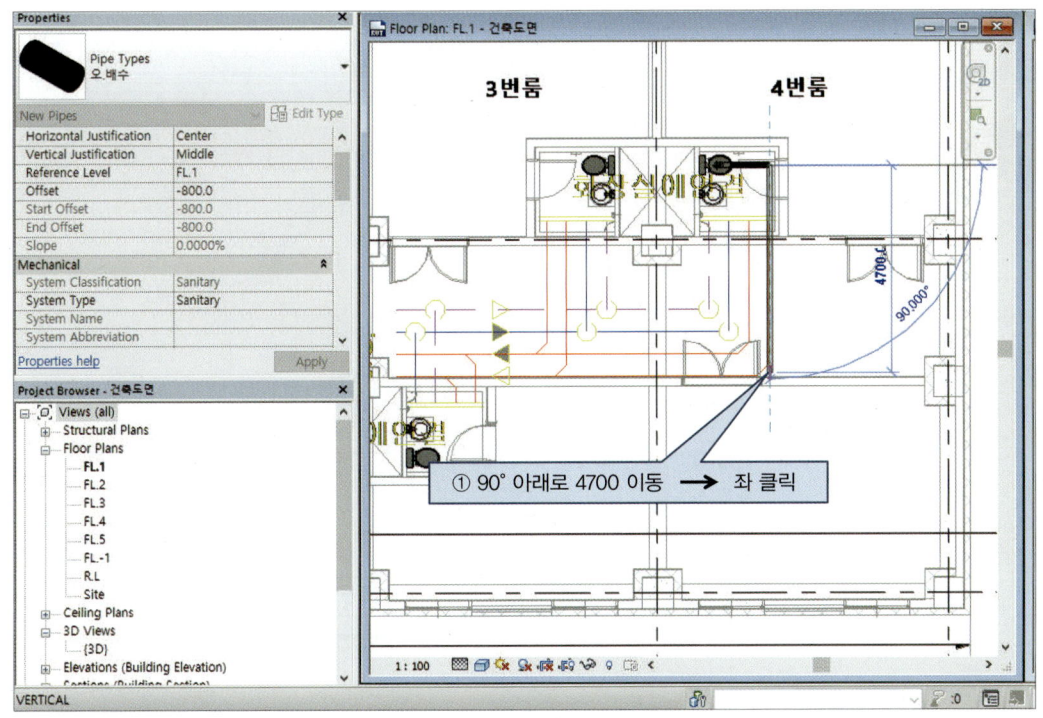

[그림 5-45]

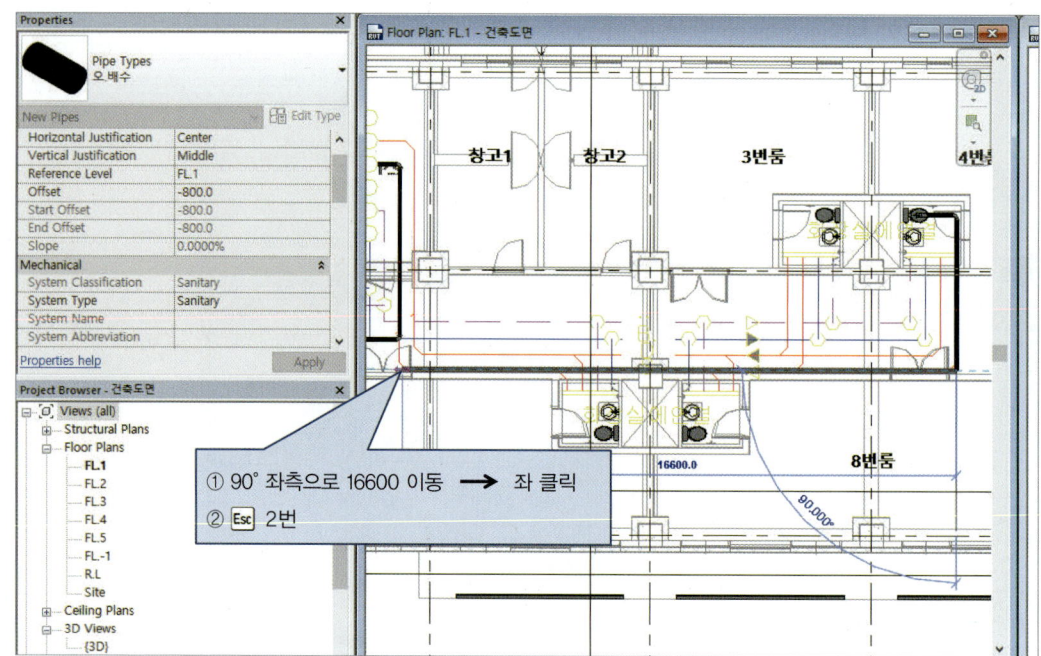

[그림 5-46]

그림 5-30~5-32와 같은 방법으로 그림 5-47~5-48과 같이 3번룸 양변기와 오배수 배관을 연결하시오.

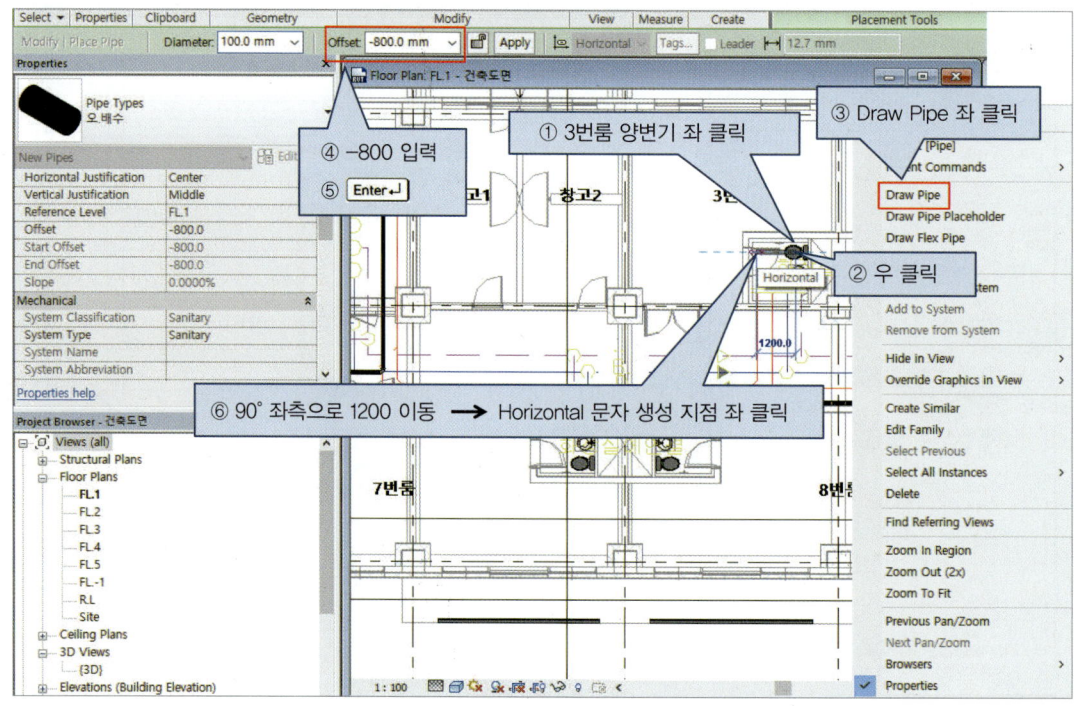

[그림 5-47]

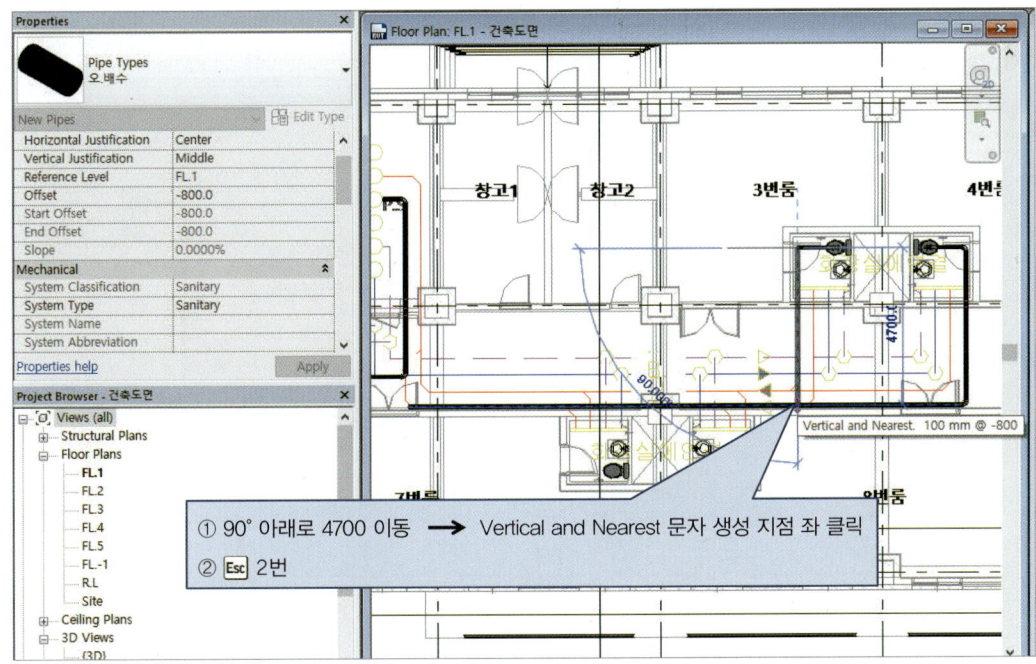

[그림 5-48]

그림 5-30~5-32와 같은 방법으로 그림 5-49~5-50과 같이 8번룸 양변기와 오배수 배관을 연결하시오.

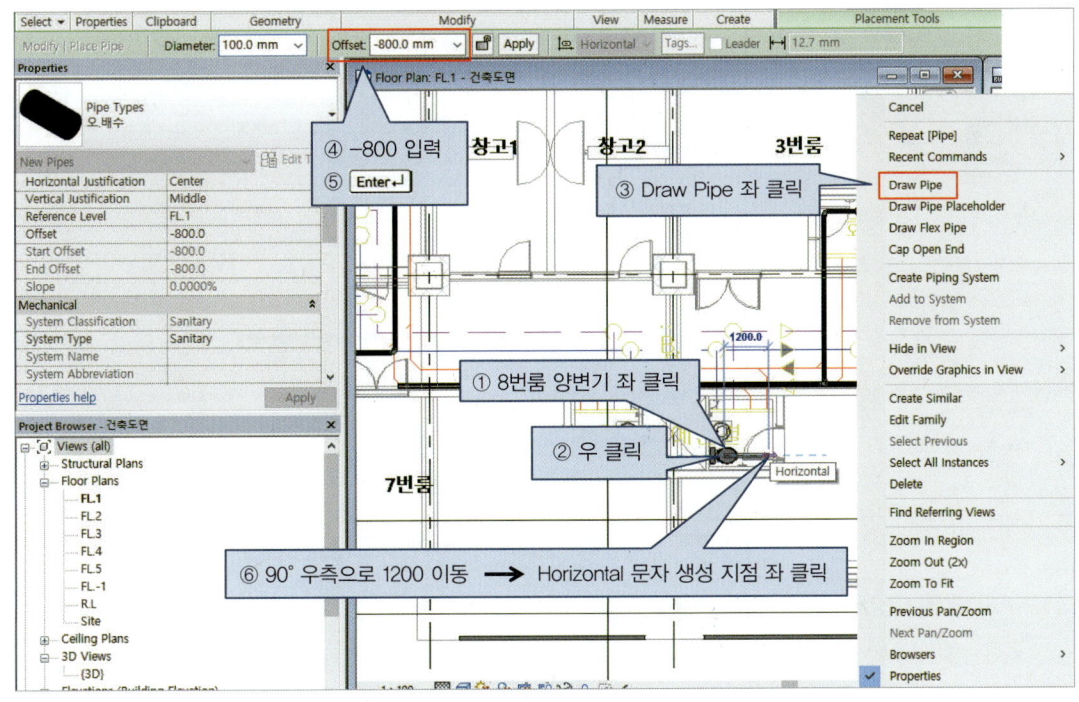

[그림 5-49]

Chapter 05 BIM 위생배관 설계하기   153

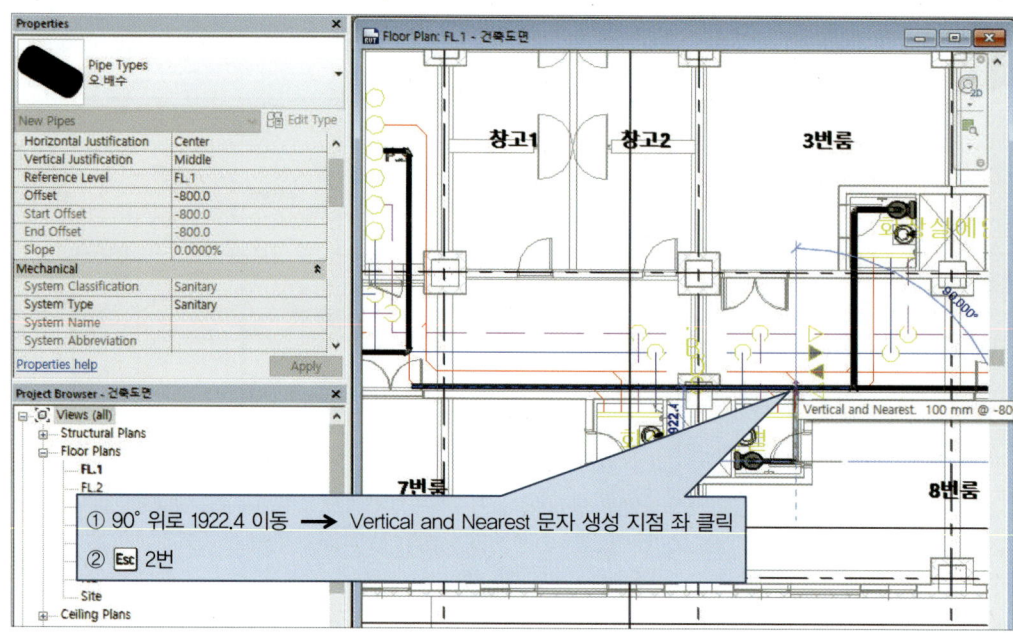

[그림 5-50]

그림 5-30~5-32와 같은 방법으로 그림 5-51~5-52와 같이 7번룸 양변기와 오배수 배관을 연결하시오.

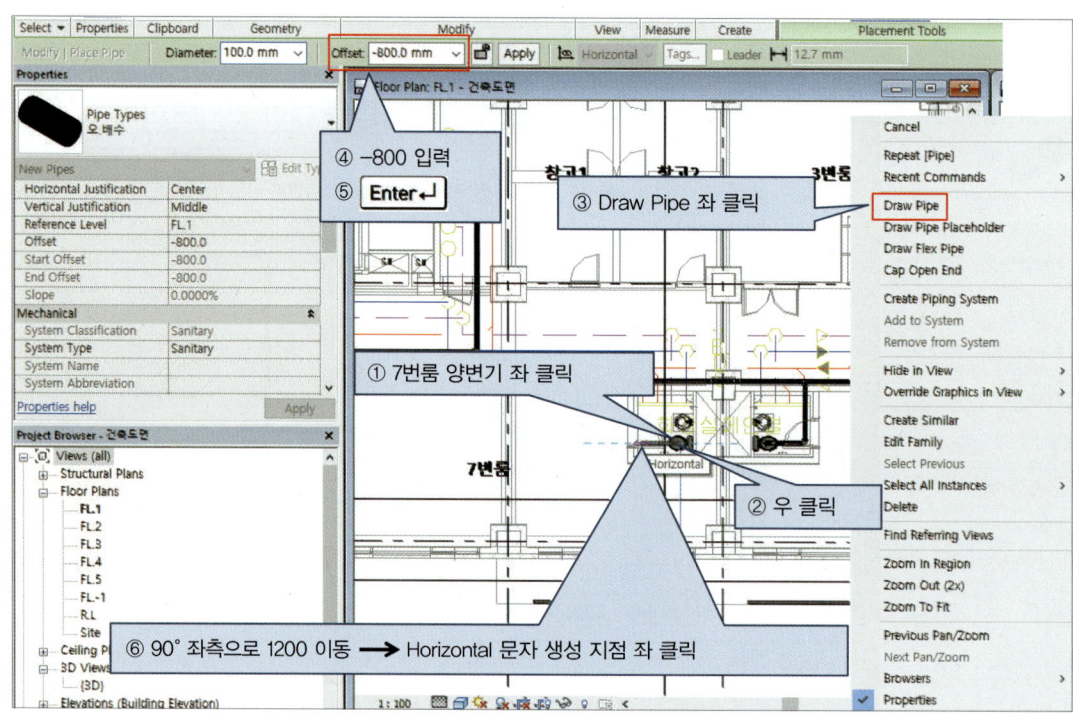

[그림 5-51]

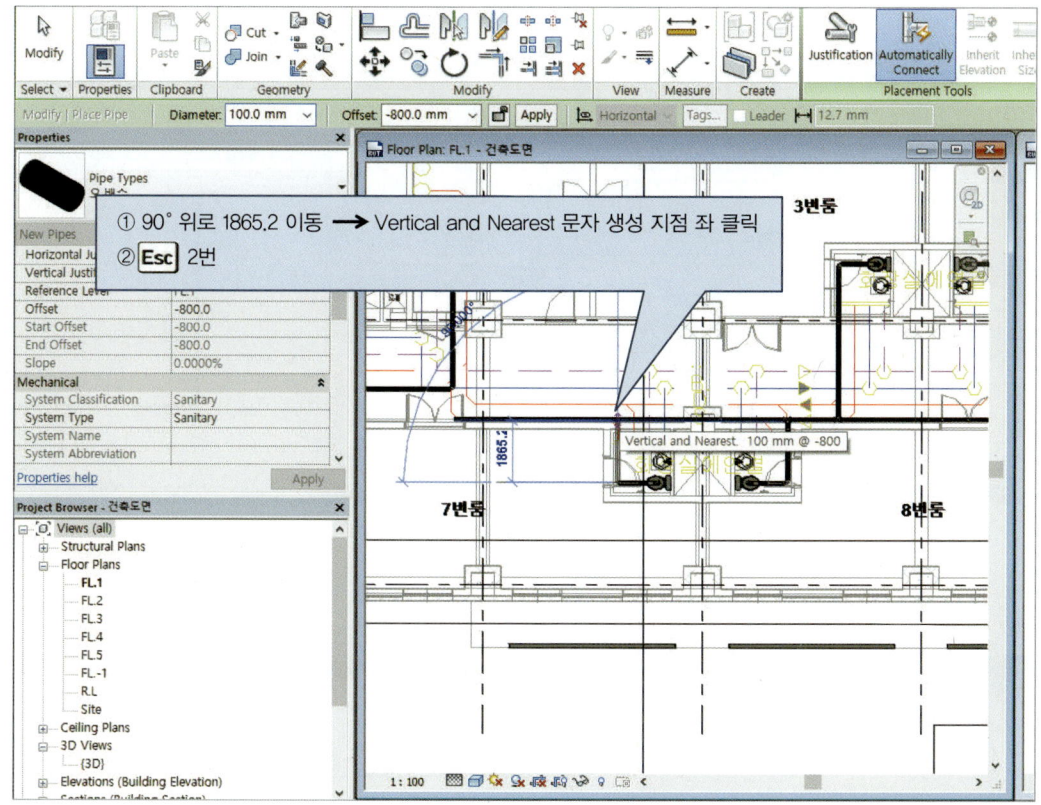

[그림 5-52]

그림 5-30~52와 같이 그리면 그림 5-53과 같이 완성된다.

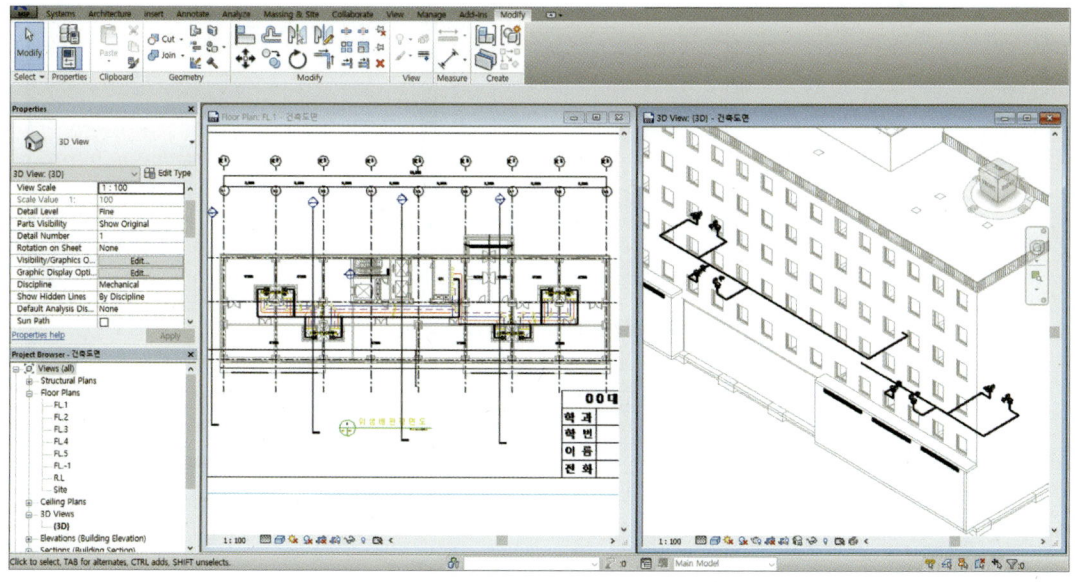

[그림 5-53]

Chapter 05 BIM 위생배관 설계하기 155

그림 5-54와 같이 세로 횡지배관과 가로 횡지배관을 연결하시오.

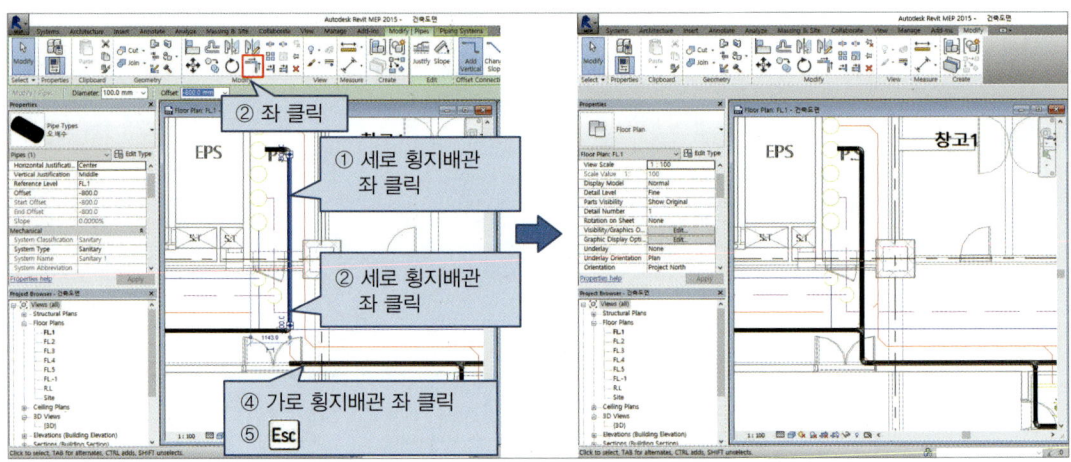

[그림 5-54]

그림 5-55와 같이 Tee의 방향을 설정하시오.

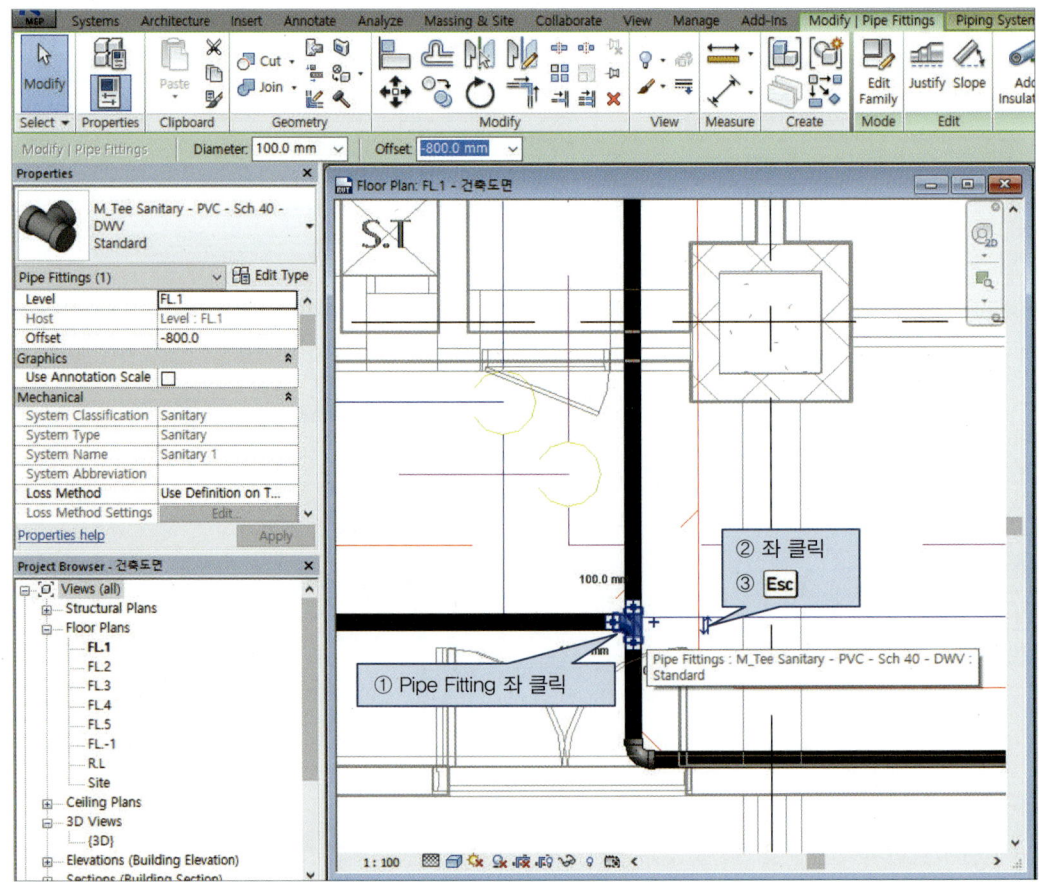

[그림 5-55]

그림 5-56~5-61과 같이 1번룸의 세면기와 오배수 배관을 연결하시오.

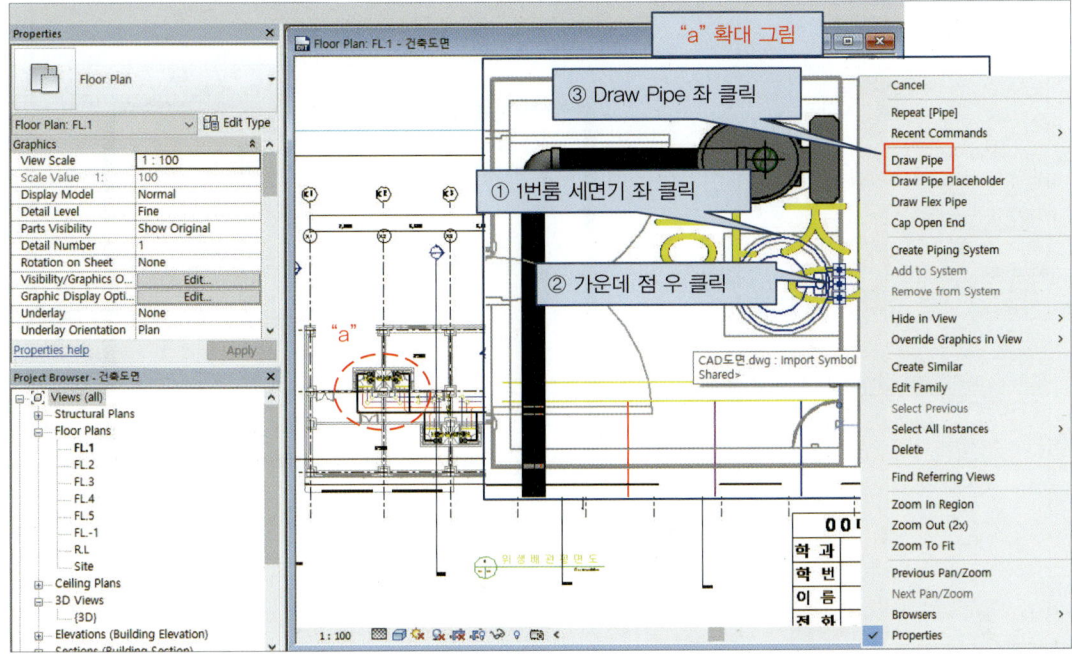

[그림 5-56]

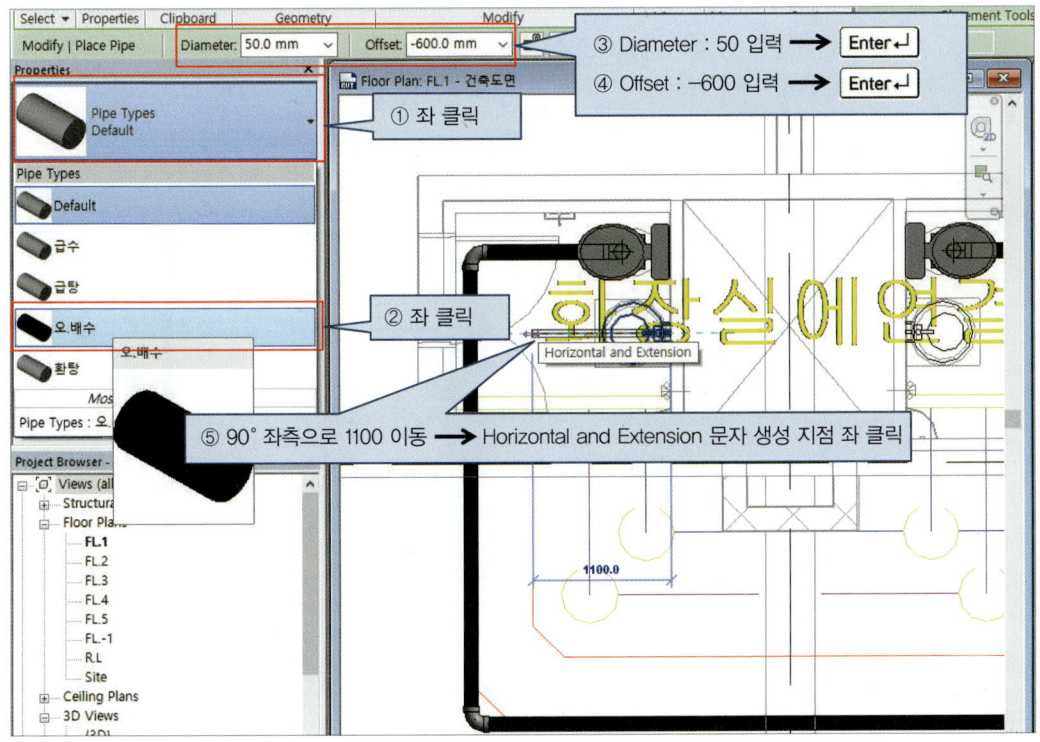

[그림 5-57]

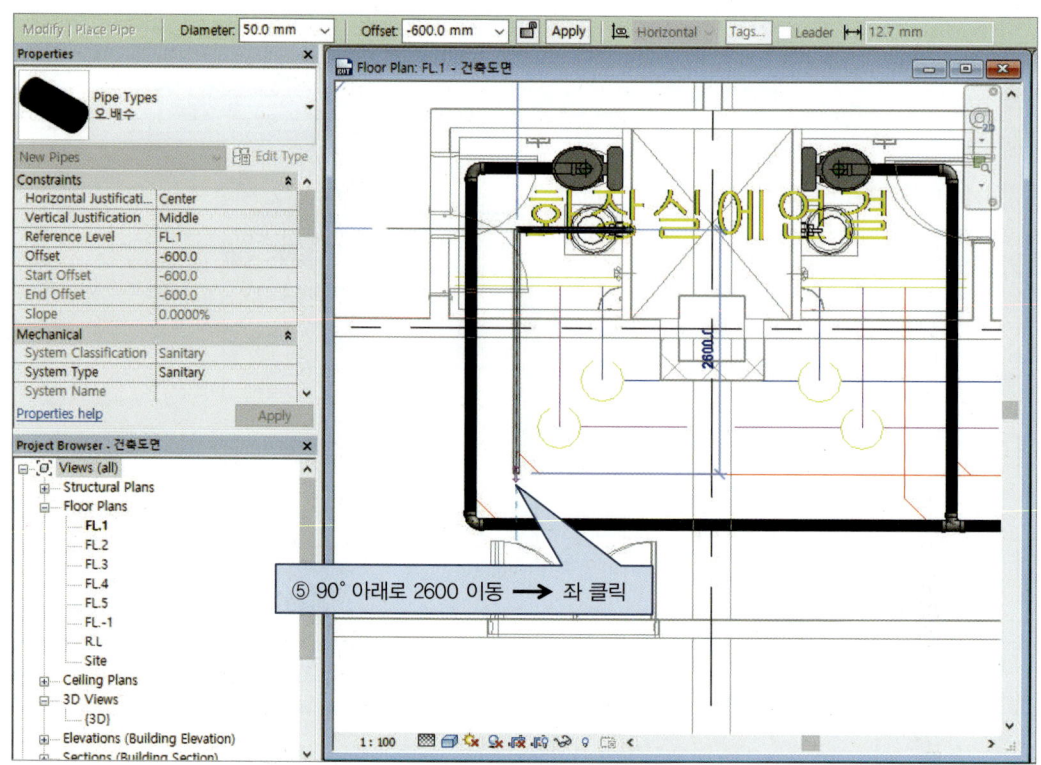

[그림 5-58]

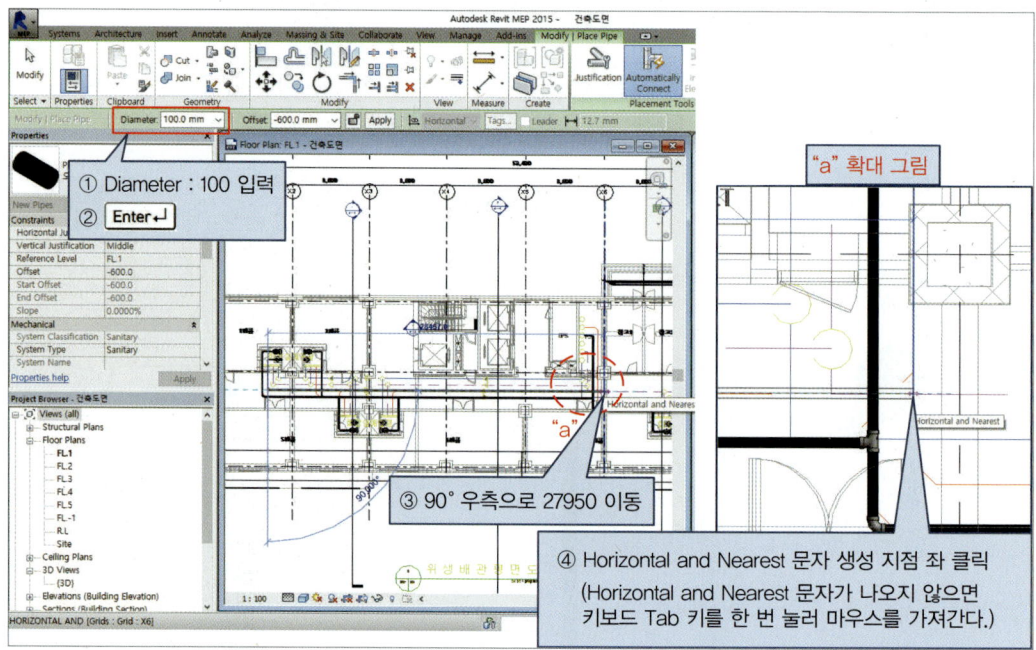

[그림 5-59]

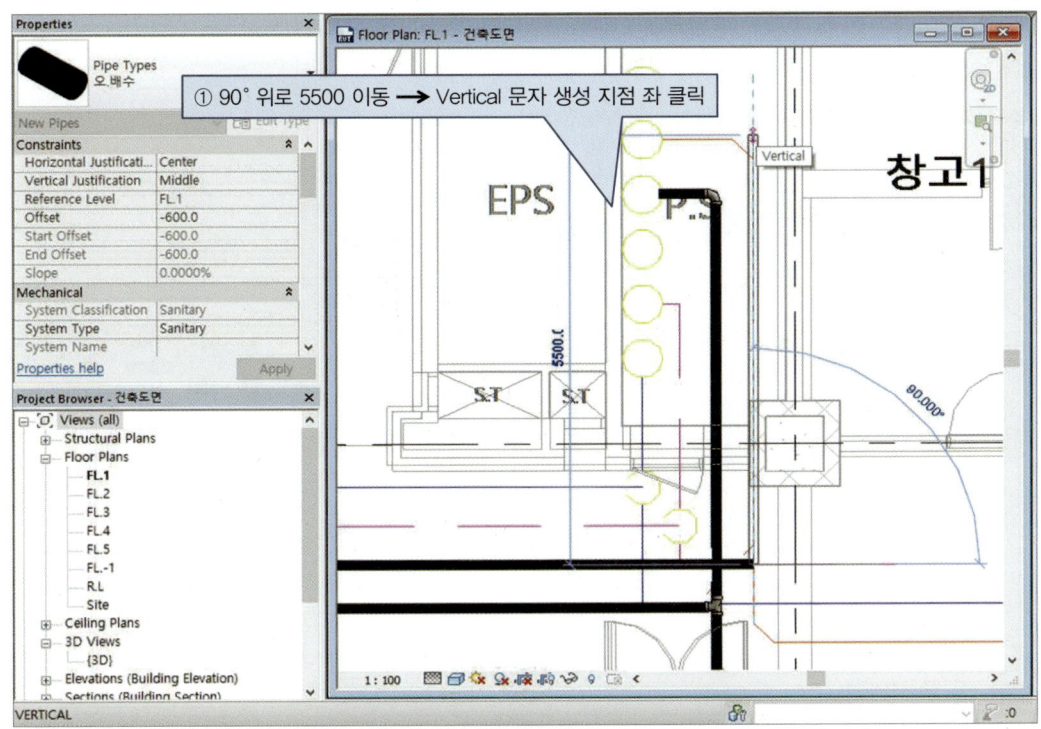

[그림 5-60]

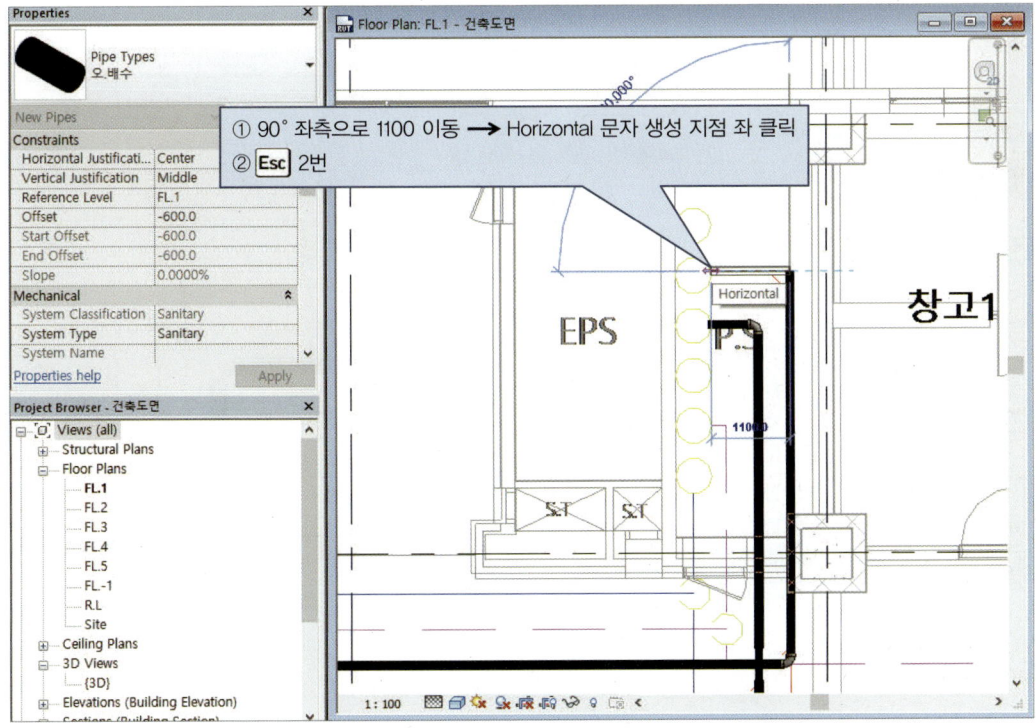

[그림 5-61]

그림 5-56~5-61과 같은 방법으로 그림 5-62~5-65와 같이 4번룸의 세면기와 오배수 배관을 연결하시오.

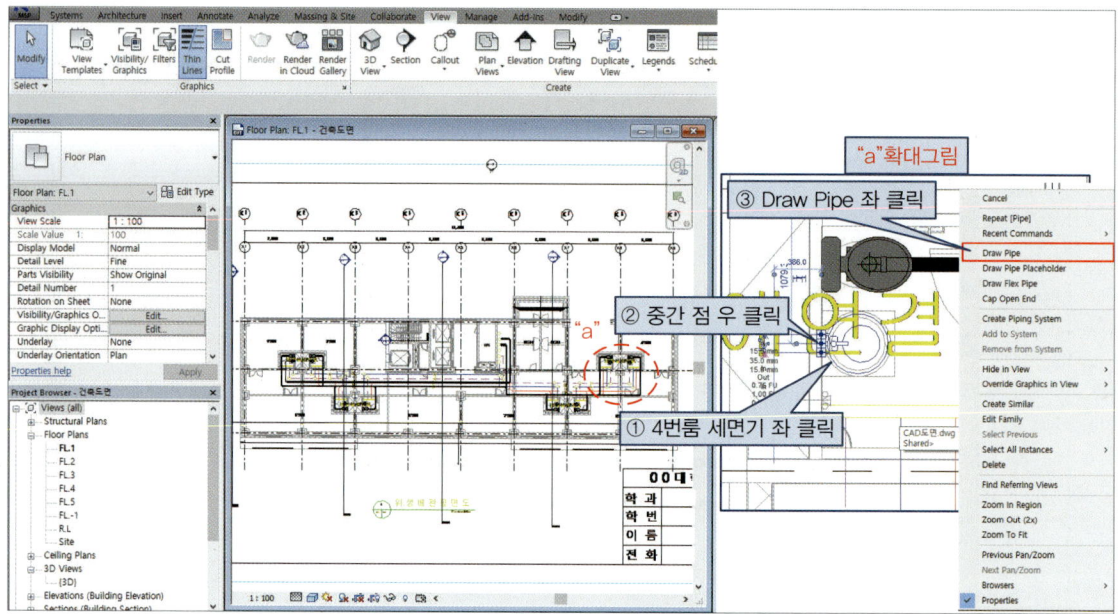

[그림 5-62]

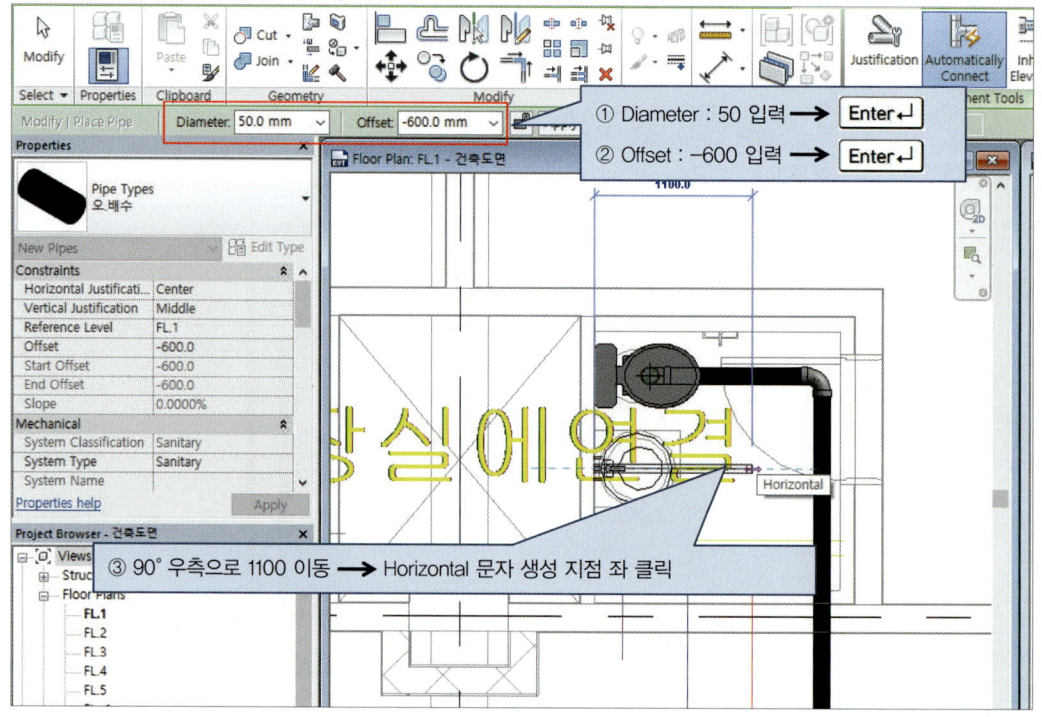

[그림 5-63]

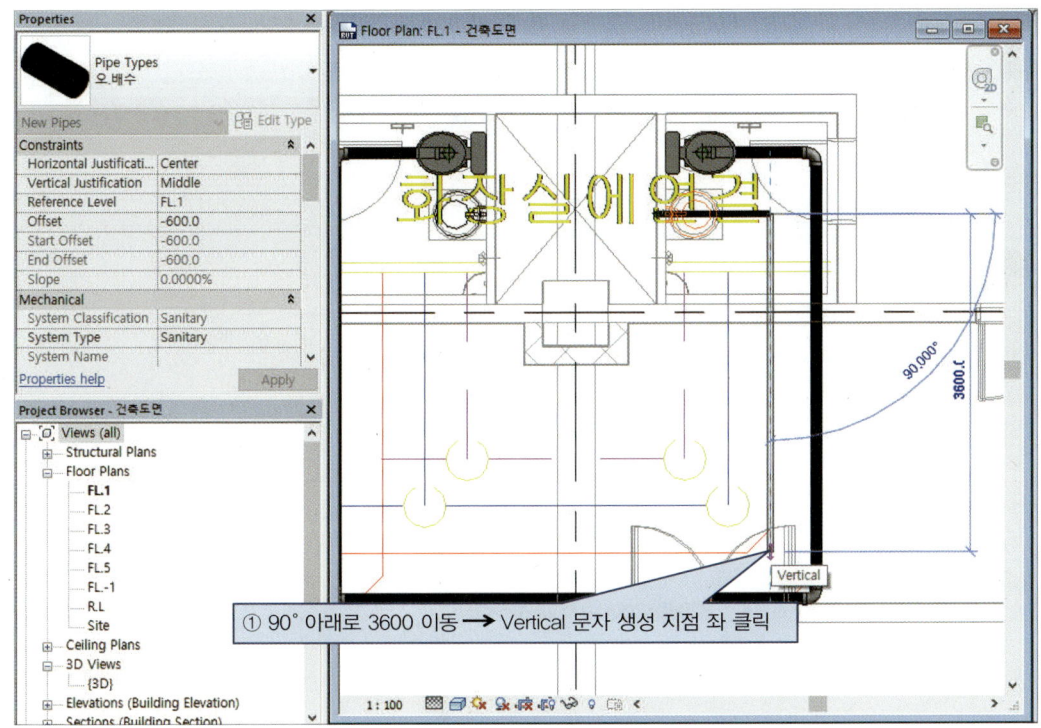

[그림 5-64]

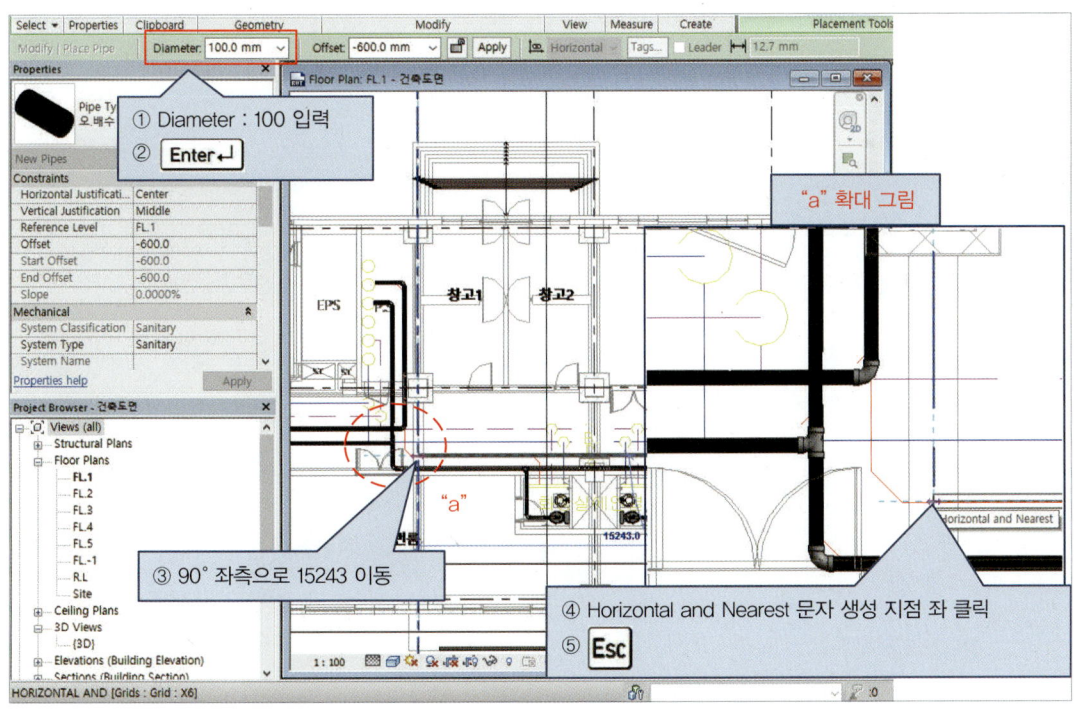

[그림 5-65]

Chapter 05 BIM 위생배관 설계하기 161

그림 5-66~5-67과 같이 1번룸의 오배수 배관과 4번룸의 오배수 배관을 연결하시오.

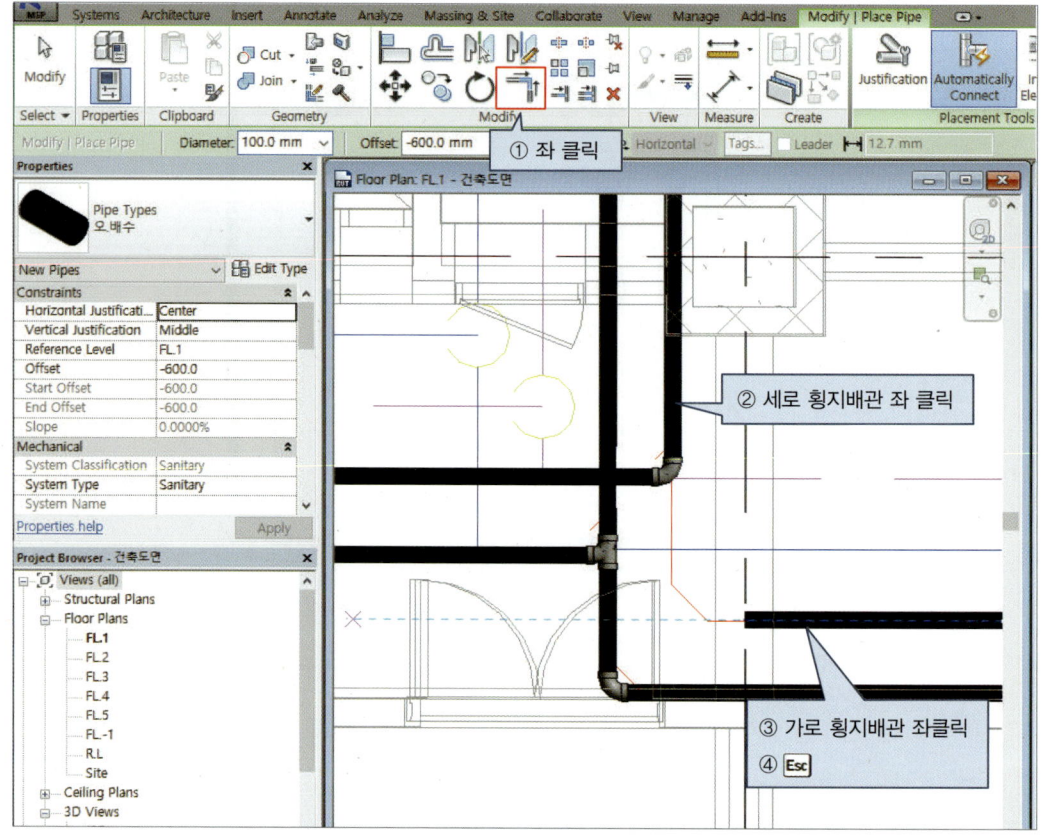

[그림 5-66]

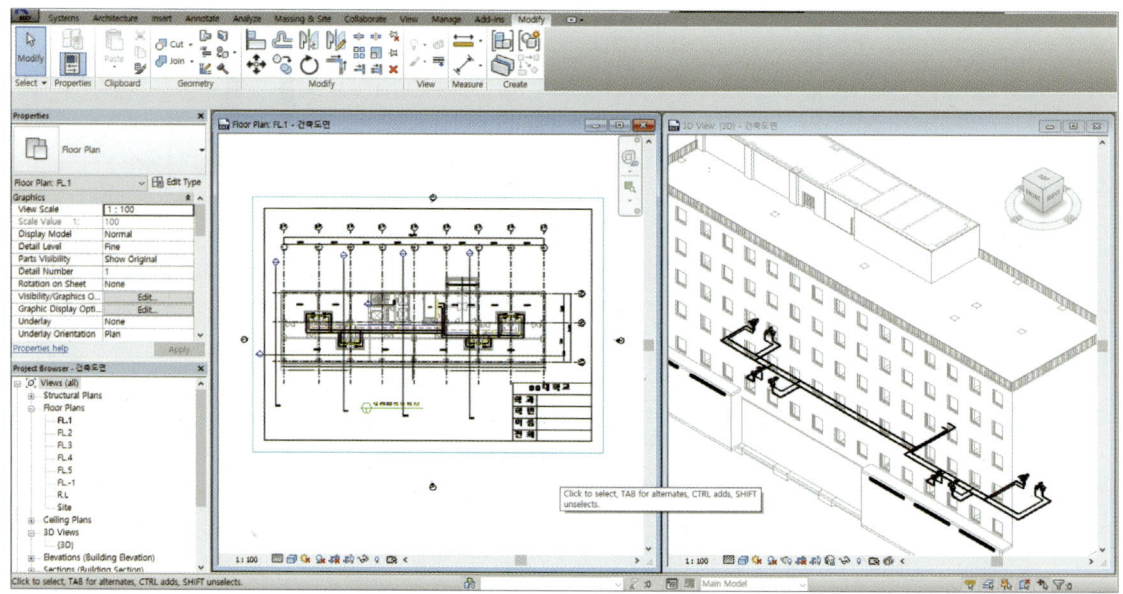

[그림 5-67]

그림 5-56~5-58과 같은 방법으로 완성하시오.

2번룸 세면기 좌 클릭 → 가운데 점 우 클릭하여 직경 50mm, 옵셋 -600하여 우측 1100 이동 → 90° 아래 2600 이동하여 100mm 횡지배관과 연결한다. → 좌 클릭 → 횡지배관 좌 클릭 → 가지배관 좌 클릭 → ESC 입력

3번룸 세면기 좌 클릭 → 가운데 점 우 클릭하여 직경 50mm, 옵셋 -600하여 좌측 1100 이동 → 90° 아래 3600 이동하여 100mm 횡지배관과 연결한다. → 좌 클릭 → 횡지배관 좌 클릭 → 가지배관 좌 클릭 → ESC 입력

5번룸 세면기 좌 클릭 → 가운데 점 우 클릭하여 직경 50mm, 옵셋 -600하여 좌측 1100 이동 → 90° 위 2715.5 이동하여 100mm 횡지배관과 연결한다. → 좌 클릭 → 횡지배관 좌 클릭 → 가지배관 좌 클릭 → ESC 입력

6번룸 세면기 좌 클릭 → 가운데 점 우 클릭하여 직경 50mm, 옵셋 -600하여 우측 1100 이동 → 90° 위 2715.5 이동하여 100mm 횡지배관과 연결한다. → 좌 클릭 → 횡지배관 좌 클릭 → 가지배관 좌 클릭 → ESC 입력

7번룸 세면기 좌 클릭 → 가운데 점 우 클릭하여 직경 50mm, 옵셋 -600하여 좌측 1100 이동 → 90° 위 1715.5 이동하여 100mm 횡지배관과 연결한다. → 좌 클릭 → 횡지배관 좌 클릭 → 가지배관 좌 클릭 → ESC 입력

8번룸 세면기 좌 클릭 → 가운데 점 우 클릭하여 직경 50mm, 옵셋 -600하여 우측 1100 이동 → 90° 위 1715.5 이동하여 100mm 횡지배관과 연결한다. → 좌 클릭 → 횡지배관 좌 클릭 → 가지배관 좌 클릭 → ESC 입력하여 그림 5-68과 같이 만드시오.

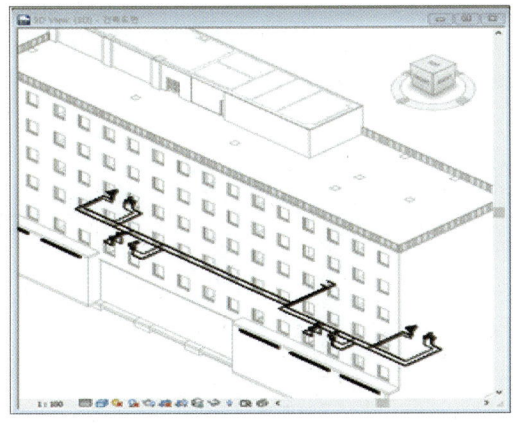

[그림 5-68]

그림 5-69~5-73과 같이 1번룸 양변기의 급수배관을 그리시오.

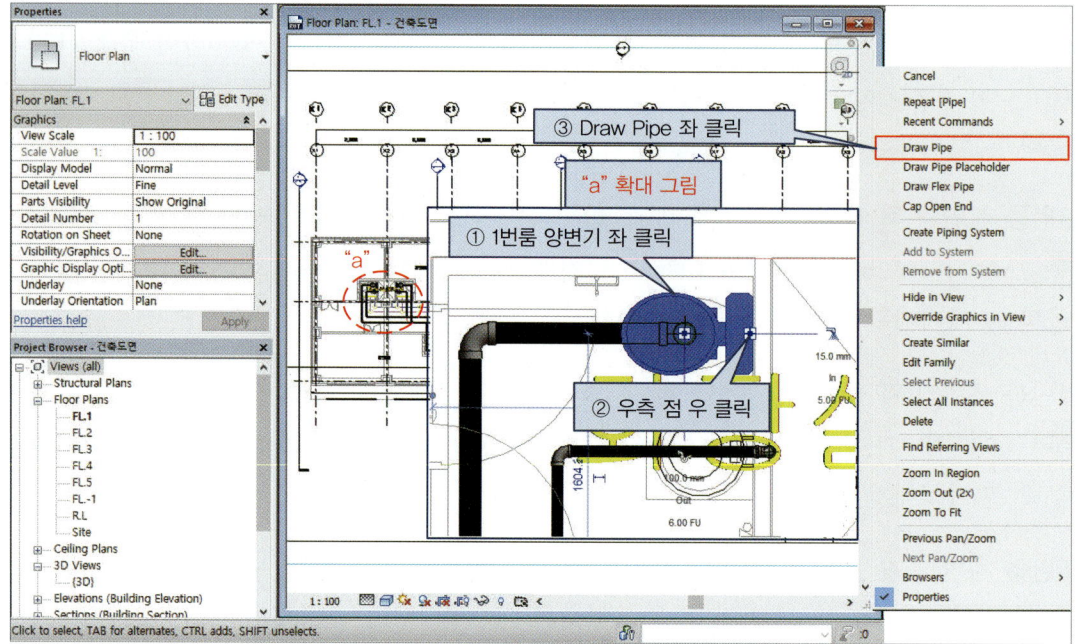

[그림 5-69]

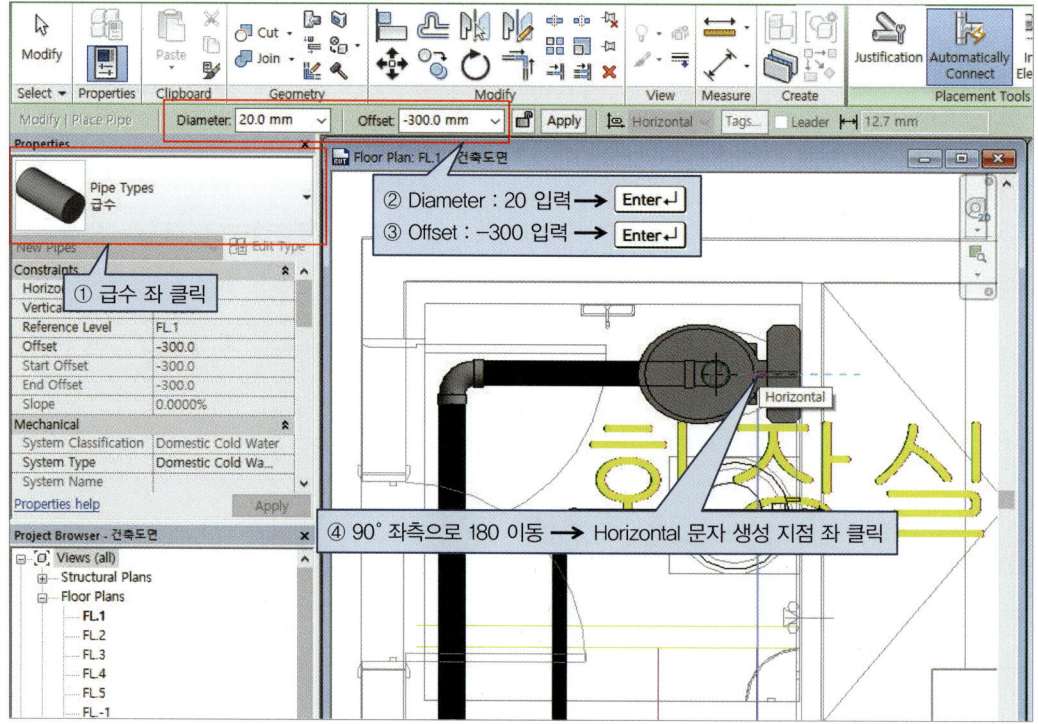

[그림 5-70]

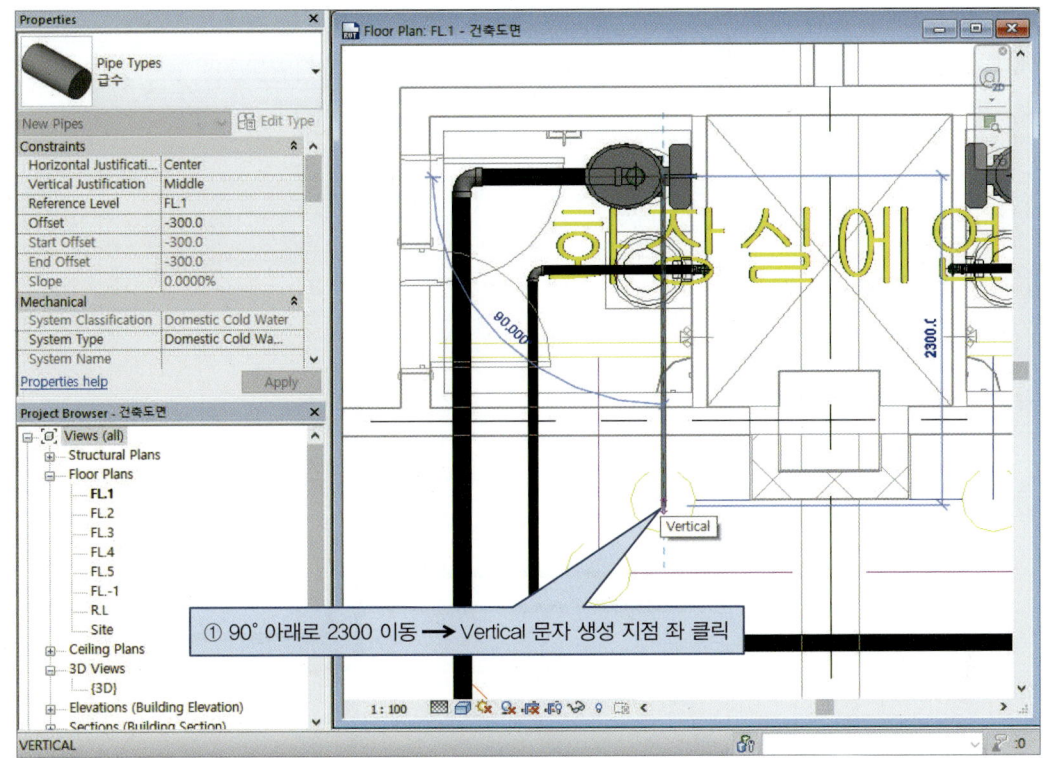

[그림 5-71]

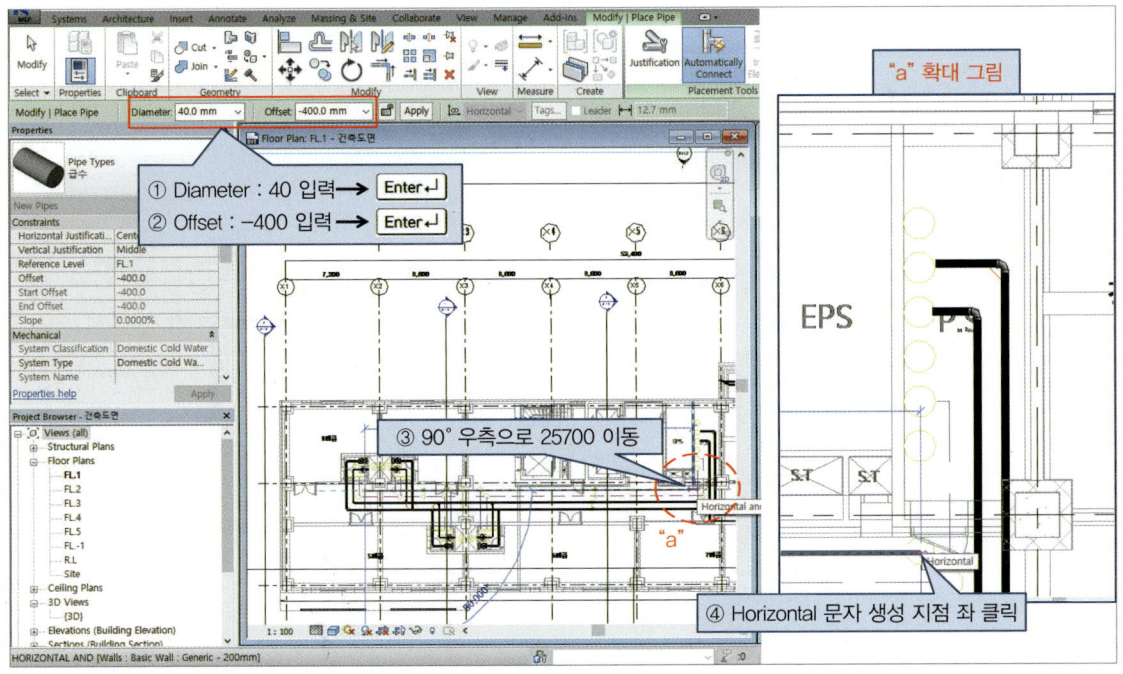

[그림 5-72]

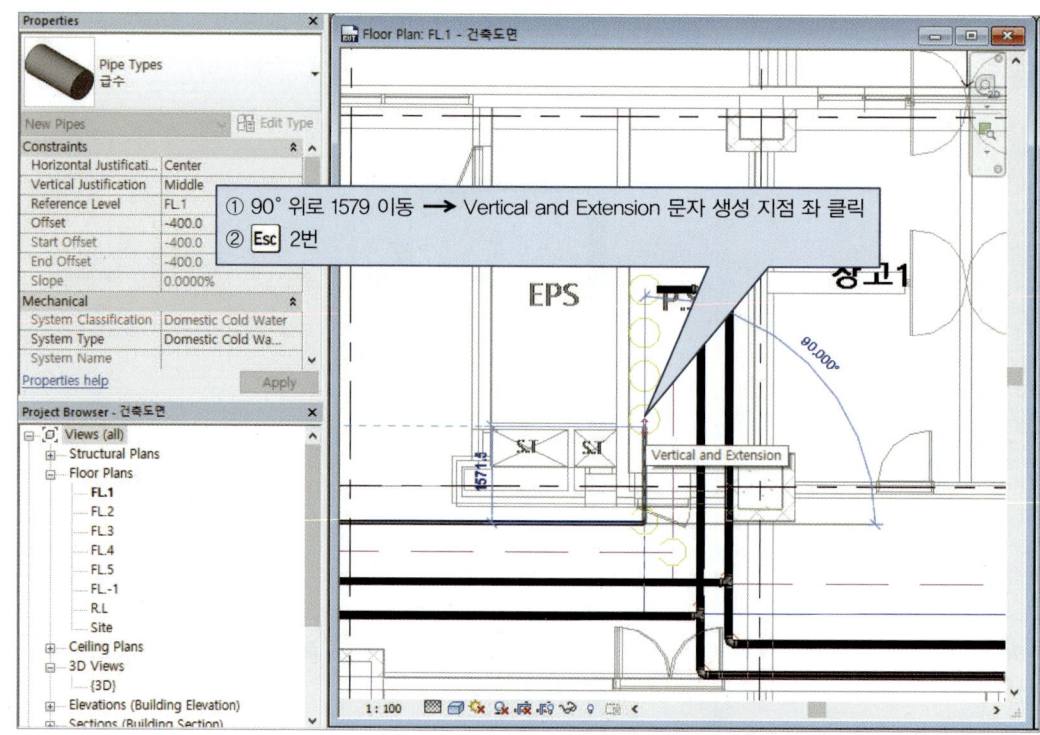

[그림 5-73]

그림 5-74~5-77과 같이 4번룸 양변기의 급수배관을 그리시오.

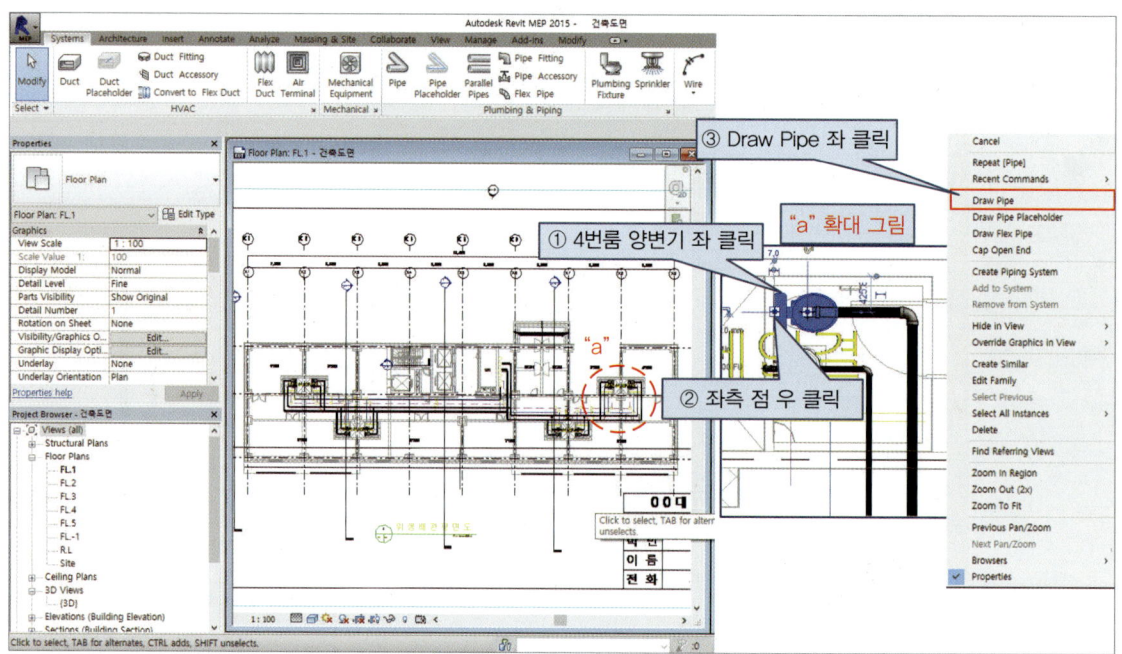

[그림 5-74]

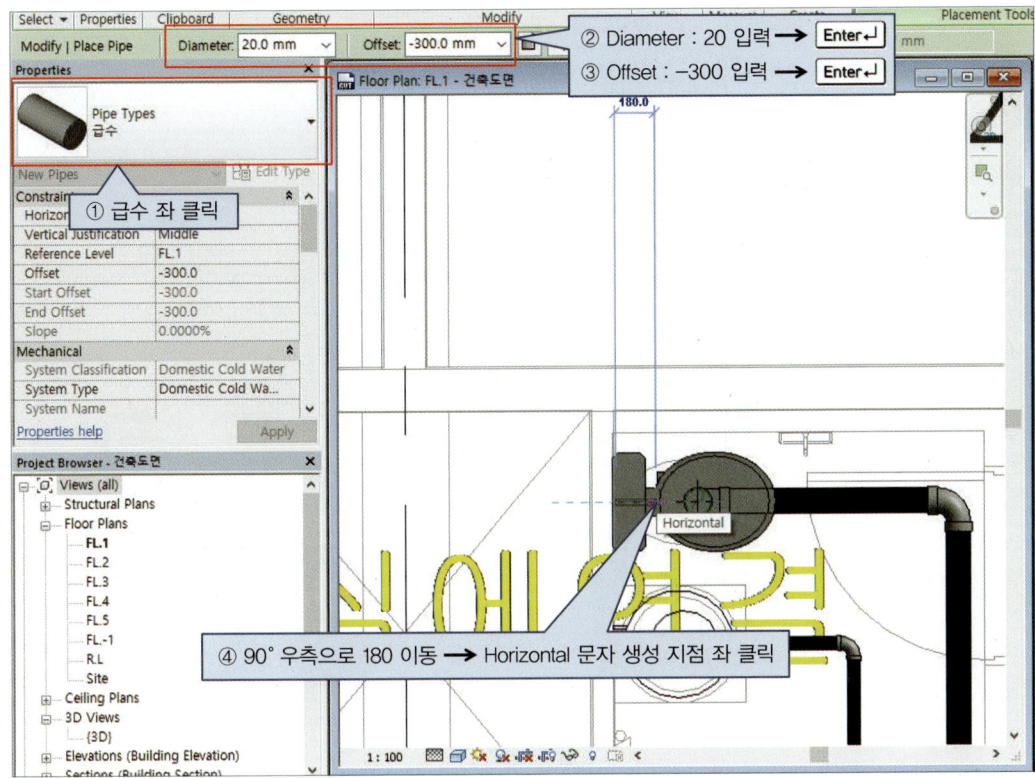

[그림 5-75]

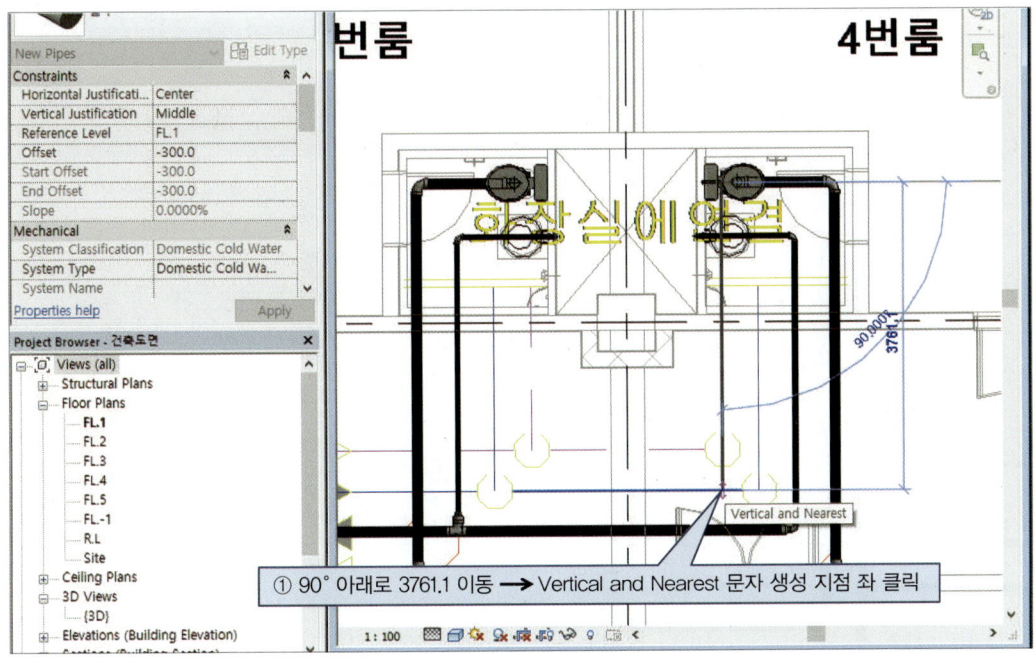

[그림 5-76]

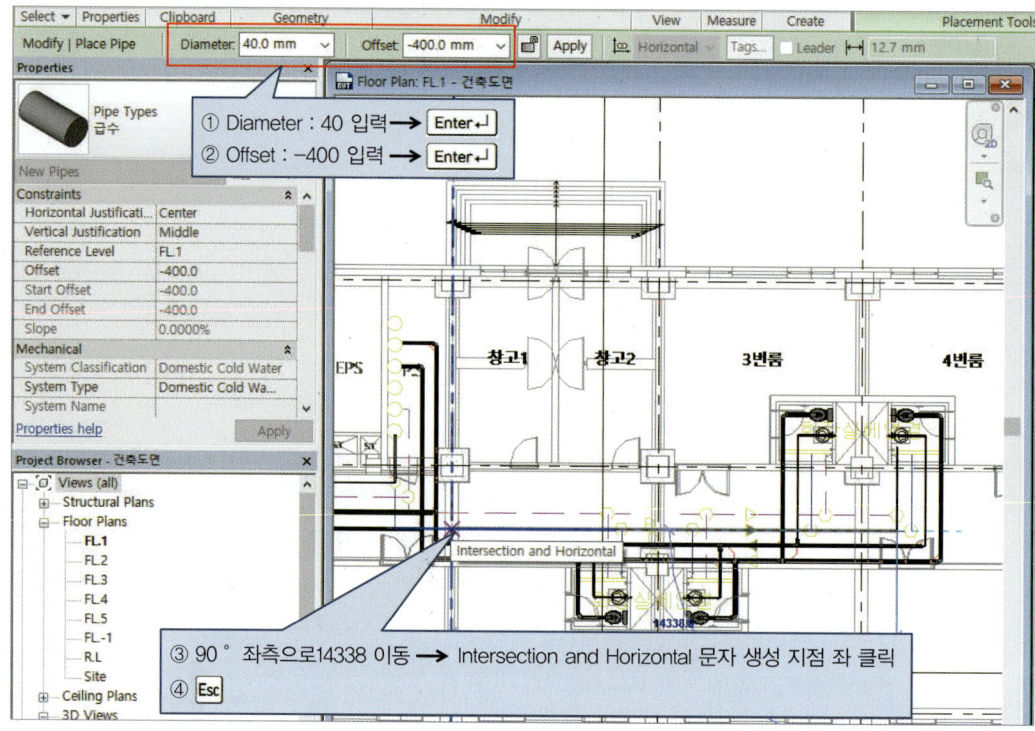

[그림 5-77]

그림 5-78과 같이 1번룸의 급수배관과 4번룸의 급수배관을 연결하시오.

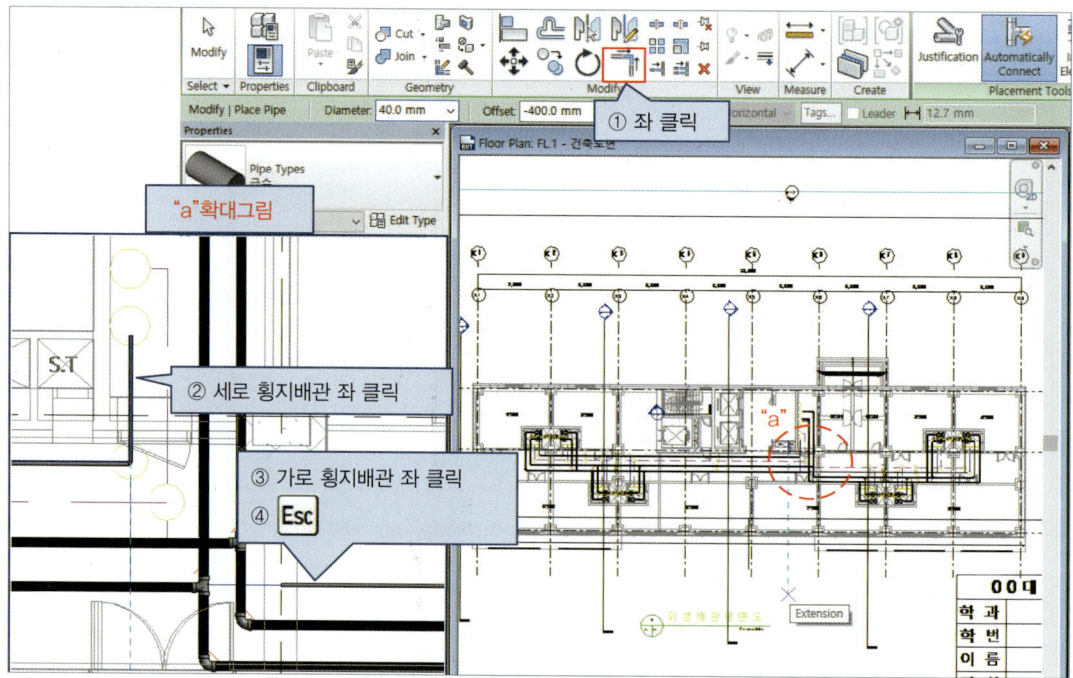

[그림 5-78]

그림 5-79~5-80과 같이 1번룸의 세면기 급수배관을 그리시오.

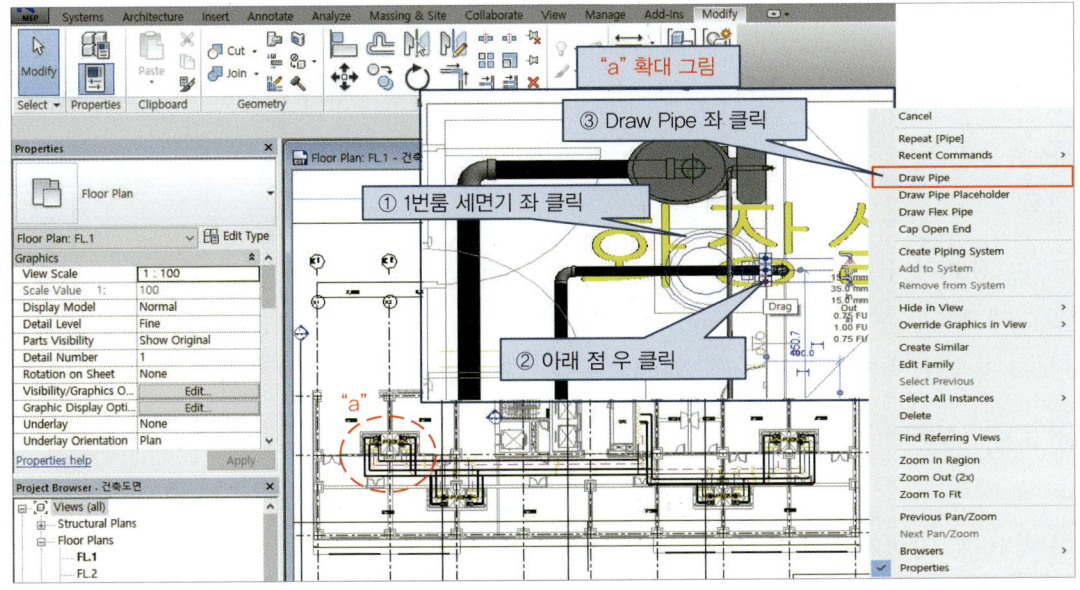

[그림 5-79]

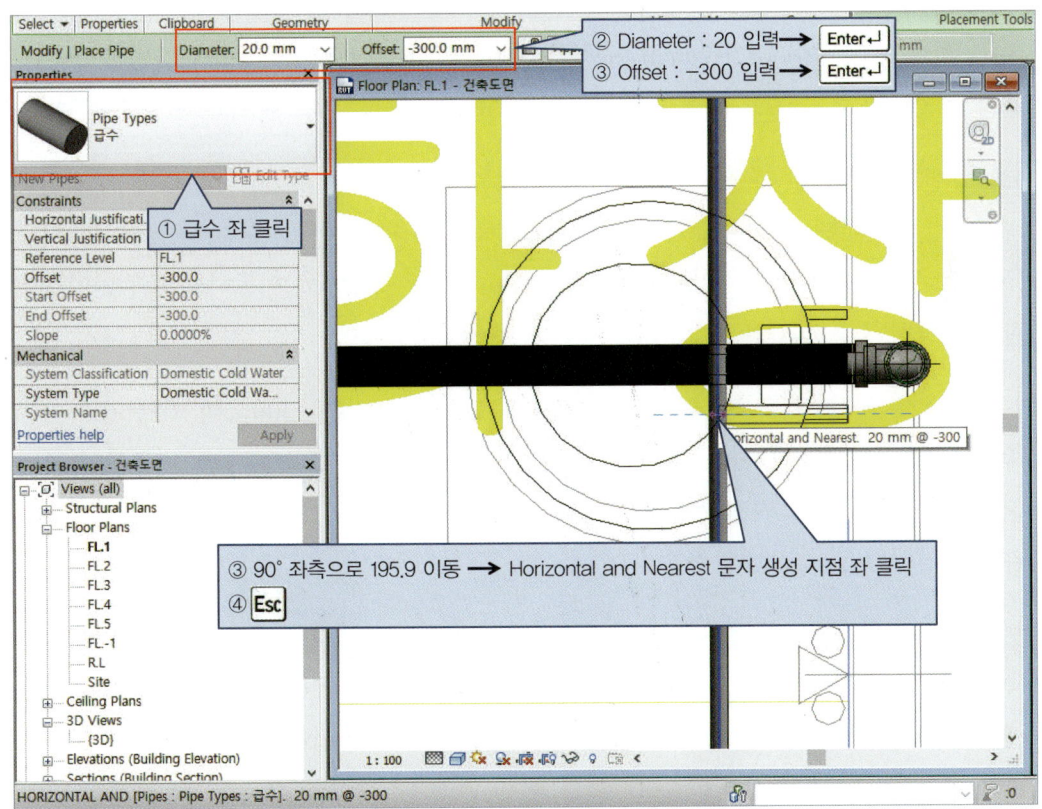

[그림 5-80]

Chapter 05 BIM 위생배관 설계하기

그림 5-69와 동일한 방법으로 그림 5-81과 같이 완성하시오.

2번룸 양변기 좌 클릭 → 점 우 클릭하여 직경 20mm, 옵셋 -300하여 우측 180 이동 → 90°아래 2300 이동하여 40mm 횡지관과 연결한다. → ESC 입력 → 2번룸 세면기 좌 클릭 → 상부점 우 클릭하여 직경 20mm, 옵셋 -300하여 우측 195.9 이동하여 2번룸 양변기 횡지관과 연결한다. → ESC 입력

3번룸 양변기 좌 클릭 → 점 우 클릭하여 직경 20mm, 옵셋 -300하여 좌측 180 이동 → 90°아래 3761.1 이동하여 40mm 횡지관과 연결한다. → ESC 입력 → 3번룸 세면기 좌 클릭 → 아래점 우 클릭하여 직경 20mm, 옵셋 -300하여 좌측 195.9 이동하여 3번룸 양변기 횡지관과 연결한다. → ESC 입력

4번룸 세면기 좌 클릭 → 상부점 우 클릭하여 직경 20mm, 옵셋 -300하여 우측 195.9 이동하여 4번룸 양변기 횡지관과 연결한다. → ESC 입력

5번룸 양변기 좌 클릭 → 점 우 클릭하여 직경 20mm, 옵셋 -300하여 좌측 180 이동 → 90°위 4322.4 이동하여 40mm 횡지관과 연결한다. → ESC 입력 → 5번룸 세면기 좌 클릭 → 아래점 우 클릭하여 직경 20mm, 옵셋 -300하여 좌측 195.9 이동하여 5번룸 양변기 횡지관과 연결한다. → ESC 입력

6번룸 양변기 좌 클릭 → 점 우 클릭하여 직경 20mm, 옵셋 -300하여 우측 180 이동 → 90°위 4322.4 이동하여 40mm 횡지관과 연결한다. → ESC 입력 → 6번룸 세면기 좌 클릭 → 상부점 우 클릭하여 직경 20mm, 옵셋 -300하여 우측 195.9 이동하여 6번룸 양변기 횡지관과 연결한다. → ESC 입력

7번룸 양변기 좌 클릭 → 점 우 클릭하여 직경 20mm, 옵셋 -300하여 좌측 180 이동 → 90°위 2861.2 이동하여 40mm 횡지관과 연결한다. → ESC 입력 → 7번룸 세면기 좌 클릭 → 아래점 우 클릭하여 직경 20mm, 옵셋 -300하여 좌측 195.9 이동하여 7번룸 양변기 횡지관과 연결한다. → ESC 입력

8번룸 양변기 좌 클릭 → 점 우 클릭하여 직경 20mm, 옵셋 -300하여 우측 180 이동 → 90°위 2861.2 이동하여 40mm 횡지관과 연결한다. → ESC 입력 → 8번룸 세면기 좌 클릭 → 상부점 우 클릭하여 직경 20mm, 옵셋 -300하여 우측 195.9 이동하여 8번룸 양변기 횡지관과 연결한다. → ESC 입력

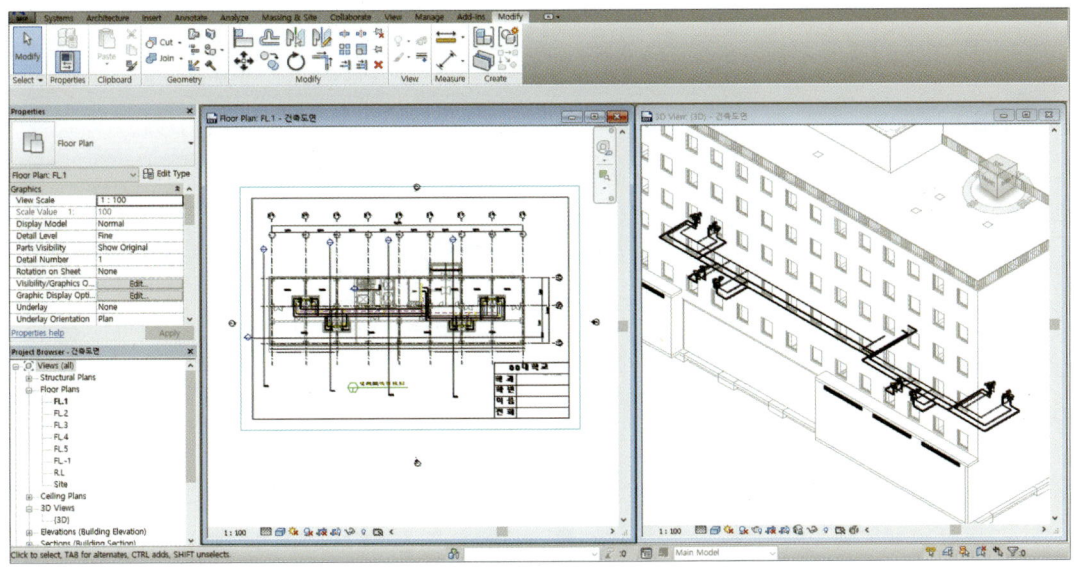

[그림 5-81]

그림 5-82~5-87과 같이 1번룸 세면기의 급탕관을 그리시오.

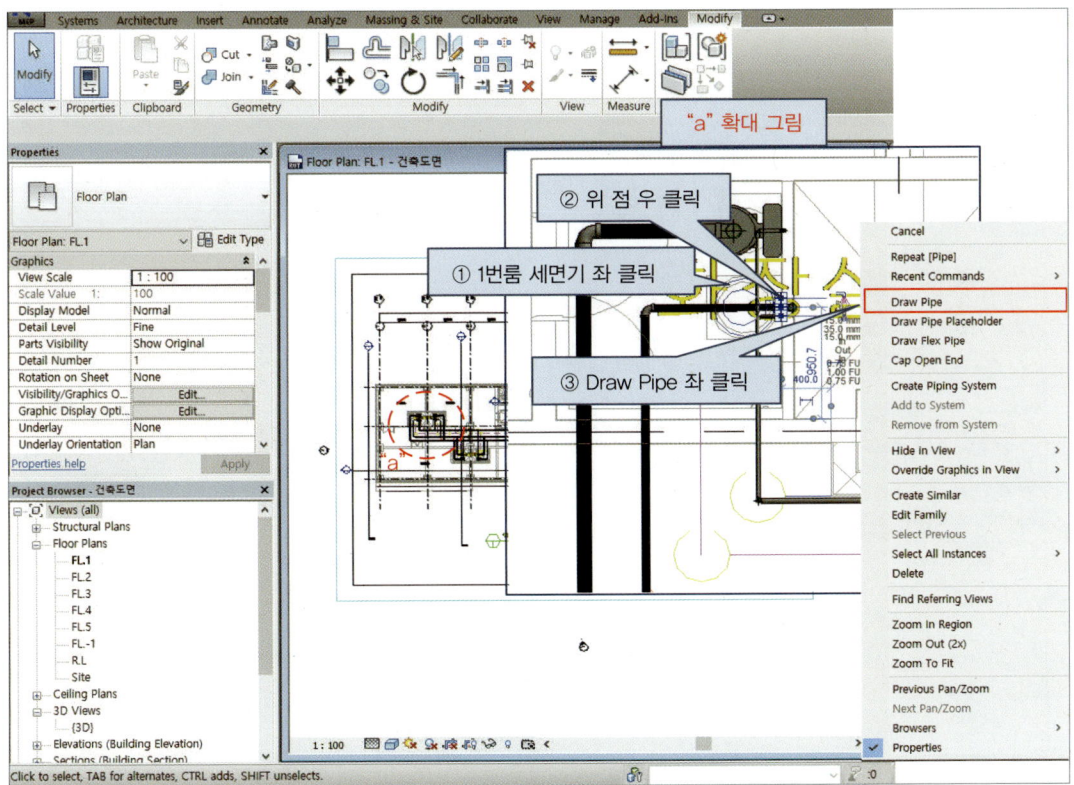

[그림 5-82]

Chapter 05 BIM 위생배관 설계하기　171

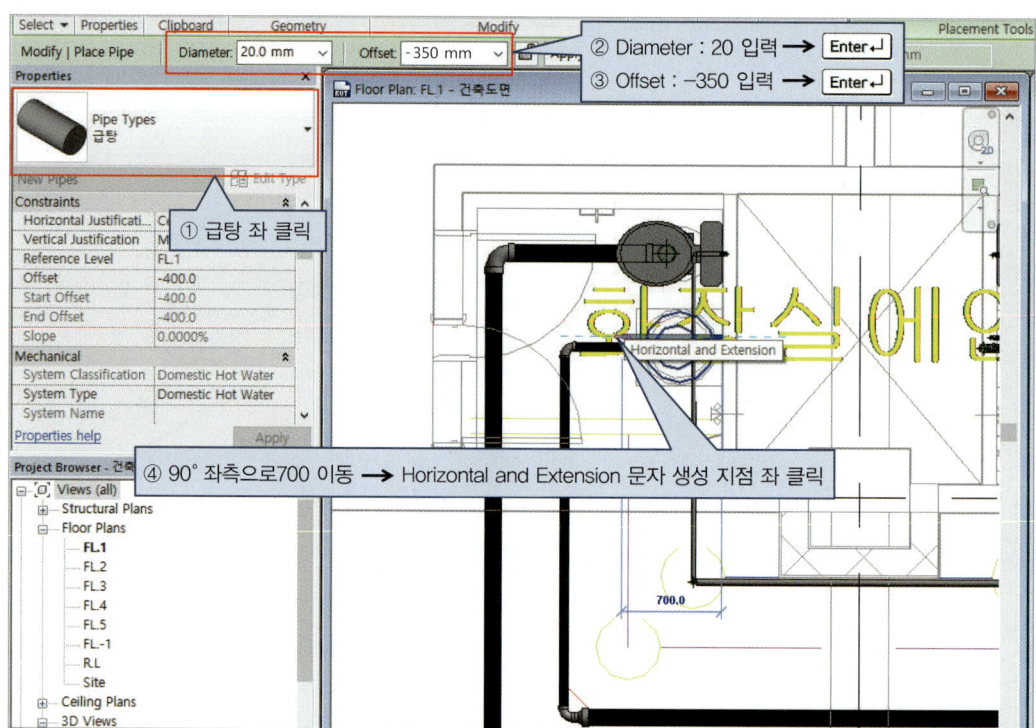

[그림 5-83]

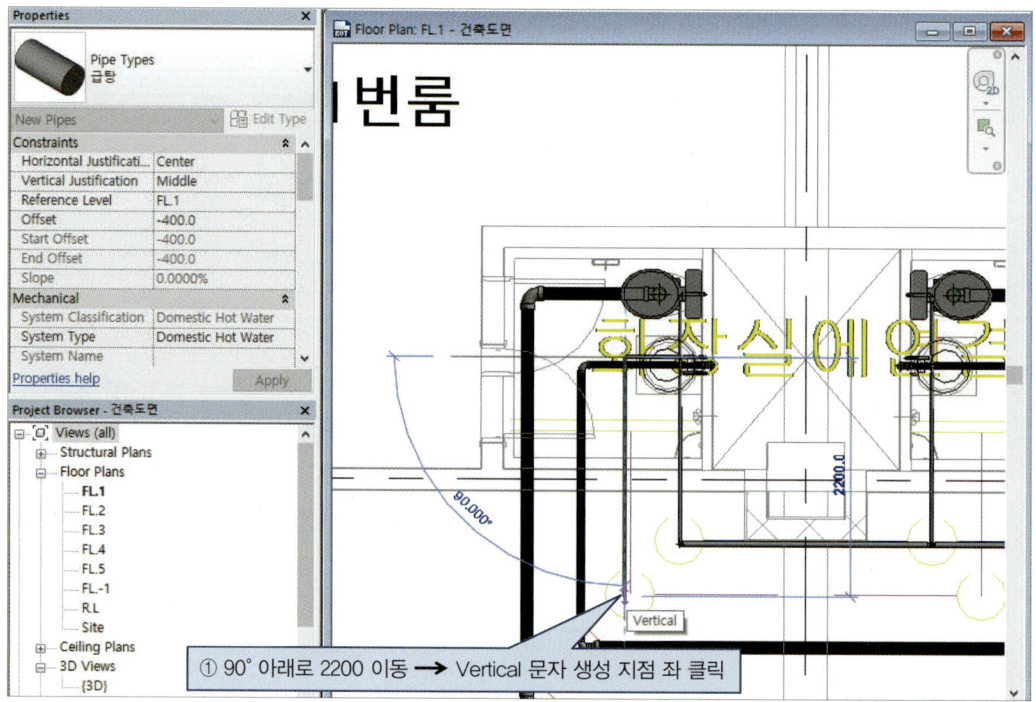

[그림 5-84]

Endpoint 선택이 안 될 경우 [Tab] Tab 키를 누른 다음 마우스를 가져가면 Endpoint 문자가 생성된다.

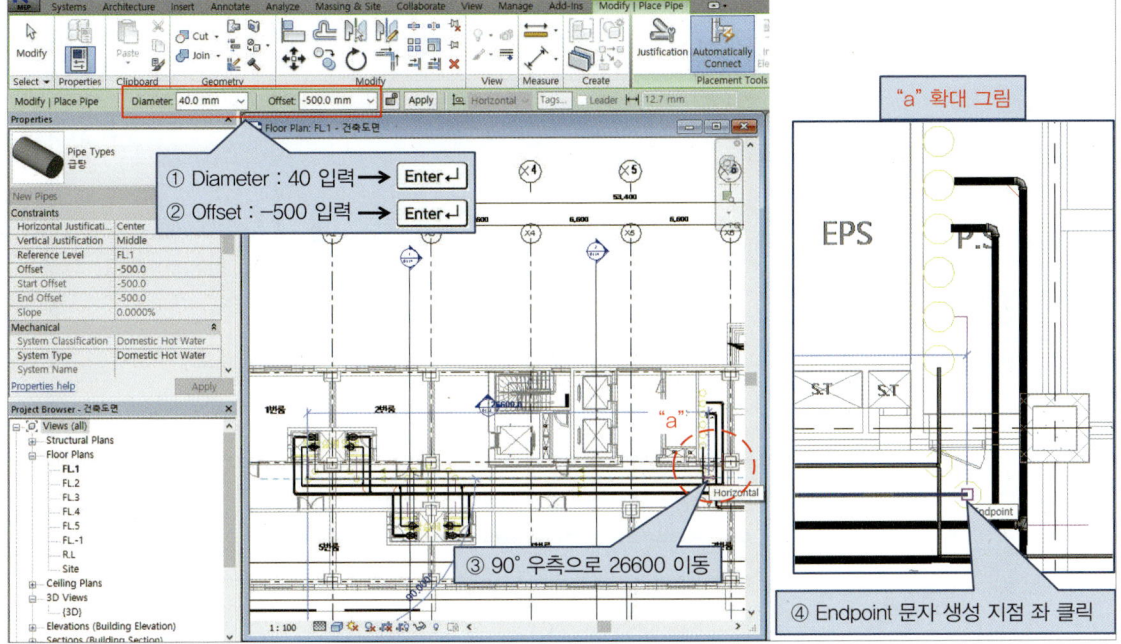

[그림 5-85]

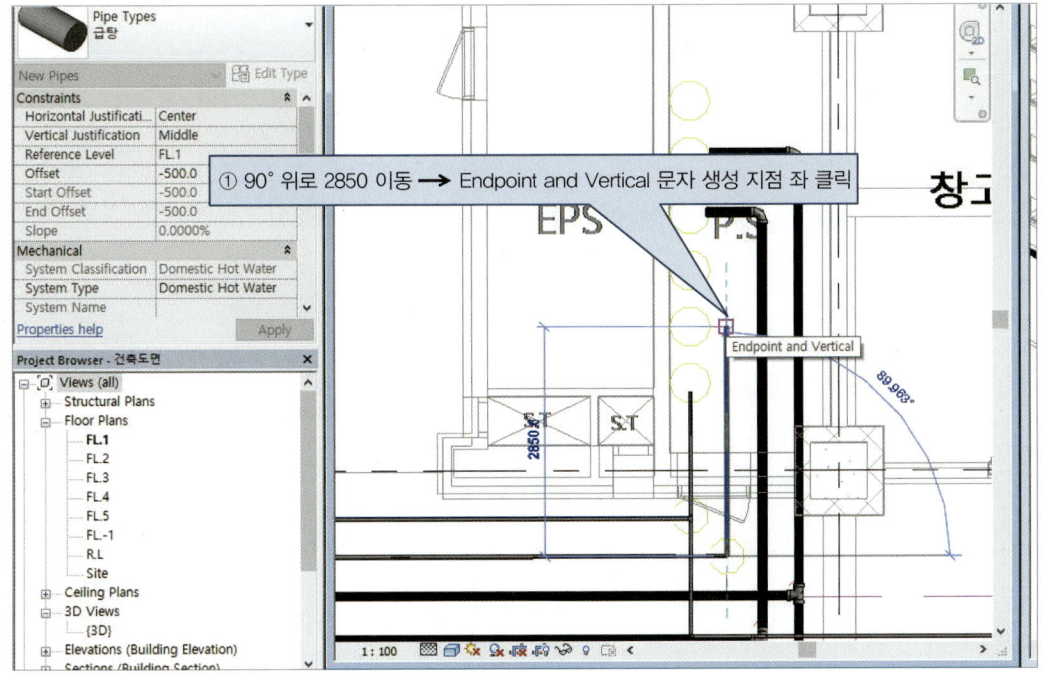

[그림 5-86]

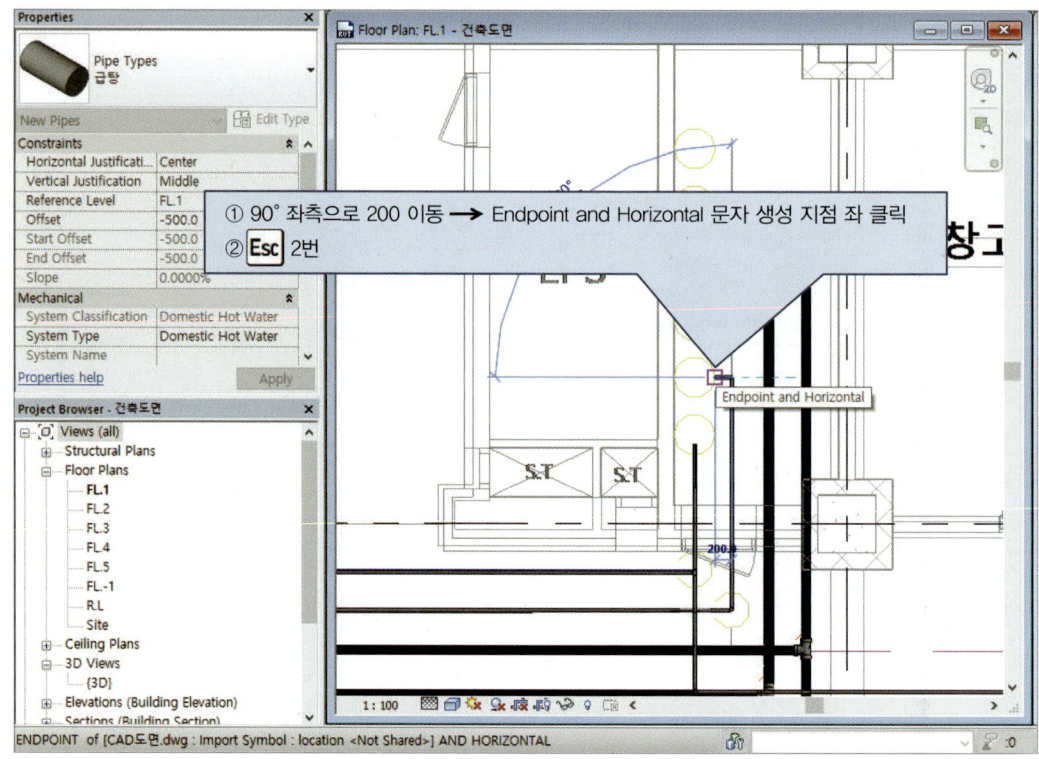

[그림 5-87]

그림 5-82~5-87과 같은 방법으로 그림 5-88~5-91과 같이 4번룸 세면기의 급탕관을 그리시오.

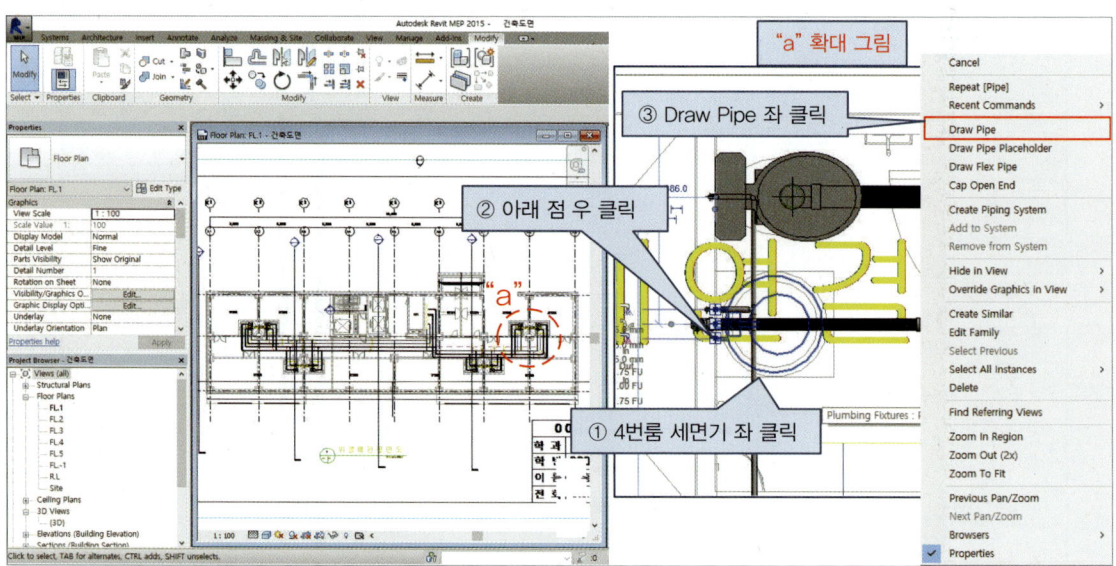

[그림 5-88]

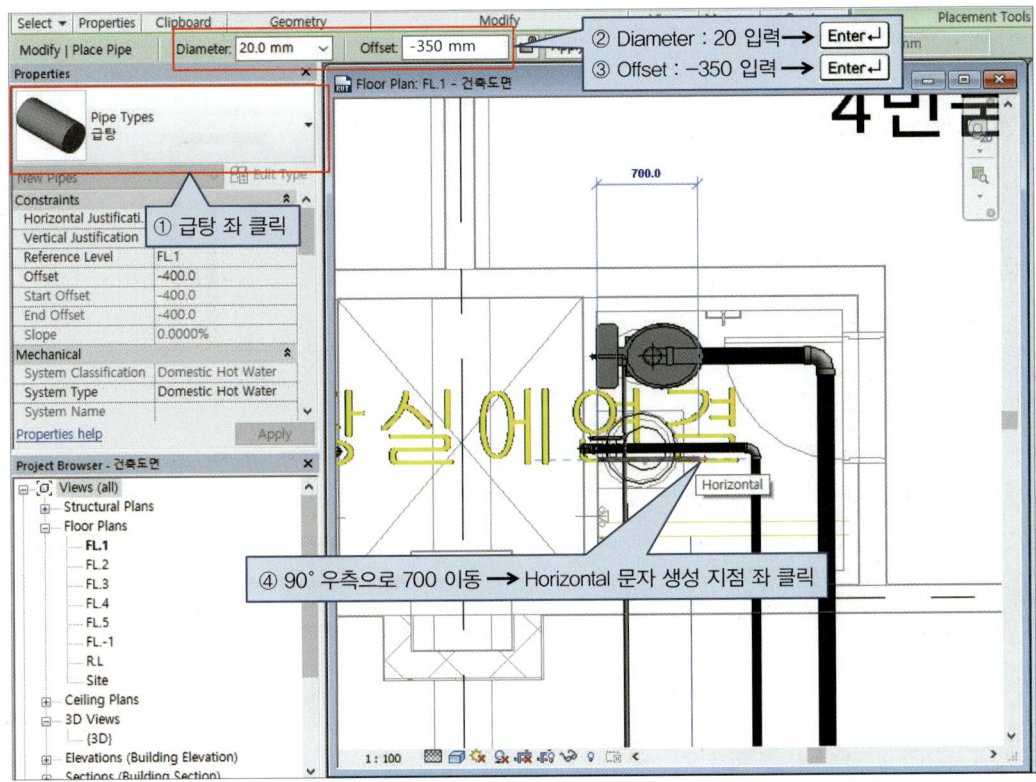

[그림 5-89]

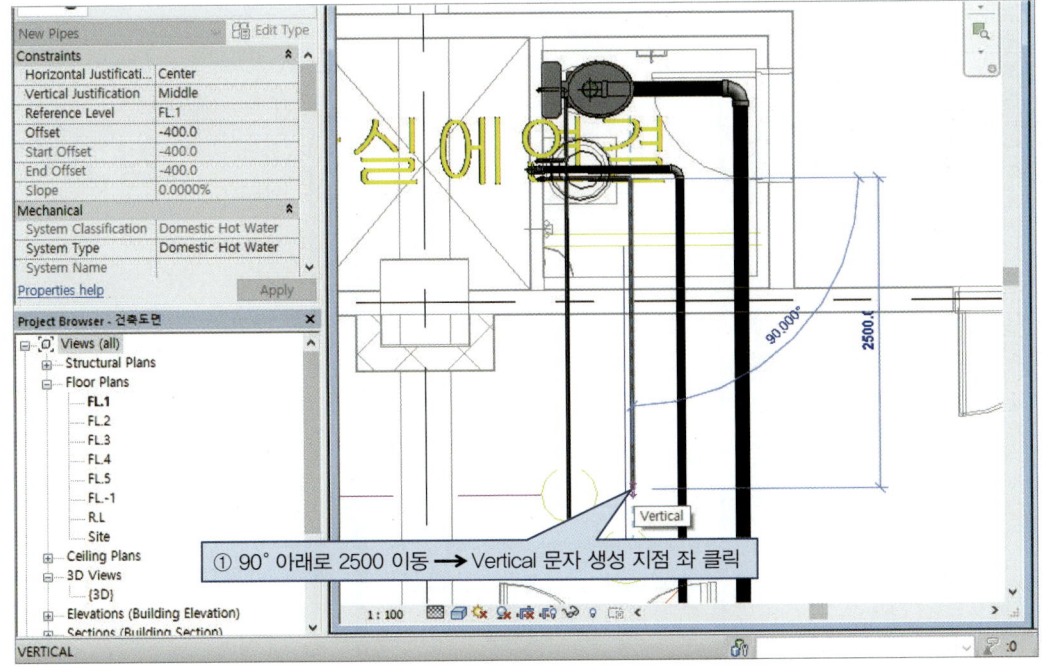

[그림 5-90]

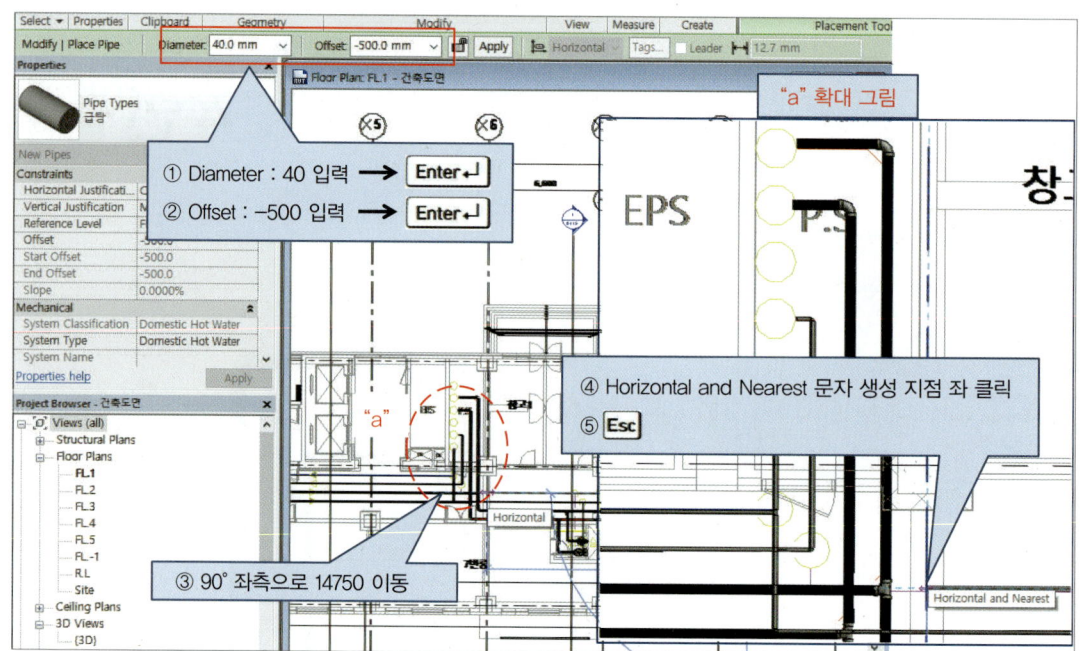

[그림 5-91]

그림 5-92와 같이 1번룸 세면기 급탕관과 4번룸 세면기의 급탕관을 연결하시오.

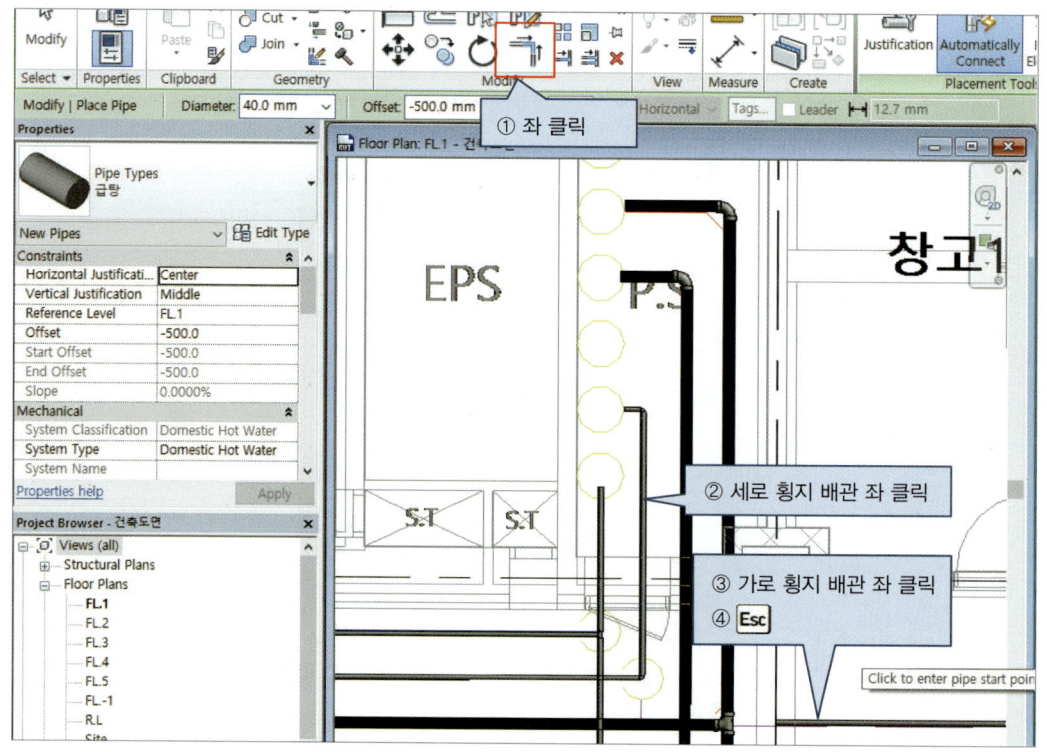

[그림 5-92]

그림 5-82~5-83과 동일한 방법으로 그림 5-93과 같이 완성하시오.

2번룸 세면기 좌 클릭 → 아래점 우 클릭하여 직경 20mm, 옵셋 －350하여 우측 700 이동 → 90° 아래 2048 이동하여 횡지관과 연결한다. → ESC 입력

3번룸 세면기 좌 클릭 → 상부점 우 클릭하여 직경 20mm, 옵셋 －350하여 좌측 700 이동 → 90° 아래 2643 이동하여 횡지관과 연결한다. → ESC 입력

5번룸 세면기 좌 클릭 → 상부점 우 클릭하여 직경 20mm, 옵셋 －350하여 좌측 700 이동 → 90° 위 3119.8 이동하여 횡지관과 연결한다. → ESC 입력

6번룸 세면기 좌 클릭 → 아래점 우 클릭하여 직경 20mm, 옵셋 －350하여 우측 700 이동 → 90° 위 3271.8 이동하여 횡지관과 연결한다. → ESC 입력

7번룸 세면기 좌 클릭 → 상부점 우 클릭하여 직경 20mm, 옵셋 －350하여 좌측 700 이동 → 90° 위 2672 이동하여 횡지관과 연결한다. → ESC 입력

8번룸 세면기 좌 클릭 → 아래점 우 클릭하여 직경 20mm, 옵셋 －350하여 우측 700 이동 → 90° 위 2822 이동하여 횡지관과 연결한다. → ESC 입력

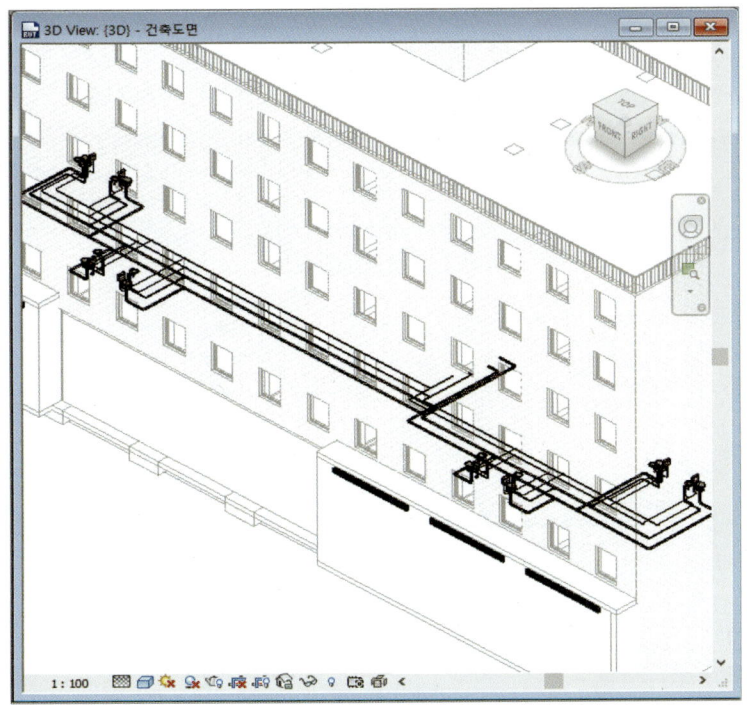

[그림 5-93]

완성된 1층 위생배관을 각 층마다 복사하기 위해 Elevations 창을 활성화시켜준다.

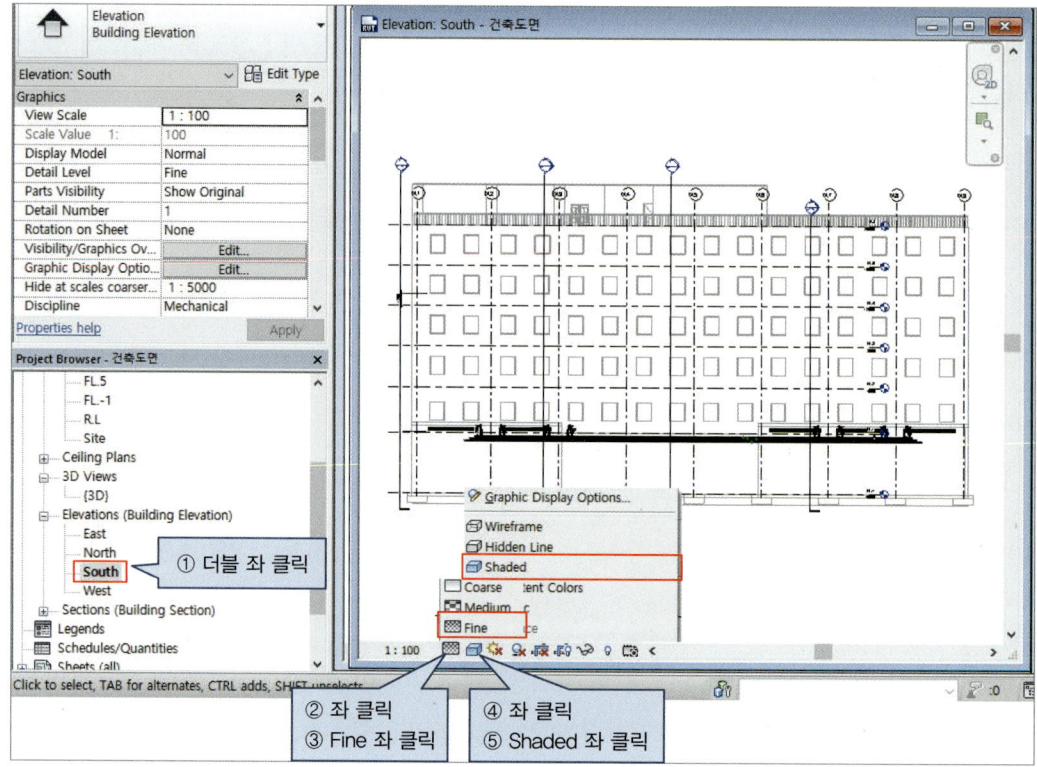

[그림 5-94]

그림 5-95~5-97과 같이 1층의 위생배관을 각 층에 멀티 복사하시오.

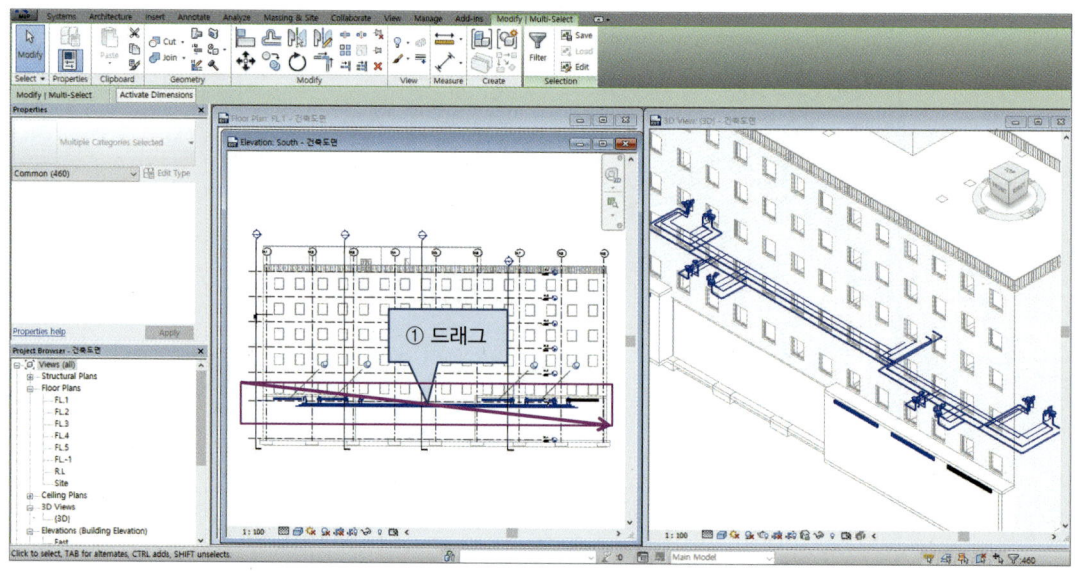

[그림 5-95]

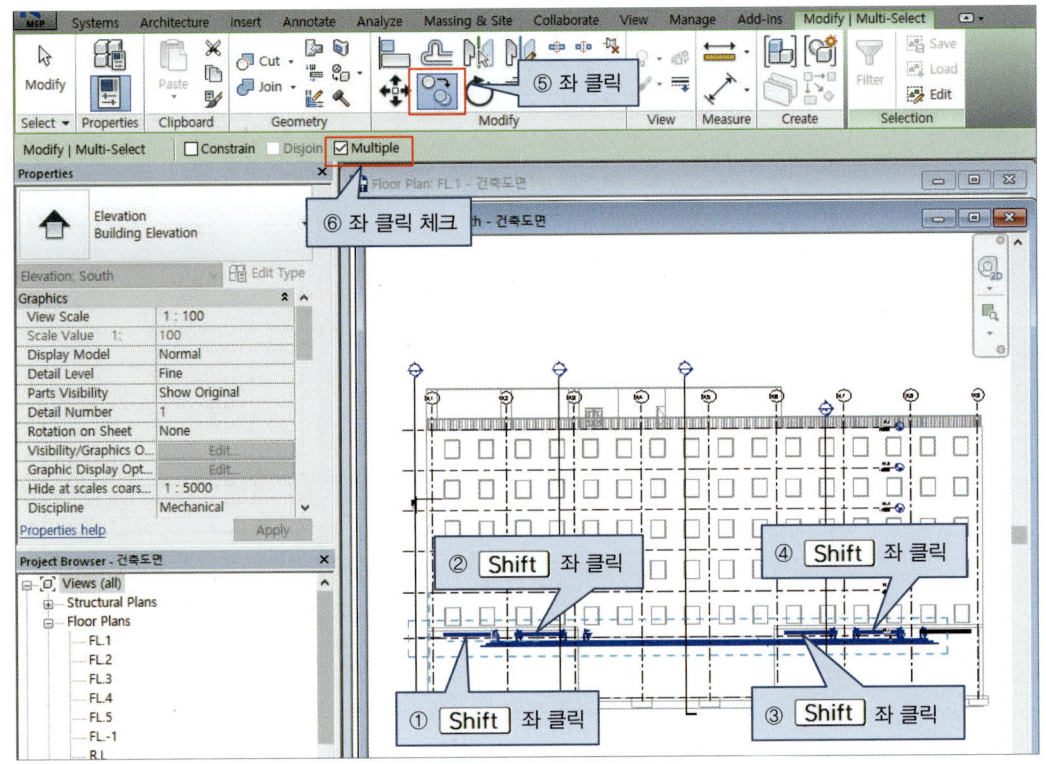

[그림 5-96]

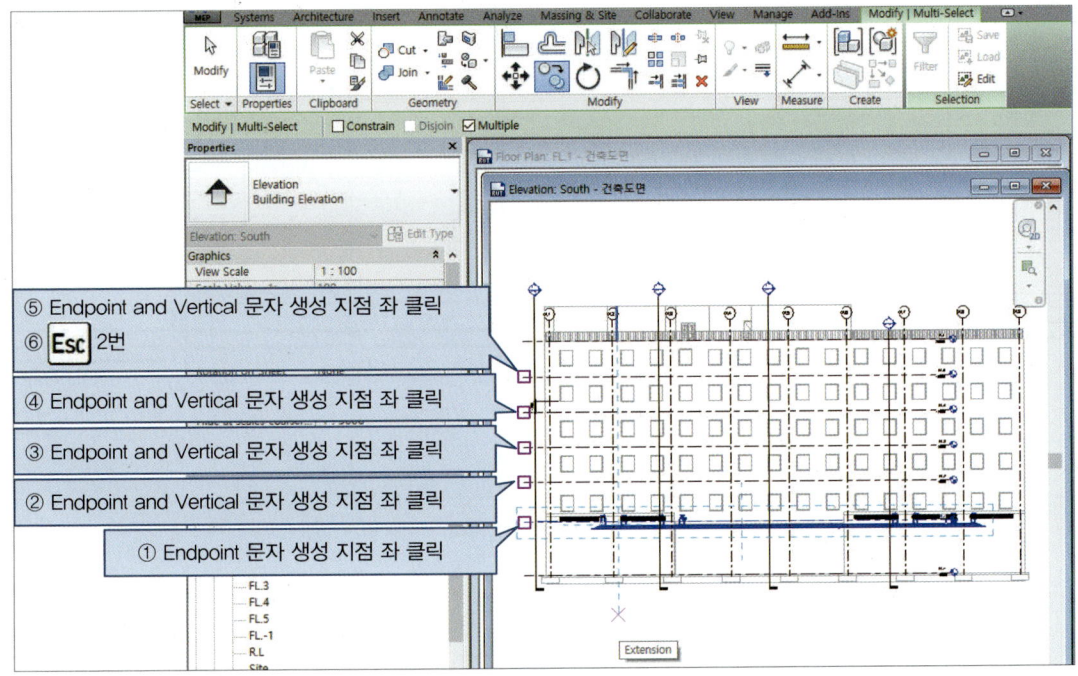

[그림 5-97]

그림 5-98~5-104와 같이 위생 입상배관을 그리시오.

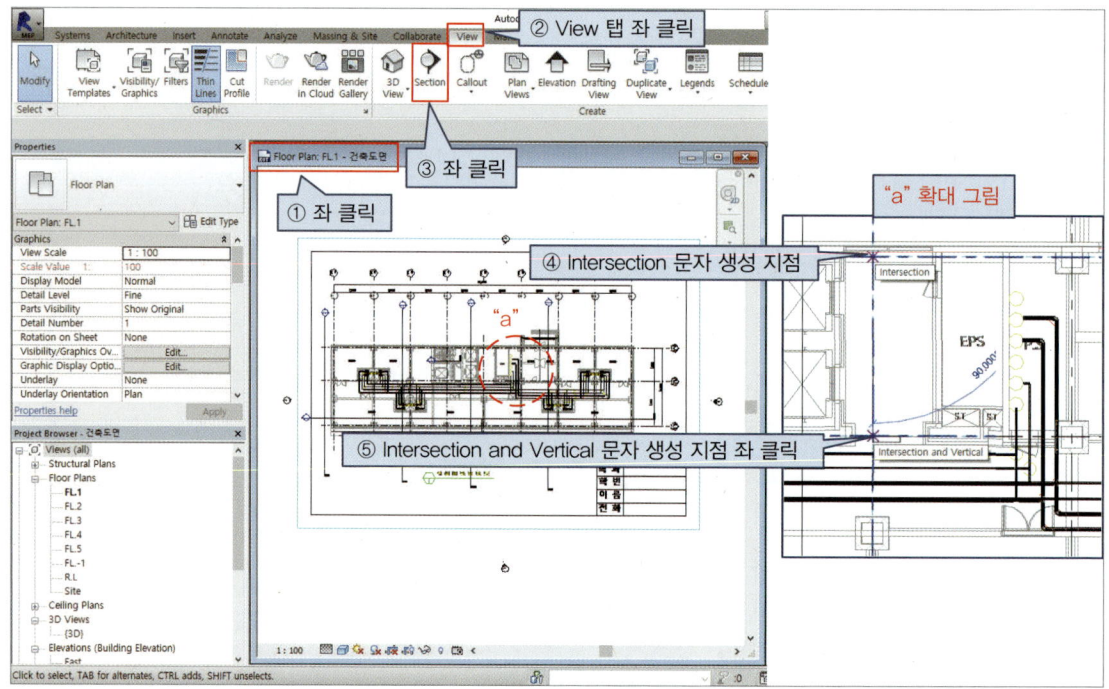

[그림 5-98]

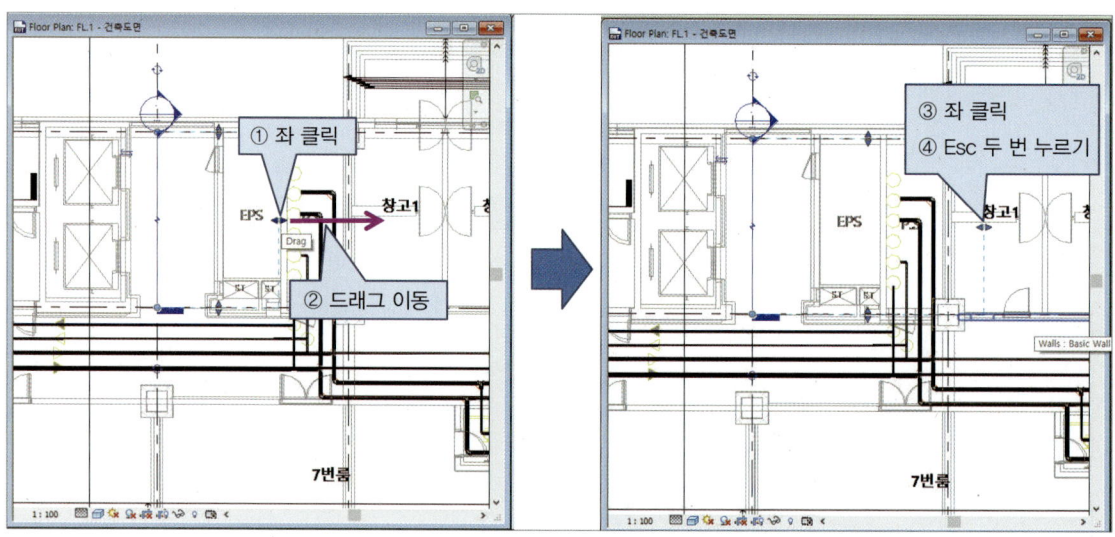

[그림 5-99]

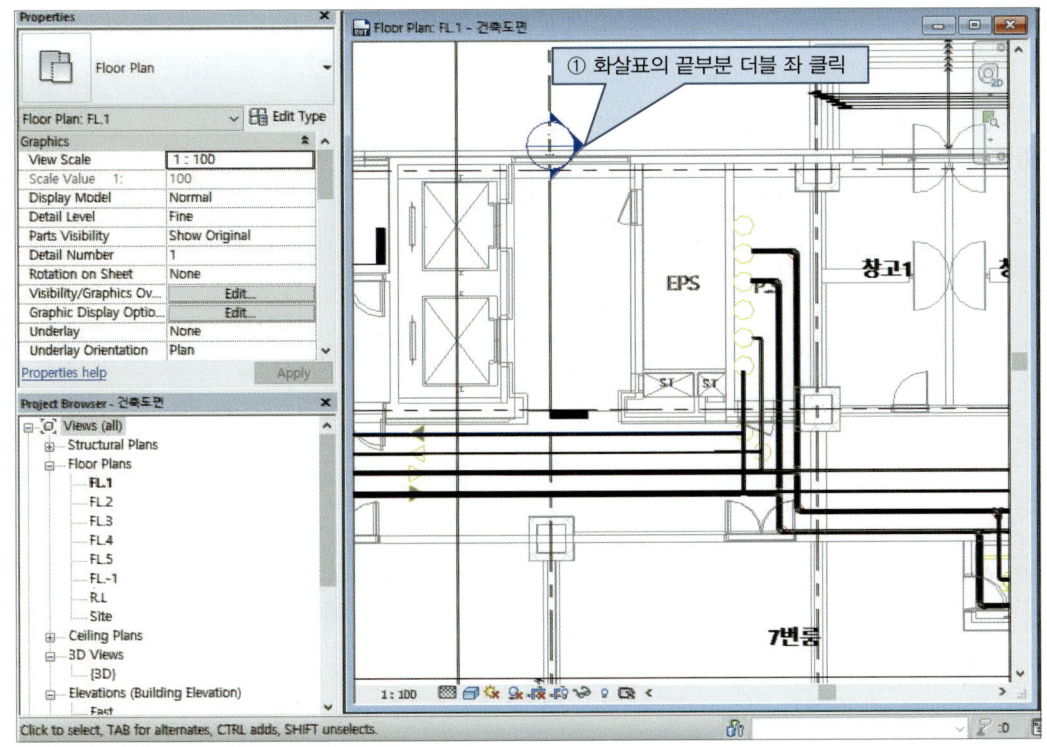

[그림 5-100]

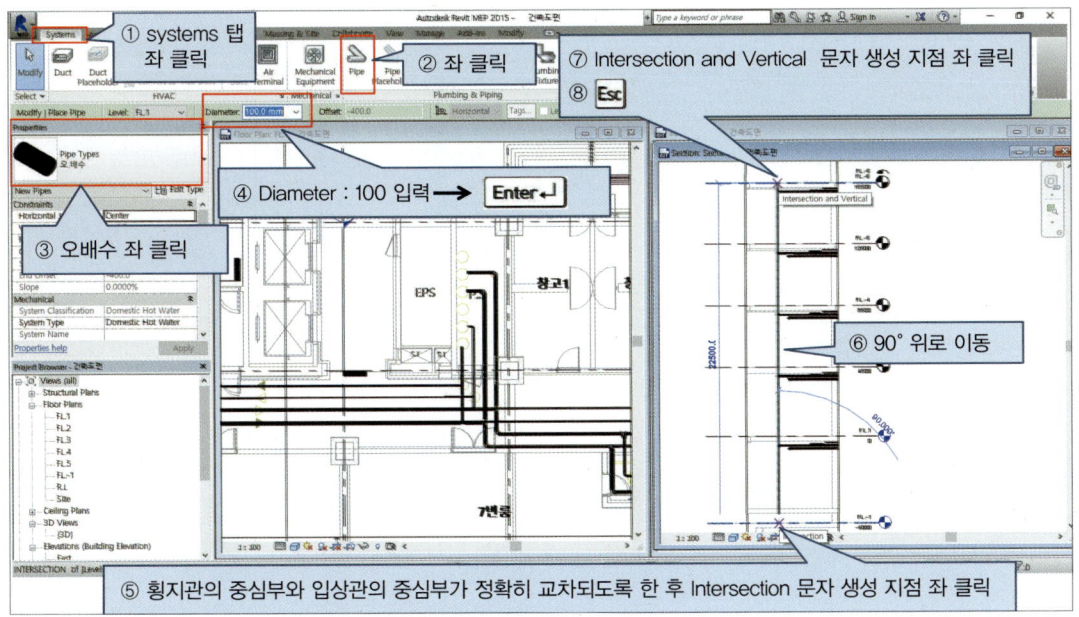

[그림 5-101]

Chapter 05 BIM 위생배관 설계하기 181

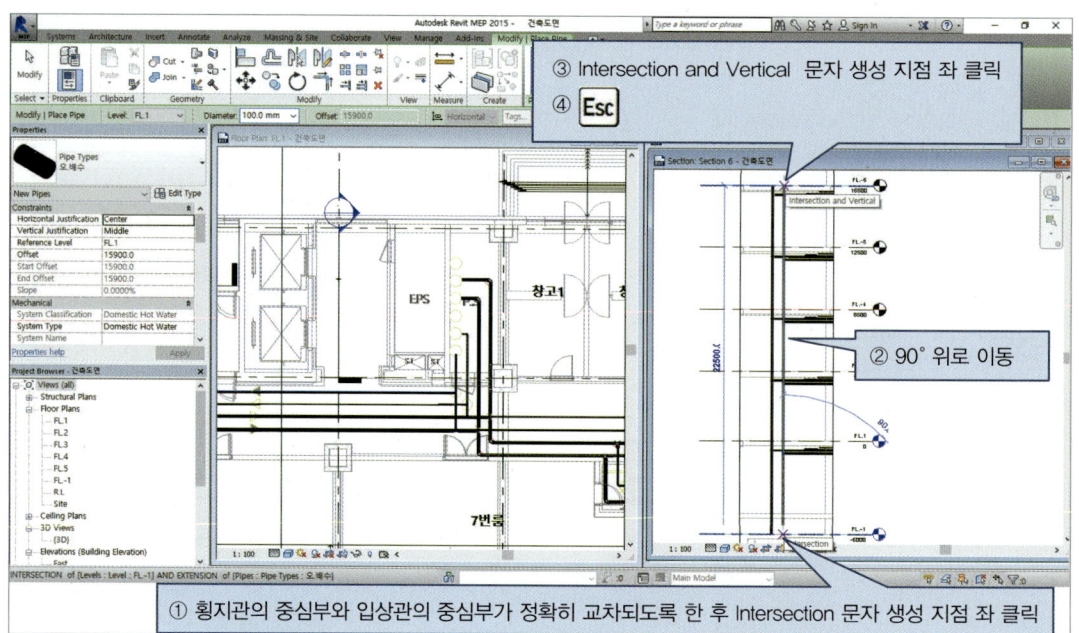

[그림 5-102]

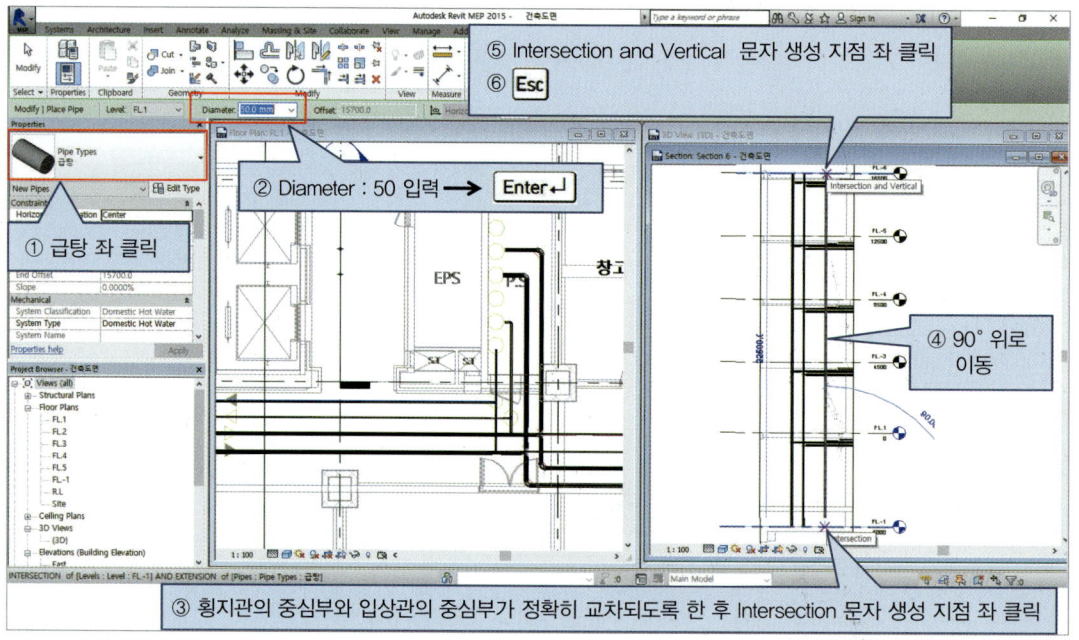

[그림 5-103]

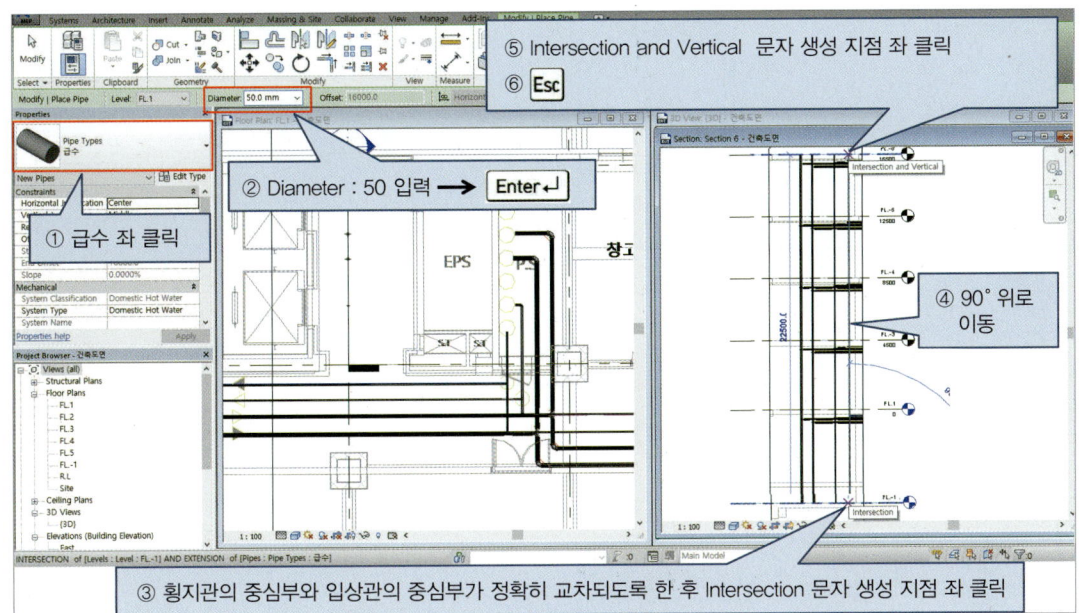

[그림 5-104]

그려진 위생 입상배관을 CAD도면에서 정했던 입상배관 위치로 그림 5-105~5-107과 같이 이동시키시오.

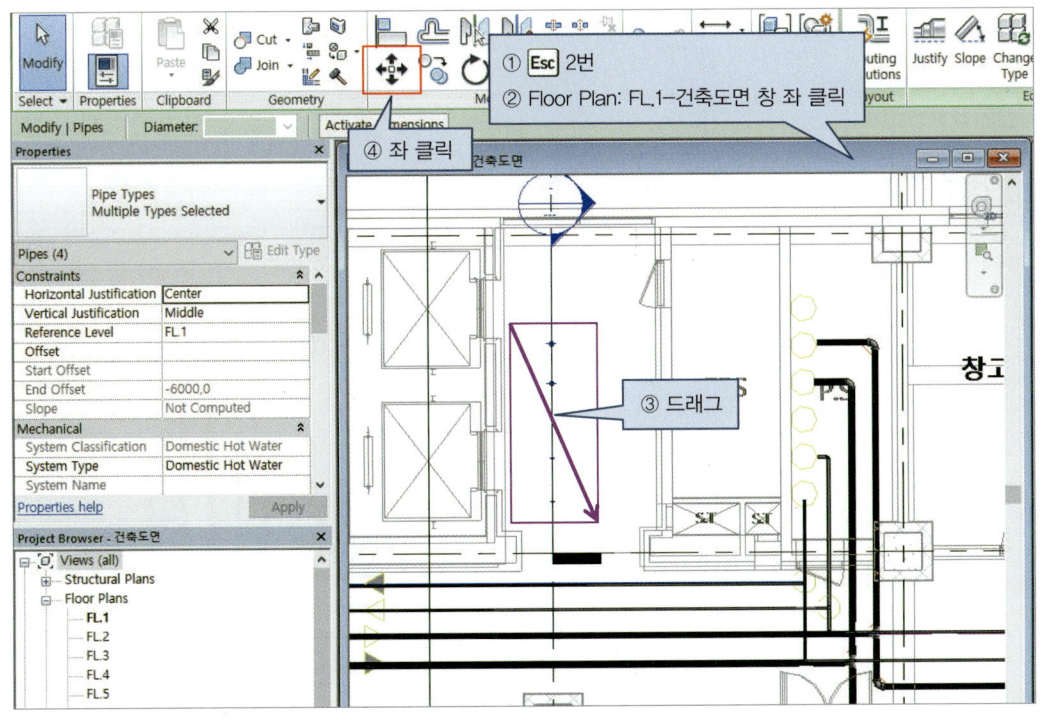

[그림 5-105]

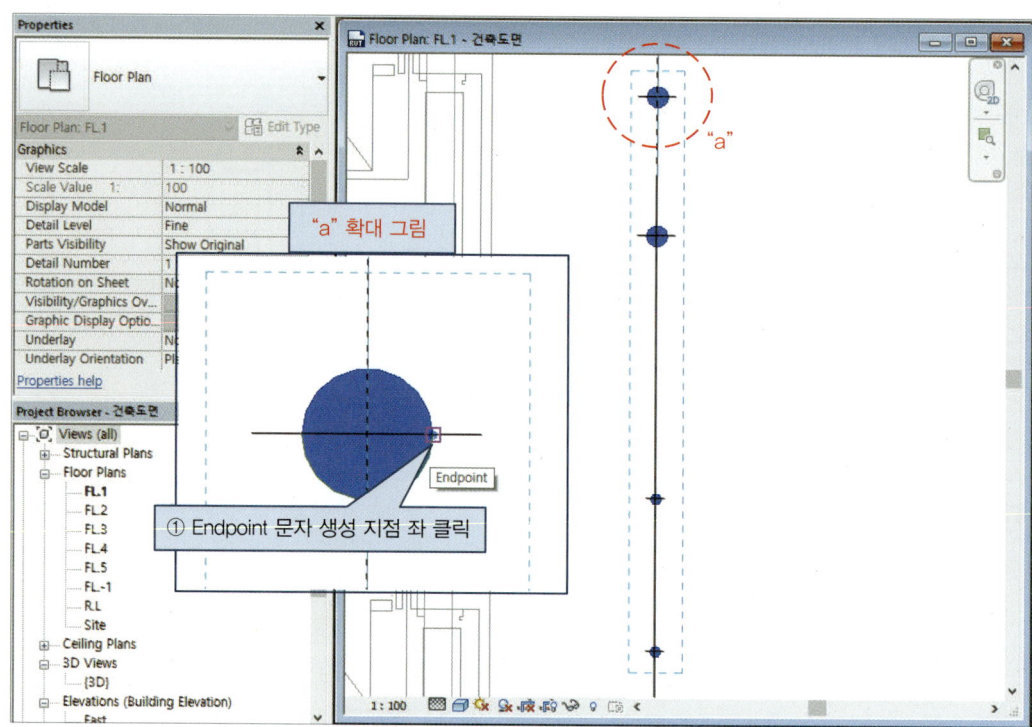

[그림 5-106]

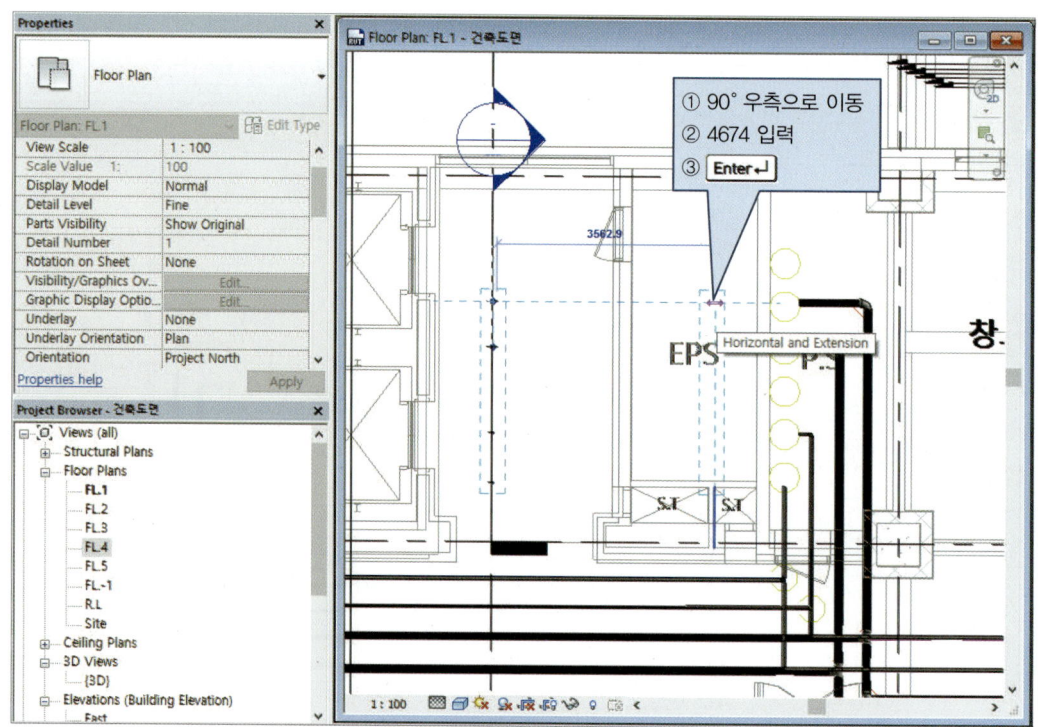

[그림 5-107]

그림 5-108~5-110과 같이 위생 입상 배관과 횡지 배관을 연결하시오.
(3D에서 연결이 안 되면 그림 5-100의 화살표를 더블 좌 클릭한 후 입상관과 횡지관을 연결하시오.)

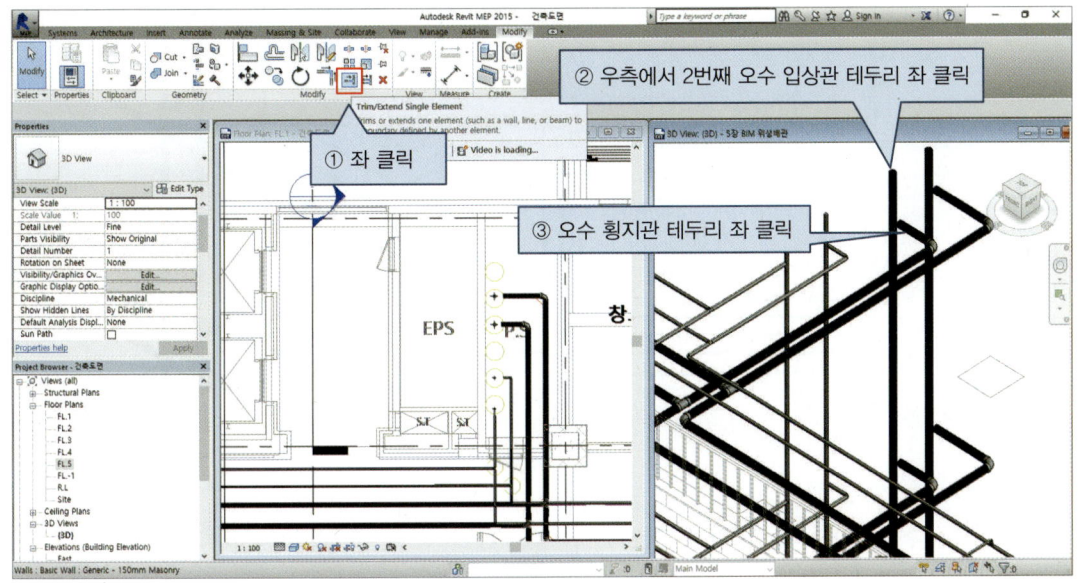

[그림 5-108]

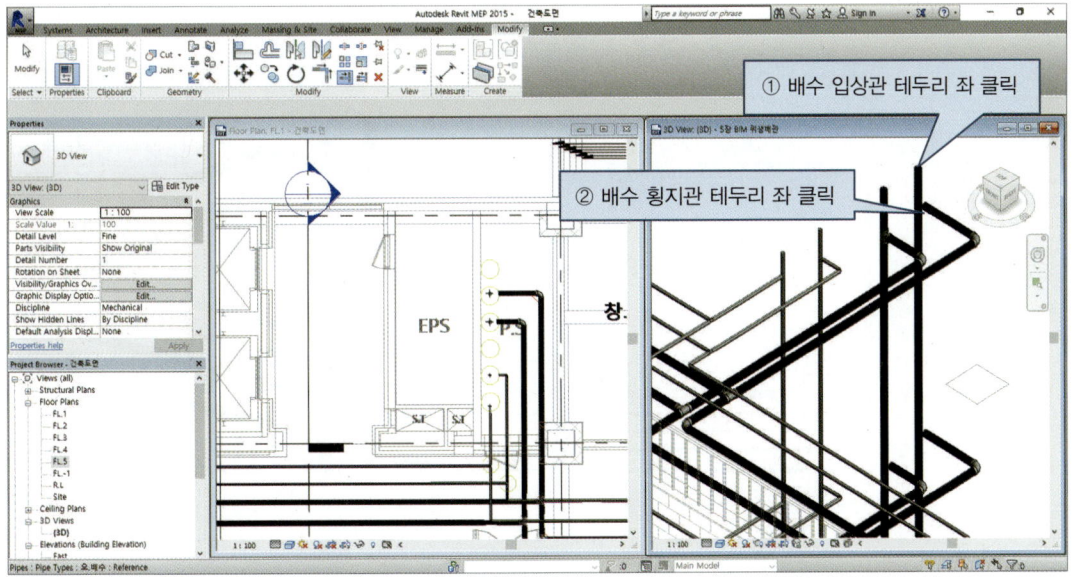

[그림 5-109]

Chapter 05 BIM 위생배관 설계하기

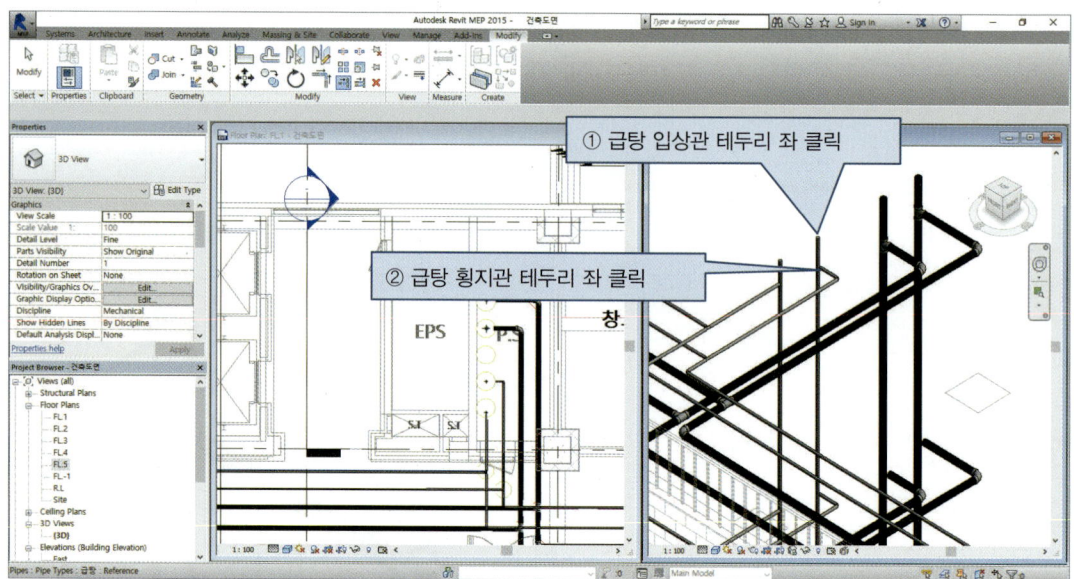

[그림 5-110]

그림 5-108~5-110과 같은 방법으로 그림 5-111과 같이 각층의 위생 횡지관과 입상관을 연결하시오.

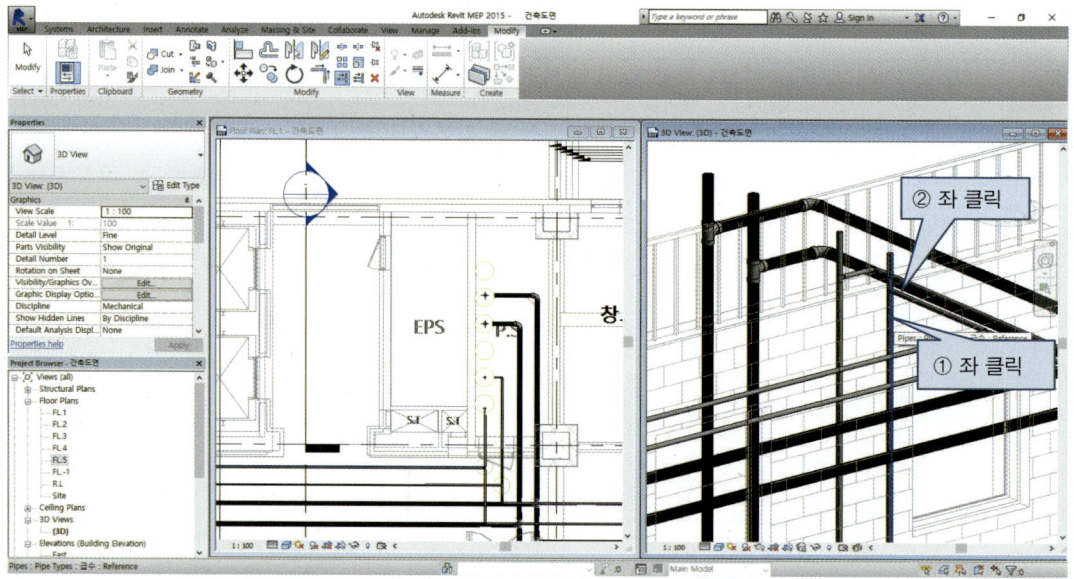

[그림 5-111]

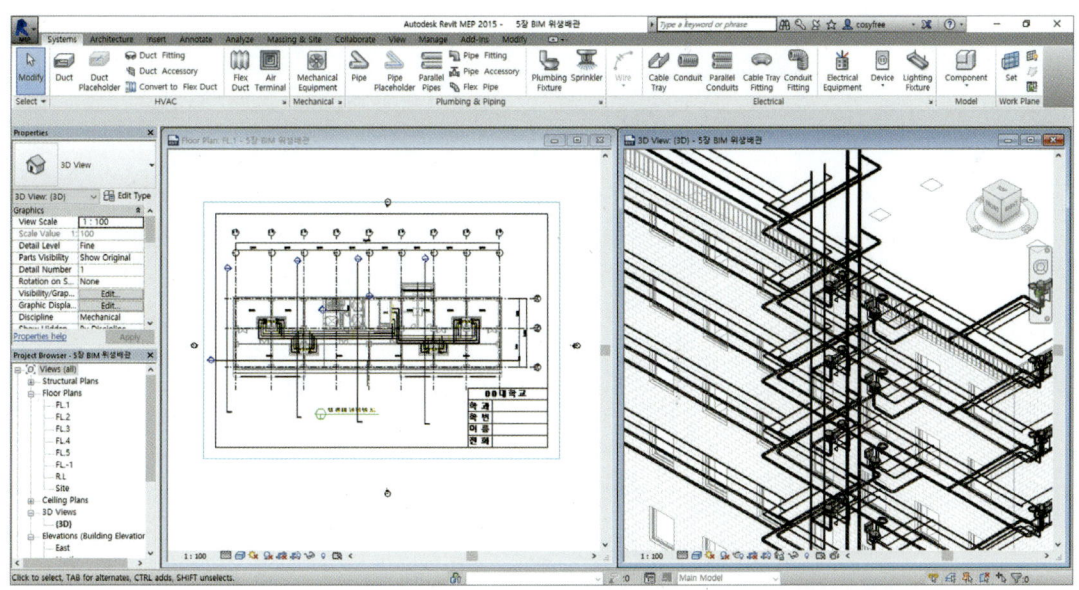

[그림 5-112]

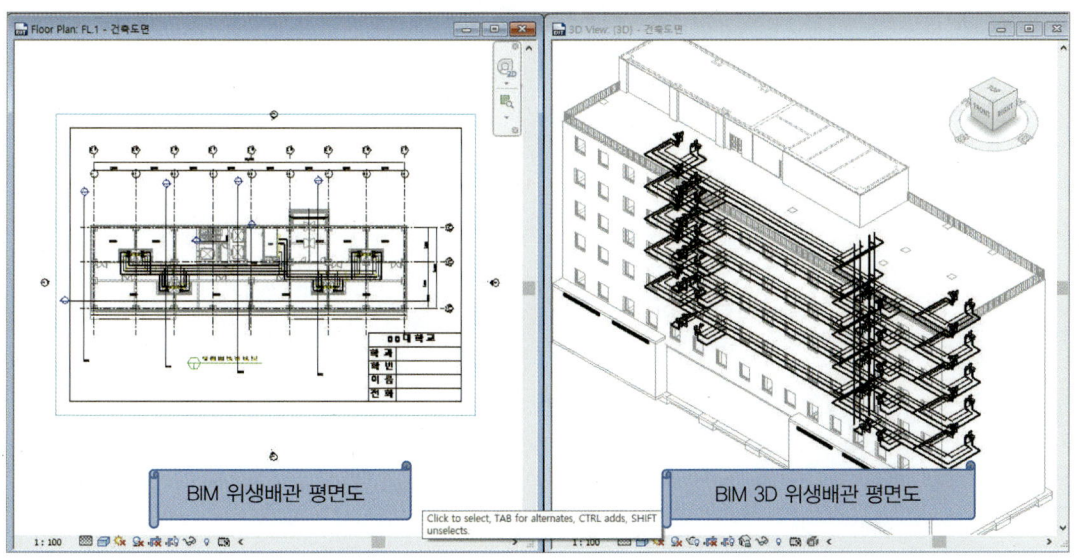

[그림 5-113]

다음과 같이 저장하시오.
파일명 : CHAPTER05_학번_홍길동(년/월/일)

그림 6-1 CAD 가스배관 평면도와 그림 6-2 건축도면을 이용하여 그림 6-3 BIM도면을 만드는 방법을 알아본다.

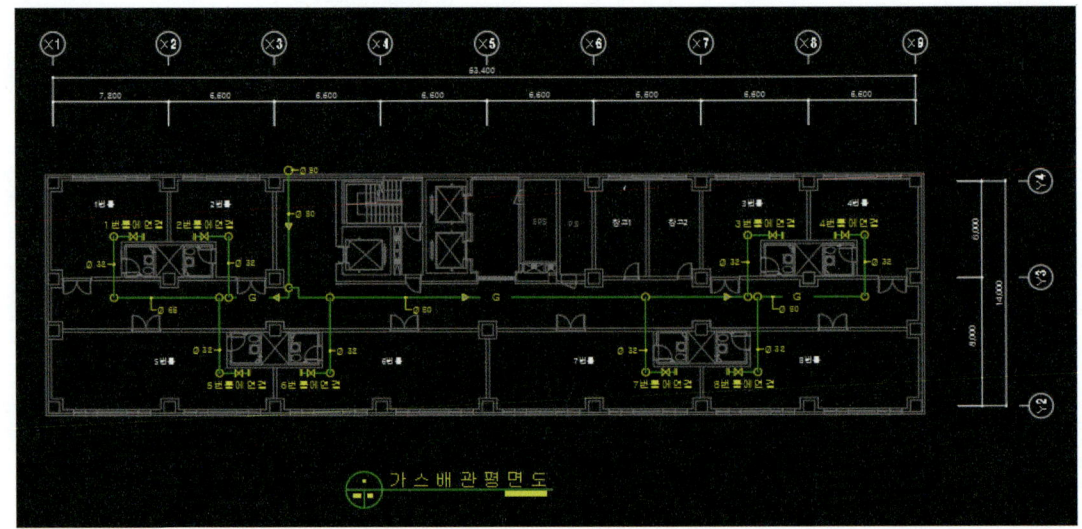

[그림 6-1] CAD 가스배관 평면도

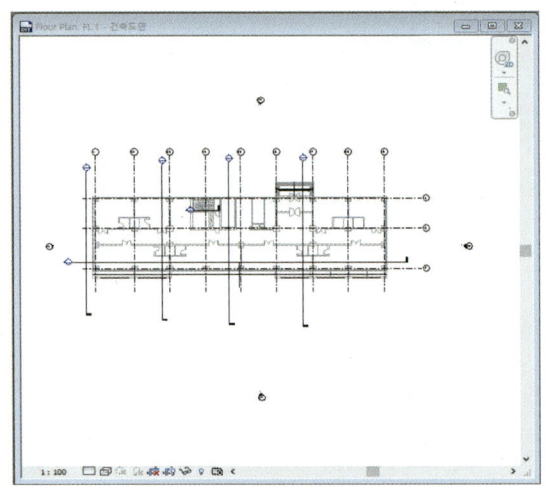
(a) 건축평면도

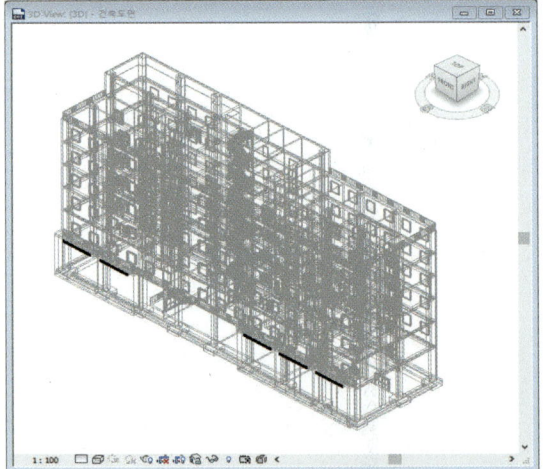
(b) 3D 건축평면도

[그림 6-2] 건축도면

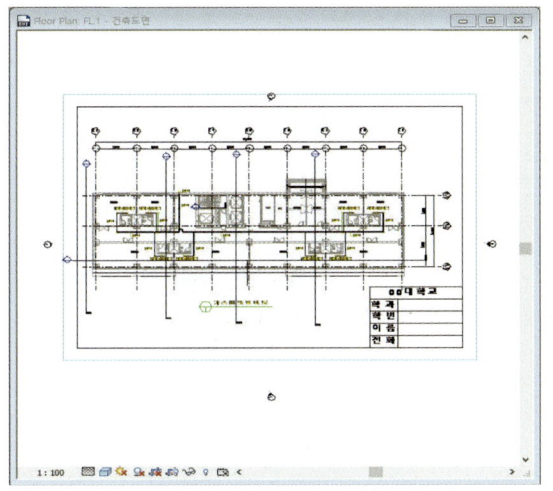
(a) BIM 가스배관 평면도

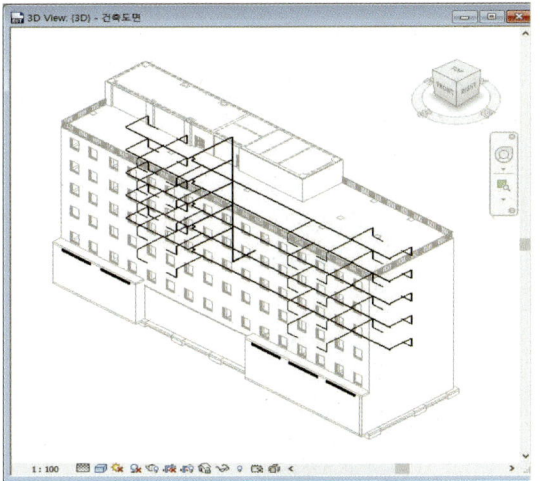
(b) BIM 3D 가스배관 평면도

[그림 6-3] BIM도면

다운로드 받은 chapter 6.의 건축도면.rvt 파일을 더블 좌 클릭하여 실행시킨다.

1. 그림 6-4(a) 건축평면도에서 설계되어야 하기 때문에, ① Floor Plan FL 1 - 건축평면도를 좌 클릭하여 도면을 활성화시킨다. 현재 활성화 창이 그림 6-4와 같지 않으면 좌측 Project Browser 창에서 3D Views 〉 3D 더블 좌 클릭한다.

2. 활성화된 창을 그림 6-4와 같이 보이도록 하려면 WT라고 입력한다.

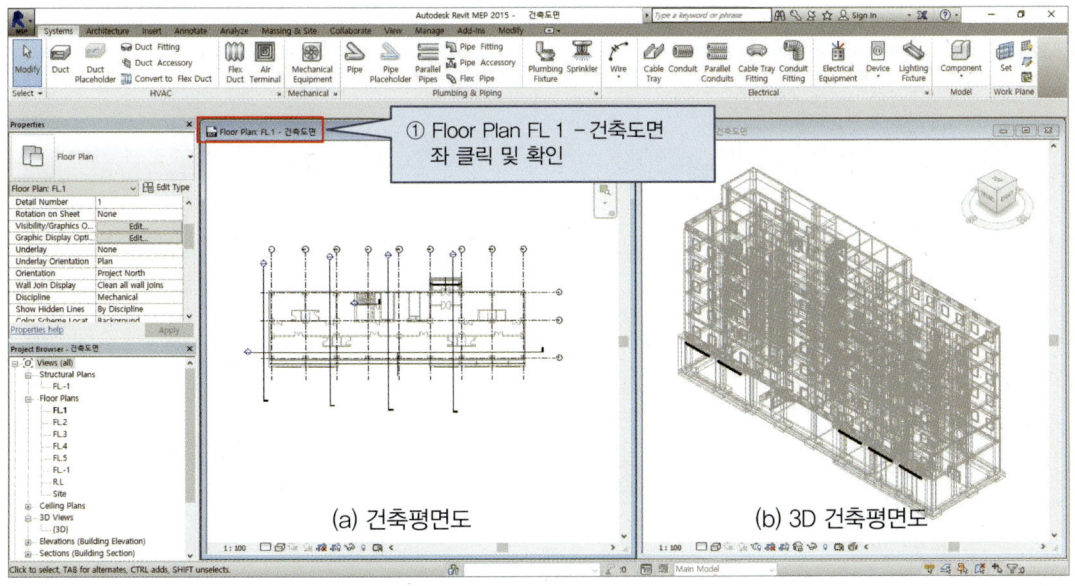

[그림 6-4]

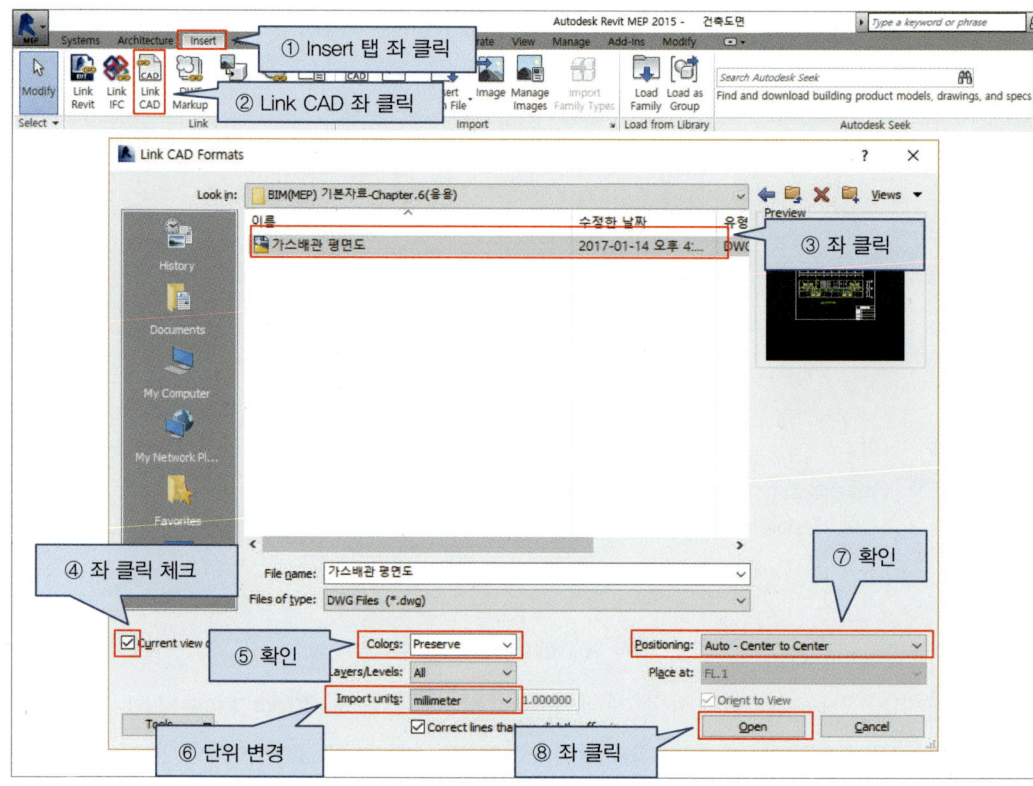

[그림 6-5]

그림 3-7~3-9와 같이 공조배관 평면도를 건축도면에 FIN으로 고정시키시오.

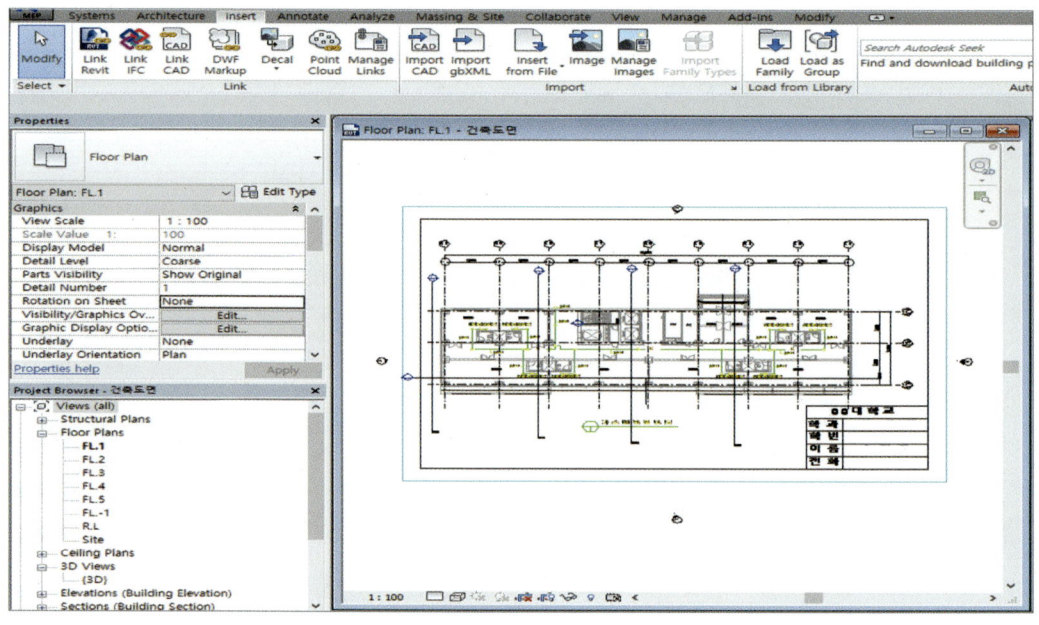

[그림 6-6]

그림 6-7~6-11과 같이 엘보우, 티 및 트랜지션을 선택하시오.

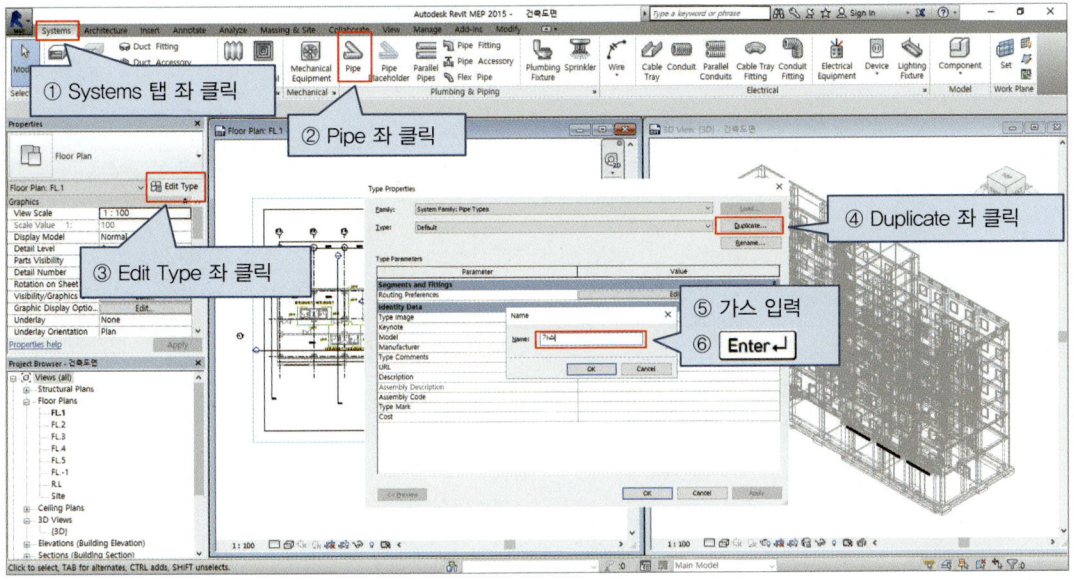

[그림 6-7]

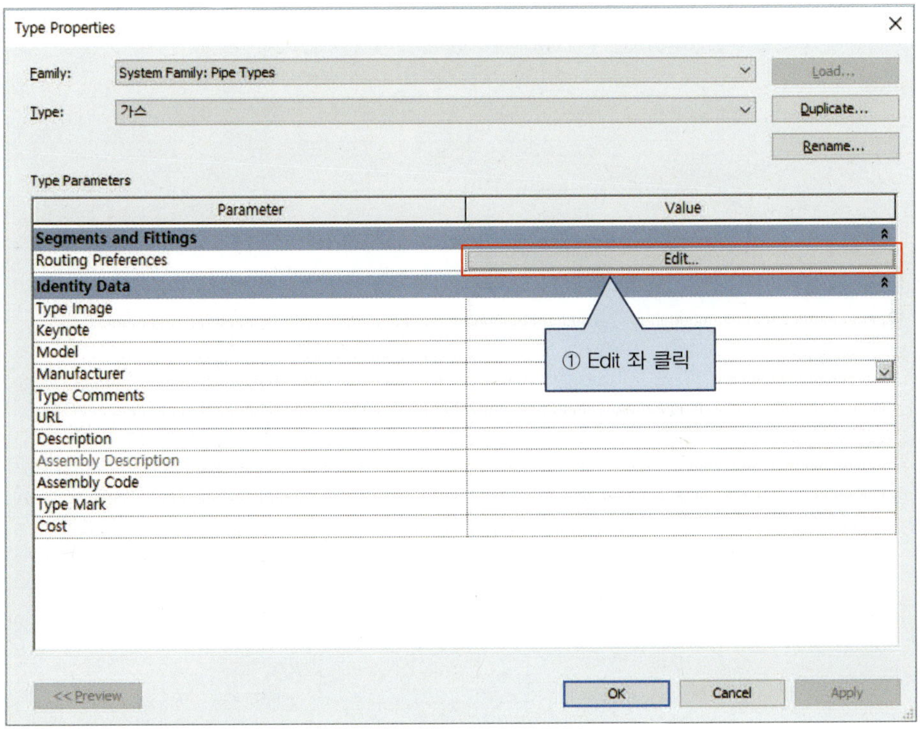

[그림 6-8]

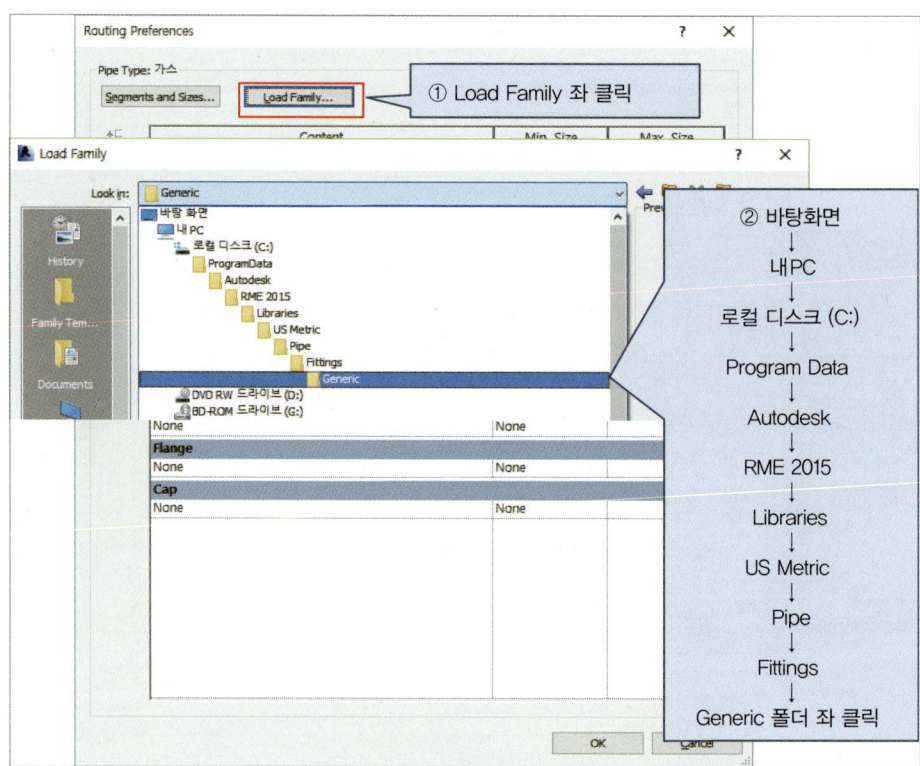

[그림 6-9]

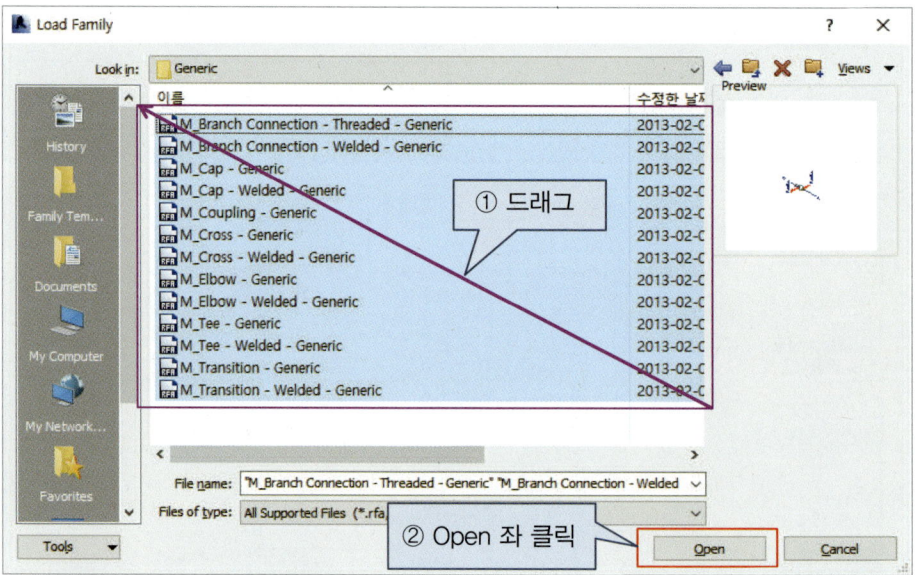

[그림 6-10]

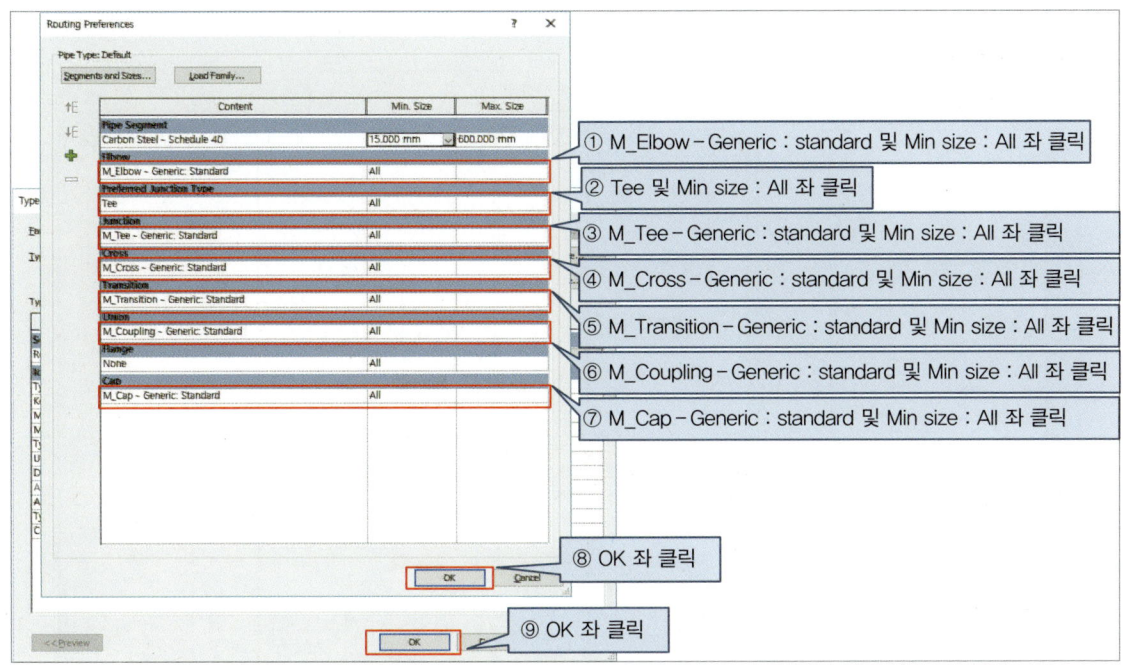

[그림 6-11]

그림 6-12~6-15는 동일한 Offset과 관경을 가지는 가스배관을 그리는 과정이다.

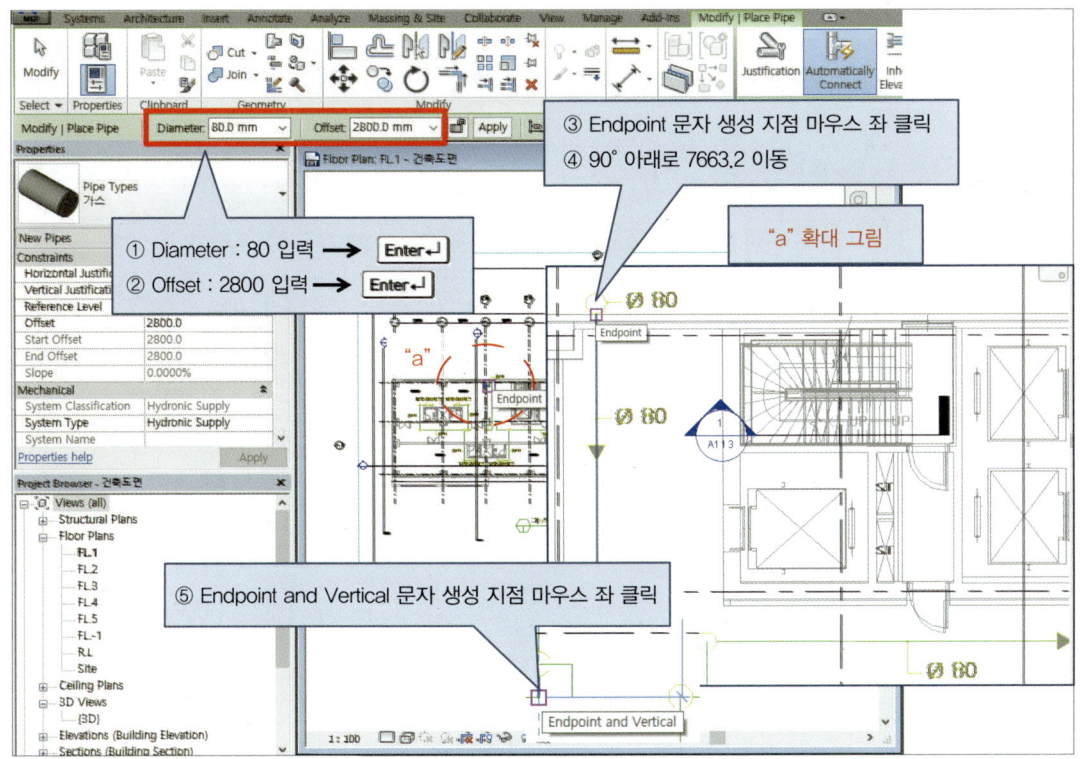

[그림 6-12]

3개룸(1번룸, 2번룸 및 5번룸)에 연결되는 가스배관이므로 용량이 작다. 따라서 65mm로 연결한다.

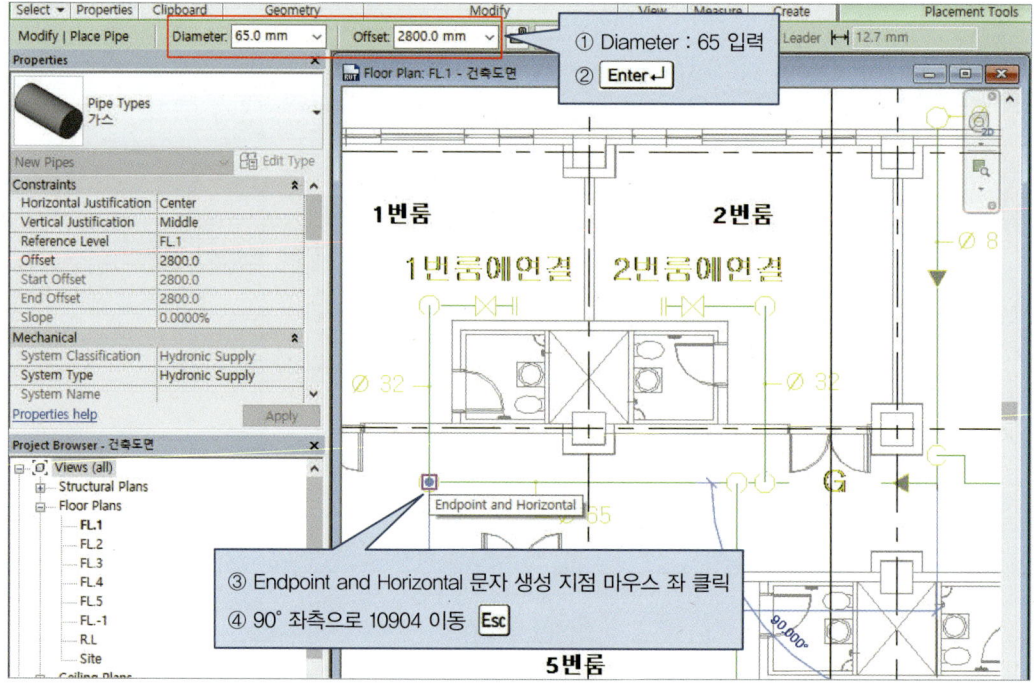

[그림 6-13]

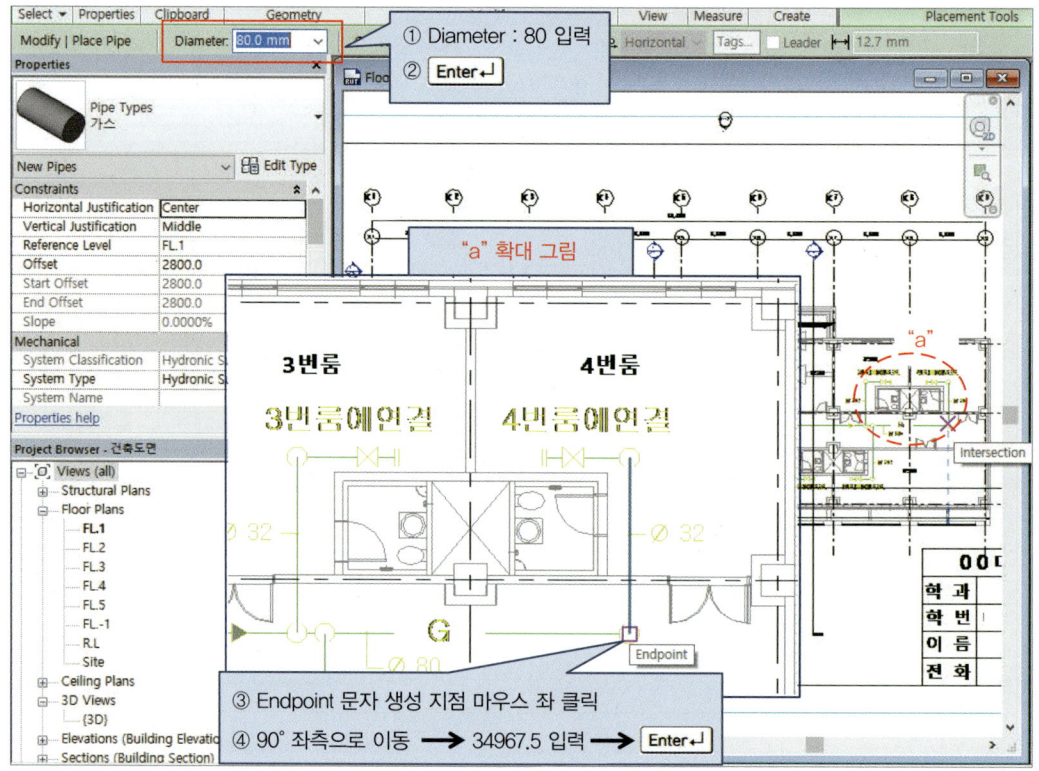

[그림 6-14]

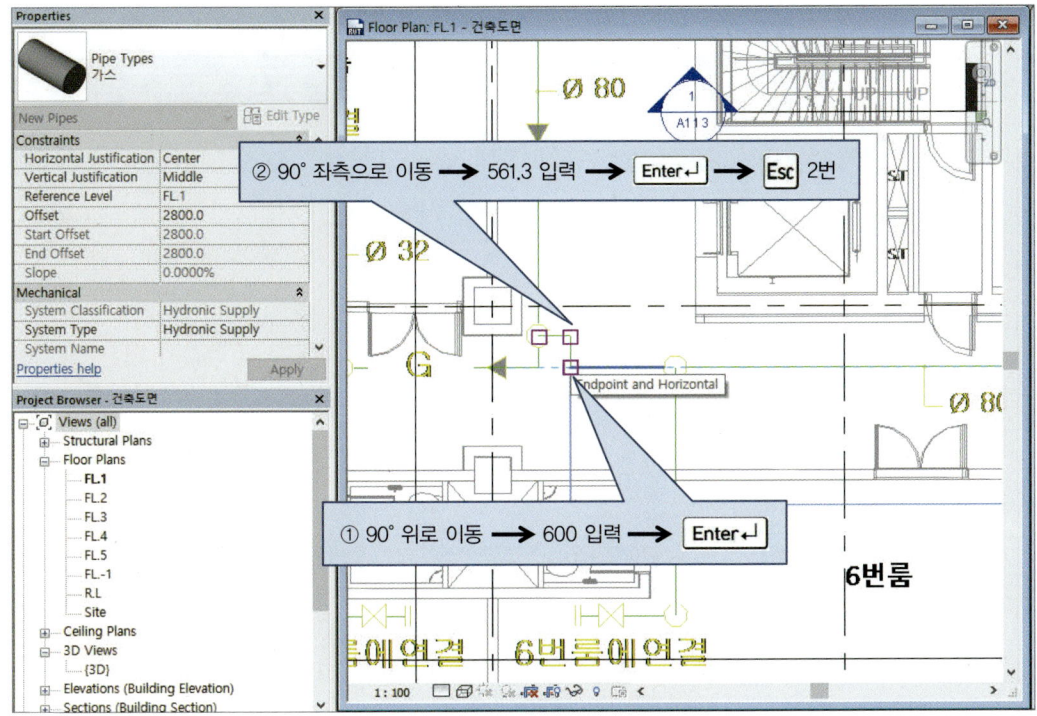

[그림 6-15]

그려지는 배관이 보이도록 그림 6-16과 같이 Offset을 3500으로 설정하시오.

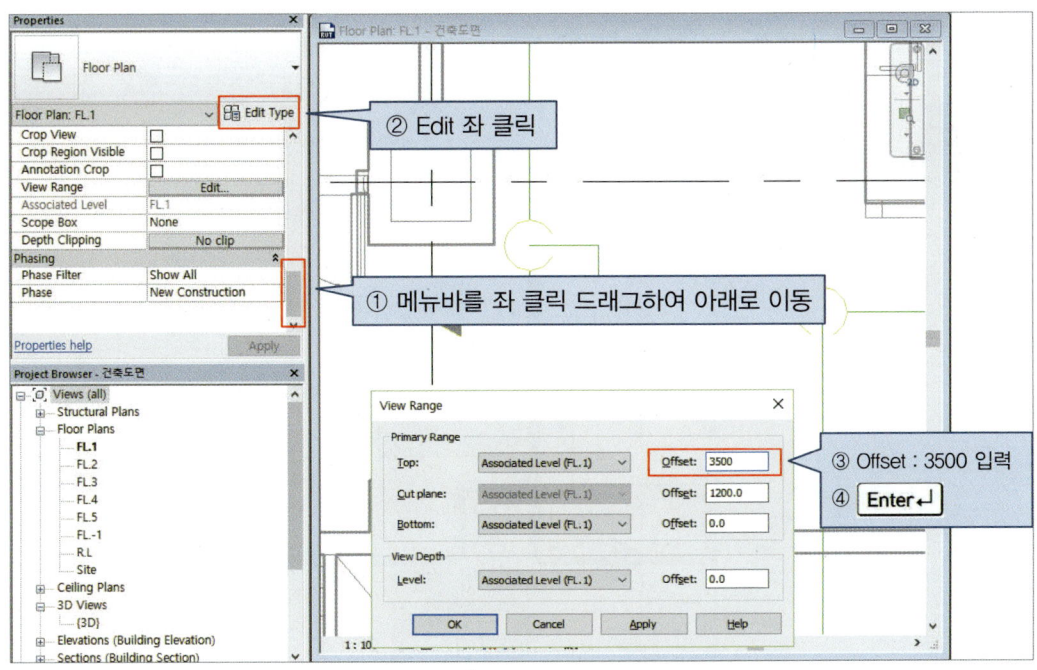

[그림 6-16]

가스배관을 실물처럼 보기 위하여 그림 6-17과 같이 설정하시오.

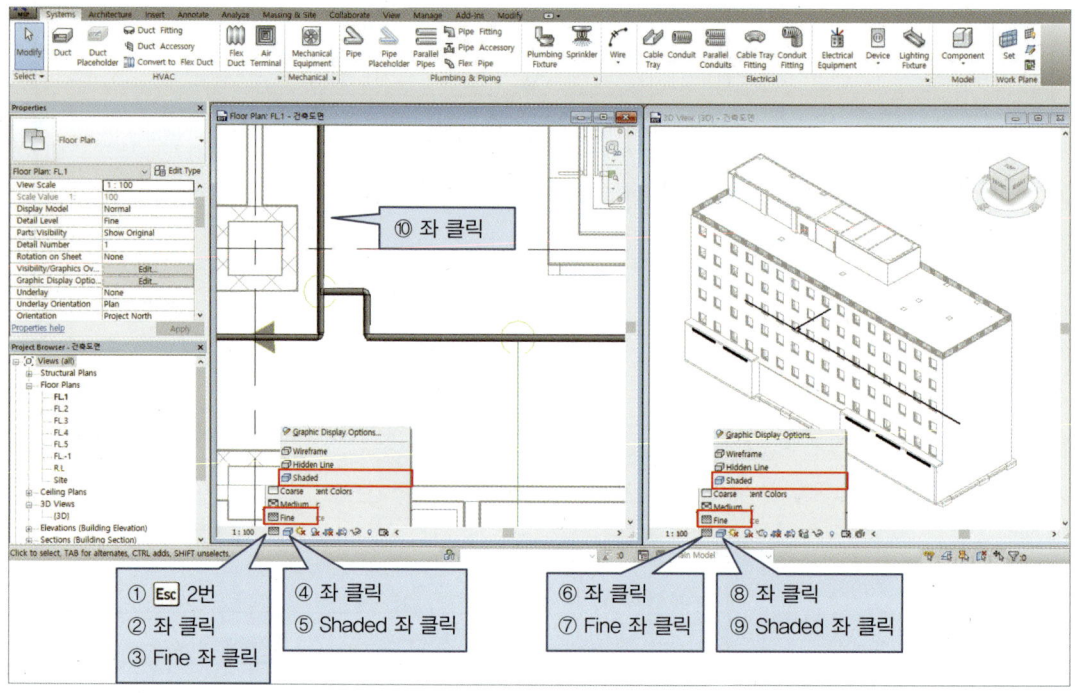

[그림 6-17]

그림 6-18과 같이 세로 횡지배관과 가로 횡지배관을 연결하시오.

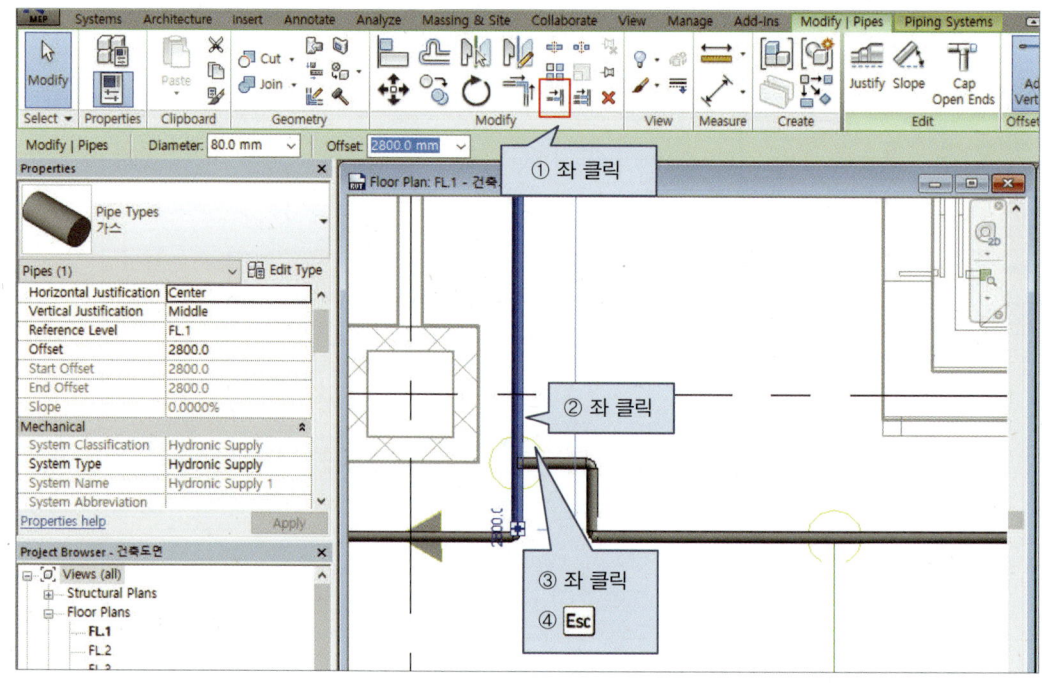

[그림 6-18]

그림 6-19~6-20과 같이 1번룸의 가스 가지배관을 그리시오.

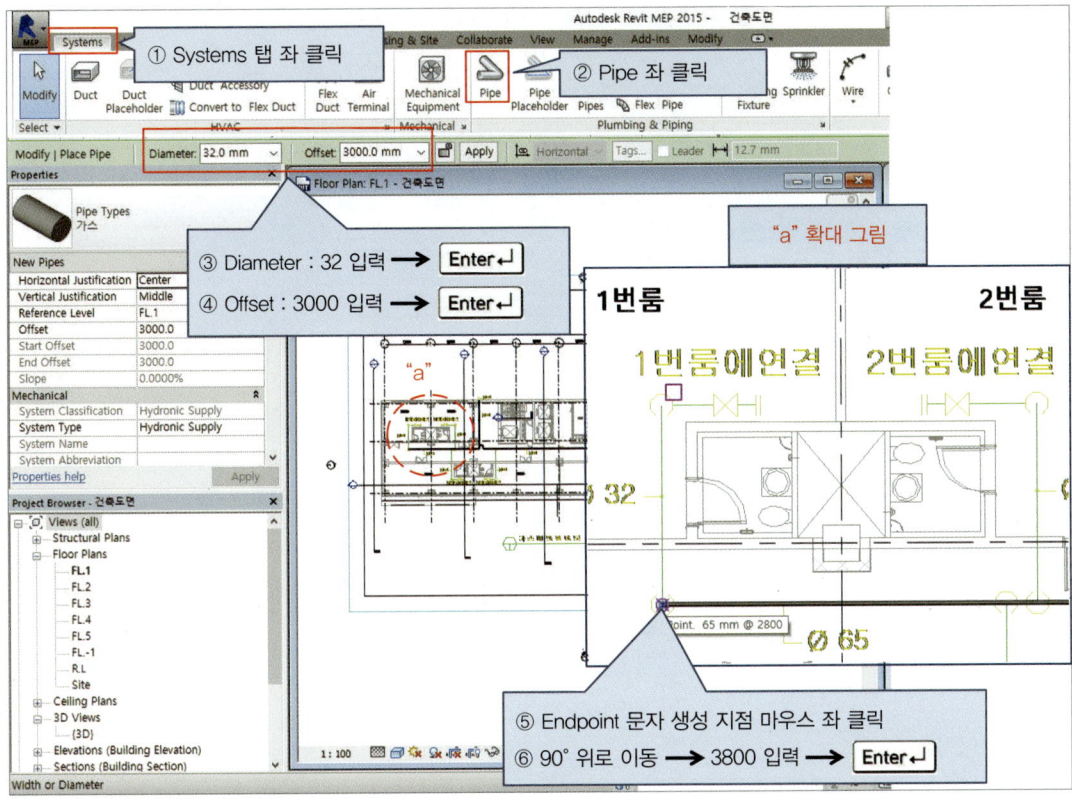

[그림 6-19]

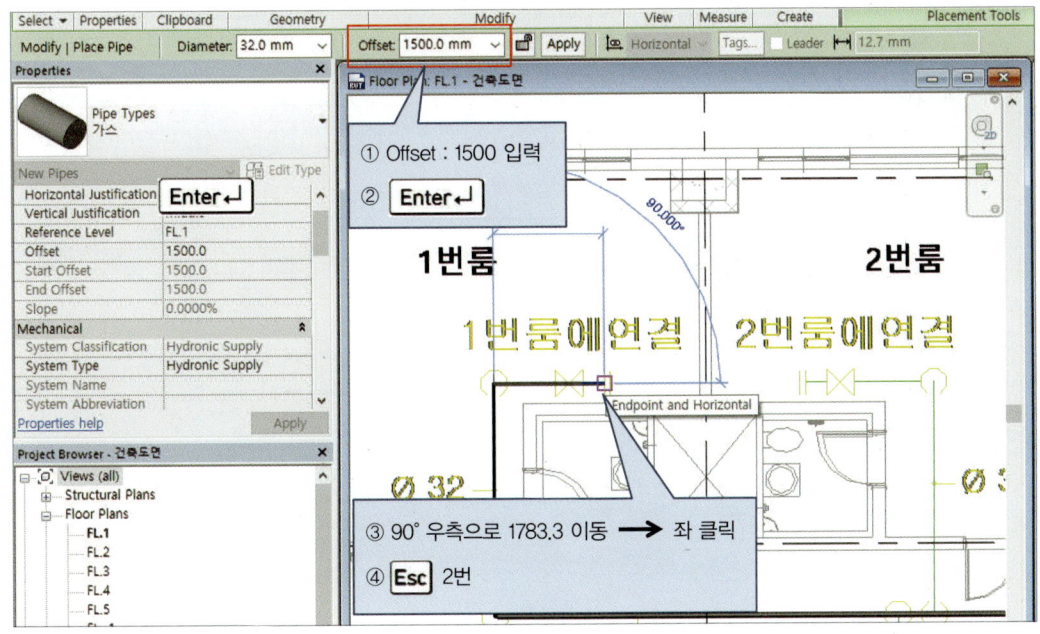

[그림 6-20]

Chapter 06 BIM 가스배관 설계하기 199

그림 6-21~6-23과 같이 가스 가지배관에 체크밸브를 연결하시오.

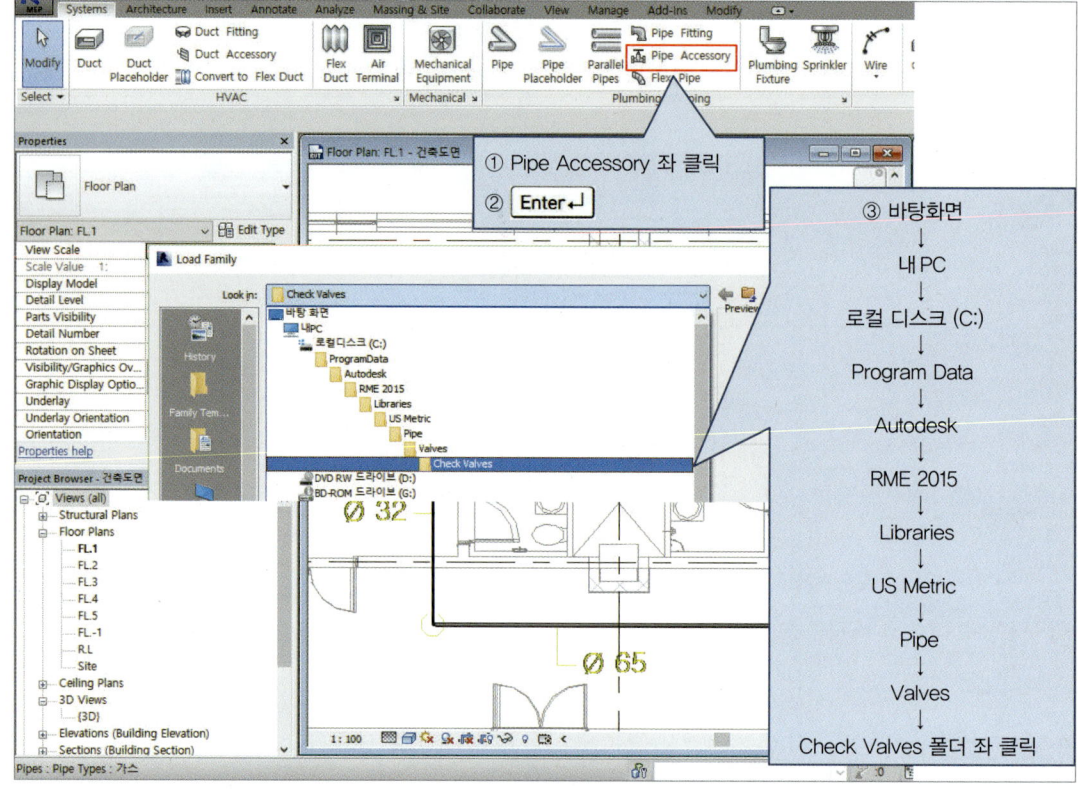

[그림 6-21]

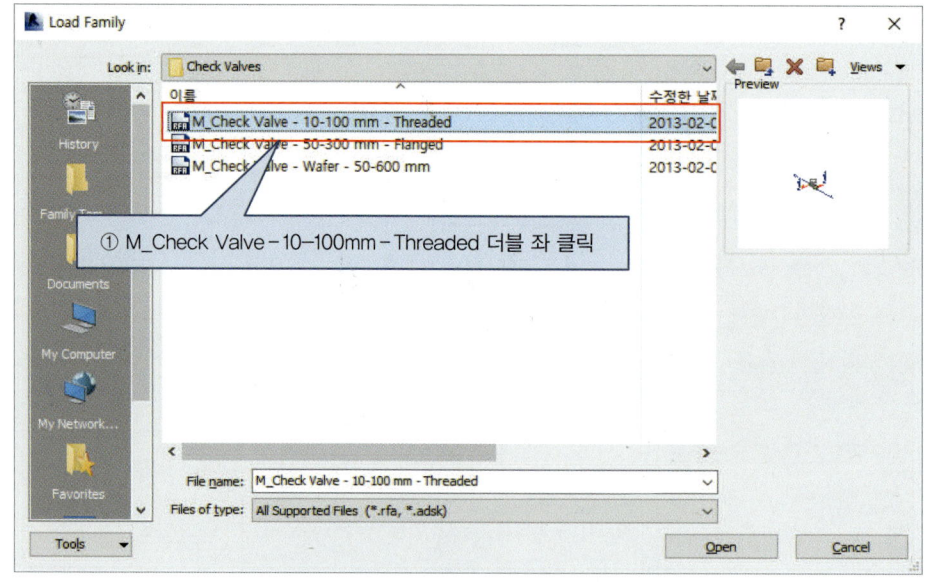

[그림 6-22]

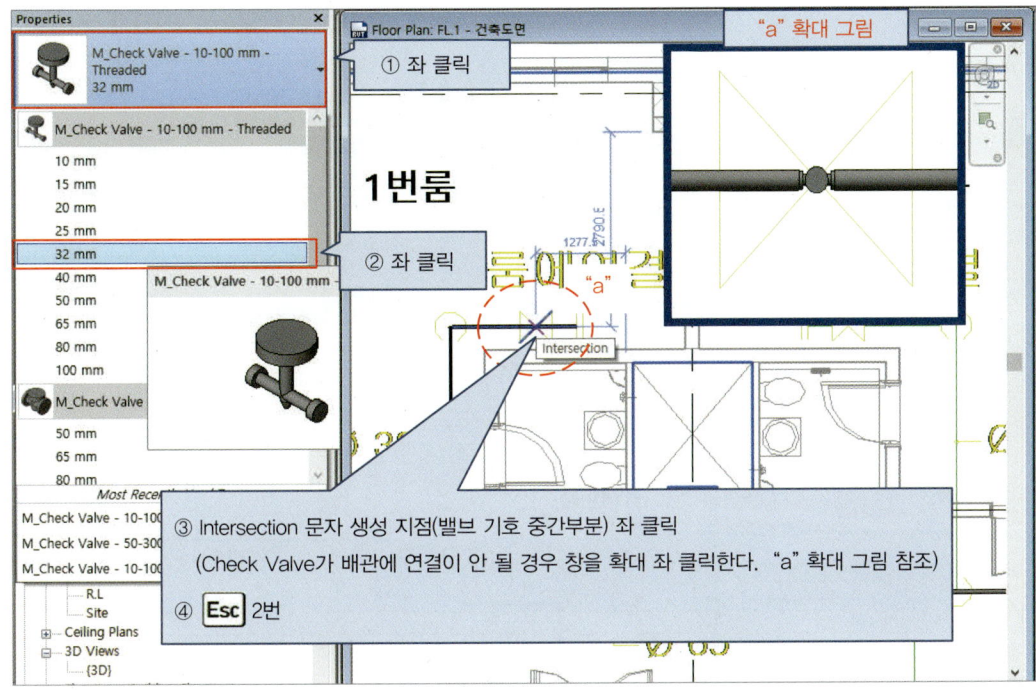

[그림 6-23]

그림 6-24~6-26과 같이 미러를 이용하여 1번룸의 가스배관을 2번룸에 그려준다.

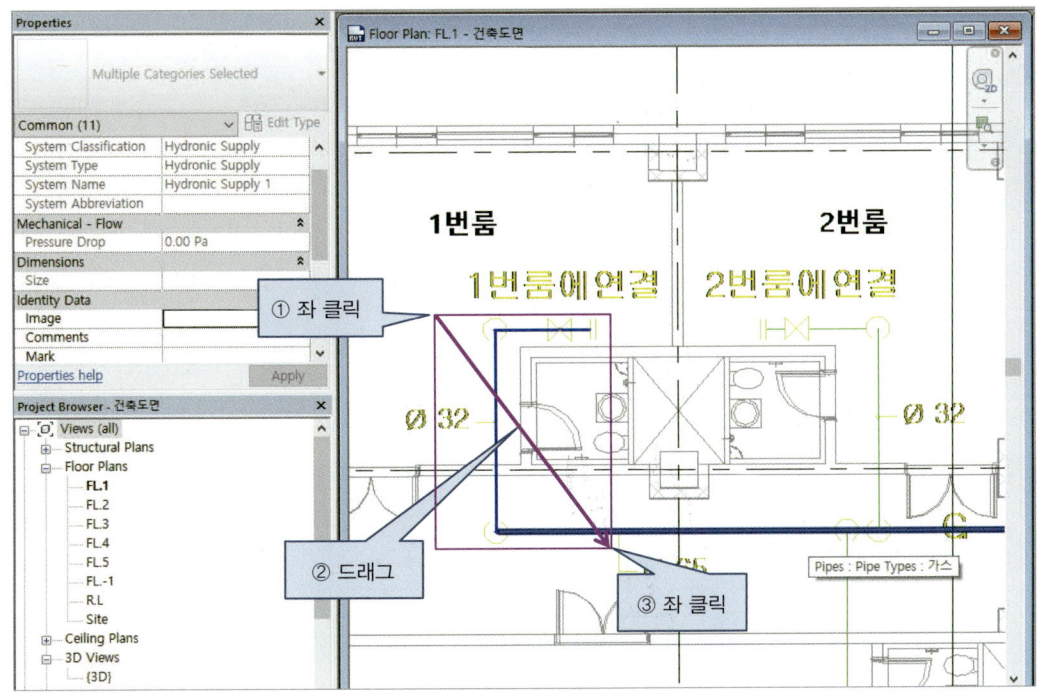

[그림 6-24]

Chapter 06 BIM 가스배관 설계하기

엘보우와 티가 자동으로 연결되어 있기 때문에 그림 6-25와 같이 드래그 선택 시 Shift를 누르며 마우스 드래그하여 엘보우와 티를 제거하시오.

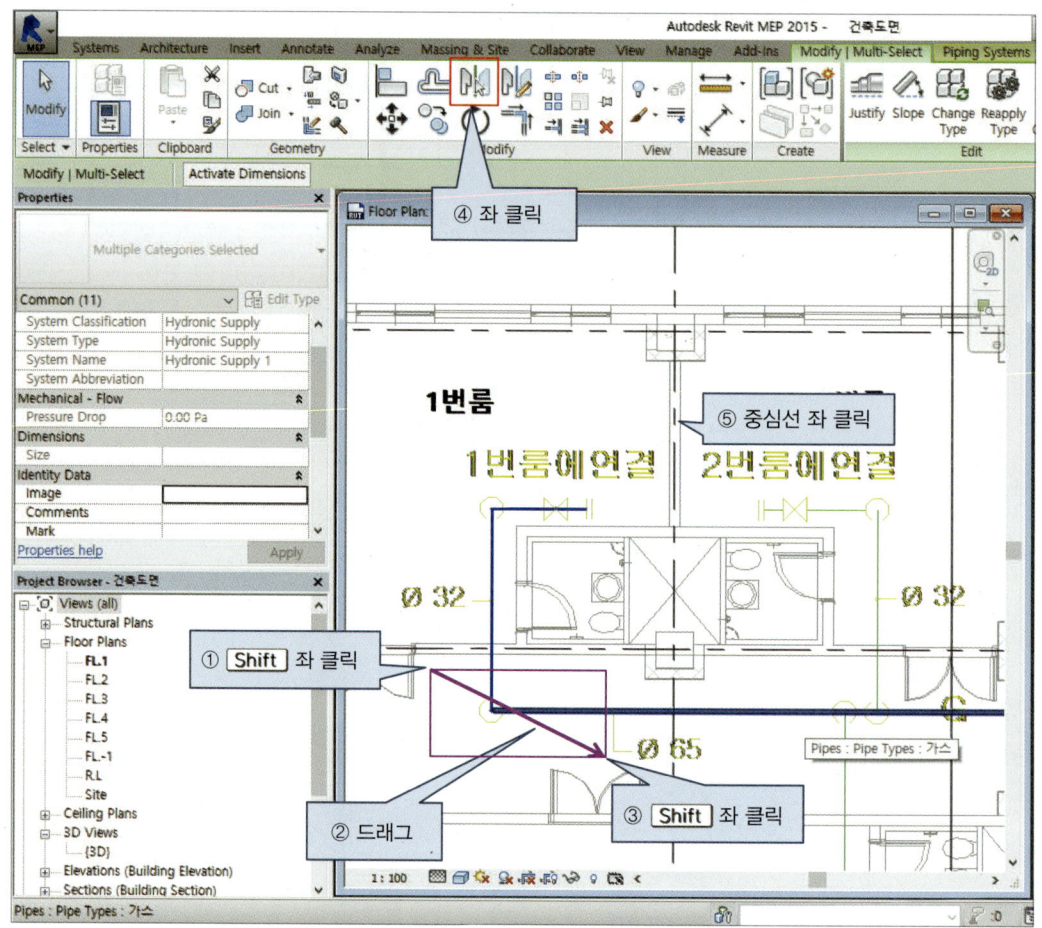

[그림 6-25]

그림 6-26과 같이 2번룸 가지배관과 횡지관을 연결하시오.

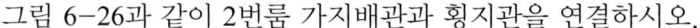

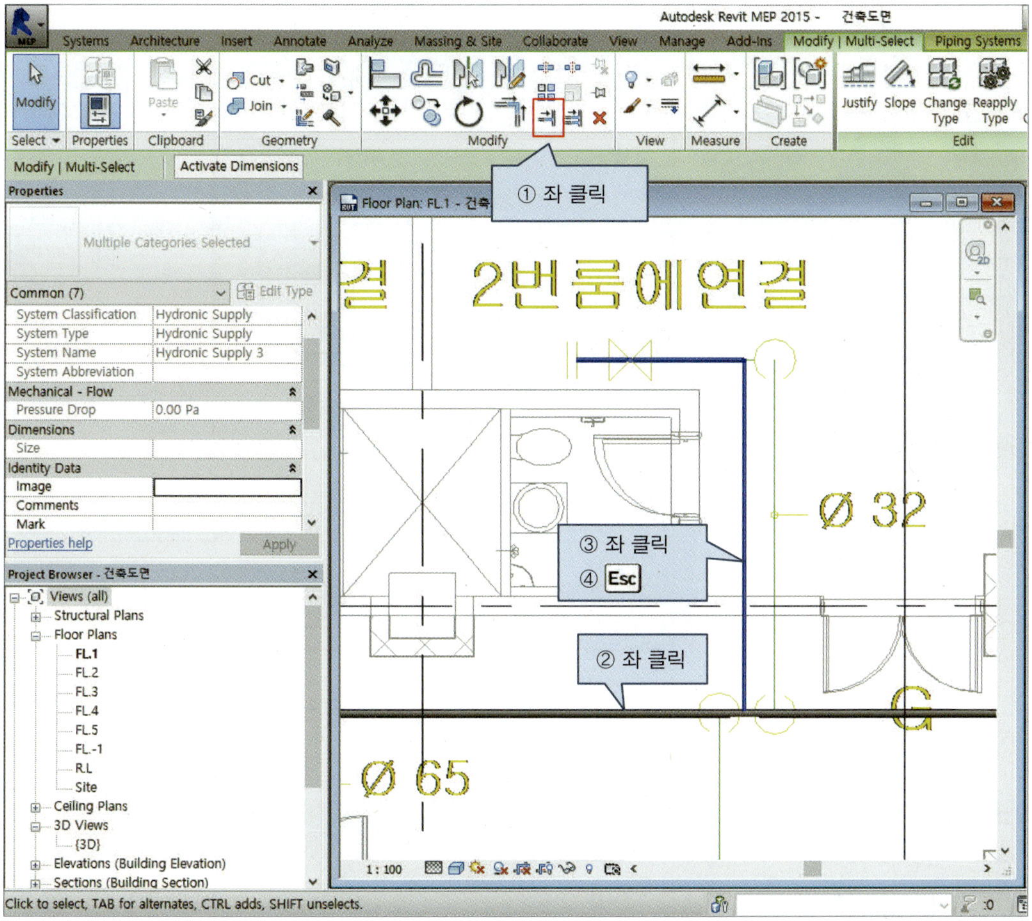

[그림 6-26]

그림 6-27~6-29와 같이 복사를 이용하여 1번룸과 2번룸의 가스 가지배관을 5번과 6번룸에 그리시오.

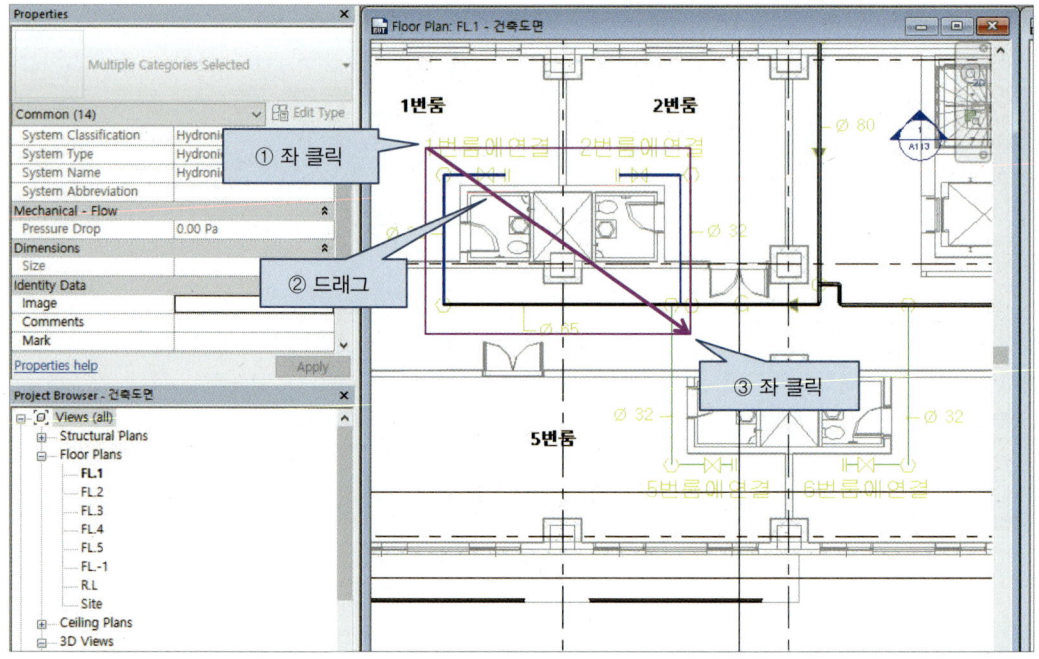

[그림 6-27]

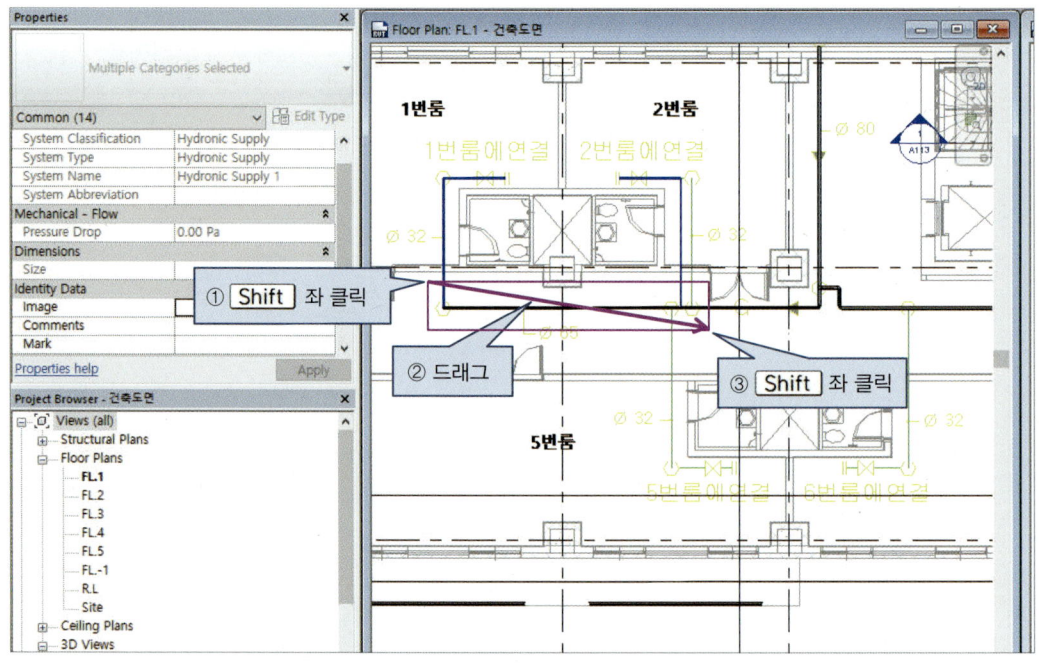

[그림 6-28]

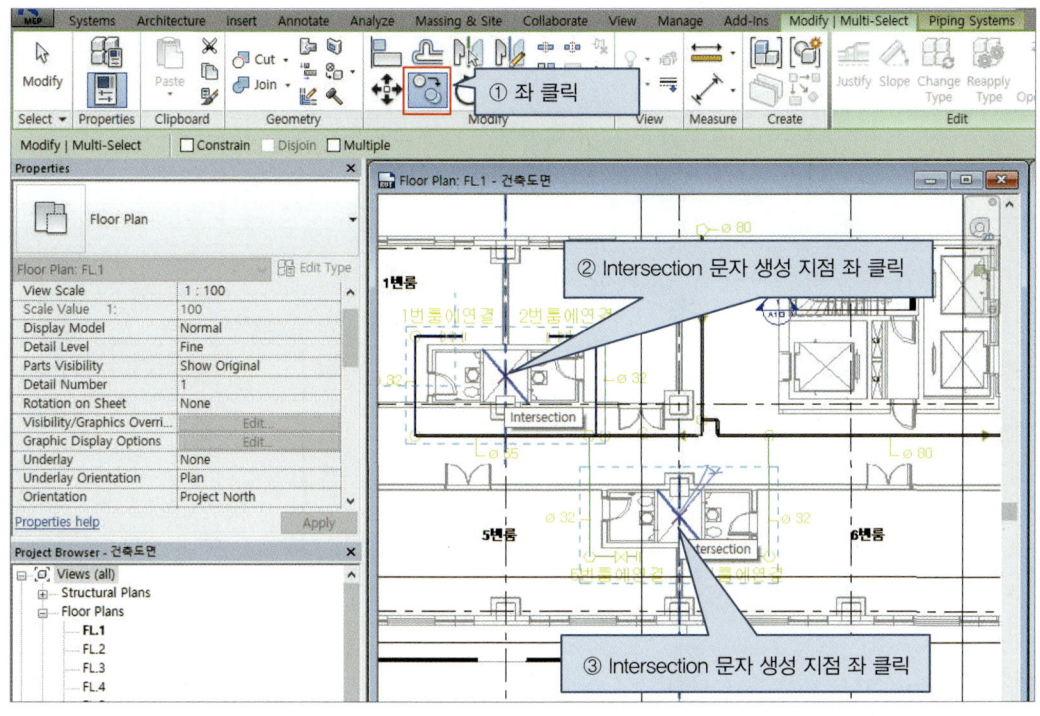

[그림 6-29]

그림 6-30과 같이 회전기능을 이용하여 복사된 5번룸과 6번룸의 가스 가지배관을 180° 회전시키시오.

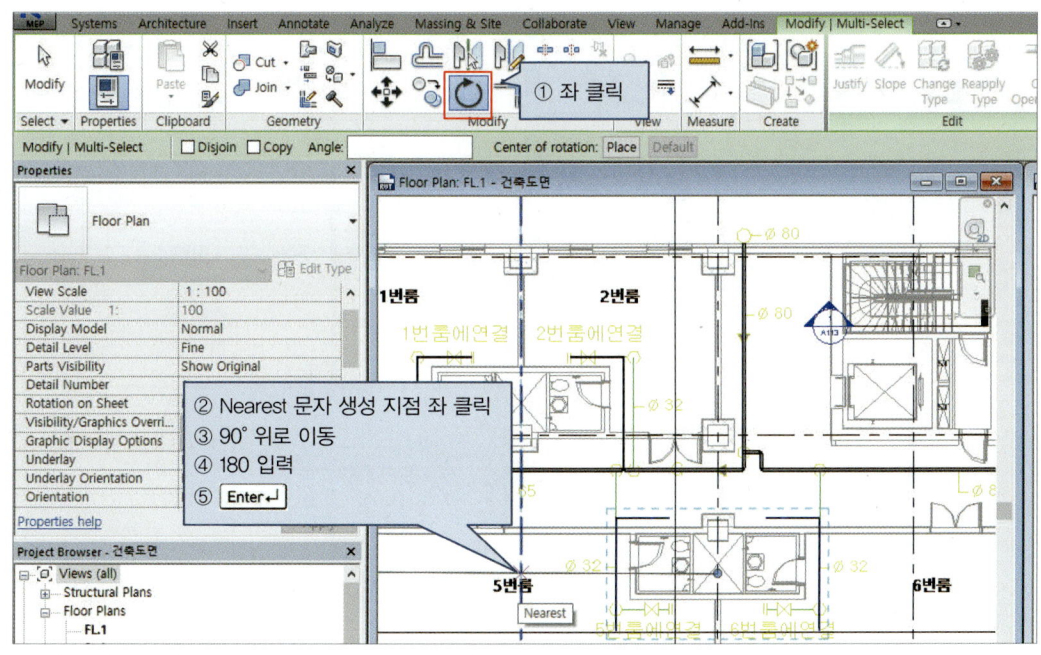

[그림 6-30]

그림 6-31과 같이 이동기능을 이용하여 회전된 5번룸과 6번룸의 가스 가지배관을 위로 이동시키시오.

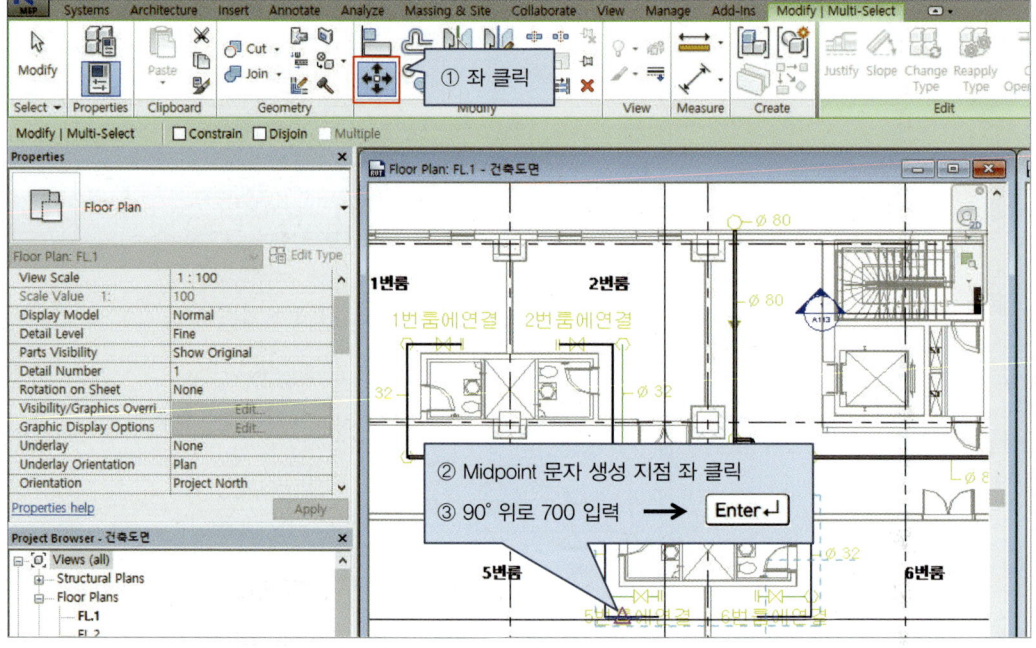

[그림 6-31]

그림 6-32와 같이 횡지배관과 5번,6번룸의 가스 가지배관을 Tee로 연결하시오.

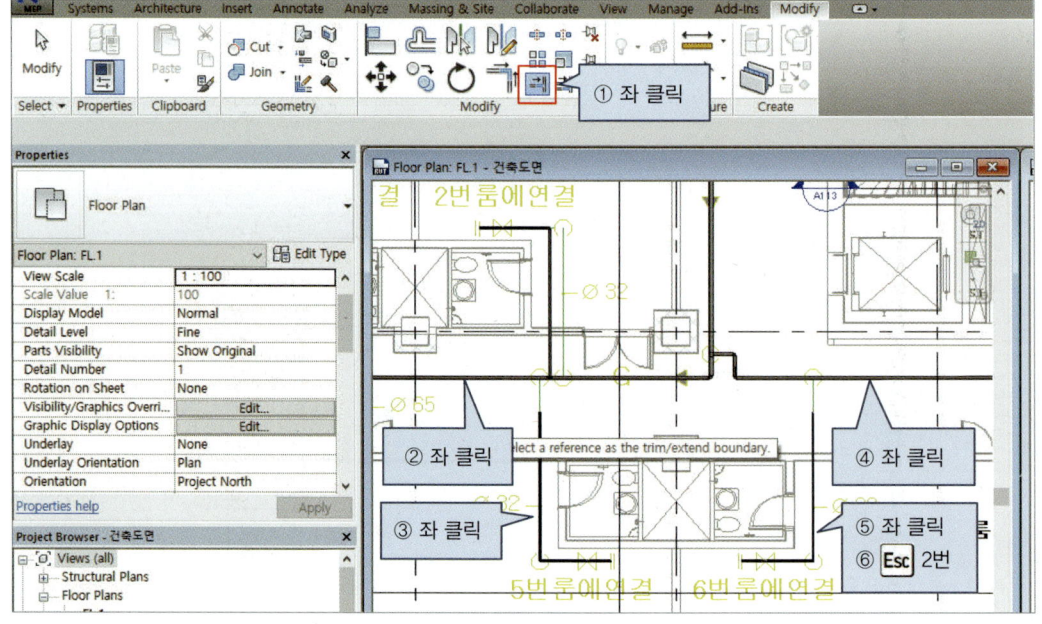

[그림 6-32]

그림 6-24~6-26과 같은 방법으로 그림 6-33~34와 같이 미러를 이용하여 1, 2, 5 및 6번 룸의 가스 가지배관을 3, 4, 7 및 8번룸에 복사하시오.

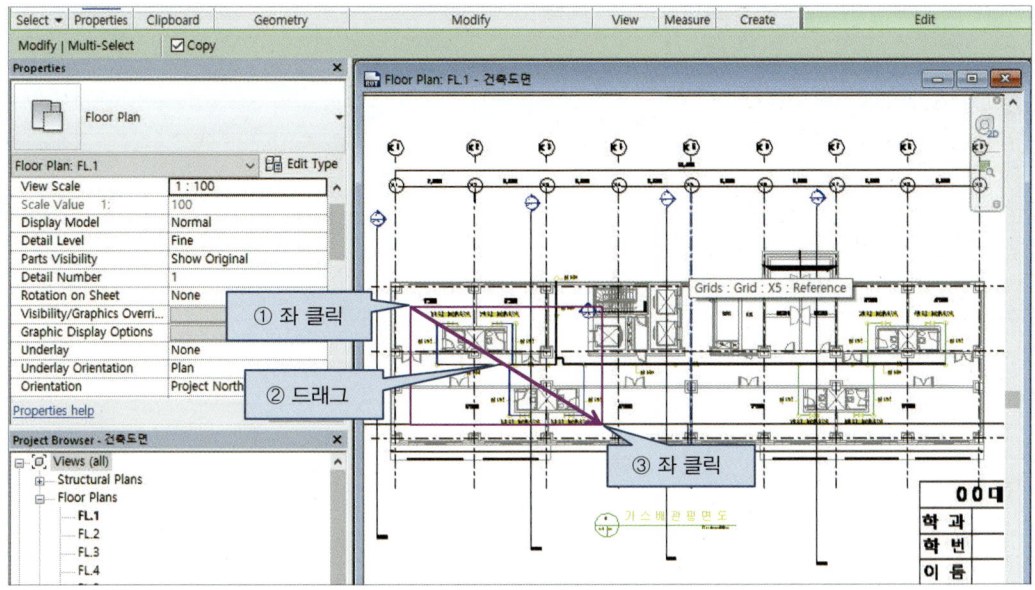

[그림 6-33]

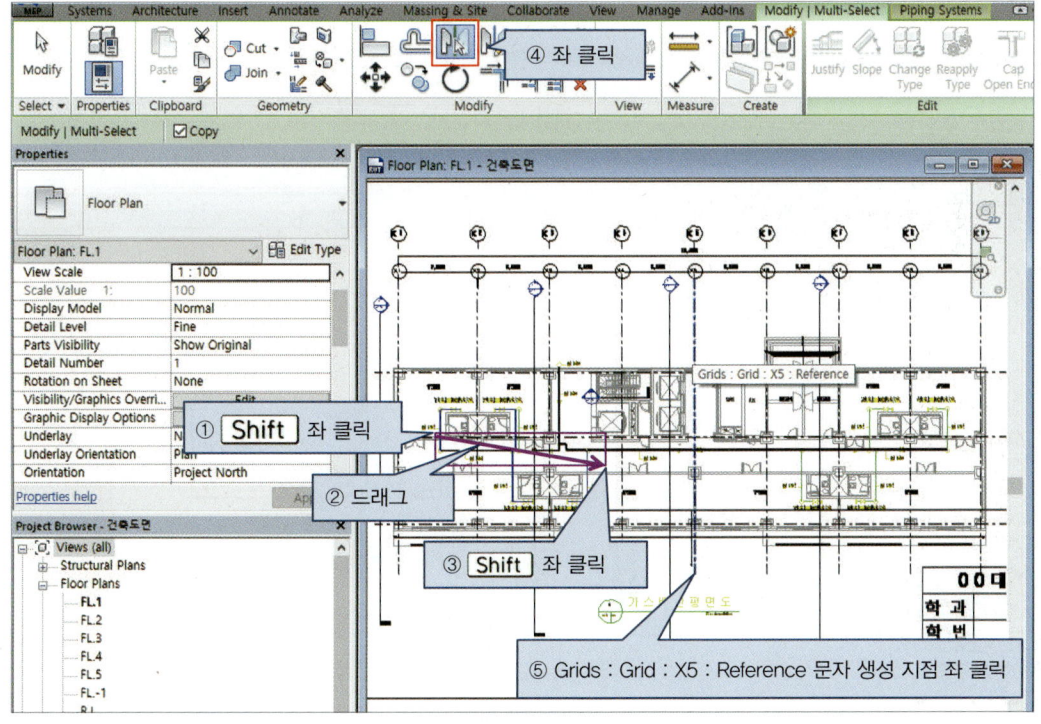

[그림 6-34]

그림 6-35와 같이 복사된 3, 4, 7 및 8번룸의 가스 가지배관을 횡지배관과 연결하시오.

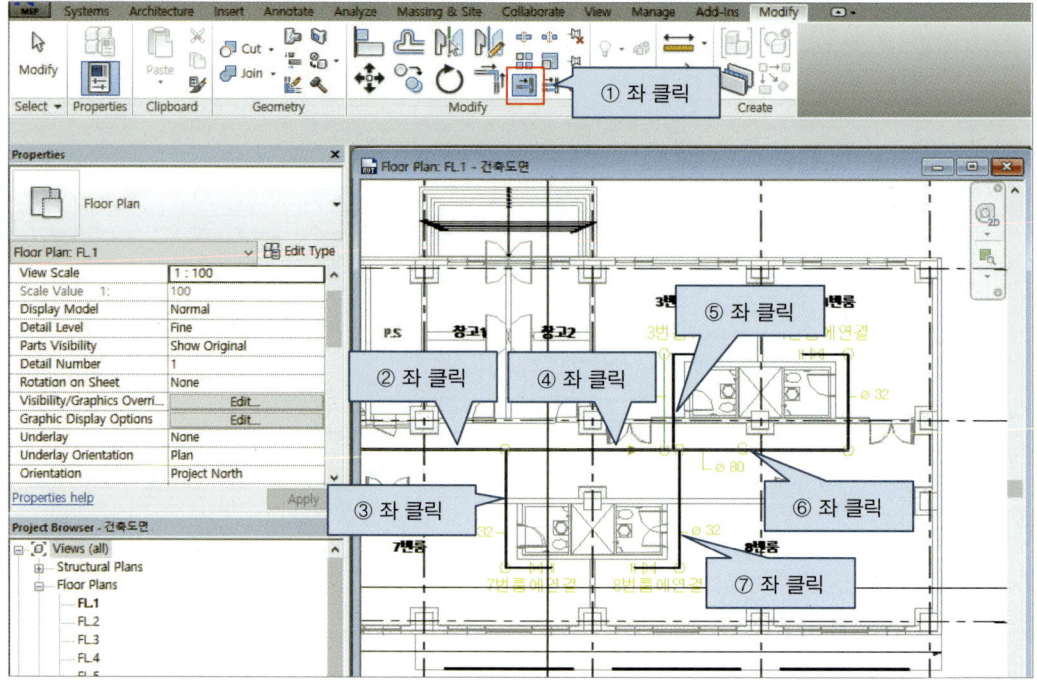

[그림 6-35]

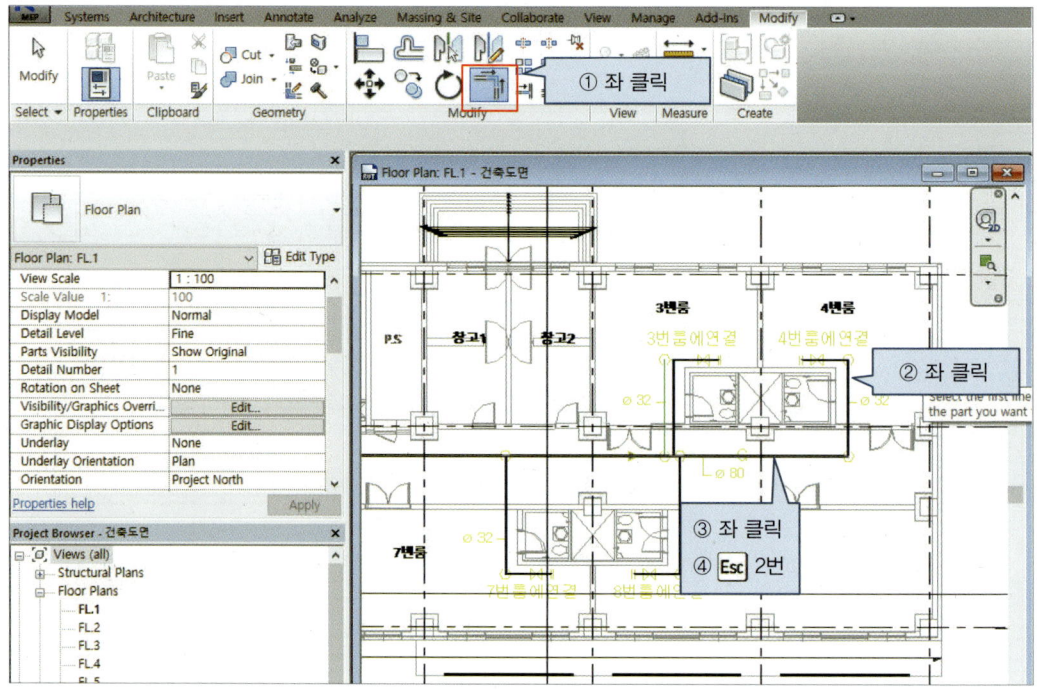

[그림 6-36]

그림 6-37~6-39와 같이 1층 가스배관을 각 층으로 멀티 복사하시오.

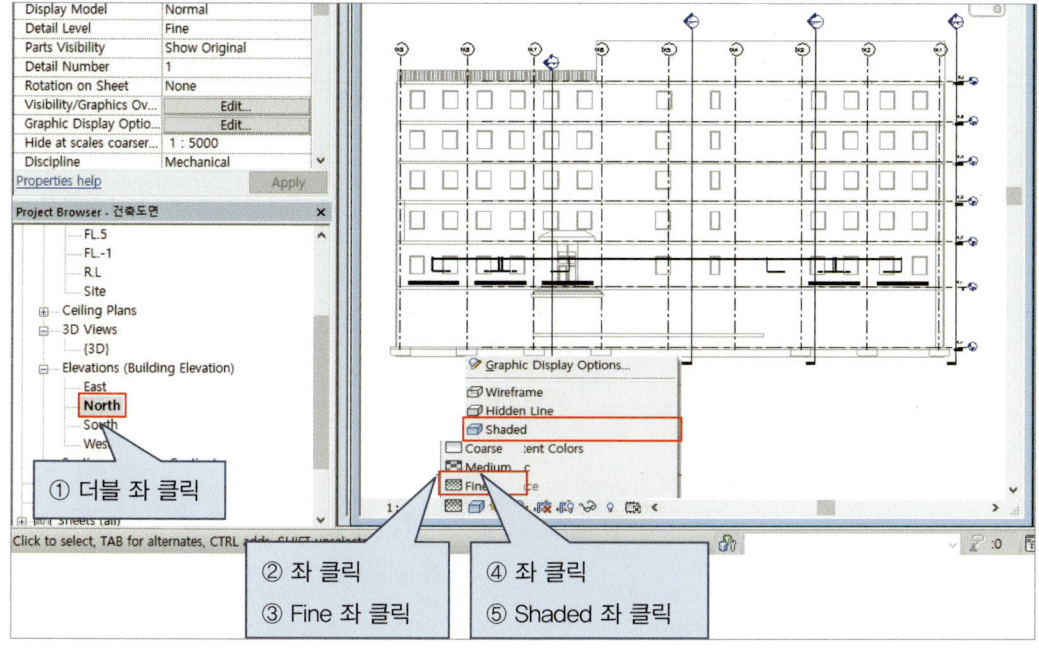

[그림 6-37]

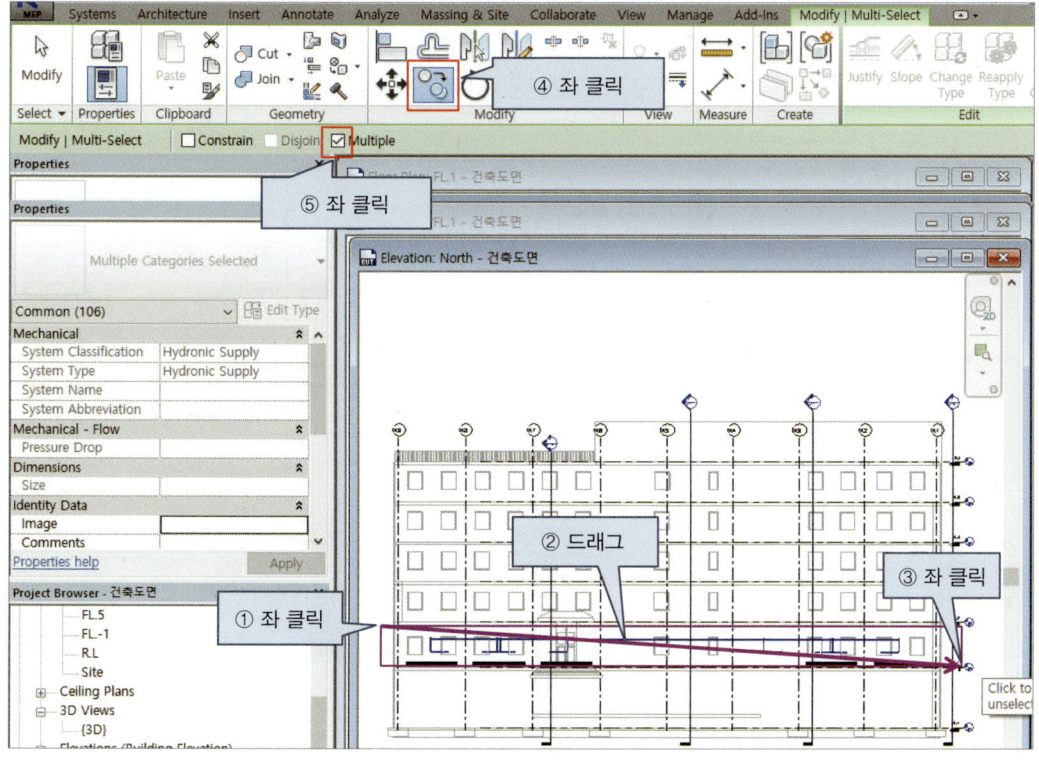

[그림 6-38]

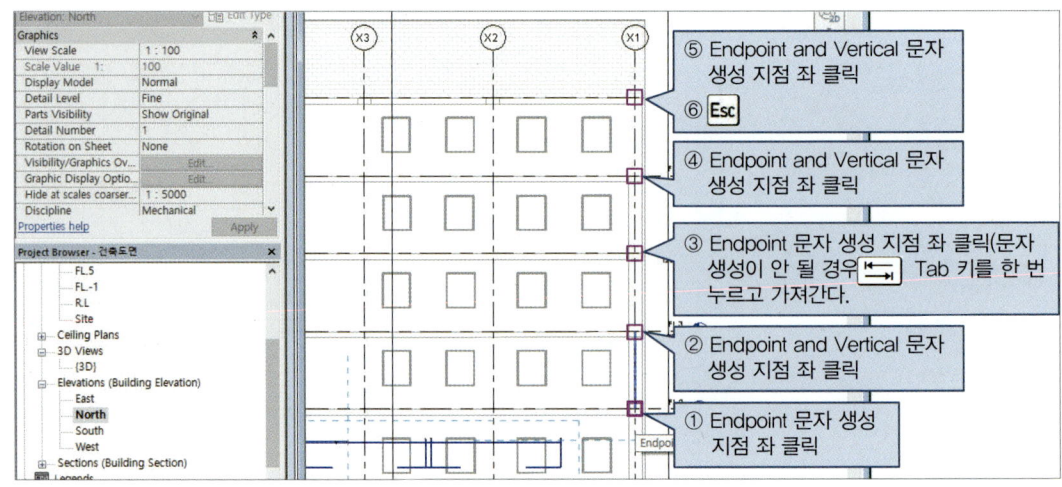

[그림 6-39]

가스 입상배관을 그리기 위해 그림 6-40~6-42와 같이 Elevations 창을 활성화시켜 가스 입상배관을 그리시오.

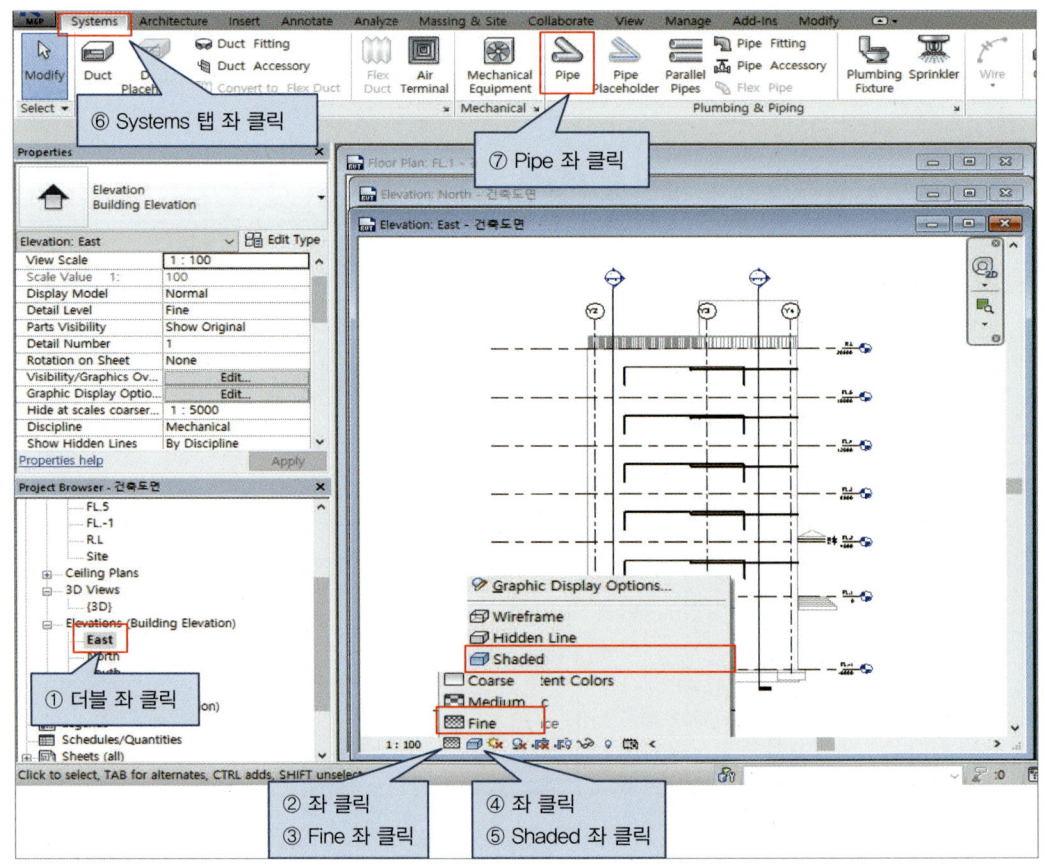

[그림 6-40]

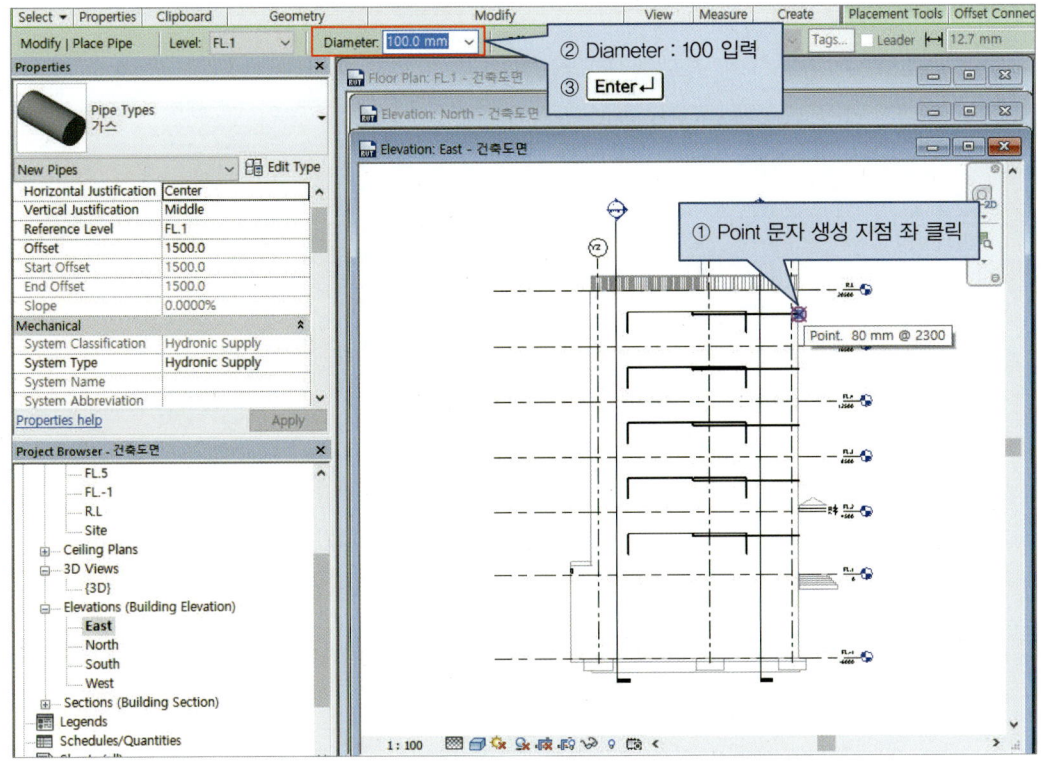

[그림 6-41]

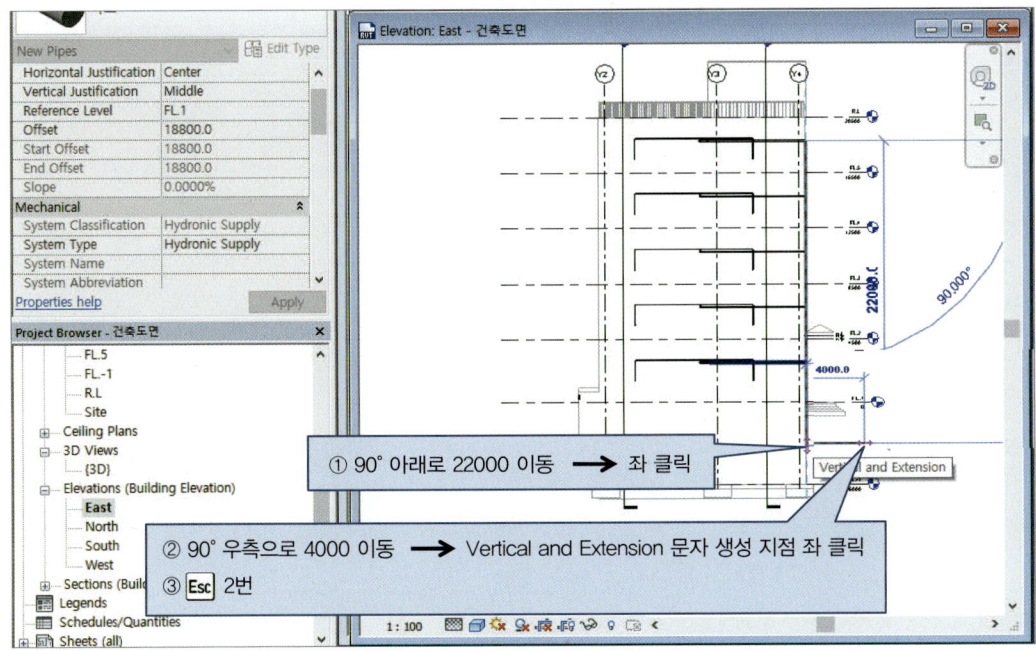

[그림 6-42]

Chapter 06 BIM 가스배관 설계하기 211

다음과 같이 저장하시오.

파일명 : CHAPTER06_학번_홍길동(년/월/일)

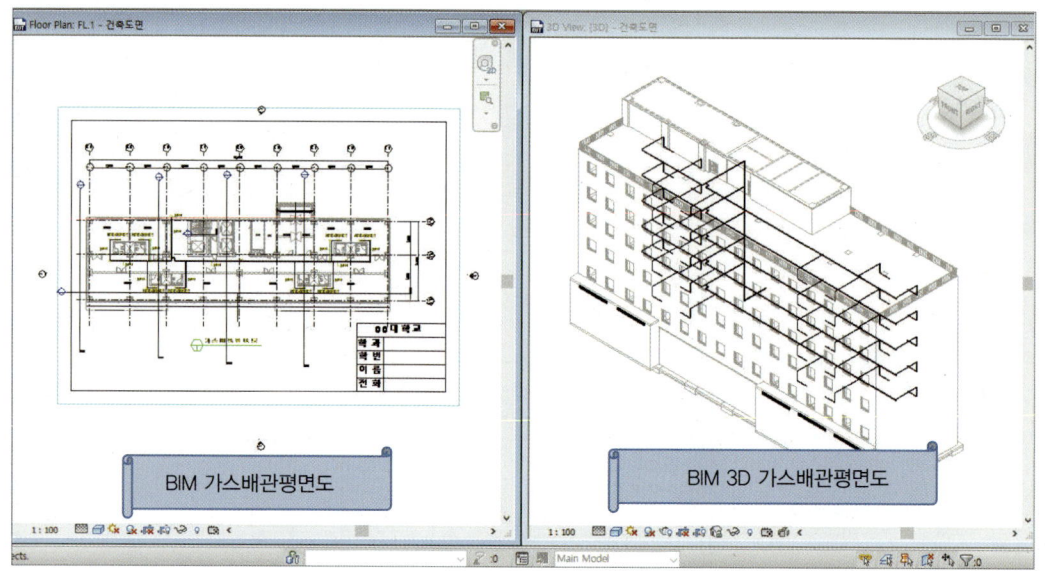

[그림 6-43]

Chapter 07

BIM 소화배관 설계하기

그림 7-1 CAD 소화배관 평면도와 그림 7-2 건축도면을 이용하여 그림 7-3 BIM도면을 만드는 방법을 알아본다.

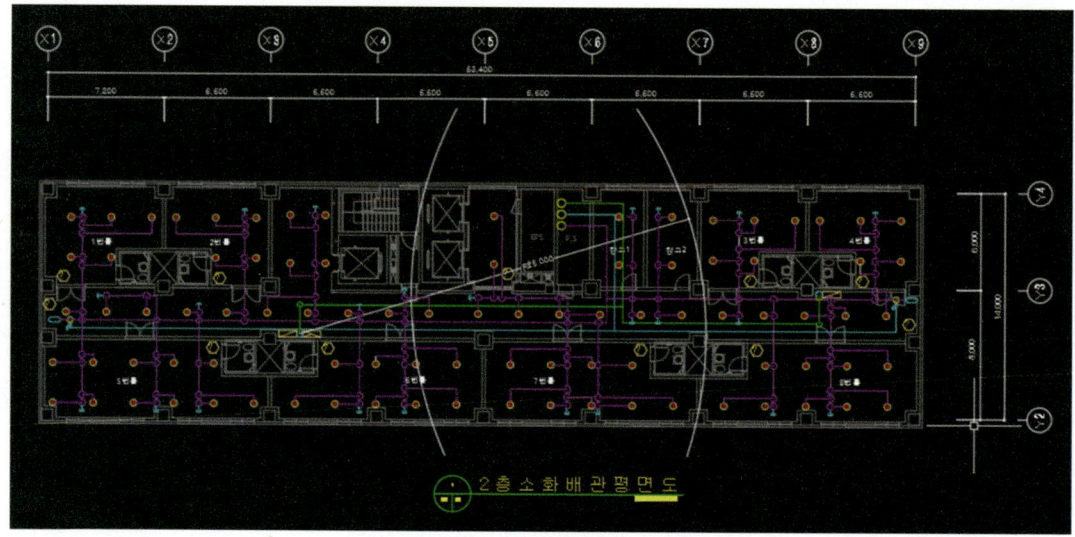

[그림 7-1] CAD 소화배관 평면도

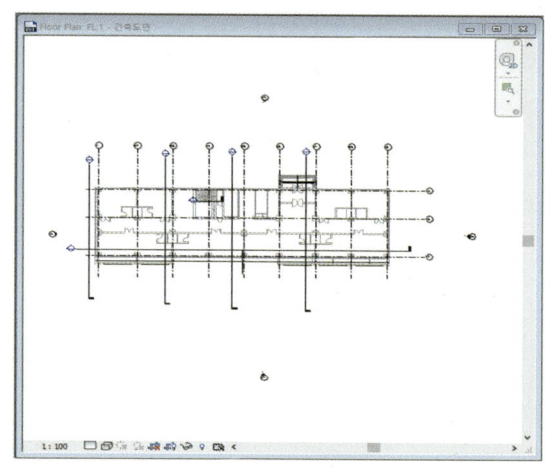

(a) BIM 건축평면도   (b) BIM 3D 건축평면도

[그림 7-2] 건축도면

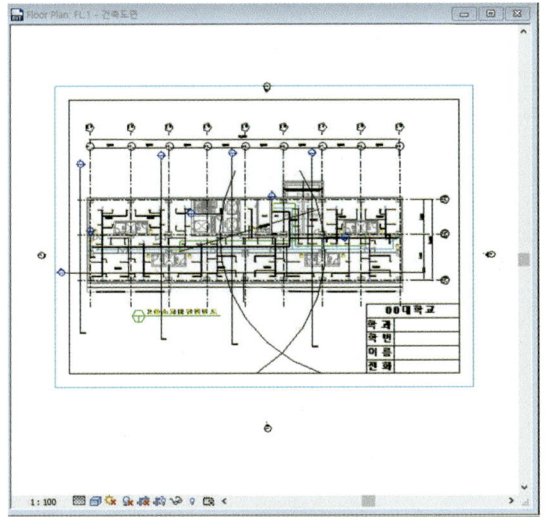
(a) BIM 소화배관 평면도

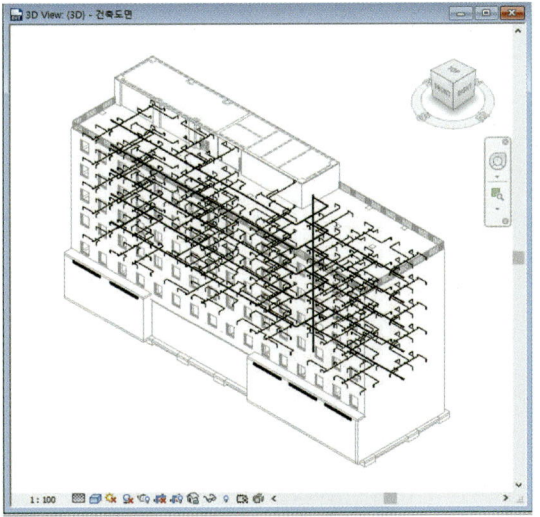
(b) BIM 3D 소화배관 평면도

[그림 7-3] BIM도면

다운로드 받은 chapter 7.의 건축도면.rvt 파일을 더블 좌 클릭하여 실행시킨다.

1. 그림 7-4(a) 건축평면도에서 설계되어야 하기 때문에, ① Floor Plan FL 1 - 건축평면도를 좌 클릭하여 도면을 활성화시킨다. 현재 활성화 창이 그림 7-4와 같지 않으면 좌측 Project Browser 창에서 3D Views > 3D 더블 좌 클릭한다.
2. 활성화된 창을 그림 7-4와 같이 보이도록 하려면 WT라고 입력한다.

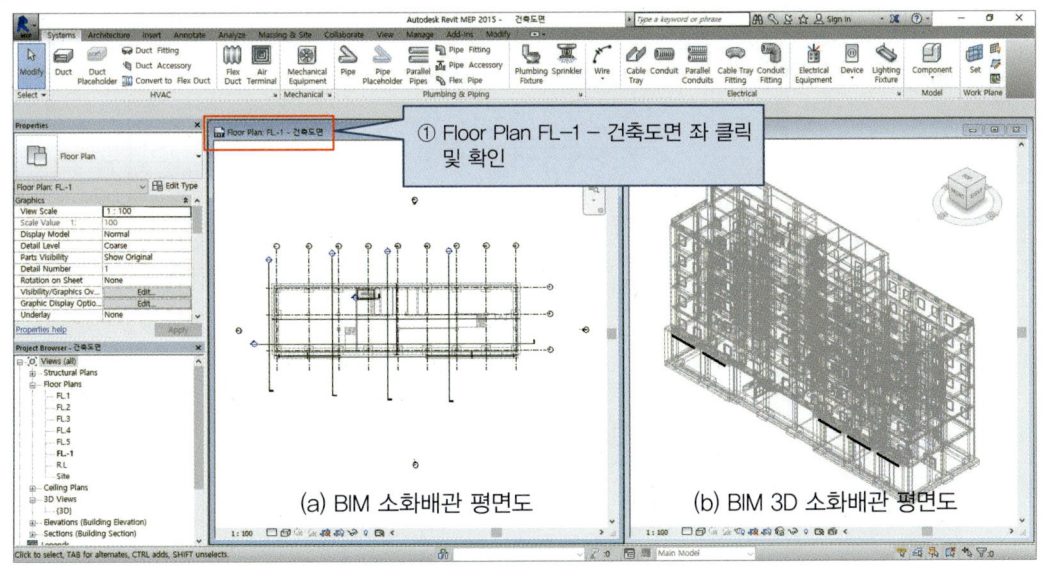

[그림 7-4]

Chapter 07 BIM 소화배관 설계하기 215

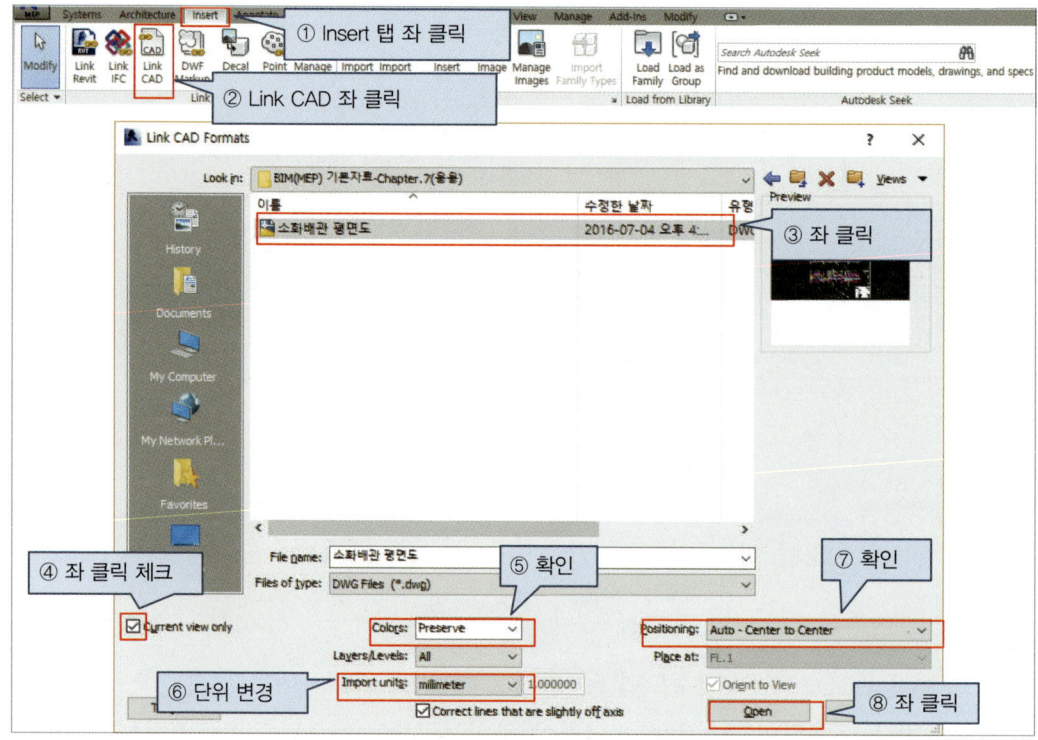

[그림 7-5]

그림 3-7~3-9와 같이 소화배관 평면도를 건축도면에 FIN으로 고정시키시오.

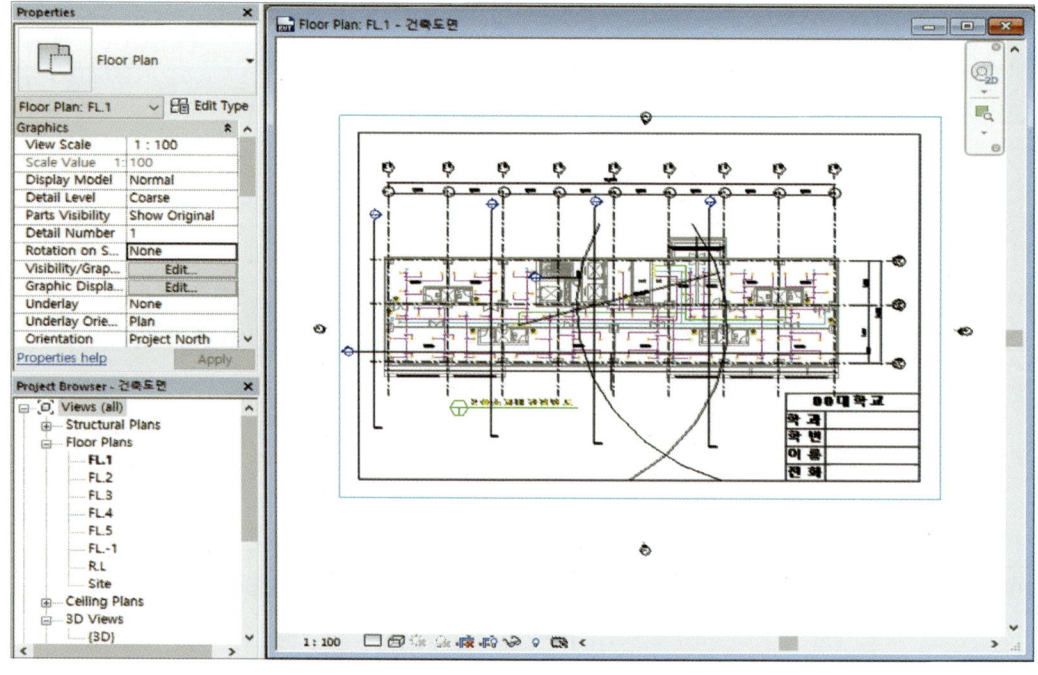

[그림 7-6]

그려지는 스프링클러 배관이 보이도록 그림 7-7과 같이 Offset을 3000으로 설정하시오.

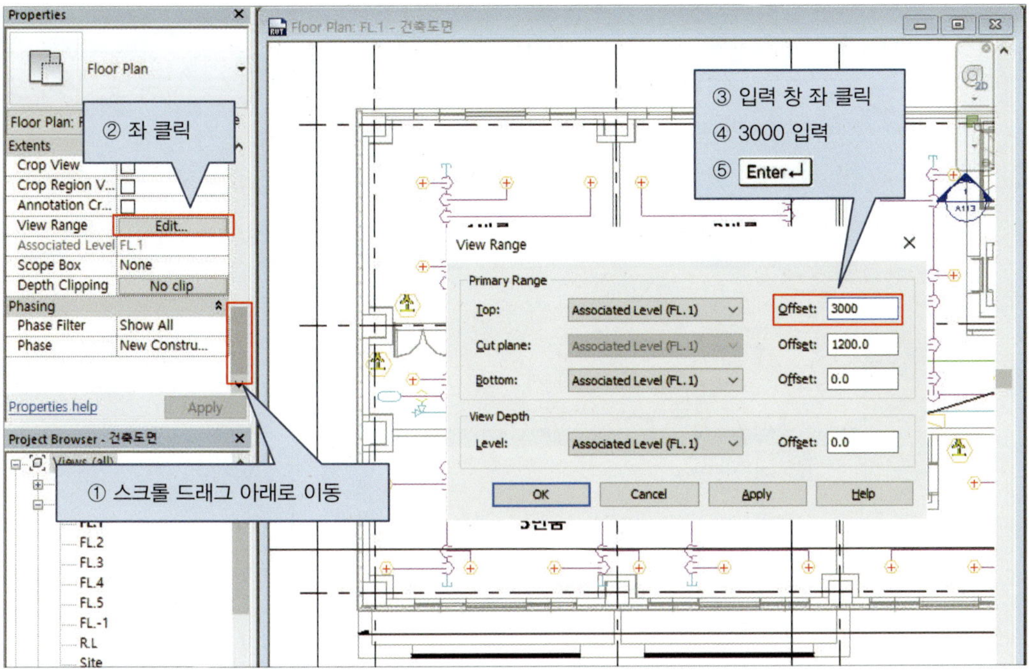

[그림 7-7]

스프링클러 배관이 실물처럼 보기 위하여 그림 7-8과 같이 설정하시오.

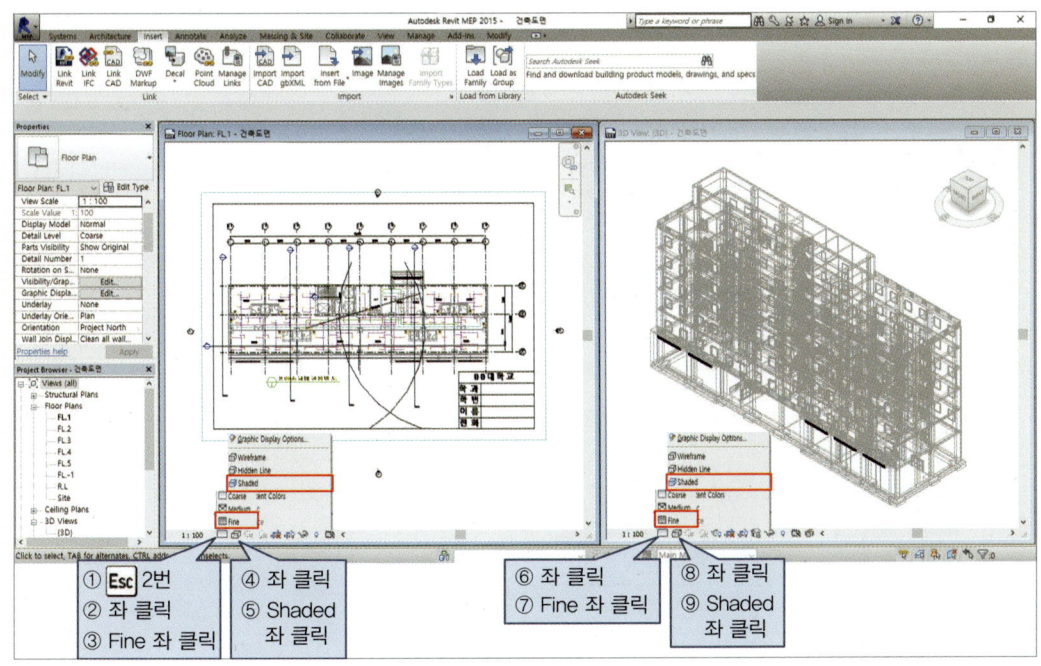

[그림 7-8]

Chapter 07 BIM 소화배관 설계하기

그림 7-9~7-11과 같이 스프링클러를 선택하시오.

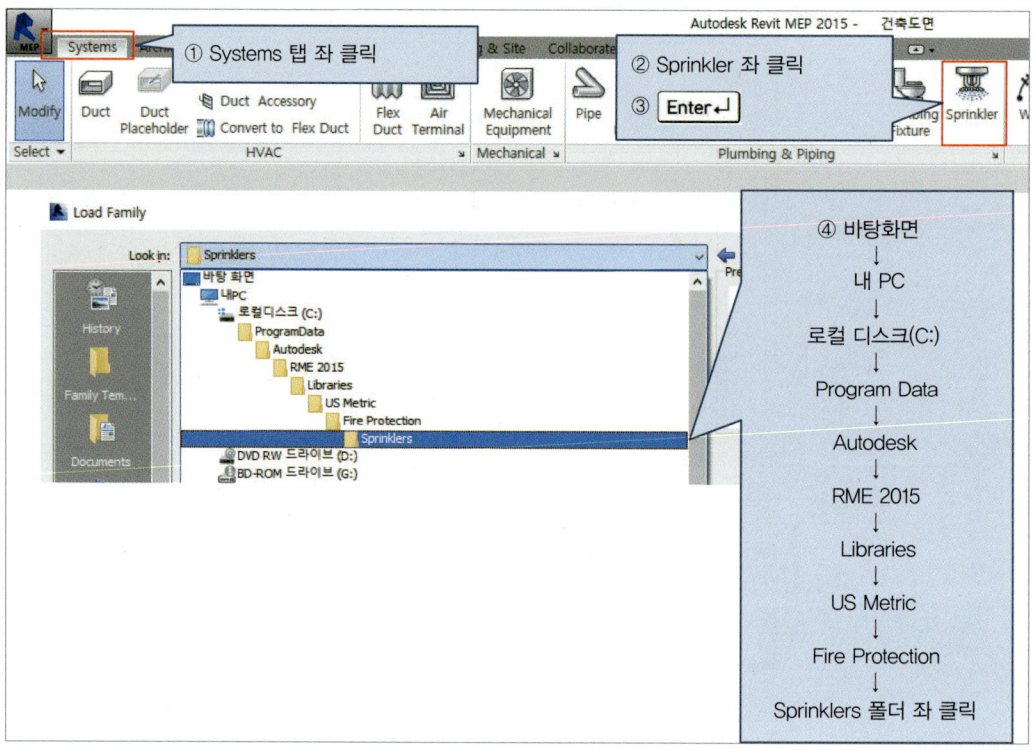

[그림 7-9]

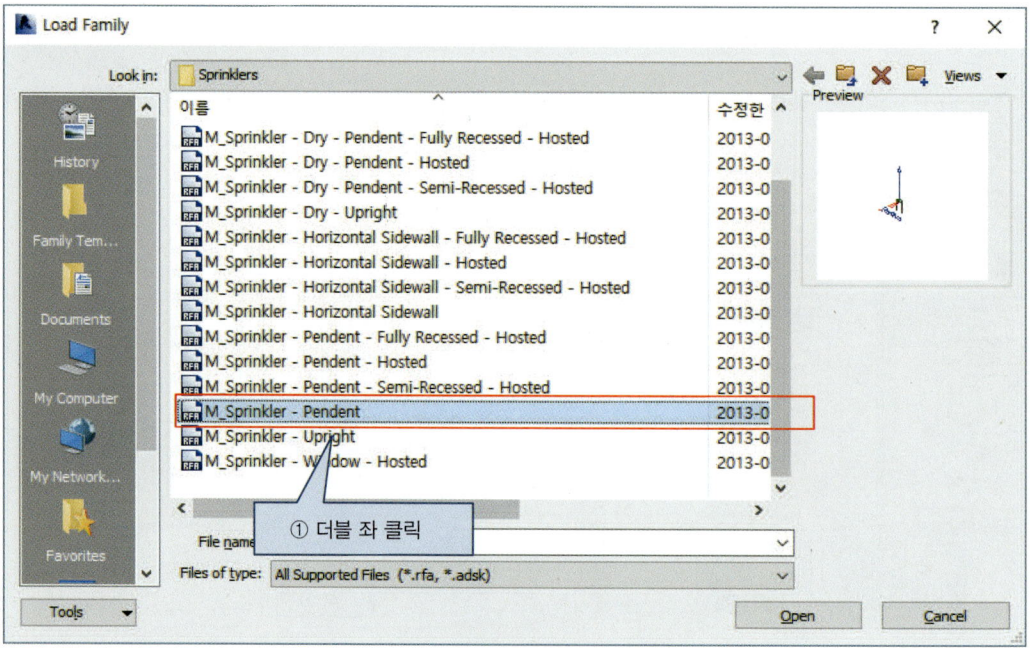

[그림 7-10]

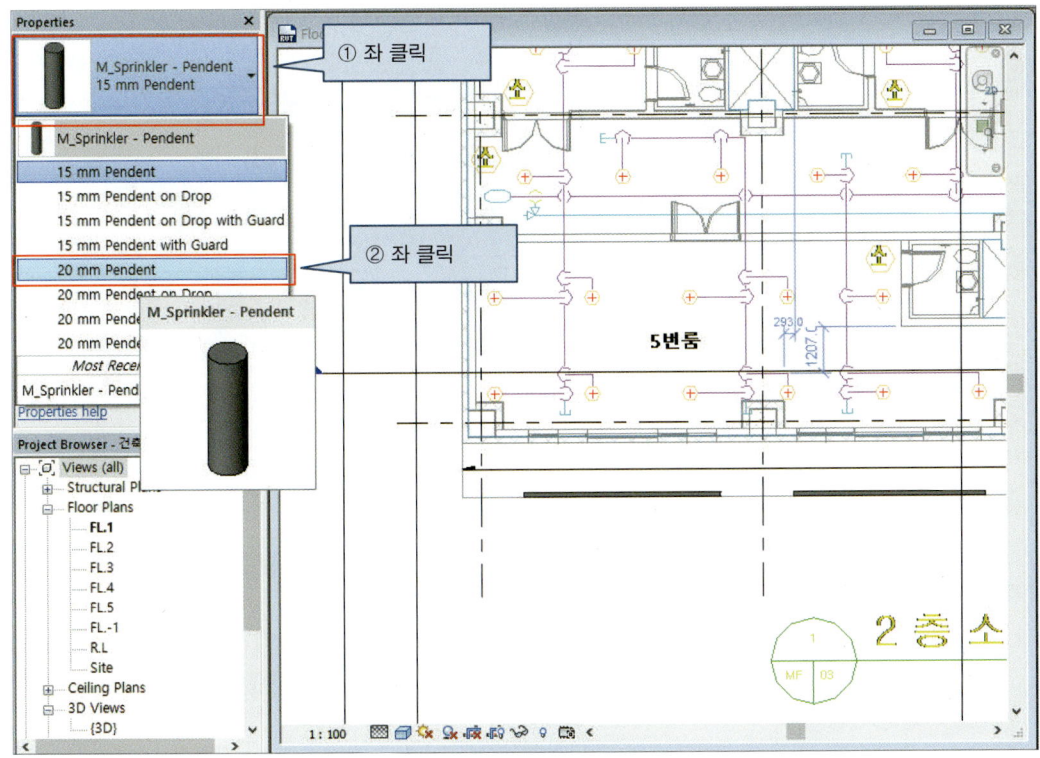

[그림 7-11]

그림 7-12와 같이 5번룸에 스프링클러를 설치하시오.

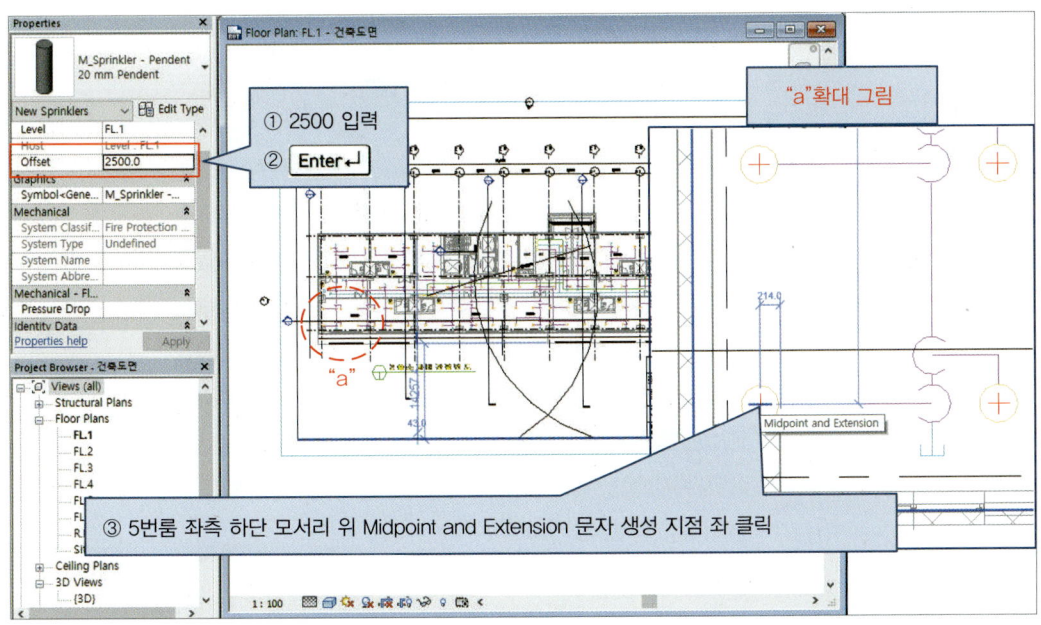

[그림 7-12]

그림 7-13~7-17과 같이 소화배관의 엘보우, 티 및 트랜지션을 선택하시오.

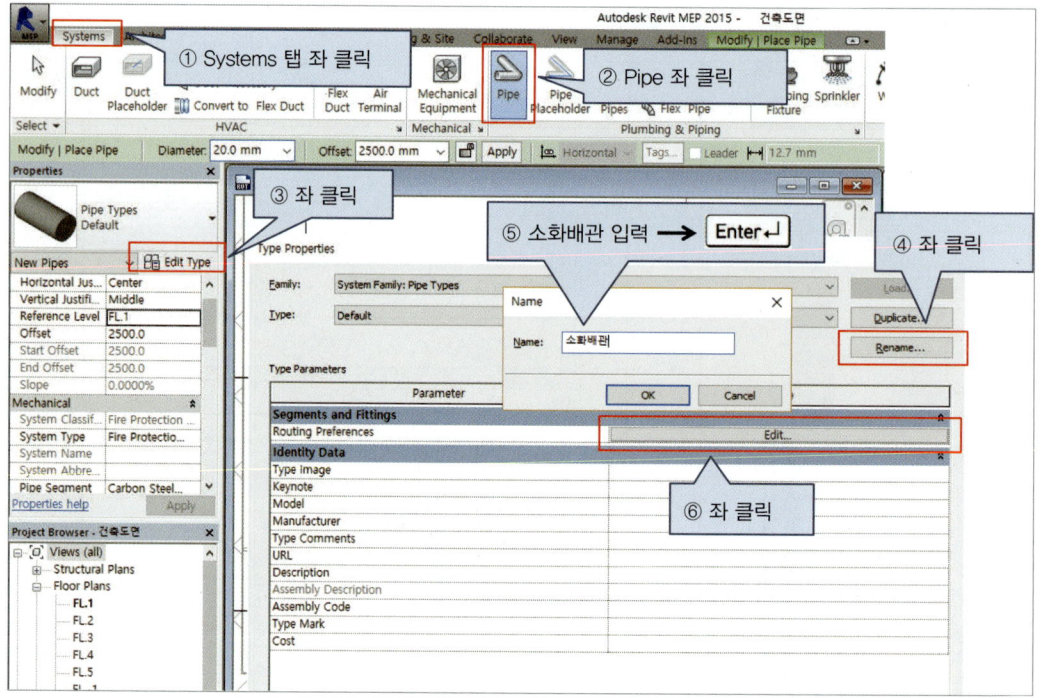

[그림 7-13]

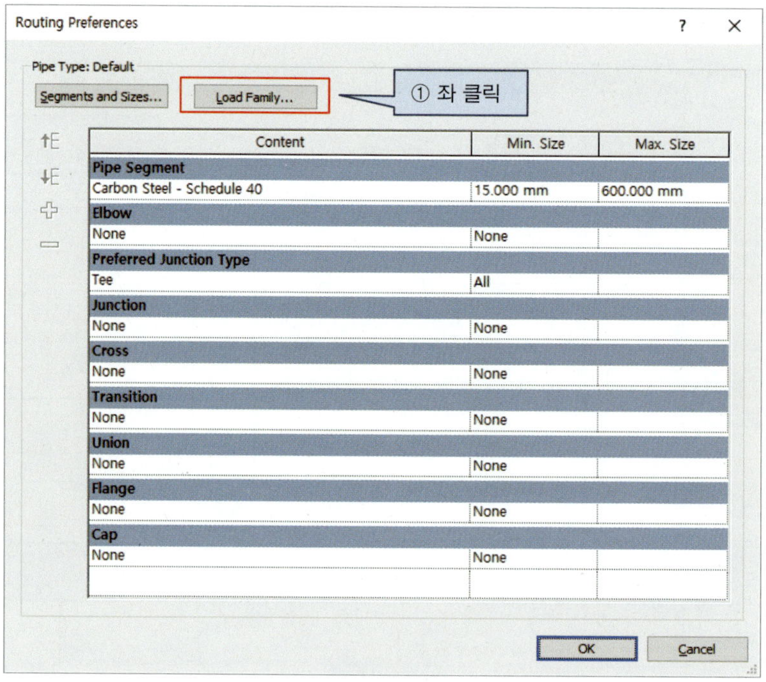

[그림 7-14]

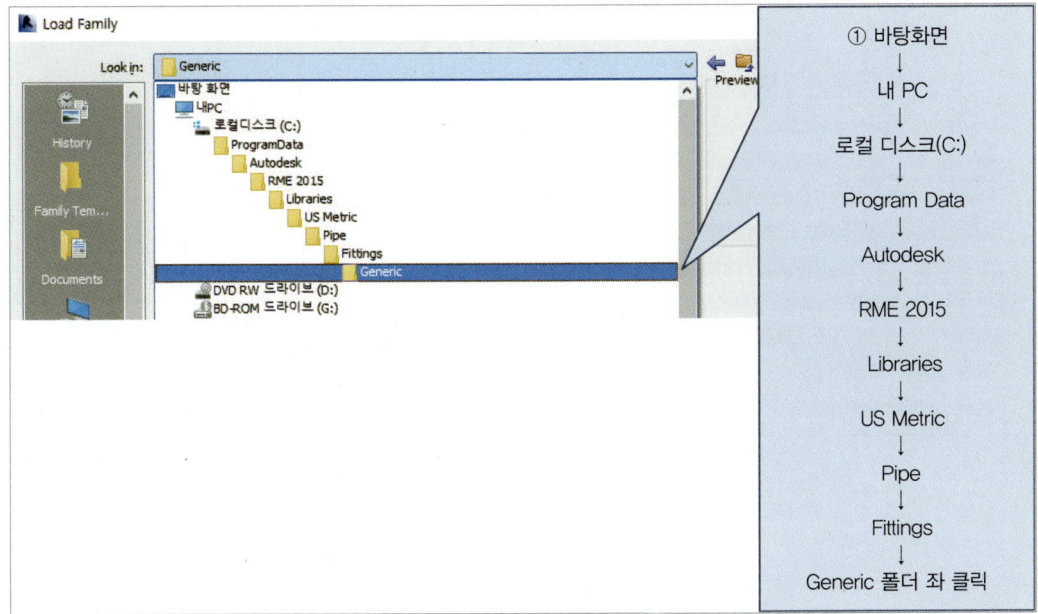

[그림7-15]

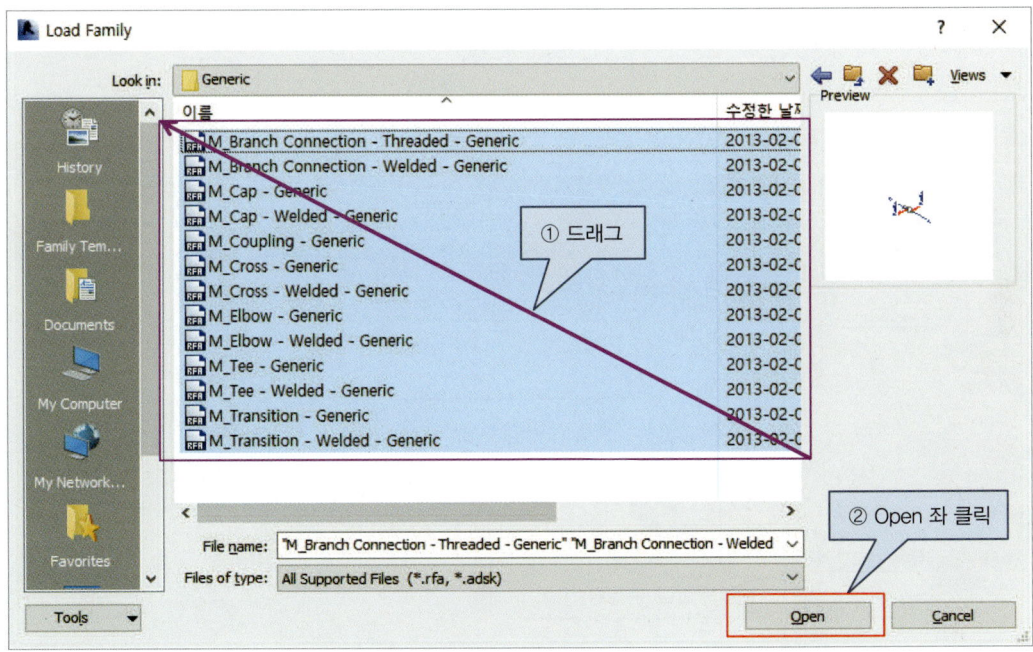

[그림 7-16]

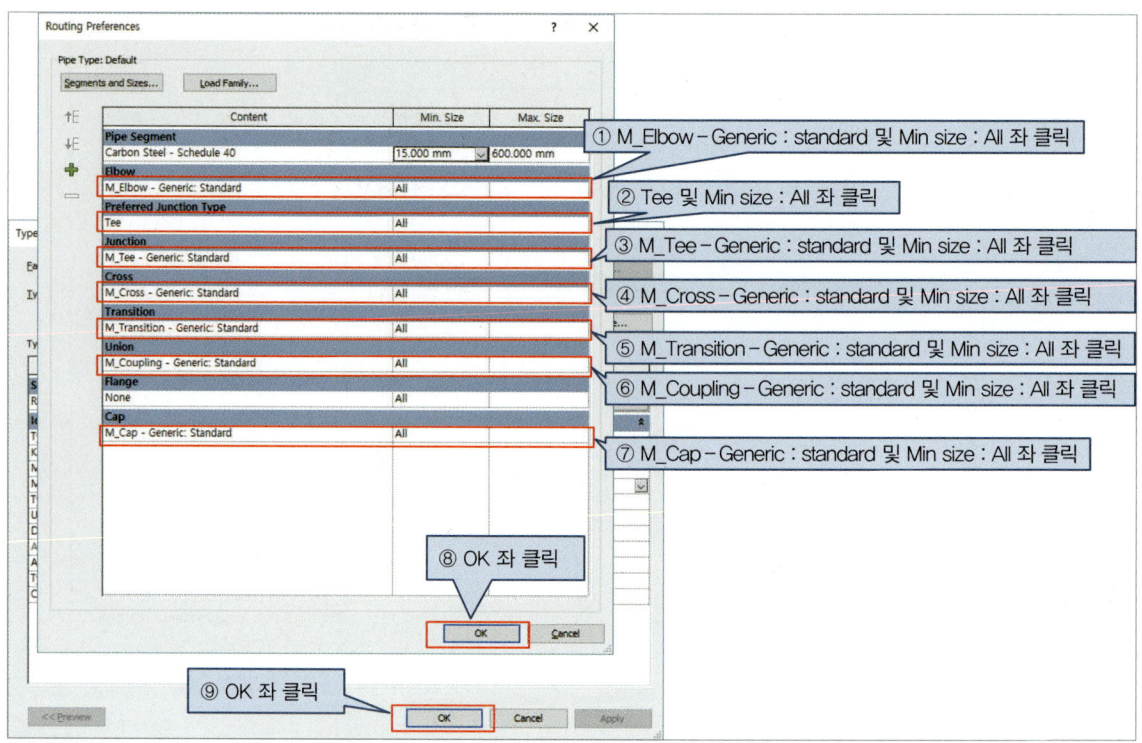

[그림 7-17]

그림 7-18~7-25와 같이 5번룸의 스프링클러와 소화 가지배관을 연결하시오.

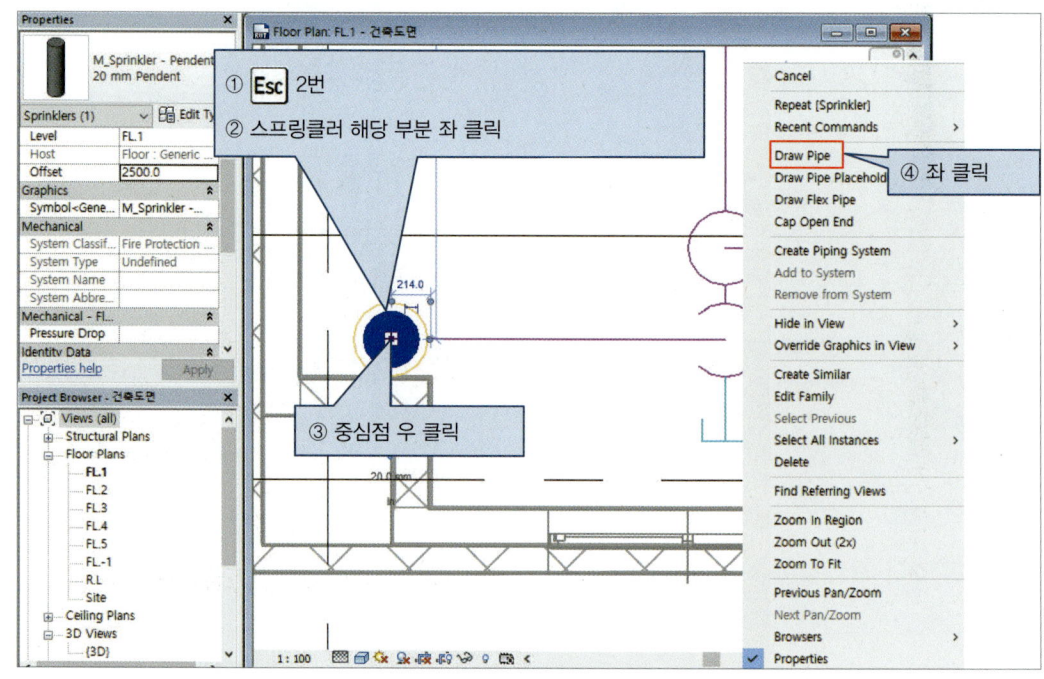

[그림 7-18]

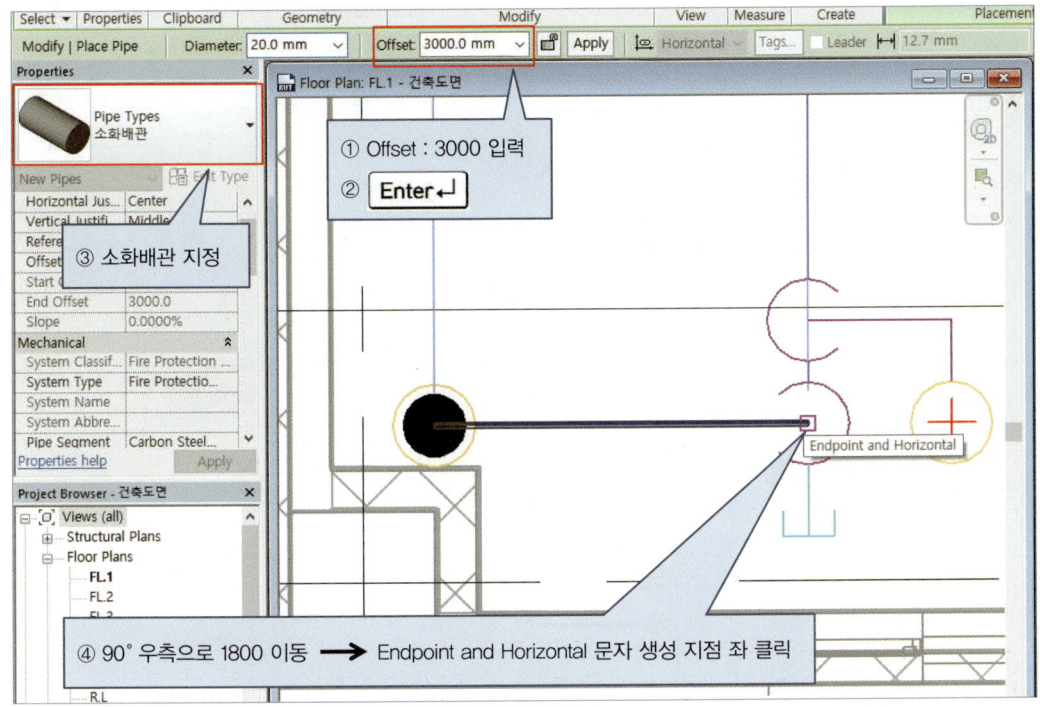

[그림 7-19]

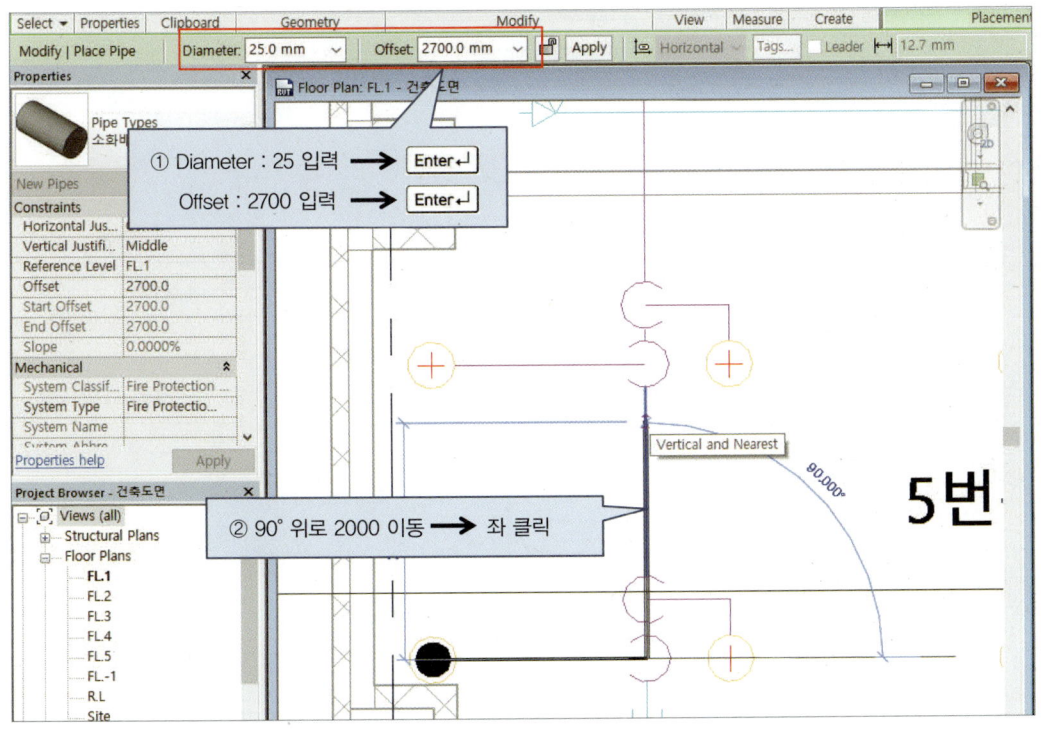

[그림 7-20]

Chapter 07 BIM 소화배관 설계하기

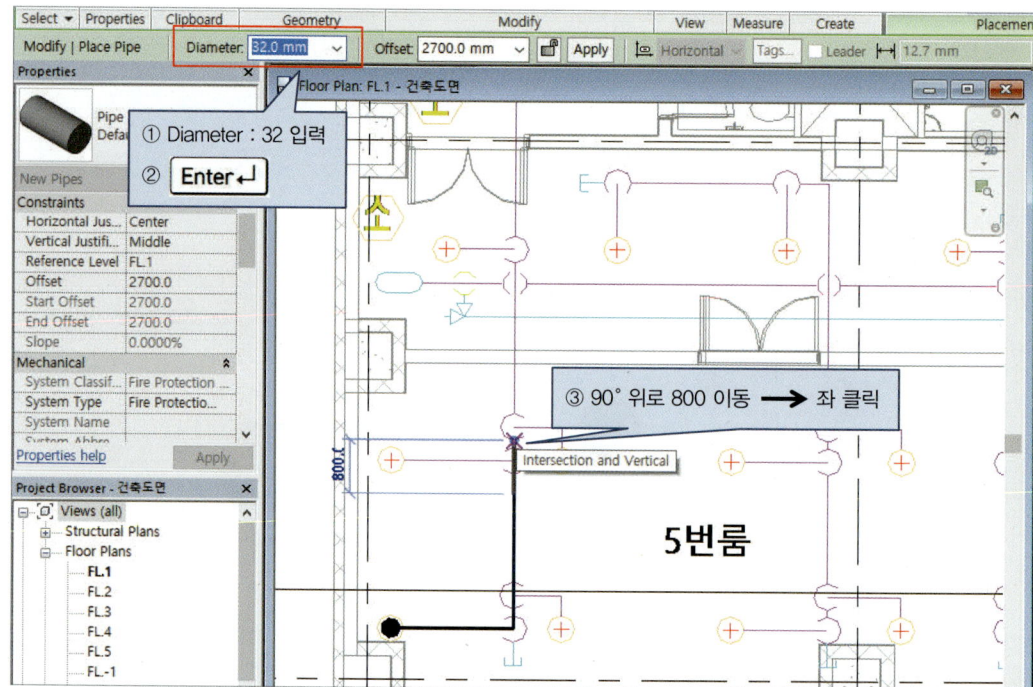

[그림 7-21]

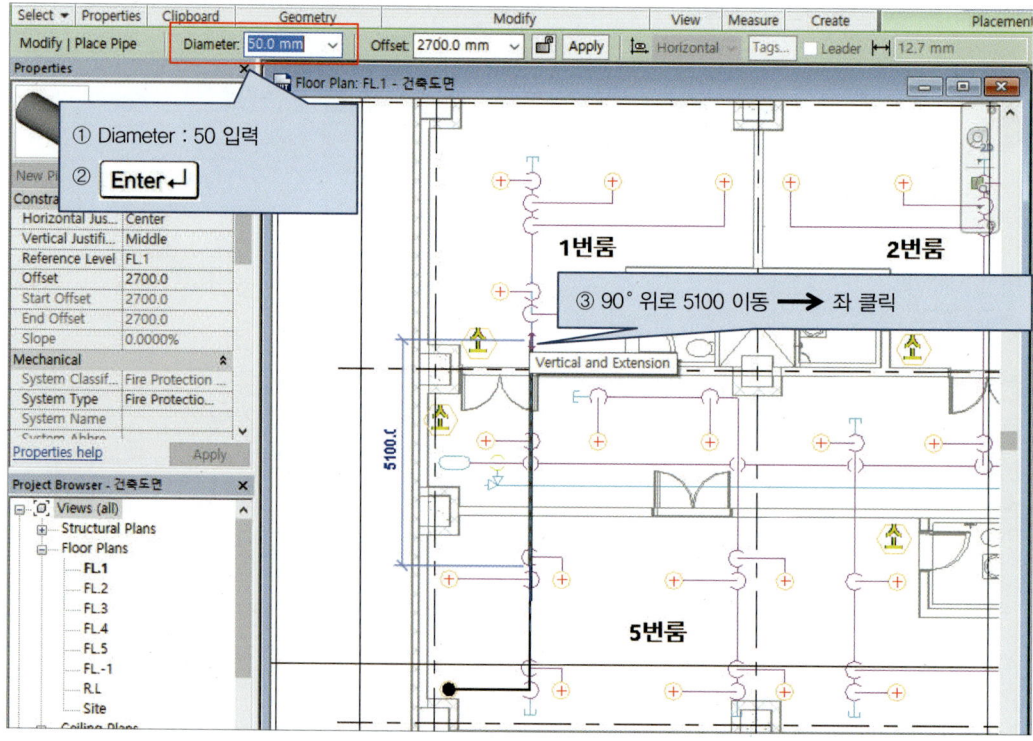

[그림 7-22]

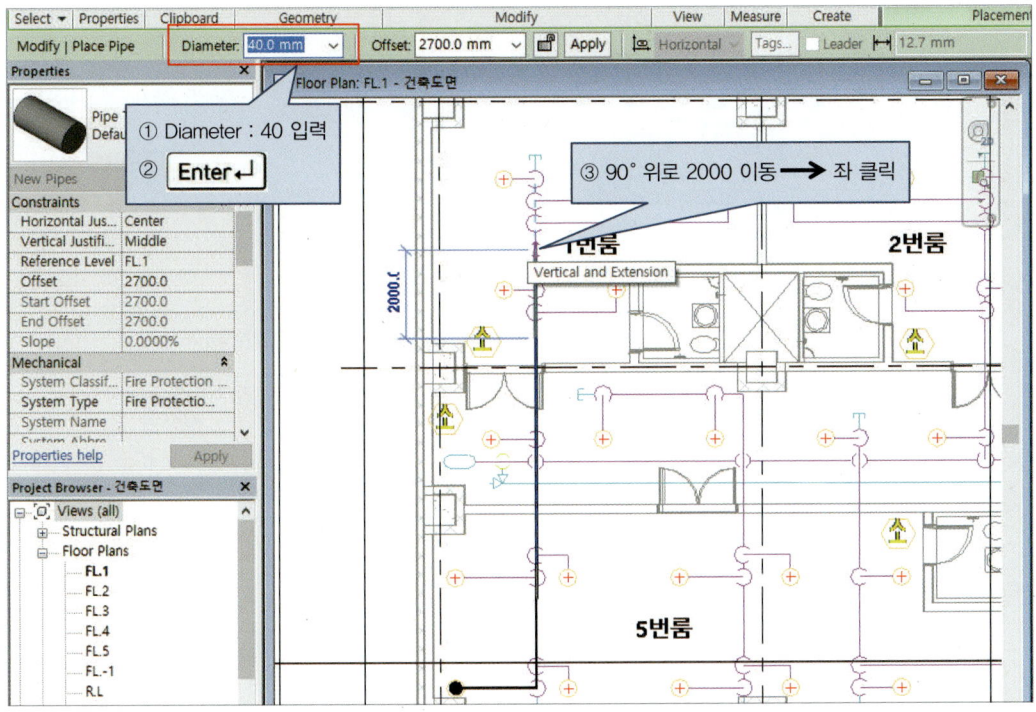

[그림 7-23]

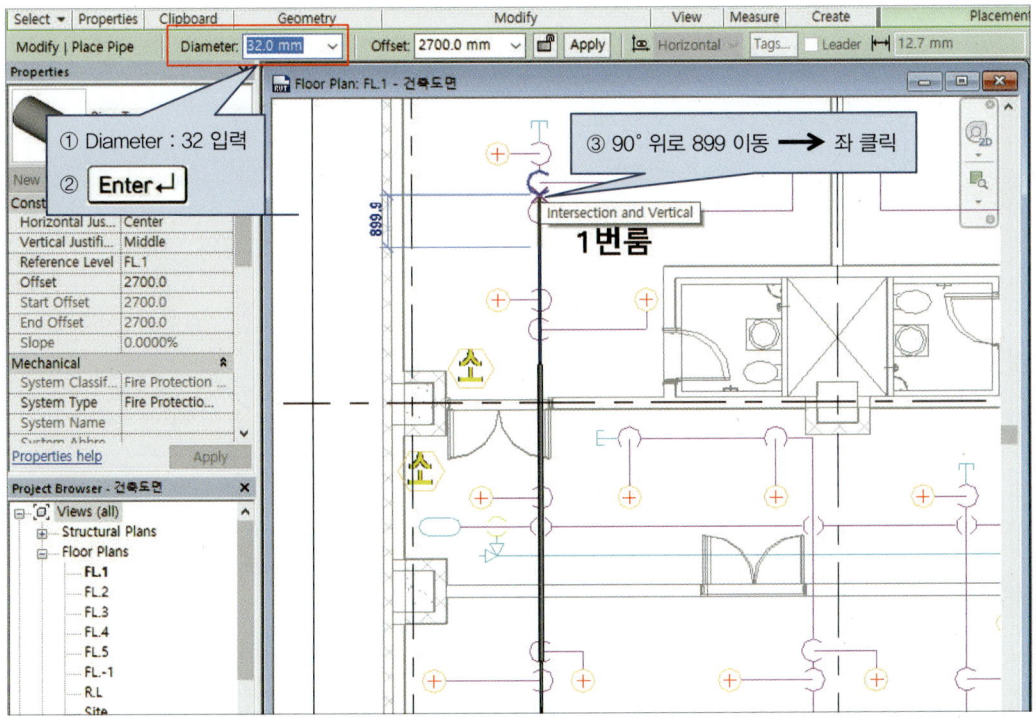

[그림 7-24]

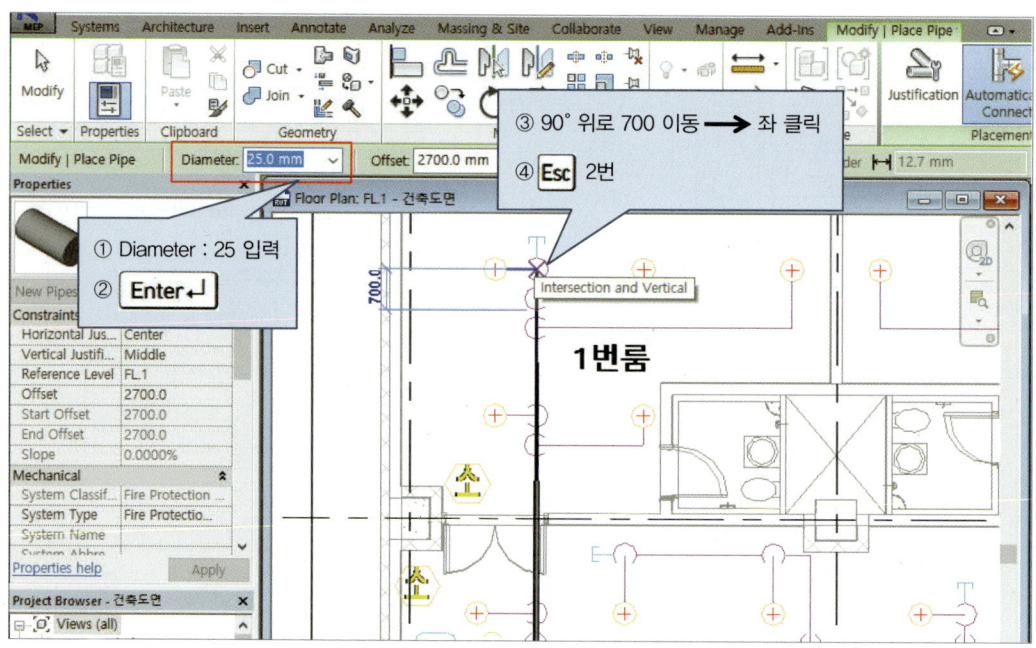

[그림 7-25]

그림 7-18~7-25와 같이 동일하게 1번룸의 스프링클러와 소화 가지배관을 연결하여 그림 7-26과 같이 그리시오.

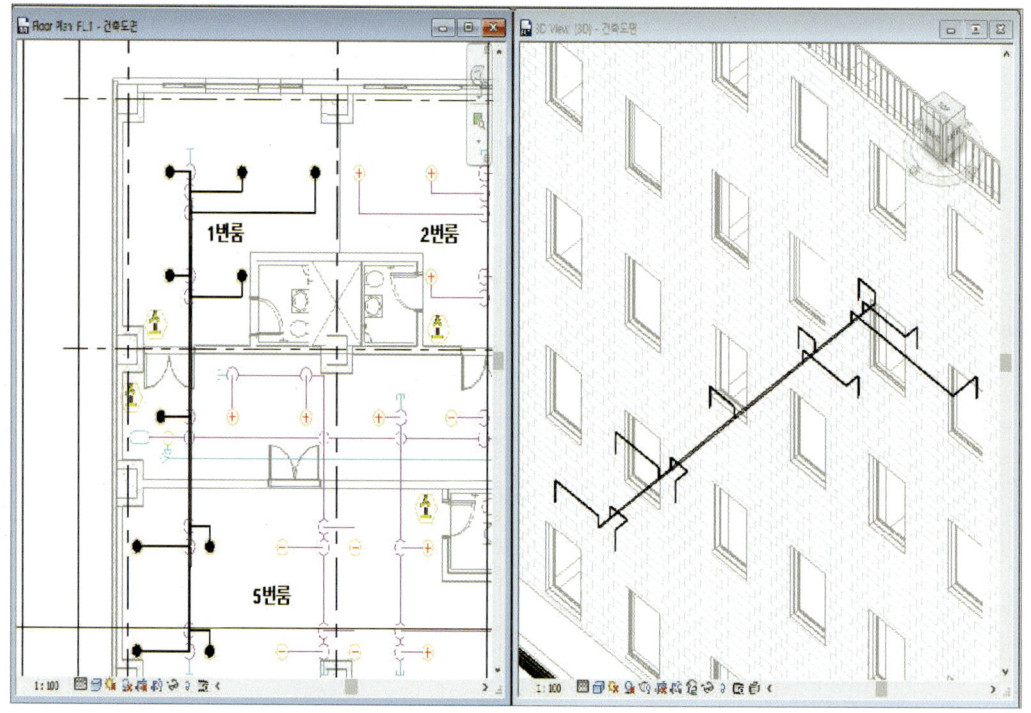

[그림 7-26]

그림 7-18~7-26과 같이 동일한 방법으로 2, 3, 4, 6, 7 및 8번룸의 스프링클러를 설치하고 여기에 소화 가지배관을 그림 7-27과 같이 연결하시오. 가지배관 생성 시 말단부는 연결이 안되는 경우가 발생하면 Modify → ▤를 사용하여 가지배관과 가지배관을 연결하시오.

※ 소화법규에 따라 스프링클러 배관의 구경을 다음과 같이 산정하여 offset 3000으로 하여 그림 7-27과 같이 만드시오.

스프링클러 배관구경	Φ20	Φ25	Φ32	Φ40	Φ50	Φ65	Φ80	Φ90	Φ100	Φ125	Φ150
스프링클러 수량	1	2	3	5	10	30	60	80	100	160	161이상

- 횡지관을 기준으로 하여 상하로 연결되는 스프링클러의 개수로 배관의 구경을 결정하므로, 예를 들어 5번 룸 출입구 측에 설치되는 스프링클러 배관을 아래쪽에서부터 20, 25, 32 및 40Φ로 연결된다. 이후 Modify → ▤를 사용하여 가지배관과 가지배관을 연결하시오.

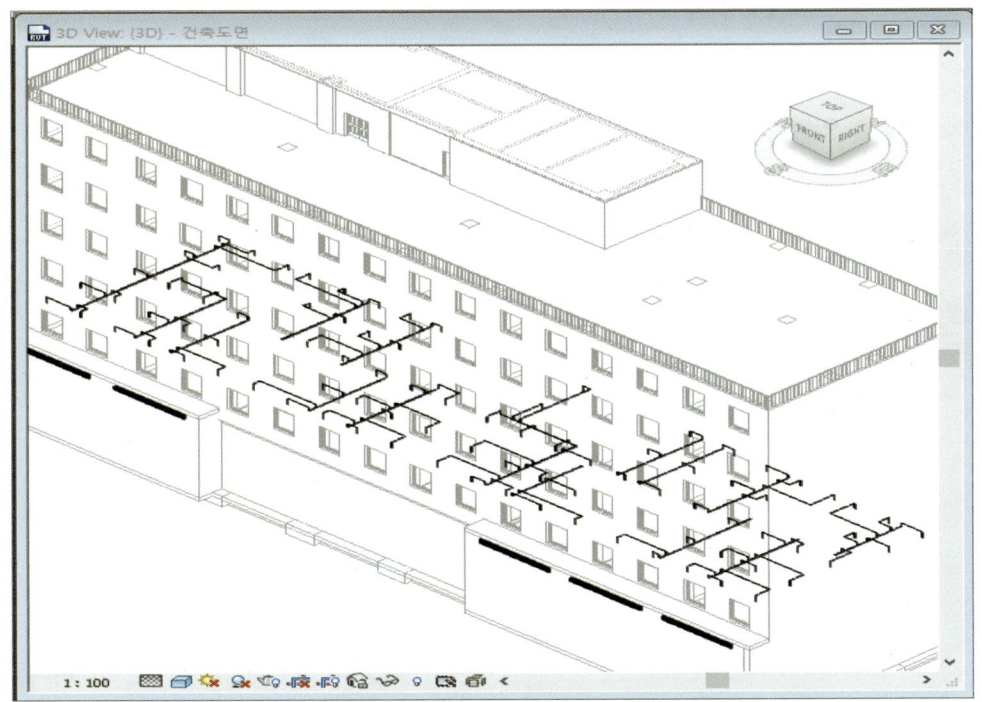

[그림 7-27]

그림 7-28~7-29와 같이 스프링클러의 횡지배관을 그리시오.

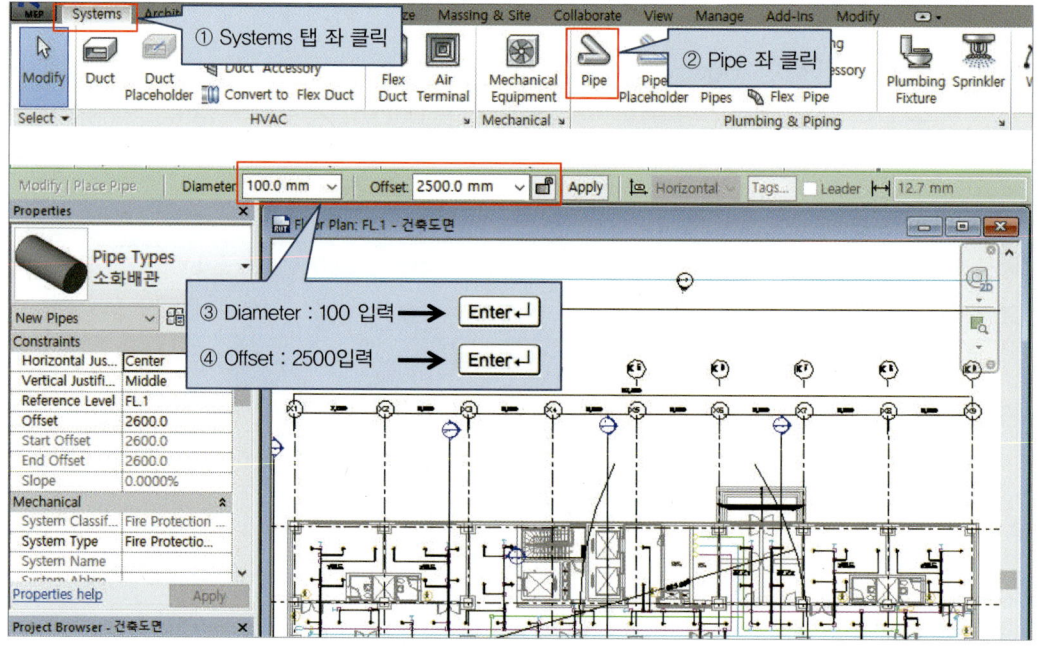

[그림 7-28]

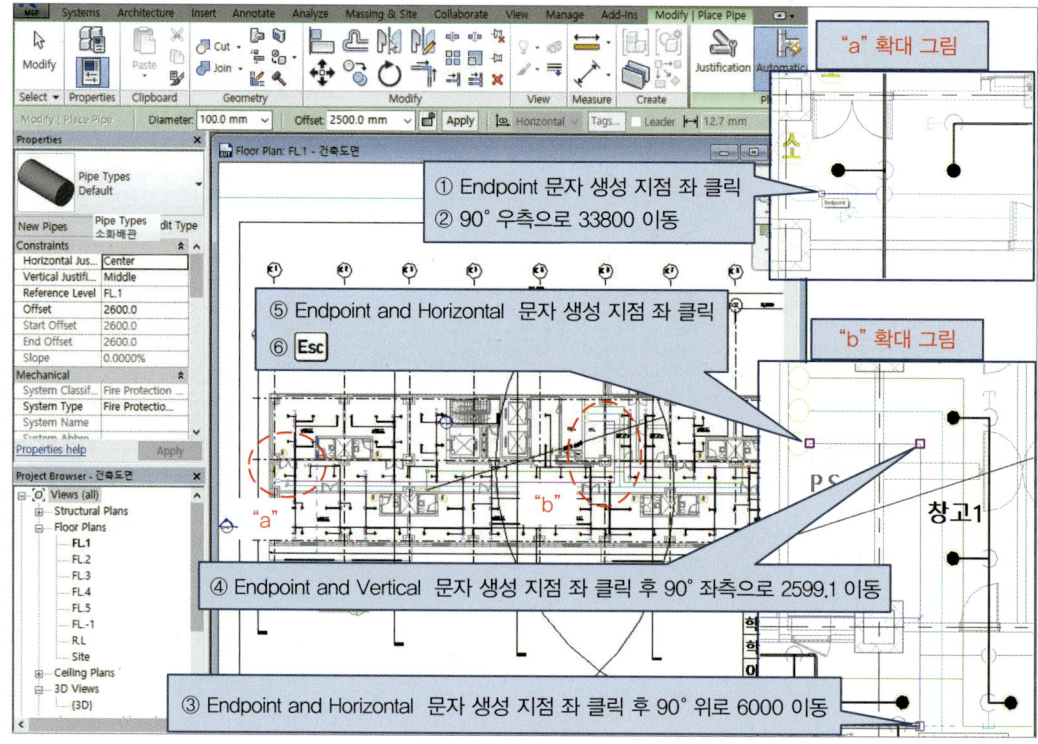

[그림 7-29]

그림 7-30~7-33과 같이 1번룸과 5번룸 사이의 복도에 있는 Offset 2500의 횡지배관과 Offset 2700의 가지배관을 연결하시오.

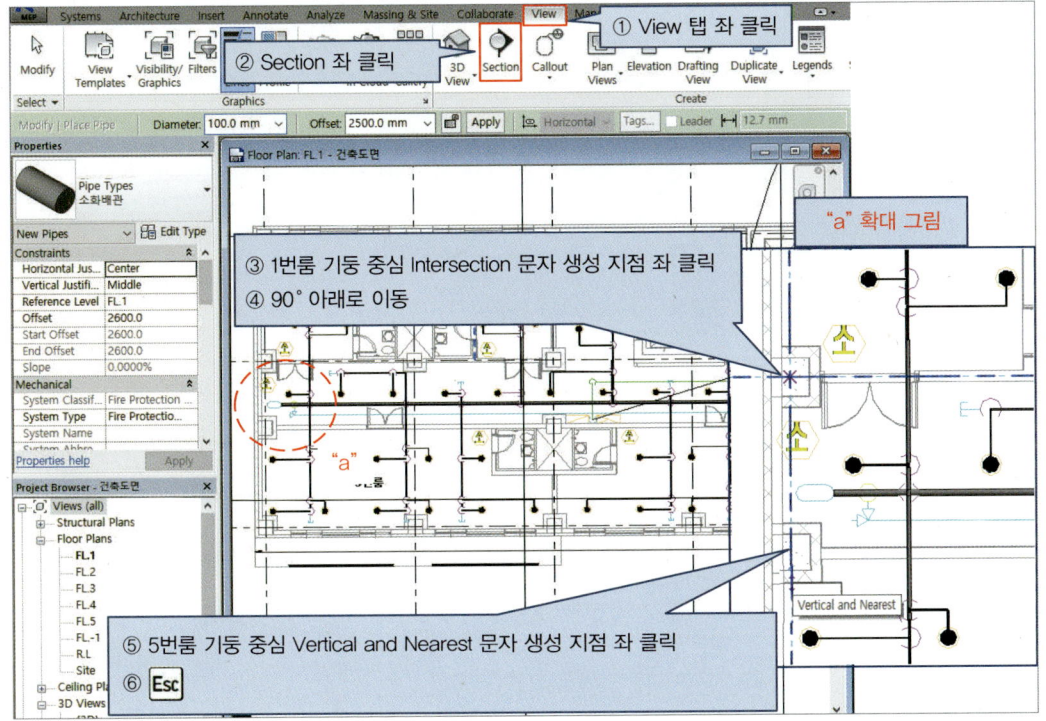

[그림 7-30]

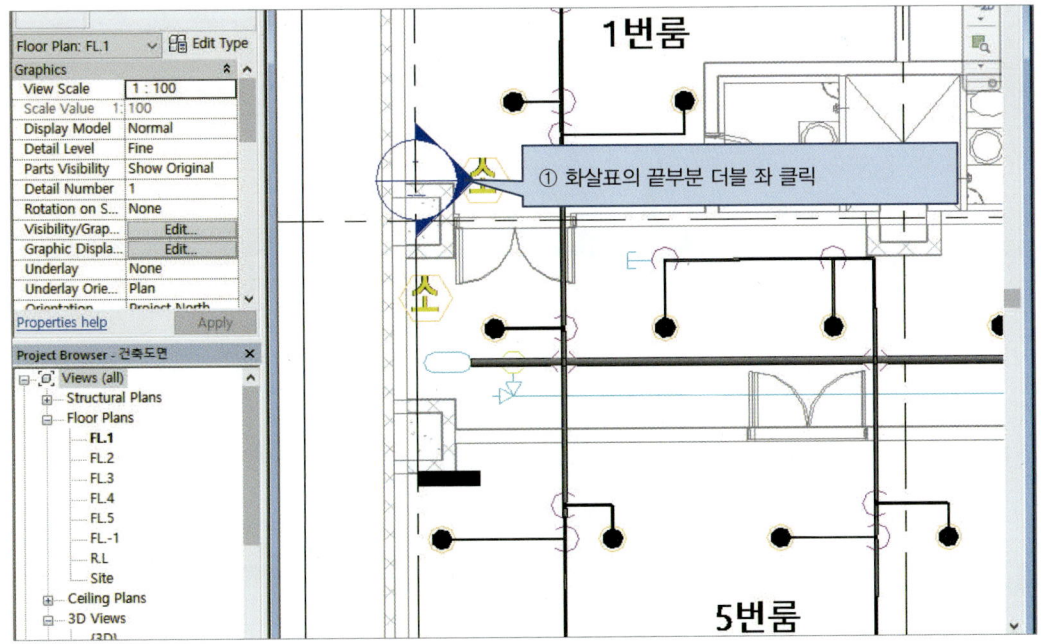

[그림 7-31]

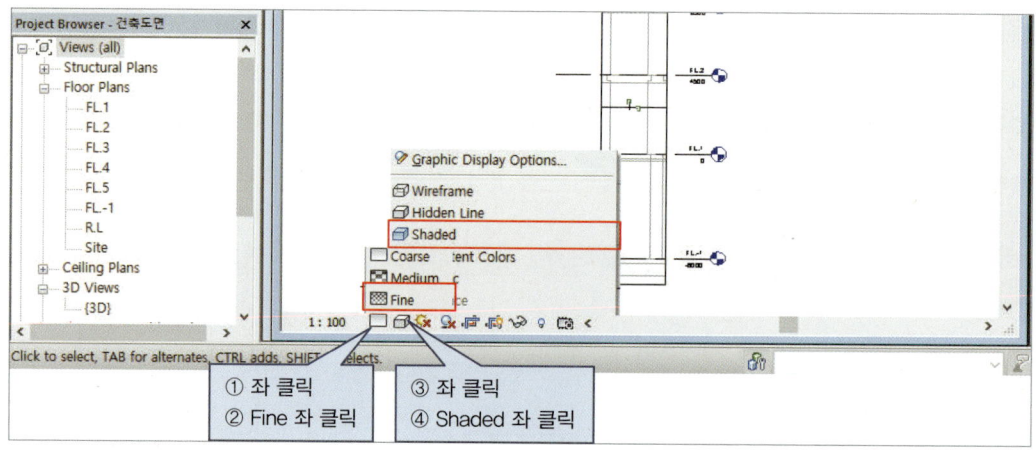

[그림 7-32]

[그림 7-33]

230 순서대로 따라 하며 완성하는 **BIM 실무설비설계**

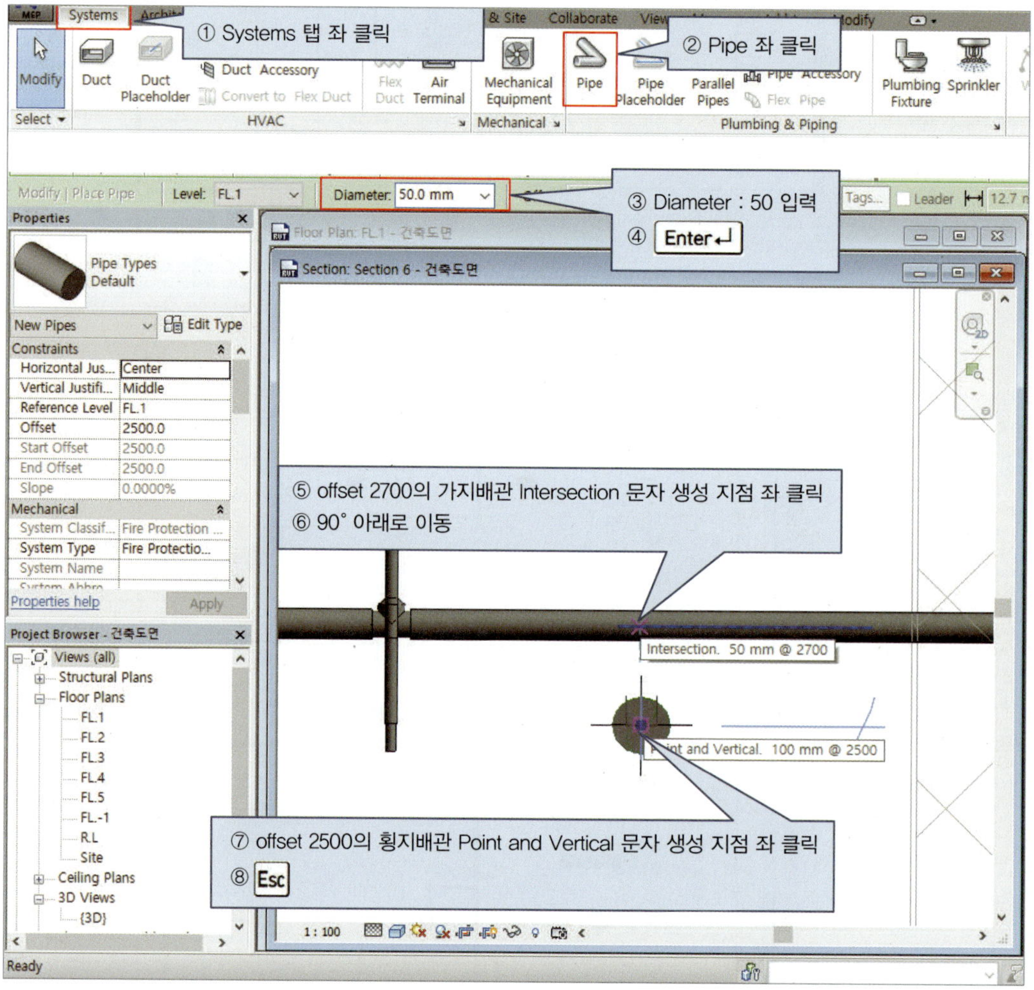

그림 7-30~7-38과(1번룸과 5번룸 사이의 복도) 같이 동일한 방법으로 복도에 있는 나머지 Offset 2500의 횡지배관과 Offset 2700의 가지배관들을 연결하시오.

※ A1 : 창 크기(늘리고, 줄이면서)에 따라 Point 선택 가능
  A2 : A4와 같이 해도 안 될 경우 Tab 키를 1회 누른 다음 마우스 이동 후 선택

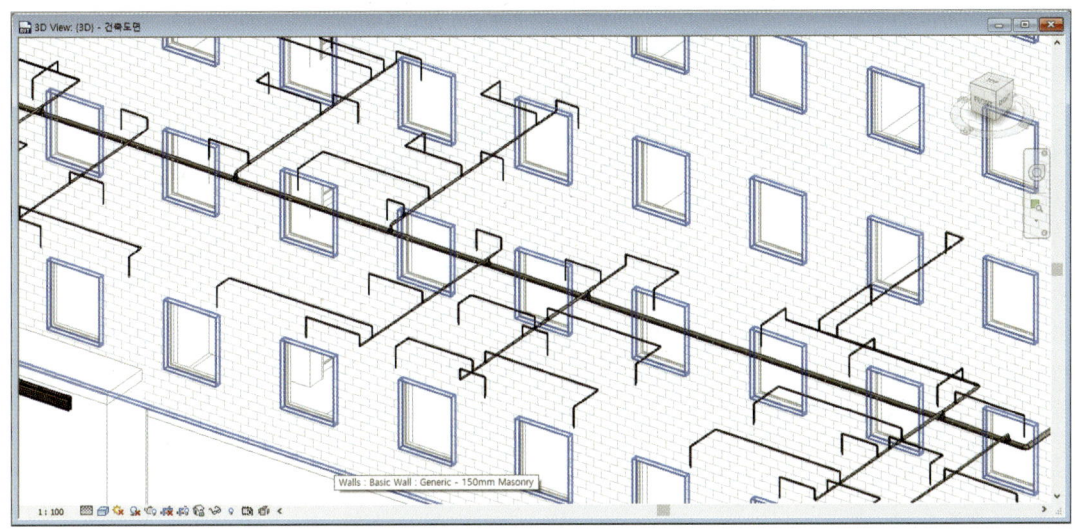

[그림 7-34]

그림 7-34와 같이 되지 않을 경우 그림 7-35와 같은 방법으로 그리시오.

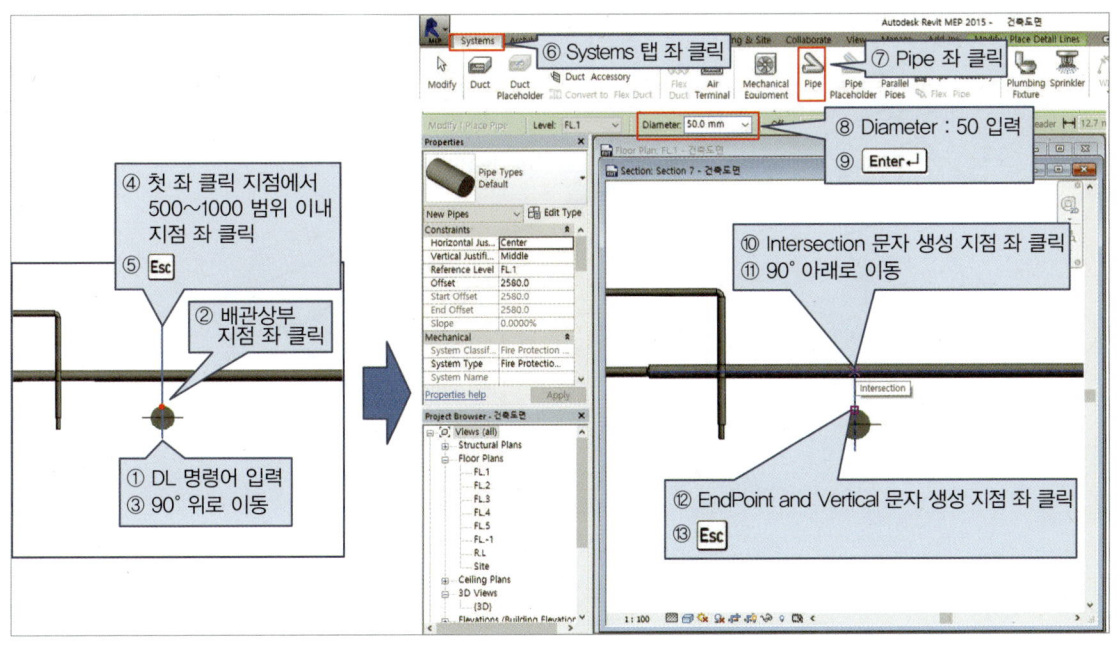

[그림 7-35]

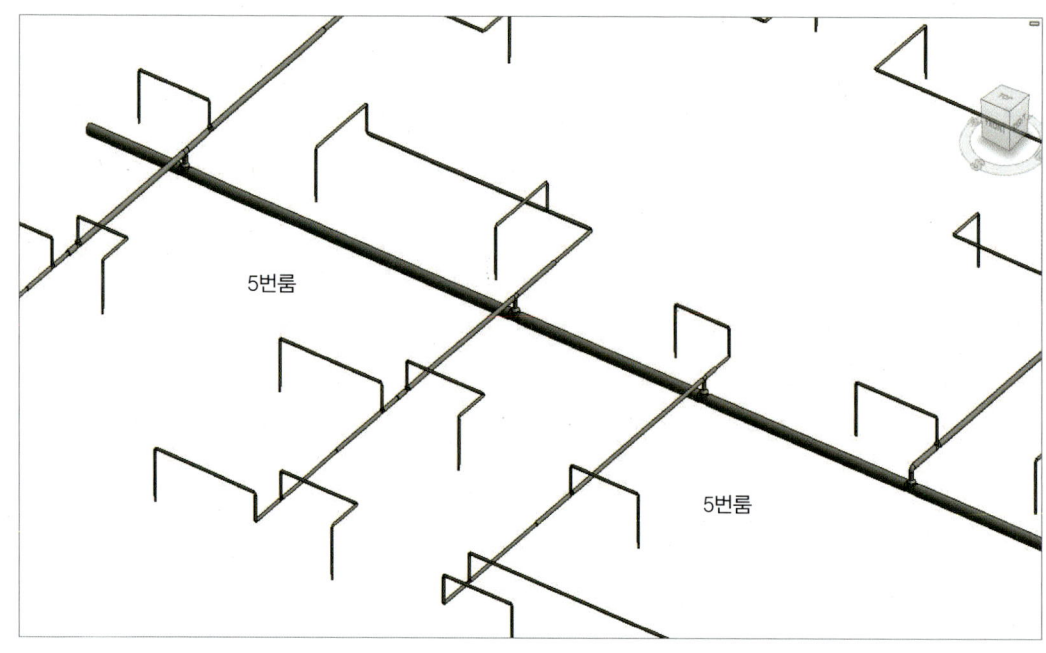

[그림 7-36]

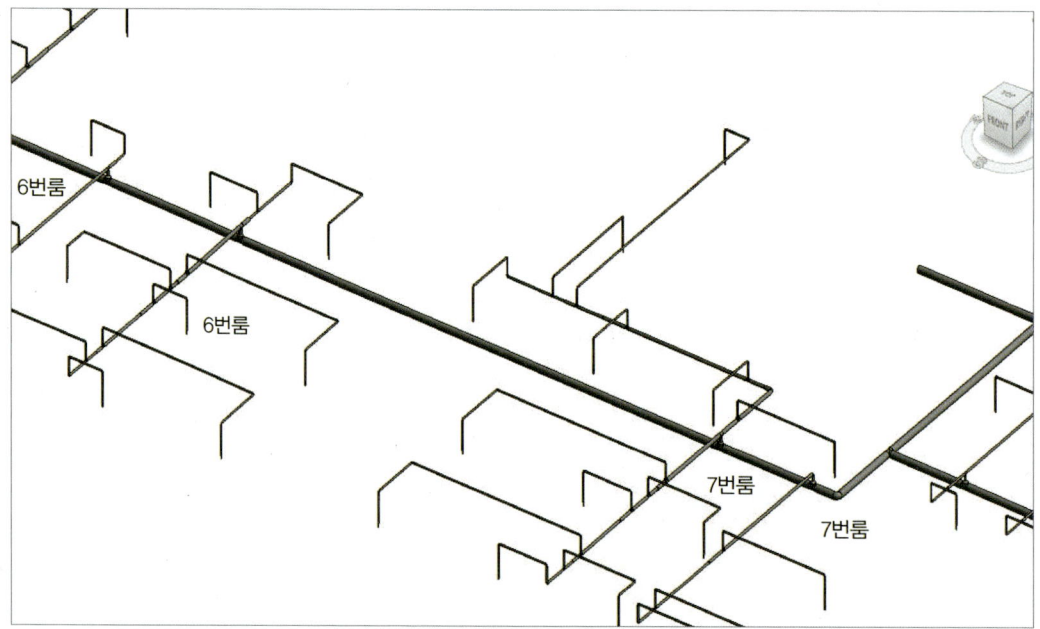

[그림 7-37]

그림 7-28~7-29와 같은 방법으로 우측 횡지배관 100mm를 그리시오.

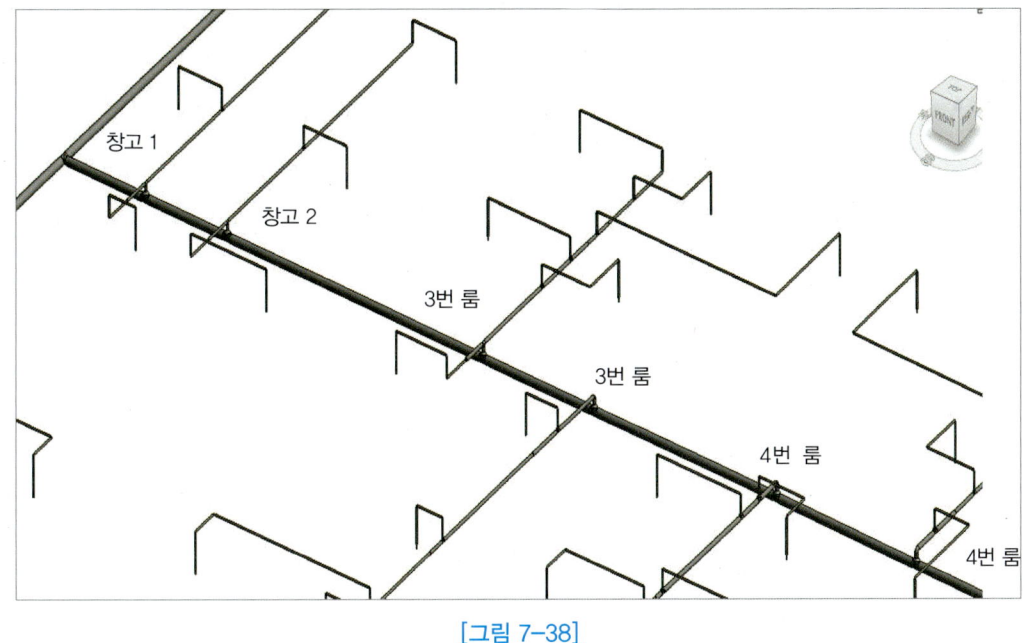

[그림 7-38]

그림 7-39~7-42와 같이 횡지배관 양쪽 말단에 수격방지기를 연결하시오.

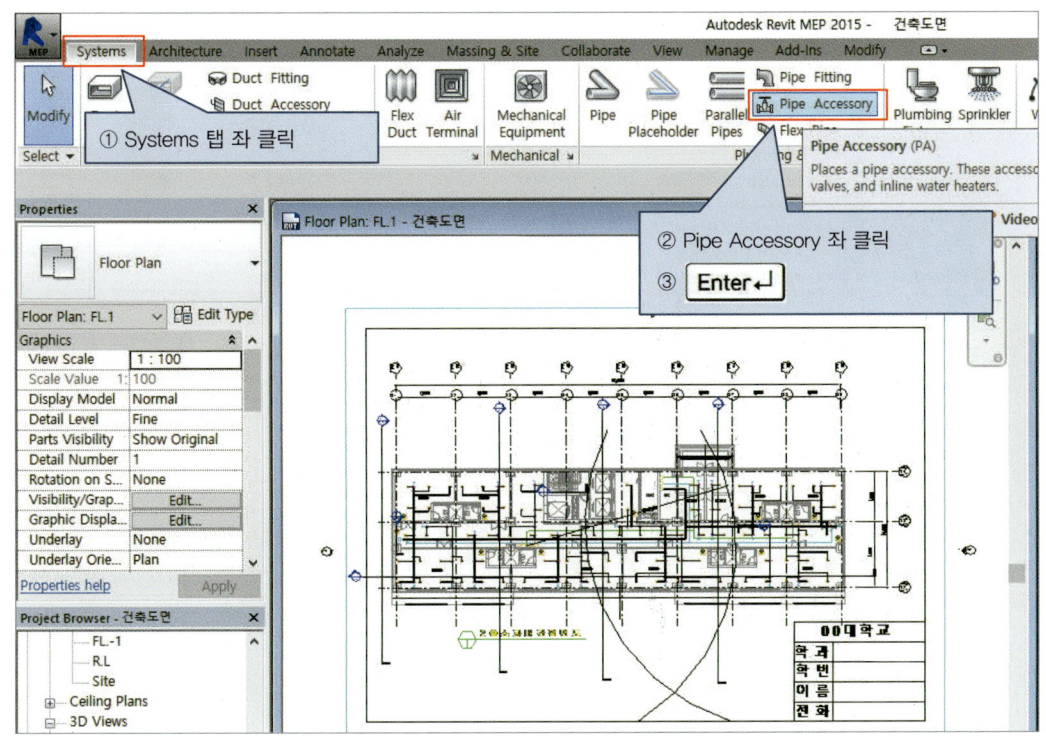

[그림 7-39]

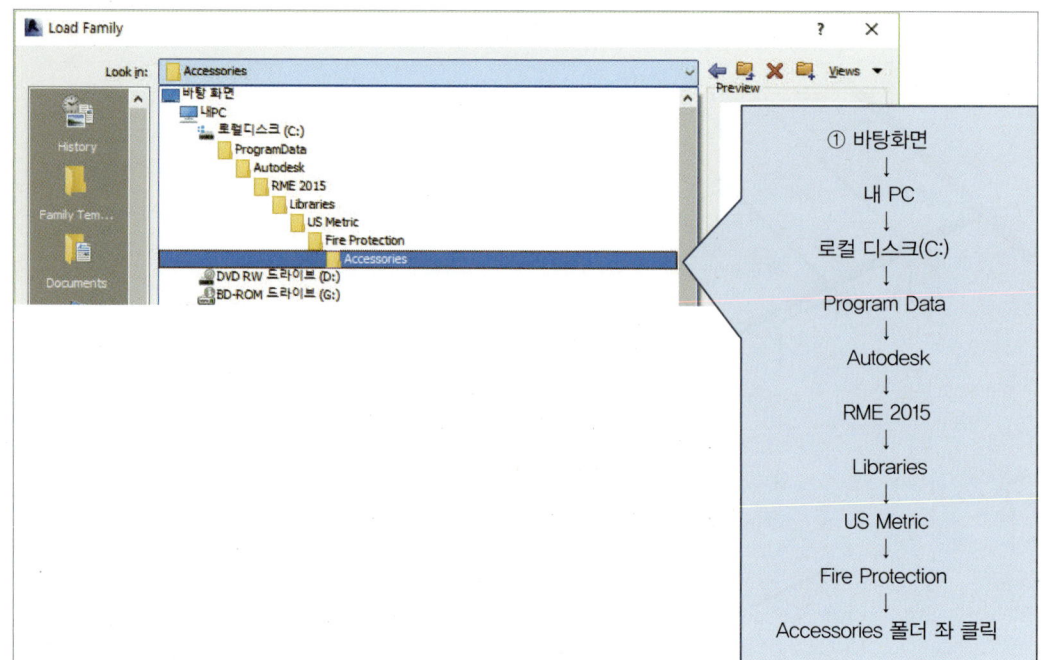

[그림 7-40]

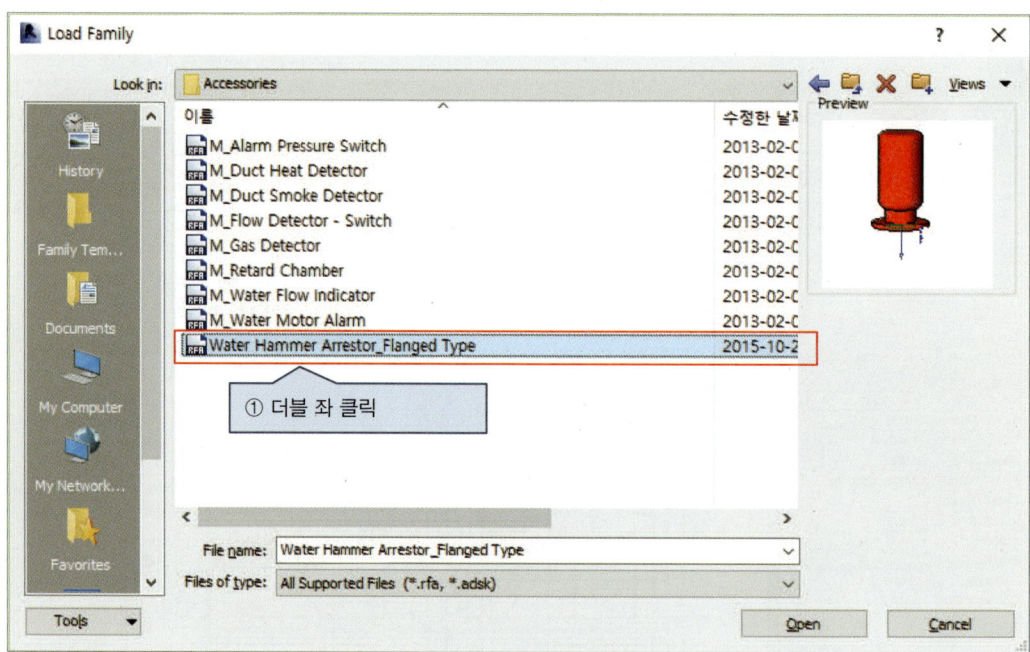

[그림 7-41]

(마우스 커서를 화면 밖으로 이동한 후 스페이스 바를 누른 다음 다시 배관에 커서를 위치시키면 방향이 바뀐다.)

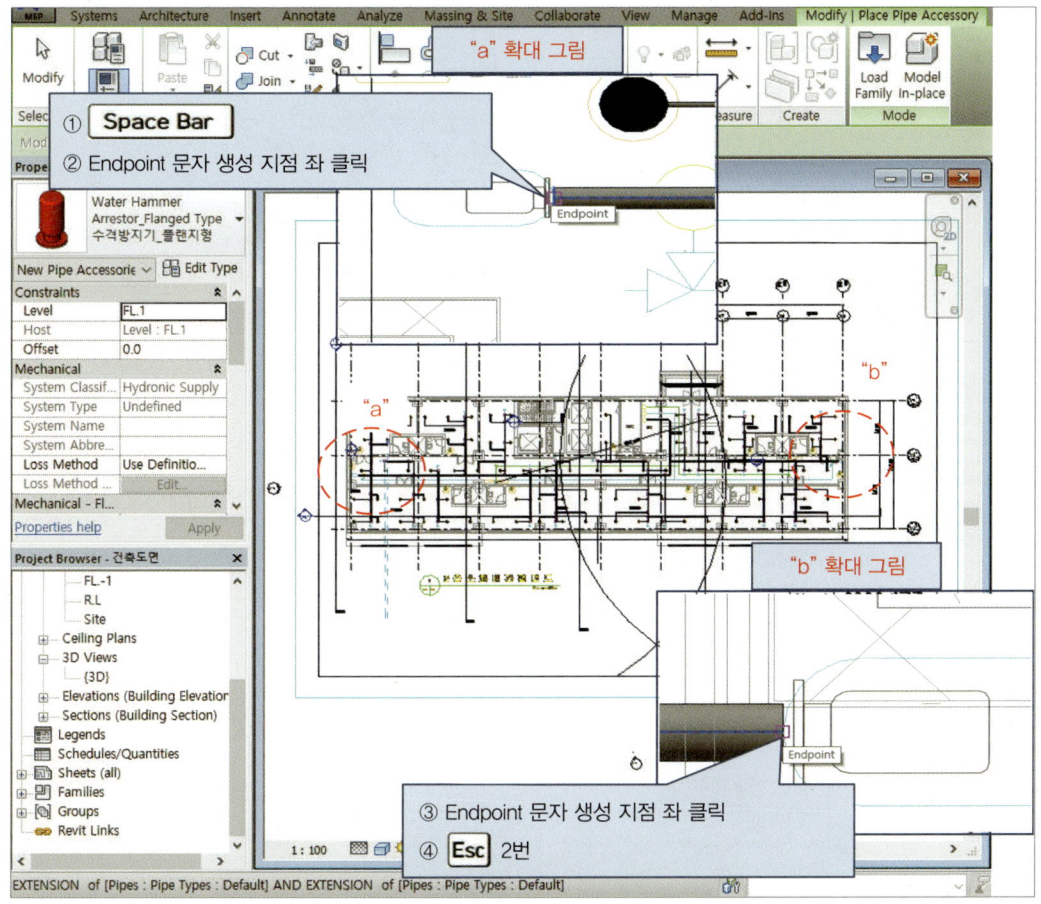

[그림 7-42]

그림 7-43~7-44와 같이 완성된 1층 스프링클러 배관을 각 층마다 복사하기 위해 Elevations 창을 활성화시키시오.

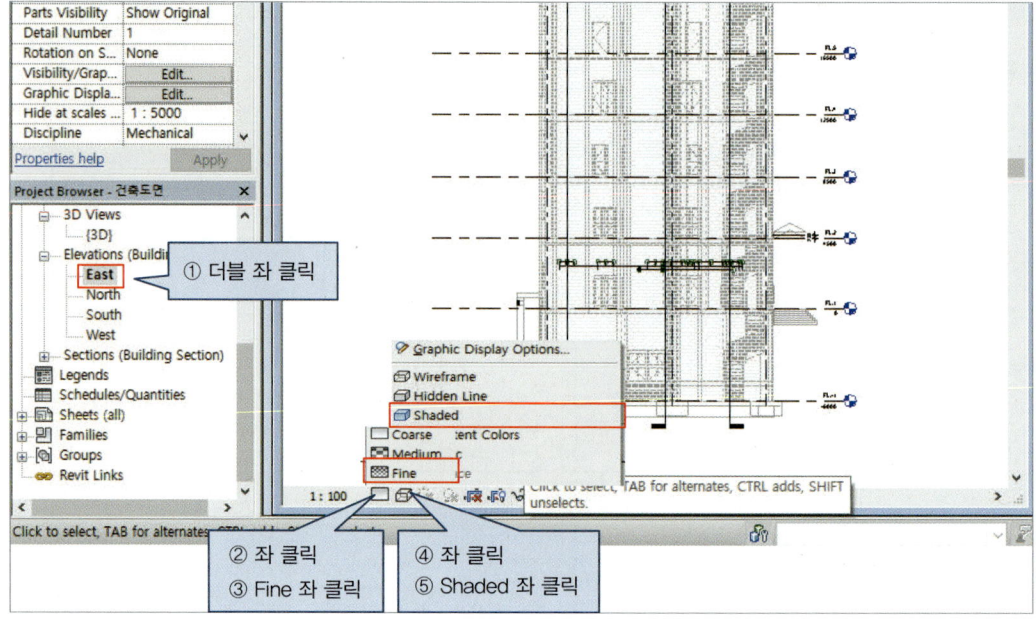

[그림 7-43]

그림 7-44와 같이 1층의 소화배관을 각 층에 멀티 복사하시오.

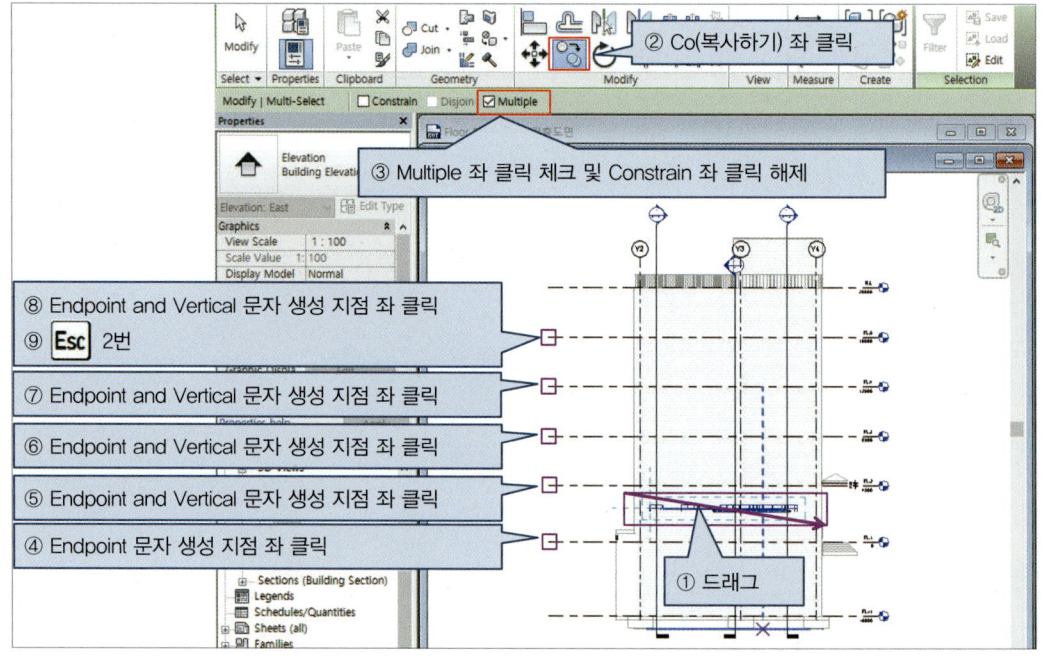

[그림 7-44]

그림 7-45~7-48과 같이 소화 입상배관을 그리시오.

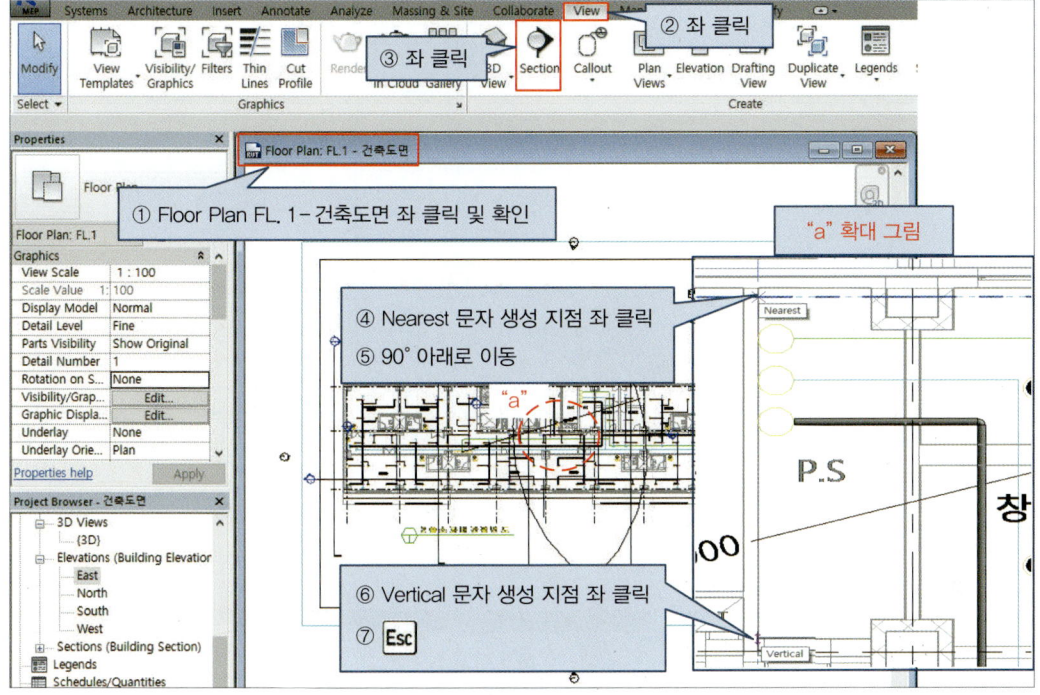

[그림 7-45]

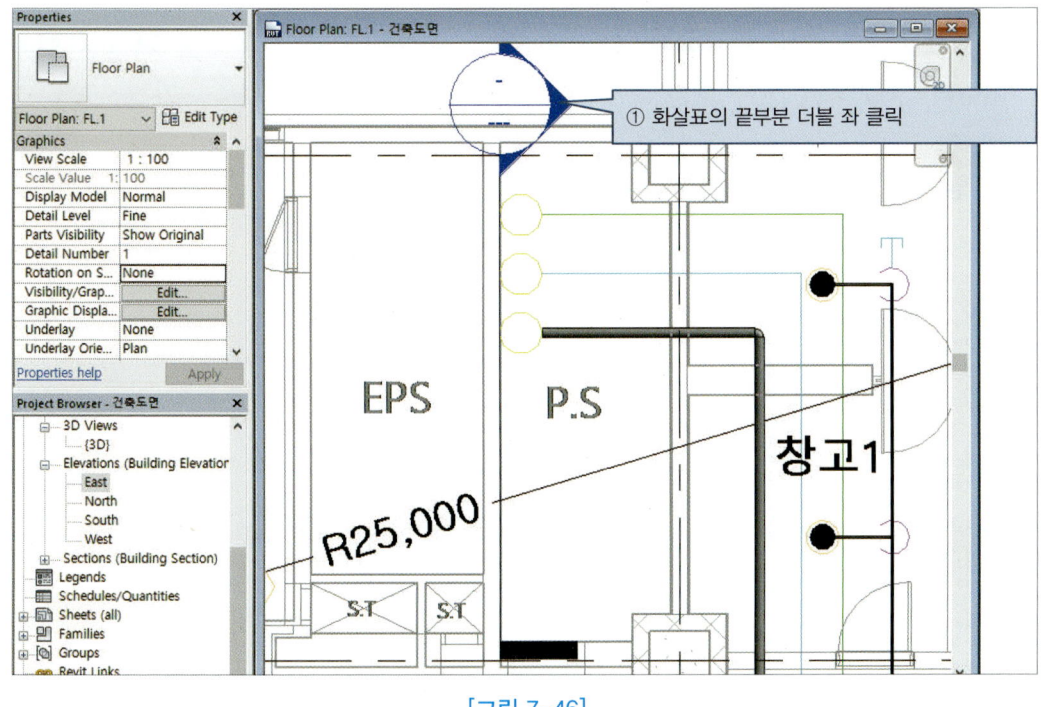

[그림 7-46]

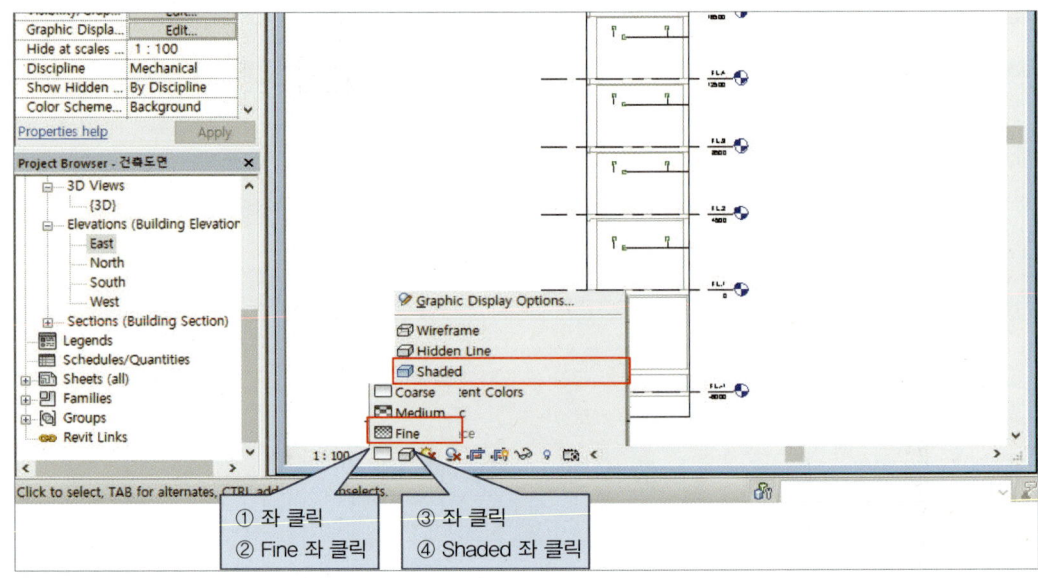

[그림 7-47]

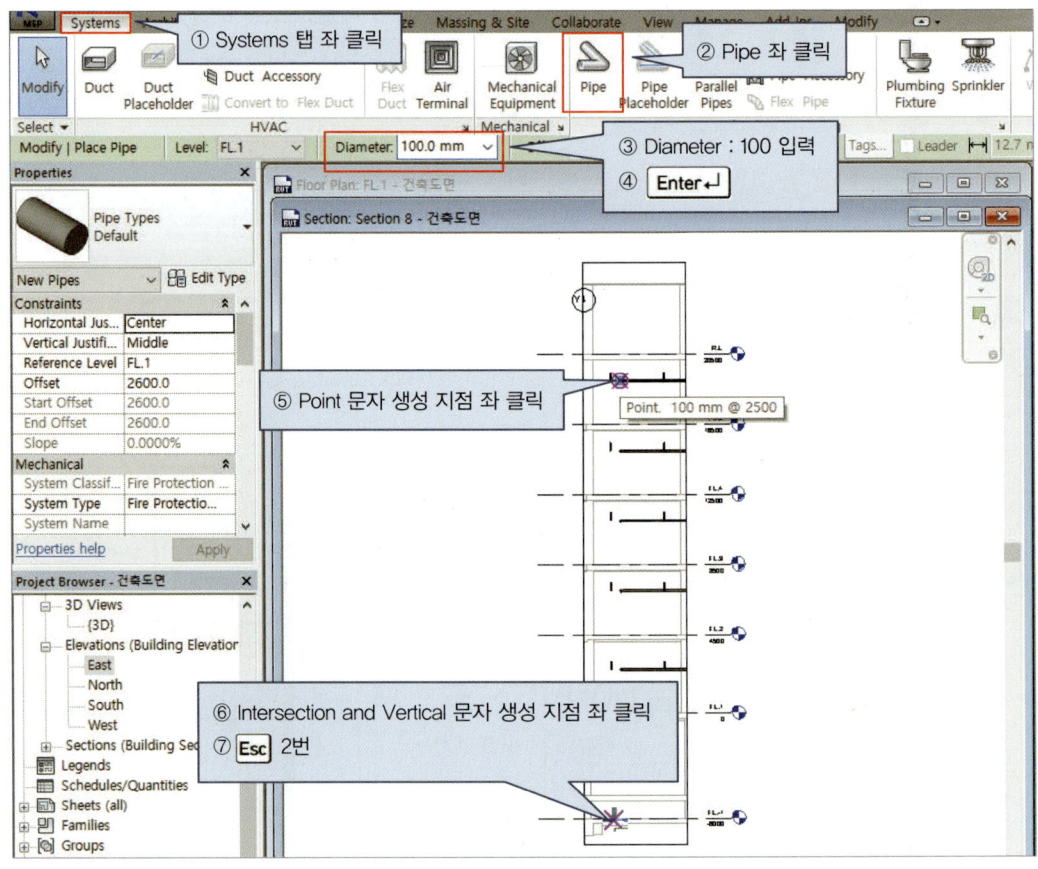

[그림 7-48]

그림 7-49~7-50과 같이 그려진 소화 입상배관을 CAD도면에서 정했던 입상배관 위치로 이동시키시오.

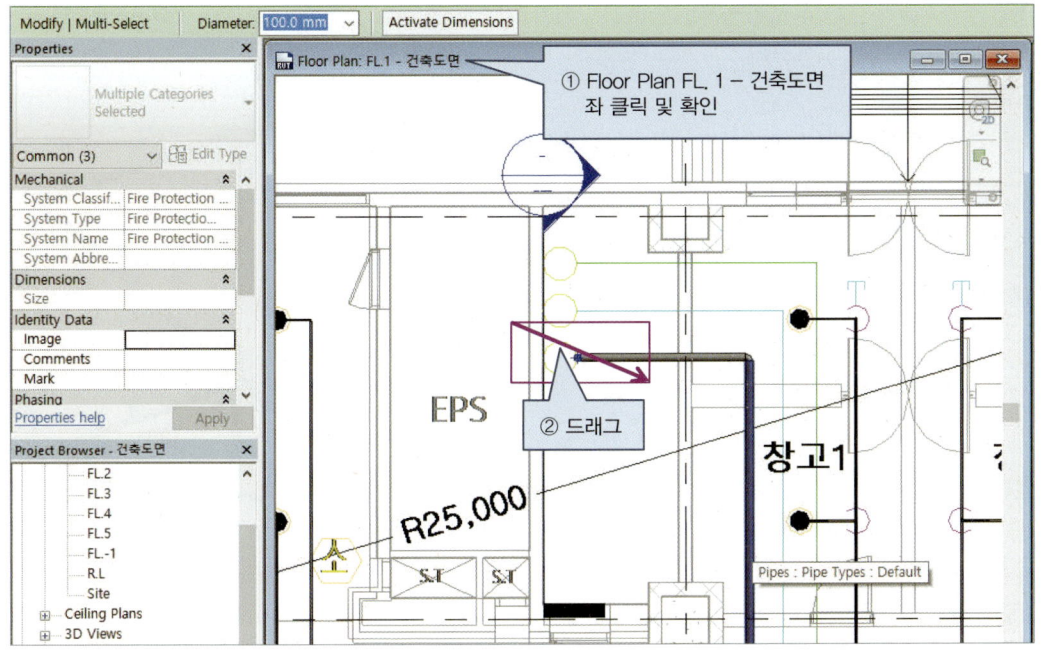

[그림 7-49]

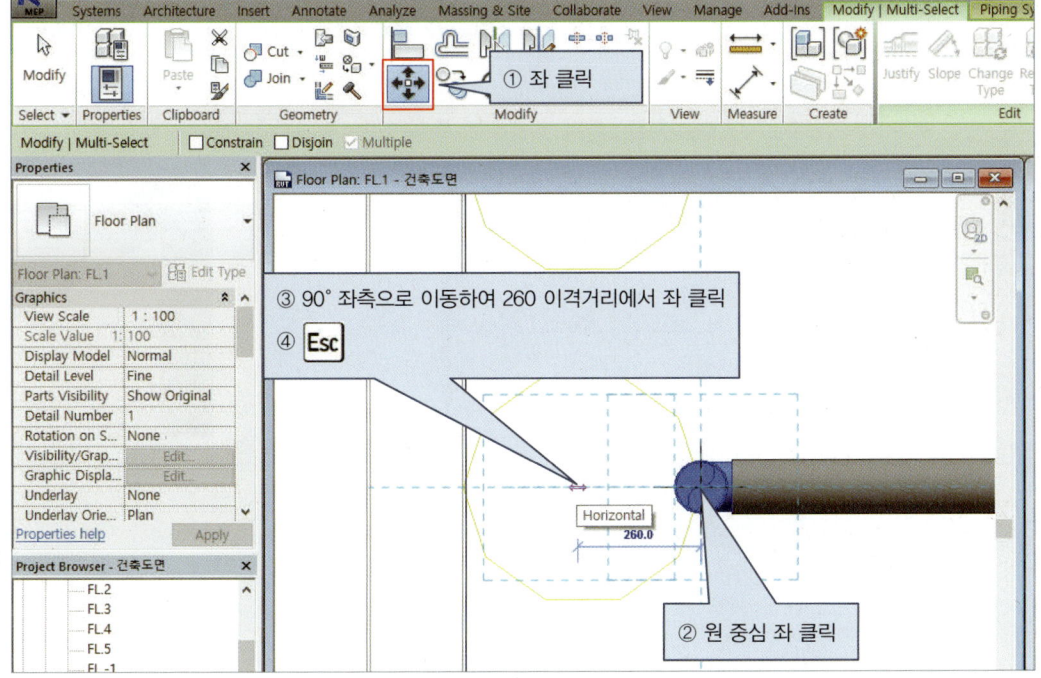

[그림 7-50]

그림 7-51~7-55와 같이 입상배관에 수격방지기를 연결하시오.

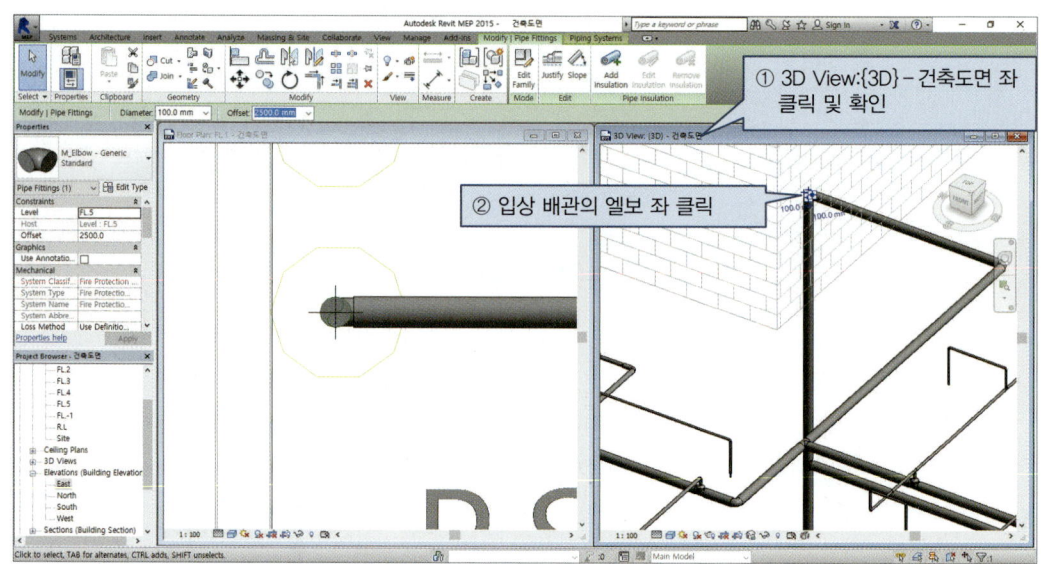

[그림 7-51]

그림 7-52와 같이 수격방지기를 연결하기 위하여 엘보우를 Tee로 교체하시오.

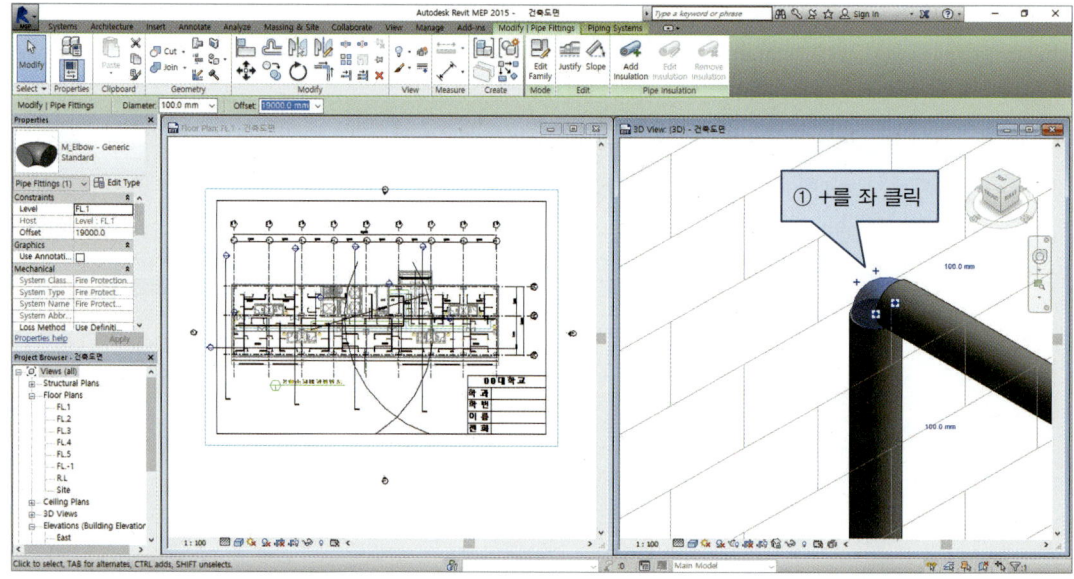

[그림 7-52]

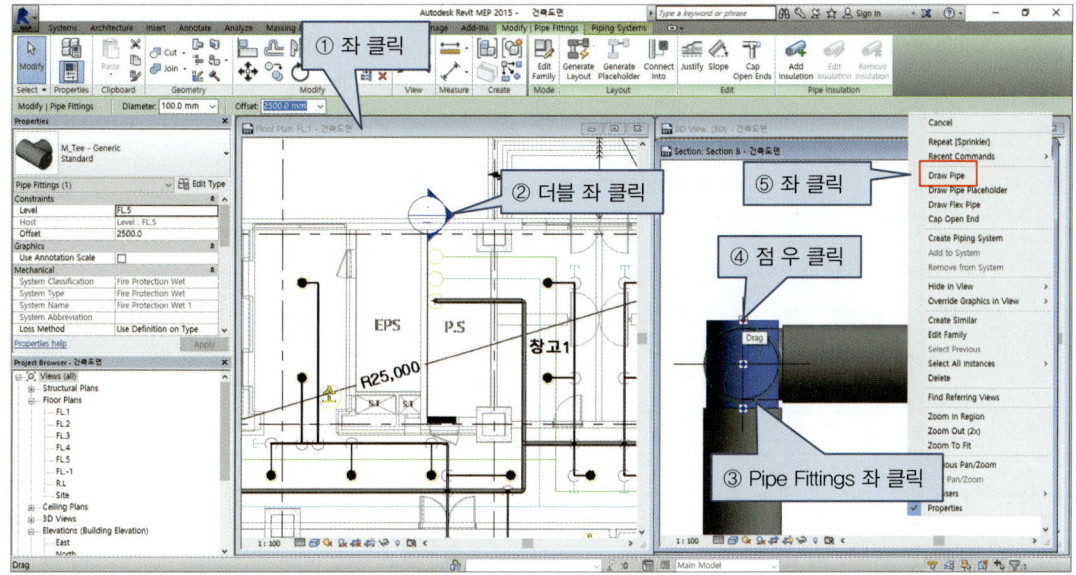

[그림 7-53]

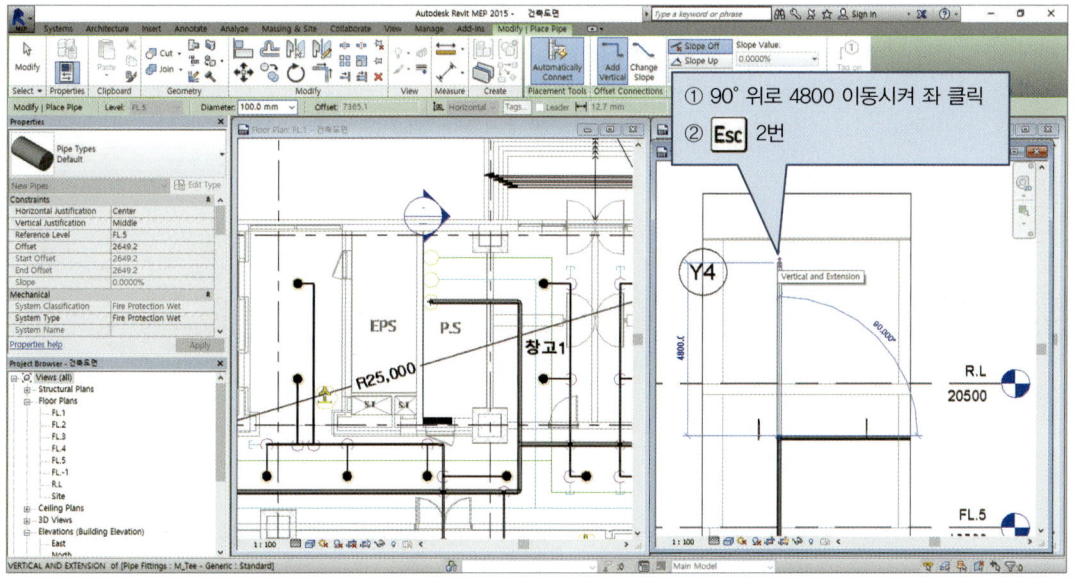

[그림 7-54]

Chapter 07 BIM 소화배관 설계하기

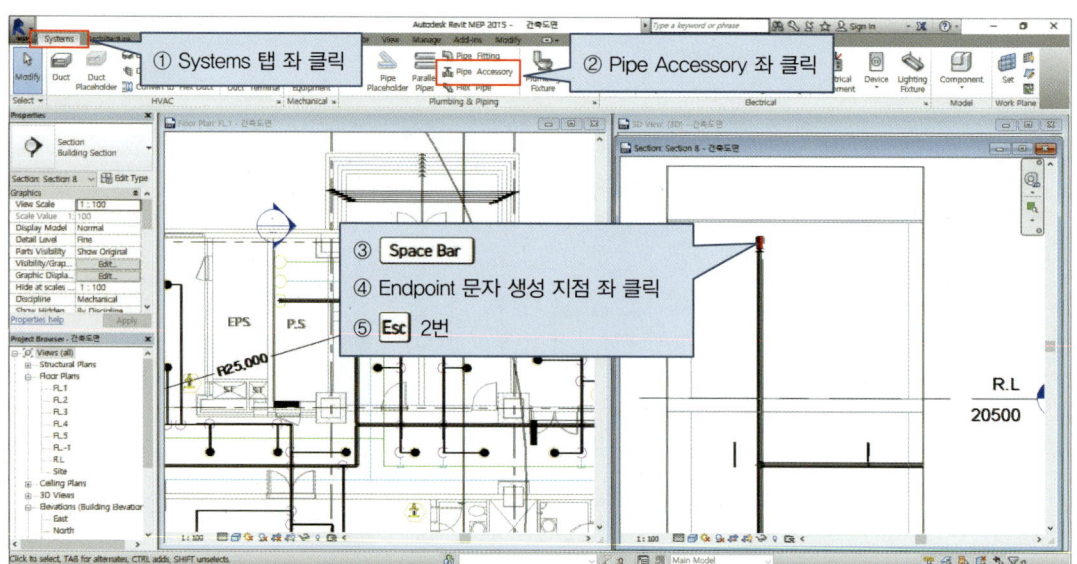

[그림 7-55]

다음과 같이 저장하시오.

파일명 : CHAPTER07_학번_홍길동(년/월/일)

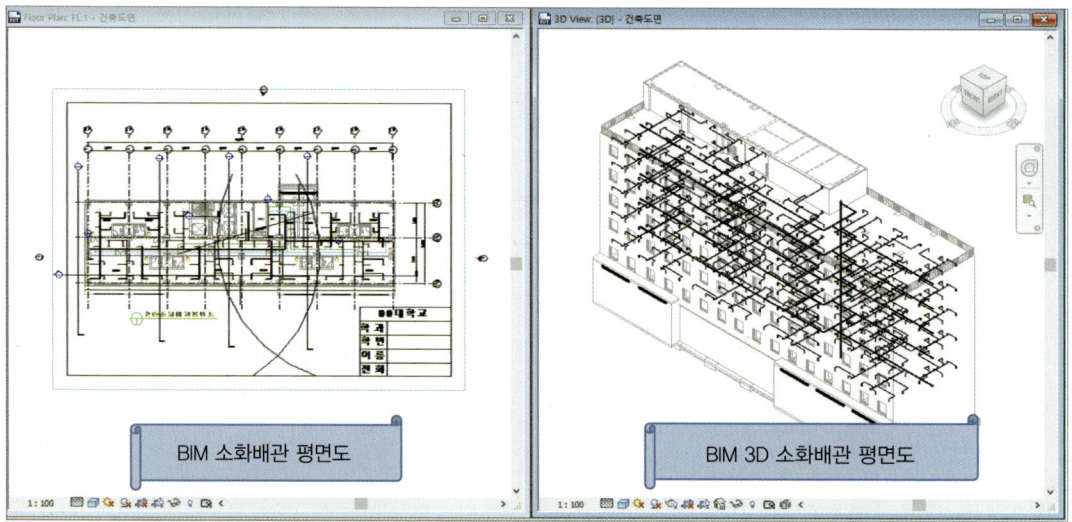

[그림 7-56]

Chapter
08

BIM 기계실 배치 설계하기

그림 8-1 CAD 기계실 배치 평면도와 그림 8-2 건축도면을 이용하여 그림 8-3 BIM도면을 만드는 방법을 알아본다.

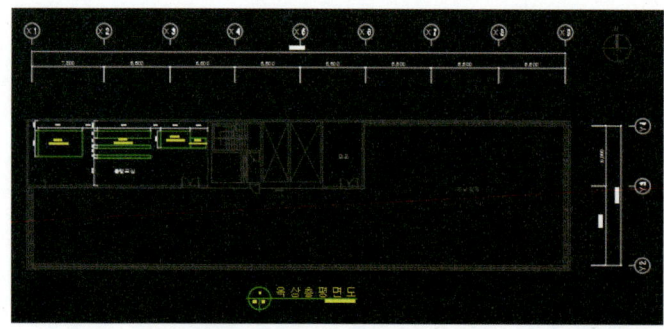
(a) CAD 기계실 배치(FL.-1) 평면도

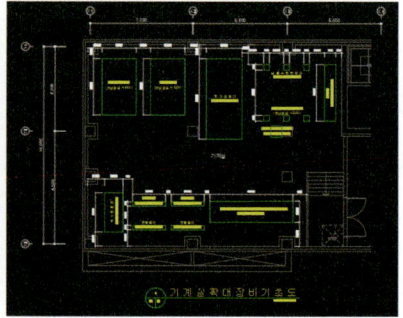
(b) CAD 기계실 배치(RL.) 평면도

[그림 8-1] CAD 기계실 배치 평면도

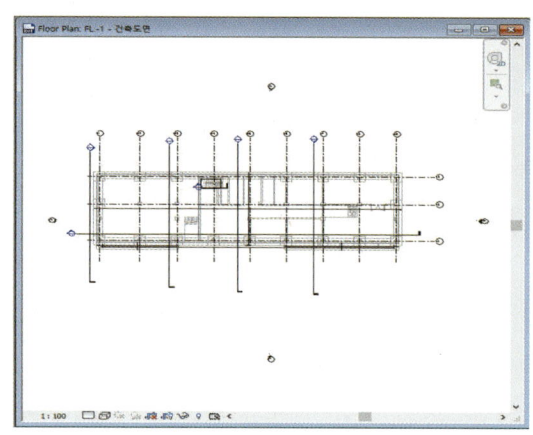
(a) BIM 건축평면도

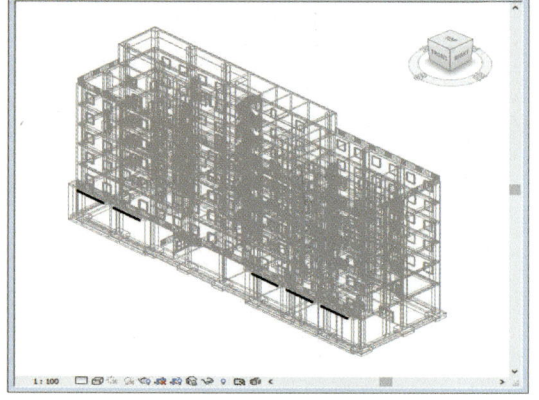
(b) BIM 3D 건축평면도

[그림 8-2] 건축도면

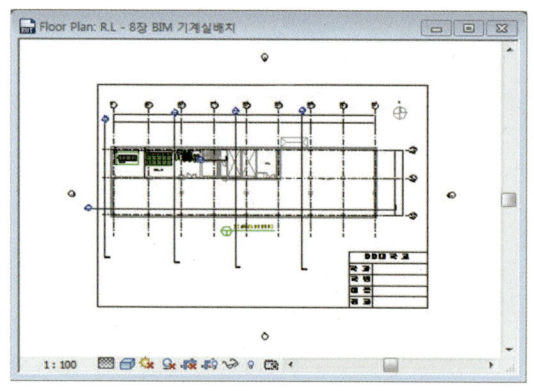
(a) BIM 기계실 배치 평면도

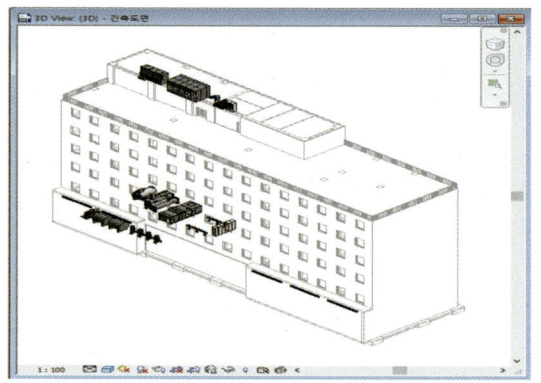
(b) BIM 3D 기계실 배치 평면도

[그림 8-3] BIM도면

다운로드 받은 chapter 8.의 건축도면.rvt 파일을 더블 좌 클릭하여 실행시킨다.

1. 그림 8-4(a) 건축평면도에서 설계되어야 하기 때문에, ① Floor Plan FL 1 - 건축평면도를 좌 클릭하여 도면을 활성화시킨다. 현재 활성화 창이 그림 8-4와 같지 않으면 좌측 Project Browser 창에서 3D Views 〉 3D 더블 좌 클릭한다.

2. 활성화된 창을 그림 8-4와 같이 보이도록 하려면 WT라고 입력한다.

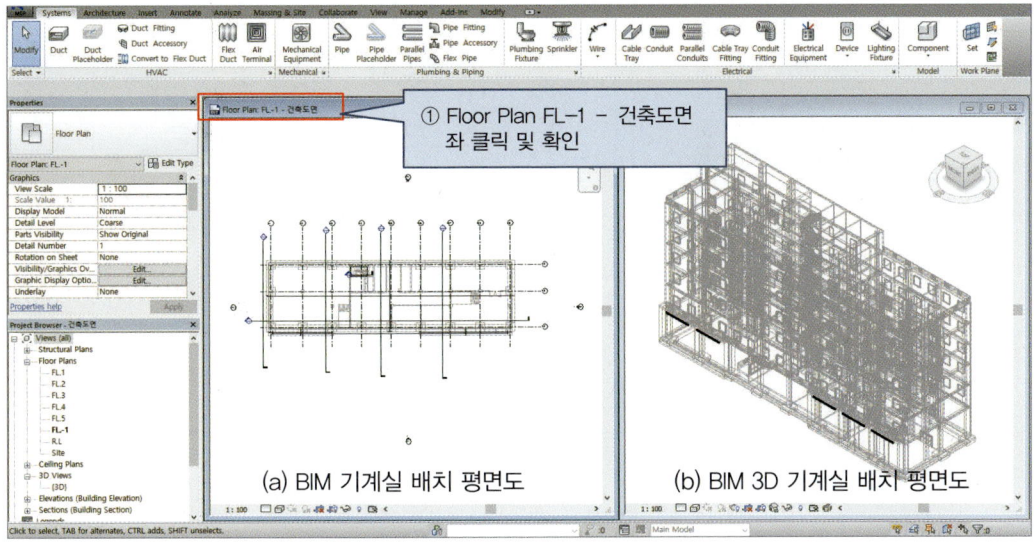

[그림 8-4]

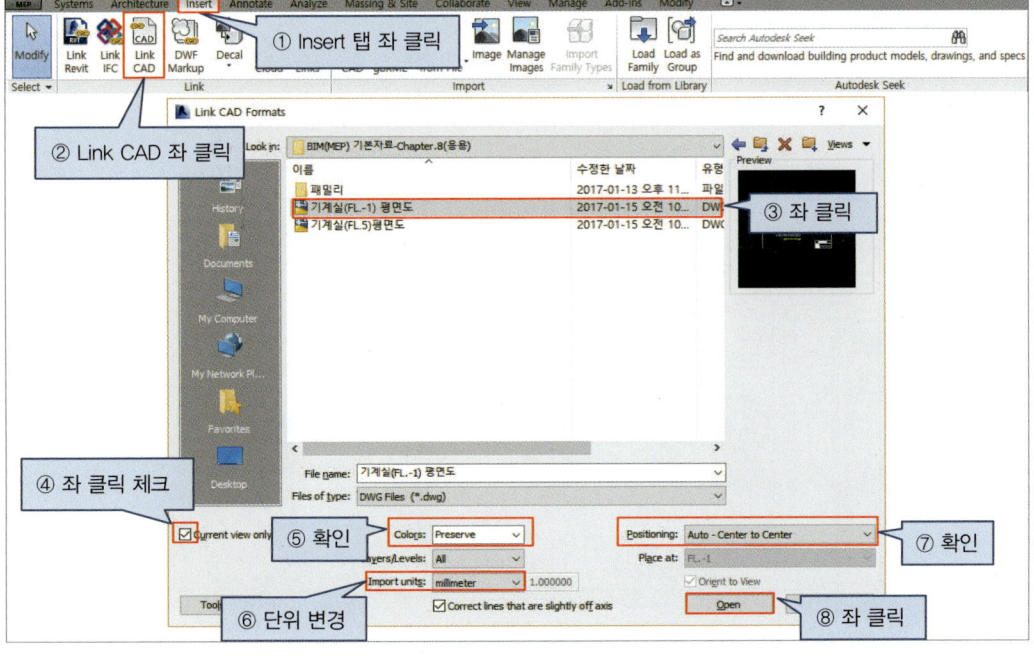

[그림 8-5]

그림 3-7~3-9와 같이 기계실 배치 평면도를 건축도면에 FIN으로 고정시키시오.

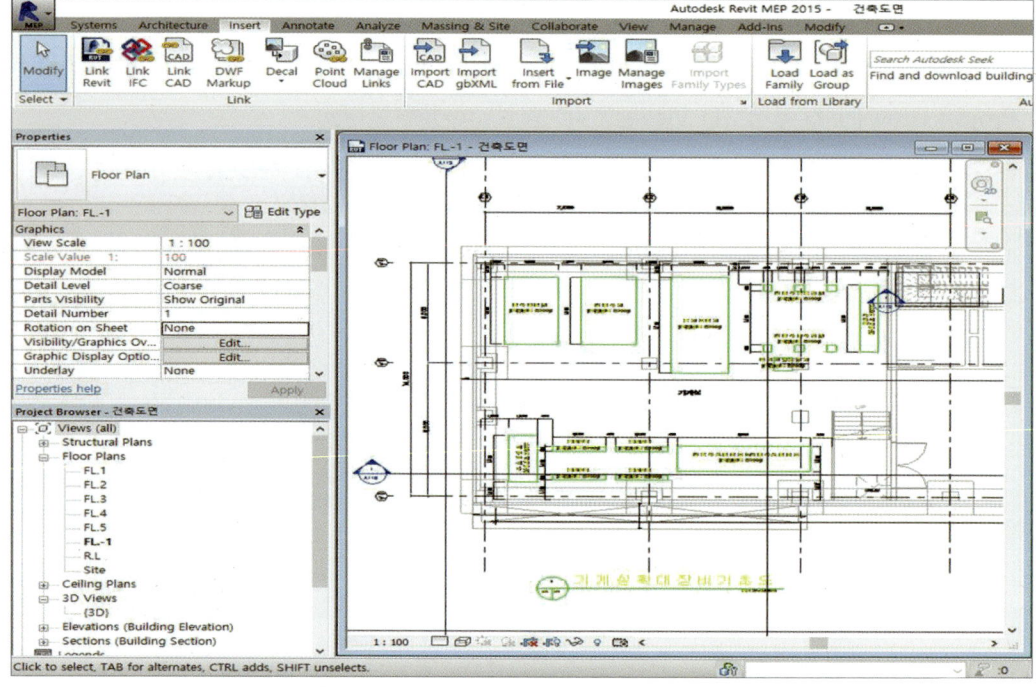

[그림 8-6]

그림 8-7~8-9와 같이 기계실에 장비패드를 만드시오.

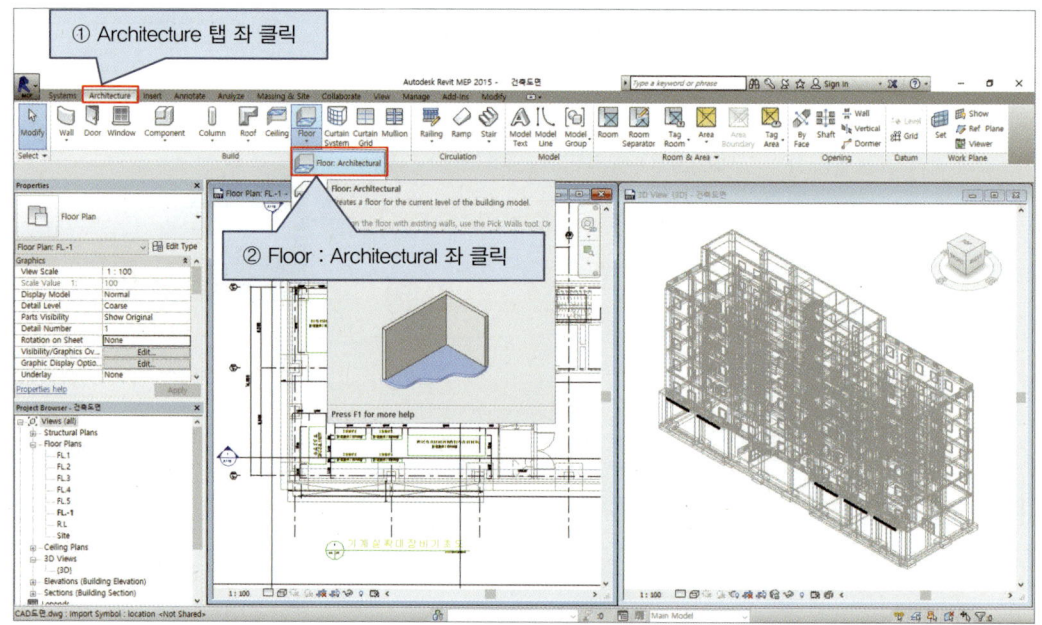

[그림 8-7]

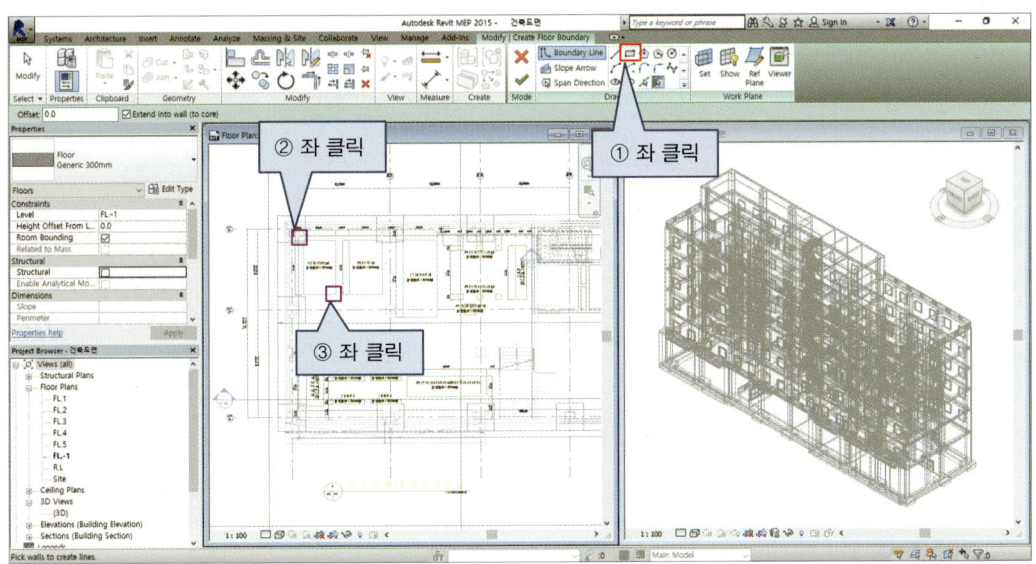

[그림 8-8]

그림 8-8과 같은 방법으로 17군데의 장비기초 위치를 그림 8-9와 같이 만든 후 V를 좌 클릭 하시오.

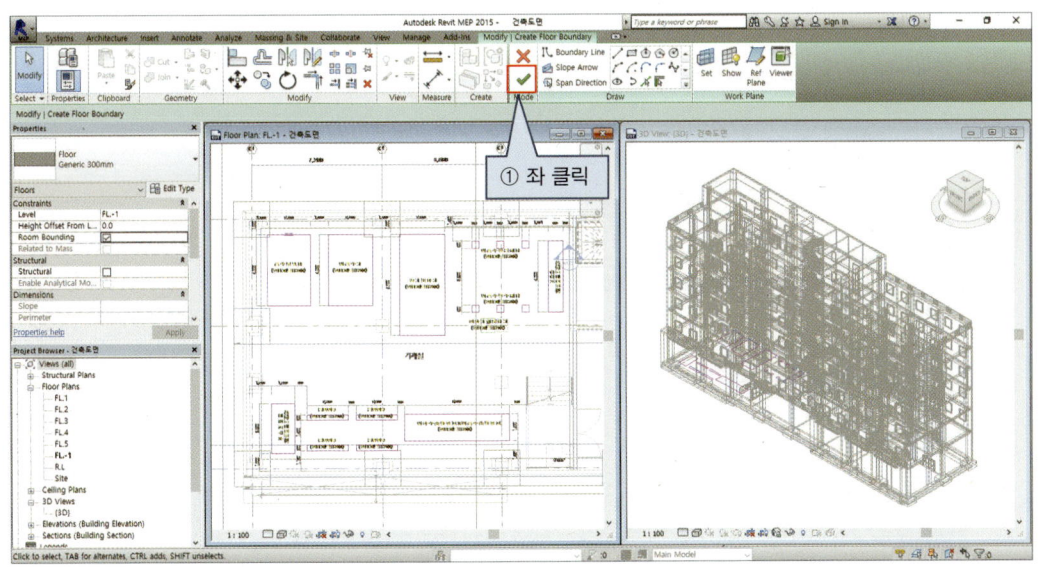

[그림 8-9]

장비배치를 실물처럼 보기 위하여 그림 8-10과 같이 설정하시오.

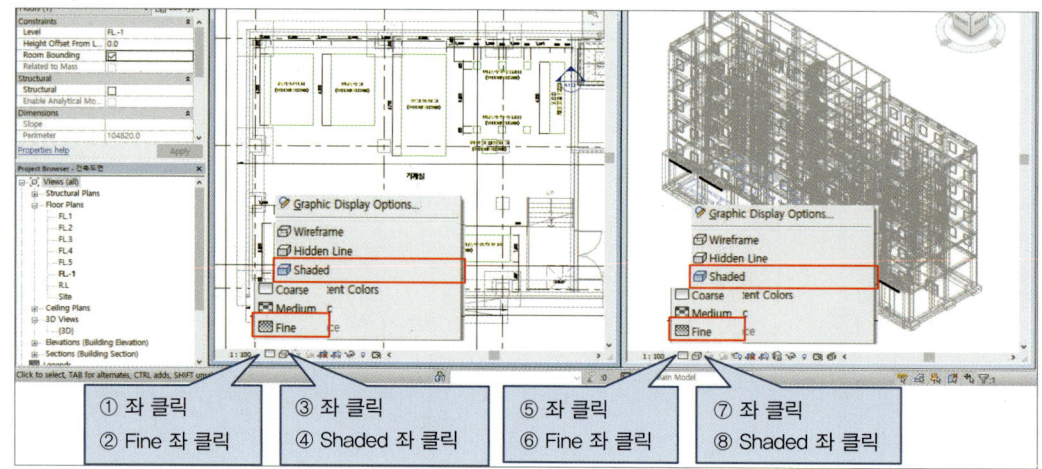

[그림 8-10]

그림 8-11~8-12와 같이 보일러를 선택하시오.

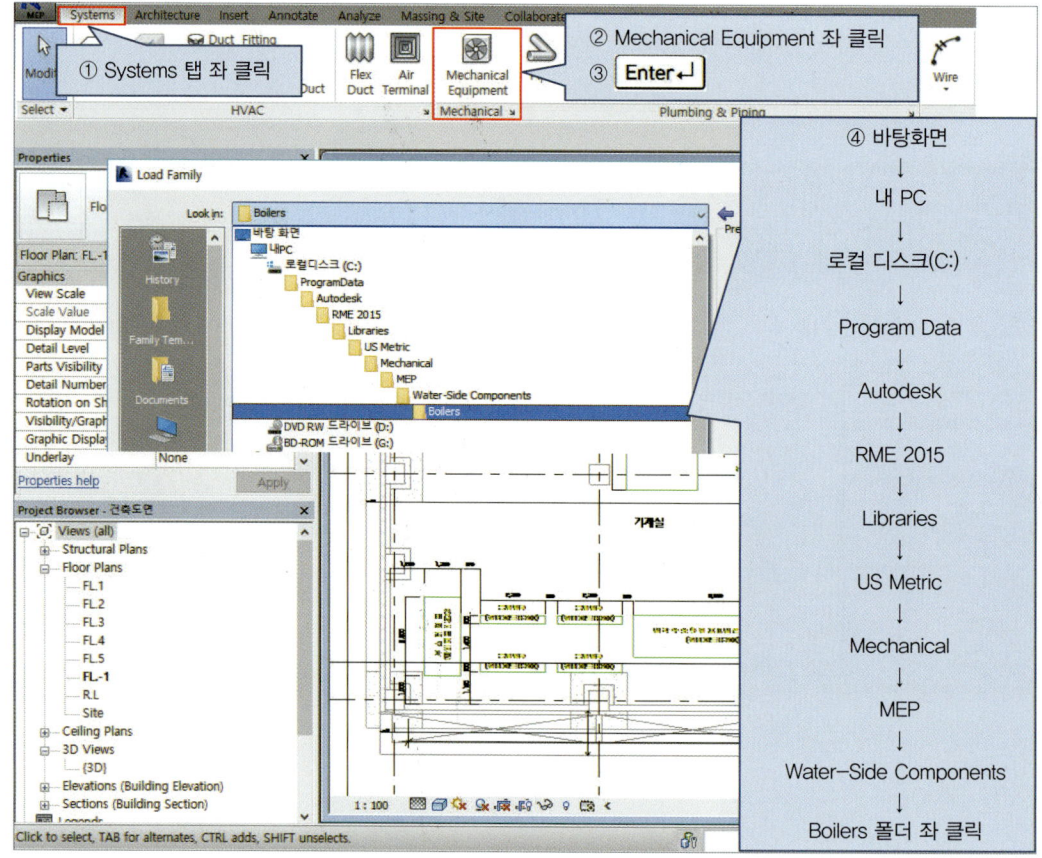

[그림 8-11]

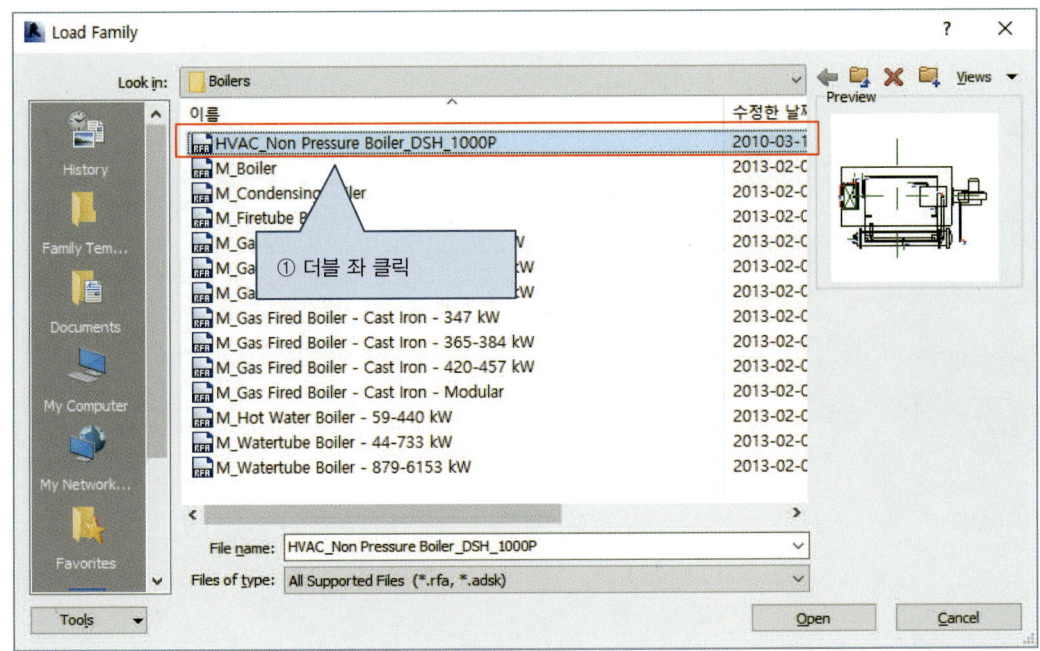

[그림 8-12]

그림 8-13과 같이 보일러를 설치하시오.

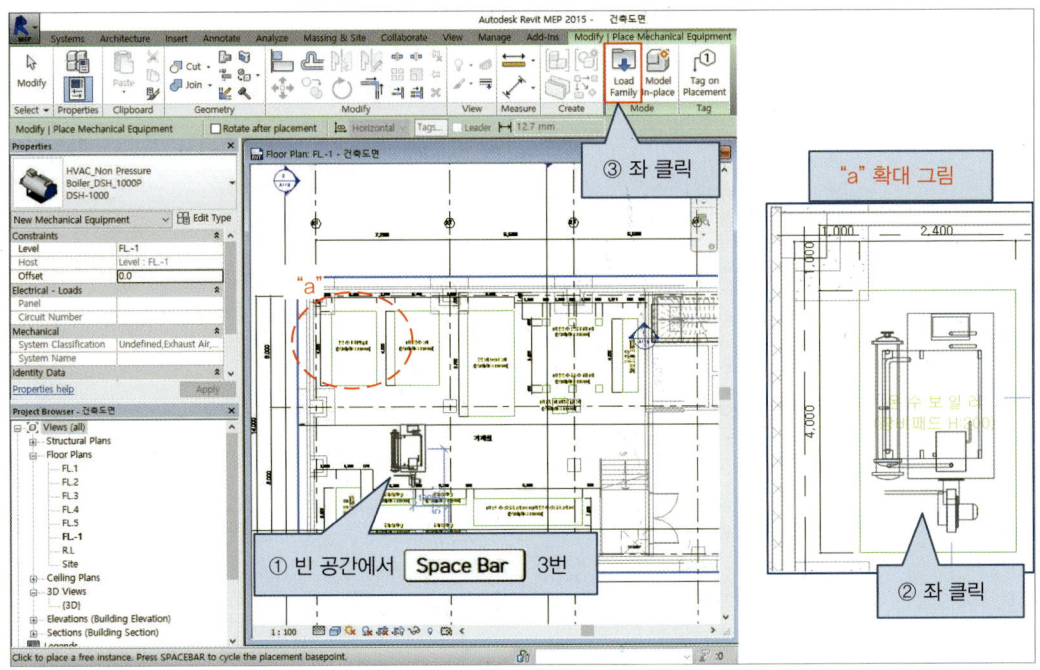

[그림 8-13]

(Systems→Mechanical →Equipment→Load Family)

그림 8-14~8-15와 같이 냉동기를 선택하시오.

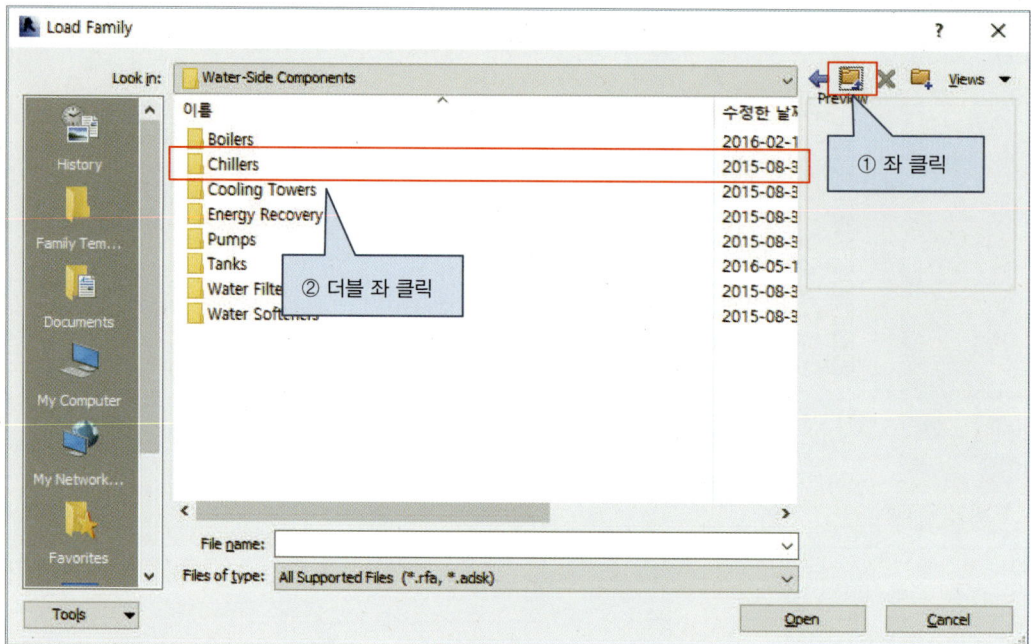

[그림 8-14]

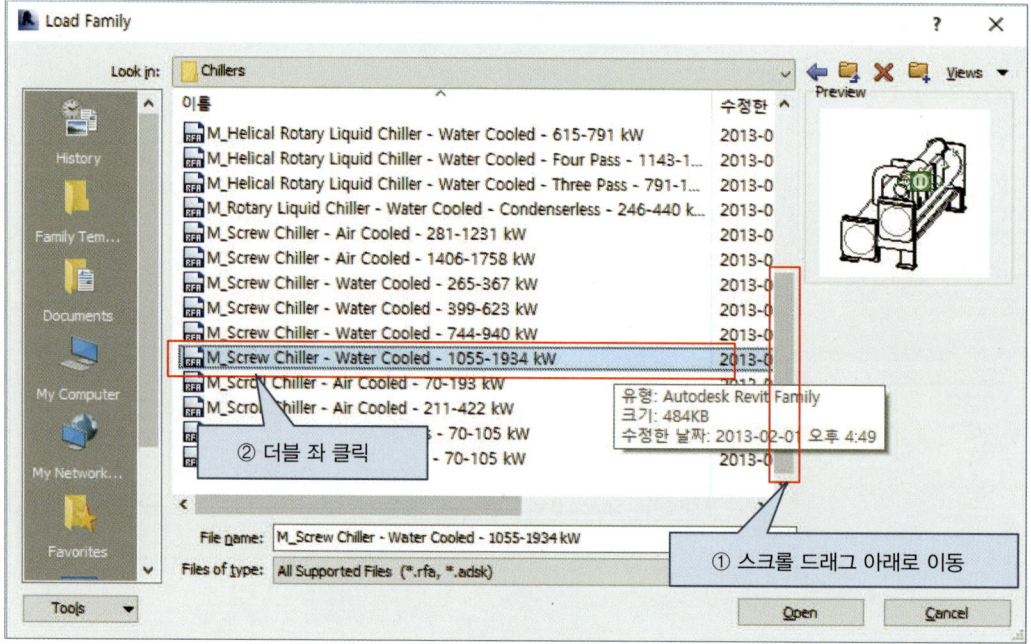

[그림 8-15]

그림 8-16과 같이 냉동기를 설치하시오.

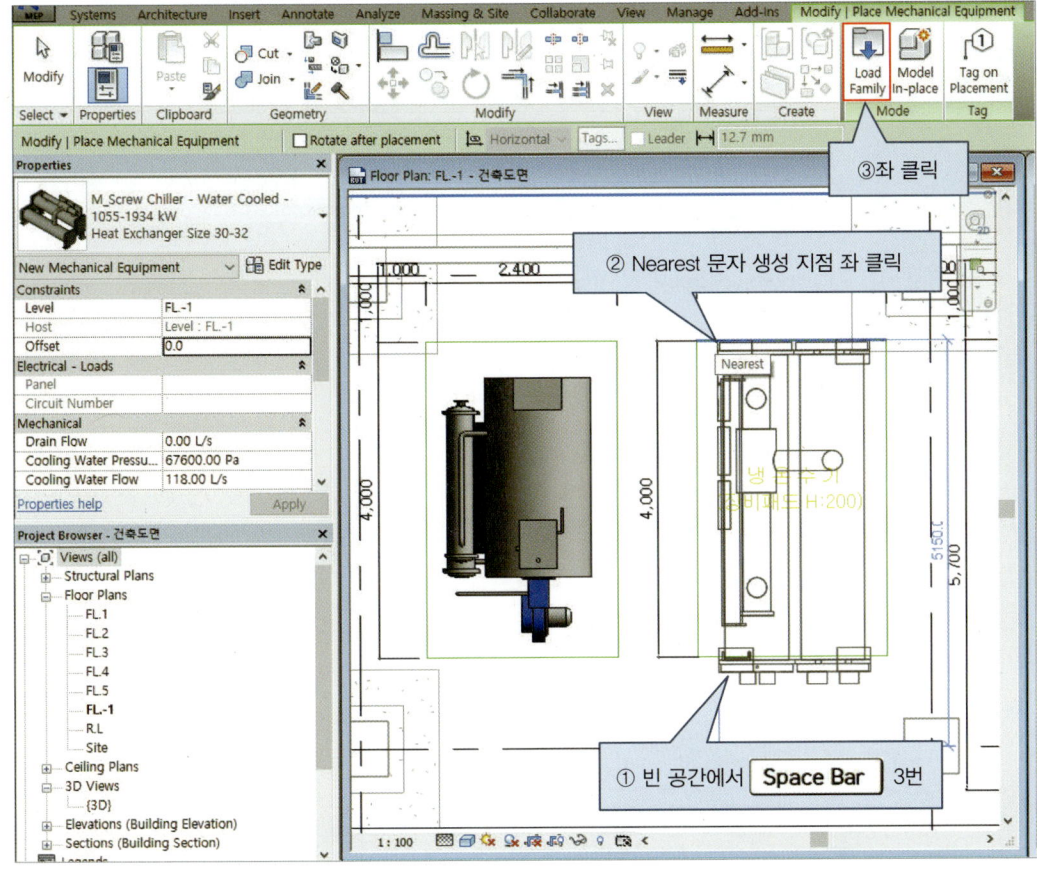

[그림 8-16]

(Systems→Mechanical →Equipment→Load Family)

그림 8-17~8-20과 같이 공조기를 선택하시오.

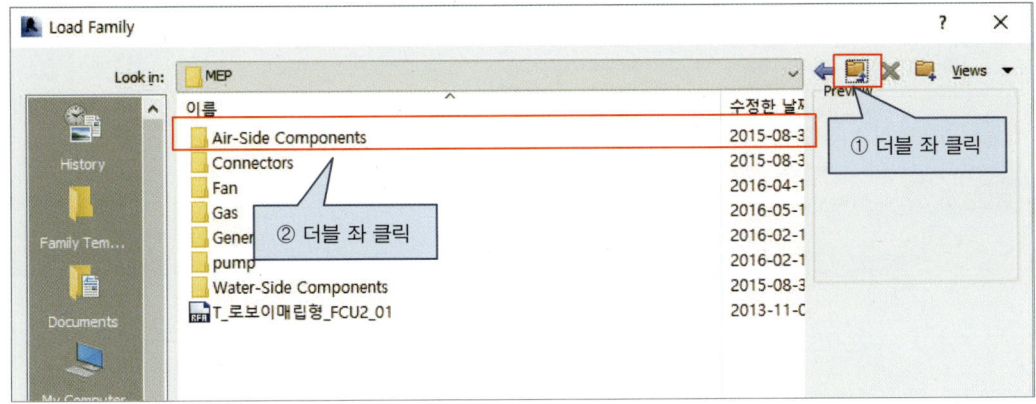

[그림 8-17]

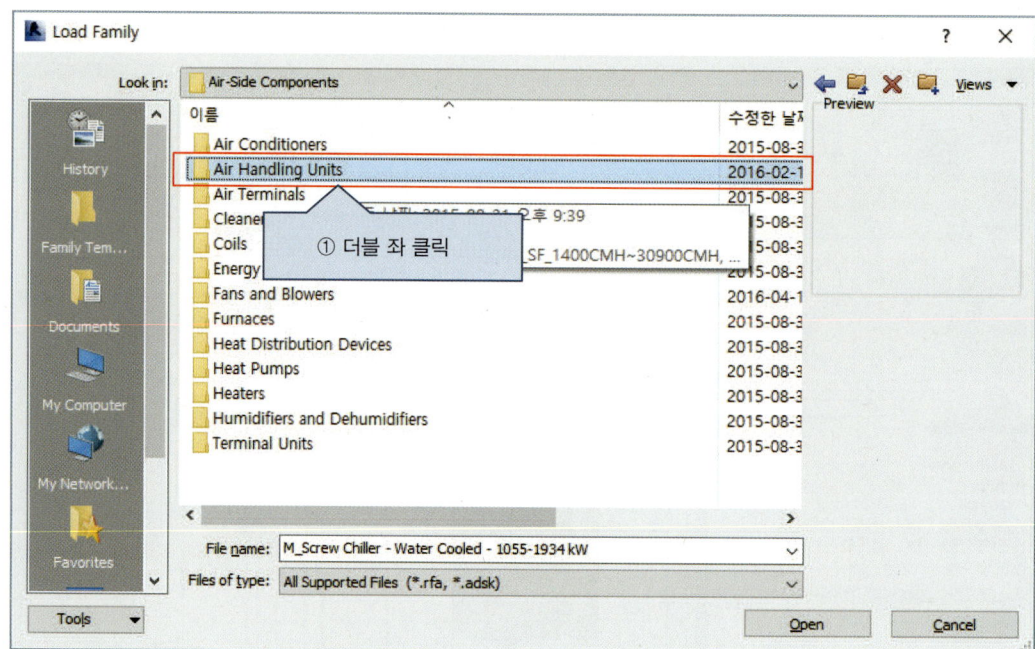

[그림 8-18]

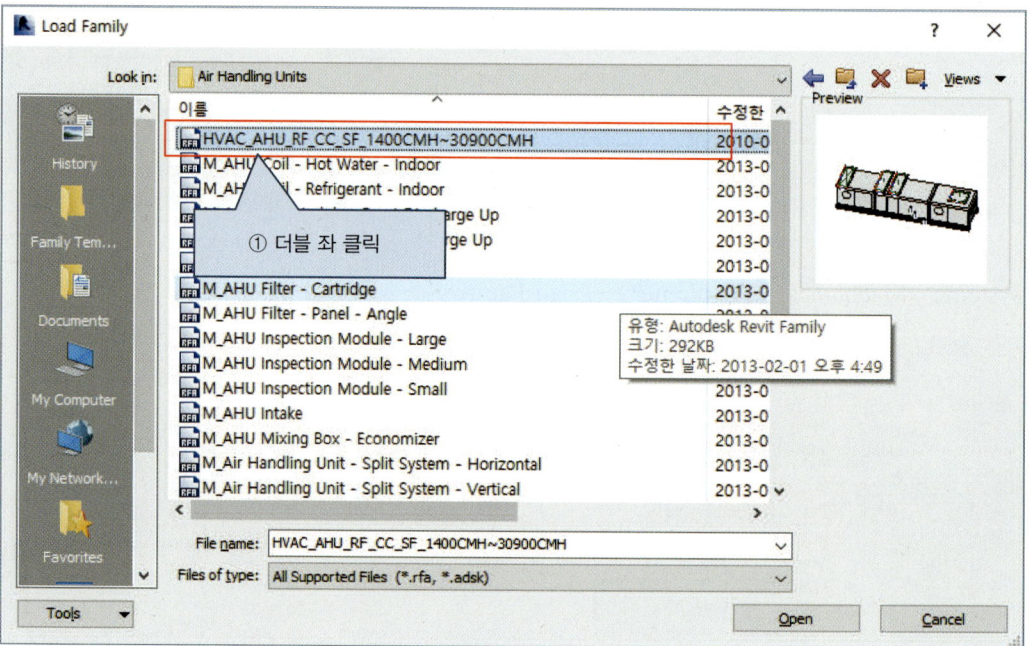

[그림 8-19]

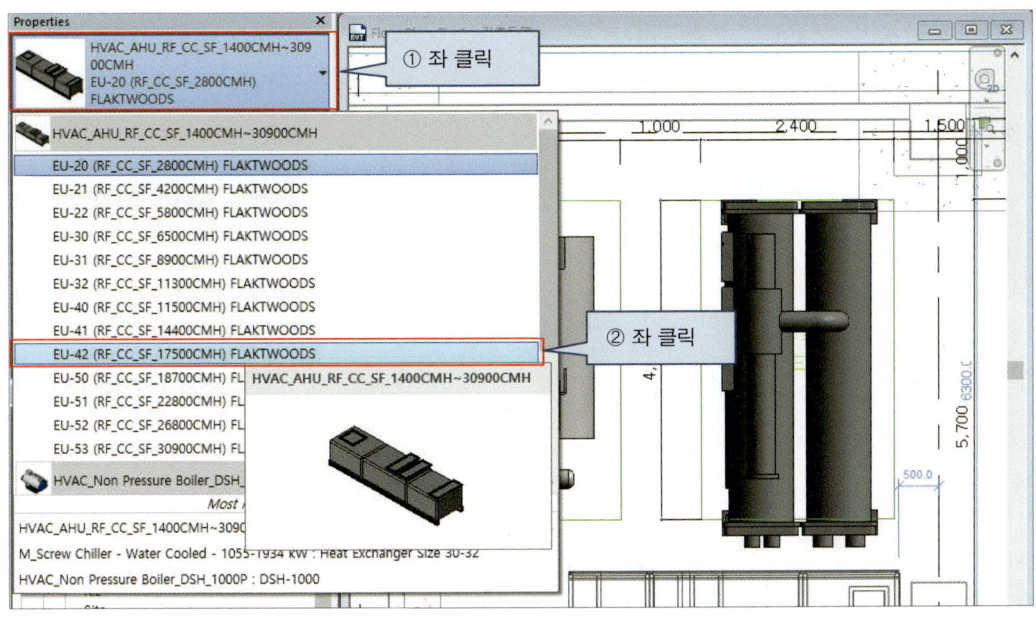

[그림 8-20]

그림 8-21과 같이 공조기를 설치하시오.

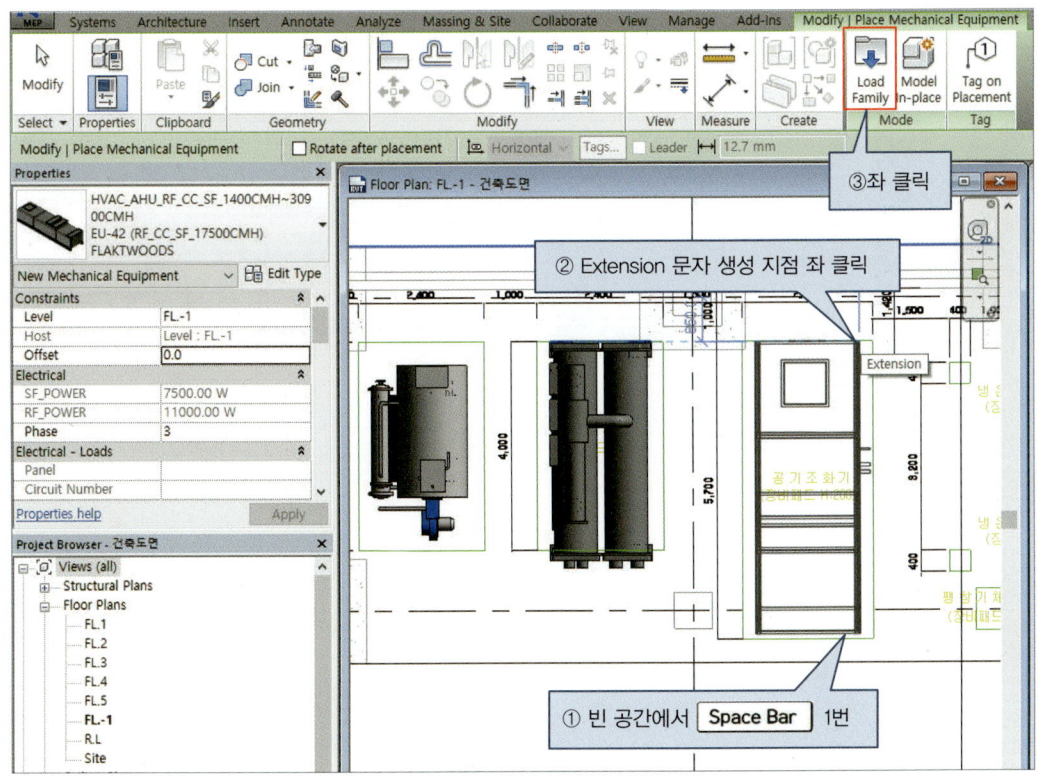

[그림 8-21]

(Systems→Mechanical →Equipment→Load Family)

그림 8-22~8-23과 같이 헤더를 선택하시오.

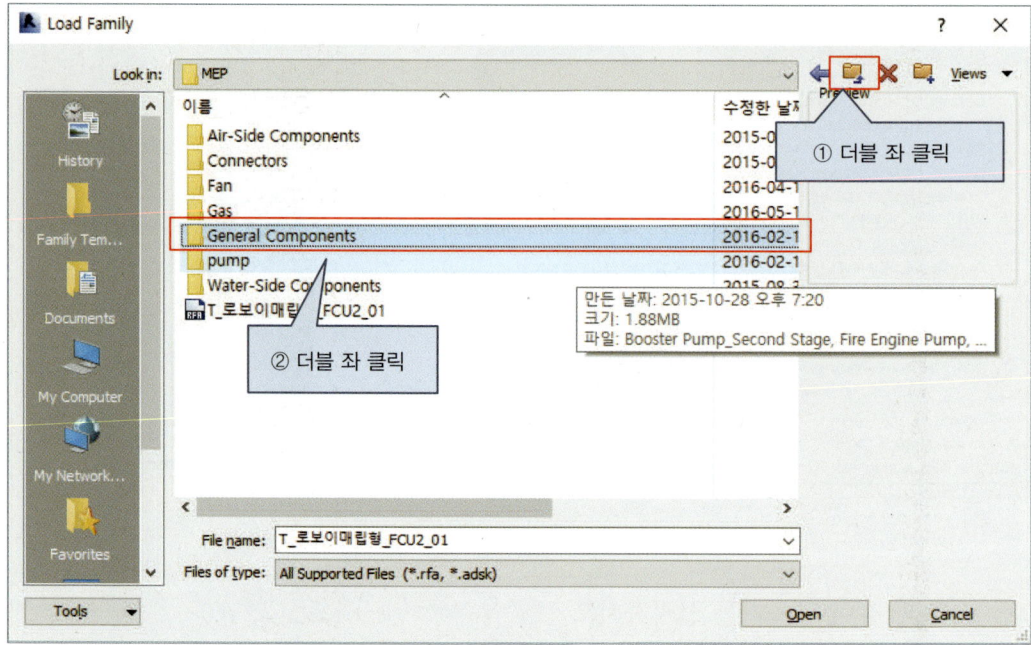

[그림 8-22]

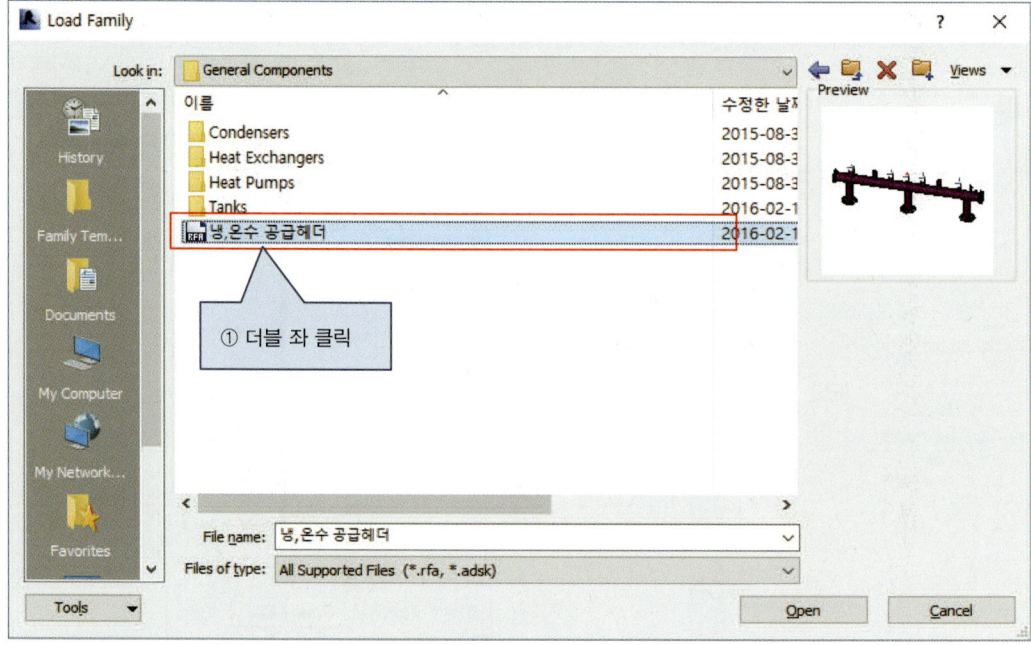

[그림 8-23]

그림 8-24와 같이 헤더를 설치하시오.

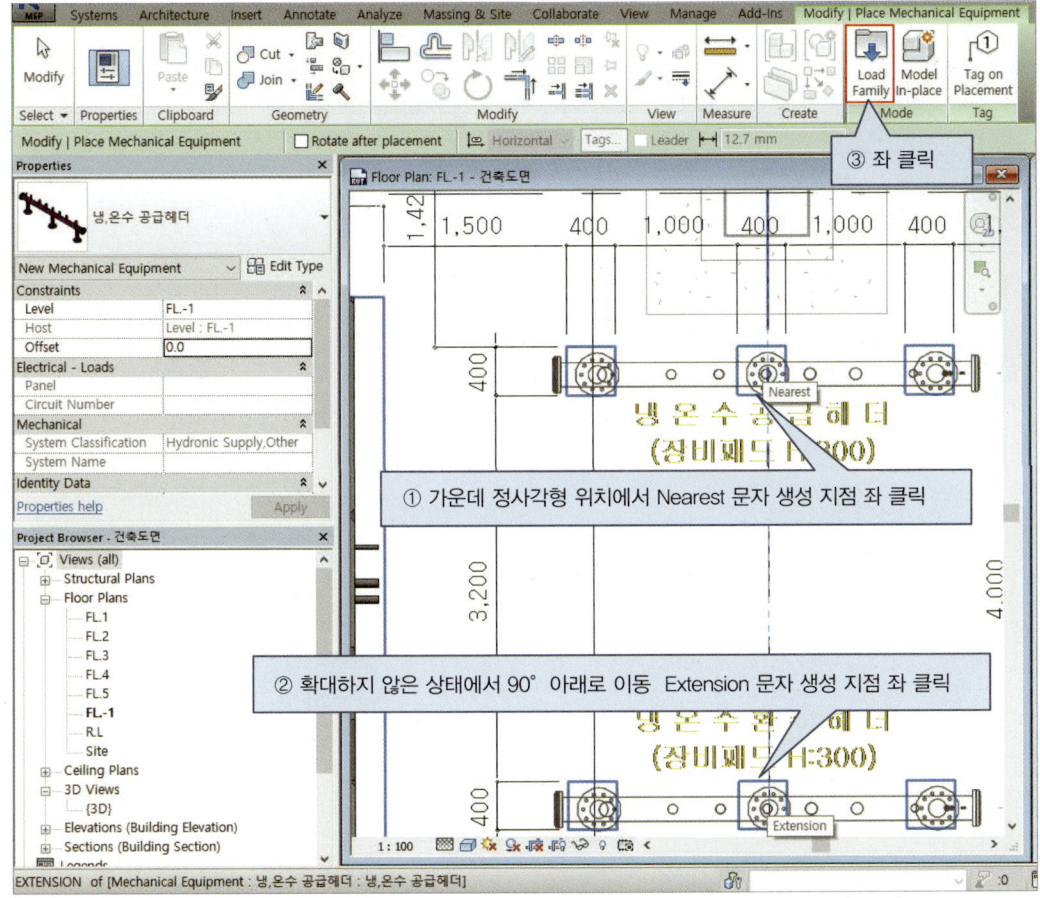

[그림 8-24]

(Systems→Mechanical →Equipment→Load Family)
그림 8-25~8-26과 같이 MCC를 선택하시오.

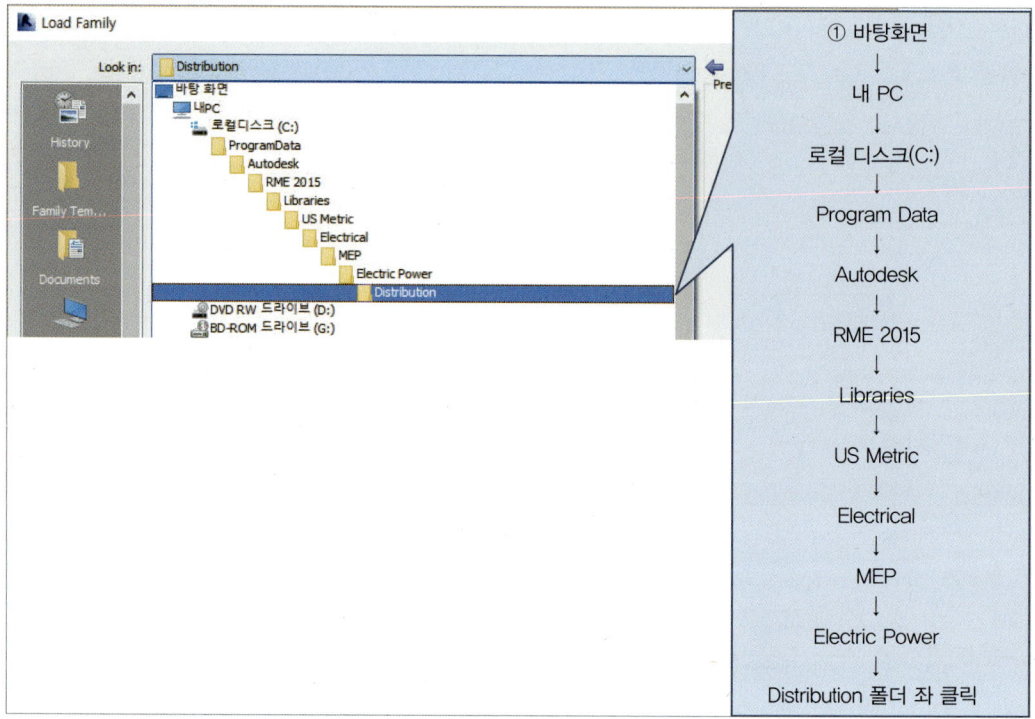

[그림 8-25]

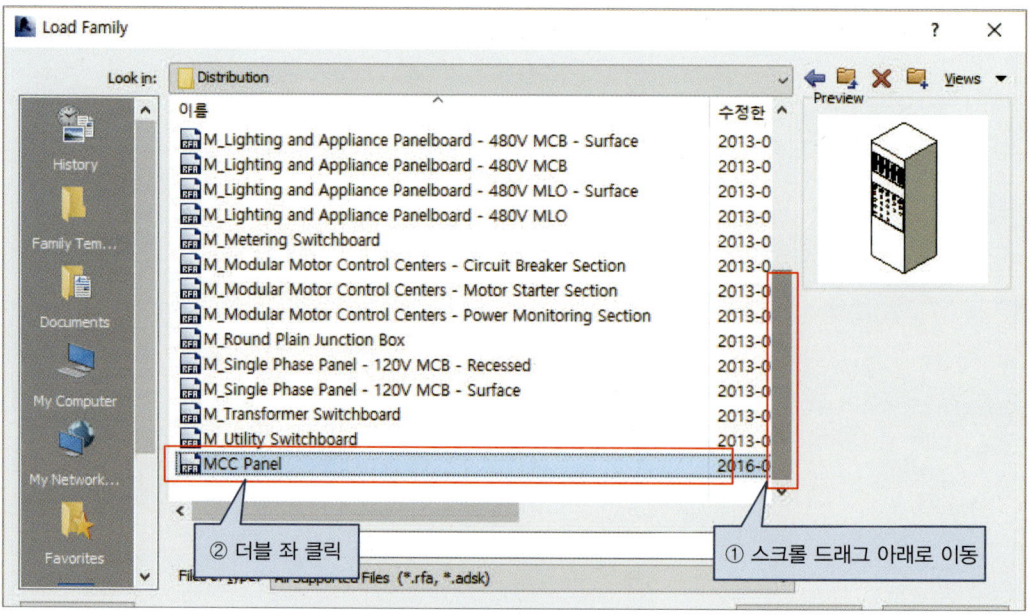

[그림 8-26]

그림 8-27~8-28과 같이 MCC를 설치하시오.

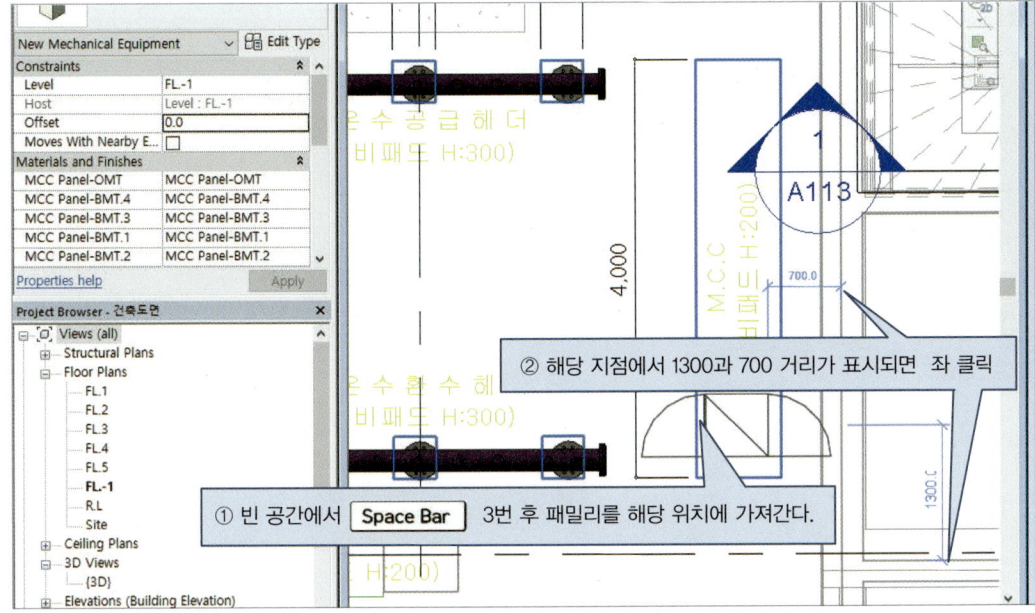

[그림 8-27]

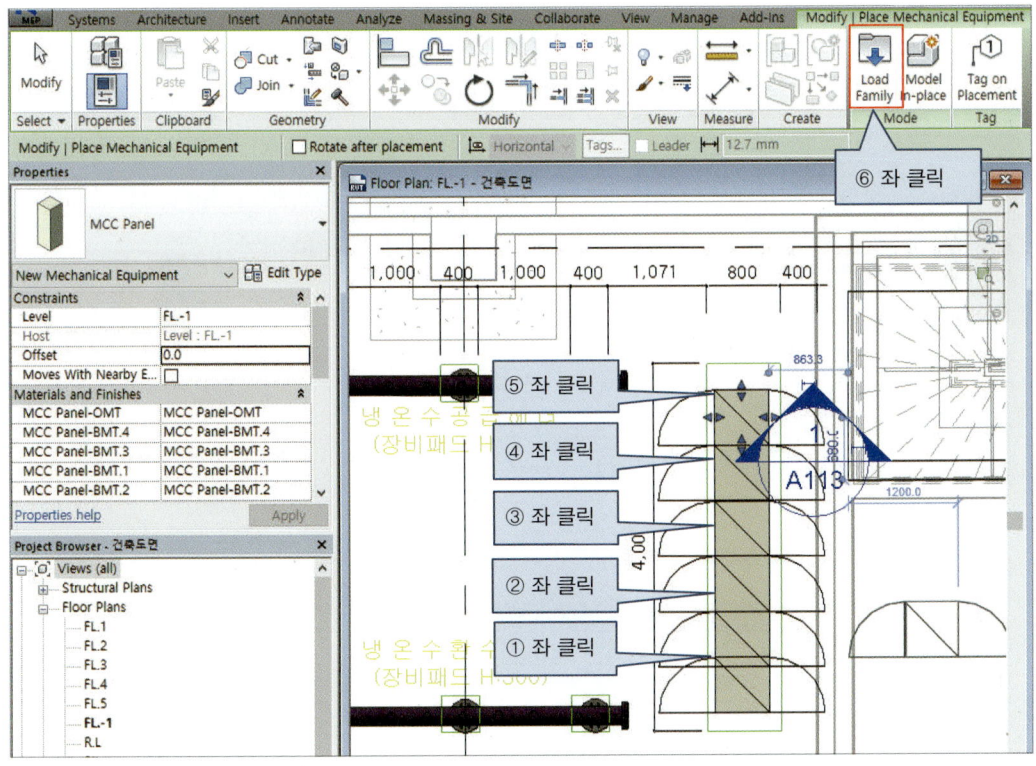

[그림 8-28]

그림 8-29~8-30과 같이 부스터펌프를 선택하시오.

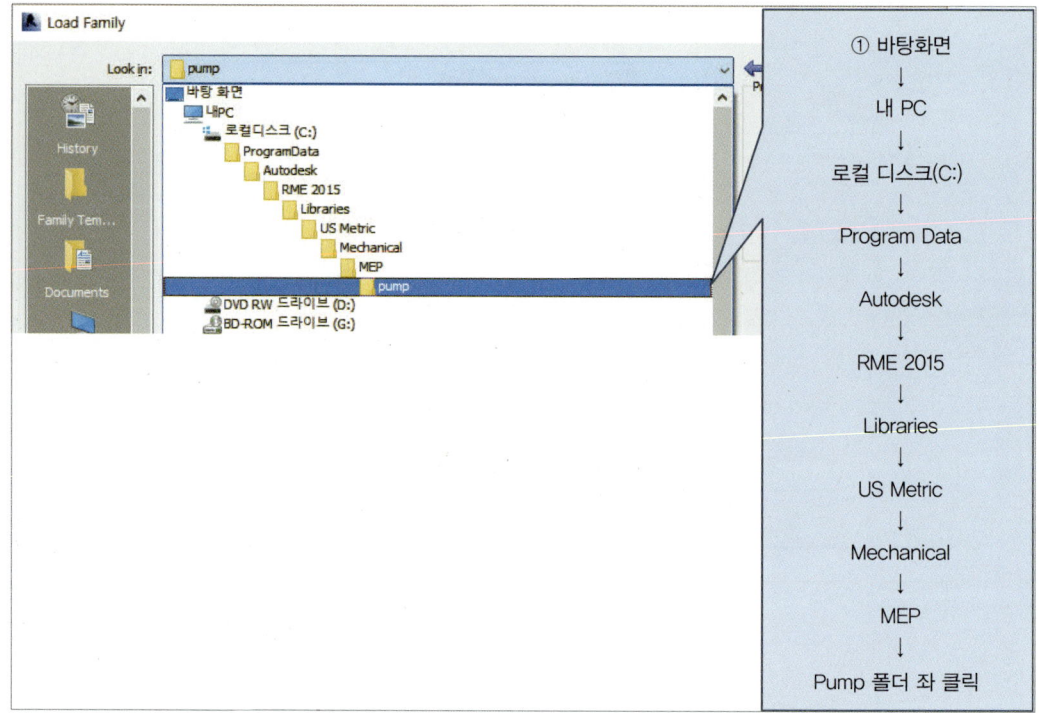

[그림 8-29]

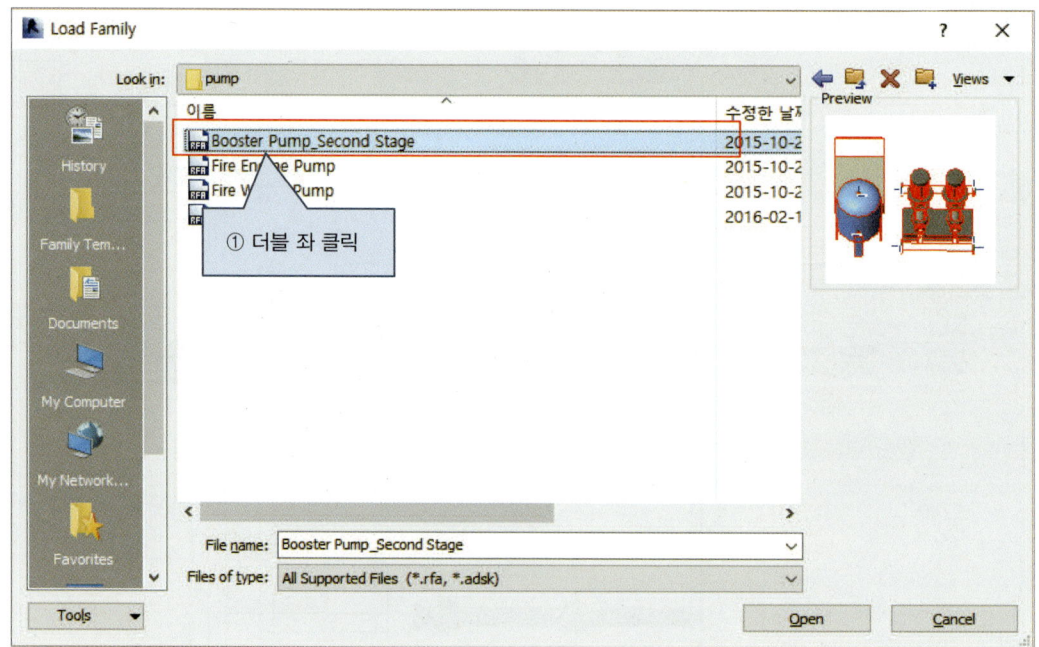

[그림 8-30]

그림 8-31과 같이 부스터펌프를 설치하시오.

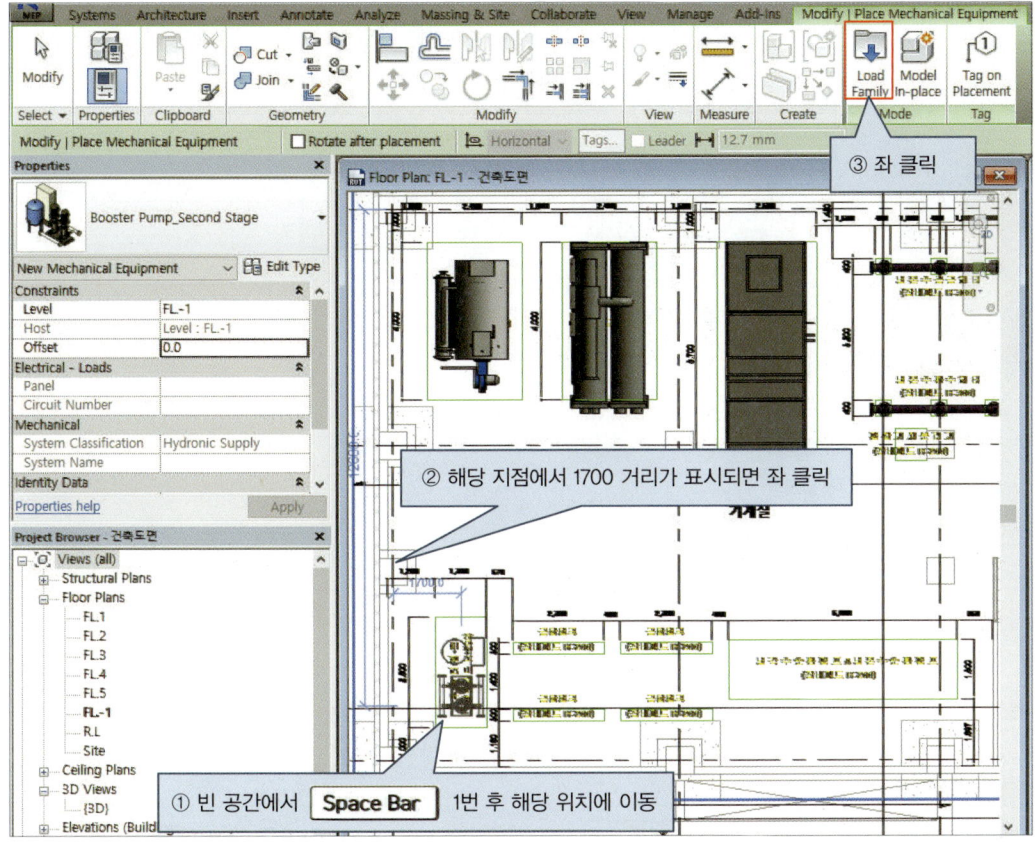

[그림 8-31]

그림 8-32~8-35와 같이 저탕조를 선택하시오.

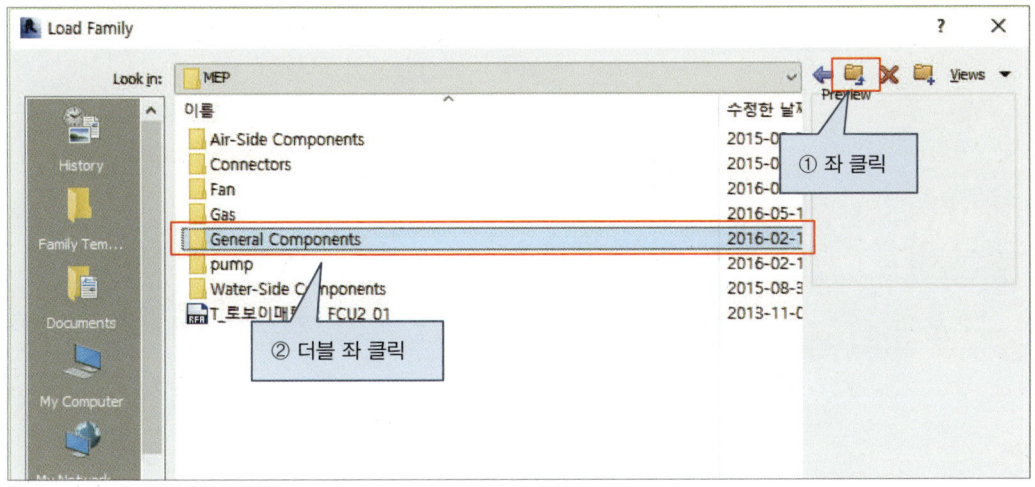

[그림 8-32]

Chapter 08 BIM 기계실 배치 설계하기　259

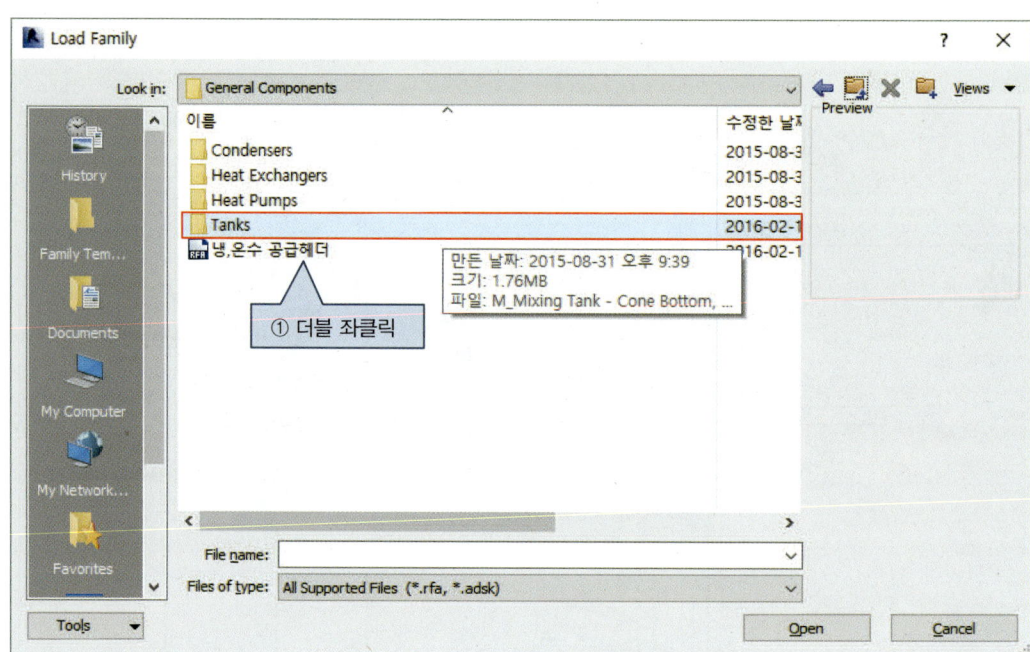

[그림 8-33]

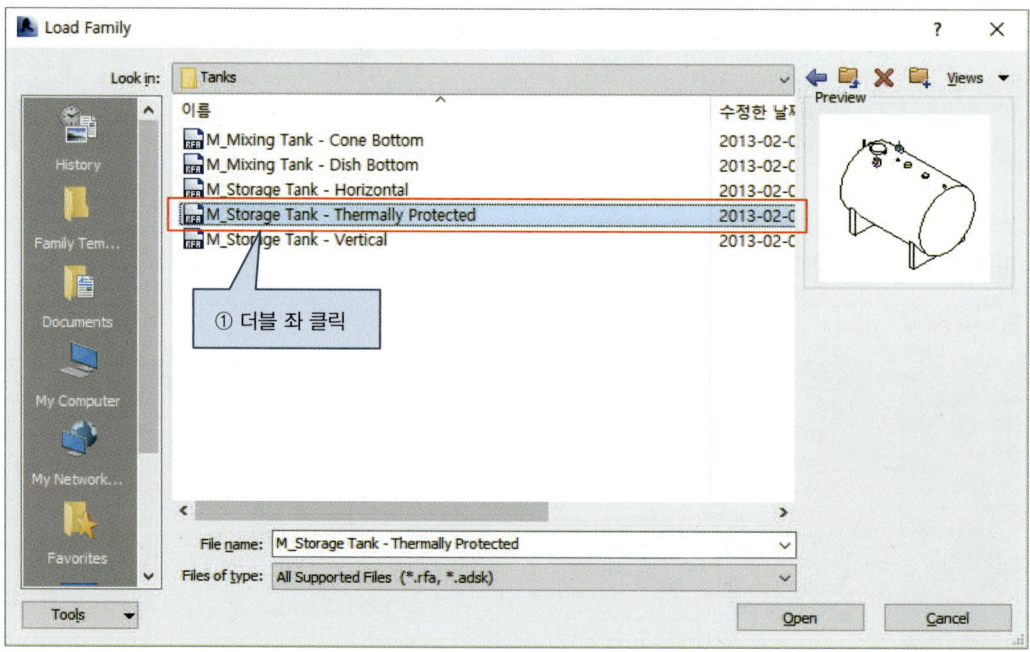

[그림 8-34]

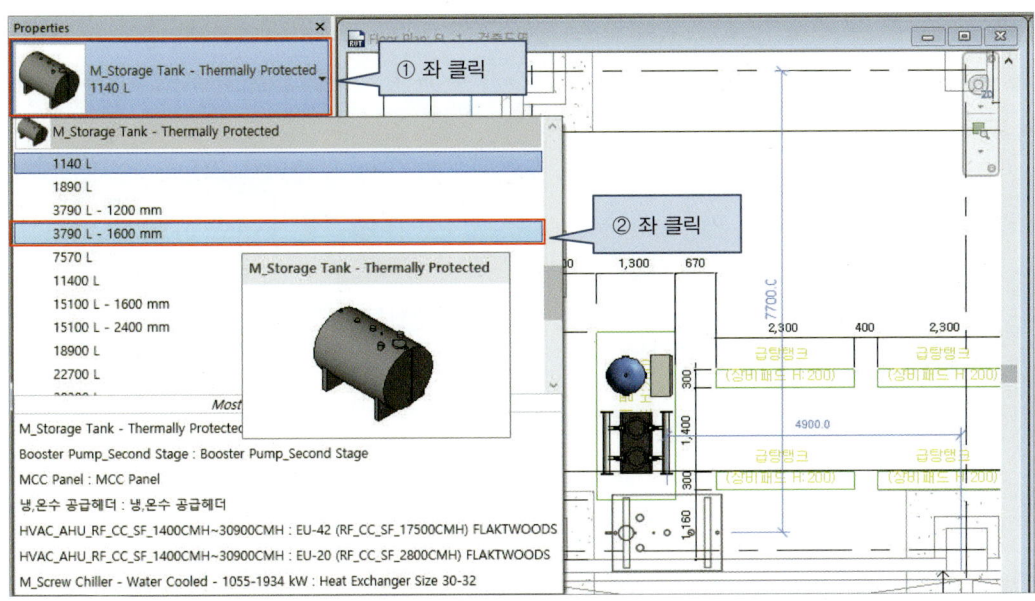

[그림 8-35]

그림 8-36과 같이 저탕조를 설치하시오.

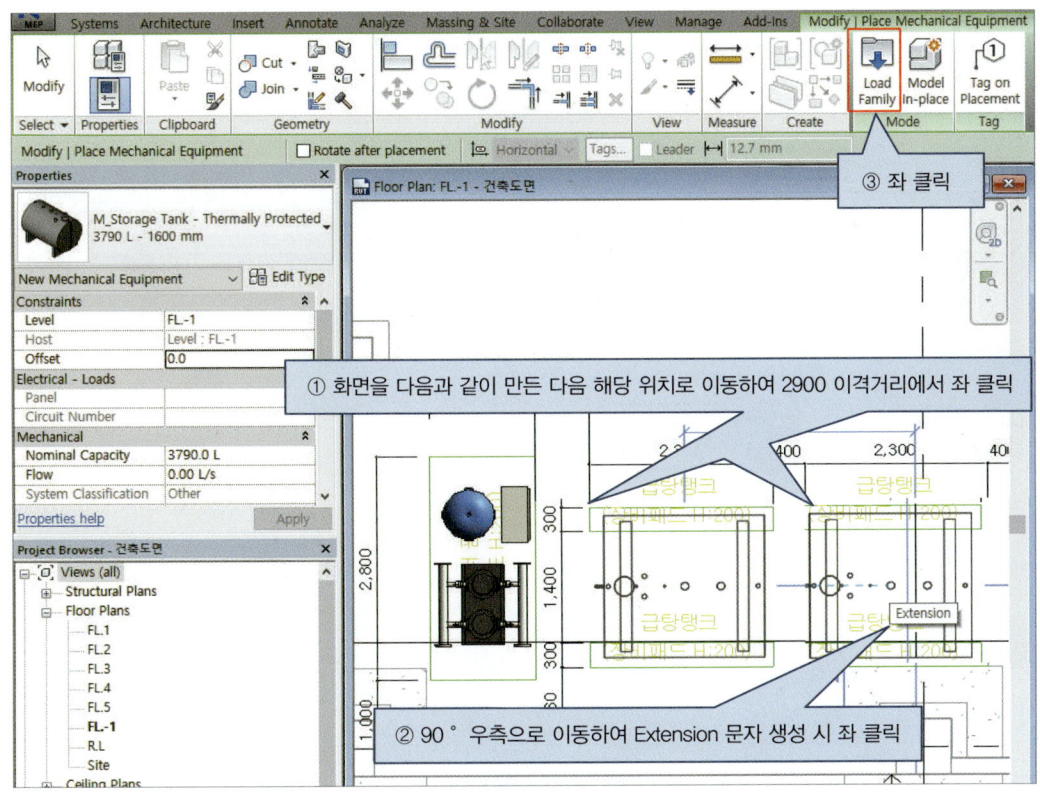

[그림 8-36]

그림 8-37~8-38과 같이 공조 순환펌프를 선택하시오.

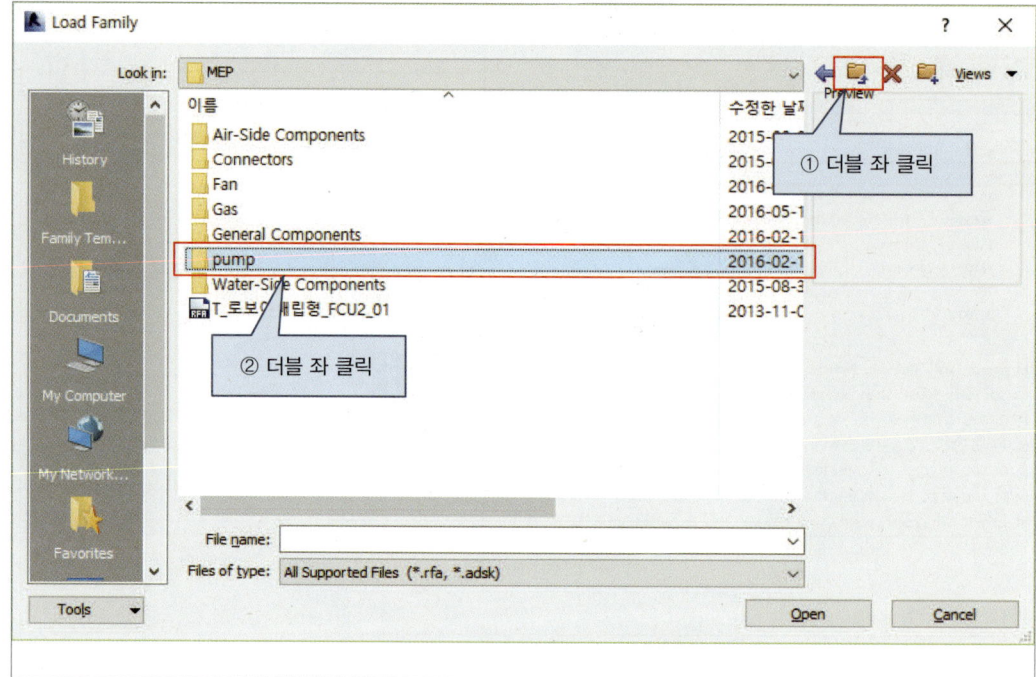

[그림 8-37]

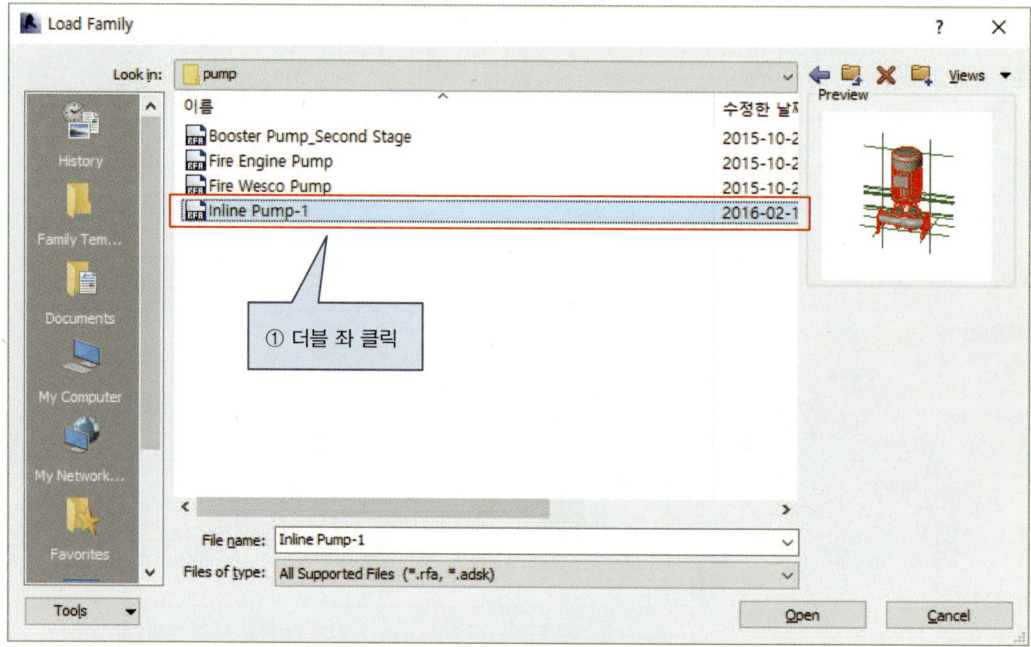

[그림 8-38]

그림 8-39~8-40과 같이 공조 순환펌프를 설치하시오.

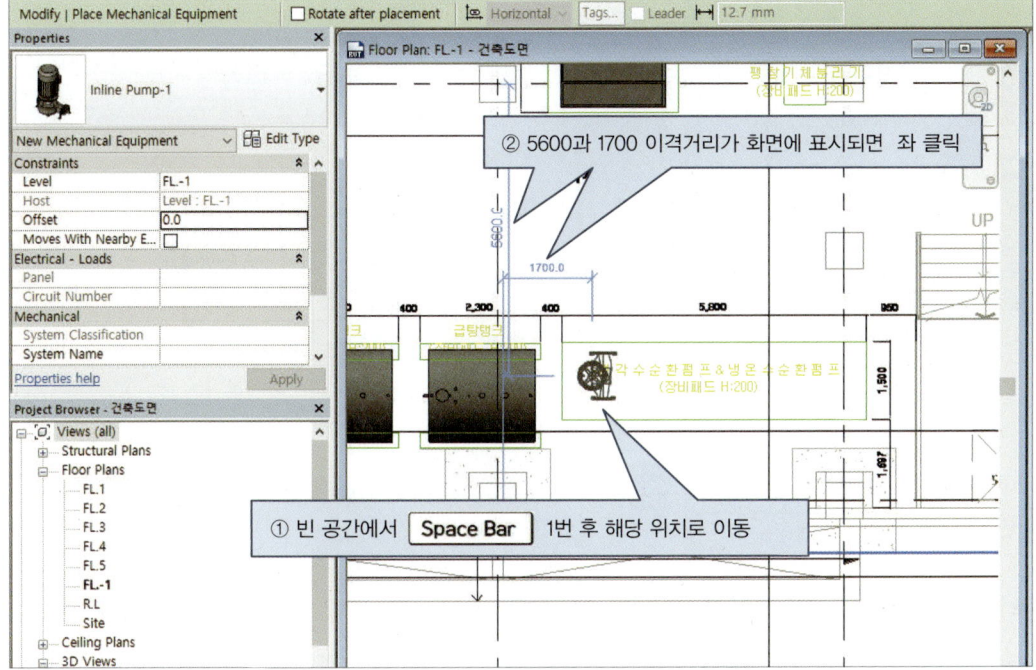

[그림 8-39]

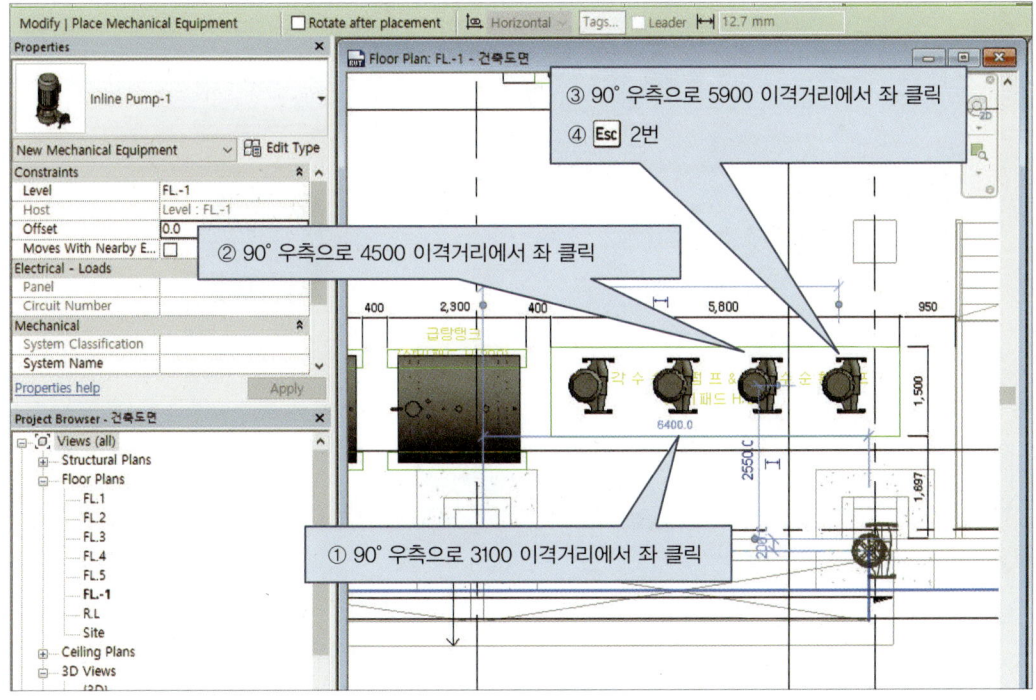

[그림 8-40]

그림 8-41~8-45와 같이 옥상층 장비배치를 하시오.

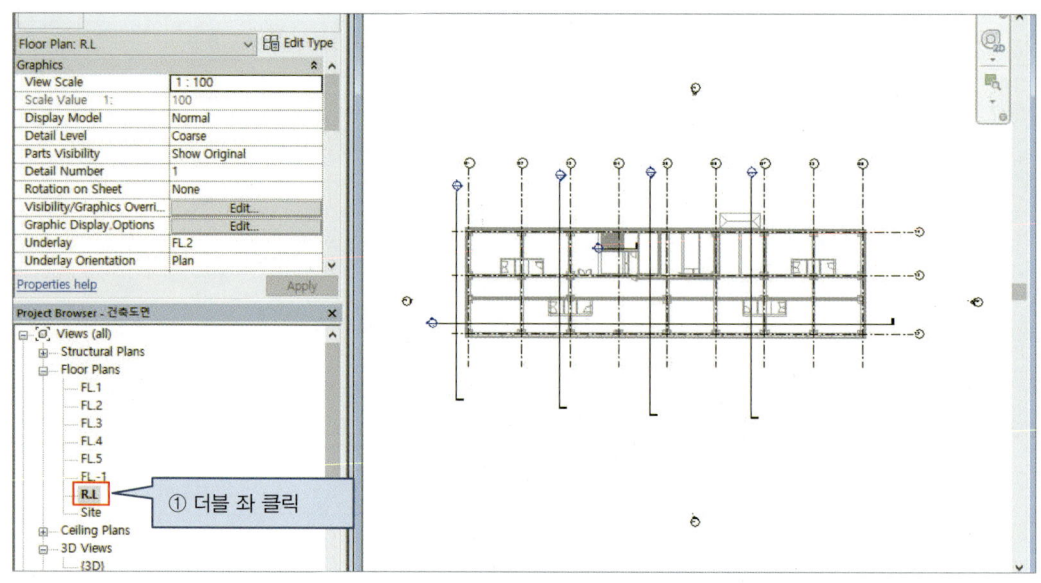

[그림 8-41]

그림 8-42와 같이 기계실(R.L) 평면도를 불러오시오.

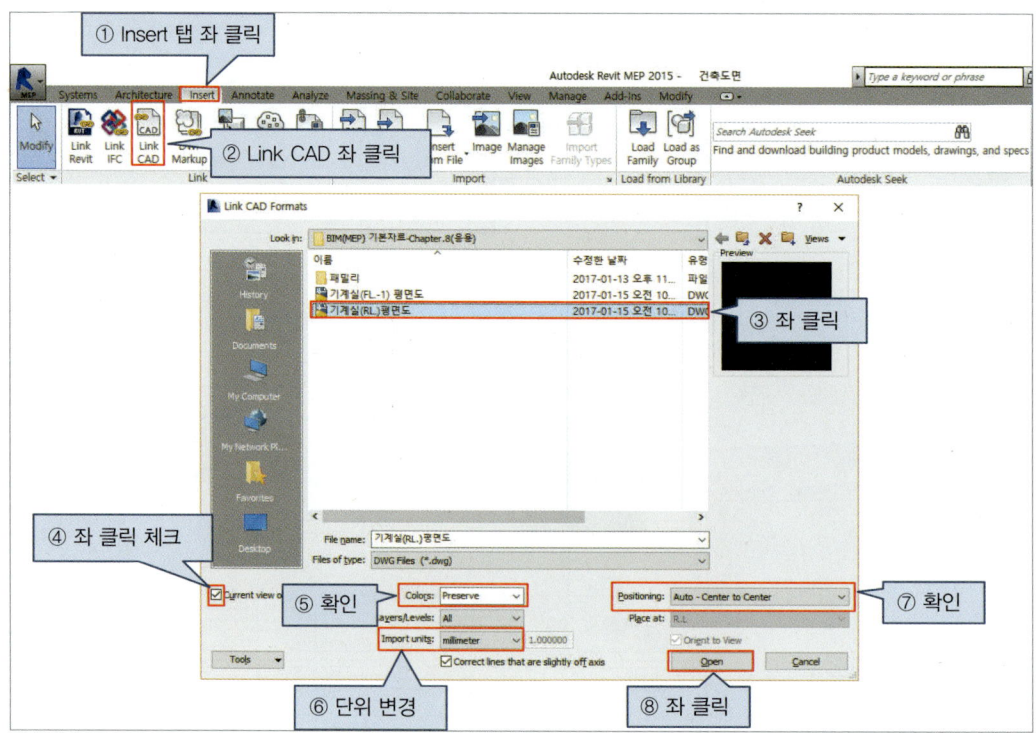

[그림 8-42]

CAD도면의 좌측상단 모서리(Intersection)와 BIM 도면의 좌측상단 모서리(Endpoint)를 그림 8-43과 같이 FIN으로 고정하시오.

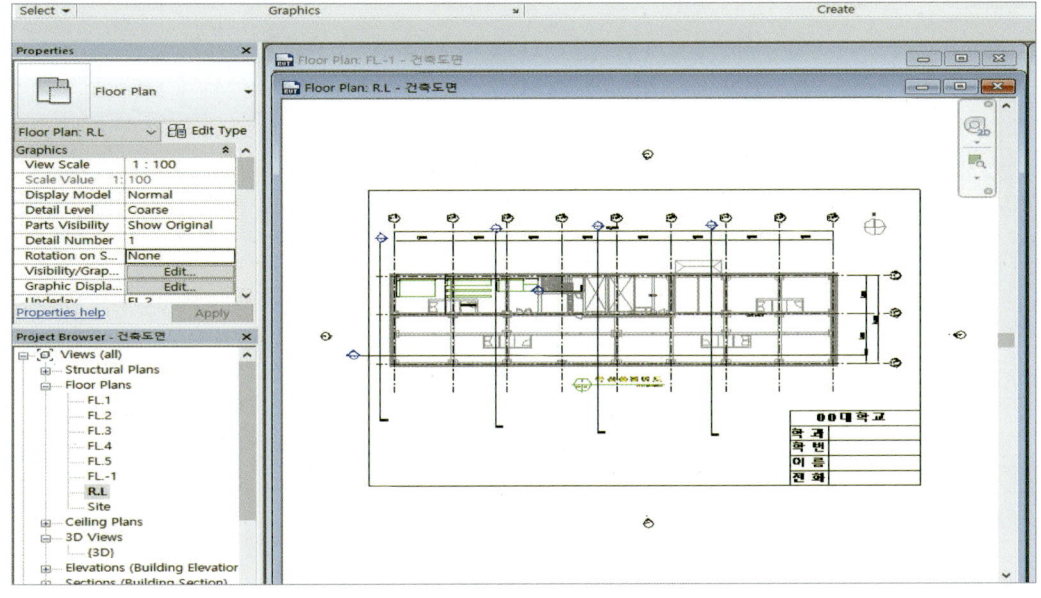

[그림 8-43]

그림 8-44~8-45와 같이 옥상층에 장비패드를 만드시오.

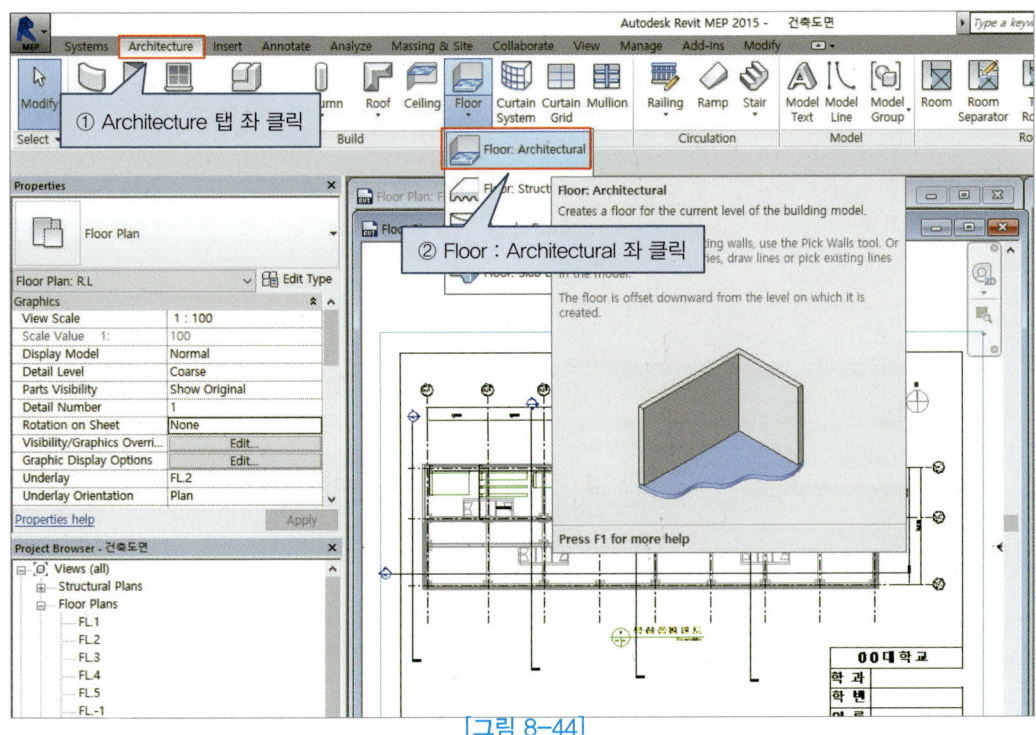

[그림 8-44]

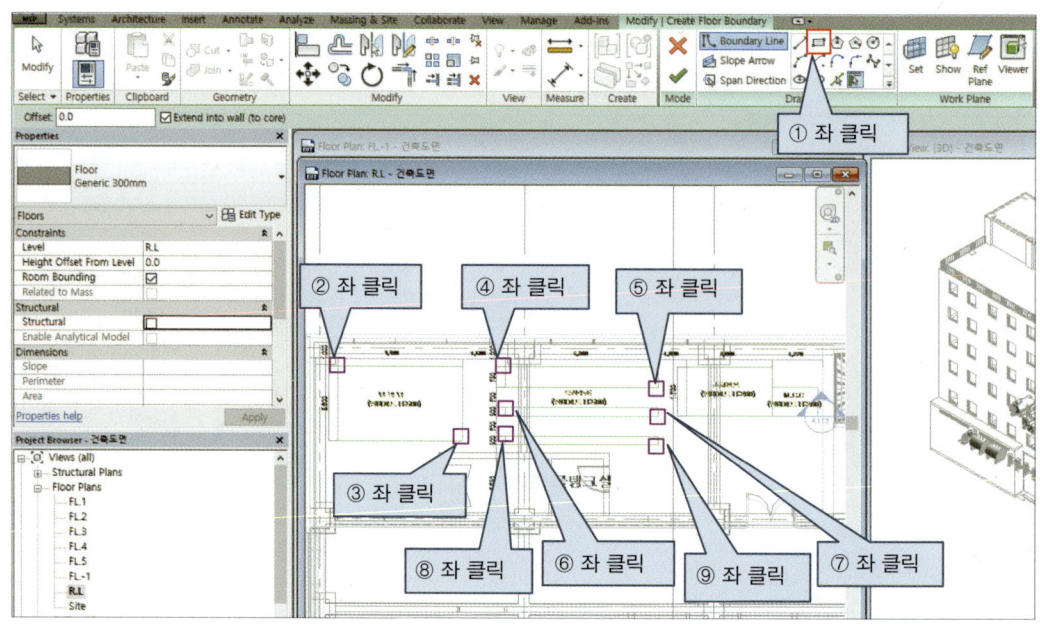

[그림 8-45]

그림 8-46~8-48과 같이 옥상층의 물탱크와 냉각탑 장비 패드를 500mm로 그리시오.

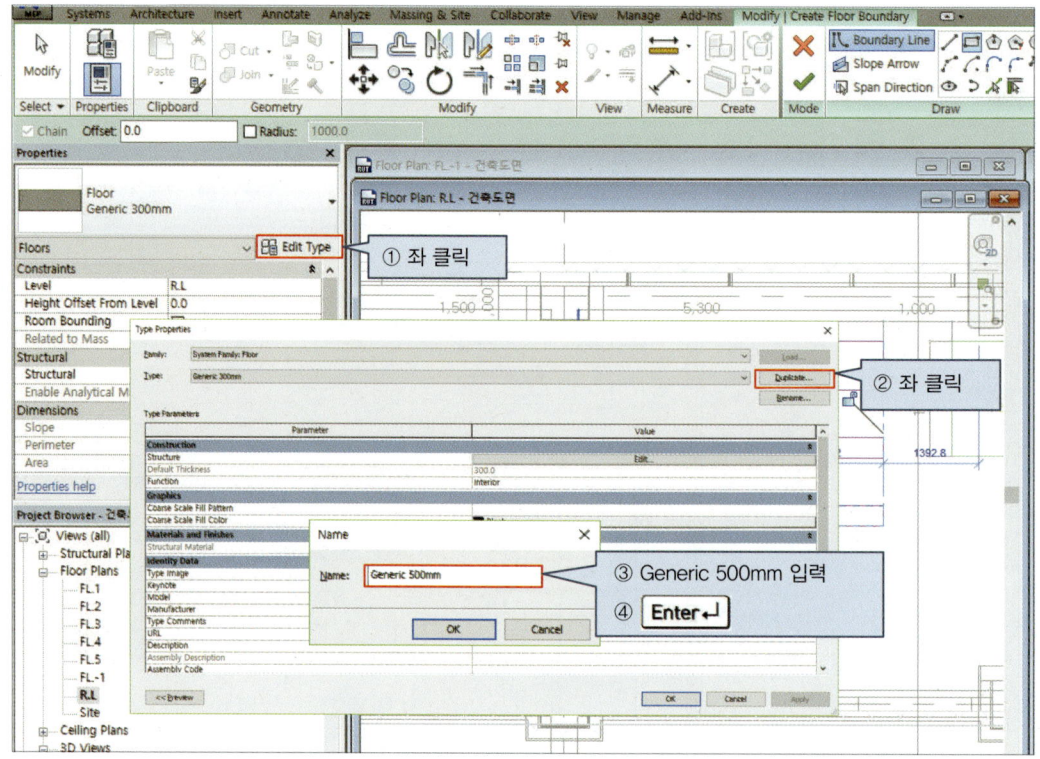

[그림 8-46]

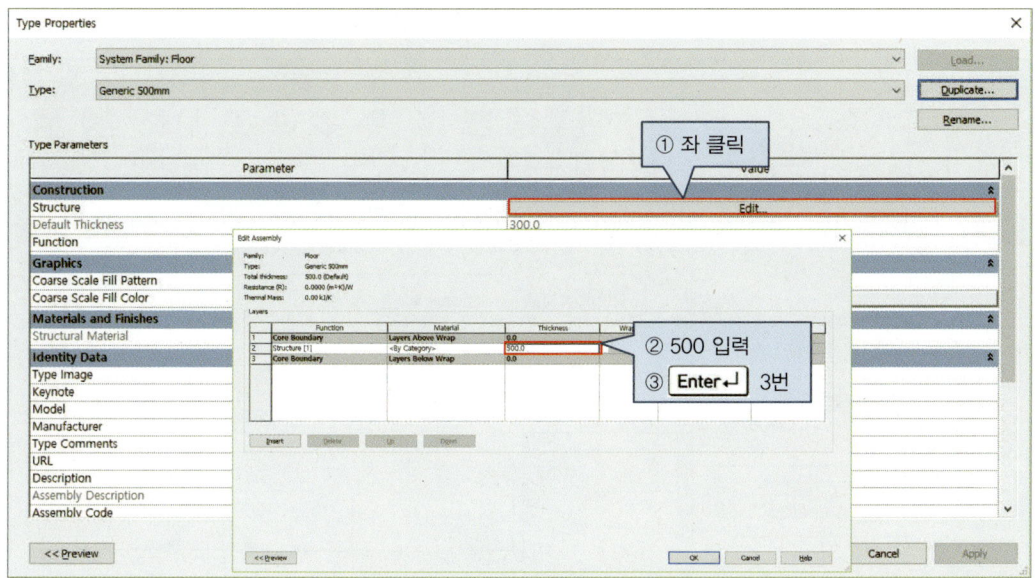

[그림 8-47]

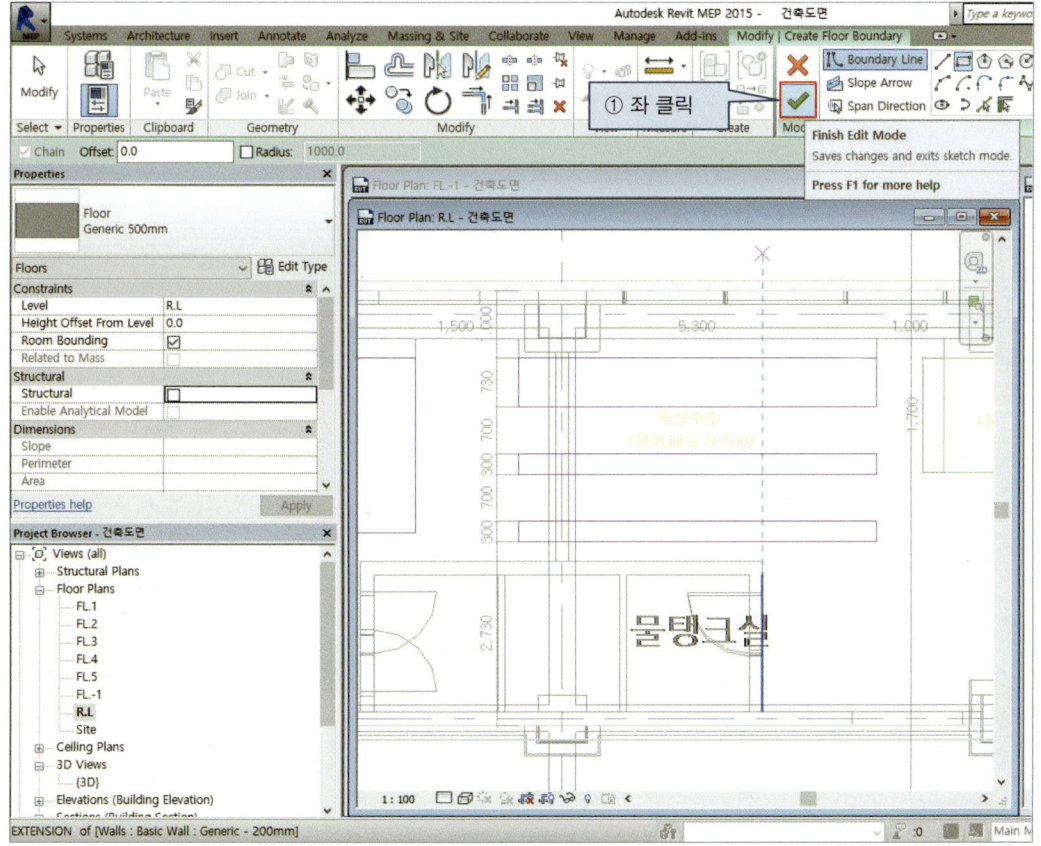

[그림 8-48]

그림 8-49~8-50과 같이 옥상층의 소화펌프 장비 패드를 300mm로 그리시오.

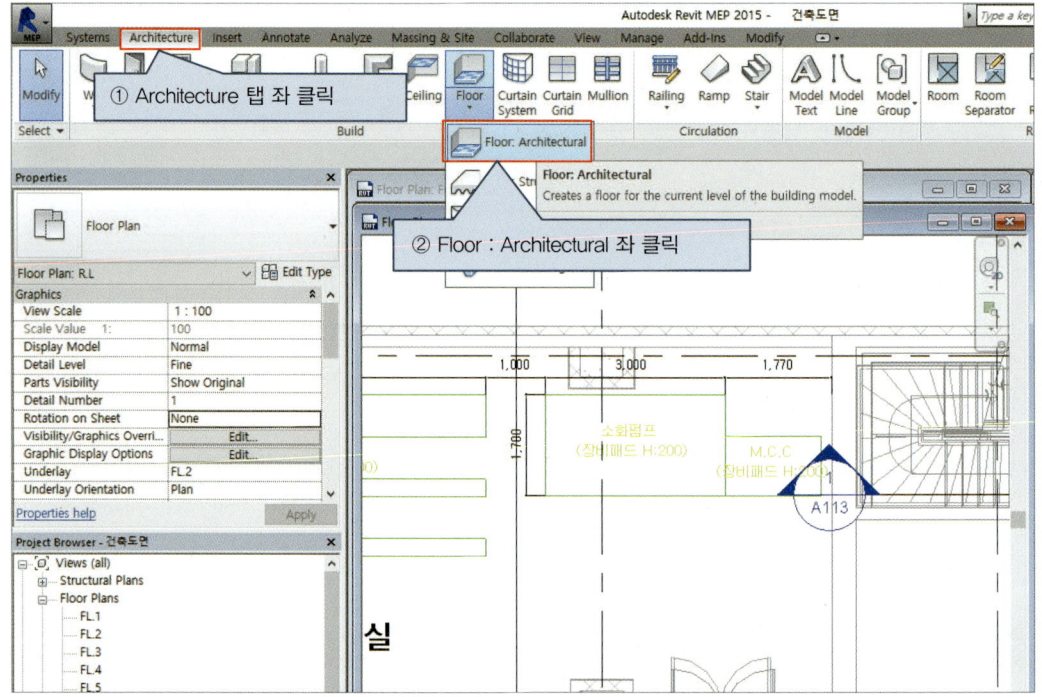

[그림 8-49]

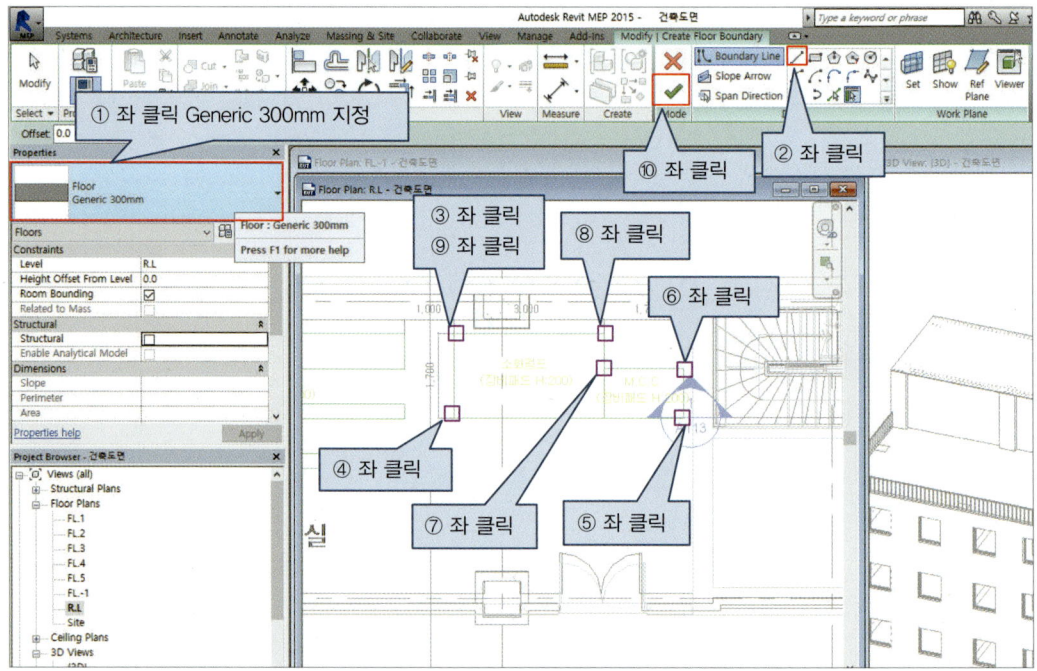

[그림 8-50]

그림 8-51~8-59와 같이 냉각탑, 물탱크 및 소화펌프를 선택하시오.

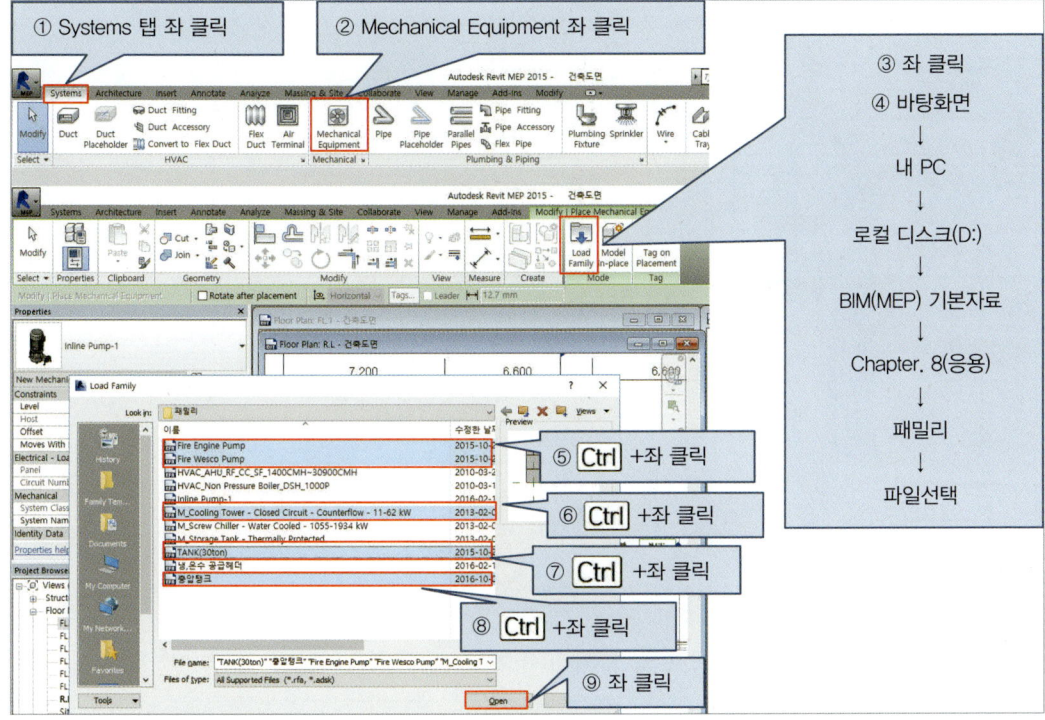

[그림 8-51]

그림 8-52와 같이 냉각탑을 설치하시오.

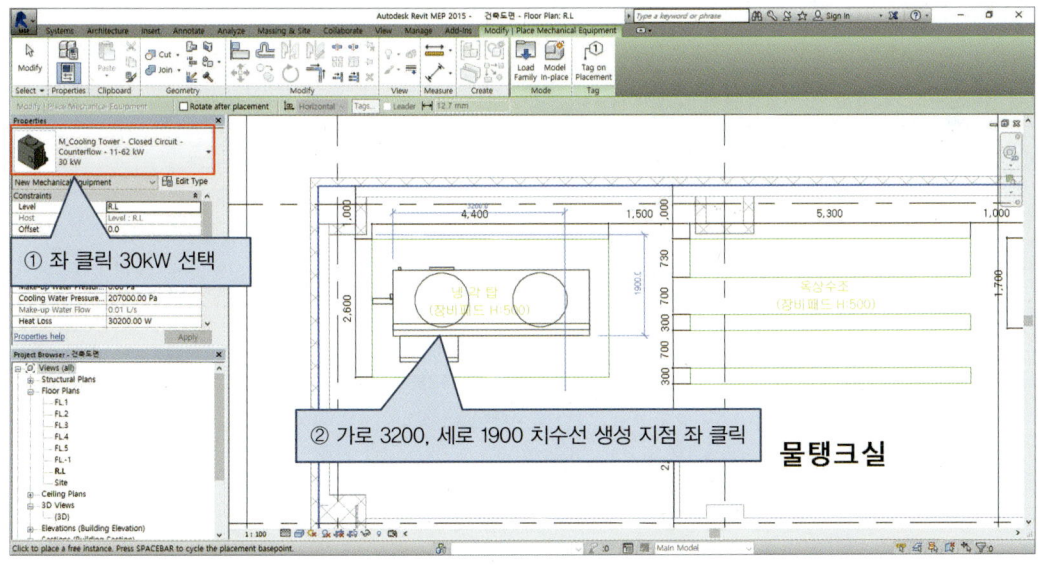

[그림 8-52]

그림 8-53과 같이 물탱크를 설치하시오.

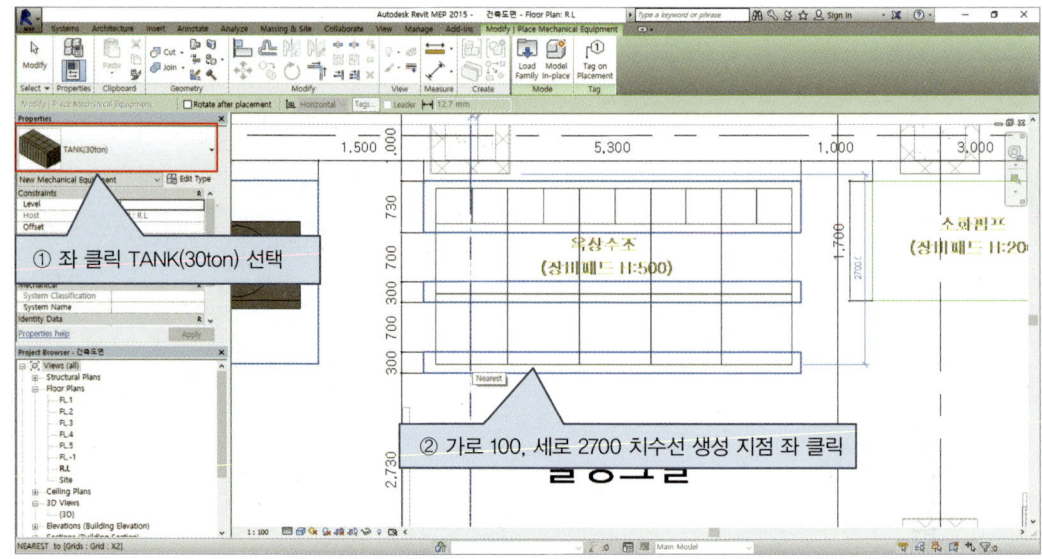

[그림 8-53]

그림 8-54와 같이 소화 충압펌프를 설치하시오.

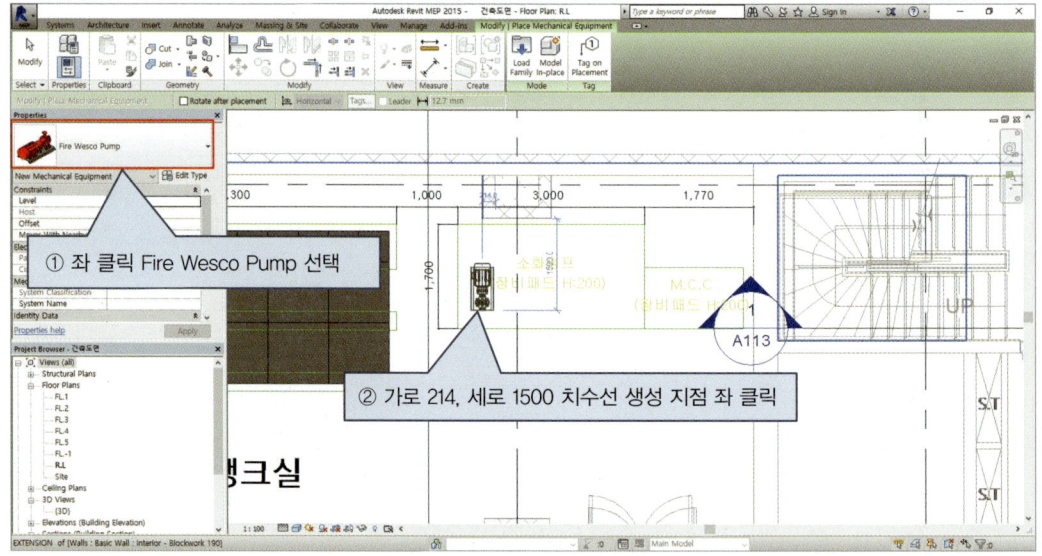

[그림 8-54]

그림 8-54~8-55와 같이 소화 주펌프를 설치하시오.

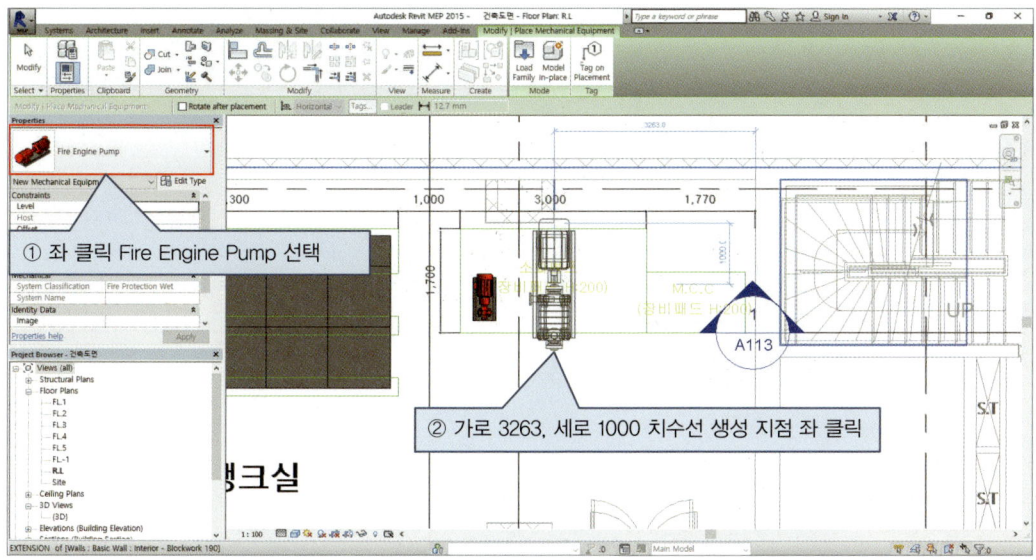

[그림 8-55]

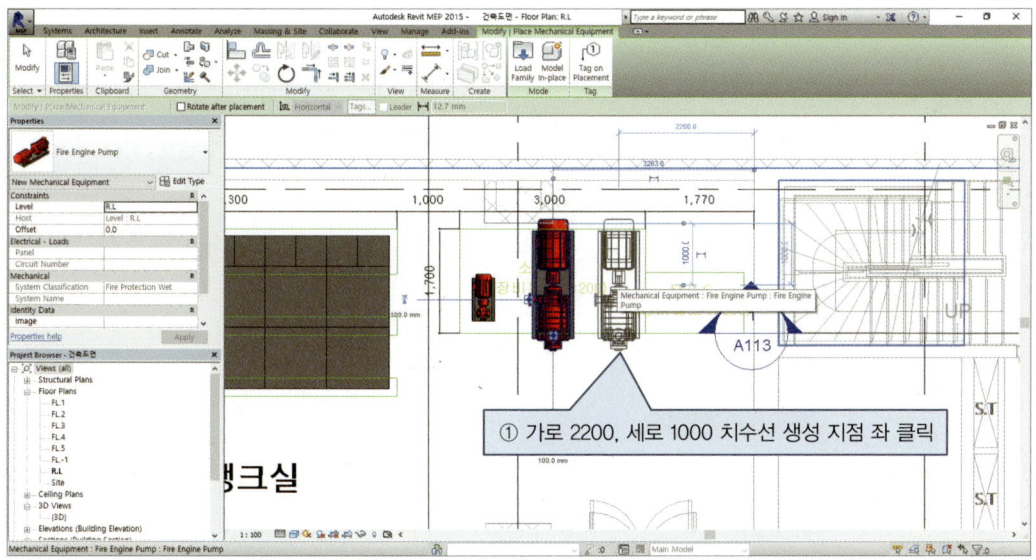

[그림 8-56]

Chapter 08 BIM 기계실 배치 설계하기 271

그림 8-57과 같이 충압탱크를 설치하시오.

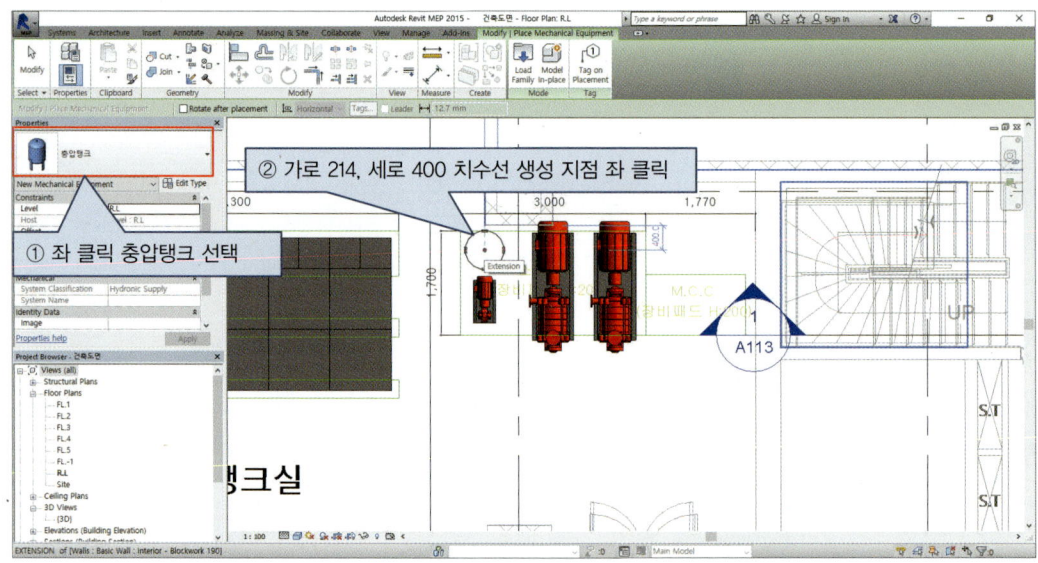

[그림 8-57]

그림 8-58~8-59와 같이 MCC를 설치하시오.

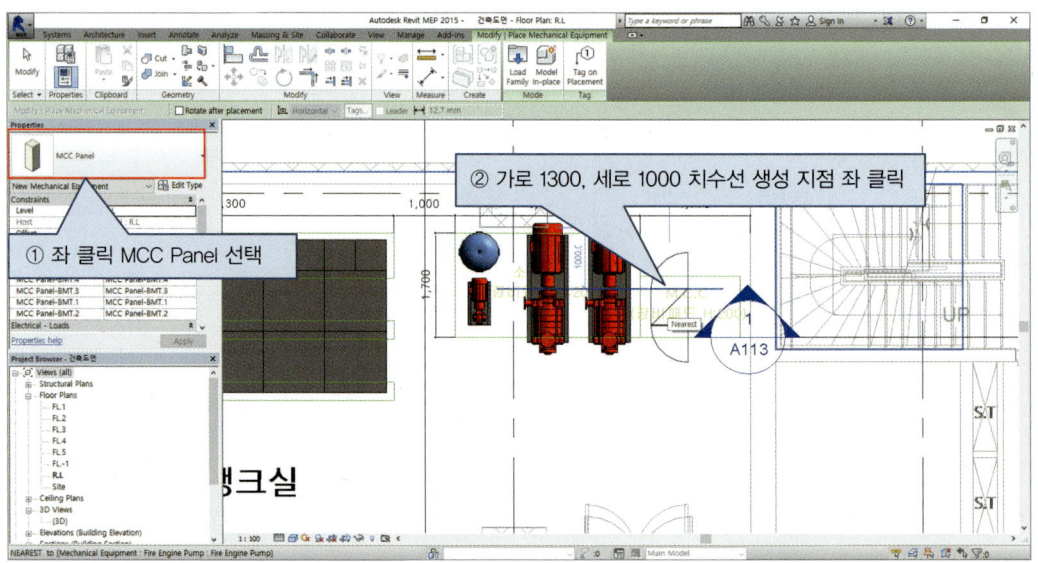

[그림 8-58]

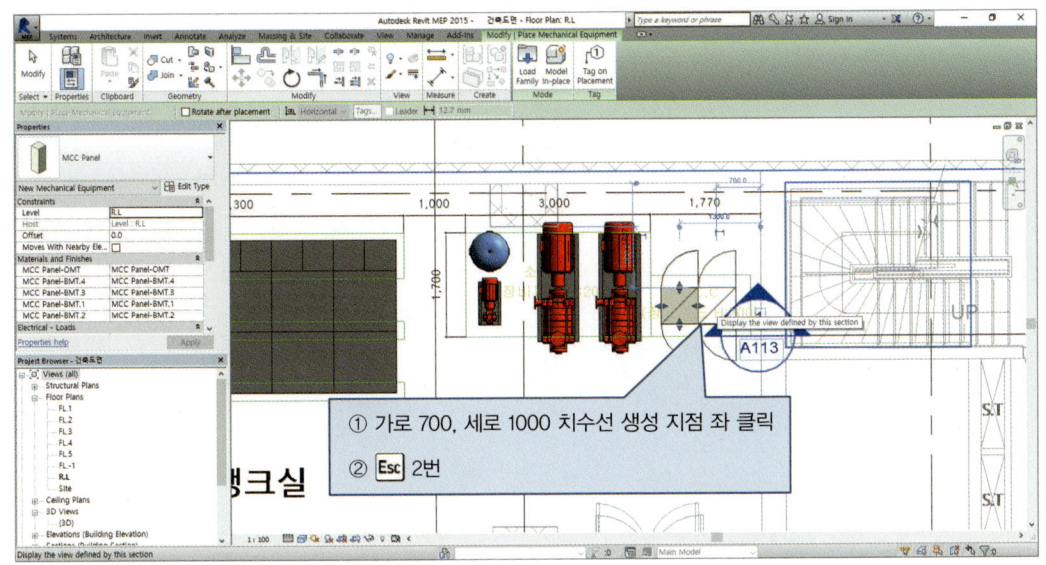

[그림 8-59]

다음과 같이 저장하시오.

파일명 : CHAPTER08_학번_홍길동(년/월/일)

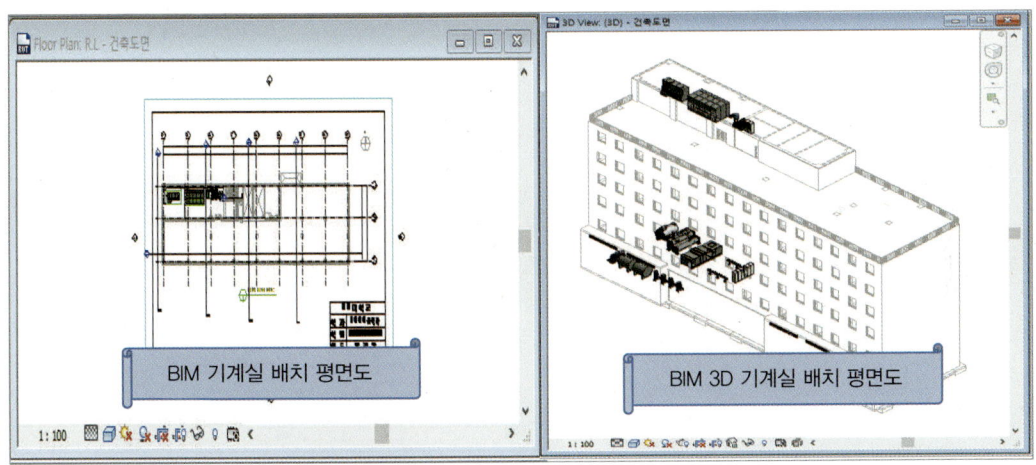

[그림 8-60]

Chapter 09

BIM 기계실 공조덕트 설계

그림 9-1 BIM 기계실 배치 도면을 이용하여 그림 9-2 BIM 기계실 공조덕트 도면을 만드는 방법을 알아본다.

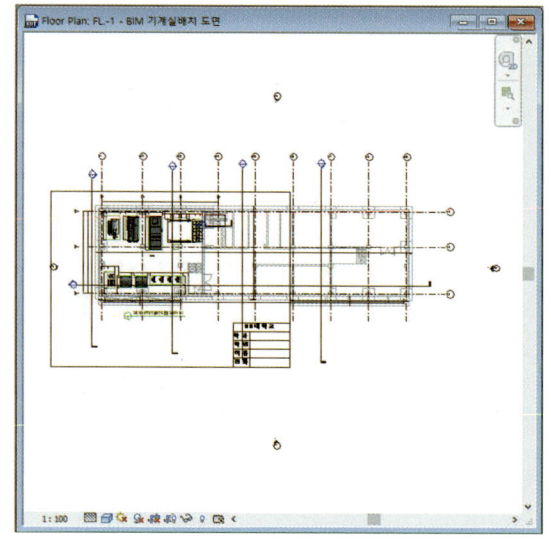

(a) BIM 기계실 배치 평면도

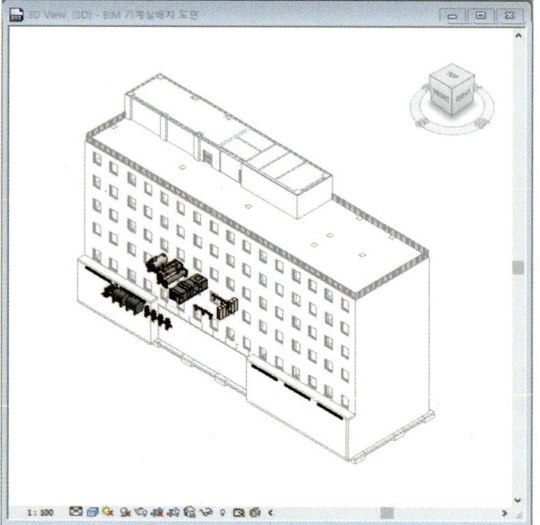

(b) BIM 3D 기계실 배치 평면도

[그림 9-1] BIM 기계실 배치 도면

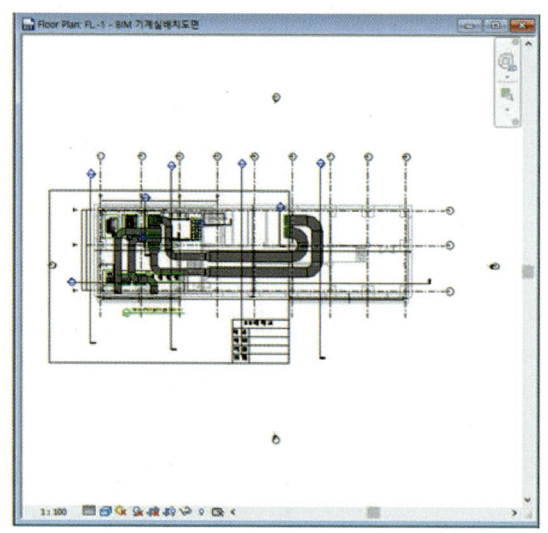

(a) BIM 기계실 공조덕트 평면도

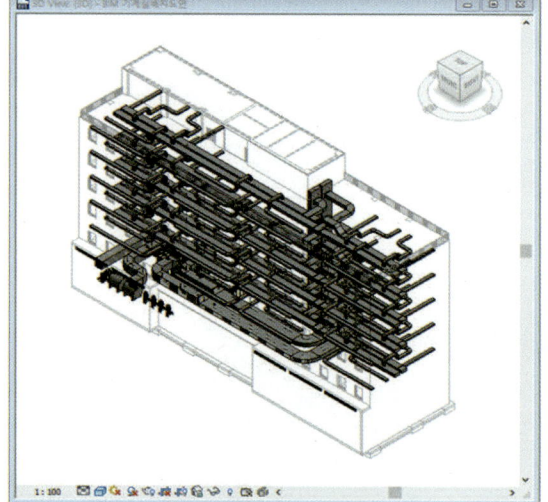

(b) BIM 3D 기계실 공조덕트 평면도

[그림 9-2] BIM 기계실 공조덕트 도면

다운로드 받은 chapter 9.의 BIM 기계실배치 도면.rvt 파일을 더블 좌 클릭하여 실행시킨다.

1. 그림 9-3(a) 기계실배치 평면도에서 설계되어야하기 때문에, ① Floor Plan FL -1 - 기계실배치평면도를 좌 클릭하여 도면을 활성화시킨다. 현재 활성화 창이 그림 9-3과 같지 않으면 좌측 Project Browser 창에서 3D Views 〉 3D 더블 좌 클릭한다.

2. 활성화된 창을 그림 9-3과 같이 보이도록 하려면 WT라고 입력한다.

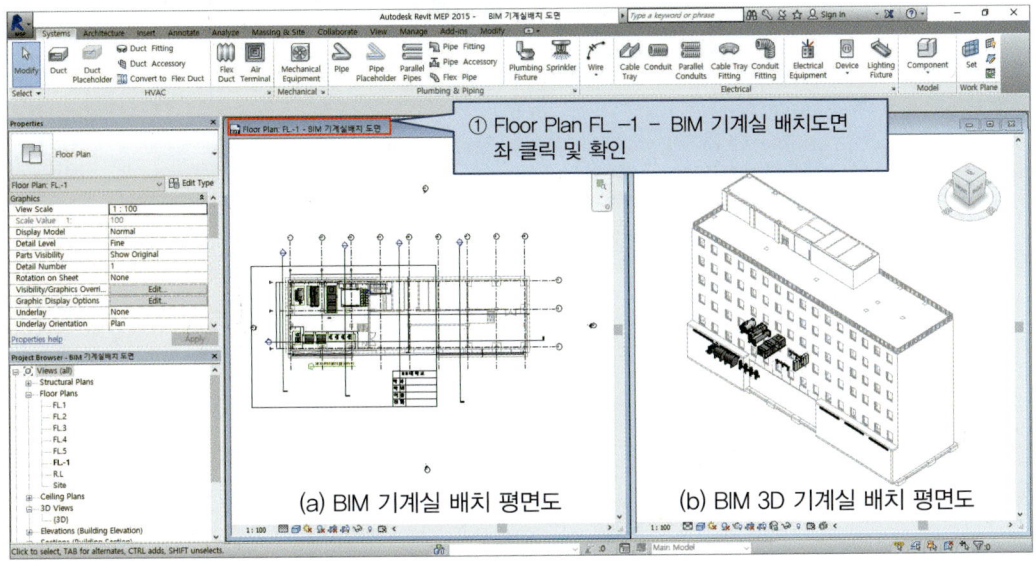

[그림 9-3]

그림 9-4~9-6과 같이 공조덕트를 선택하시오.

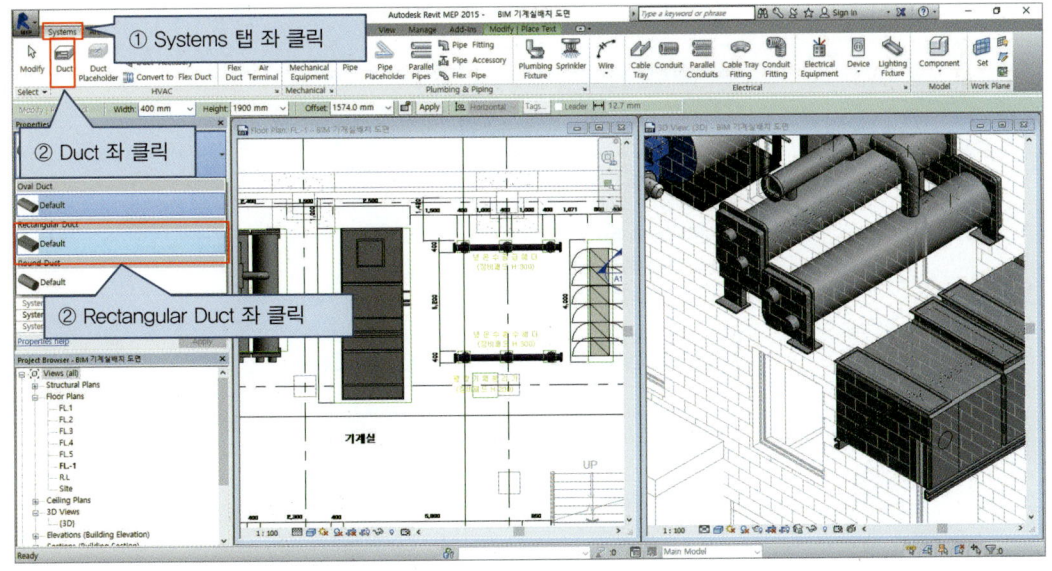

[그림 9-4]

Chapter 09 BIM 기계실 공조덕트 설계   277

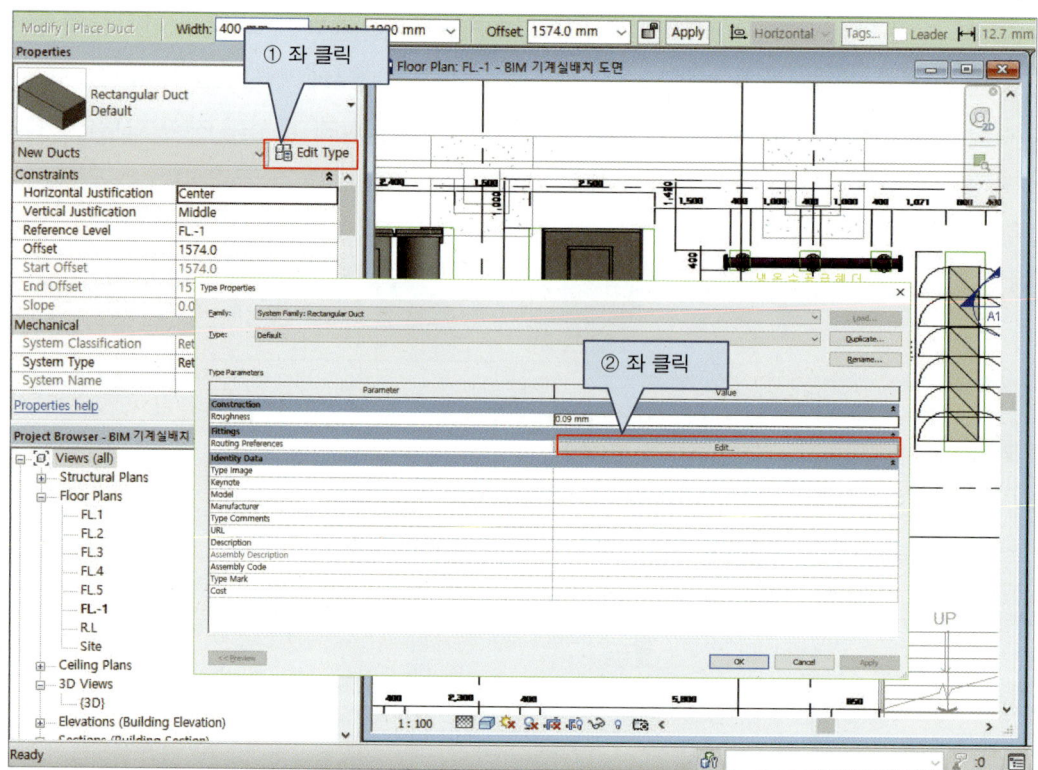

[그림 9-5]

그림 3-12~3-21까지를 확인하여 그림 9-6과 같이 Routing을 설정한다.

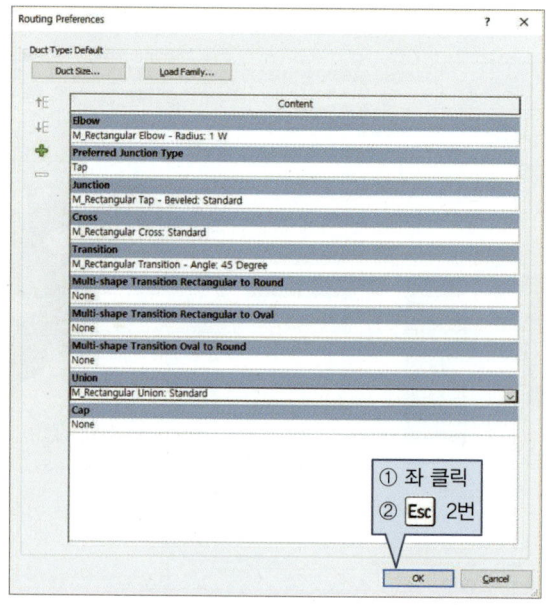

[그림 9-6]

그림 9-7~9-29와 같이 공조기에 덕트를 연결하시오.

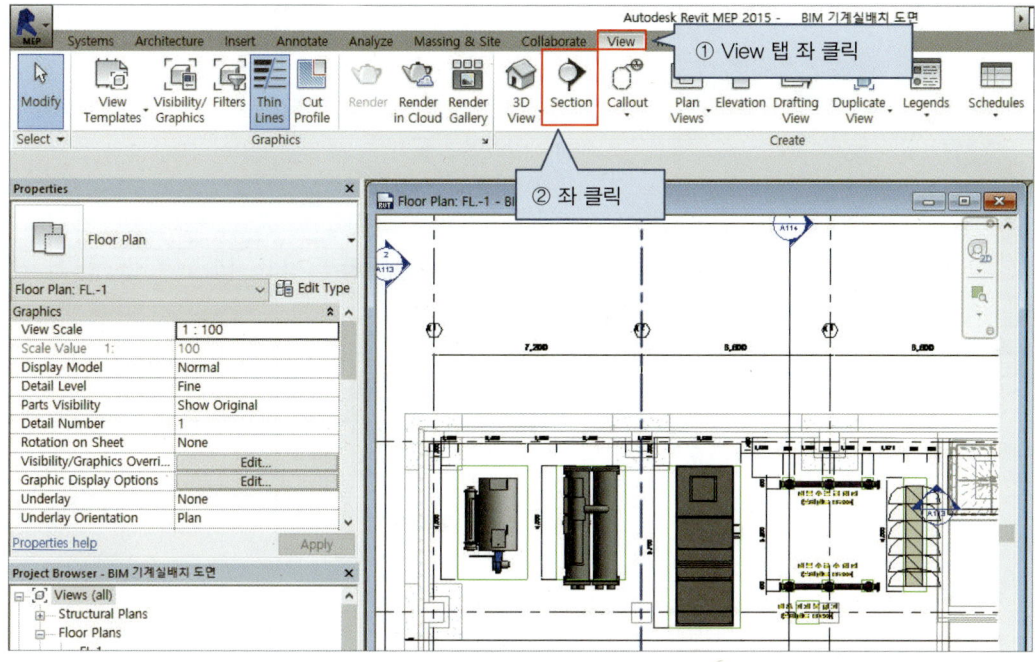

[그림 9-7]

그림 9-8과 같이 Section을 만든 다음 ESC 을 두 번 눌러 나가기 하시오.

※ 우측그림과 같이 Section영역(점선박스)을 지정한다.

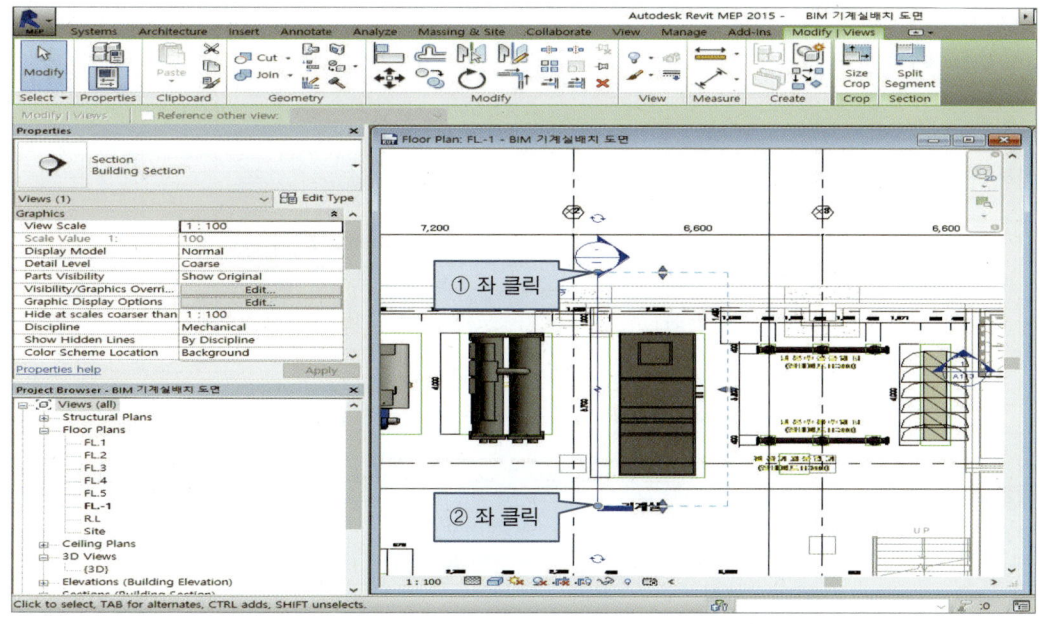

[그림 9-8]

Chapter 09 BIM 기계실 공조덕트 설계 279

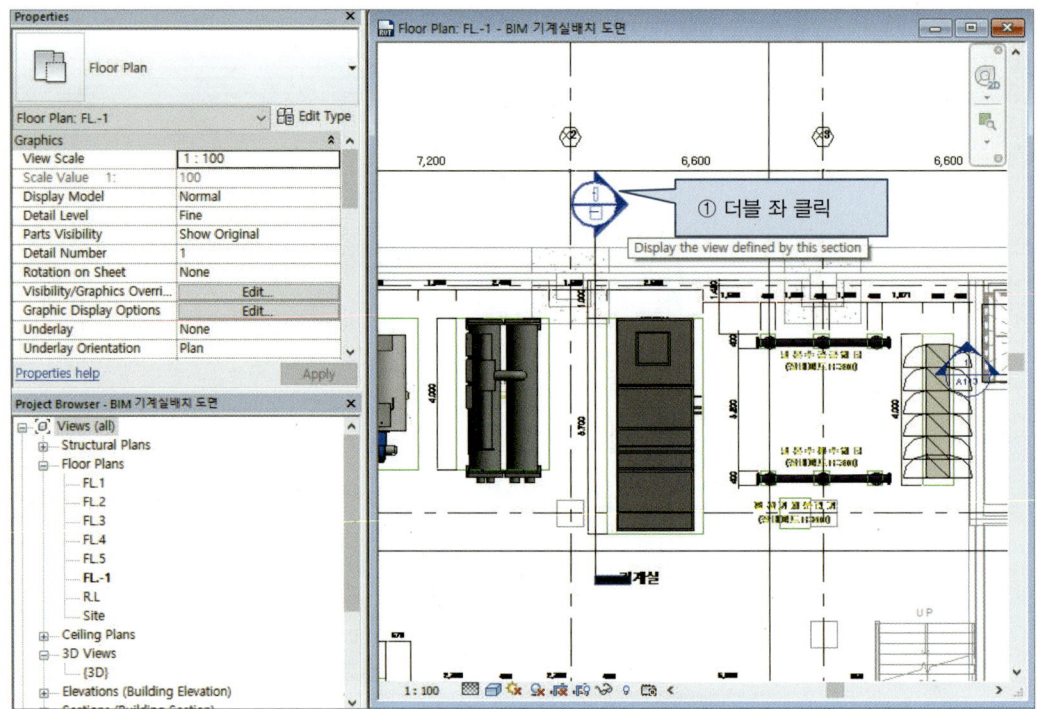

[그림 9-9]

덕트가 실물처럼 보이도록 그림 9-10과 같이 설정하시오.

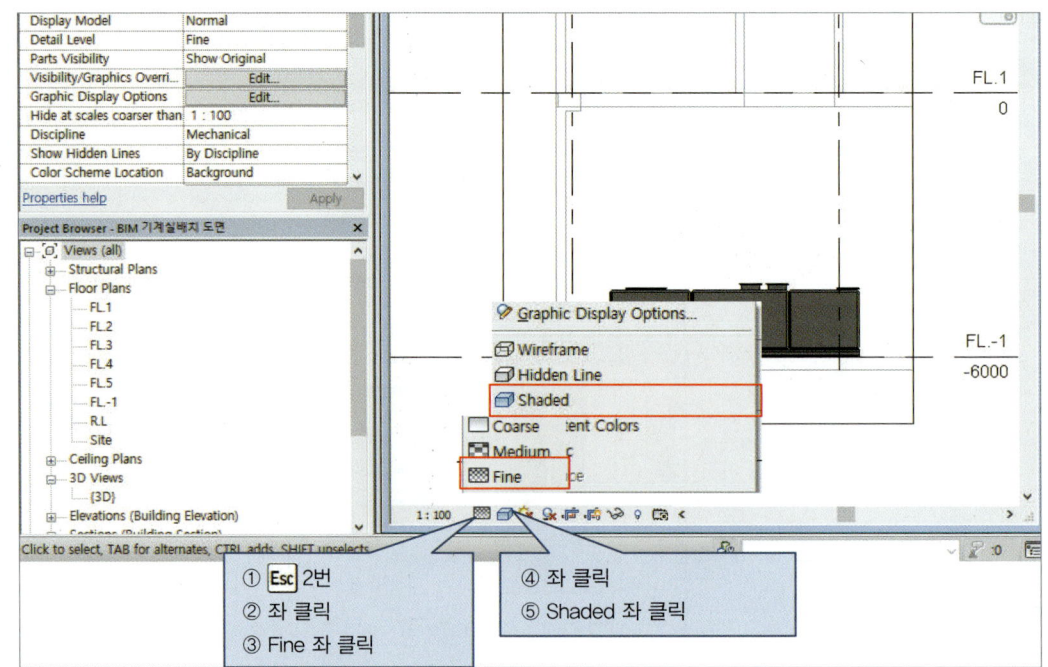

[그림 9-10]

그림 9-11~9-17과 같이 Return덕트를 설치하시오.

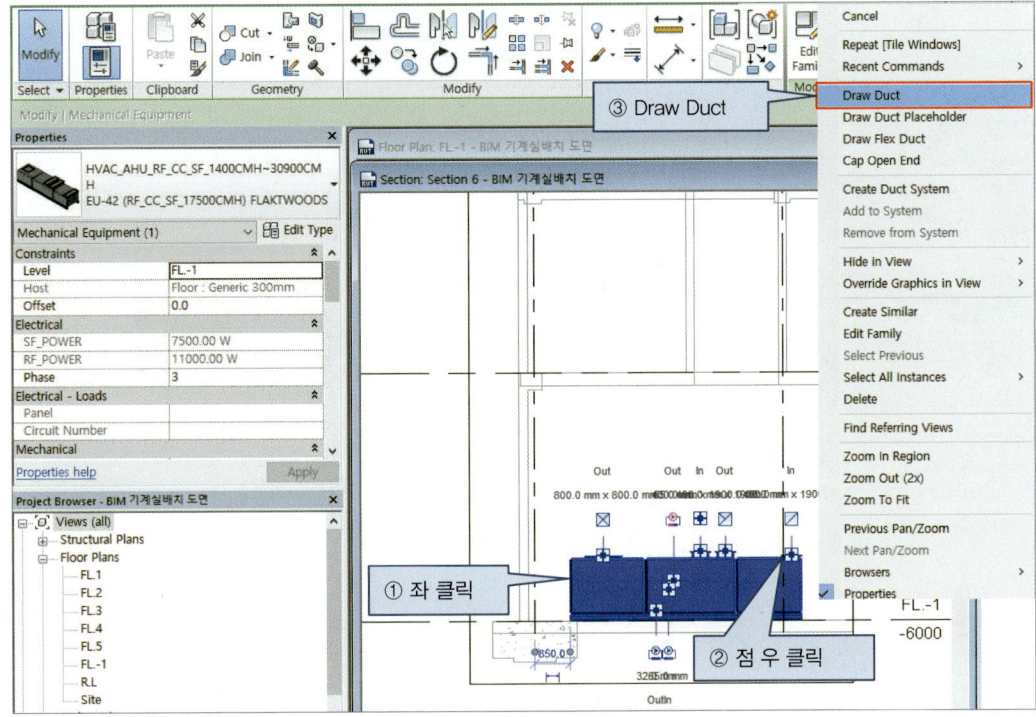

[그림 9-11]

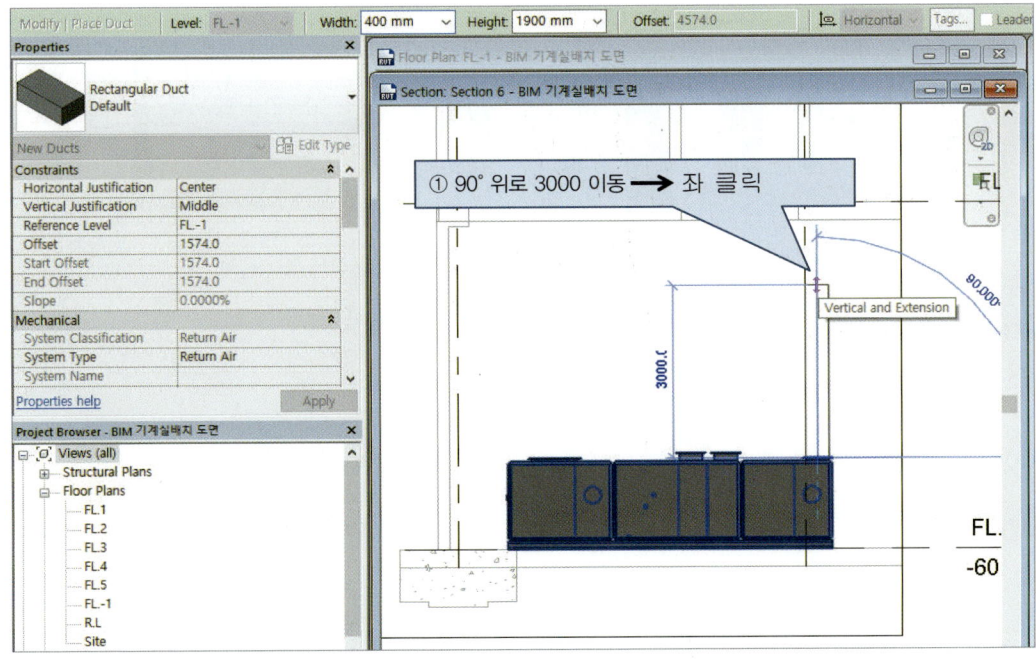

[그림 9-12]

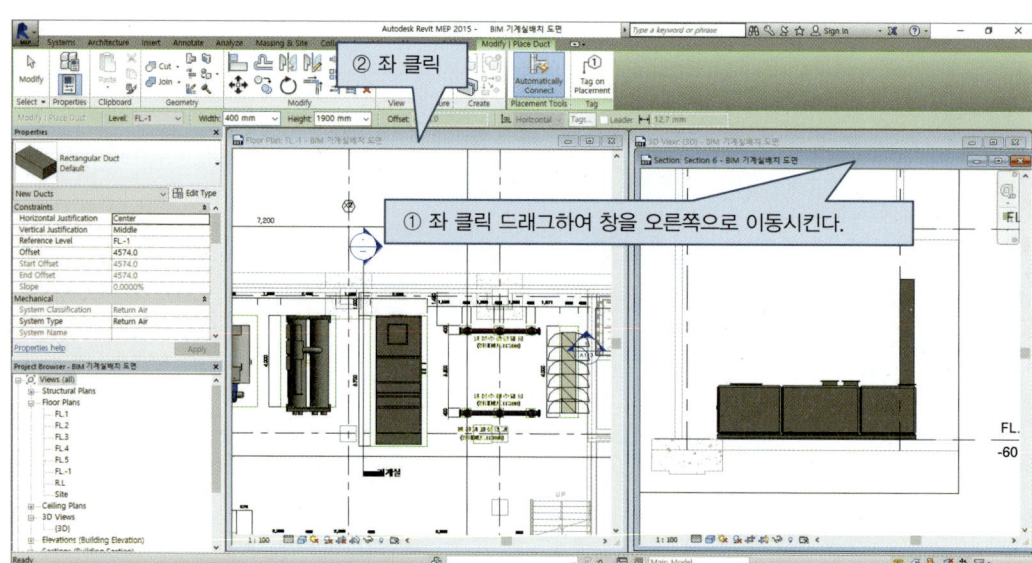

[그림 9-13]

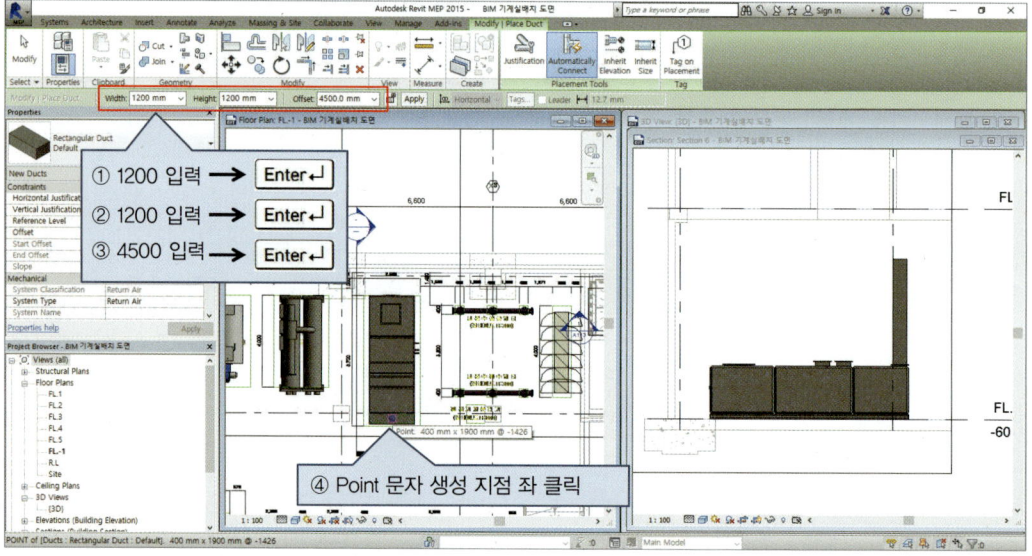

[그림 9-14]

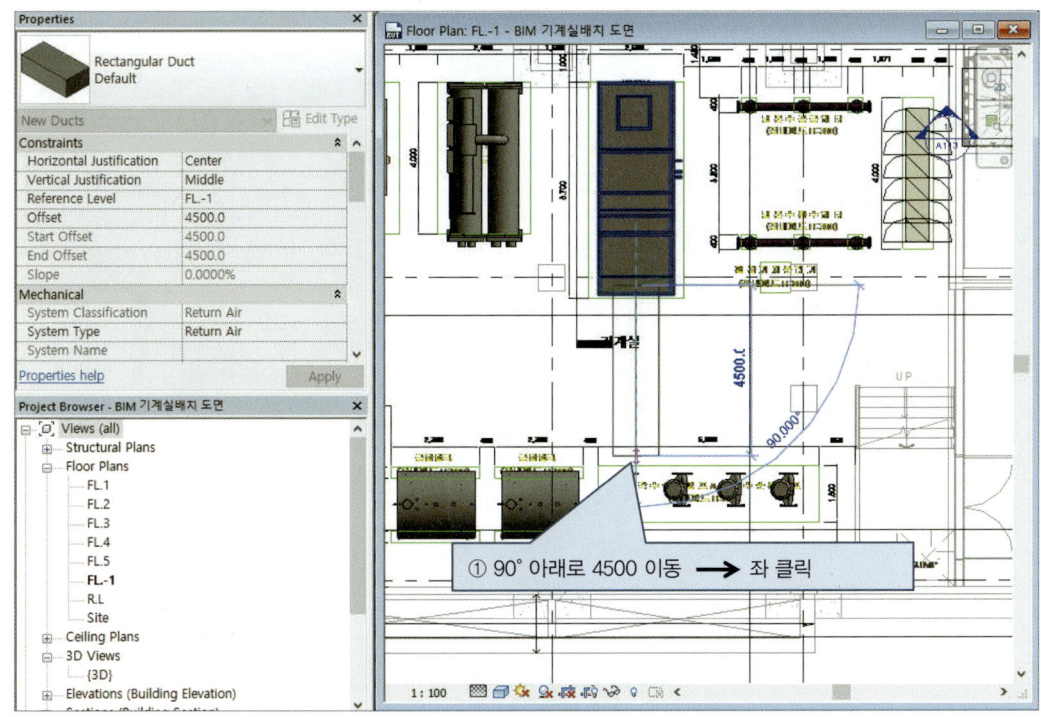

[그림 9-15]

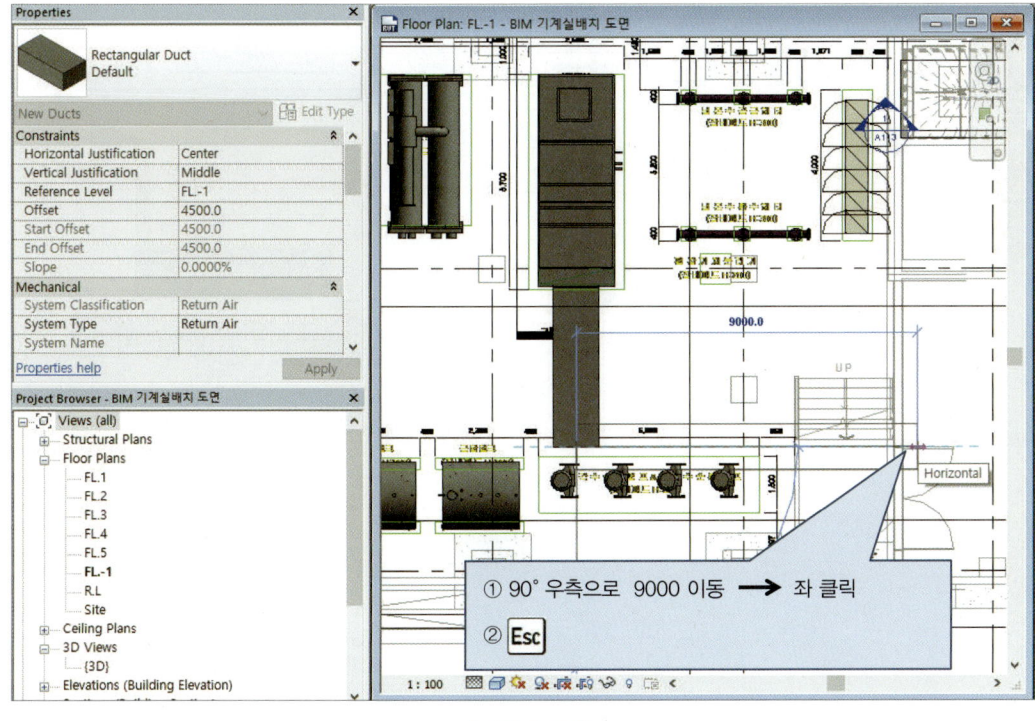

[그림 9-16]

Chapter 09 BIM 기계실 공조덕트 설계

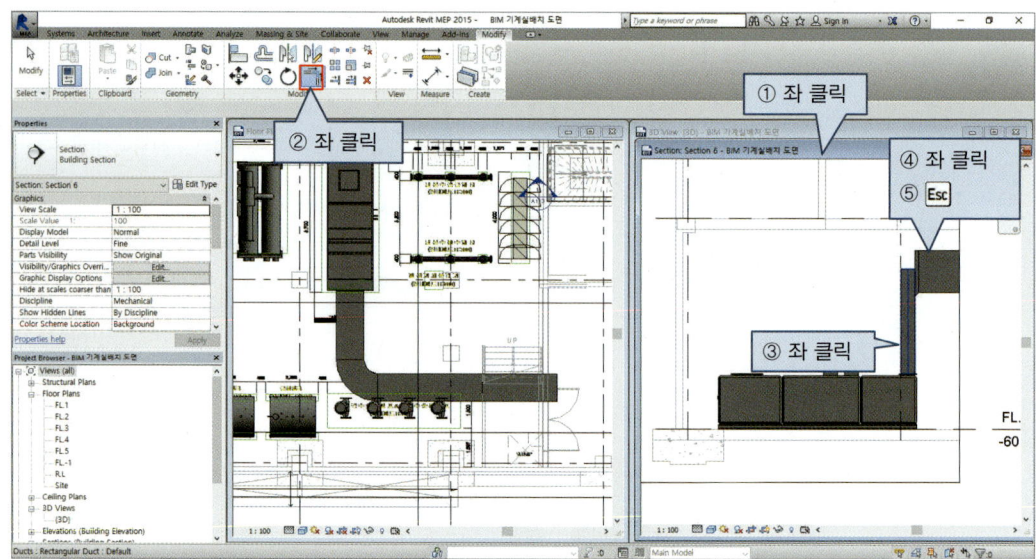

[그림 9-17]

그림 9-18~9-23과 같이 Supply 덕트를 연결하시오.

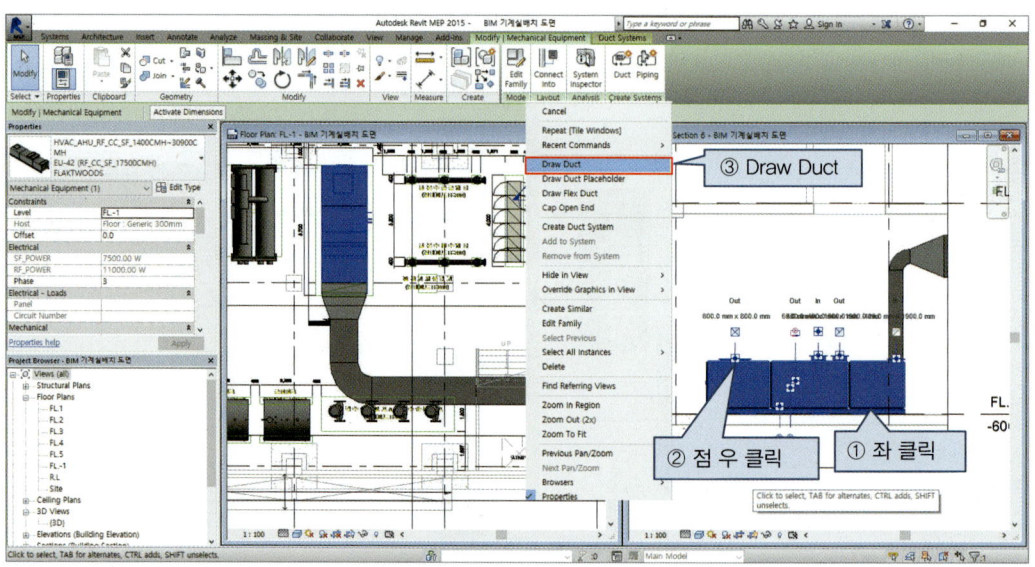

[그림 9-18]

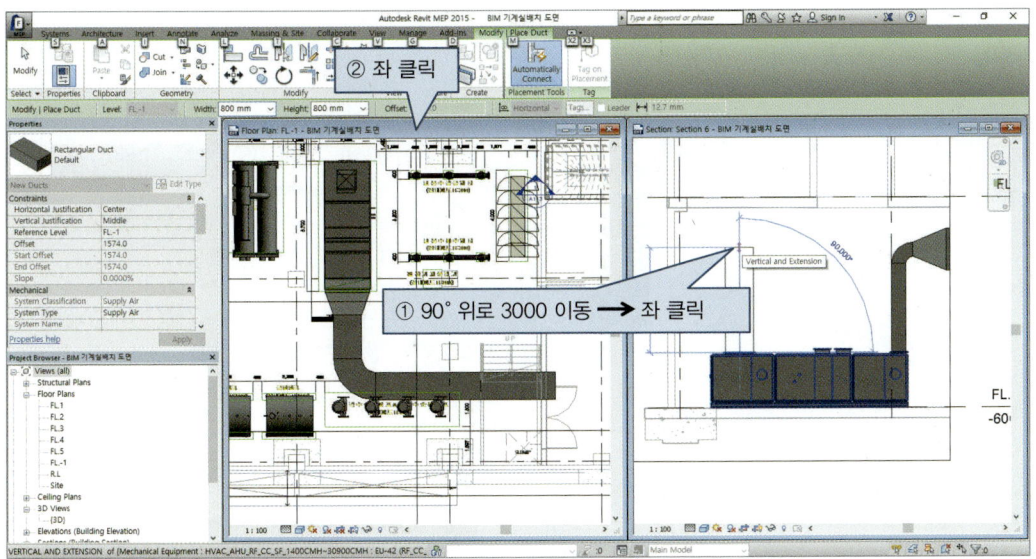

[그림 9-19]

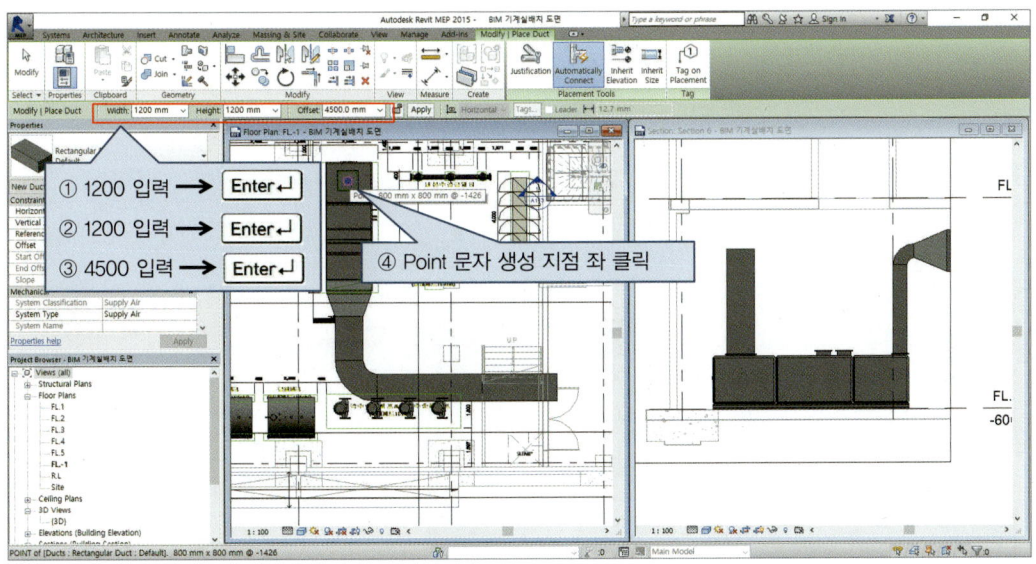

[그림 9-20]

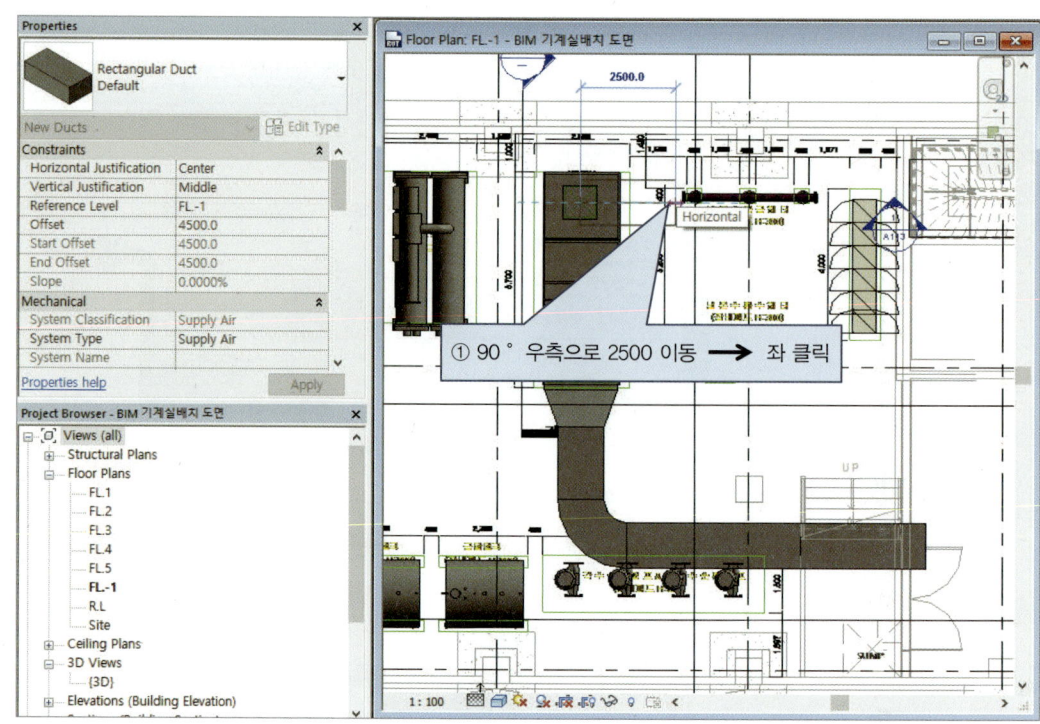

[그림 9-21]

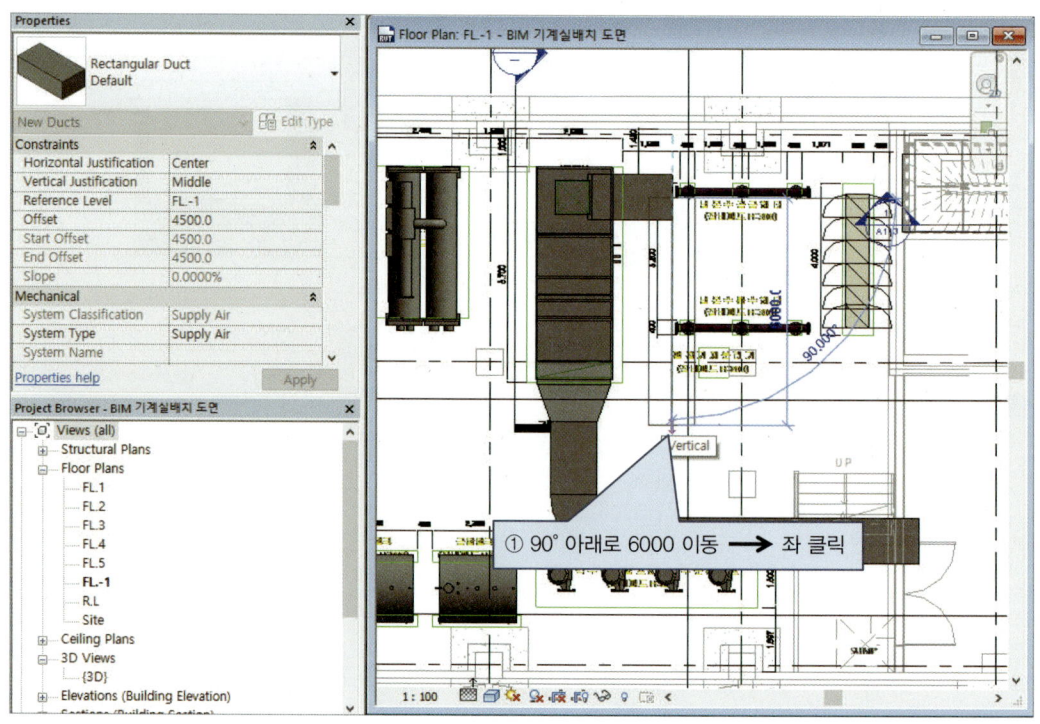

[그림 9-22]

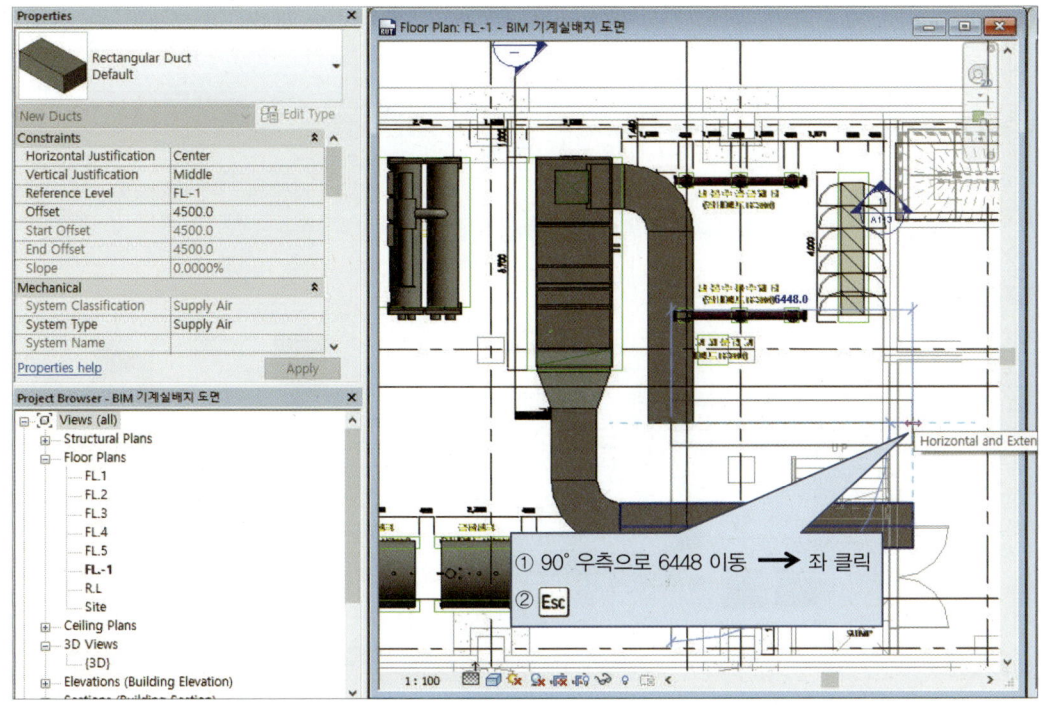

[그림 9-23]

Section을 이용하여 그림 9-24~9-28과 같이 공조 Supply 입상 덕트와 Supply 횡지 덕트를 연결하시오.

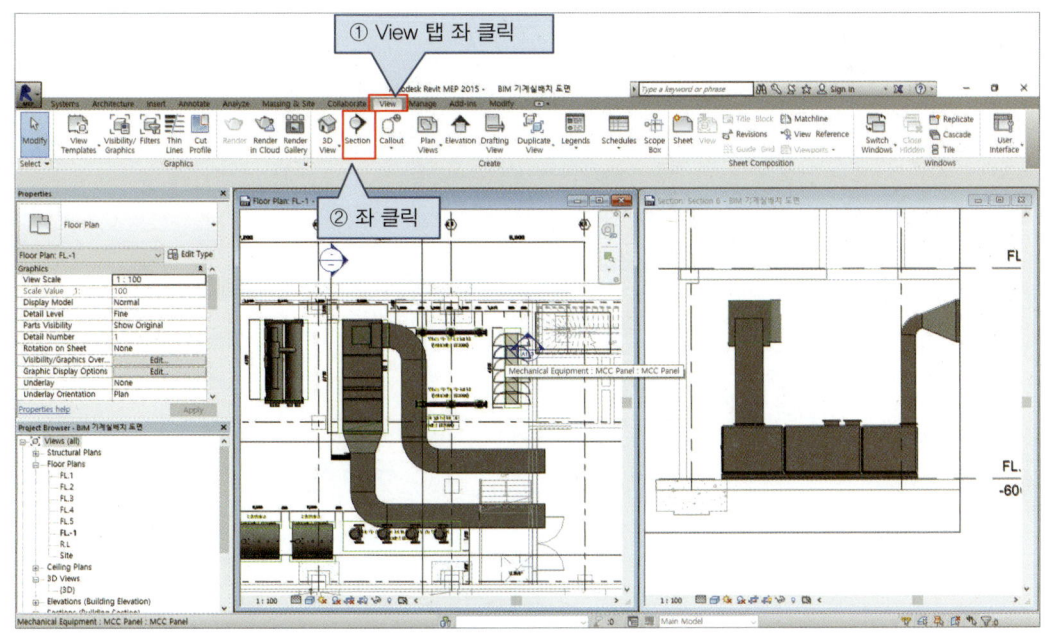

[그림 9-24]

Chapter 09 BIM 기계실 공조덕트 설계

Section 지정시 냉동기와 공조기 사이에서 좌 클릭 후 우측으로 8000 이동하여 좌 클릭시킨다. 이후 ESC를 두번 누르시오.

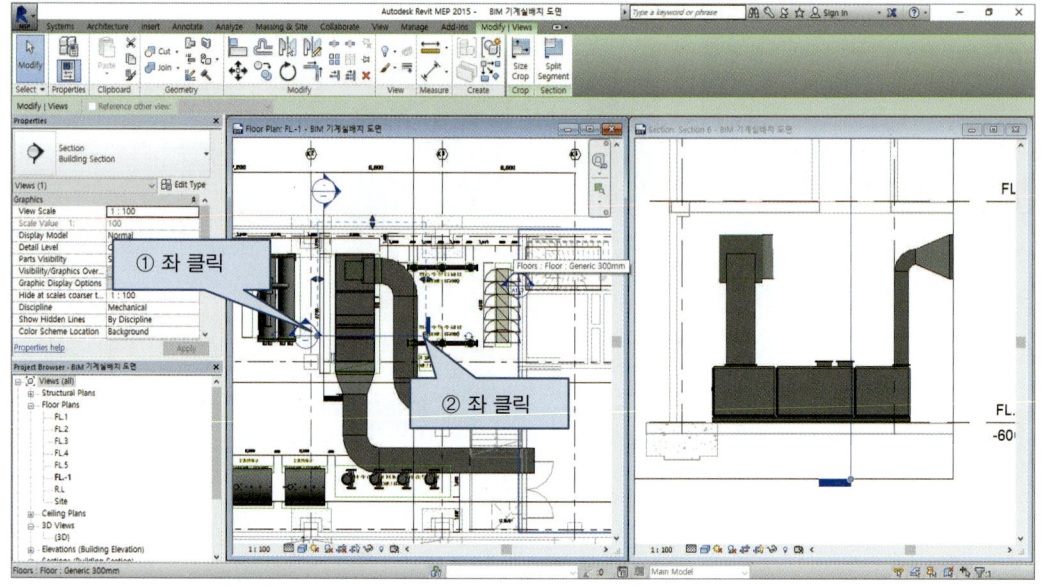

[그림 9-25]

덕트가 실물처럼 보이도록 그림 9-26과 같이 설정하시오.

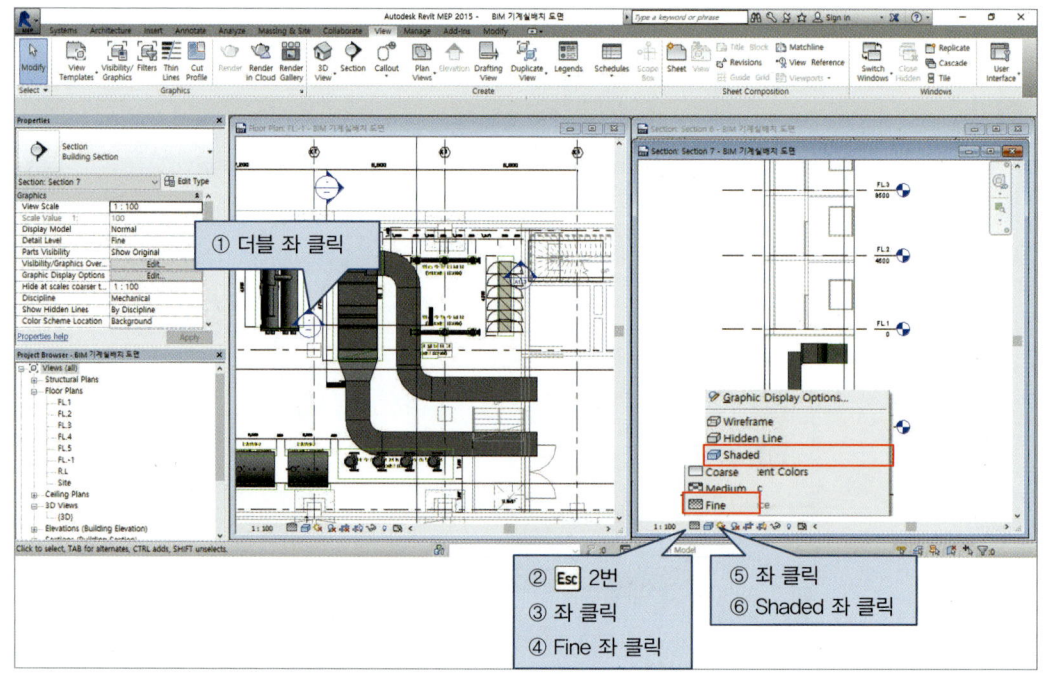

[그림 9-26]

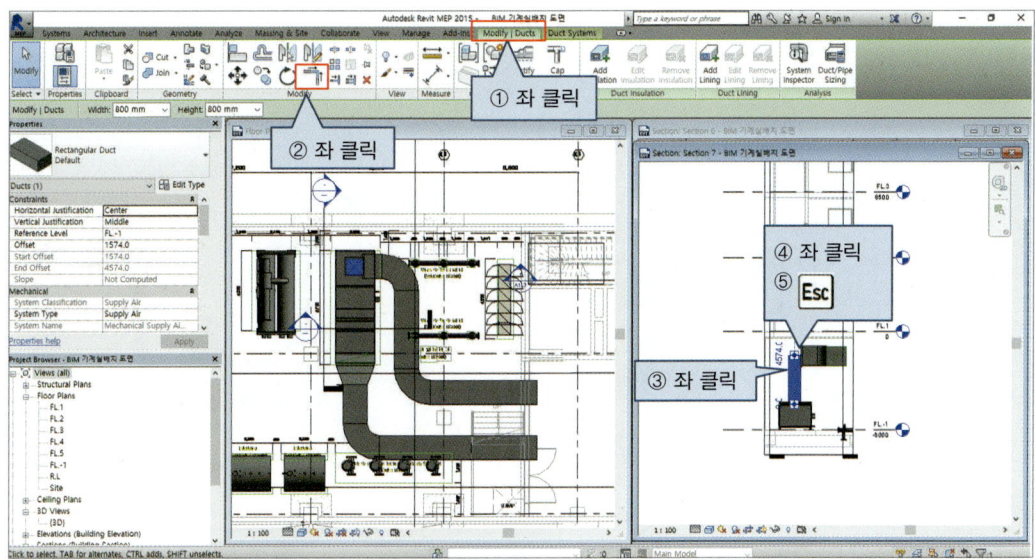

[그림 9-27]

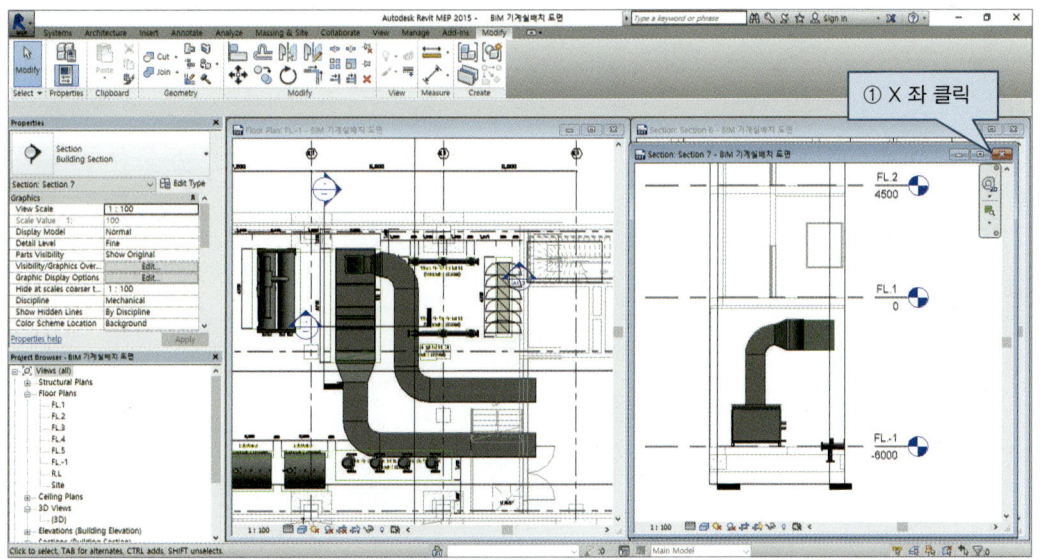

[그림 9-28]

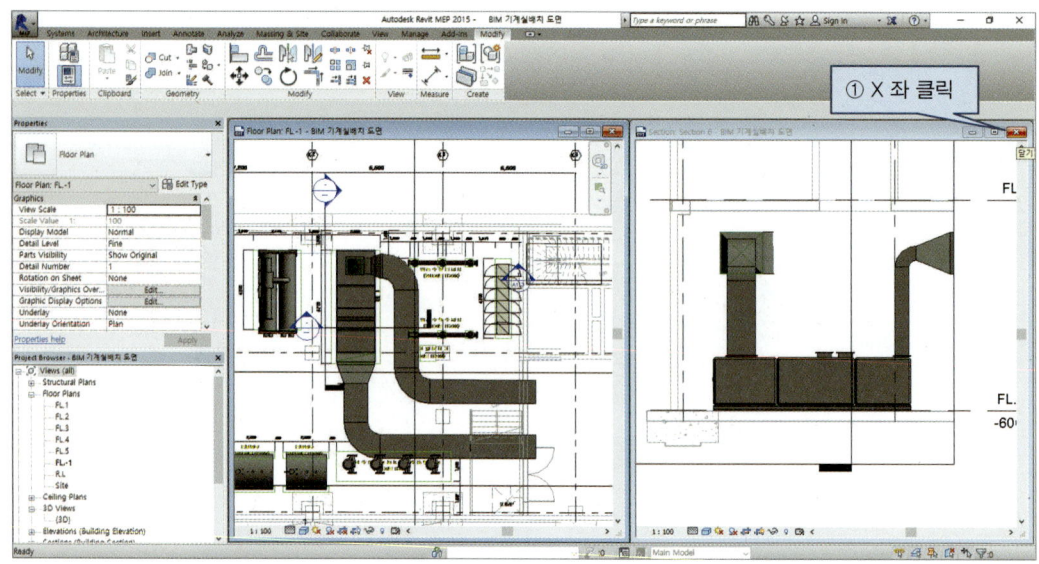

[그림 9-29]

그림 9-30~9-33과 같이 Supply 덕트와 Return 덕트에 Balancing Damper를 설치하시오.

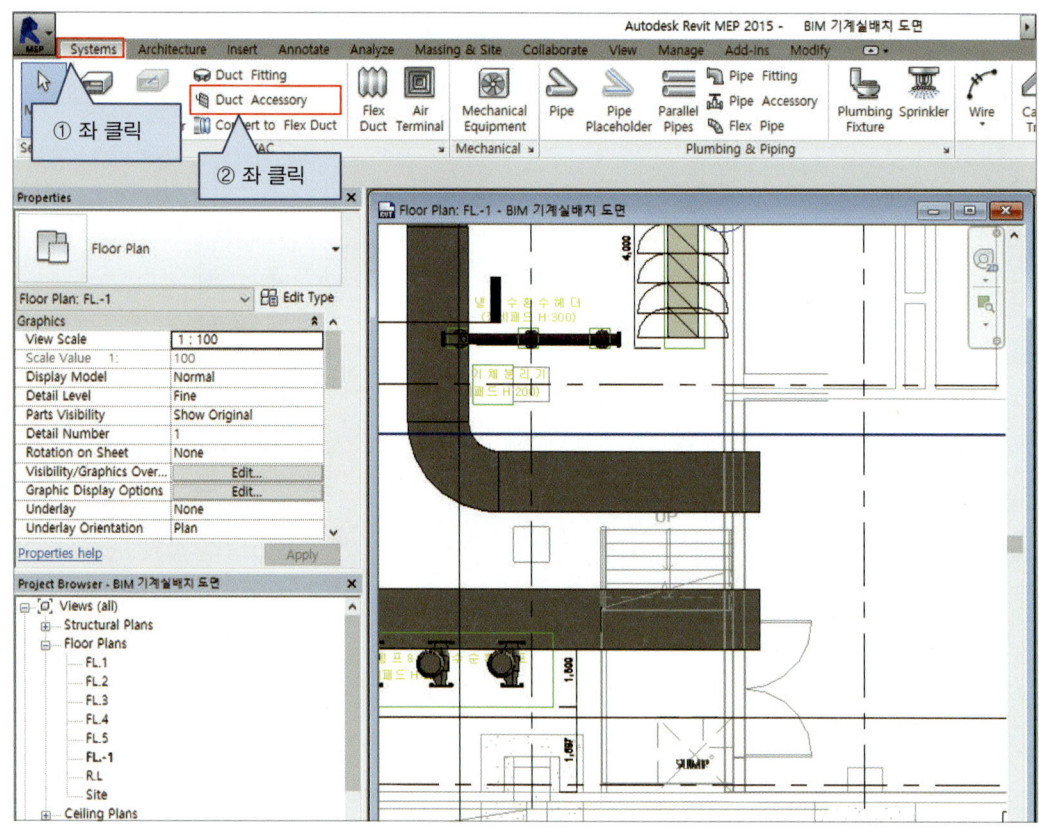

[그림 9-30]

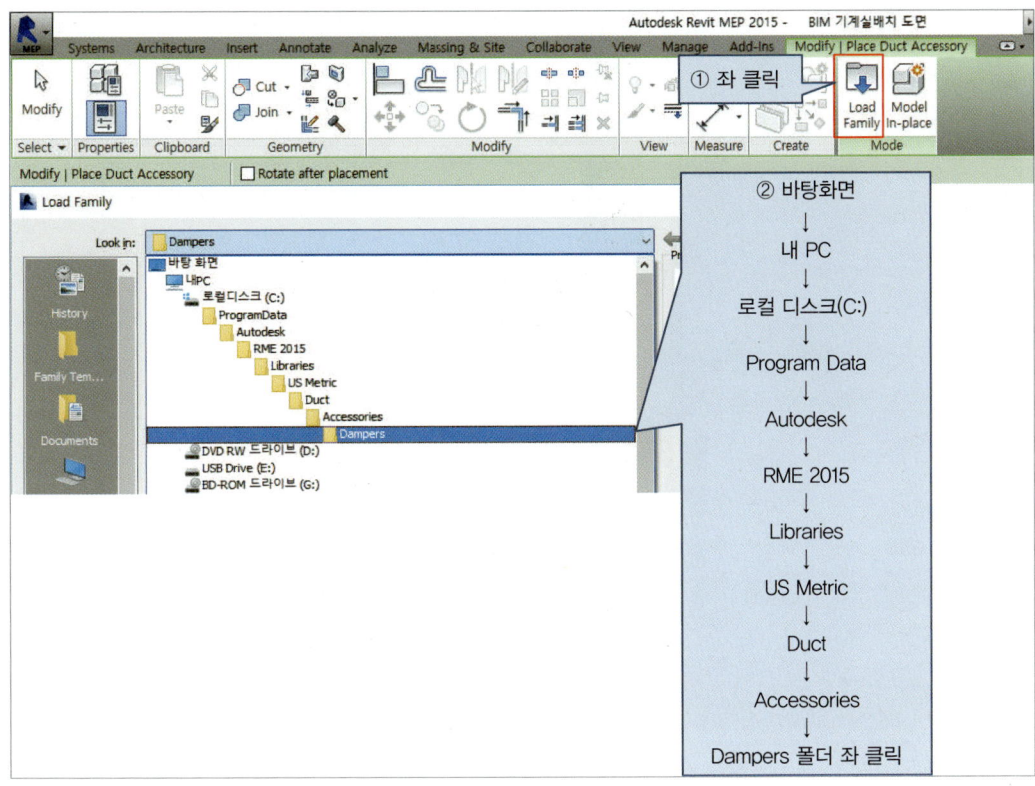

[그림 9-31]

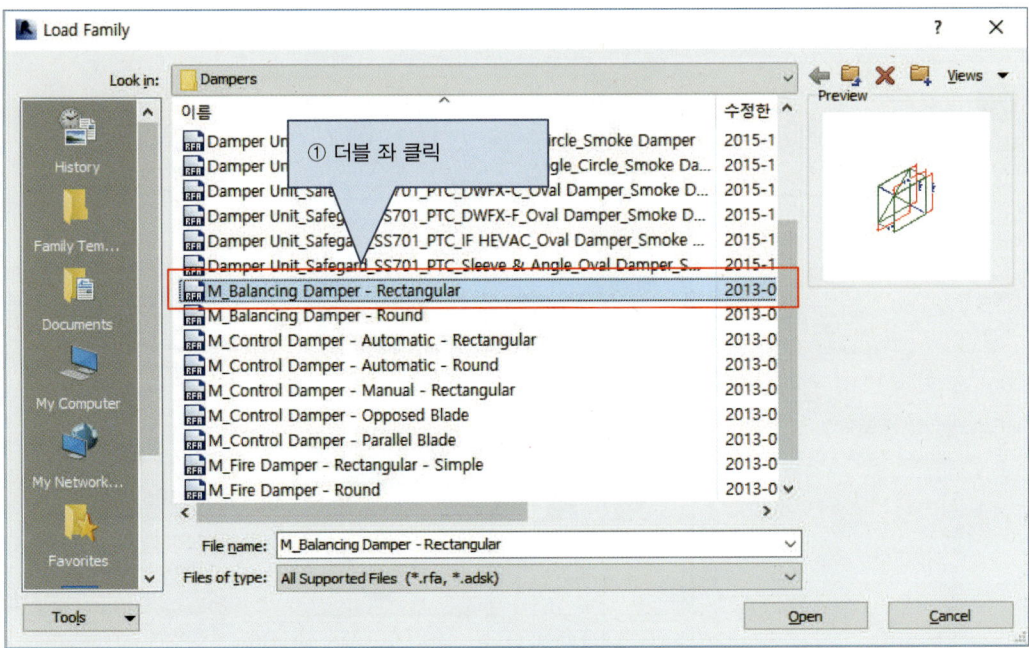

[그림 9-32]

Chapter 09 BIM 기계실 공조덕트 설계

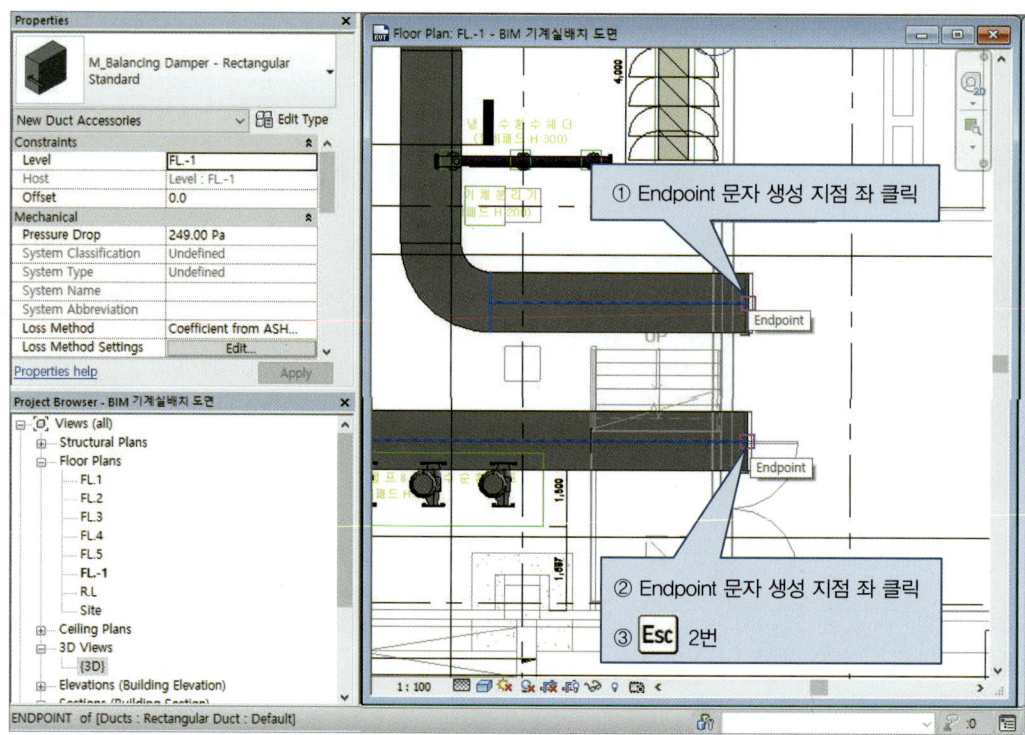

[그림 9-33]

그림 9-34~9-37과 같이 Damper에서부터 파이프 샤프트로 Supply 덕트를 그리시오.

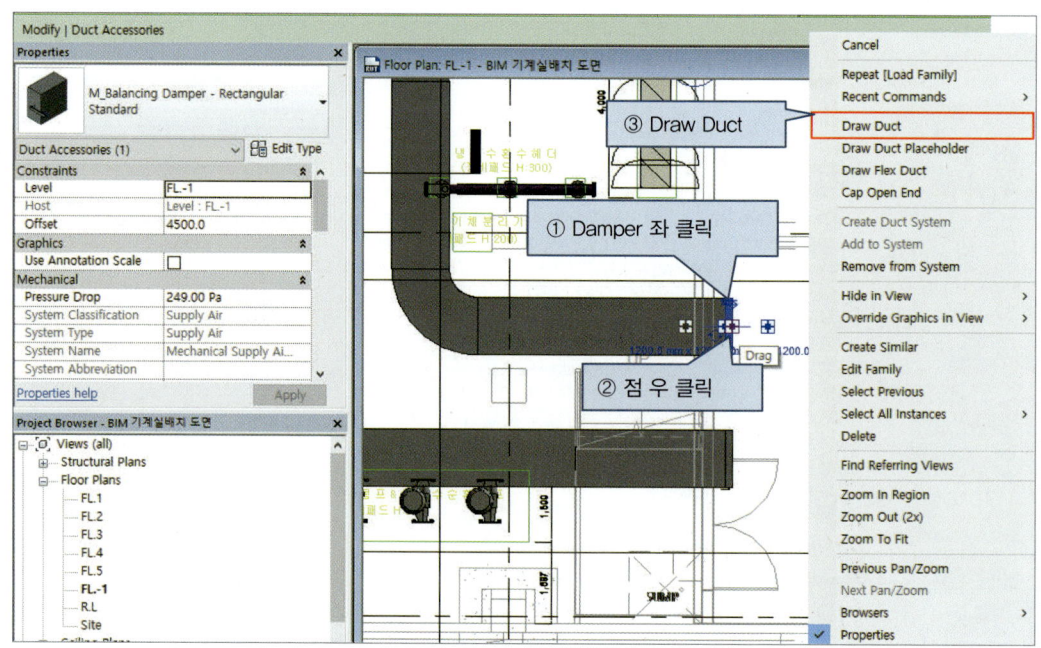

[그림 9-34]

기계실은 실링고가 없는 공간이기 때문에 덕트의 규격을 그림 9-20과 같이 하였다. 그러나, 댐퍼에서부터는 실링고가 존재하기 때문에 Supply 덕트의 규격을 그림 9-35와 같이 변경하시오.

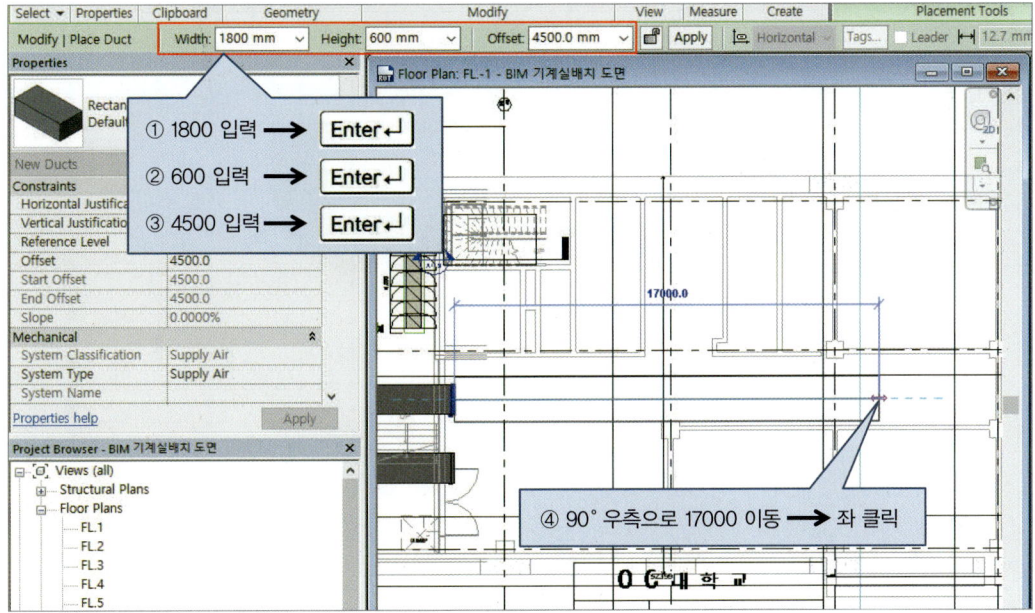

[그림 9-35]

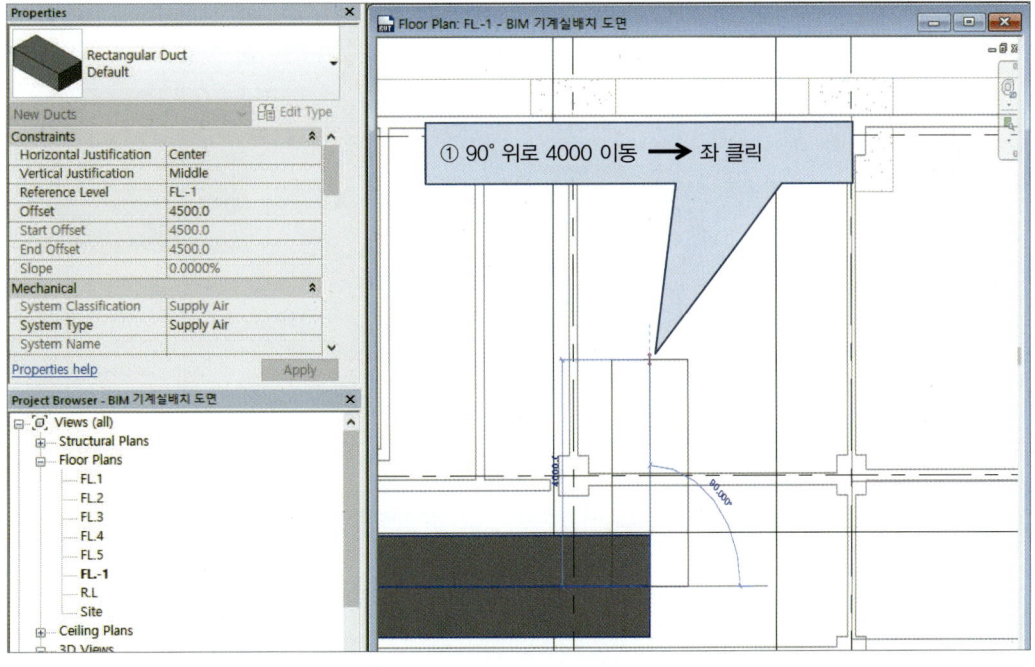

[그림 9-36]

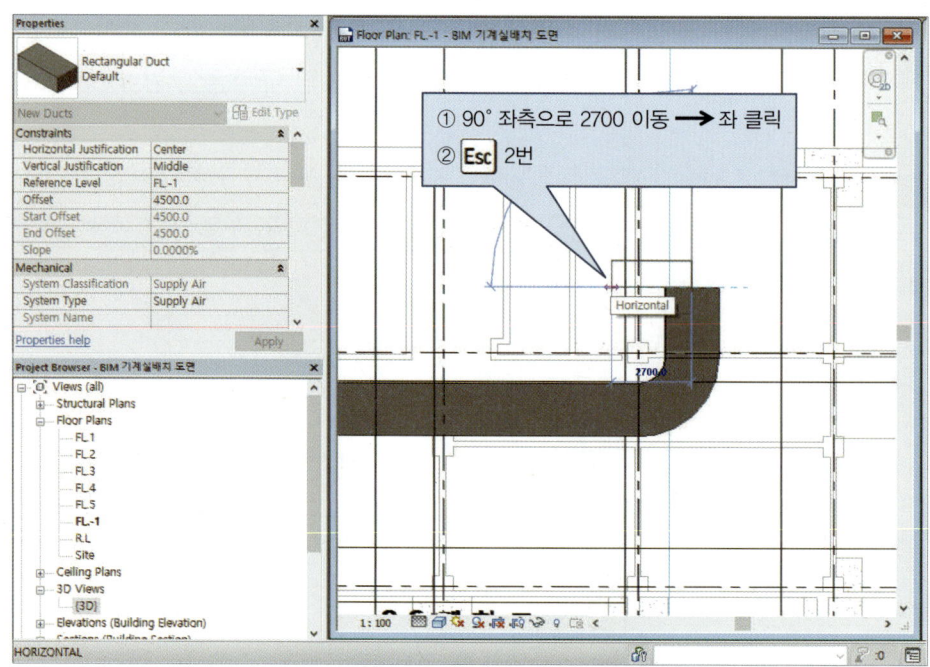

[그림 9-37]

그림 9-38~9-42와 같은 방법으로 Damper에서부터 파이프 샤프트로 Return 덕트를 그리시오.

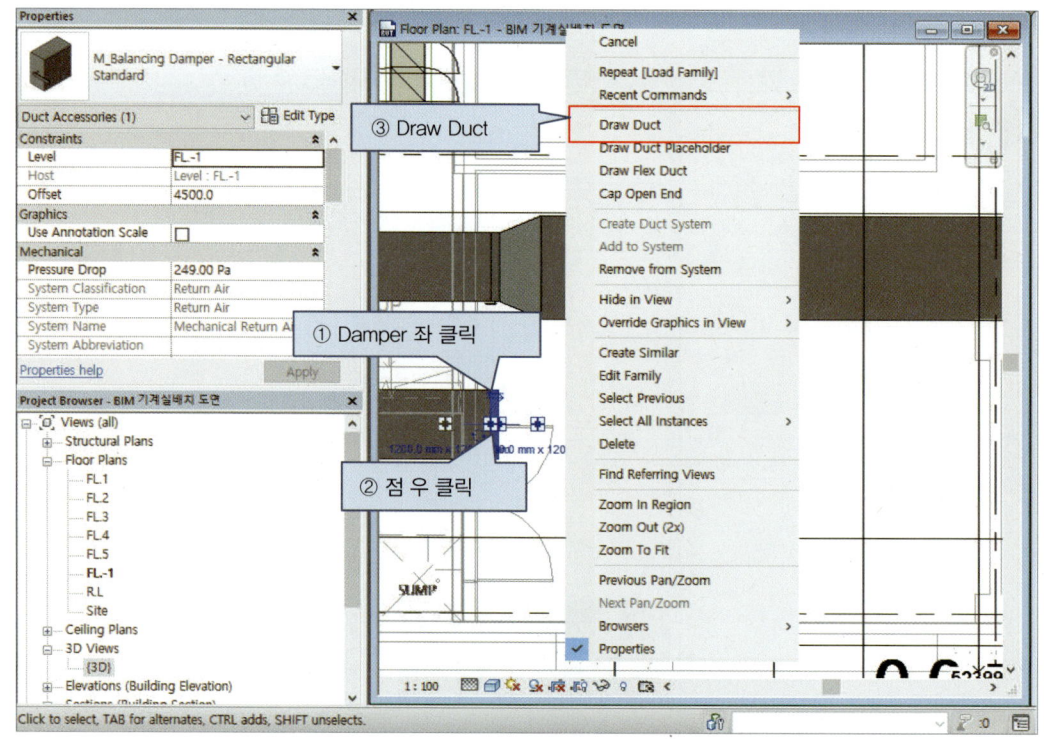

[그림 9-38]

기계실은 실링고가 없는 공간이기 때문에 덕트의 규격을 그림 9-20과 같이 하였다. 그러나, 댐퍼에서부터는 실링고가 존재하기 때문에 Return 덕트의 규격을 그림 9-39와 같이 변경하시오.

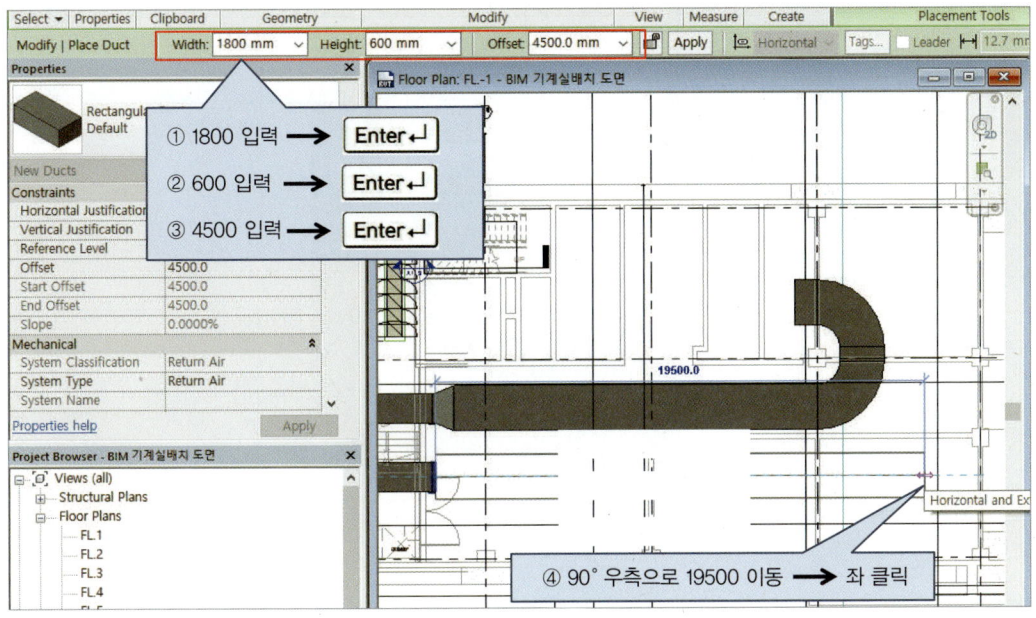

[그림 9-39]

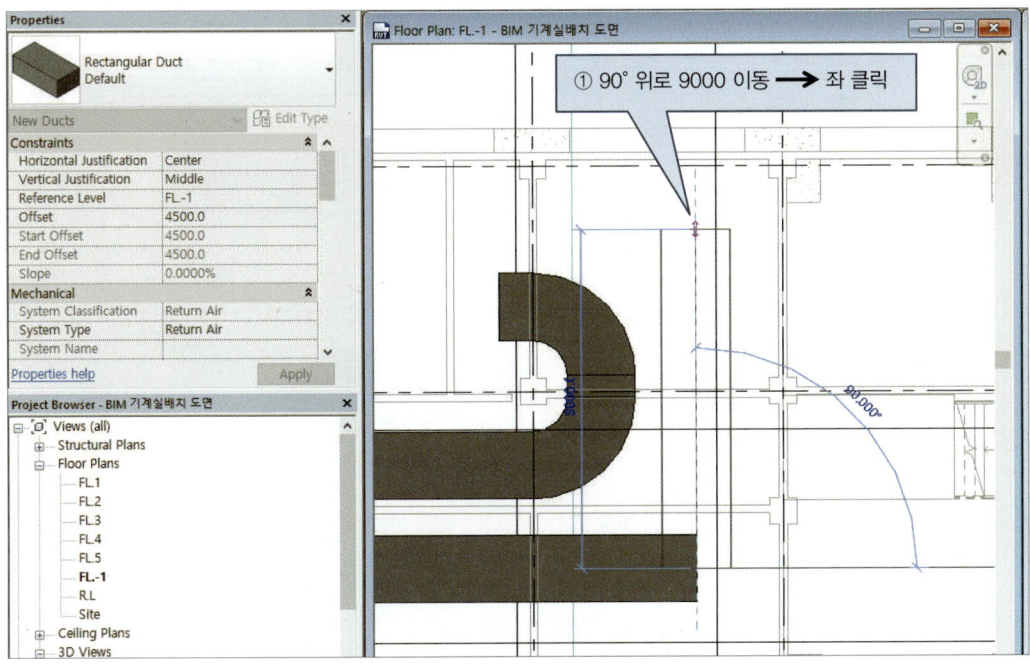

[그림 9-40]

Chapter 09 BIM 기계실 공조덕트 설계   295

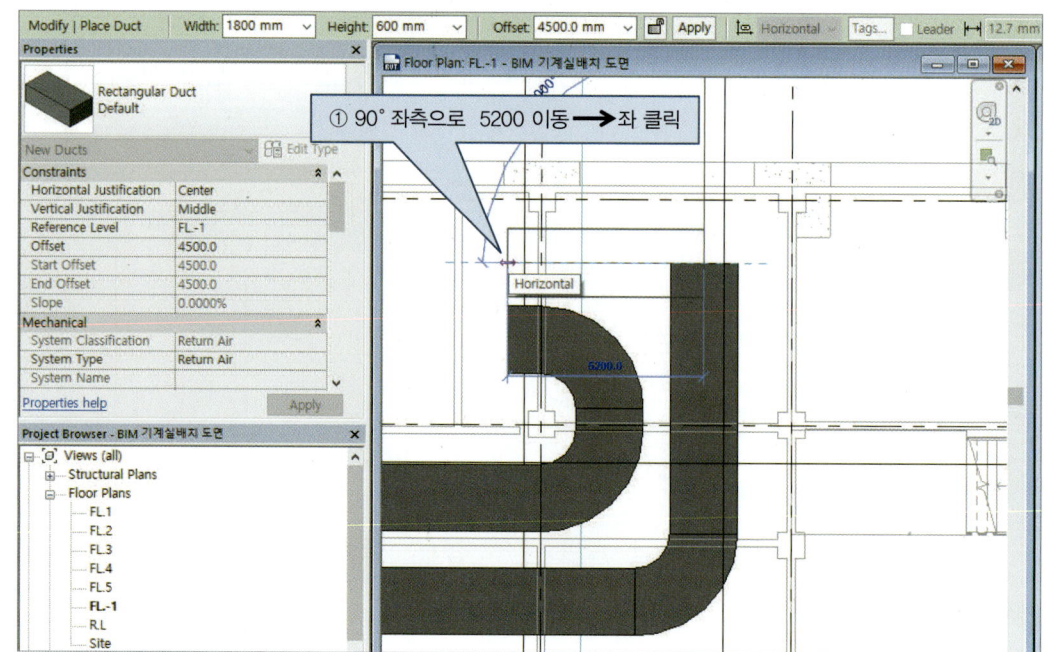

[그림 9-41]

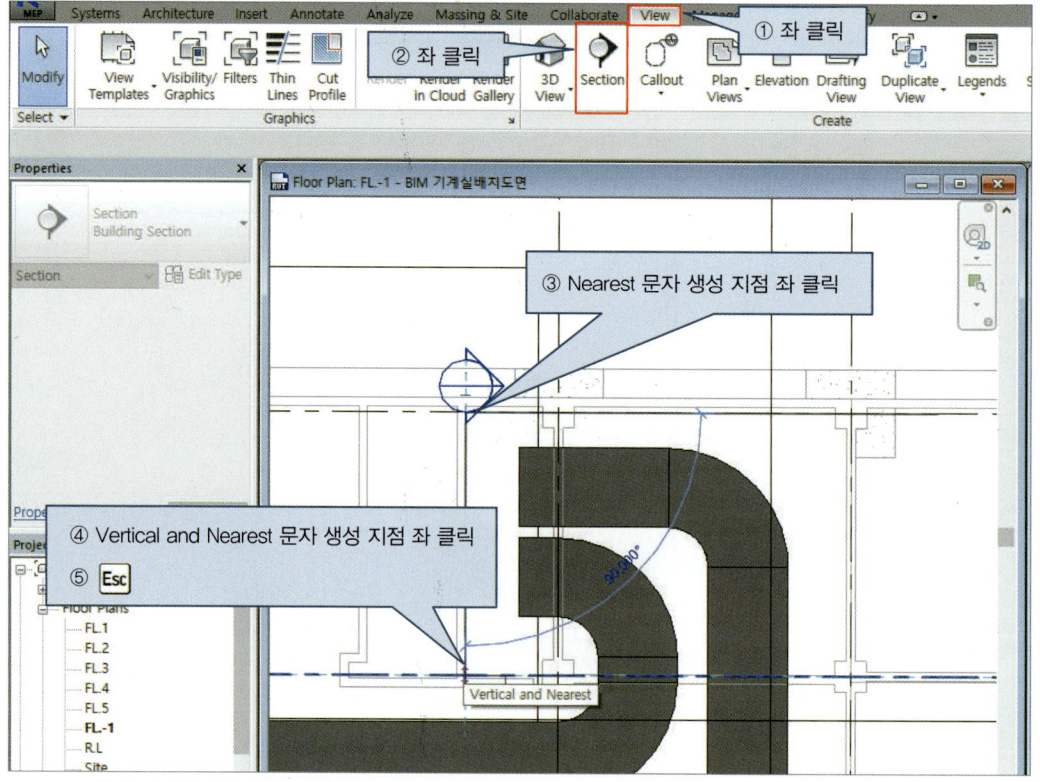

[그림 9-42]

챕터 9장이 열려있는 상태에서 완료가 된 챕터 3장을 Open한다.

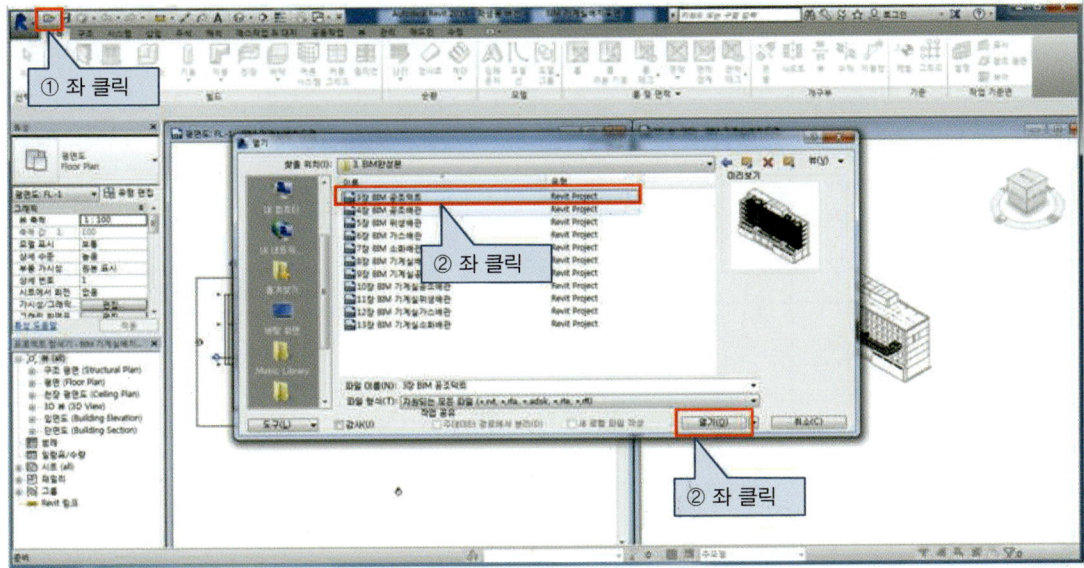

[그림 9-43]

1. 챕터 9장에서 floor Plan :FL.1을 Project Browser를 이용하여 Open 시켜준다.

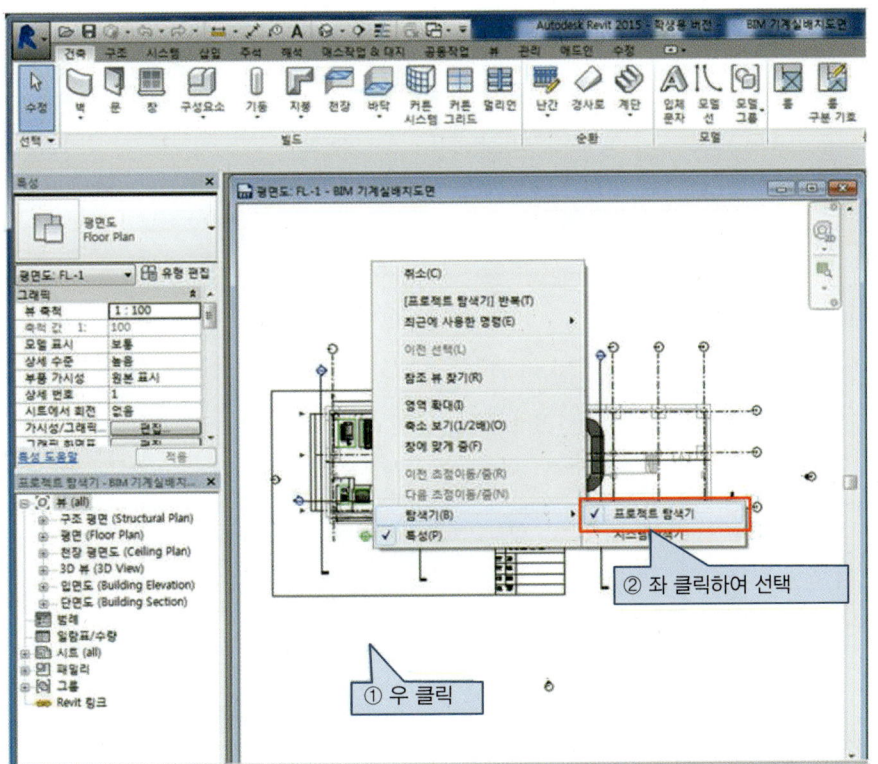

[그림 9-44]

Chapter 09 BIM 기계실 공조덕트 설계   297

DL 명령어를 이용하여 X9~Y4 중심선에 가상선을 그림과 같이 그려준다.

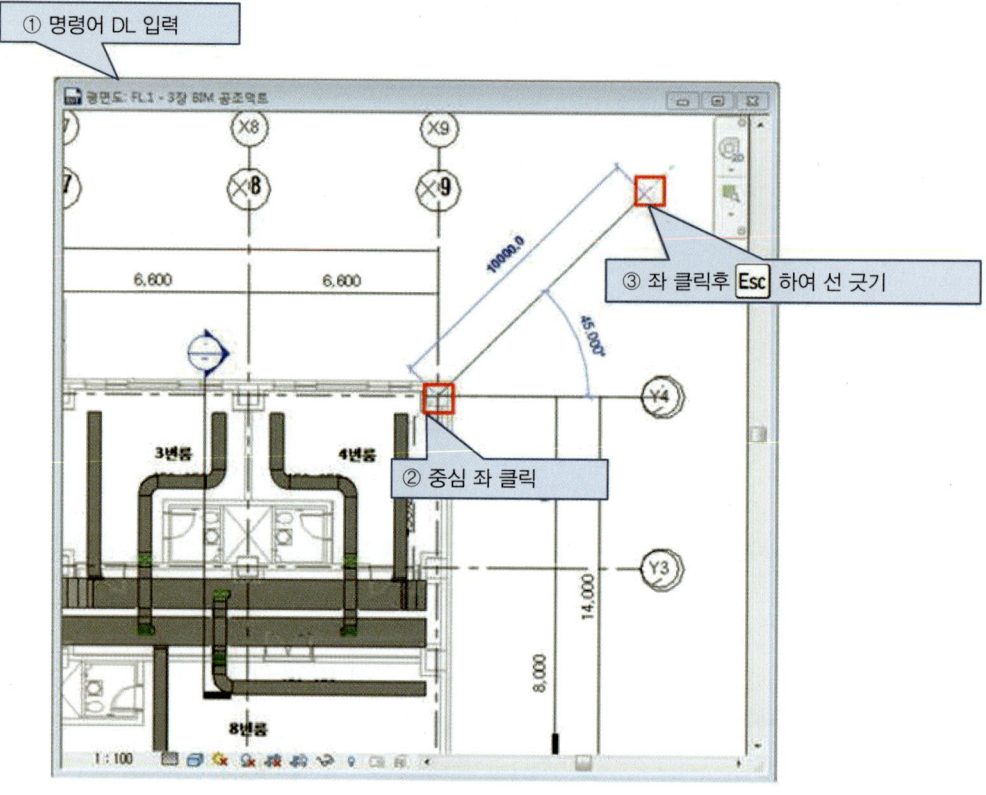

[그림 9-45]

3D View:{3D} - 3장 BIM 공조덕트 창에서 덕트를 전체 드래그시켜 선택한다.

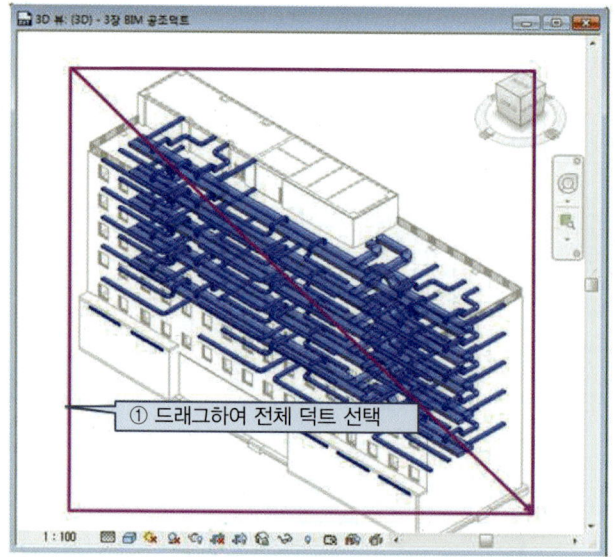

[그림 9-46]

Floor Plan:FL.1 - X9~Y4 중심선을 기점으로 작성된 가상선을 컨트롤 키를 누른 상태에서 마우스를 좌 클릭하여 그림과 같이 선택한다. 선택이 완료되었으면, 컨트롤 C를 눌러 복사한다.

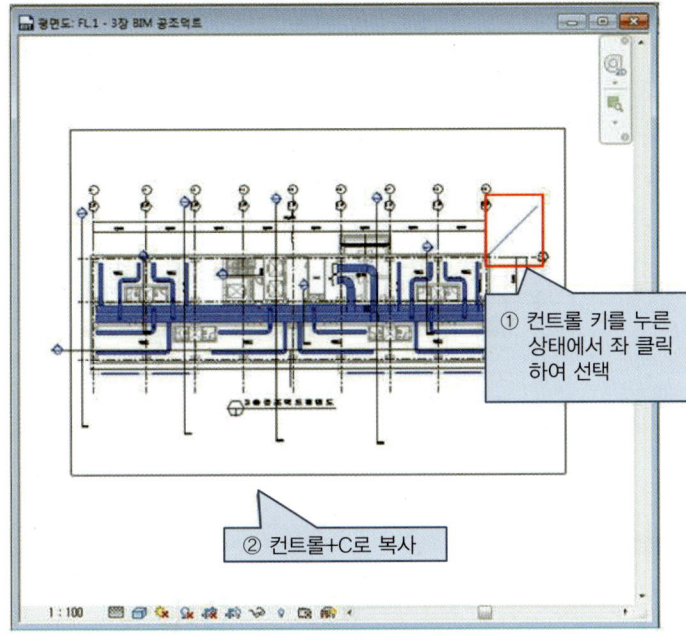

[그림 9-47]

FLoor Plan:FL.1 - 9장 BIM기계실 공조덕트 평면도를 좌 클릭하여 창 선택을 한다. 컨트롤 V를 누르면 화면 빈 공간에서 좌 클릭한다.

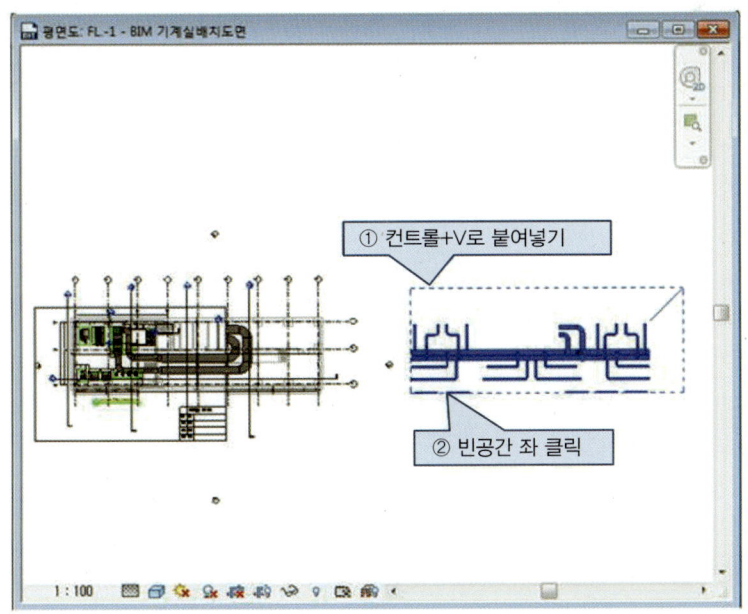

[그림 9-48]

을 좌 클릭하여 그림과 같이 가상선 끝선을 좌 클릭한다.

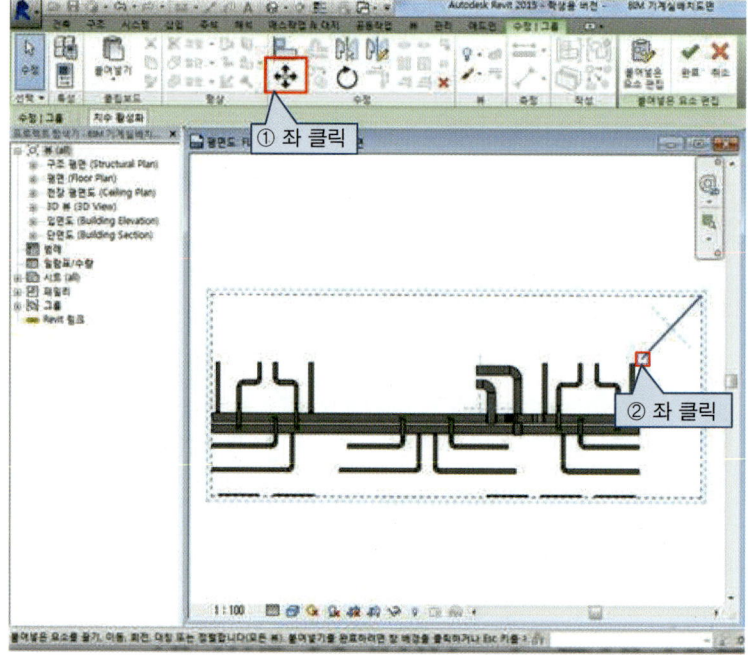

[그림 9-49]

그림과 같이 X9~Y4의 중심선에 가져간 후 좌 클릭한다. 중심선 선택이 안 될 경우 TAB 키를 눌러 중심선을 선택할 수 있게 해준다.

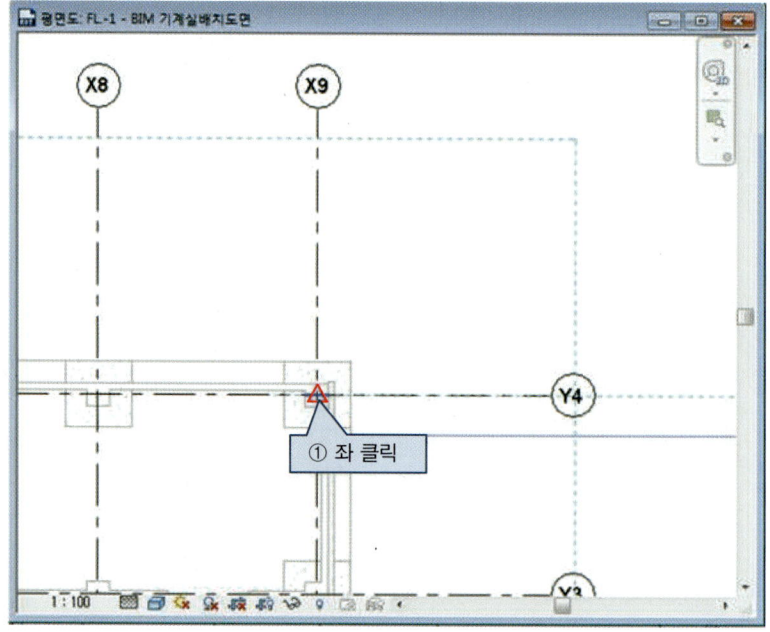

[그림 9-50]

그림과 같이 3D뷰를 보면 덕트가 복사된 것을 확인할 수 있다. 그림 9-51에서 그린 Section을 그림 9-53와 같이 설정하시오.

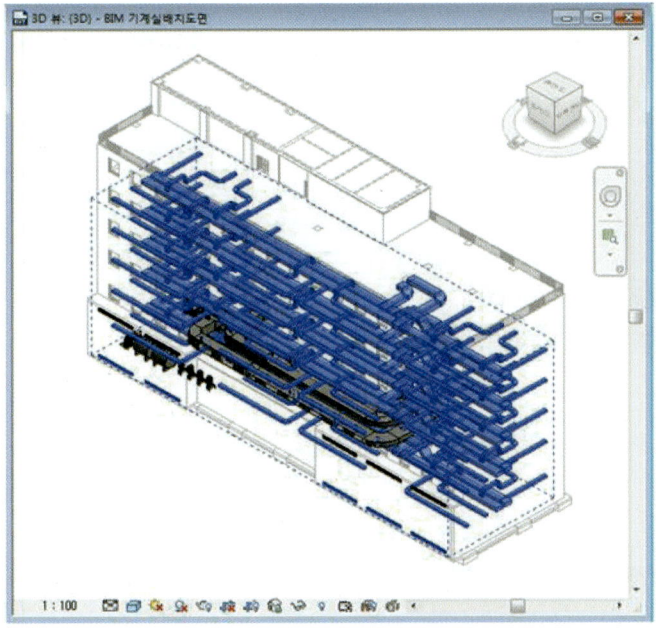

[그림 9-51]

기계실 공조덕트에서부터 각 층의 횡지덕트에 그림 9-52~9-56과 같이 입상덕트를 연결하시오.

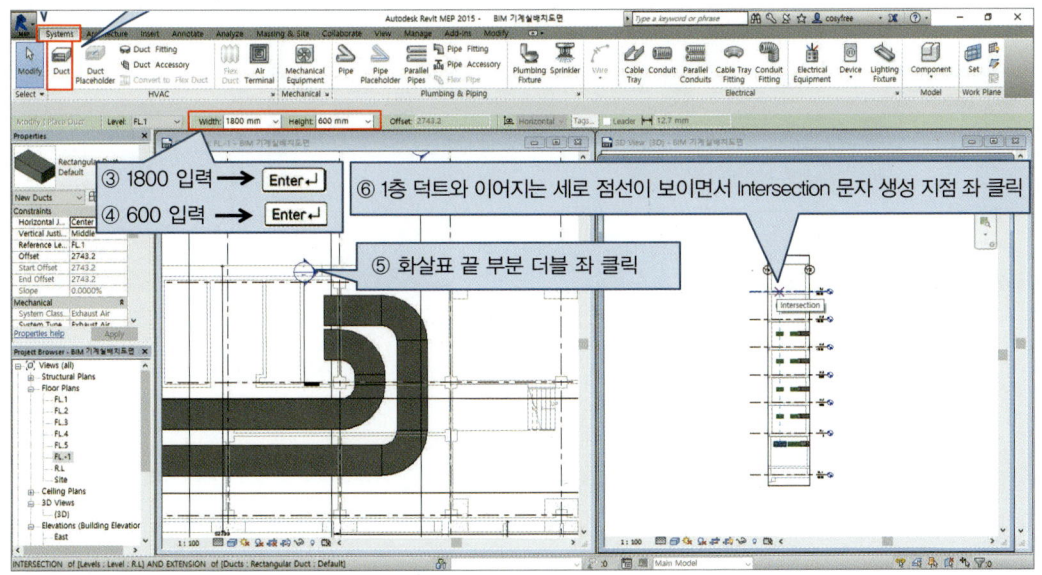

[그림 9-52]

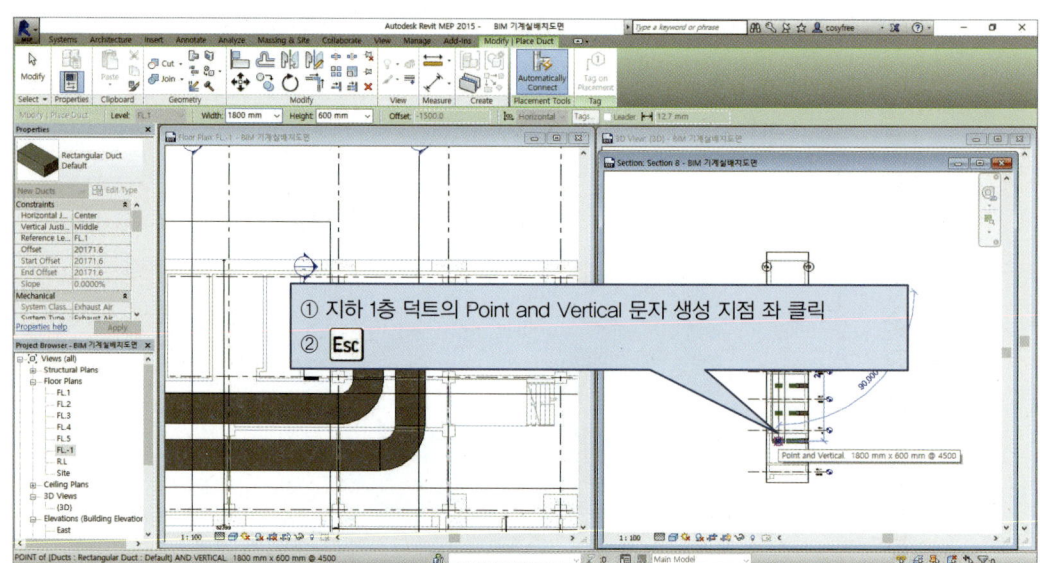

[그림 9-53]

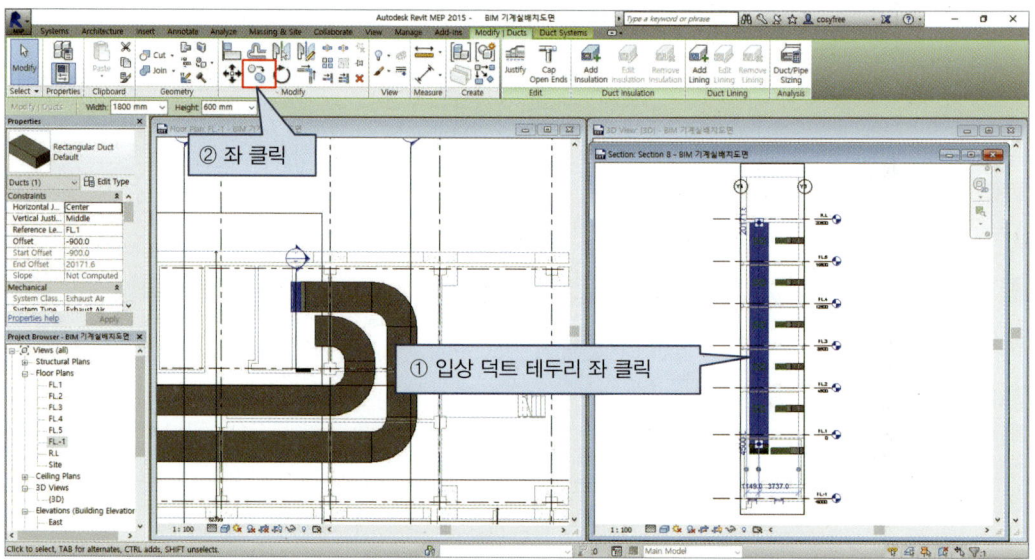

[그림 9-54]

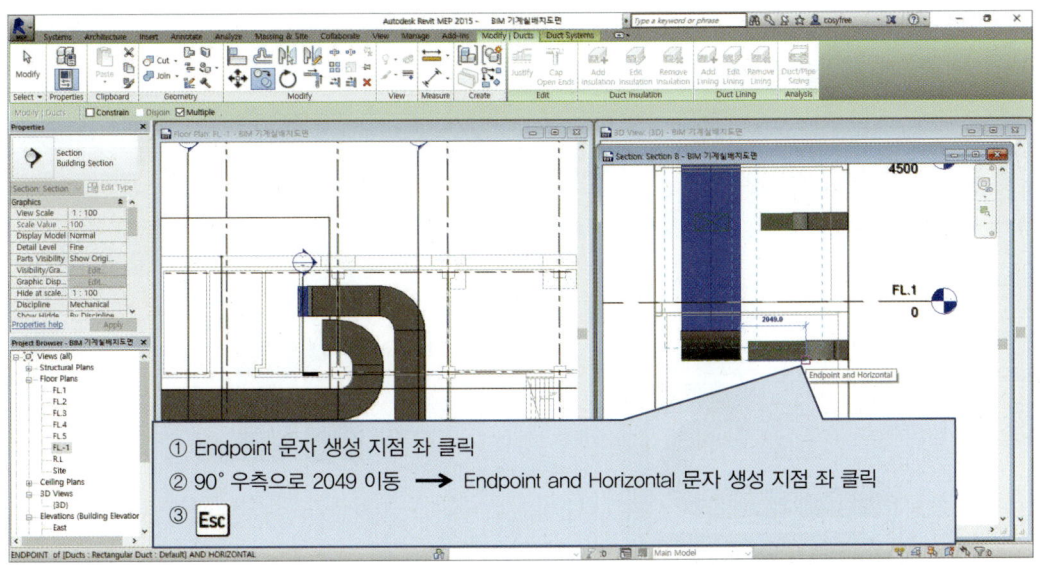

[그림 9-55]

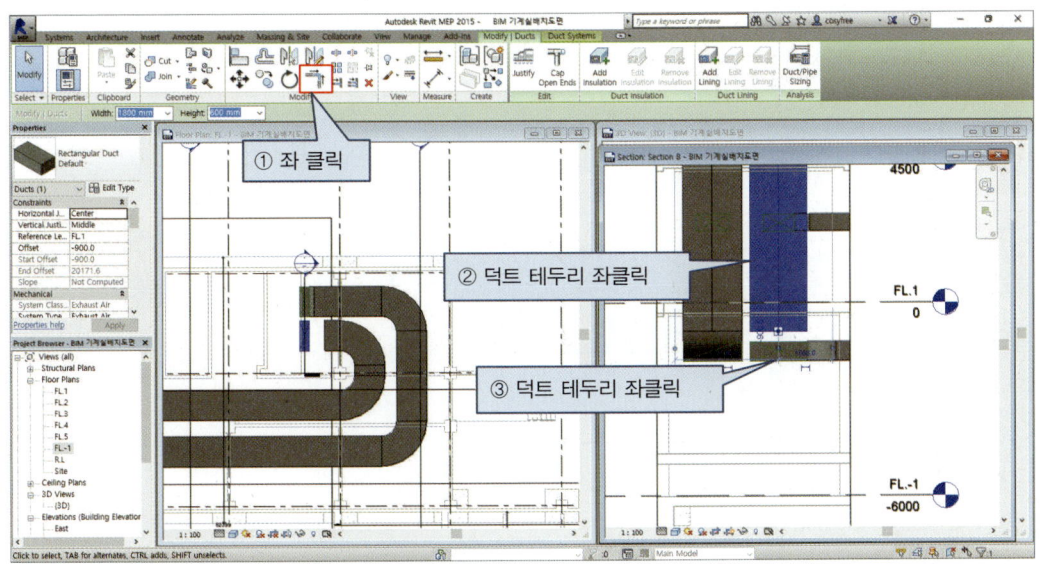

[그림 9-56]

(FL-1을 활성화시킨다.) 그려진 공조 입상덕트를 CAD도면에서 정했던 입상덕트 위치로 그림 9-57~9-58과 같이 이동시키시오.

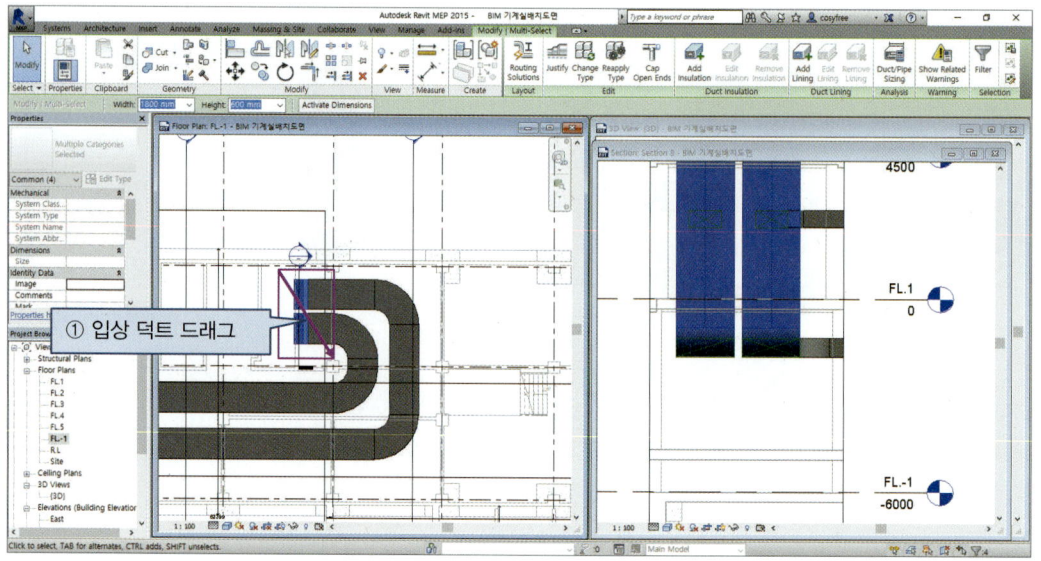

[그림 9-57]

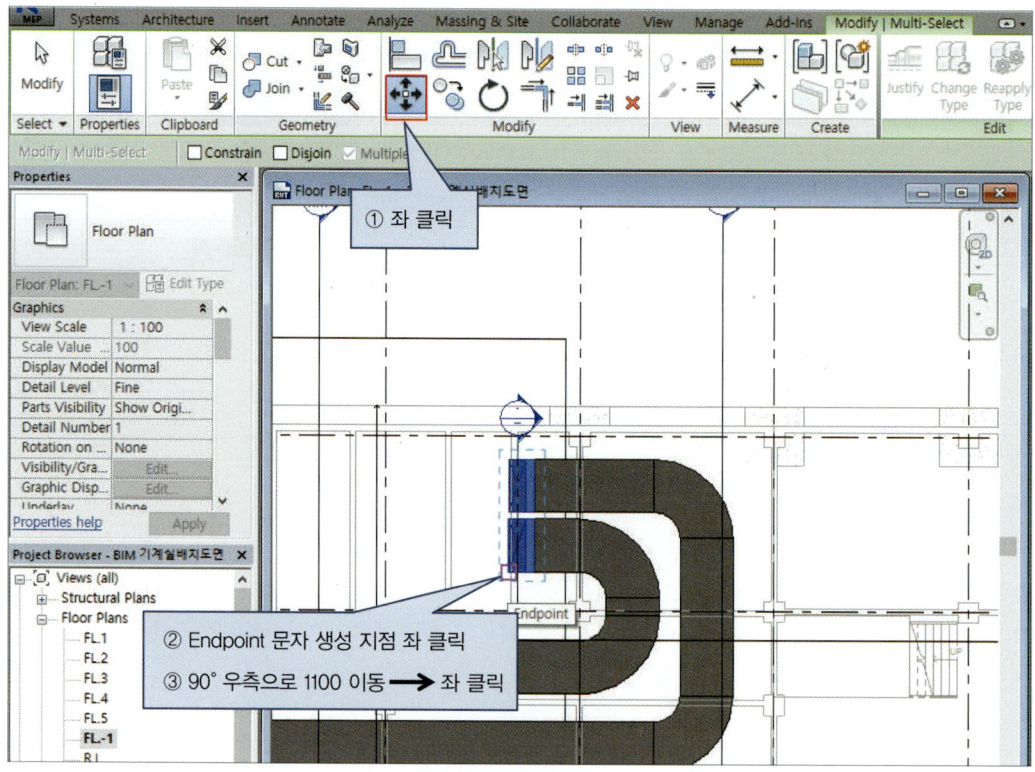

[그림 9-58]

기계실에서 올라온 입상덕트와 각 층의 횡지덕트를 그림 9-59~9-61과 같이 연결하시오.
(3D에서 연결이 안 되면, 각 층의 Flow Plan에서 입상배관의 중심에 맞도록 횡지배관을 이동시킨 후 입상배관과 횡지배관을 연결하시오.)

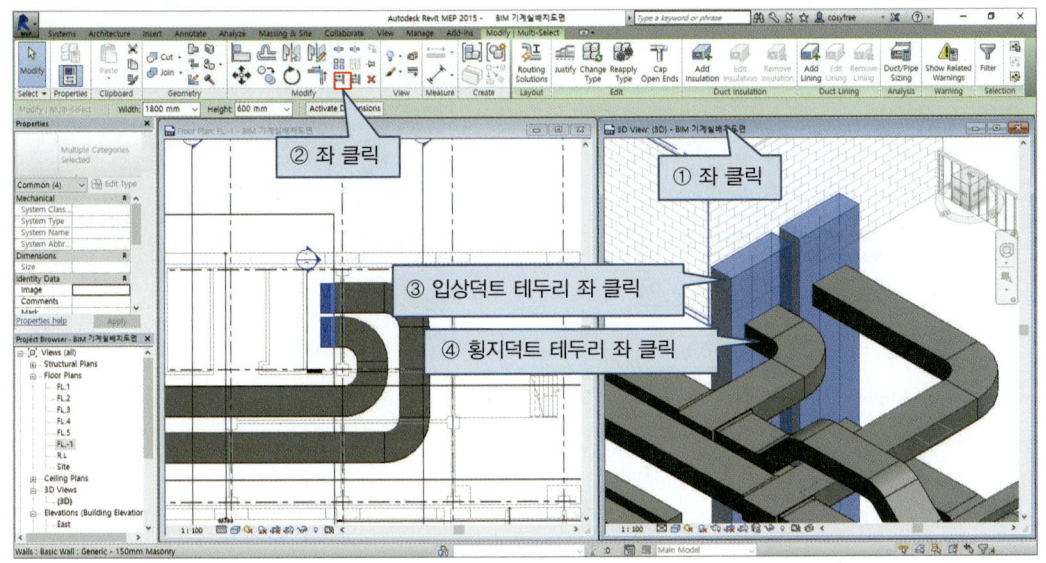

[그림 9-59]

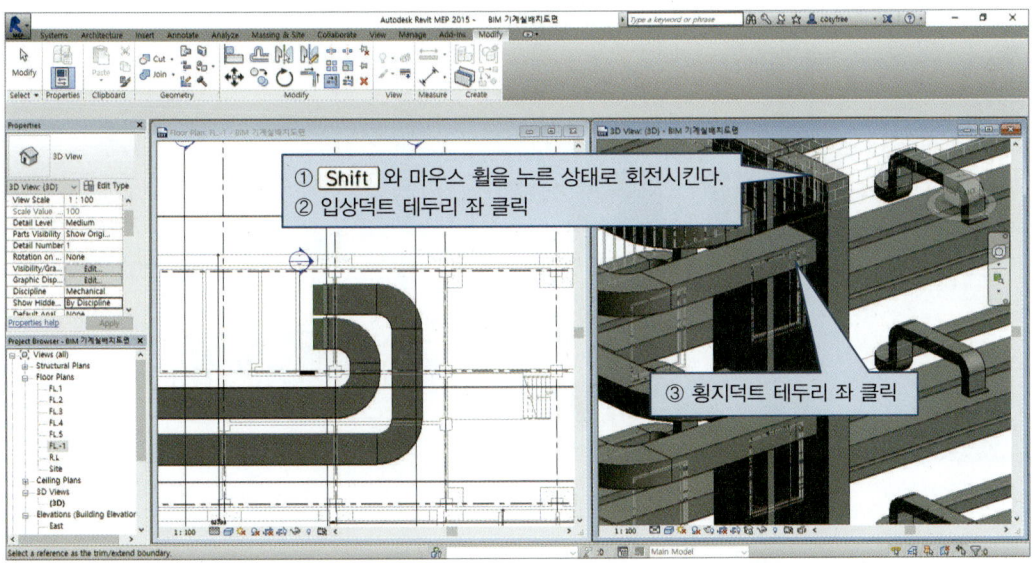

[그림 9-60]

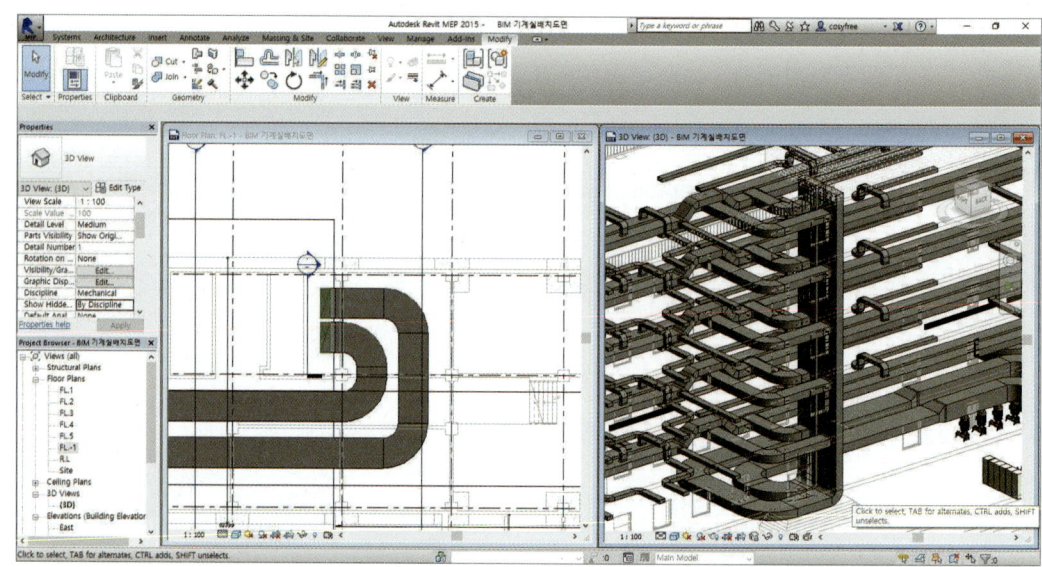

[그림 9-61]

그림 9-62~9-68과 같이 공조 Exhaust 덕트를 그리시오.

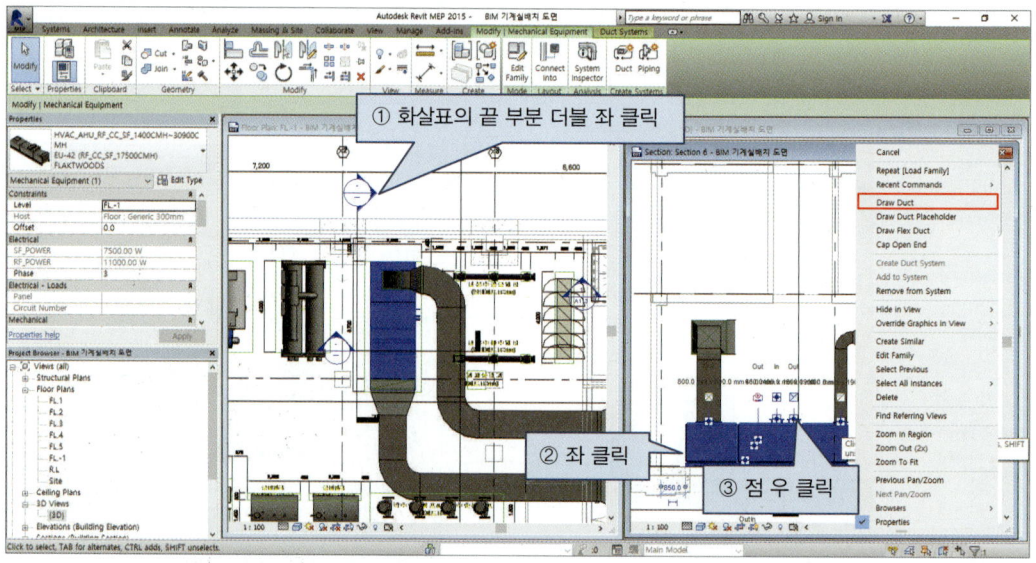

[그림 9-62]

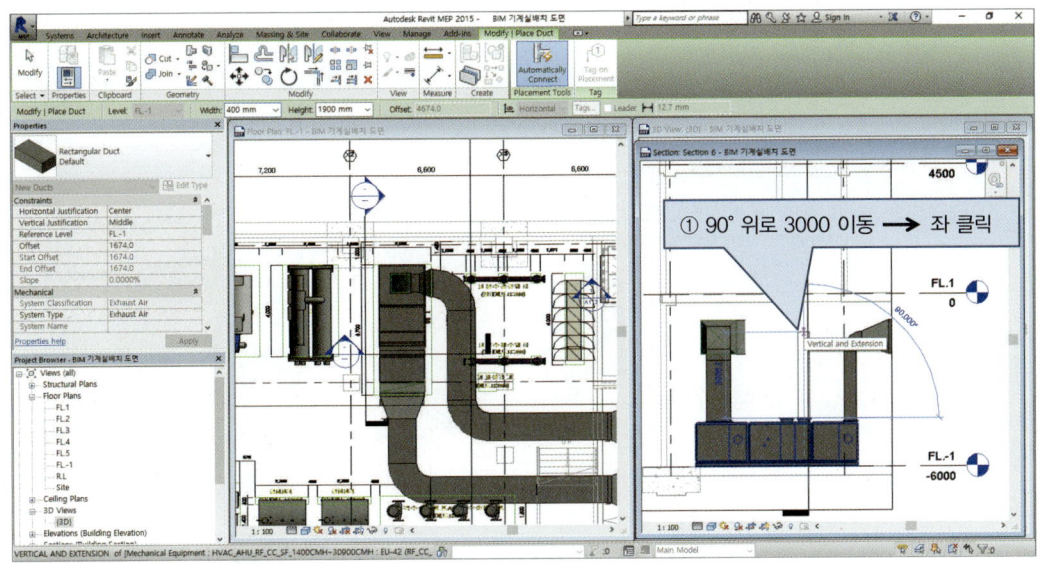

[그림 9-63]

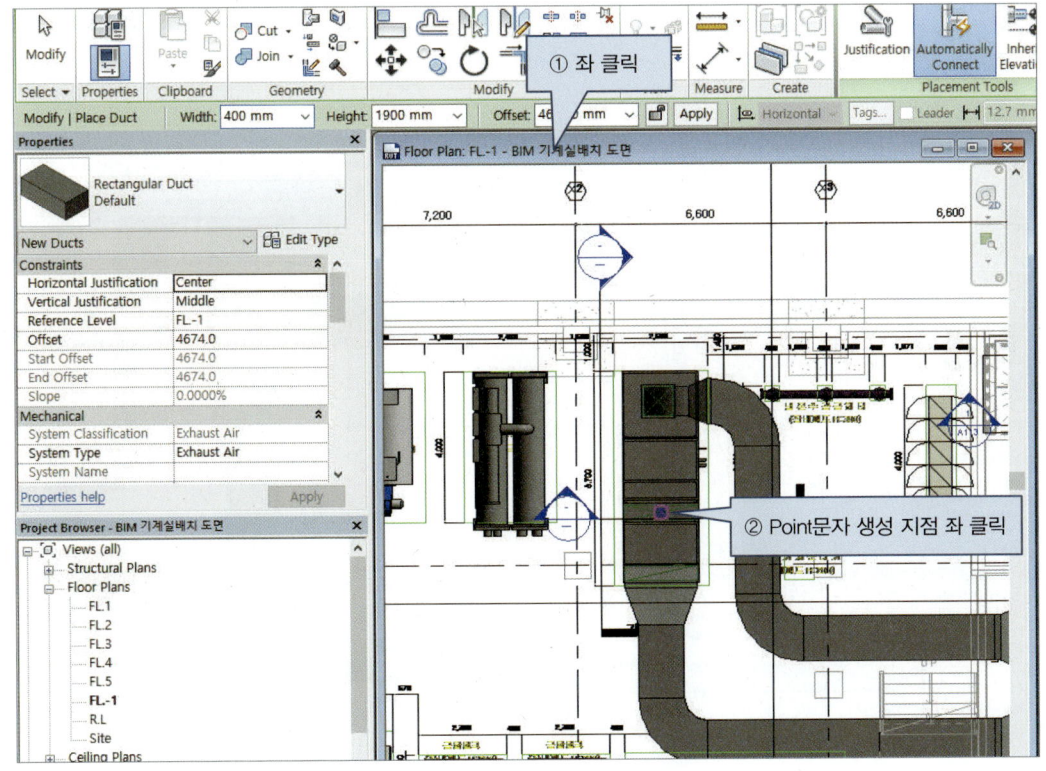

[그림 9-64]

Chapter 09 BIM 기계실 공조덕트 설계 307

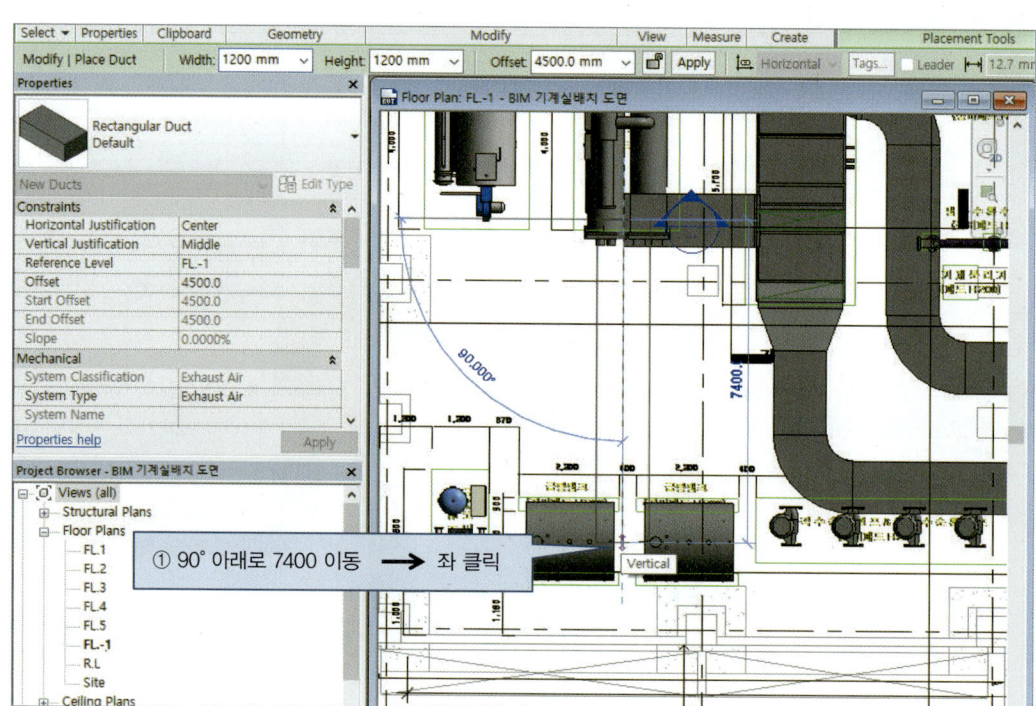

[그림 9-65]

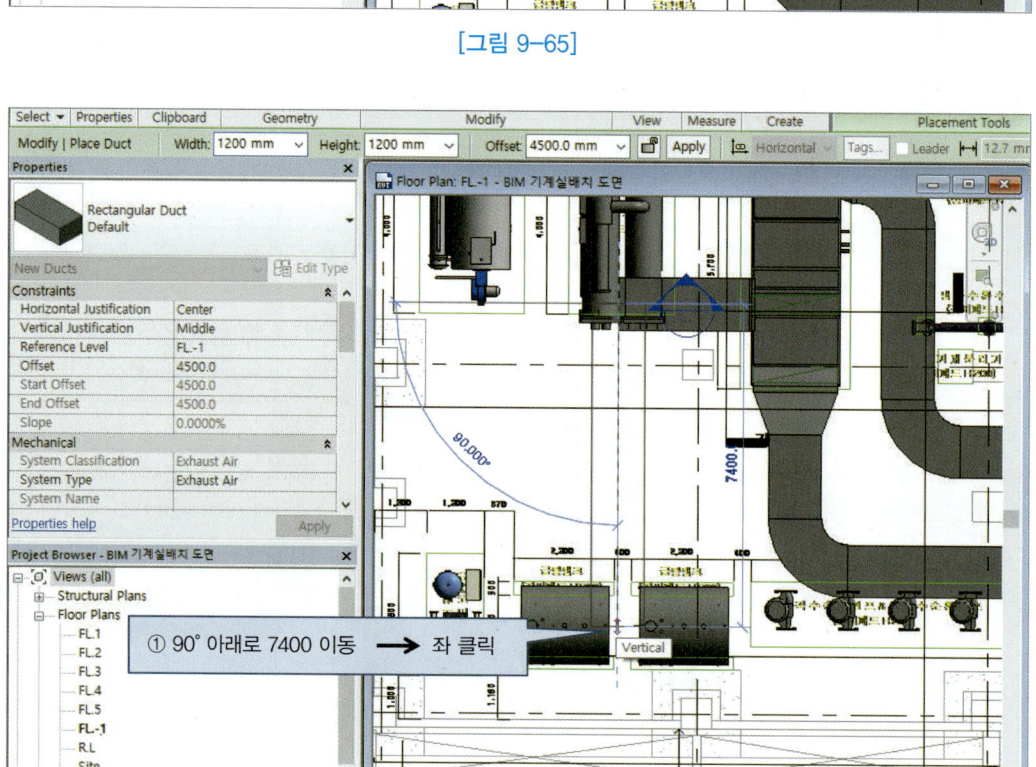

[그림 9-66]

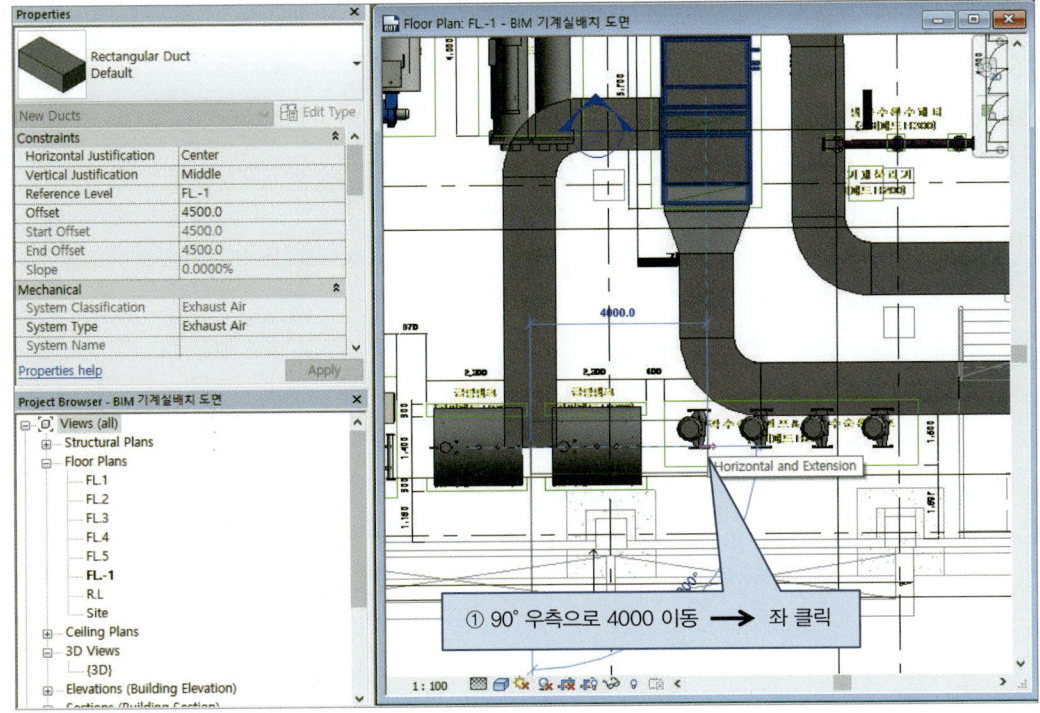

[그림 9-67]

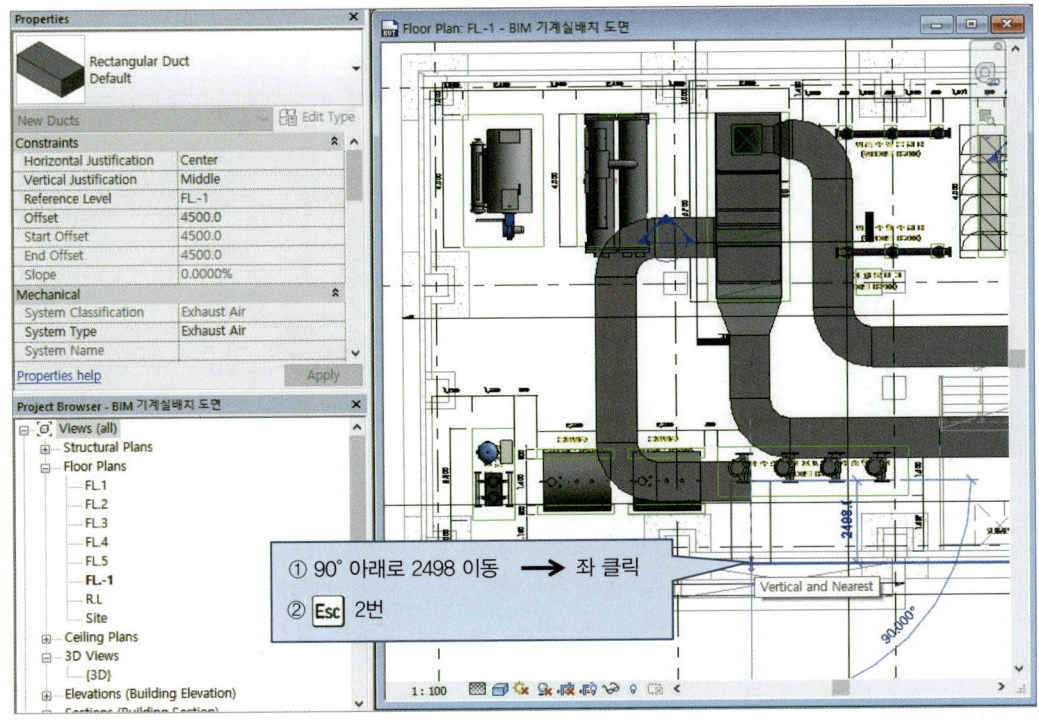

[그림 9-68]

Section을 이용하여 그림 9-69~9-76과 같이 공조 Exhaust 입상덕트와 횡지덕트를 연결하시오.

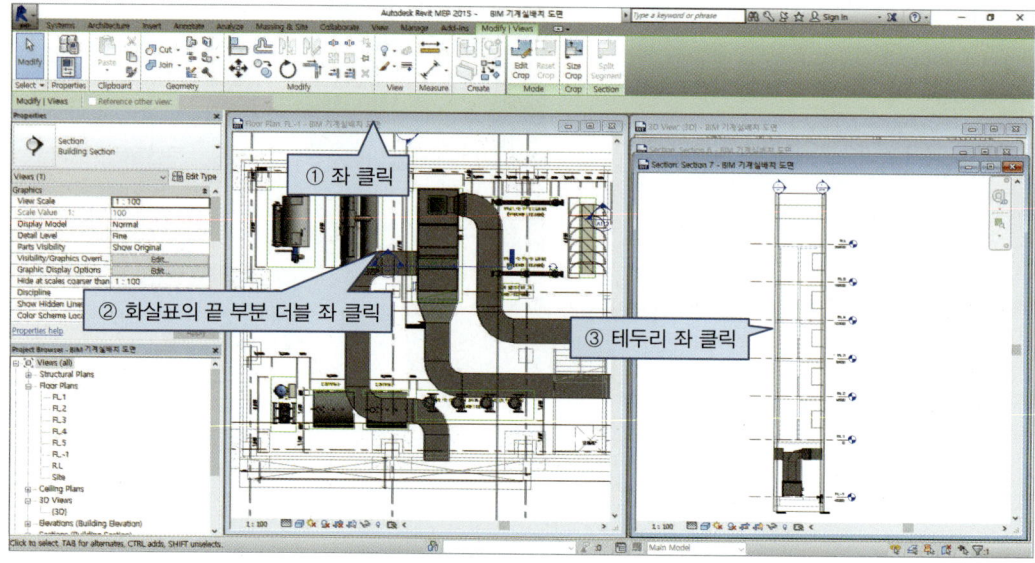

[그림 9-69]

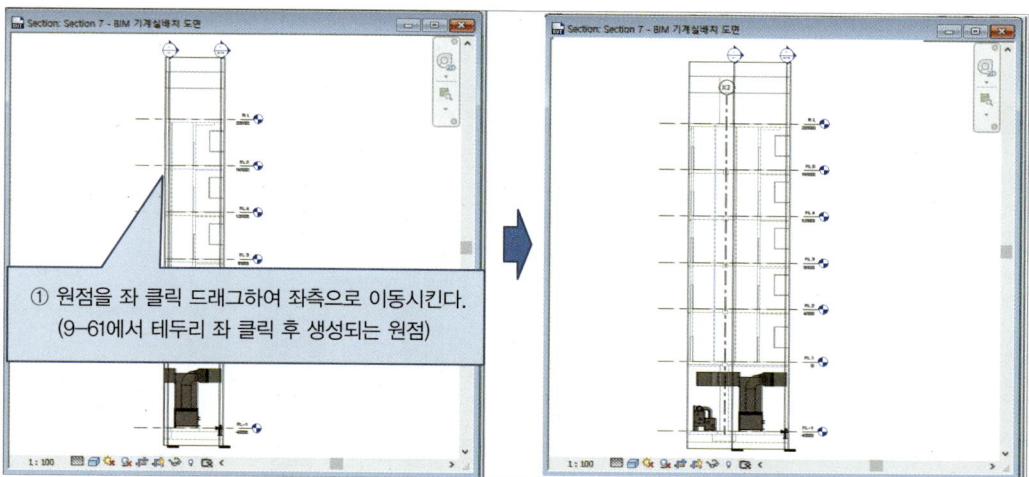

[그림 9-70]

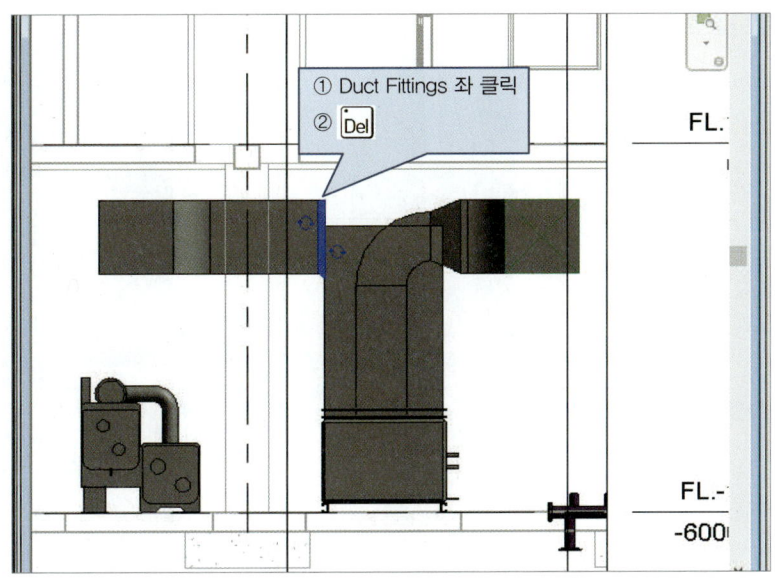

[그림 9-71]

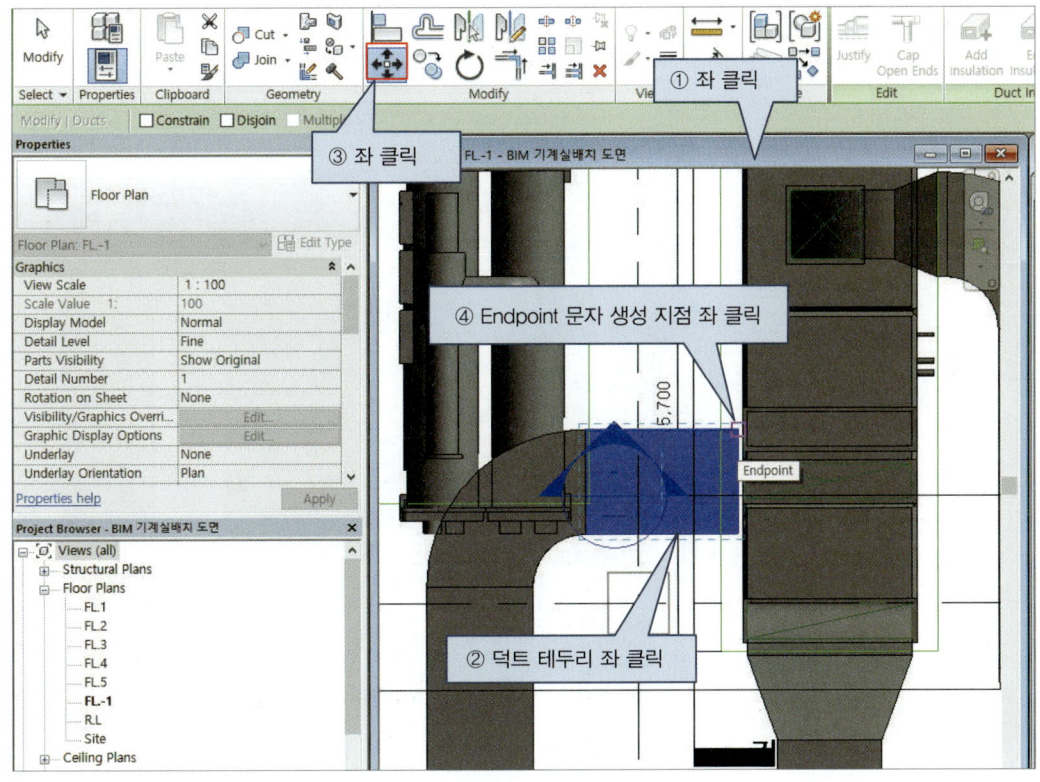

[그림 9-72]

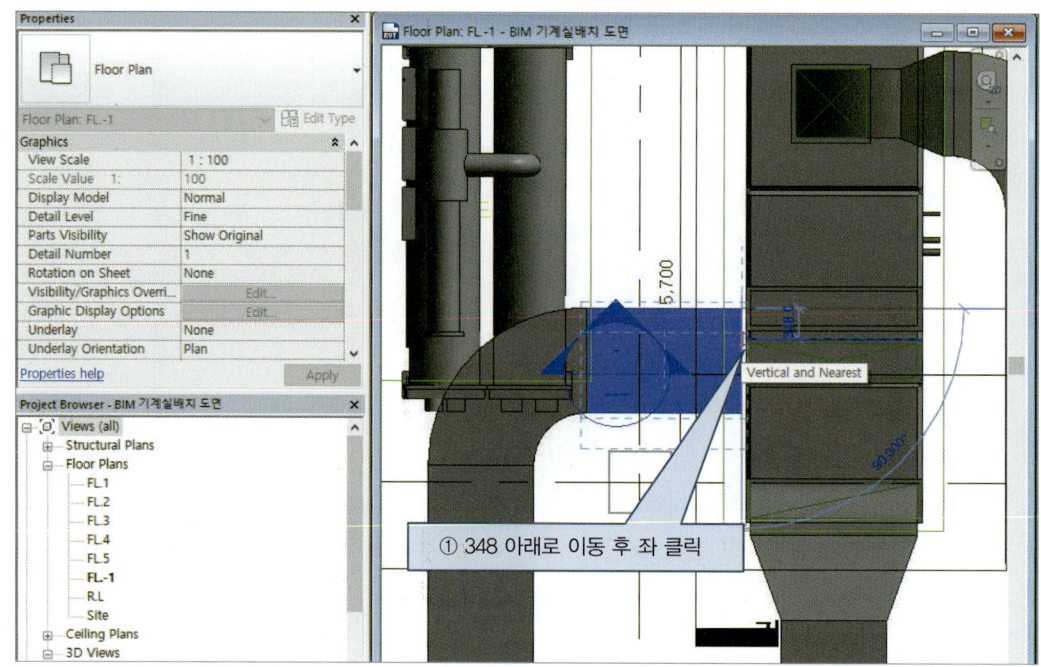

[그림 9-73]

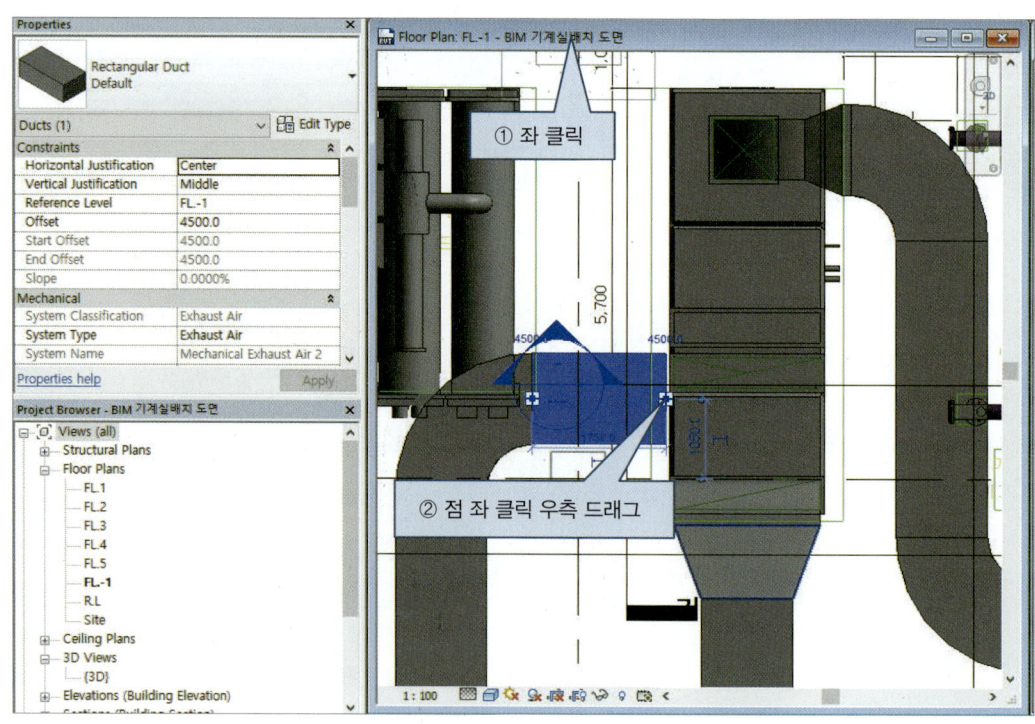

[그림 9-74]

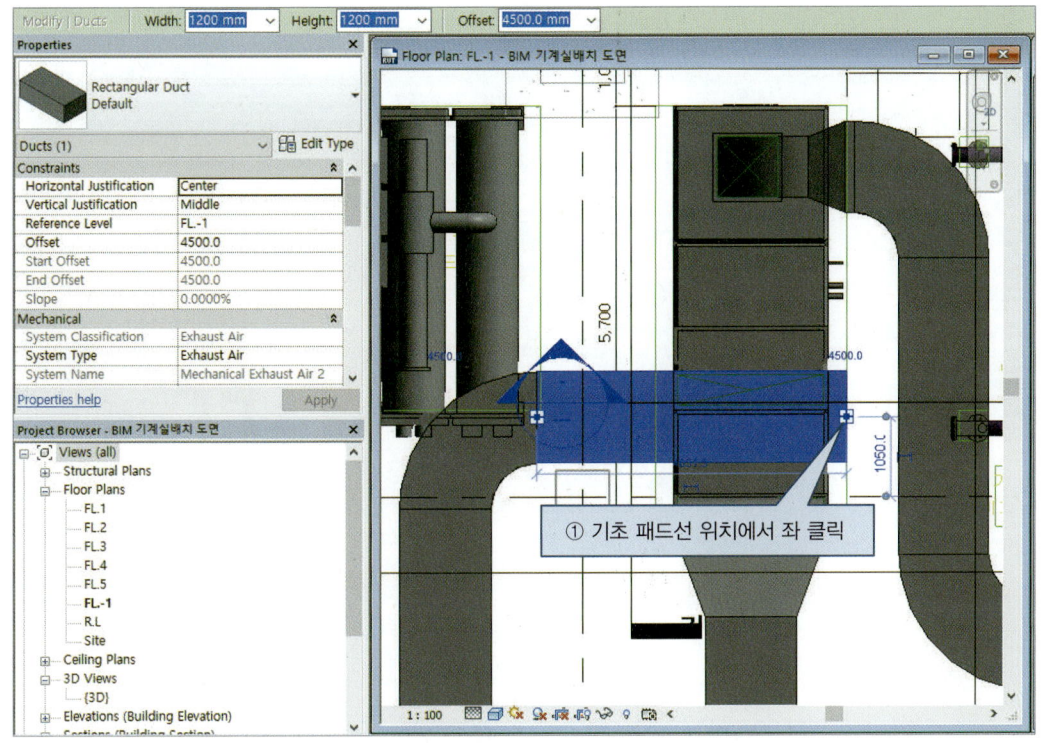

[그림 9-75]

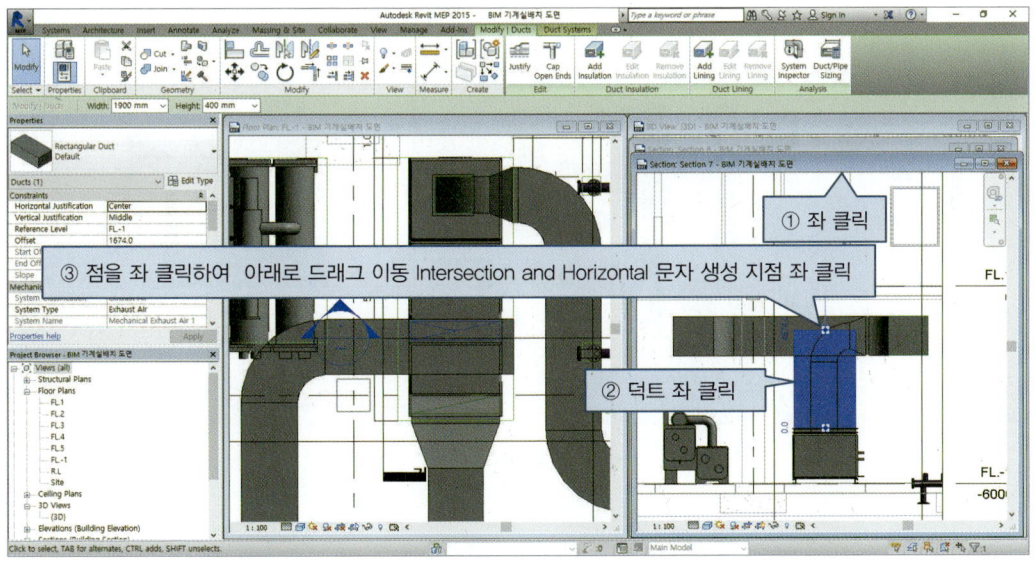

[그림 9-76]

그림 9-77~9-82와 같이 공조 Outdoor 덕트를 그리시오.

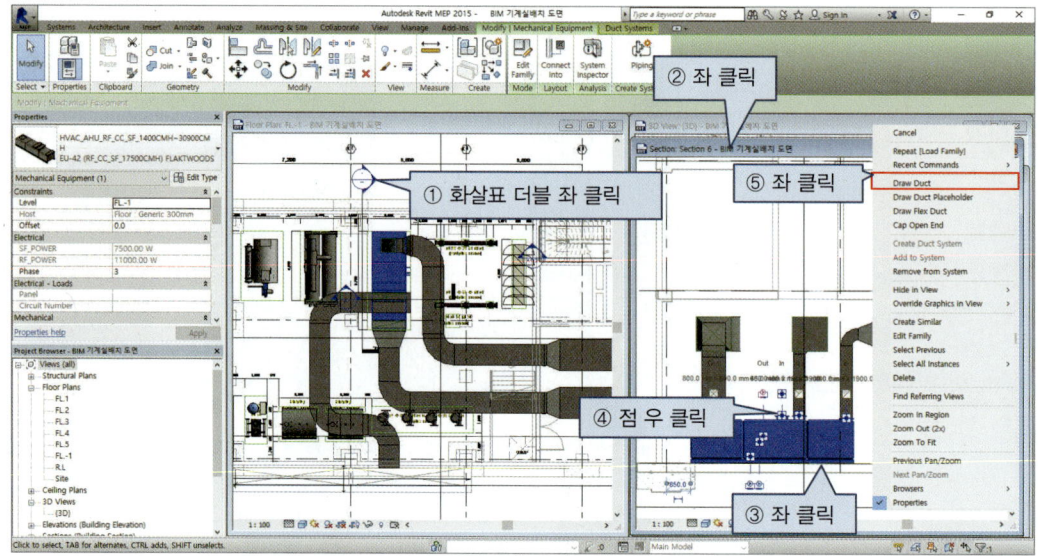

[그림 9-77]

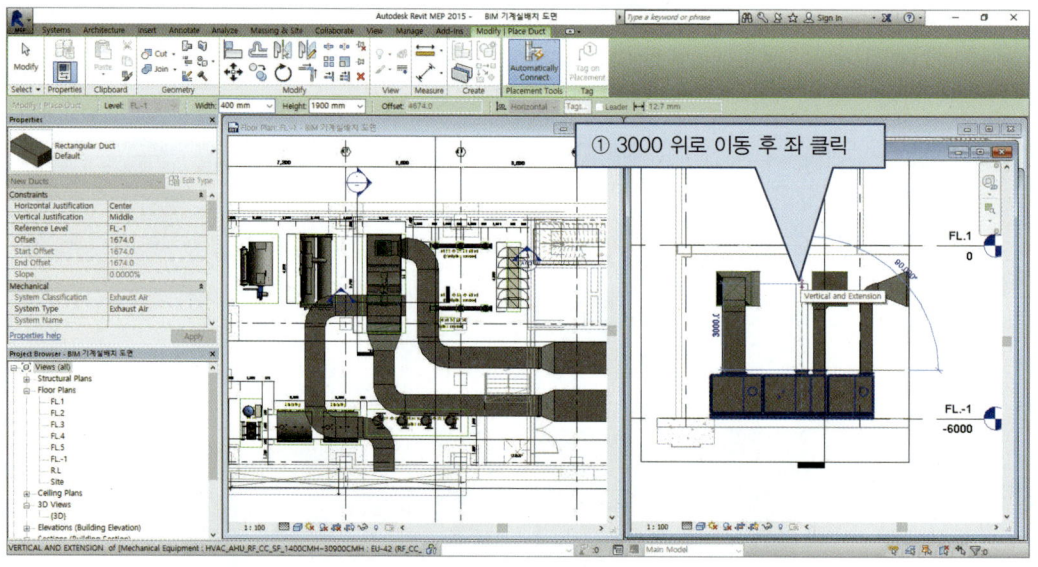

[그림 9-78]

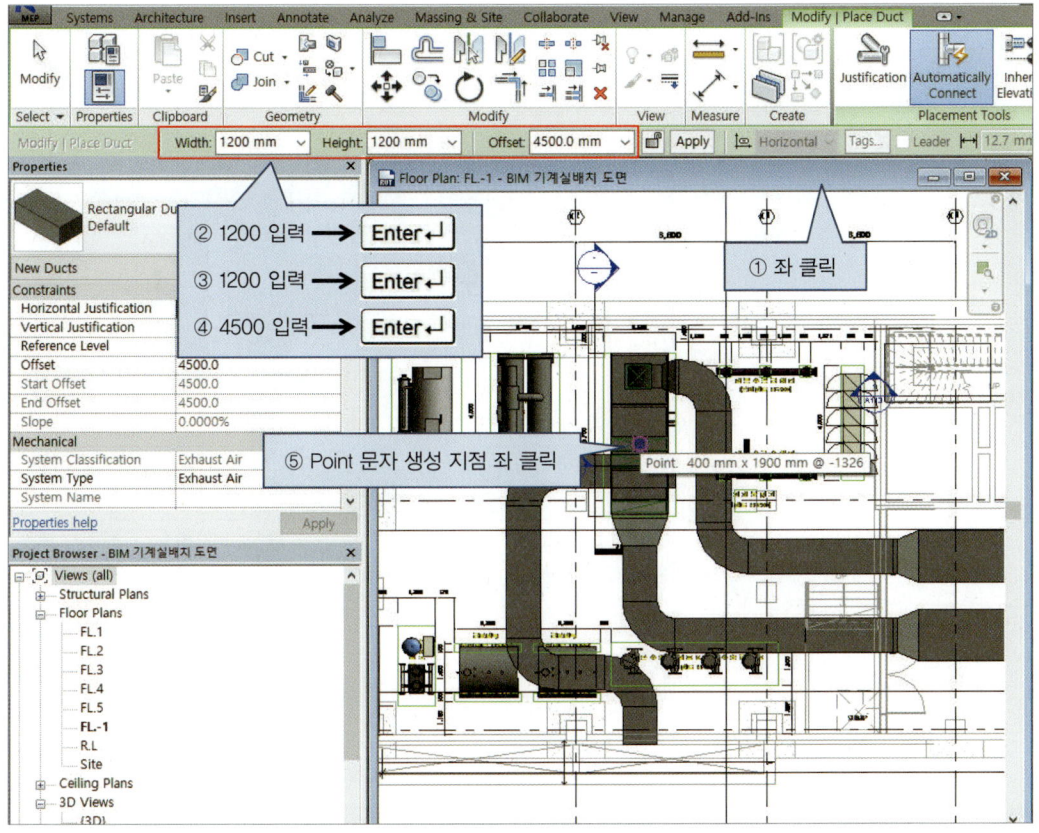

[그림 9-79]

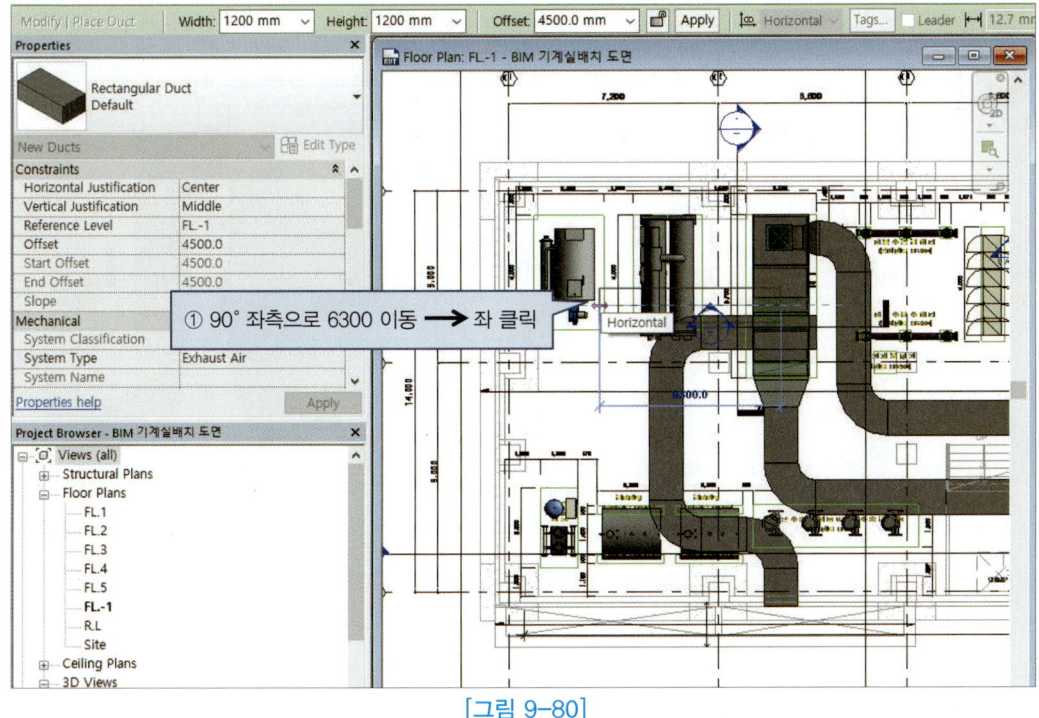

[그림 9-80]

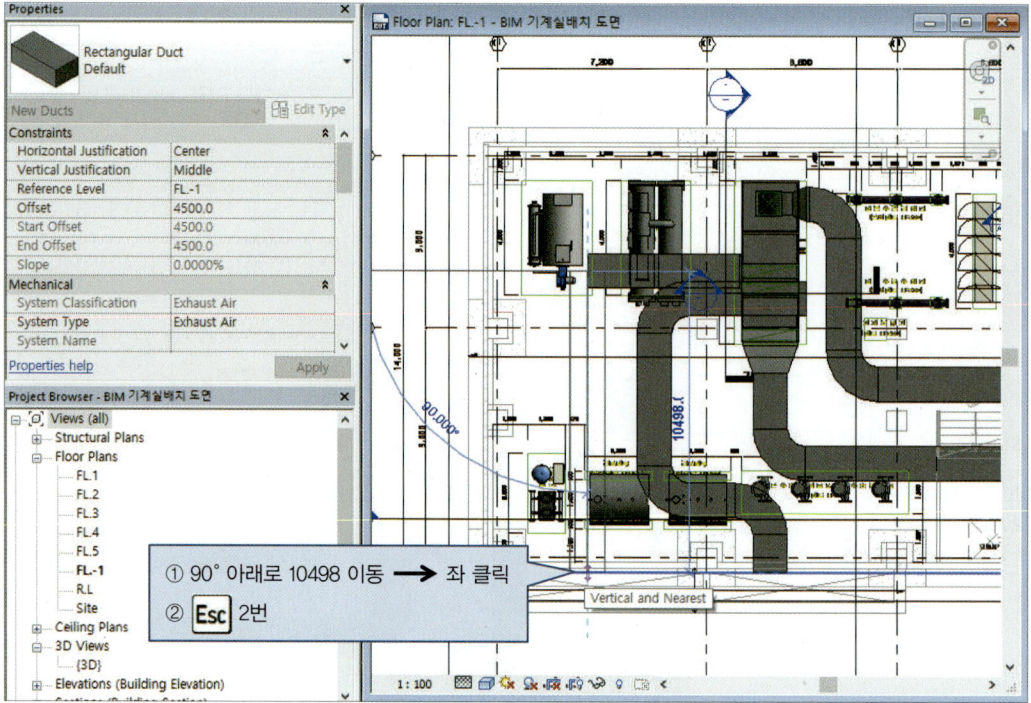

[그림 9-81]

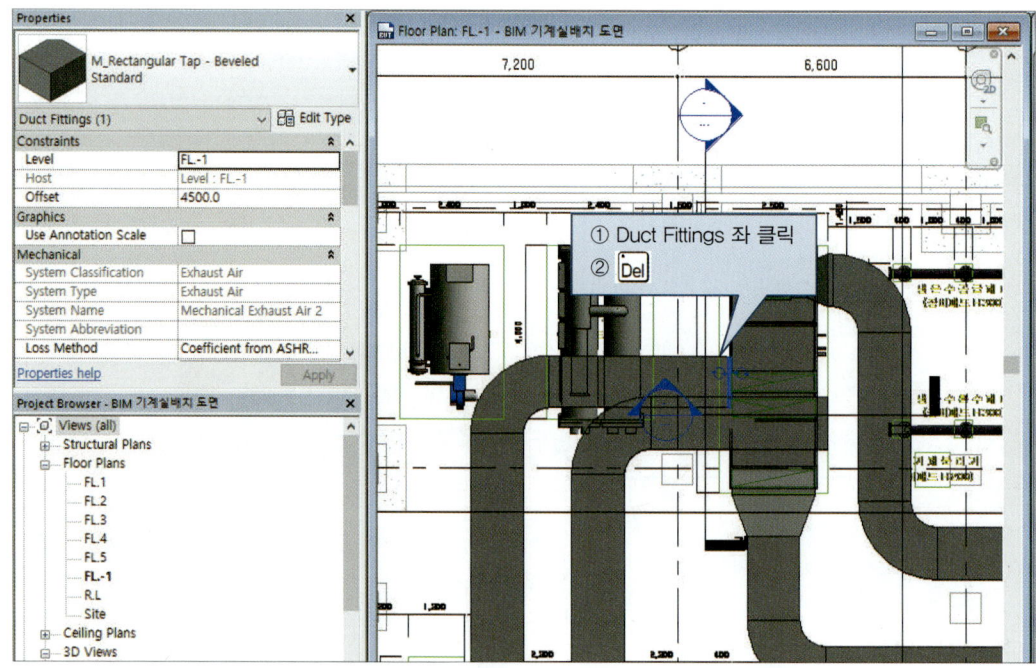

[그림 9-82]

그림 9-83~9-84와 같이 공조 Outdoor 덕트를 위로 올리시오.

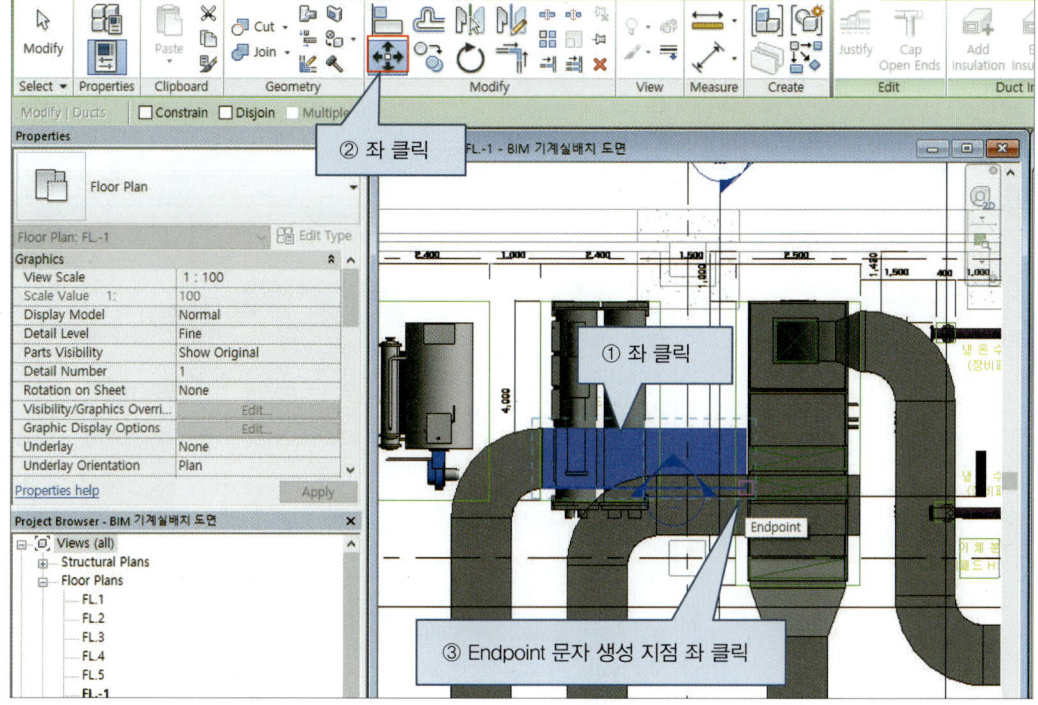

[그림 9-83]

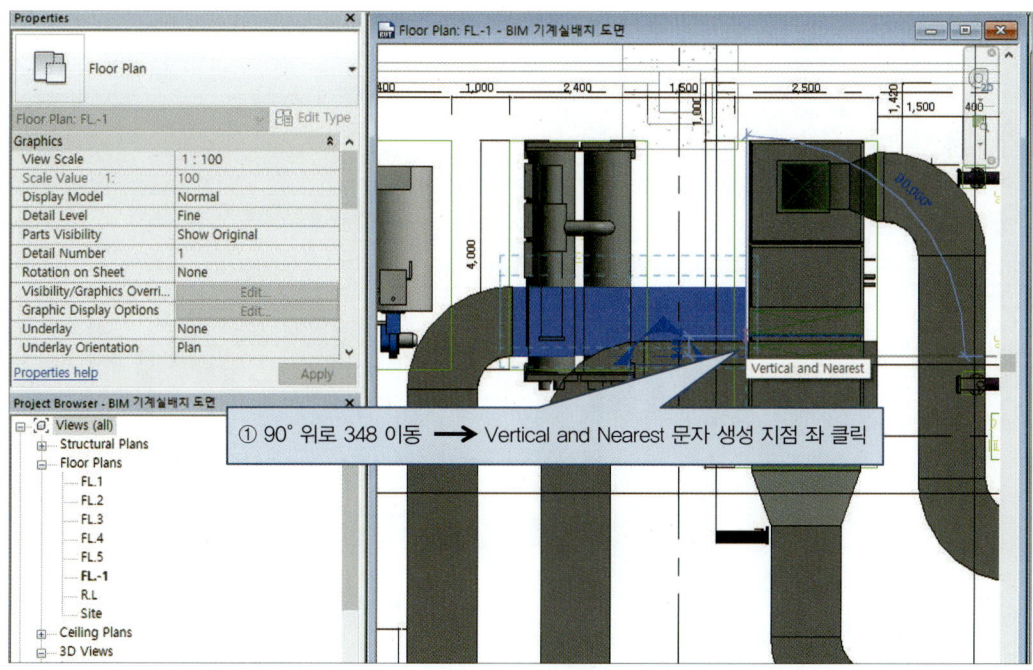

[그림 9-84]

그림 9-85와 같이 공조 Outdoor 덕트를 기초 패드선까지 연장하시오.

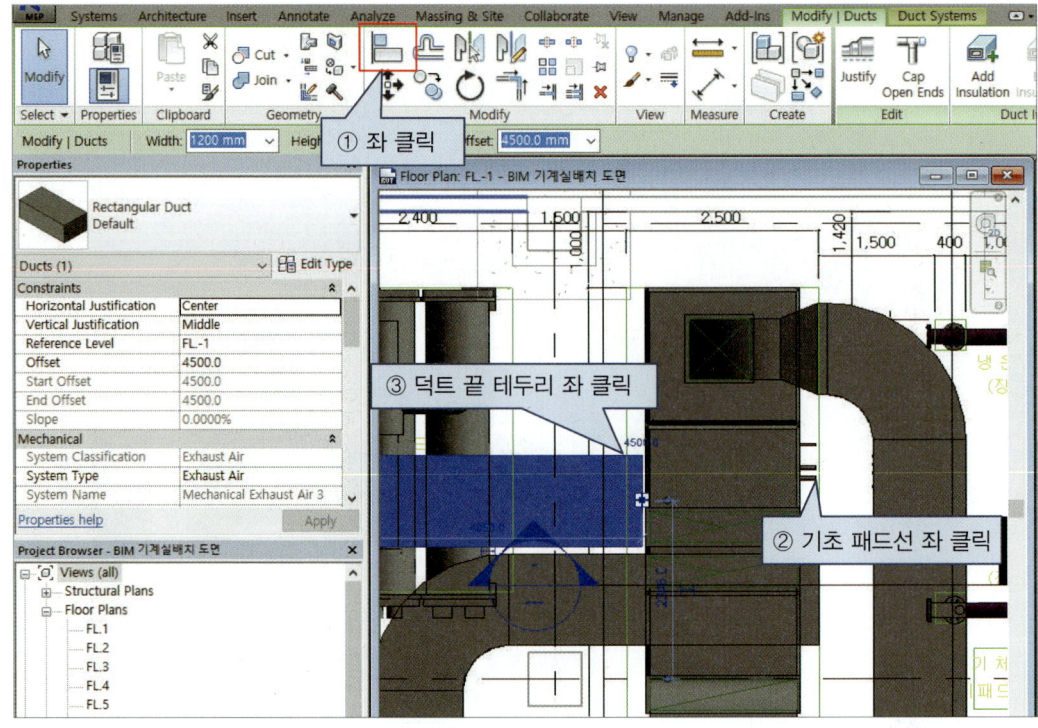

[그림 9-85]

그림 9-86과 같이 공조 Outdoor 입상덕트와 횡지덕트를 연결하시오.

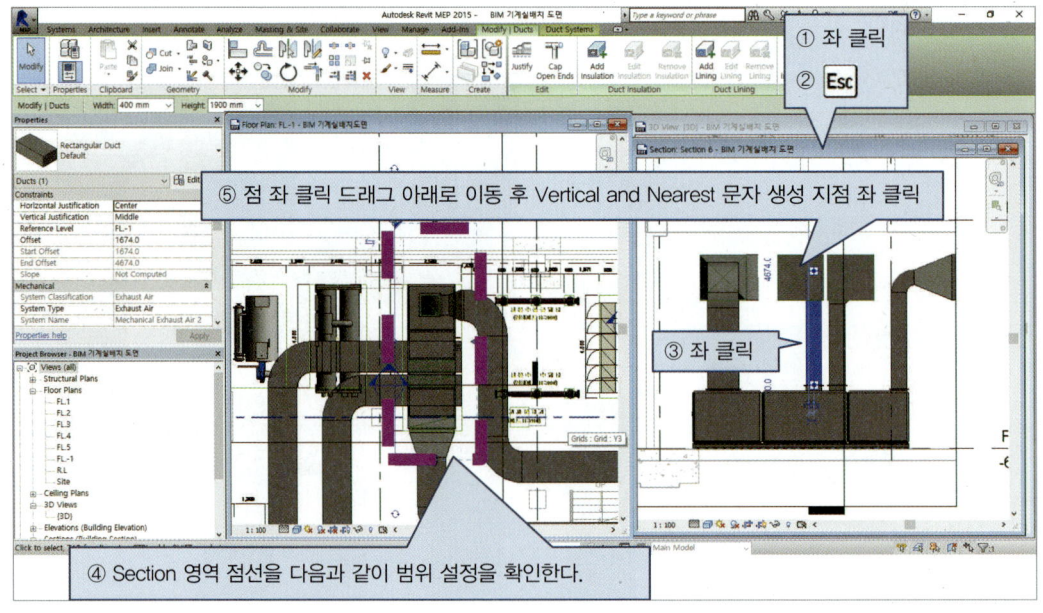

[그림 9-86]

덕트 취출구에 Air Terminal(루버)을 설치하시오.

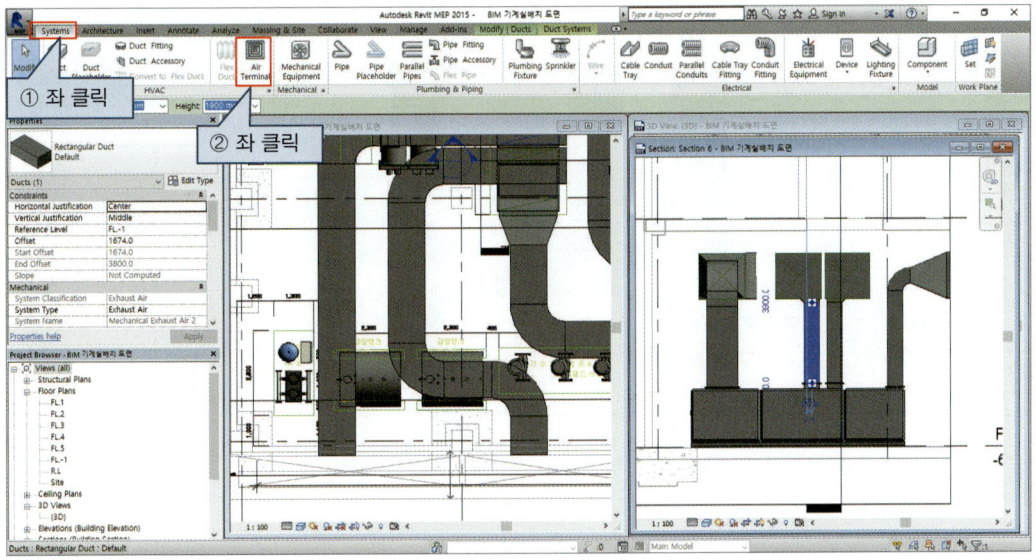

[그림 9-87]

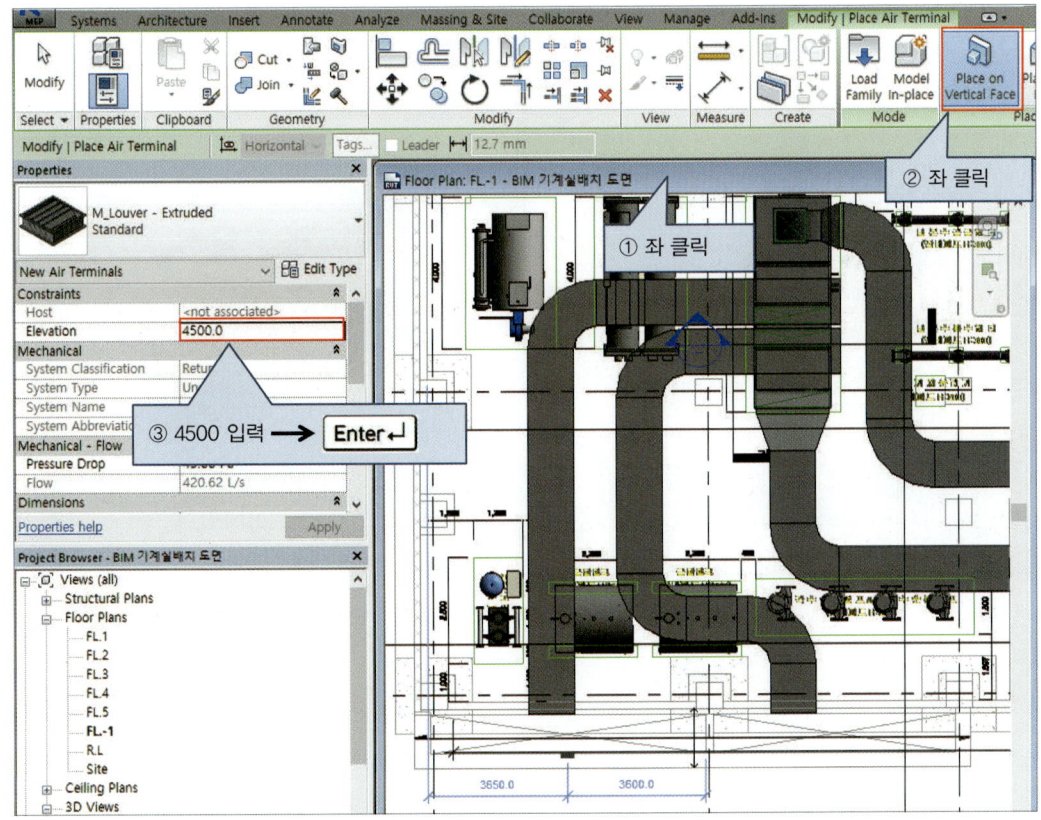

[그림 9-88]

Chapter 09 BIM 기계실 공조덕트 설계   319

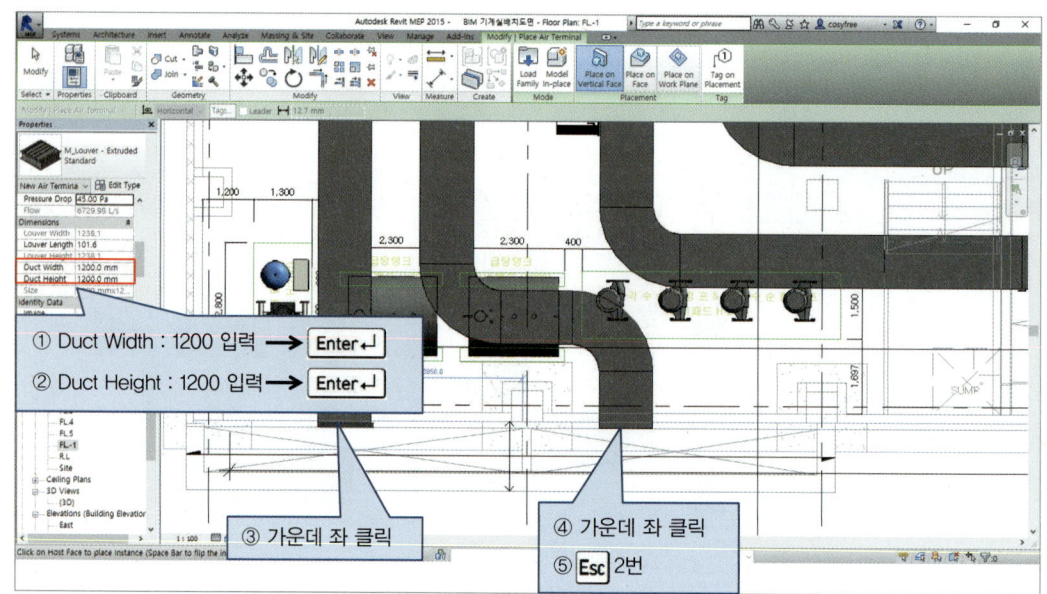

[그림 9-89]

다음과 같이 저장하시오.

파일명 : CHAPTER09_학번_홍길동(년/월/일)

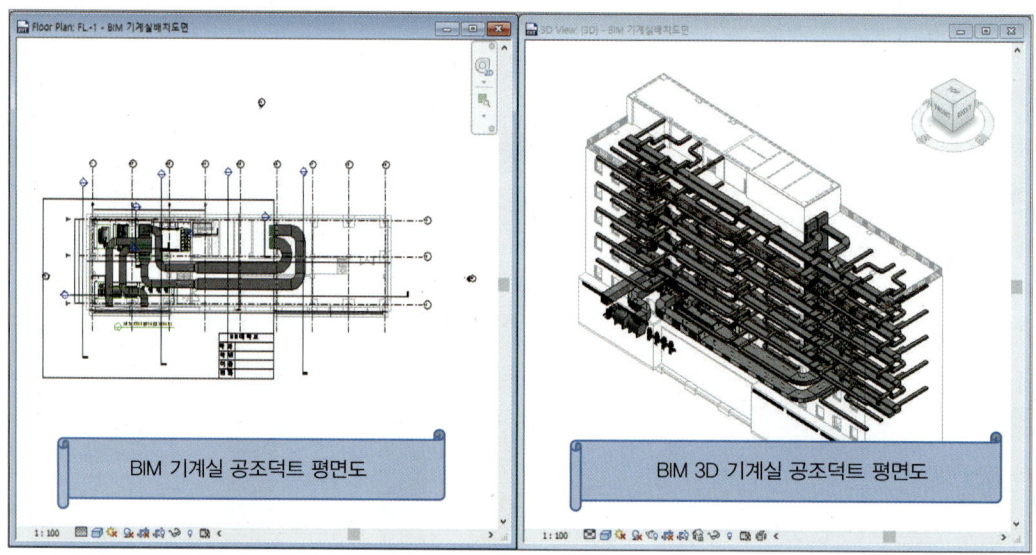

[그림 9-90]

Chapter 10

BIM 기계실 공조배관 설계

그림 10-1 BIM 기계실 배치 도면을 이용하여 그림 10-2 BIM 기계실 공조배관 도면을 만드는 방법을 알아본다.

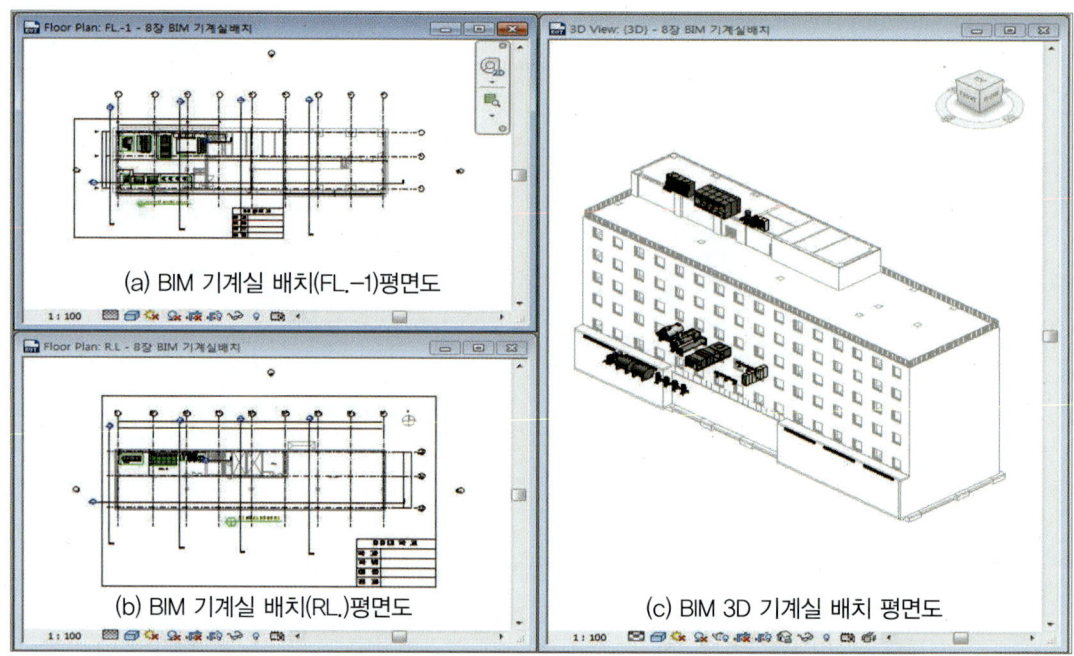

[그림 10-1] BIM 기계실 배치 도면

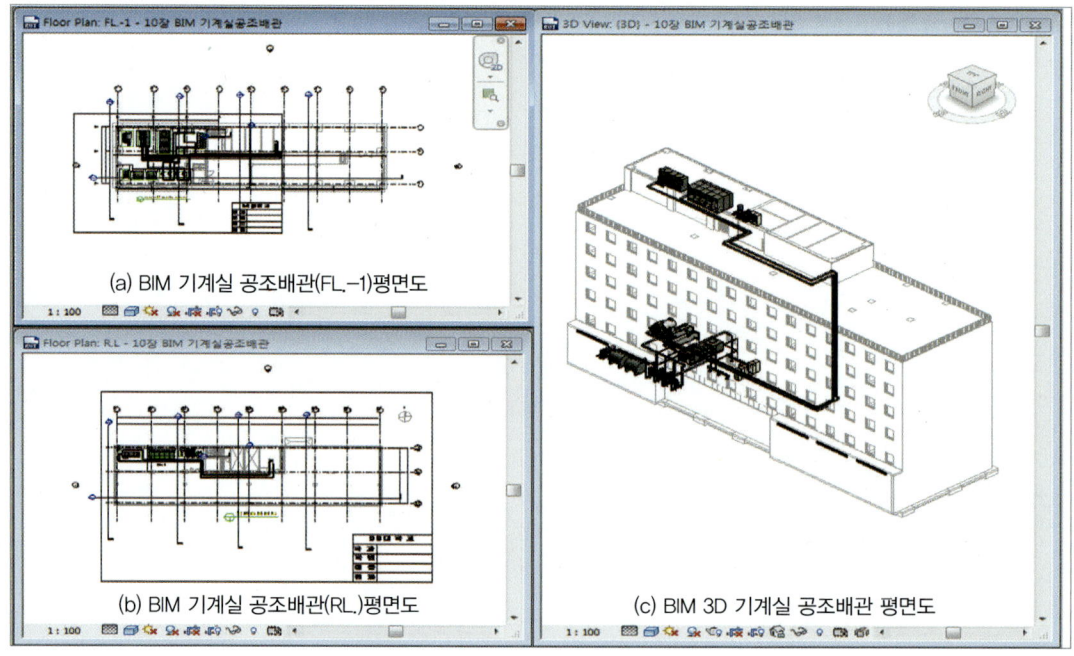

[그림 10-2] BIM 기계실 공조배관 도면

다운로드 받은 chapter 10.의 BIM 기계실 배치 도면.rvt 파일을 더블 좌 클릭하여 실행시킨다.

1. 그림 10-3(a) 기계실 배치 평면도에서 설계되어야 하기 때문에, ① Floor Plan FL -1 - 기계실 배치 평면도를 좌 클릭하여 도면을 활성화시킨다. 현재 활성화 창이 그림 10-3과 같지 않으면 좌측 Project Browser 창에서 3D Views 〉 3D 더블 좌 클릭한다.
2. 활성화된 창을 그림 10-3과 같이 보이도록 하려면 WT라고 입력한다.

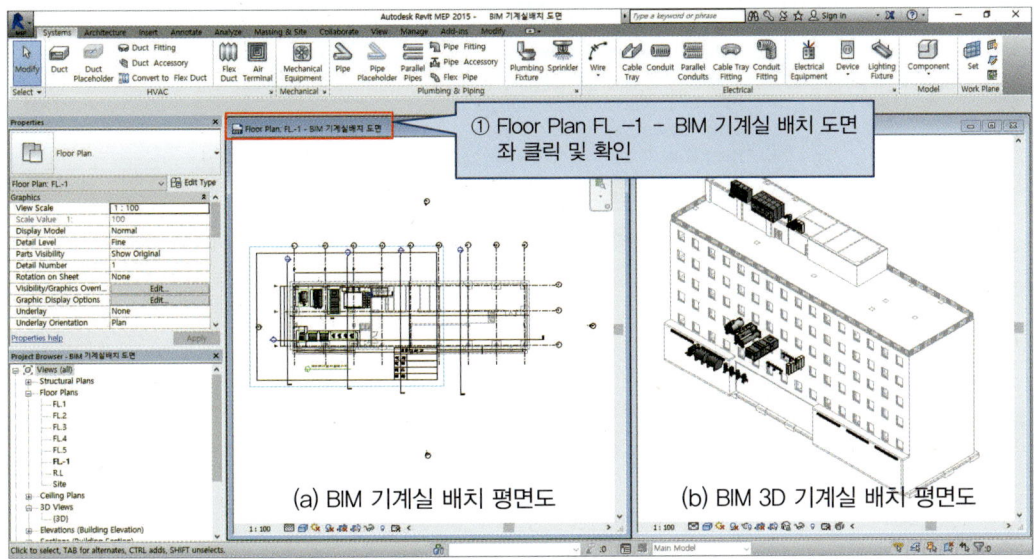

[그림 10-3]

그림 10-4~10-8과 같이 엘보우, 티 및 트랜지션을 선택하시오.

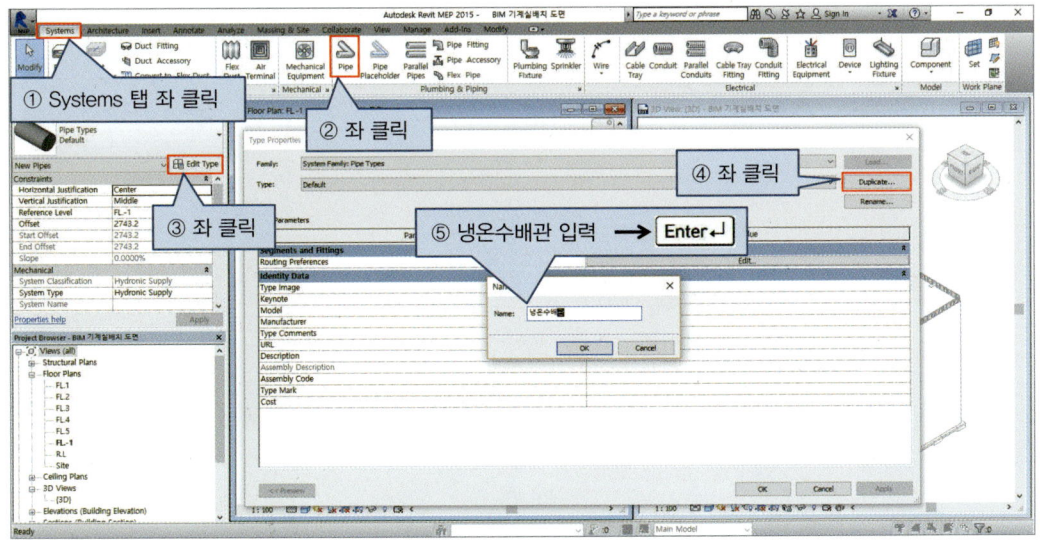

[그림 10-4]

Chapter 10 BIM 기계실 공조배관 설계 323

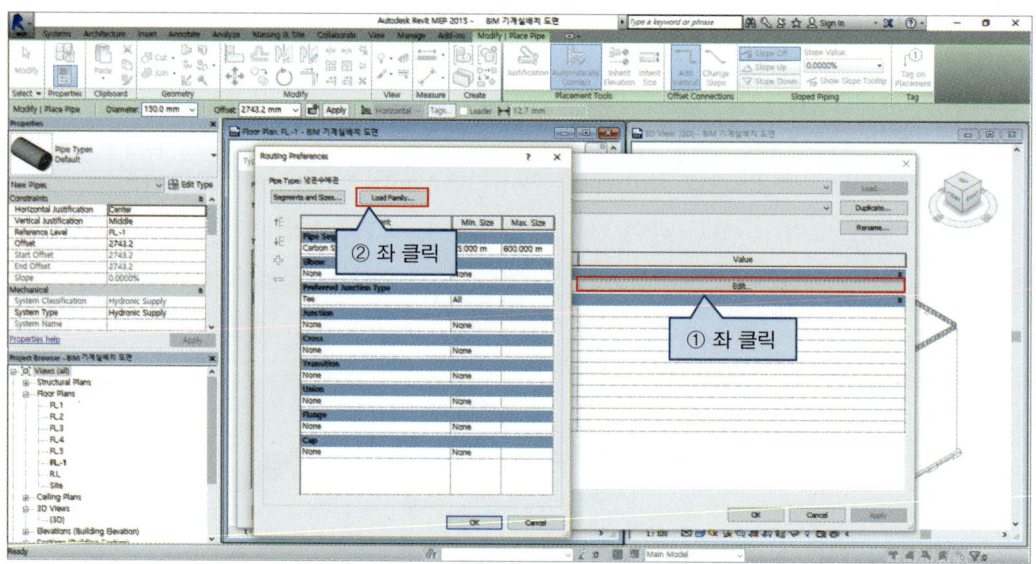

[그림 10-5]

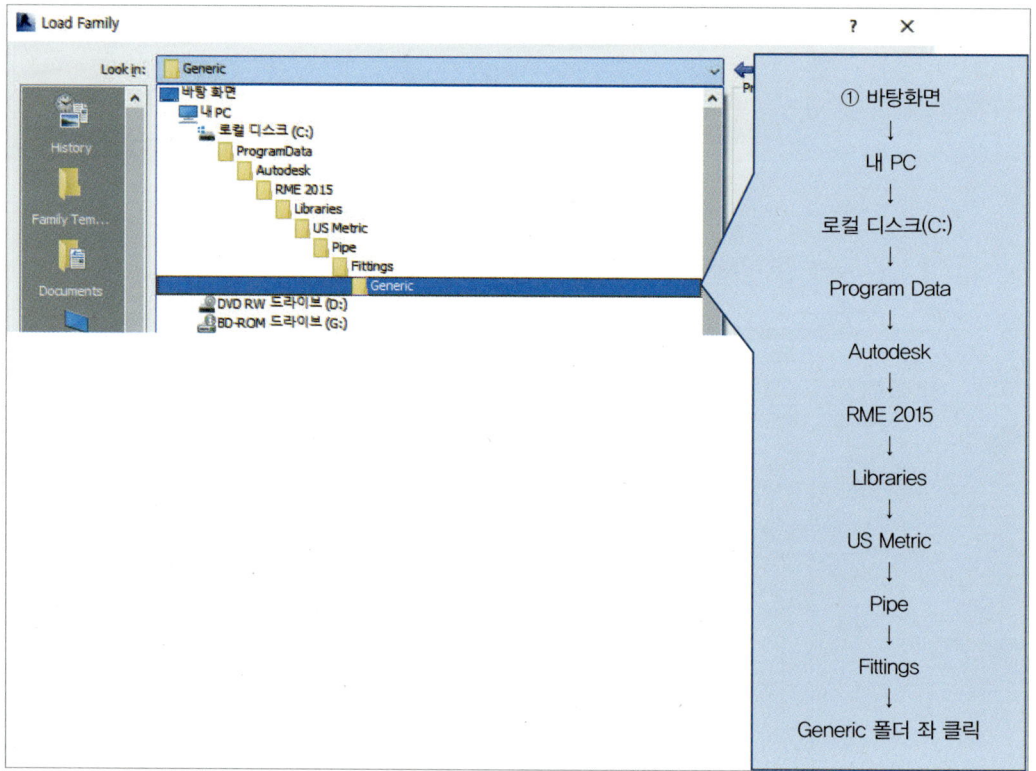

[그림 10-6]

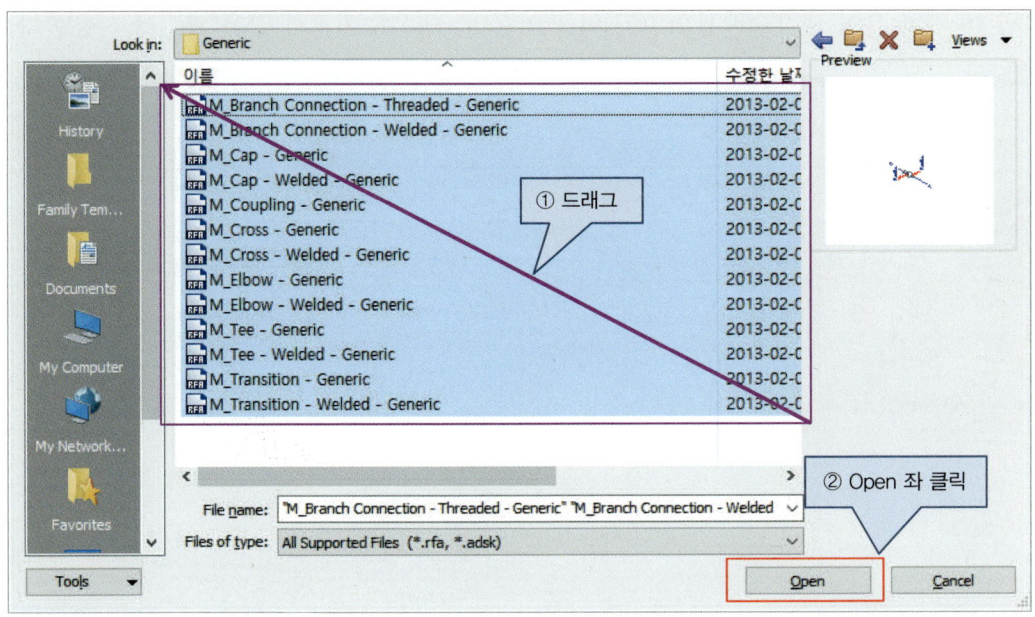

[그림 10-7]

그림 10-8과 같이 설정하시오.

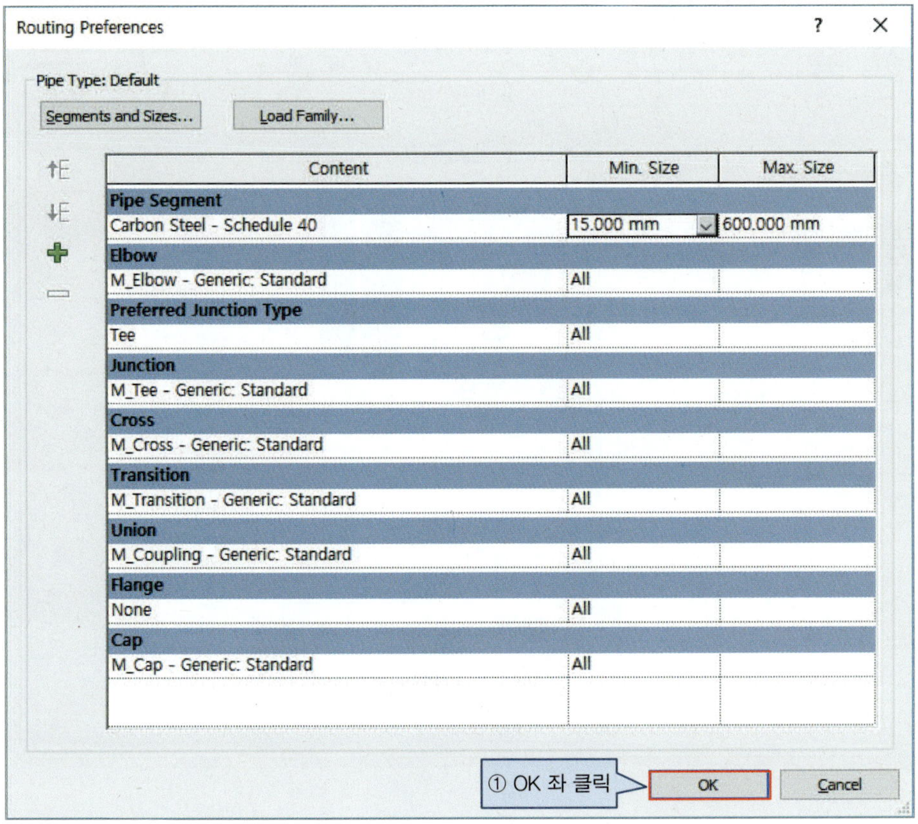

[그림 10-8]

Chapter 10 BIM 기계실 공조배관 설계   325

그림 10-9와 같이 냉각수배관의 패밀리를 만든다. 냉온수배관과 같은 재질을 사용한다.

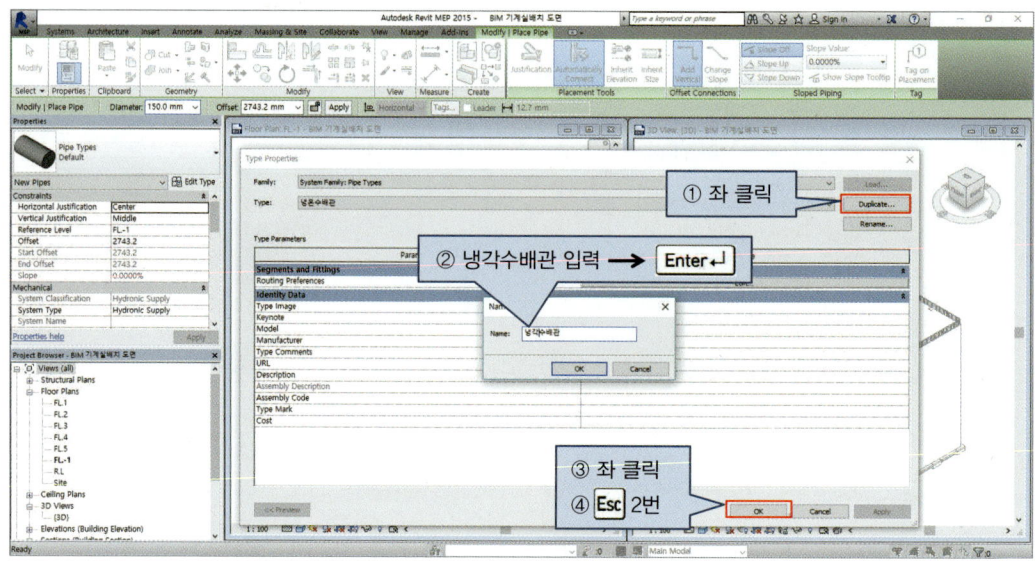

[그림 10-9]

그림 10-10~10-14와 같이 냉온수기에 냉온수 급수배관을 연결하시오.

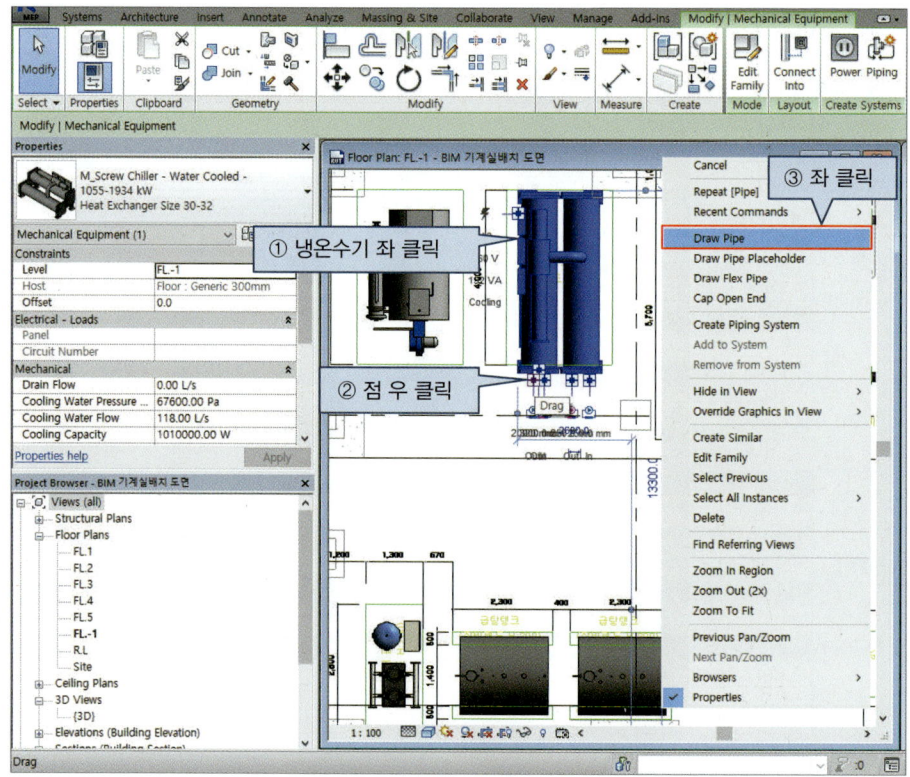

[그림 10-10]

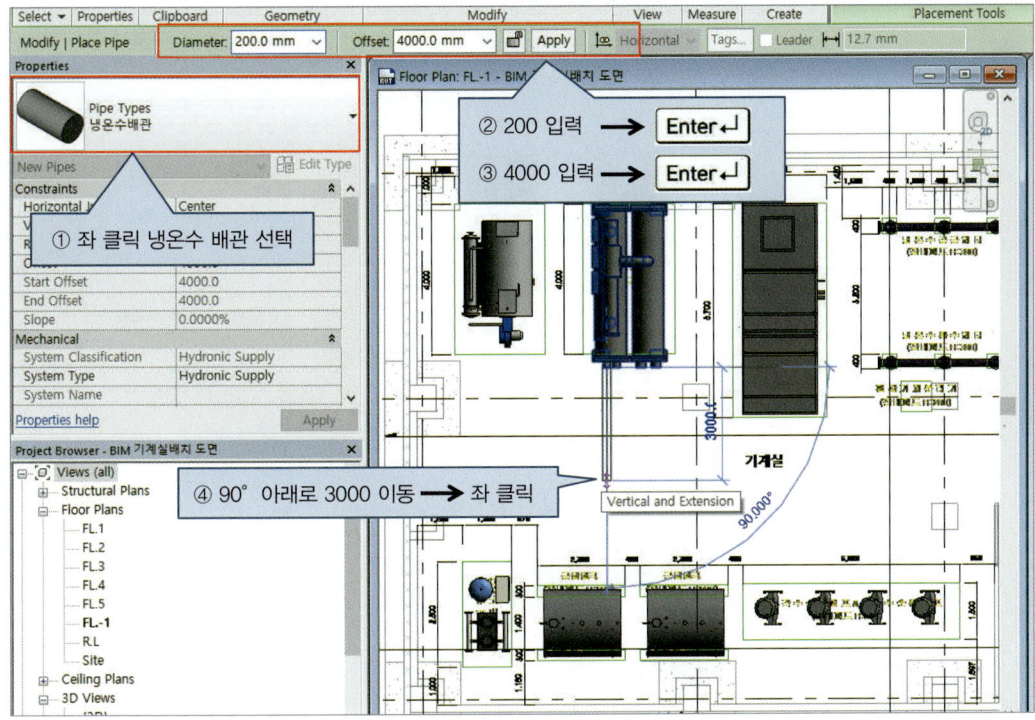

[그림 10-11]

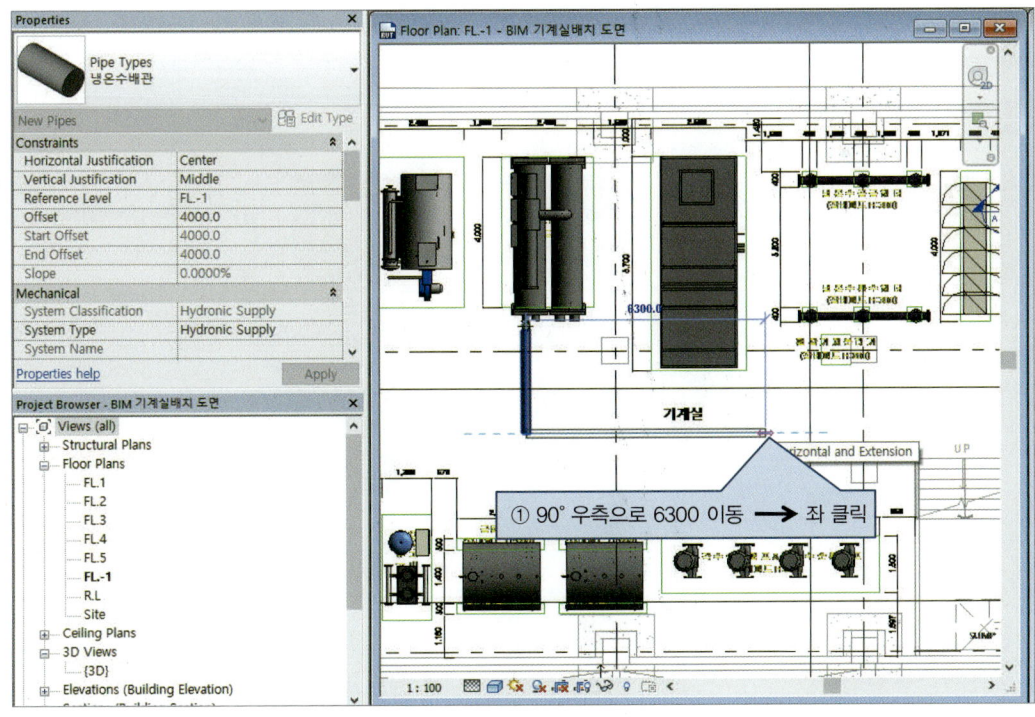

[그림 10-12]

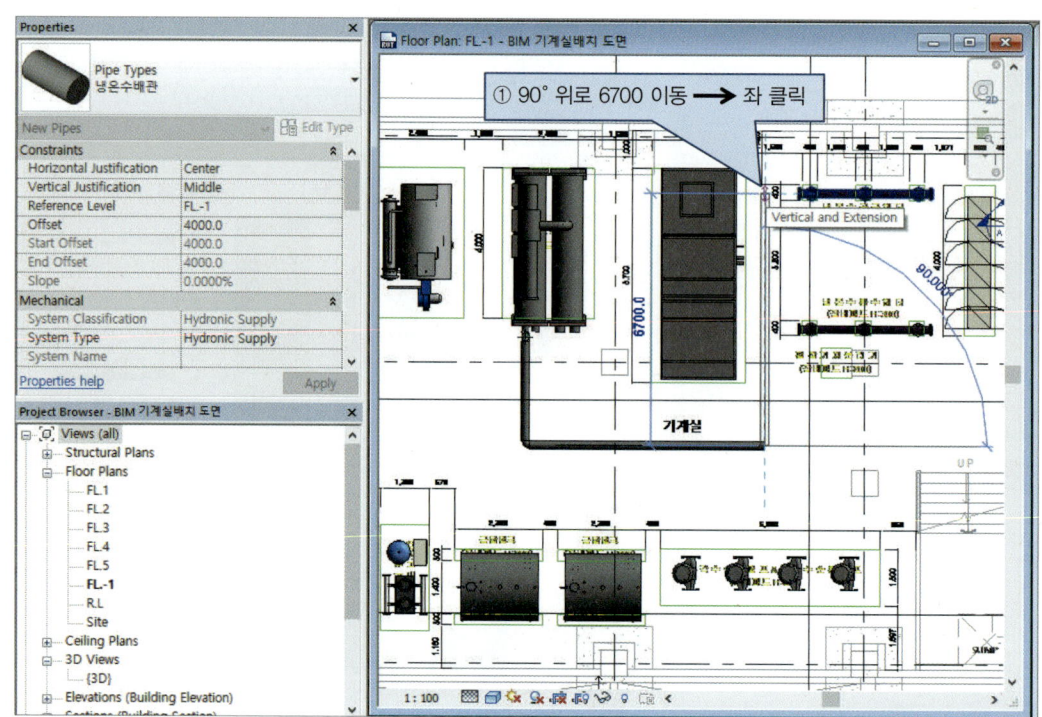

[그림 10-13]

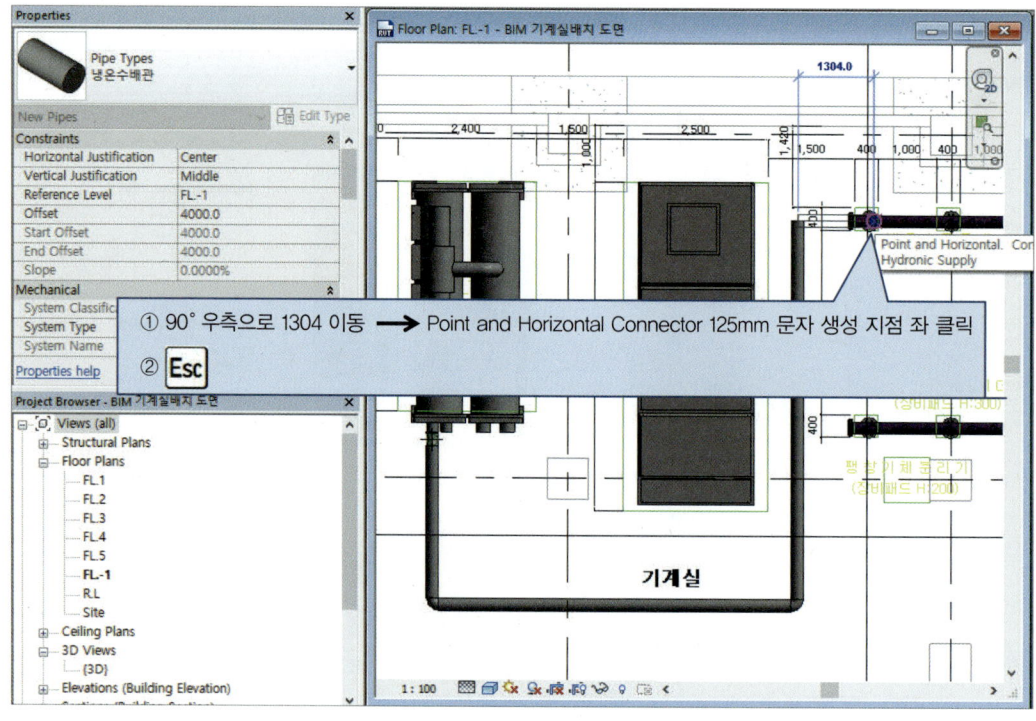

[그림 10-14]

그림 10-15~10-20과 같이 헤더에 냉온수 급수배관을 연결하시오.

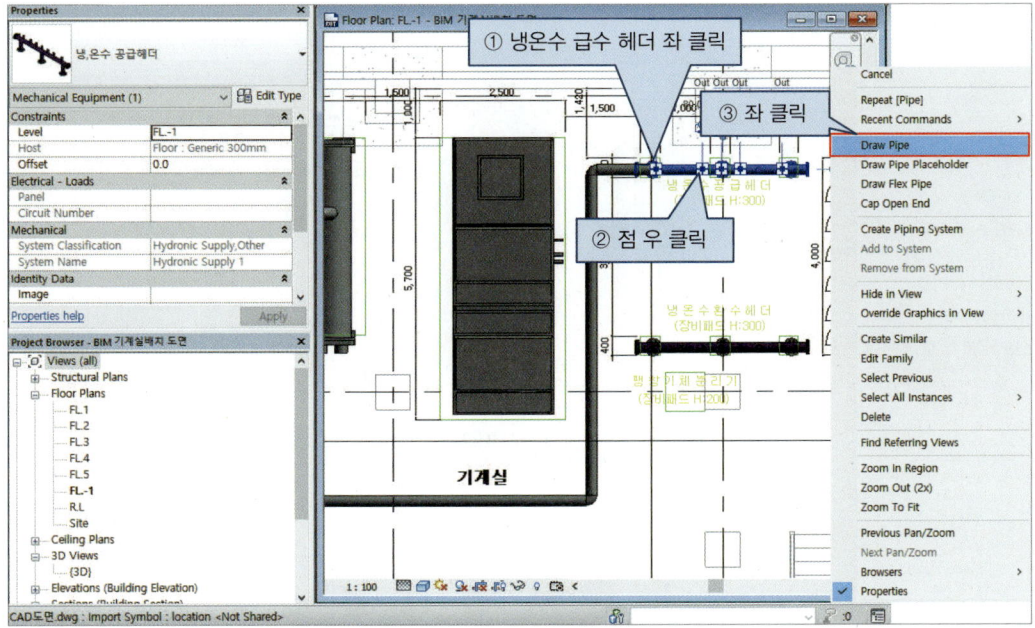

[그림 10-15]

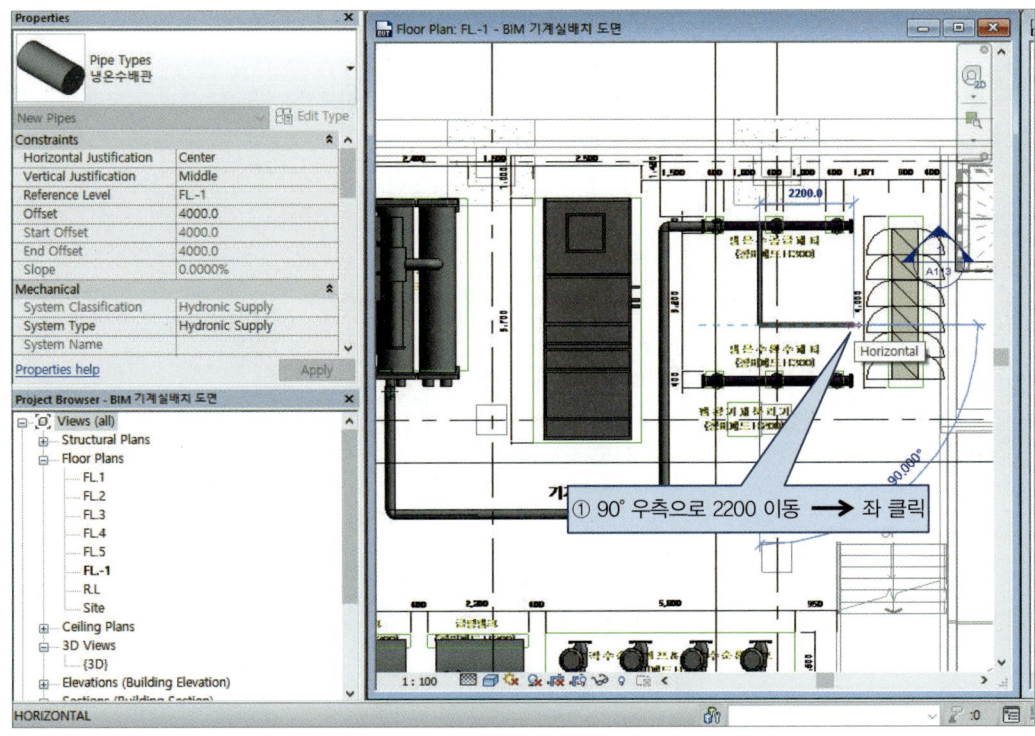

[그림 10-16]

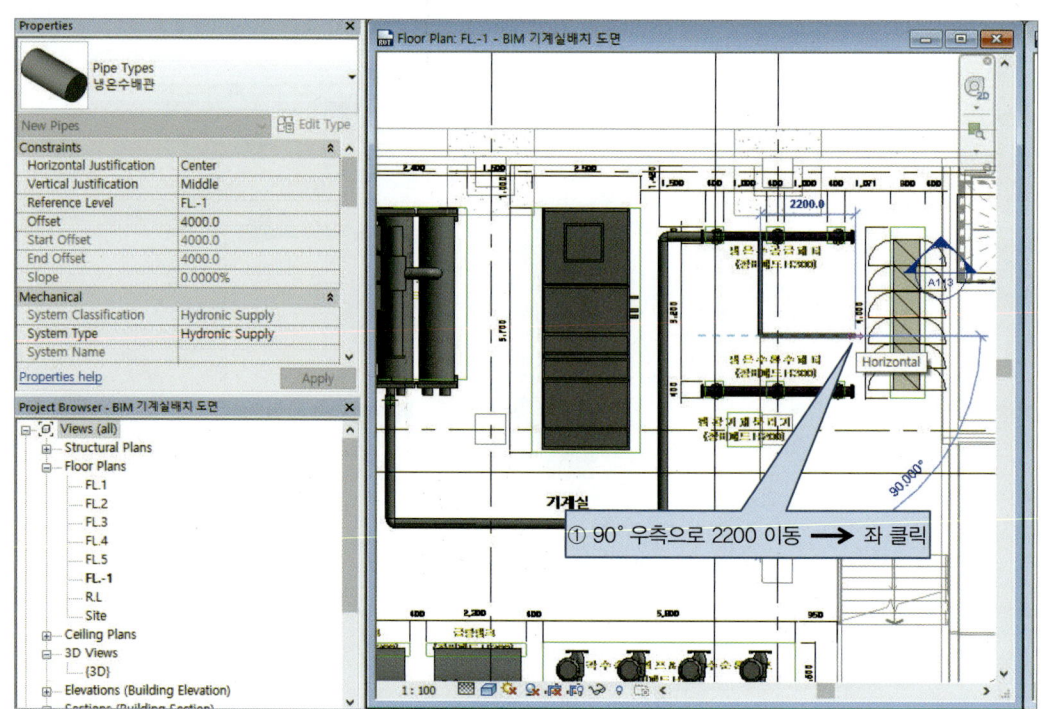

[그림 10-17]

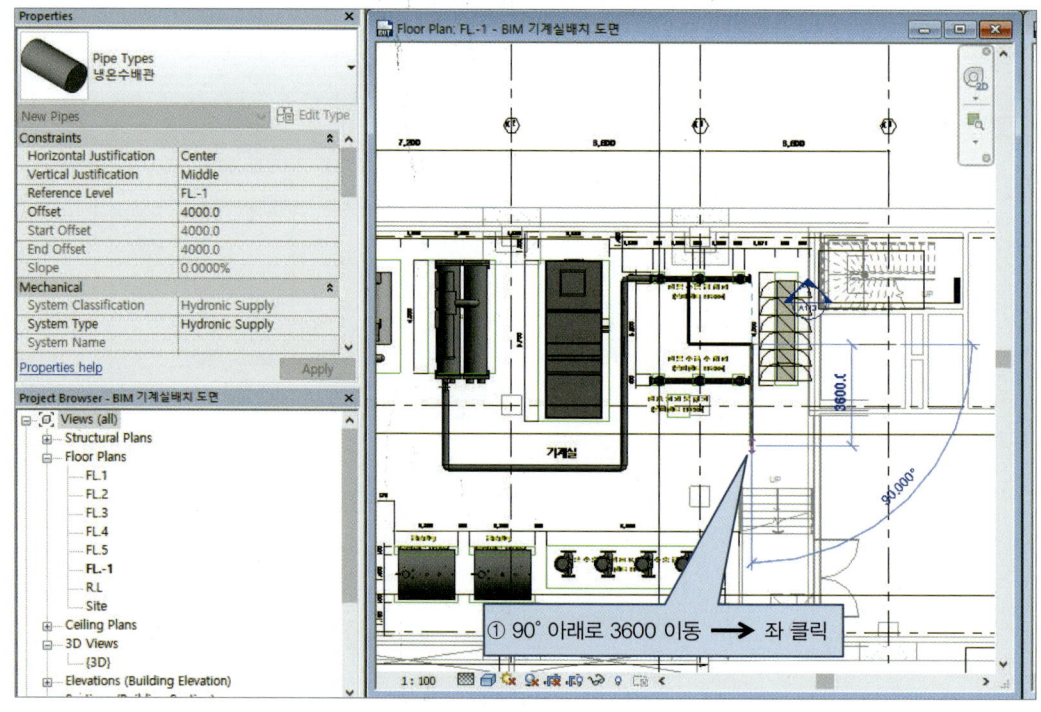

[그림 10-18]

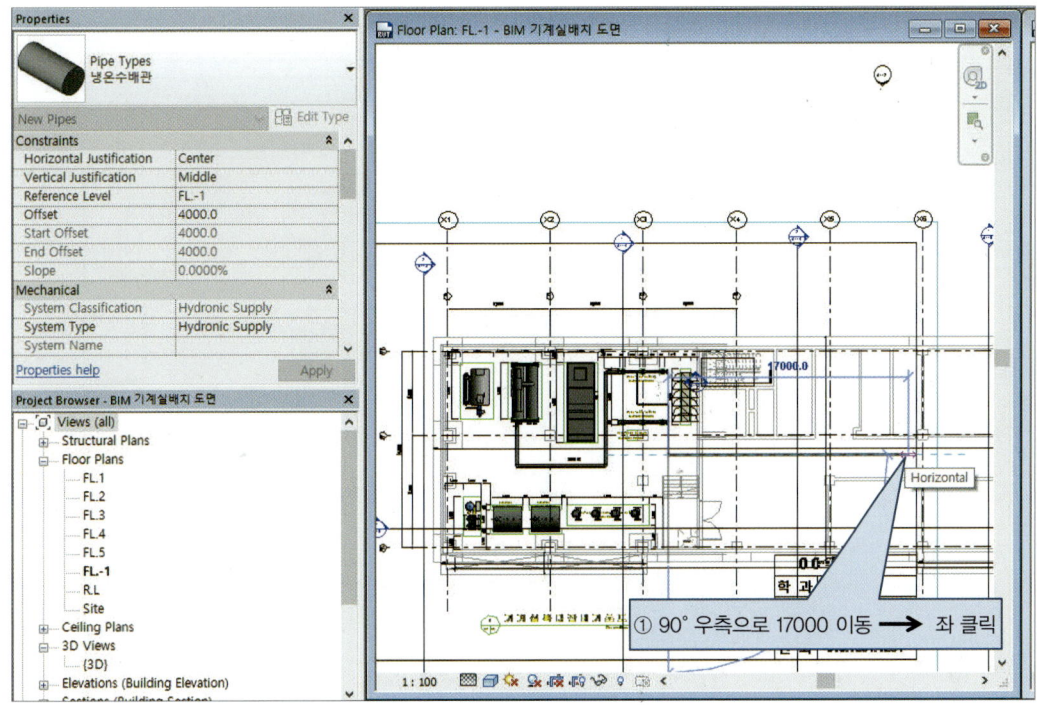

[그림 10-19]

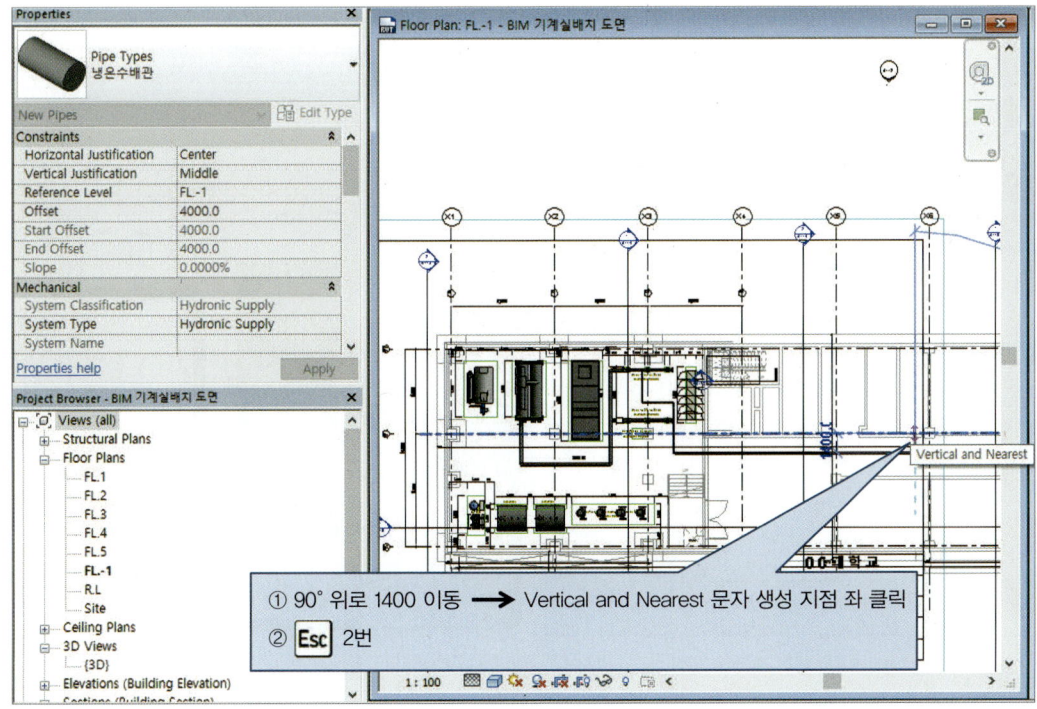

[그림 10-20]

Chapter 10 BIM 기계실 공조배관 설계 331

그림 10-21~10-24와 같이 냉온수기에 냉온수 환수배관을 연결하시오.

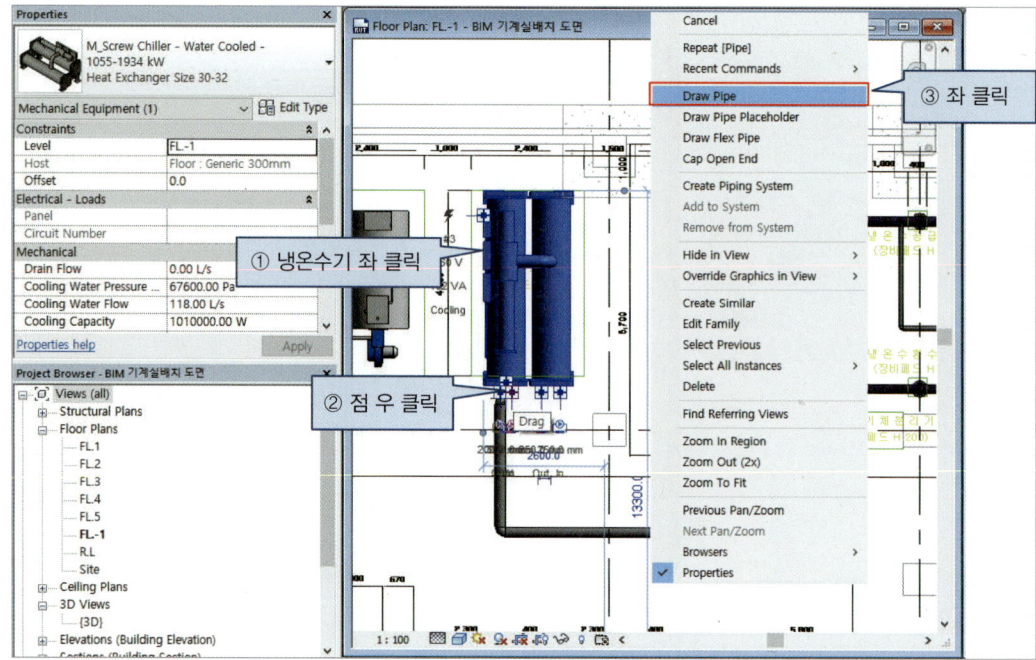

[그림 10-21]

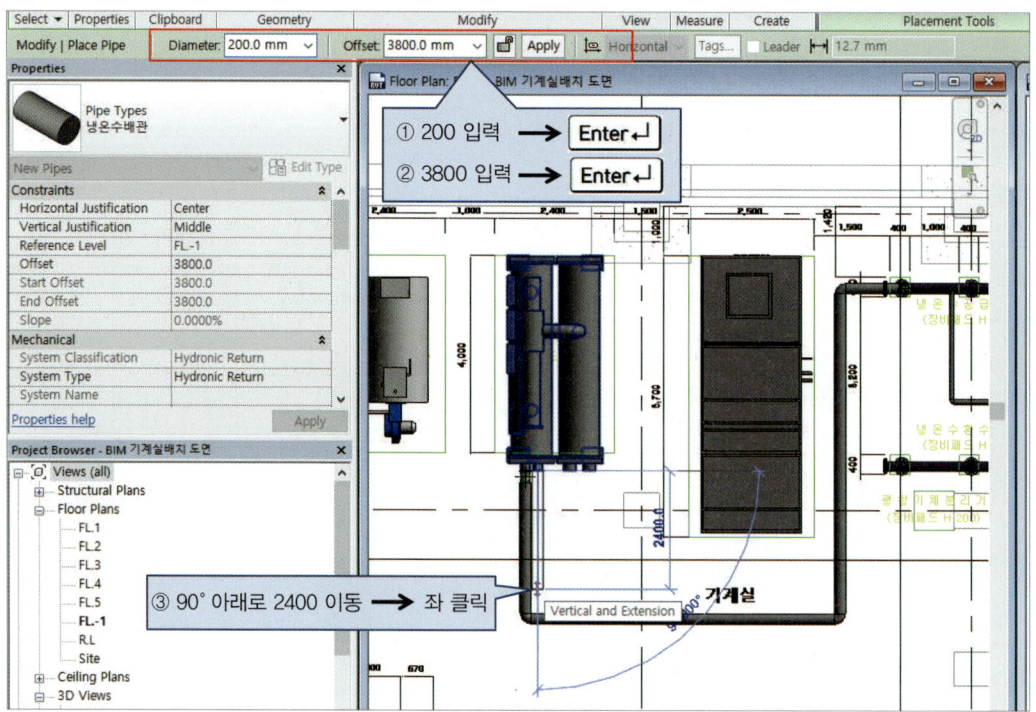

[그림 10-22]

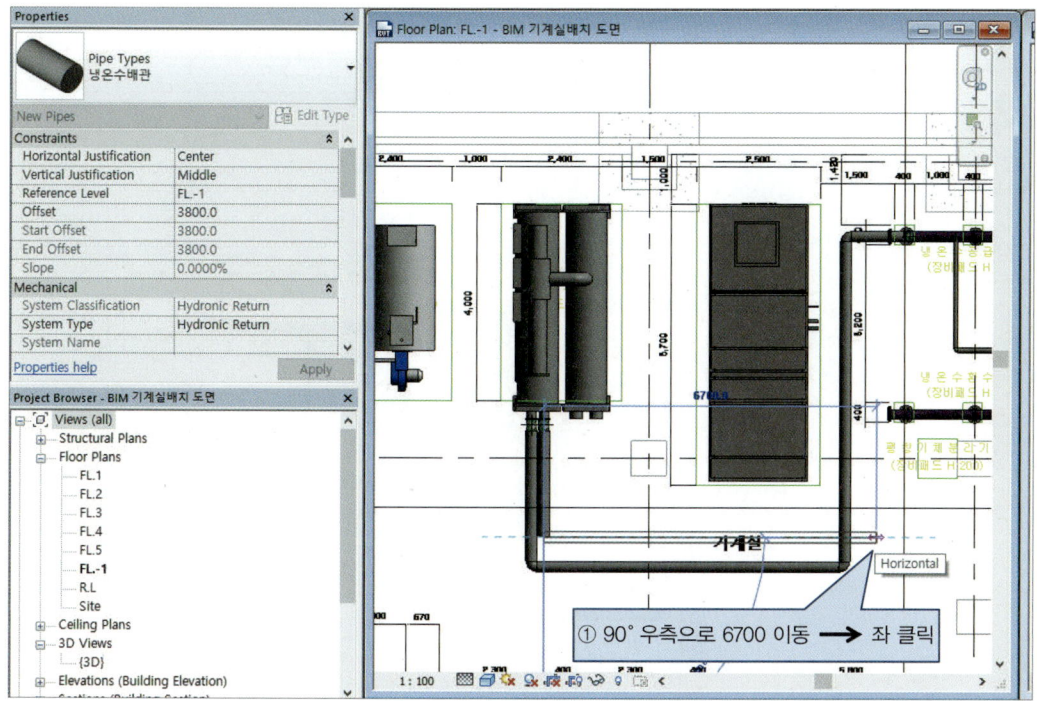

[그림 10-23]

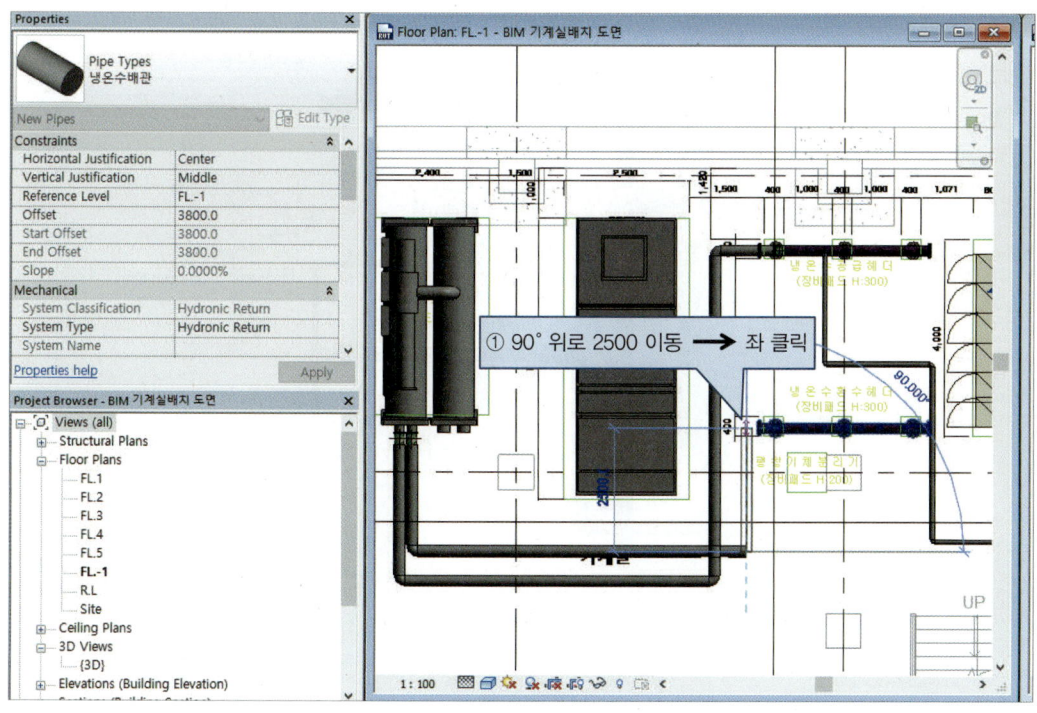

[그림 10-24]

Chapter 10 BIM 기계실 공조배관 설계

그림 10-25~10-32과 같이 헤더에 냉온수 환수배관을 연결하시오.

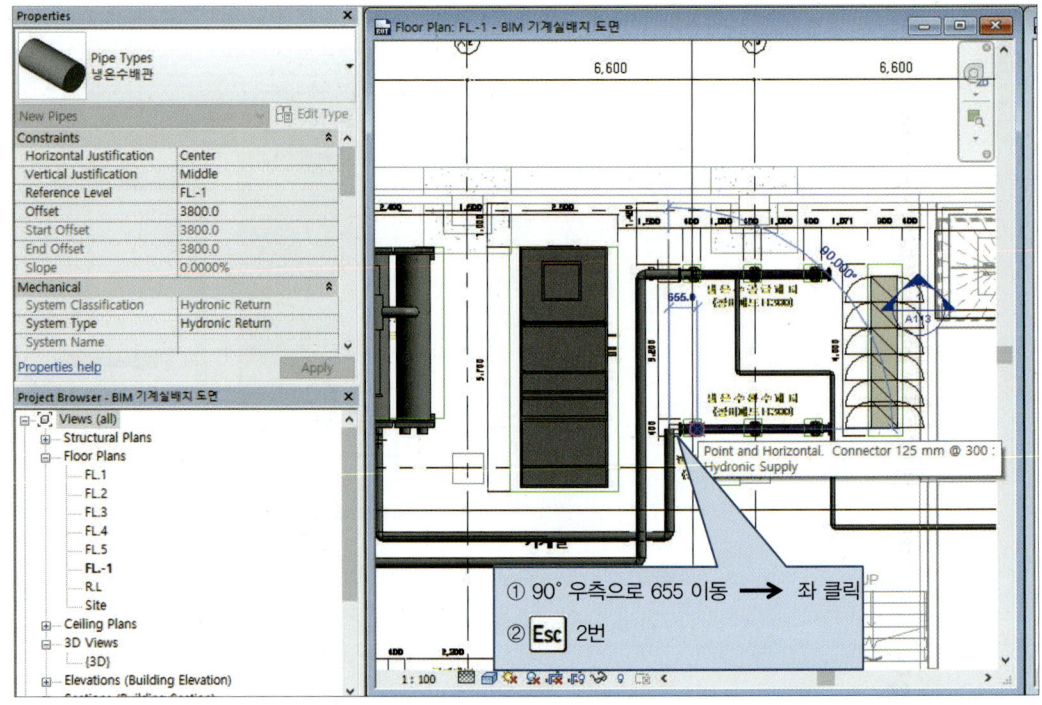

[그림 10-25]

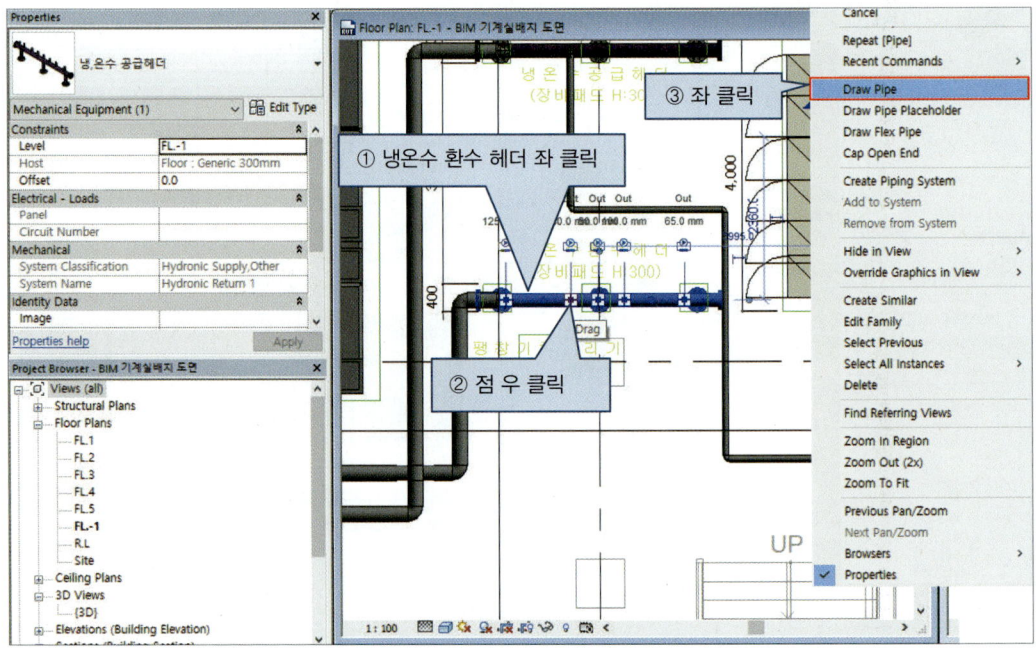

[그림 10-26]

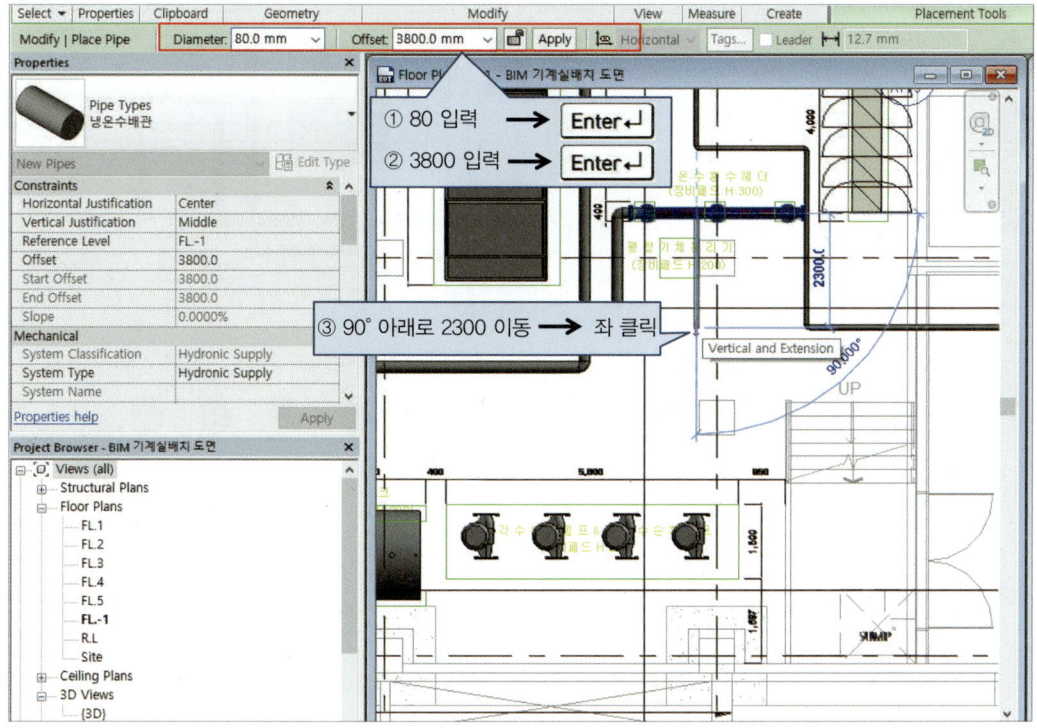

[그림 10-27]

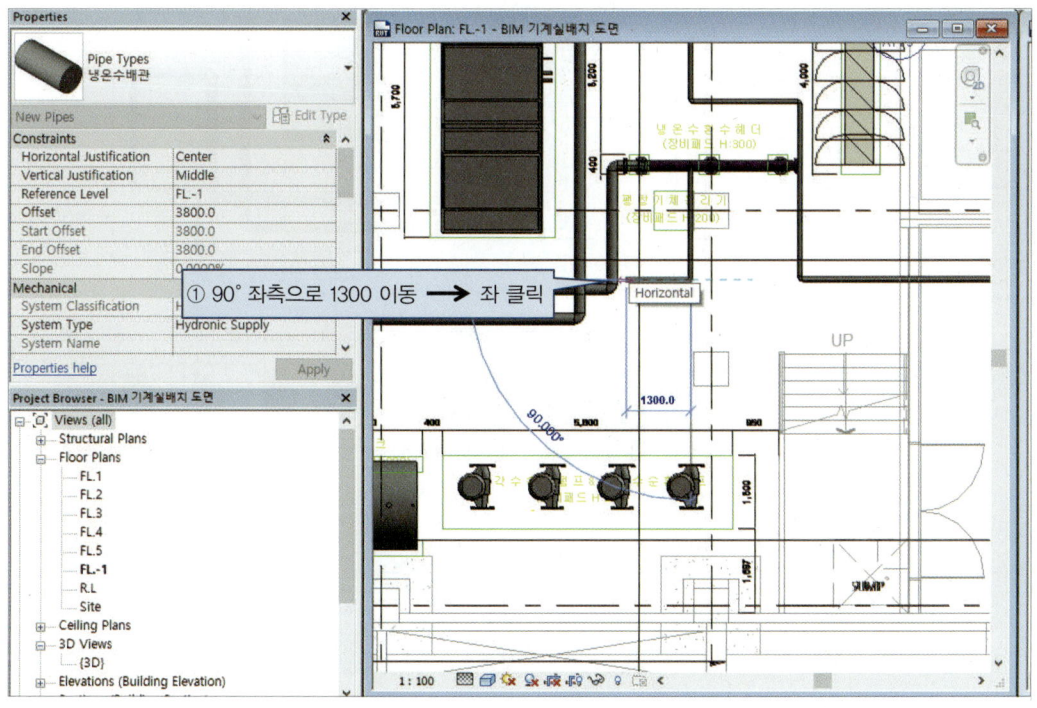

[그림 10-28]

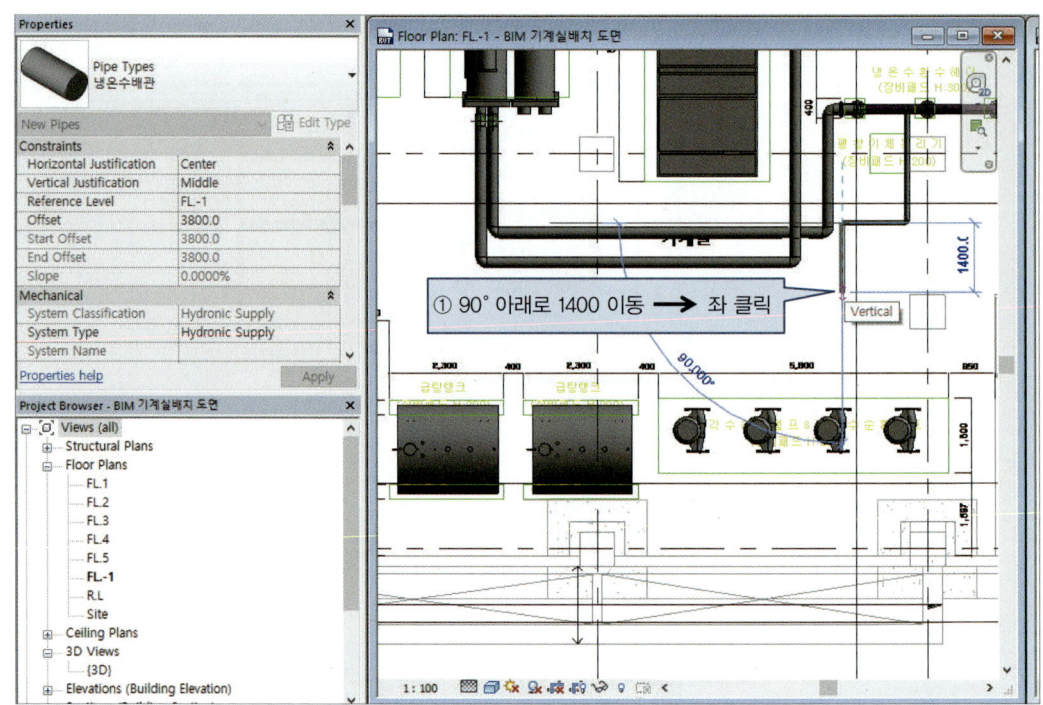

[그림 10-29]

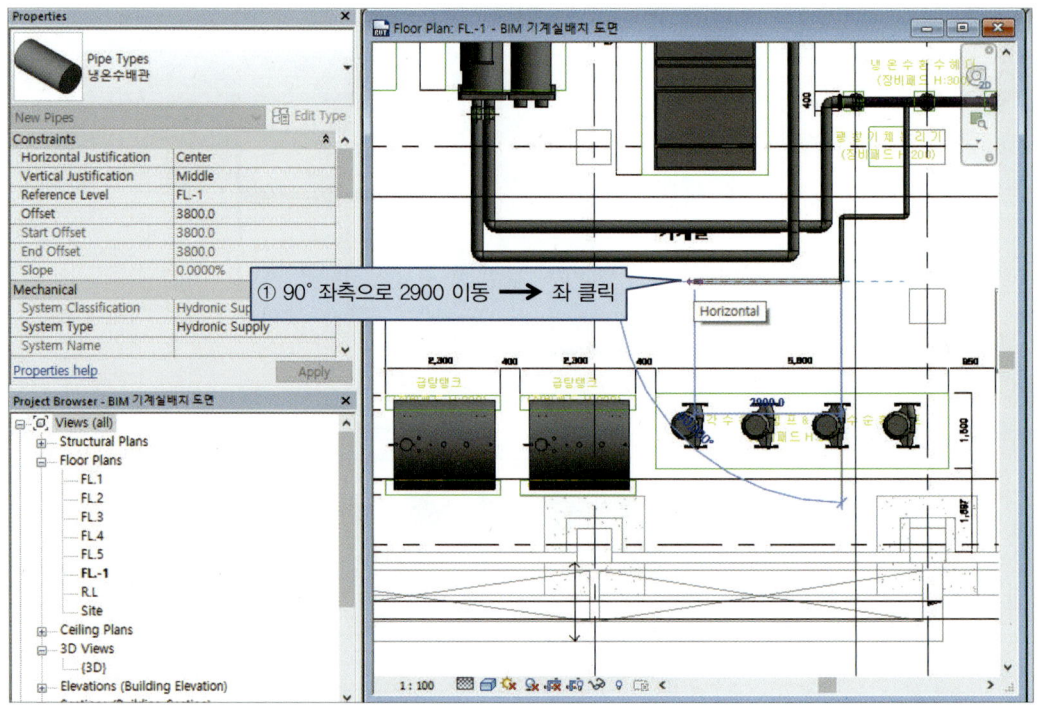

[그림 10-30]

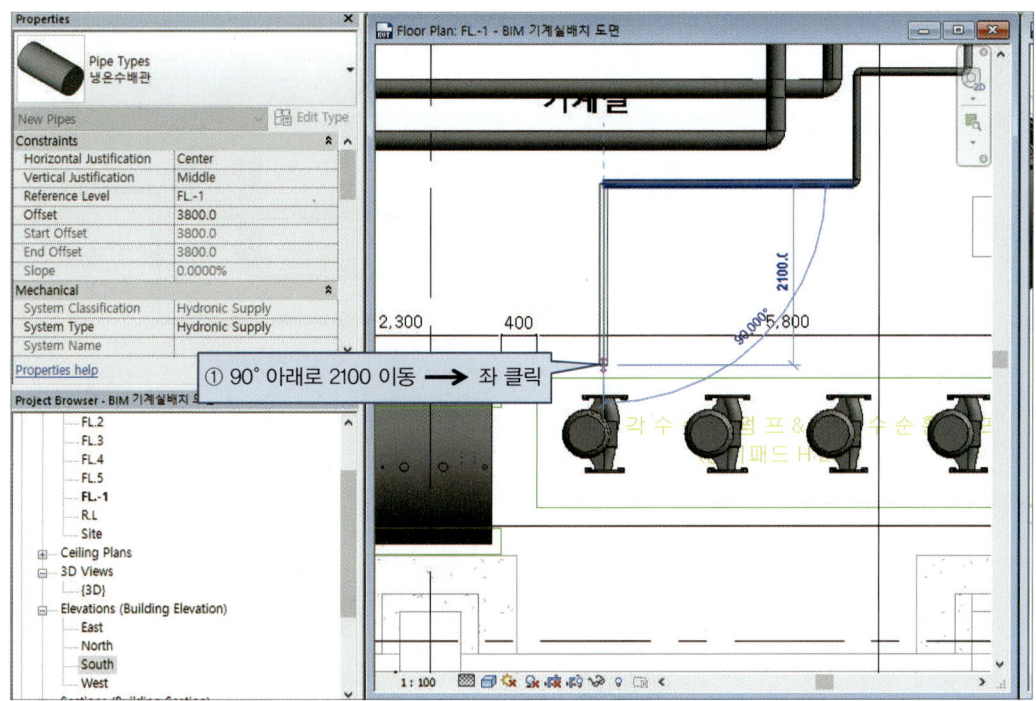

[그림 10-31]

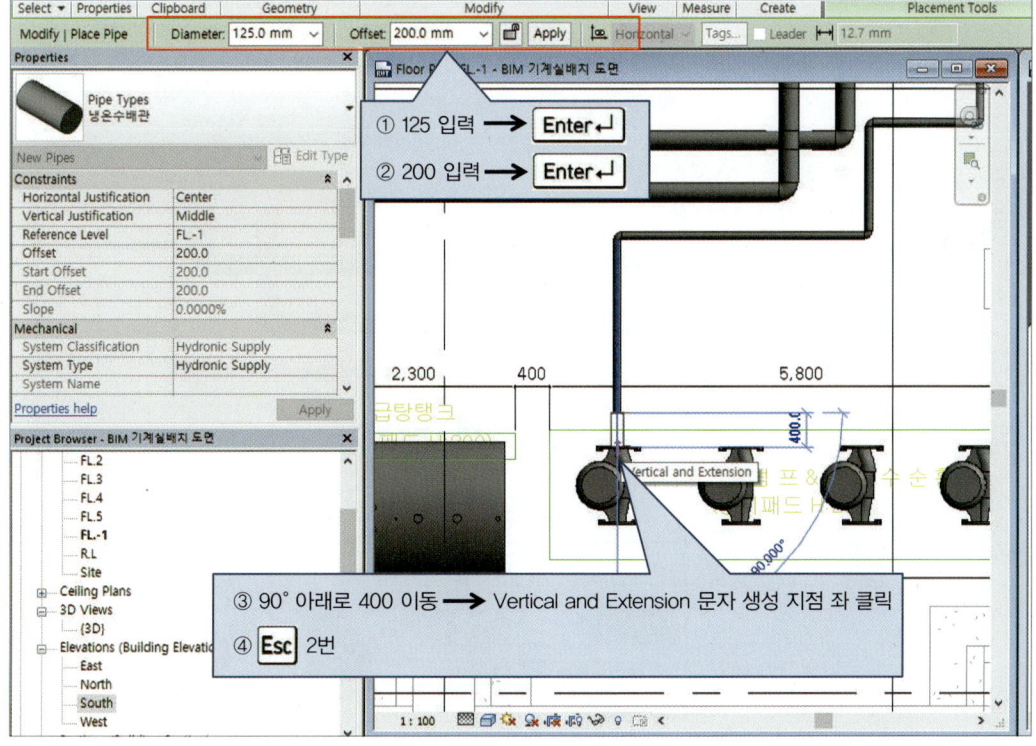

[그림 10-32]

그림 10-33~10-36과 같이 좌측 첫 번째 냉온수펌프와 연결된 환수배관을 복사하여 두 번째 냉온수 펌프에 붙여 넣으시오.

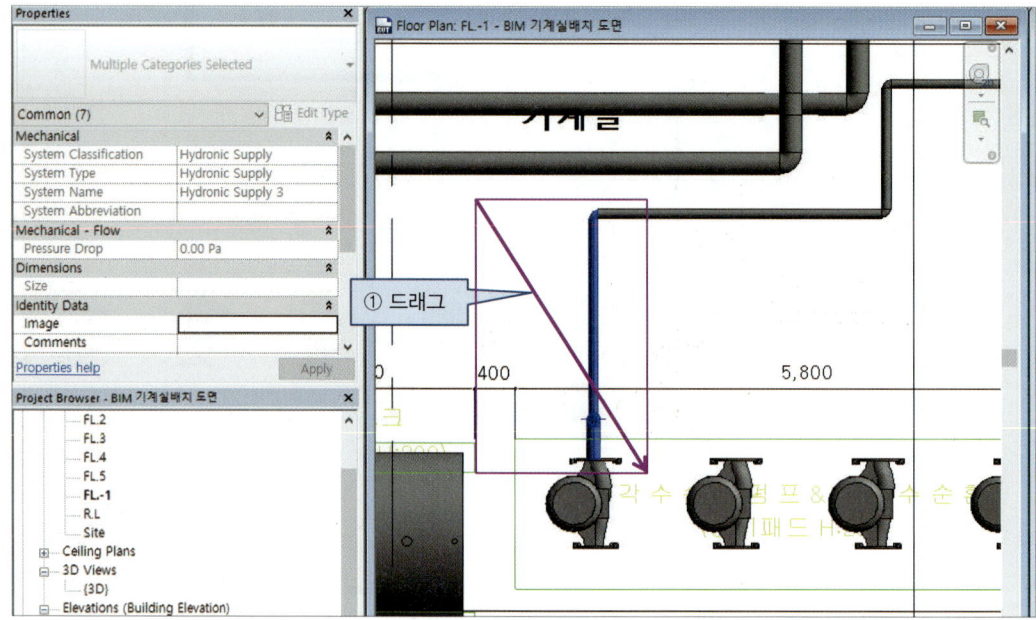

[그림 10-33]

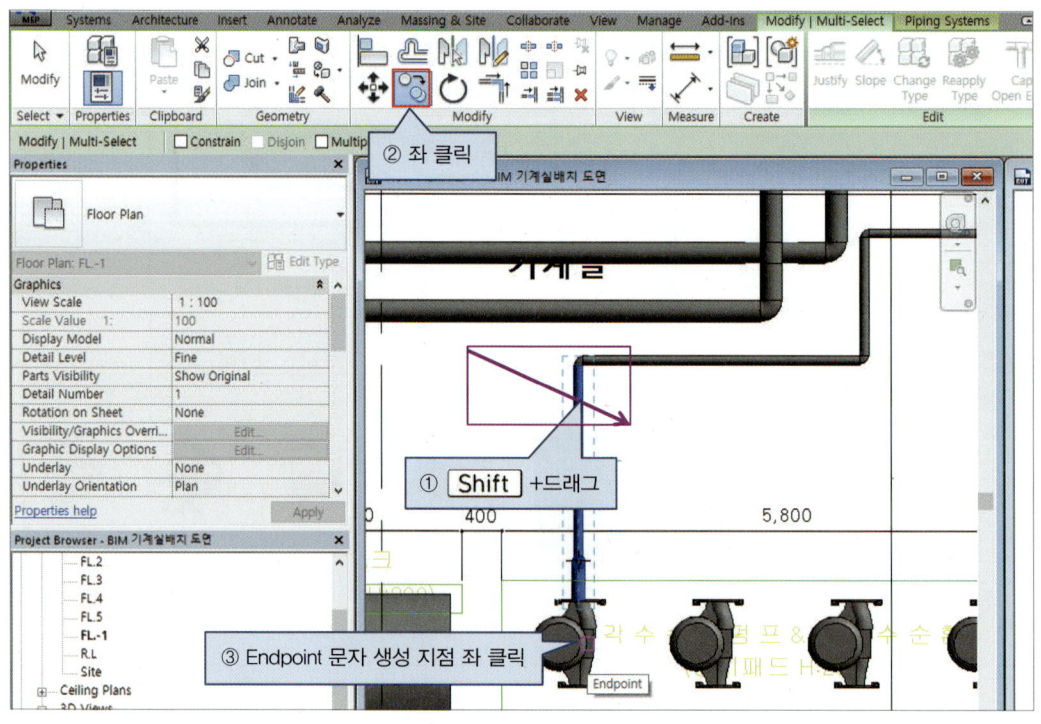

[그림 10-34]

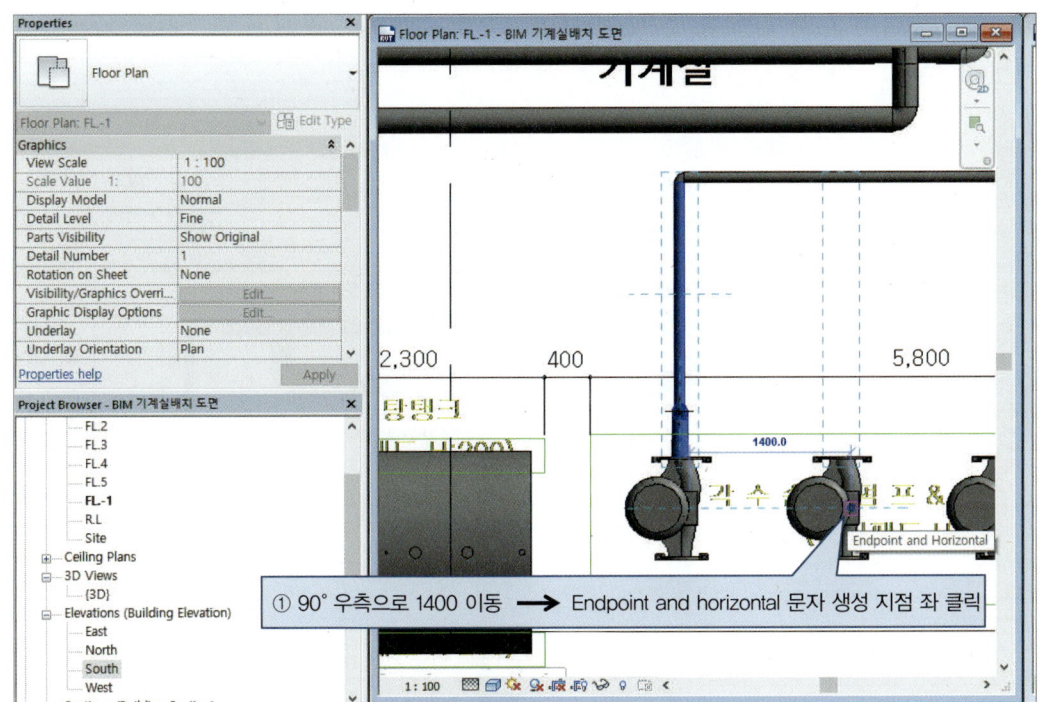

[그림 10-35]

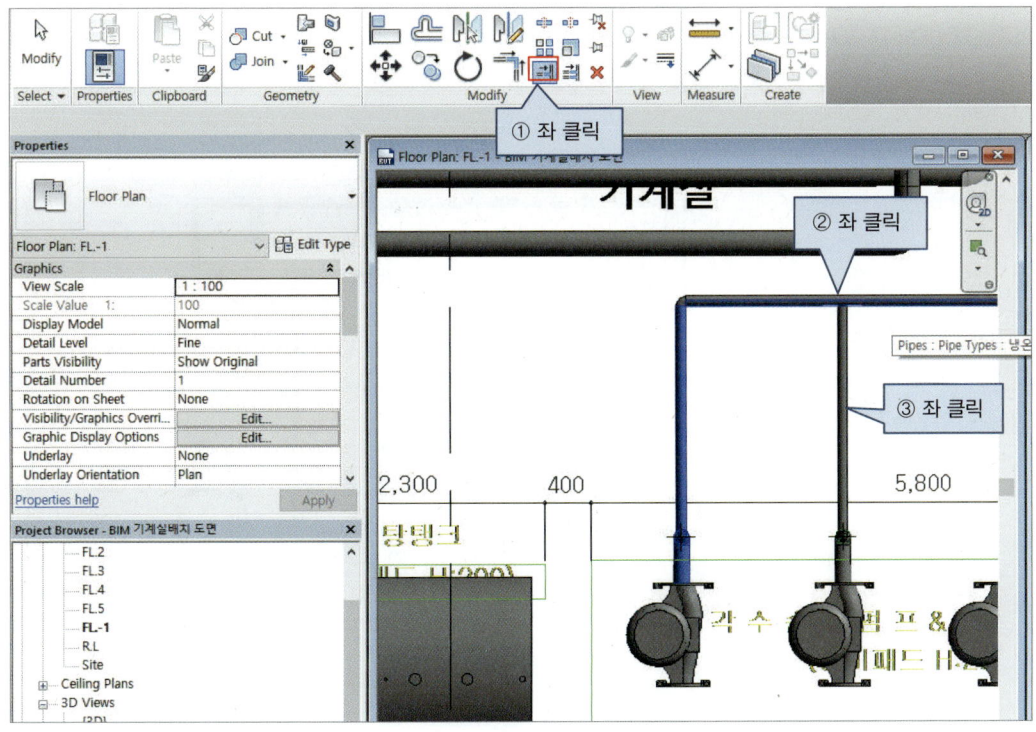

[그림 10-36]

그림 10-37~10-45와 같이 좌측 첫 번째 환수펌프에서부터 파이프 샤프트로 가는 환수배관을 그리시오.

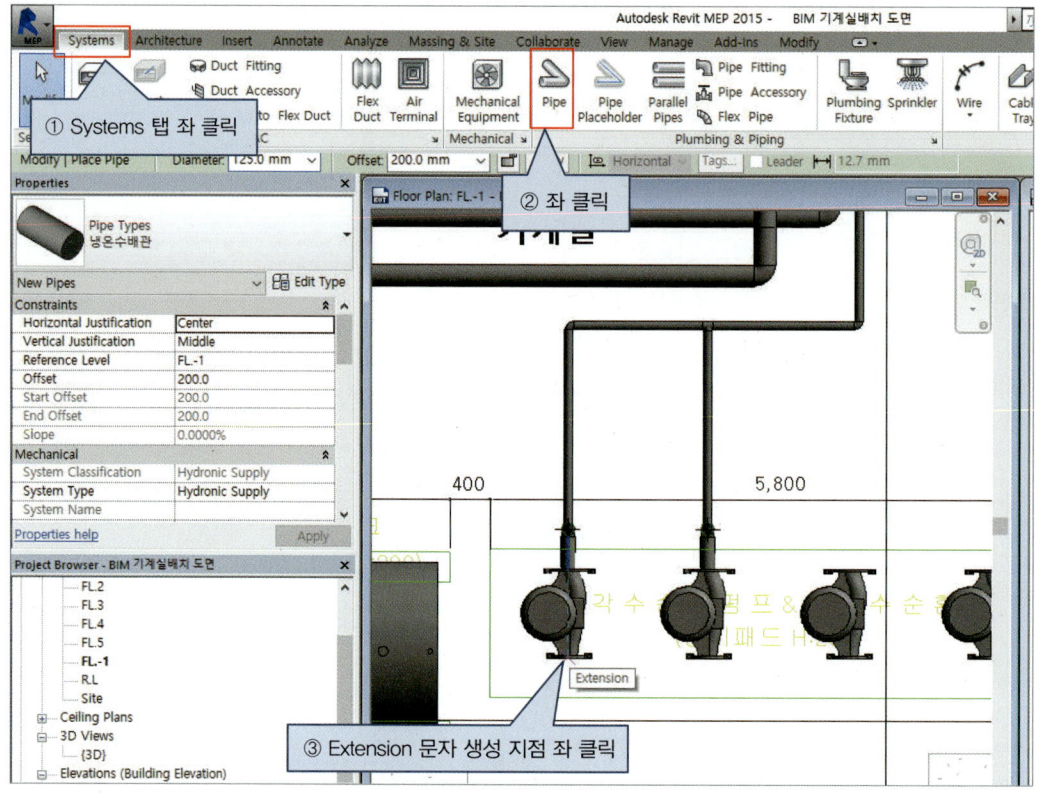

[그림 10-37]

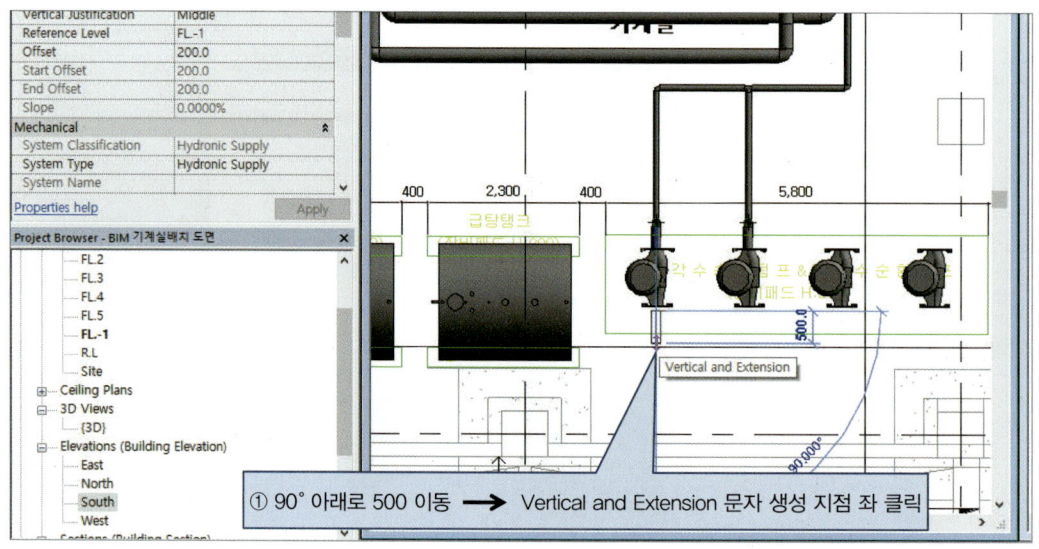

[그림 10-38]

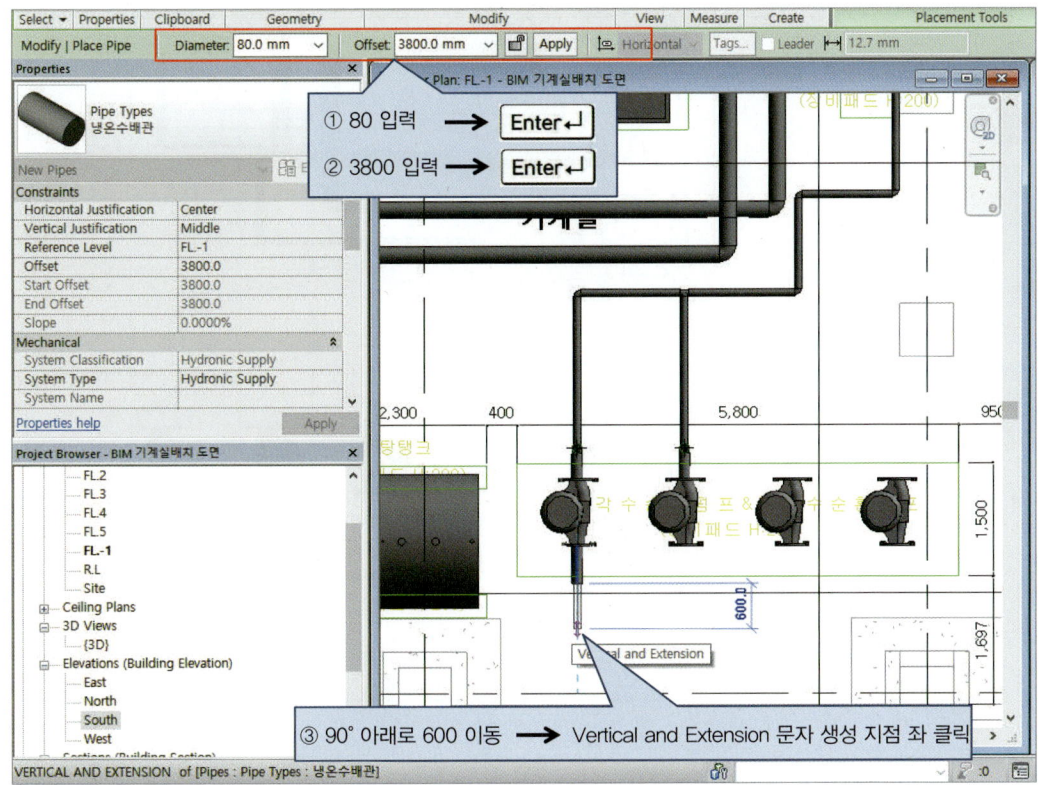

[그림 10-39]

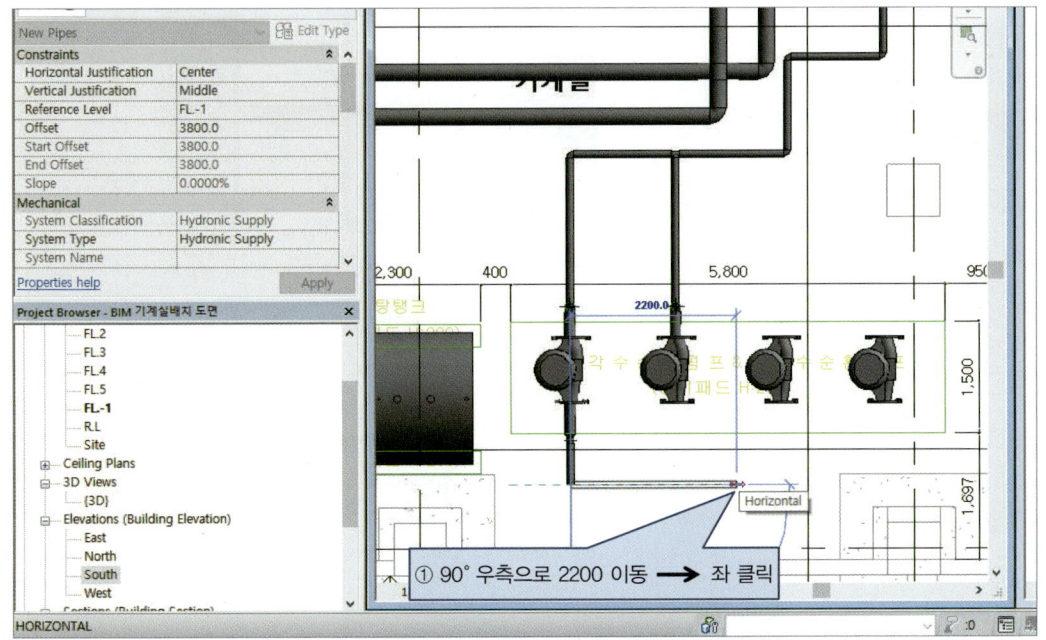

[그림 10-40]

Chapter 10 BIM 기계실 공조배관 설계 341

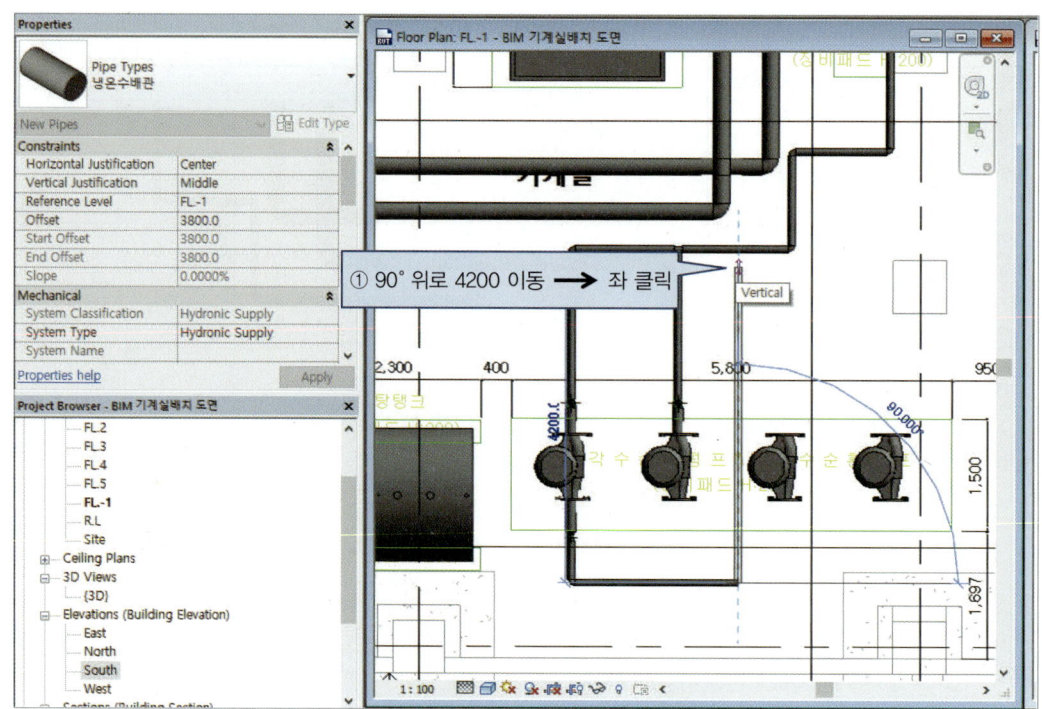

[그림 10-41]

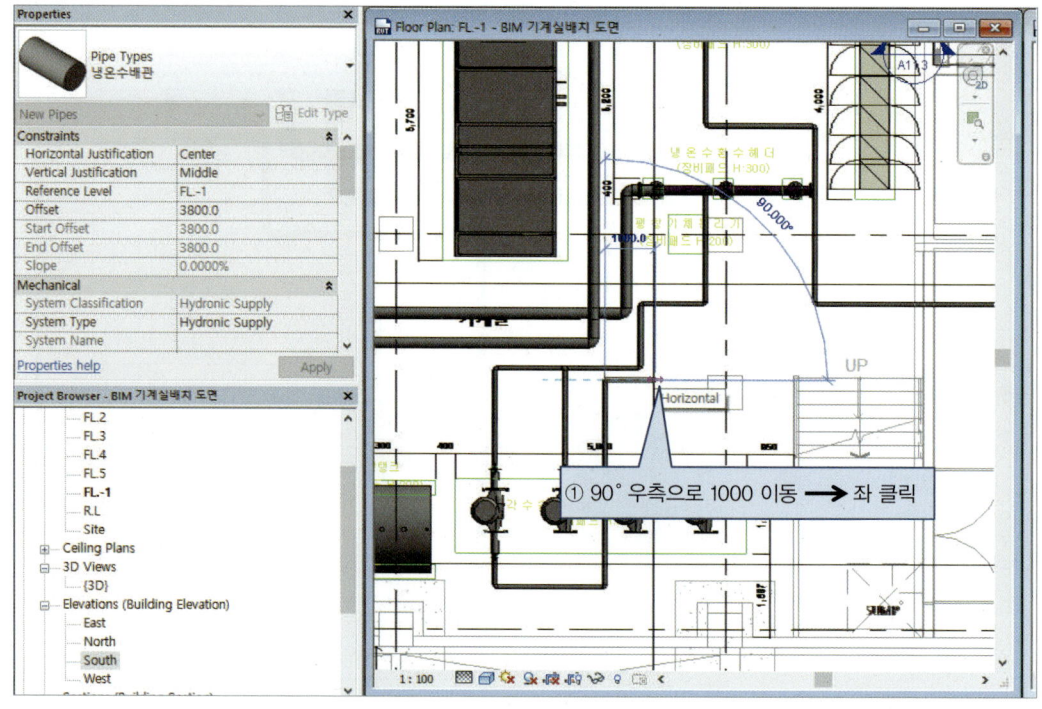

[그림 10-42]

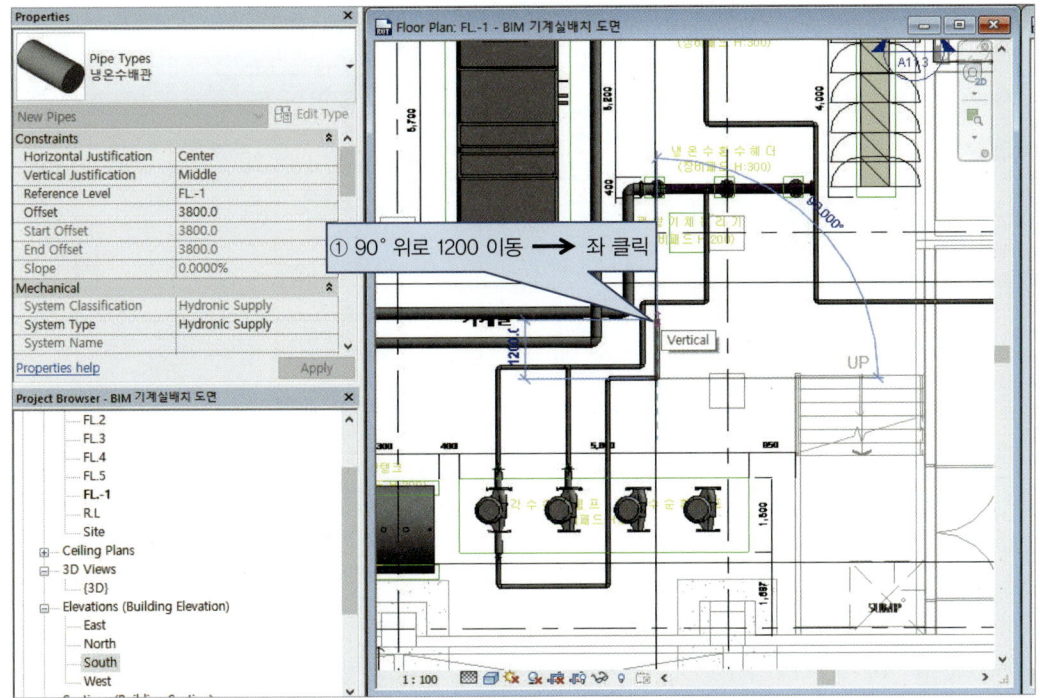

[그림 10-43]

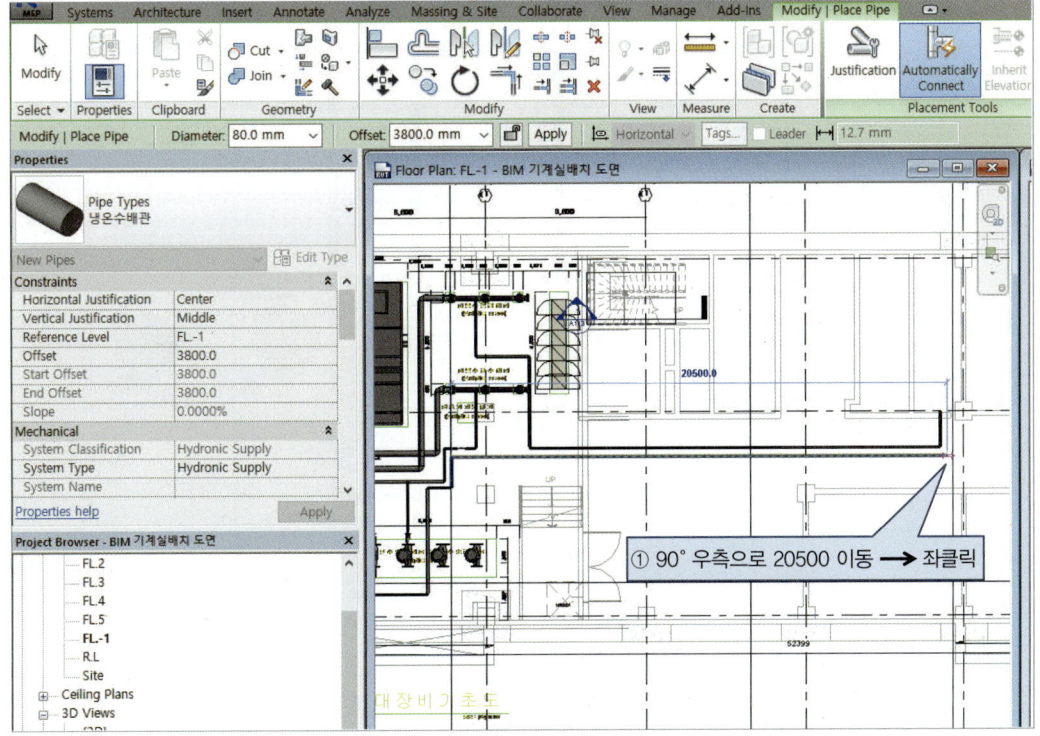

[그림 10-44]

Chapter 10 BIM 기계실 공조배관 설계

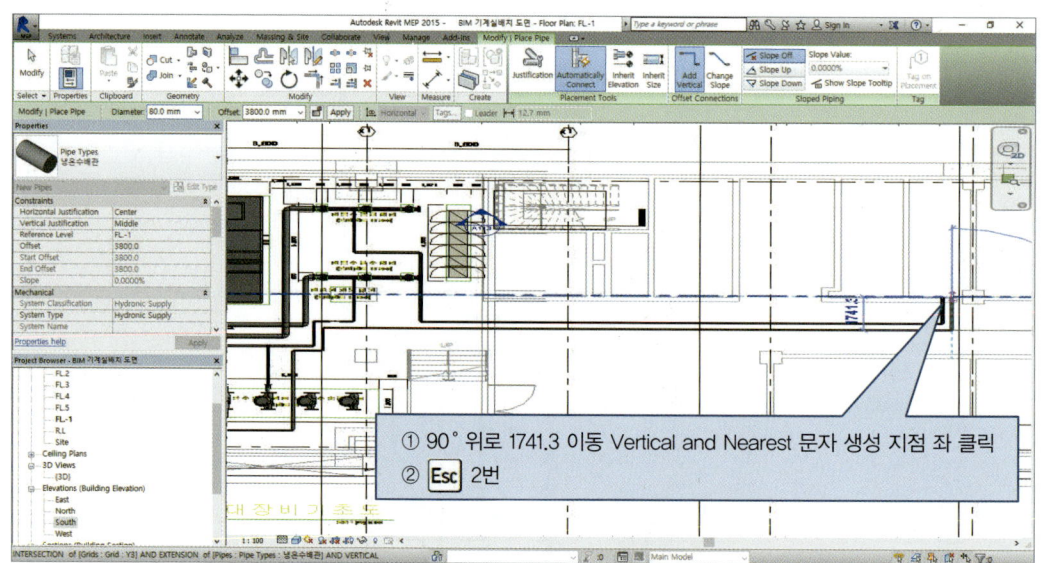

[그림 10-45]

그림 10-46~10-47과 같이 좌측 첫 번째 냉온수펌프와 연결된 환수배관을 복사하여 두 번째 냉온수 펌프에 붙여 넣으시오.

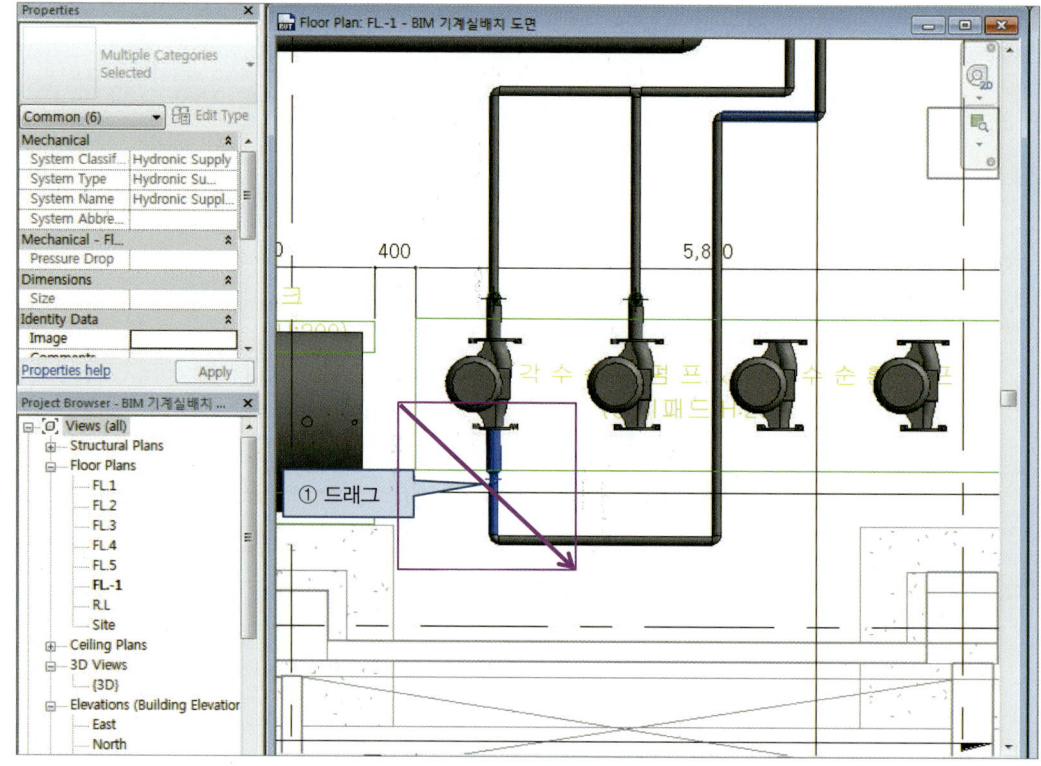

[그림 10-46]

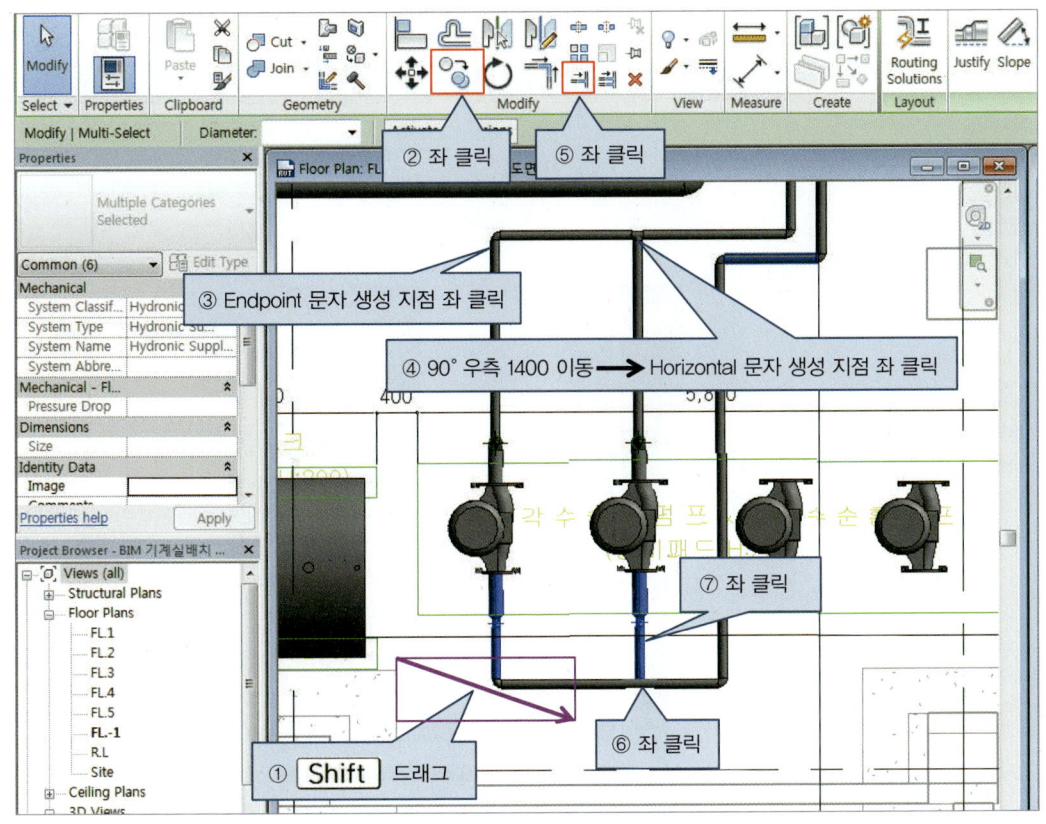

[그림 10-47]

그림 10-48~10-51과 같이 냉온수기에 냉각수 급수배관을 연결하시오.

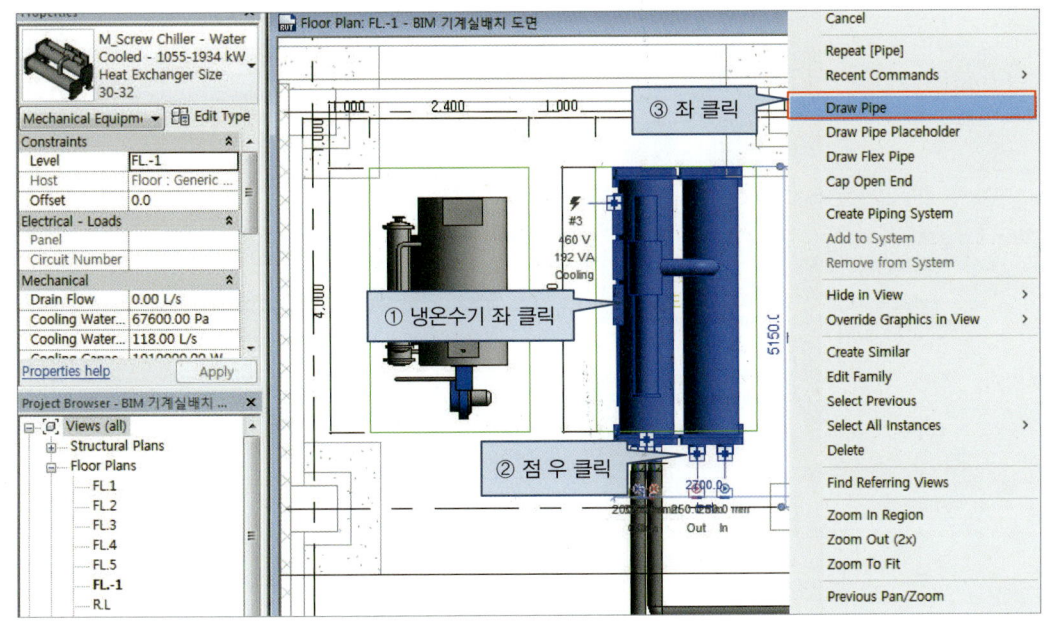

[그림 10-48]

Chapter 10 BIM 기계실 공조배관 설계 345

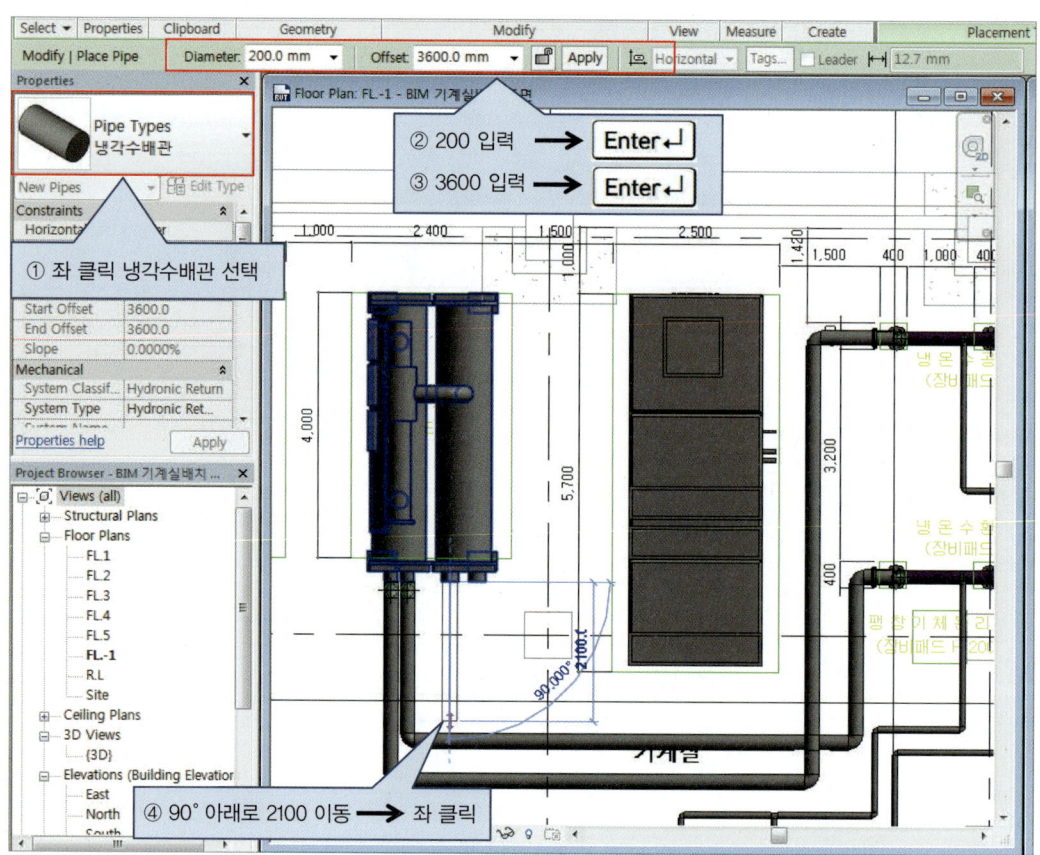

[그림 10-49]

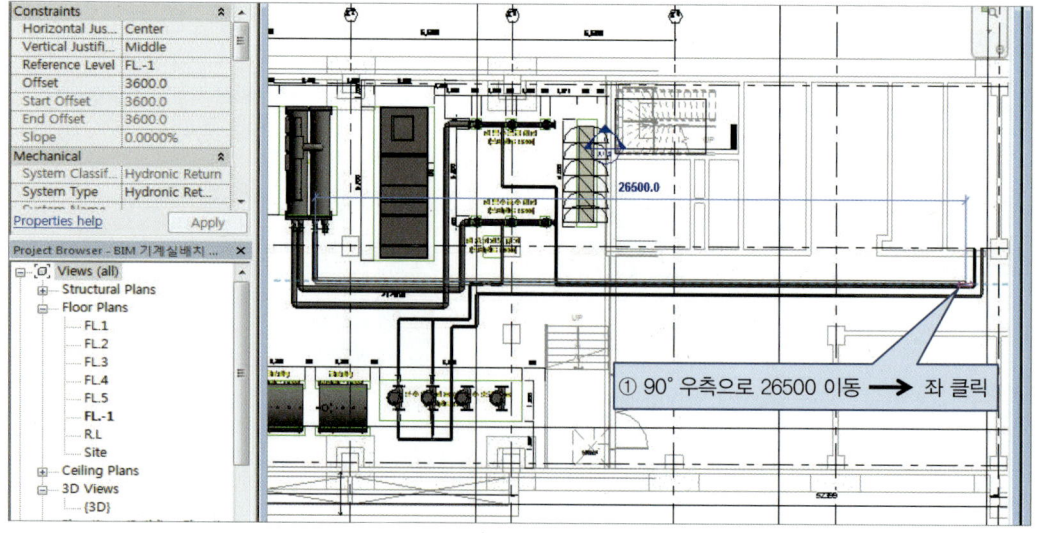

[그림 10-50]

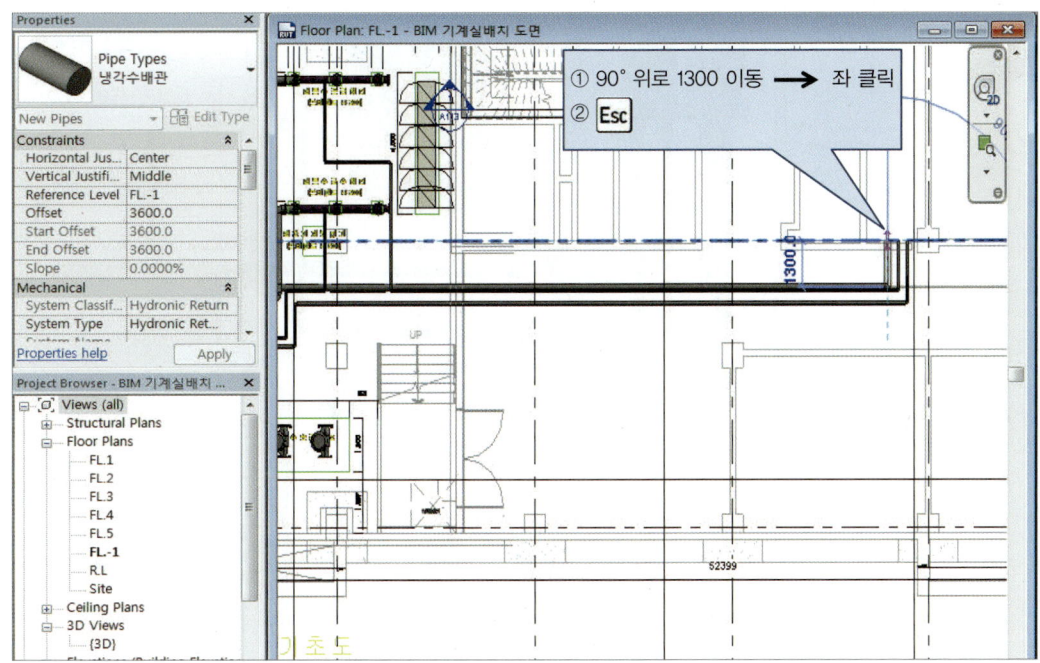

[그림 10-51]

그림 10-52~10-56과 같이 냉온수기에 냉각수 환수배관을 연결하시오.

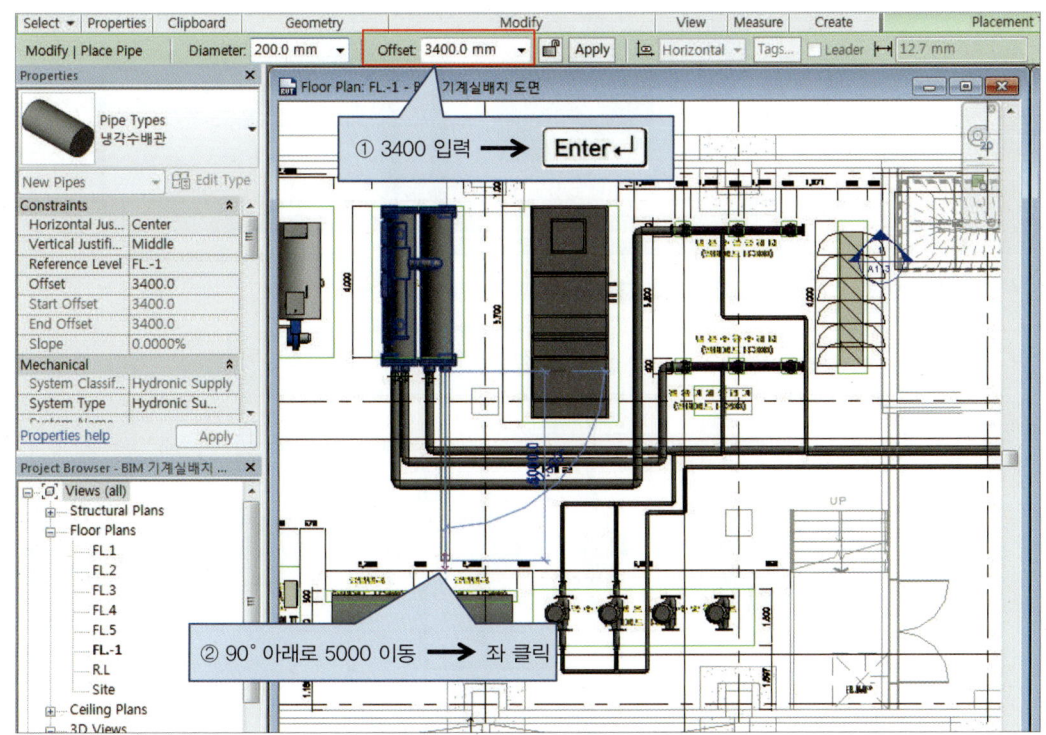

[그림 10-52]

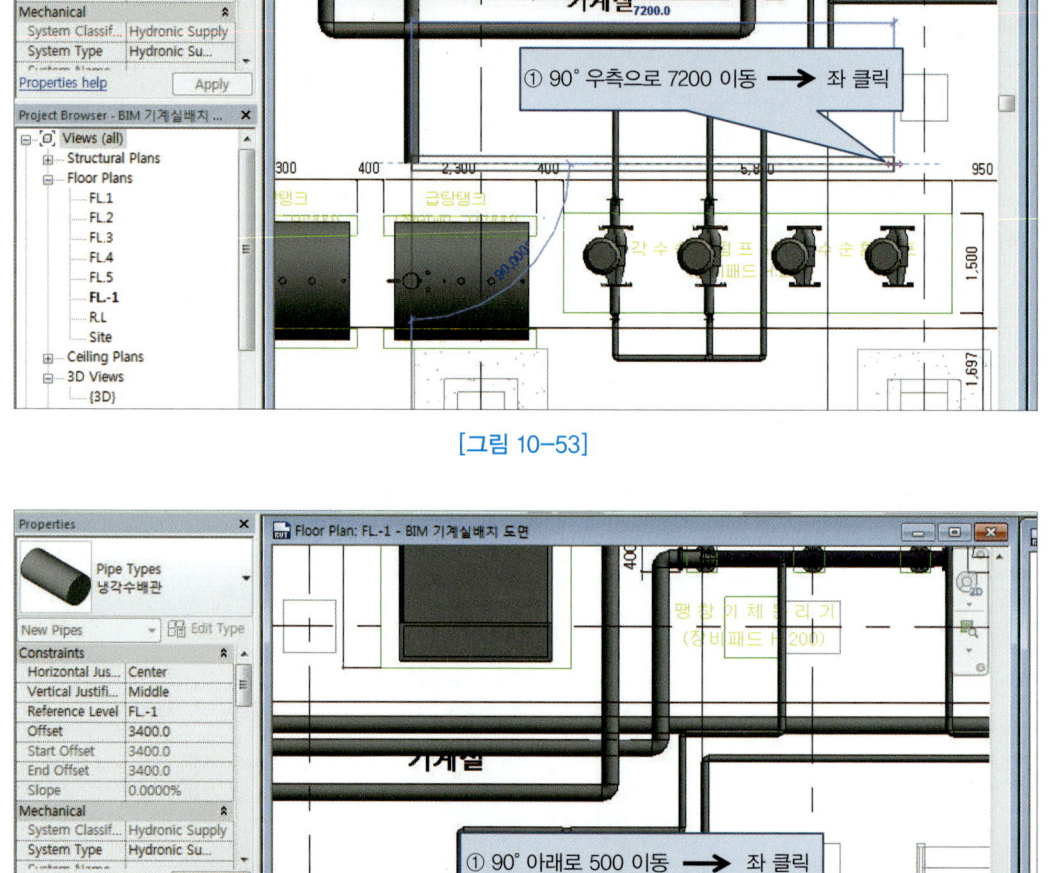

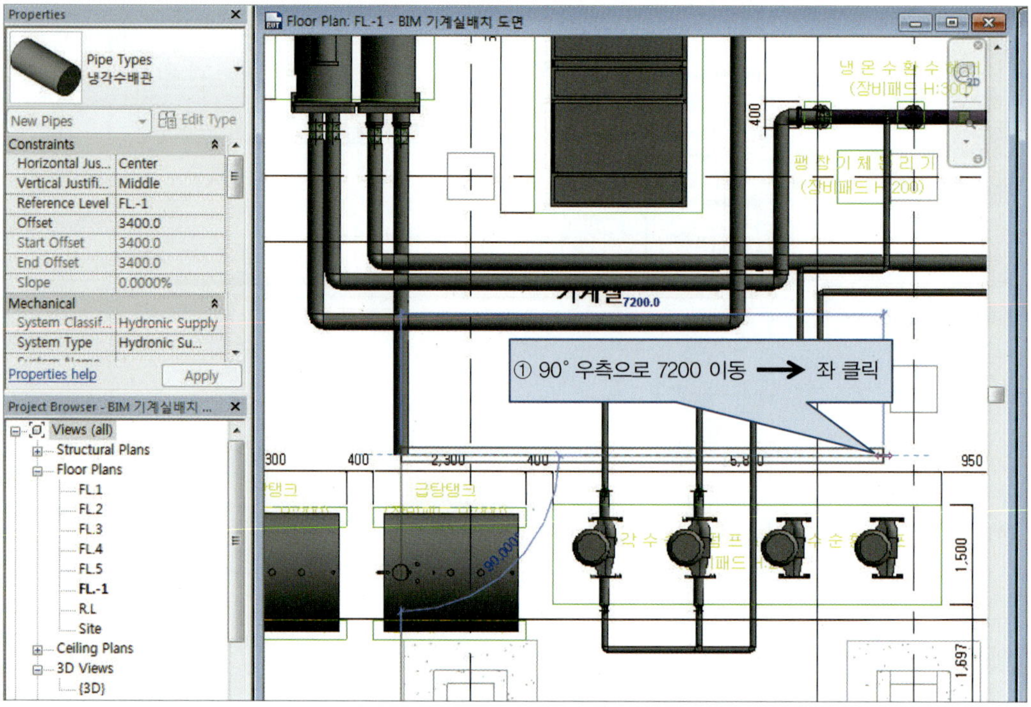

[그림 10-53]

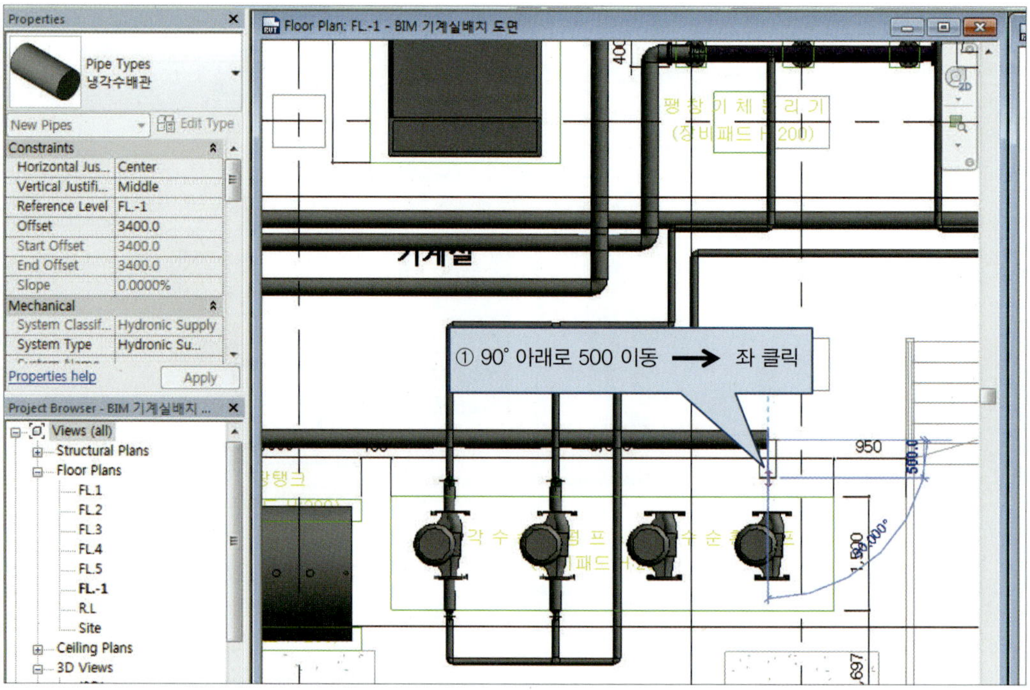

[그림 10-54]

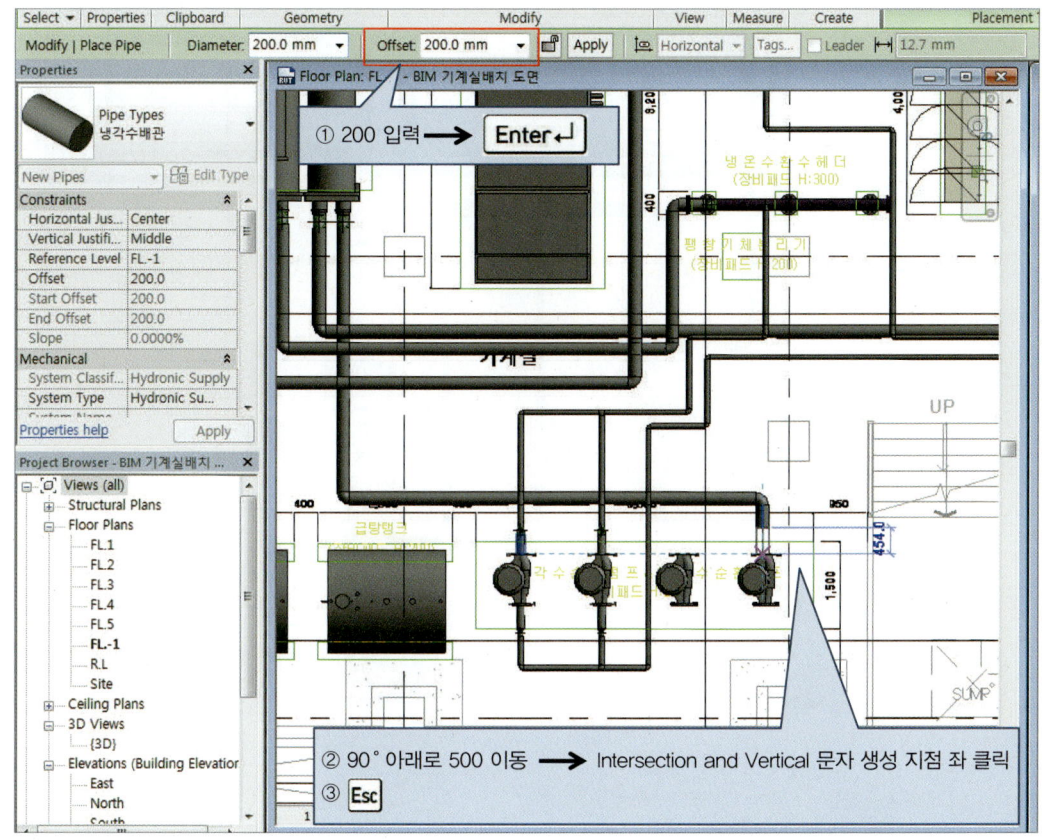

[그림 10-55]

그림 10-56~10-61과 같이 좌측 세 번째 환수펌프에서부터 파이프 샤프트로 가는 환수배관을 그리시오.

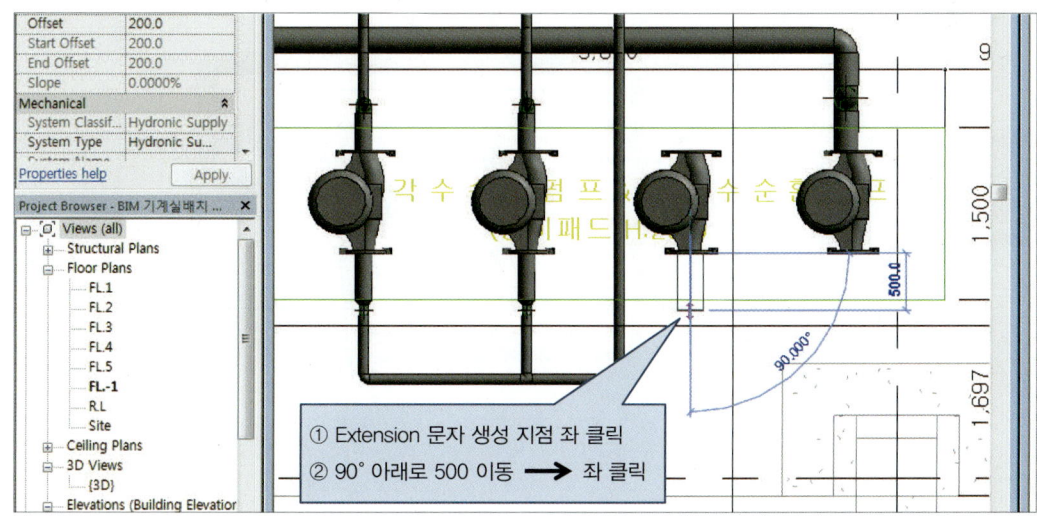

[그림 10-56]

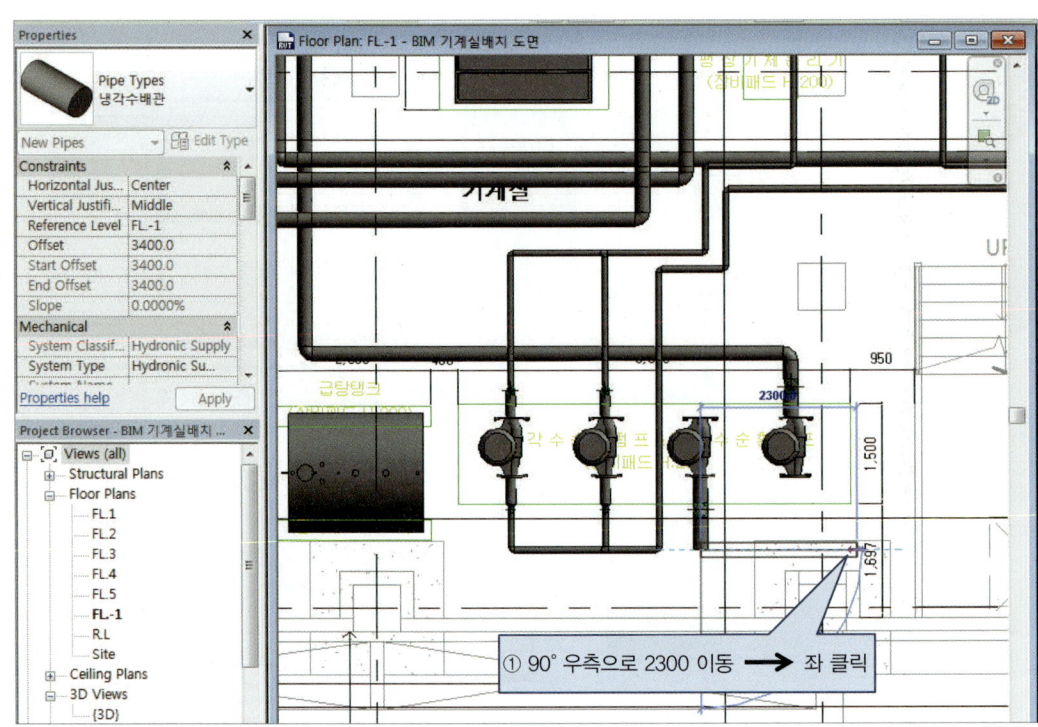

[그림 10-57]

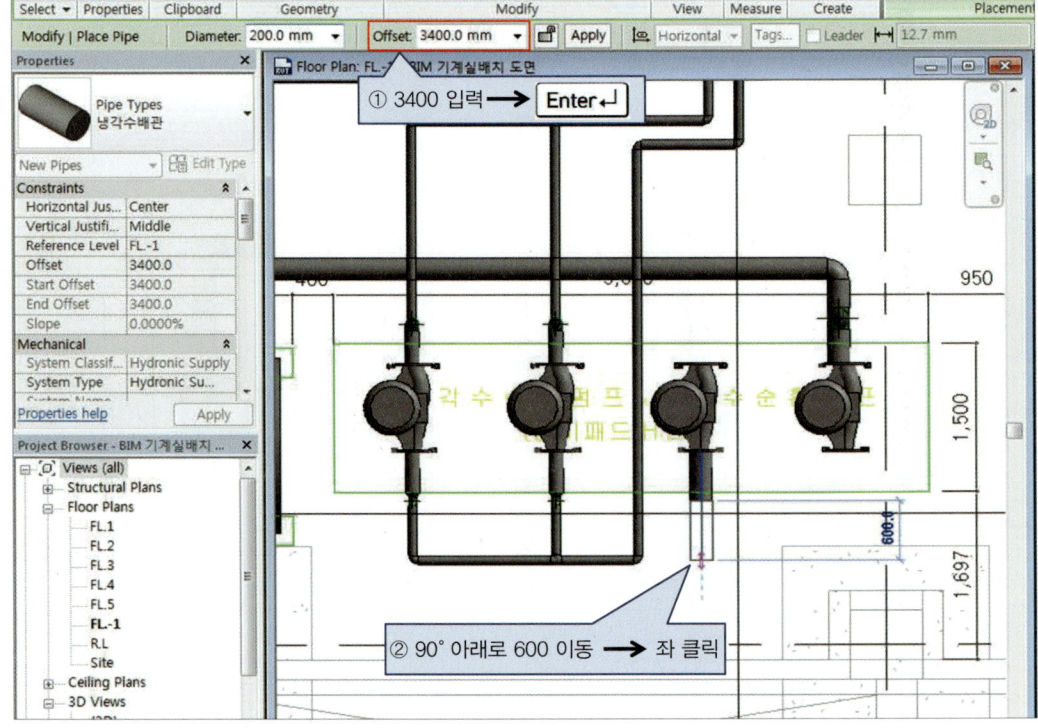

[그림 10-58]

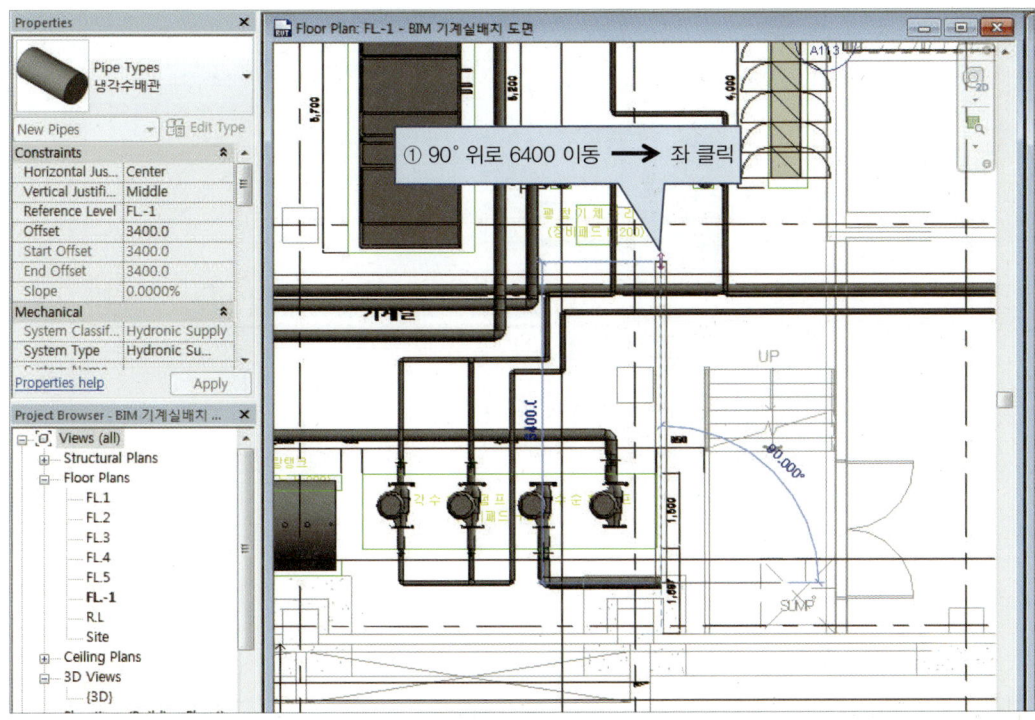

[그림 10-59]

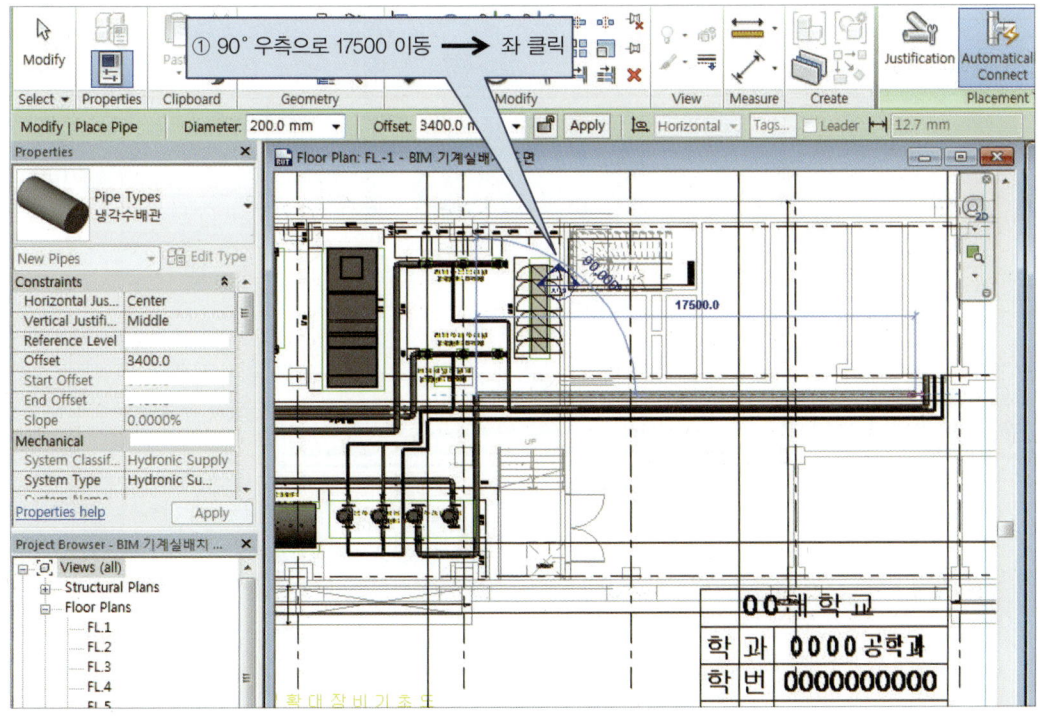

[그림 10-60]

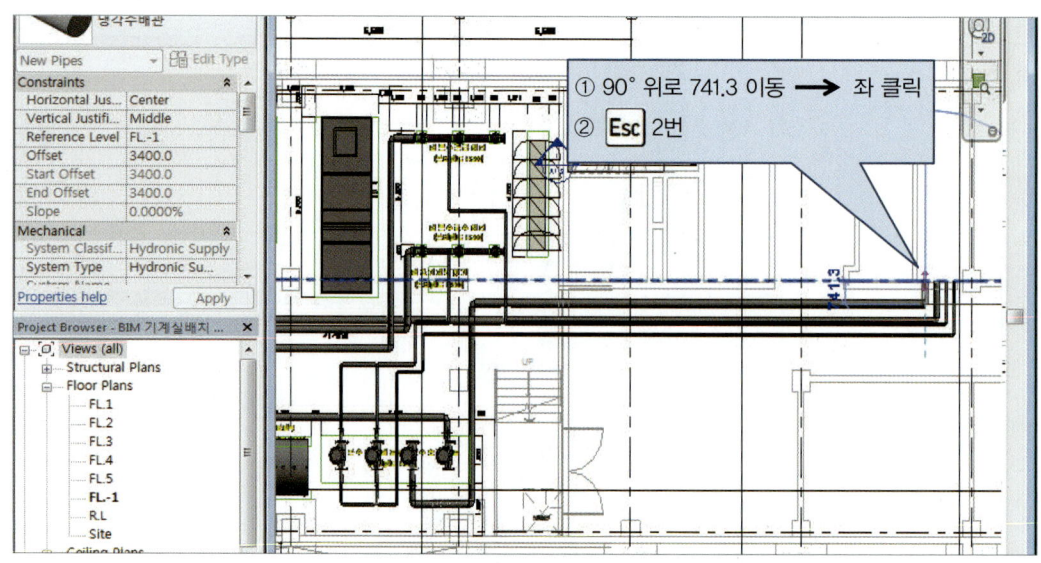

[그림 10-61]

그림 10-62~10-72와 같이 냉각수 입상배관을 그리시오.

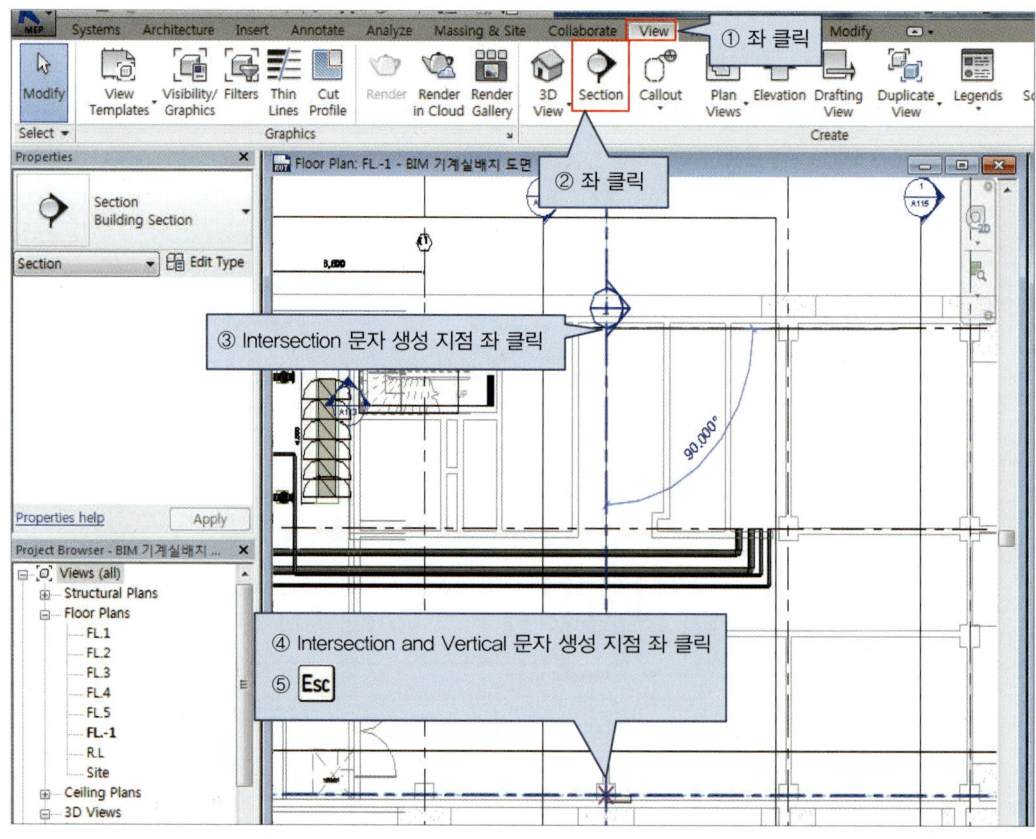

[그림 10-62]

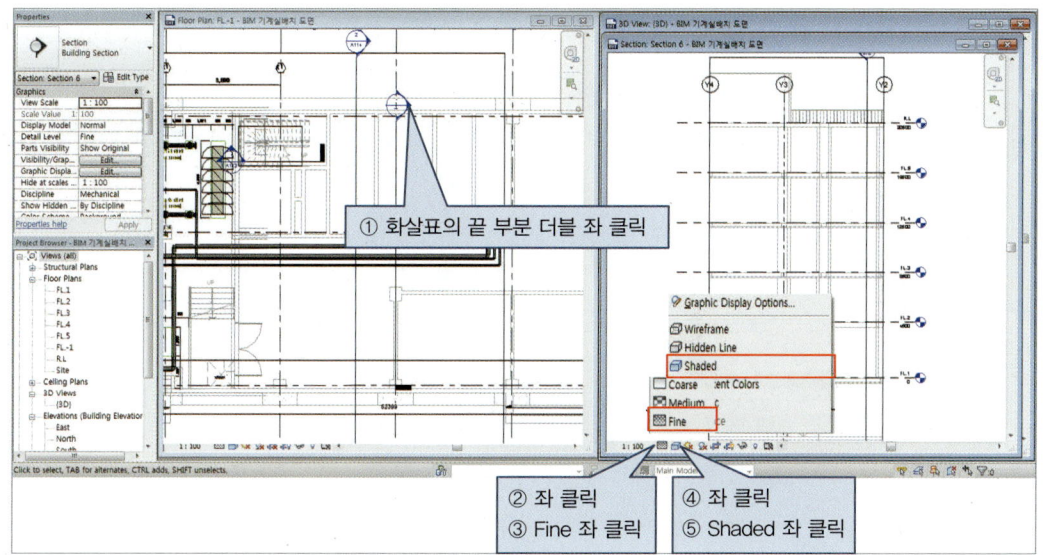

[그림 10-63]

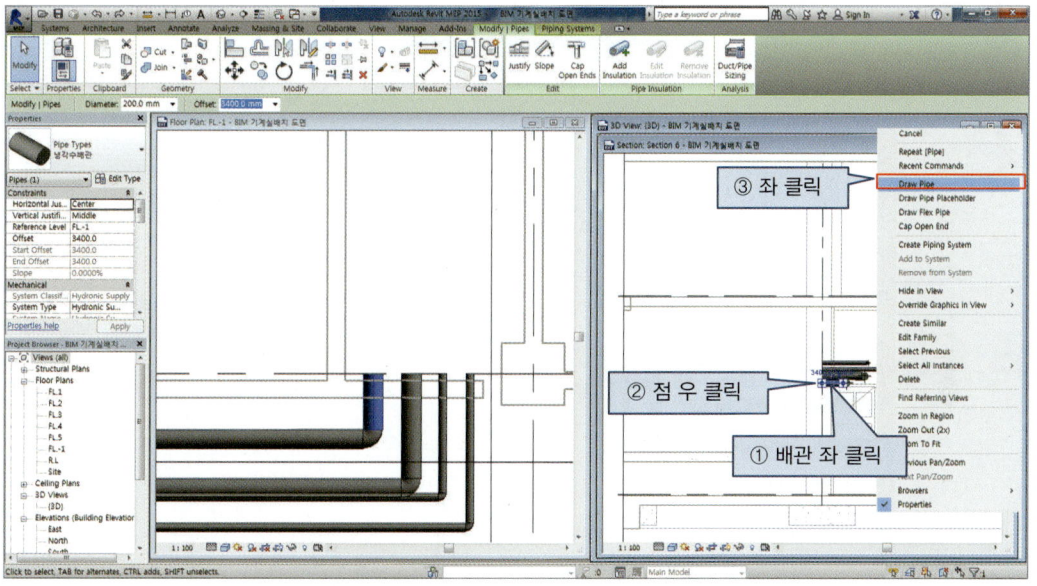

[그림 10-64]

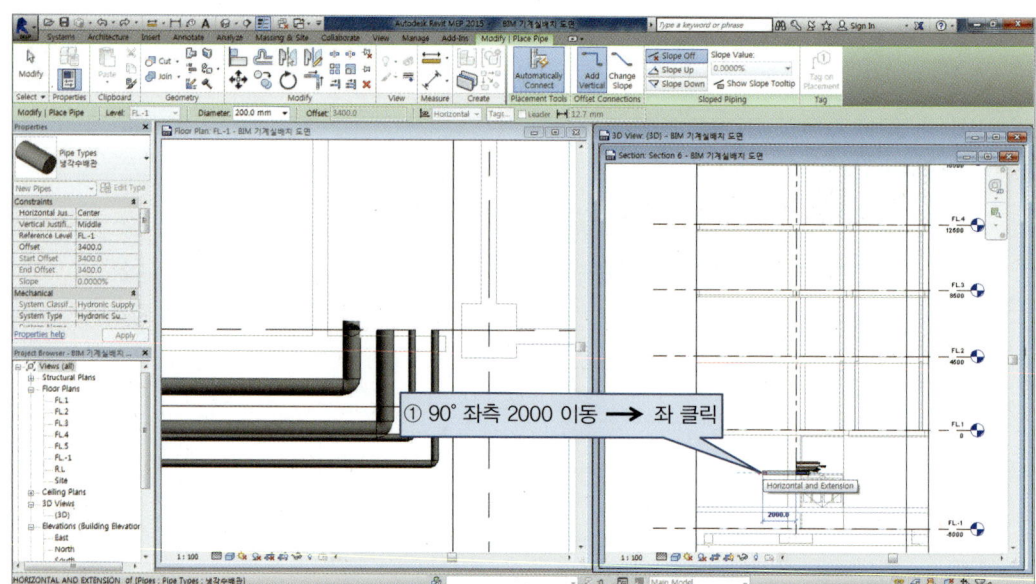

[그림 10-65]

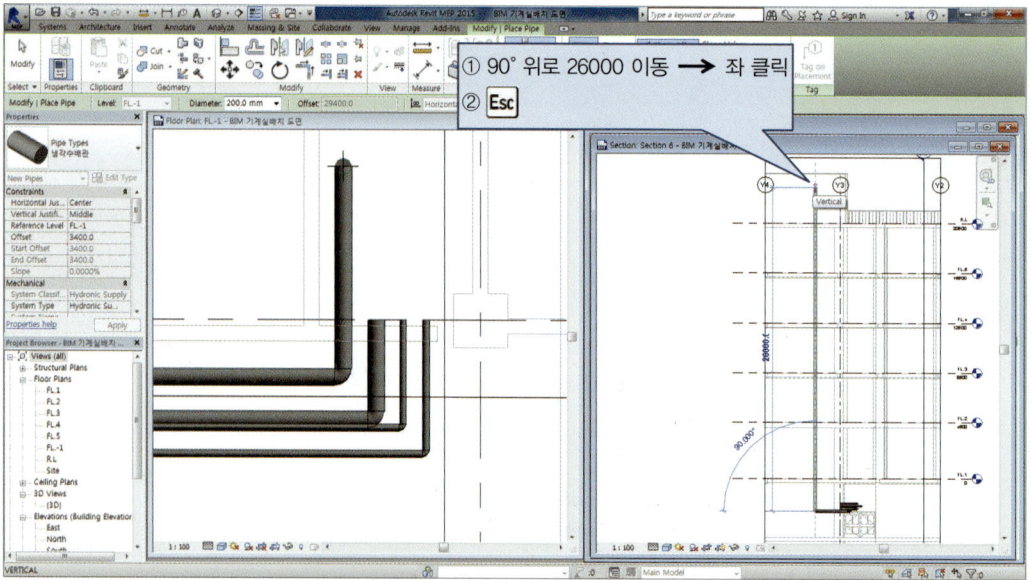

[그림 10-66]

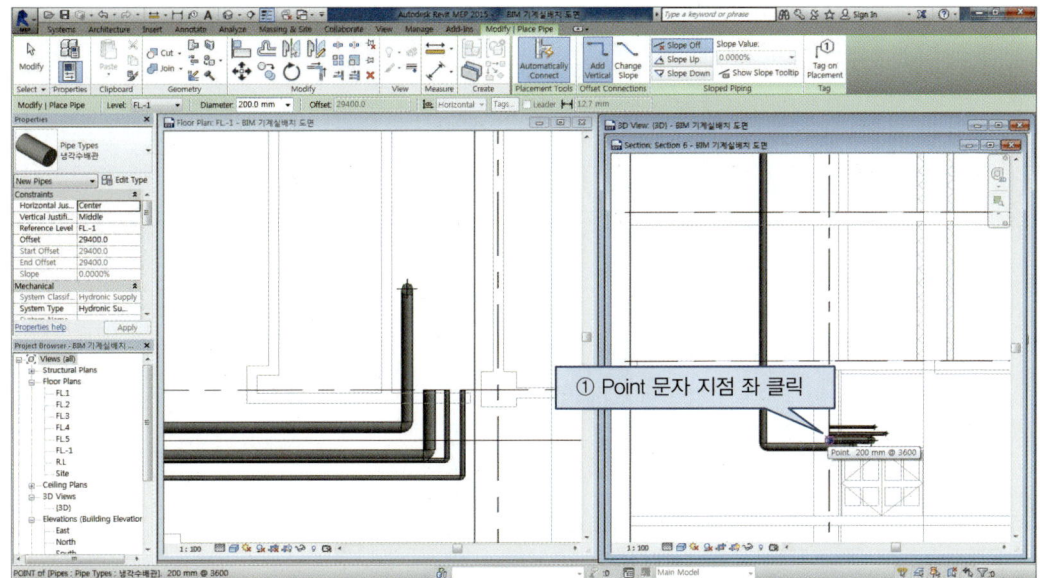

[그림 10-67]

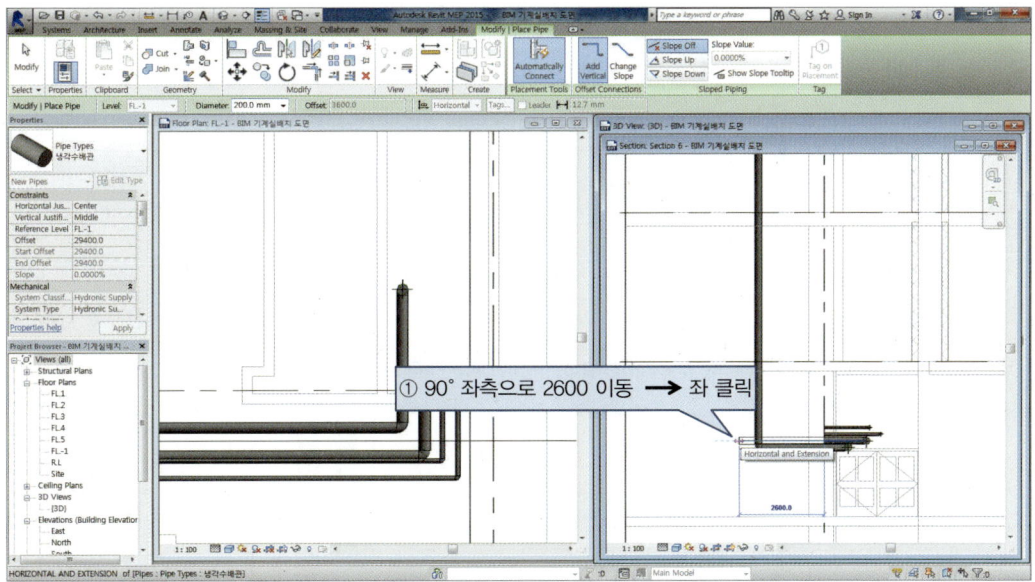

[그림 10-68]

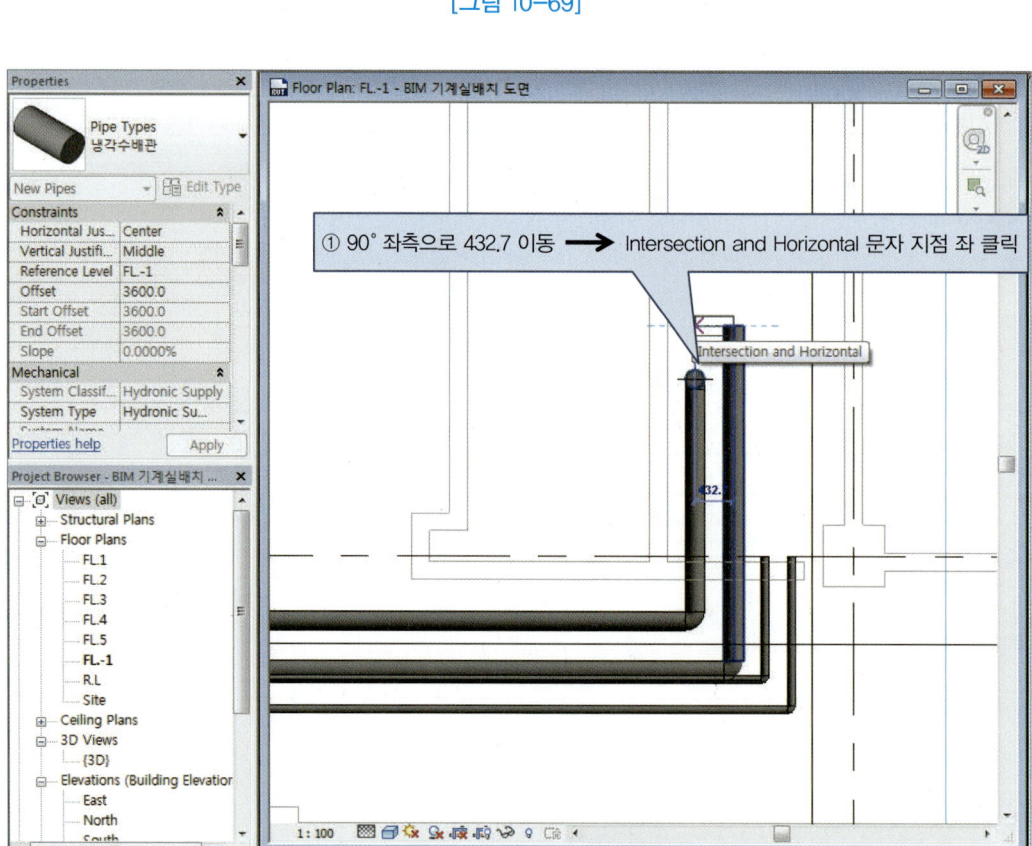

[그림 10-69]

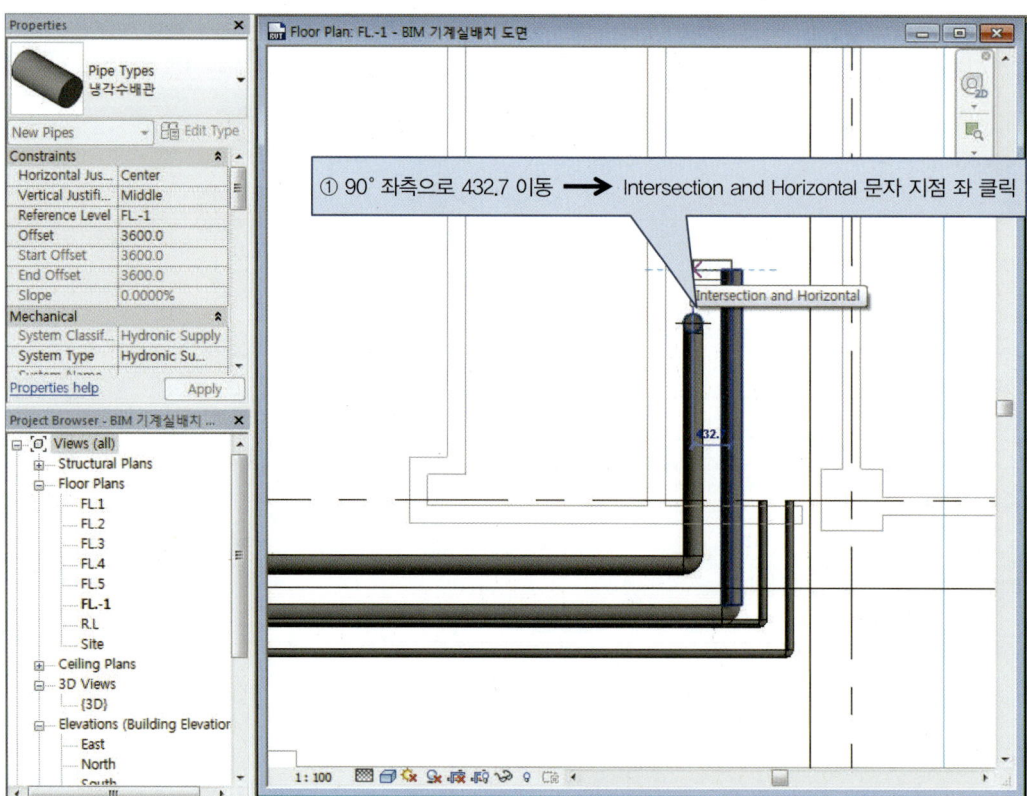

[그림 10-70]

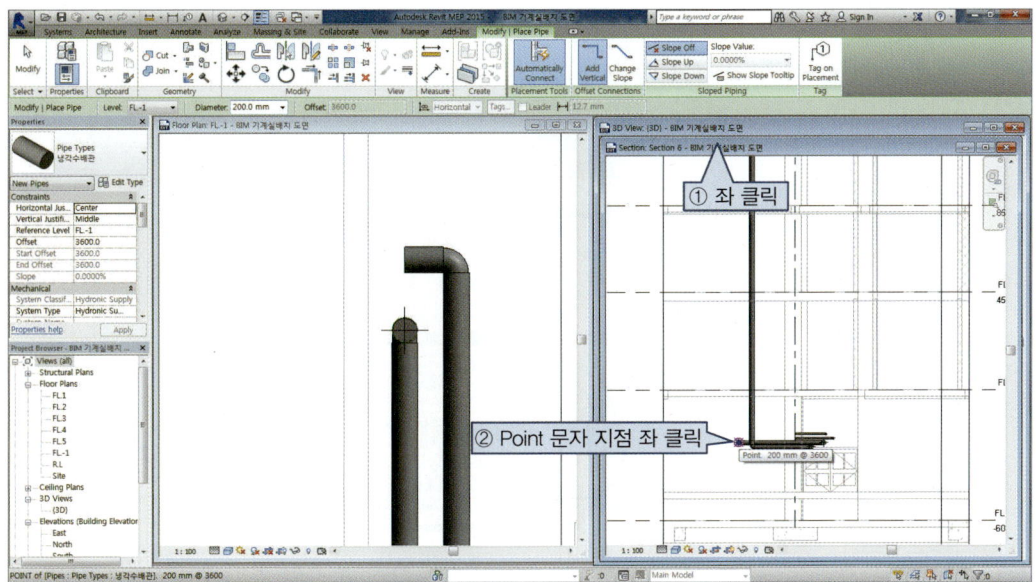

[그림 10-71]

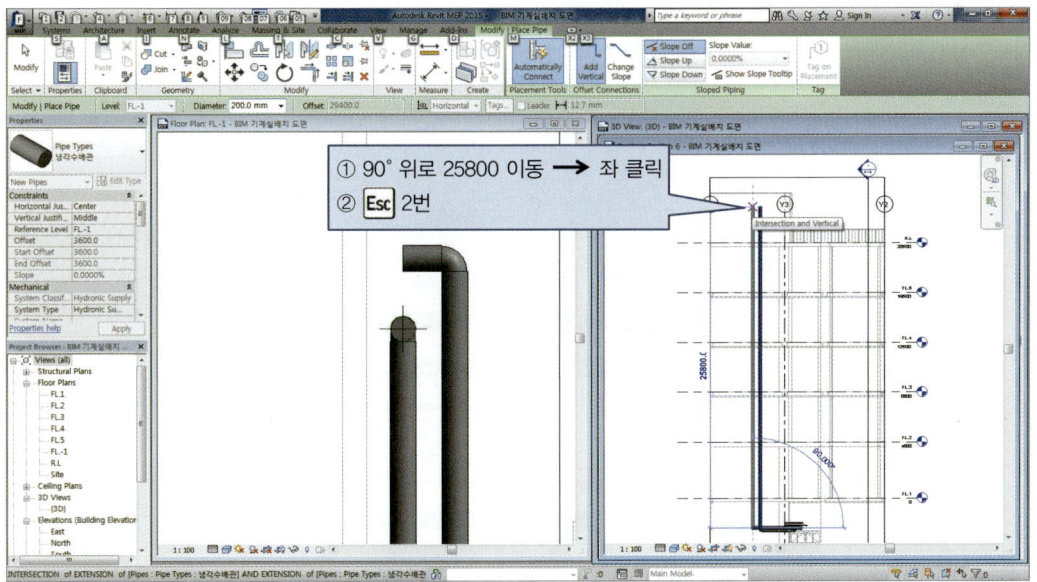

[그림 10-72]

Chapter 10 BIM 기계실 공조배관 설계 357

그림 10-73~10-77과 같이 좌측 세 번째 냉각수 펌프와 연결된 환수배관을 복사하여 네 번째 냉각수 펌프에 붙여 넣으시오.

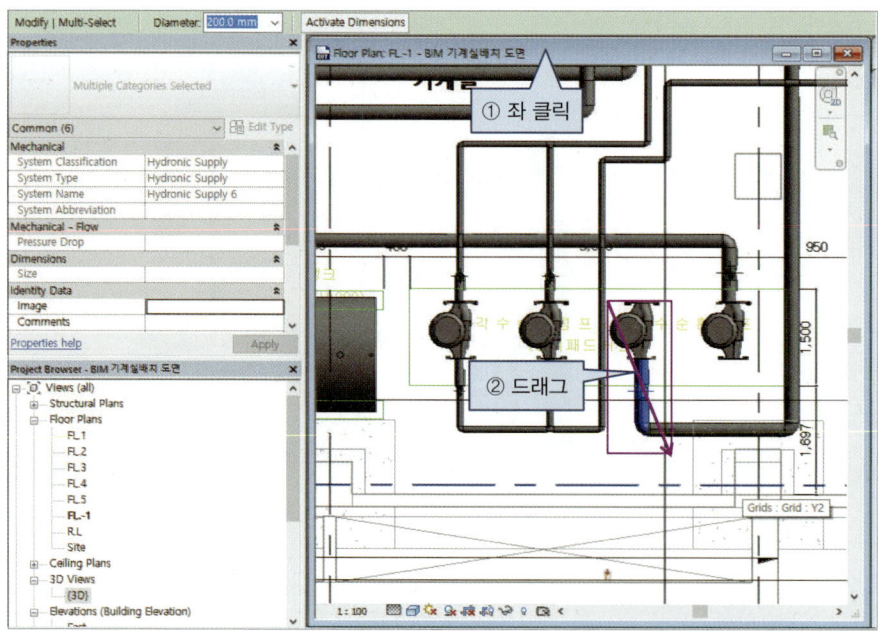

[그림 10-73]

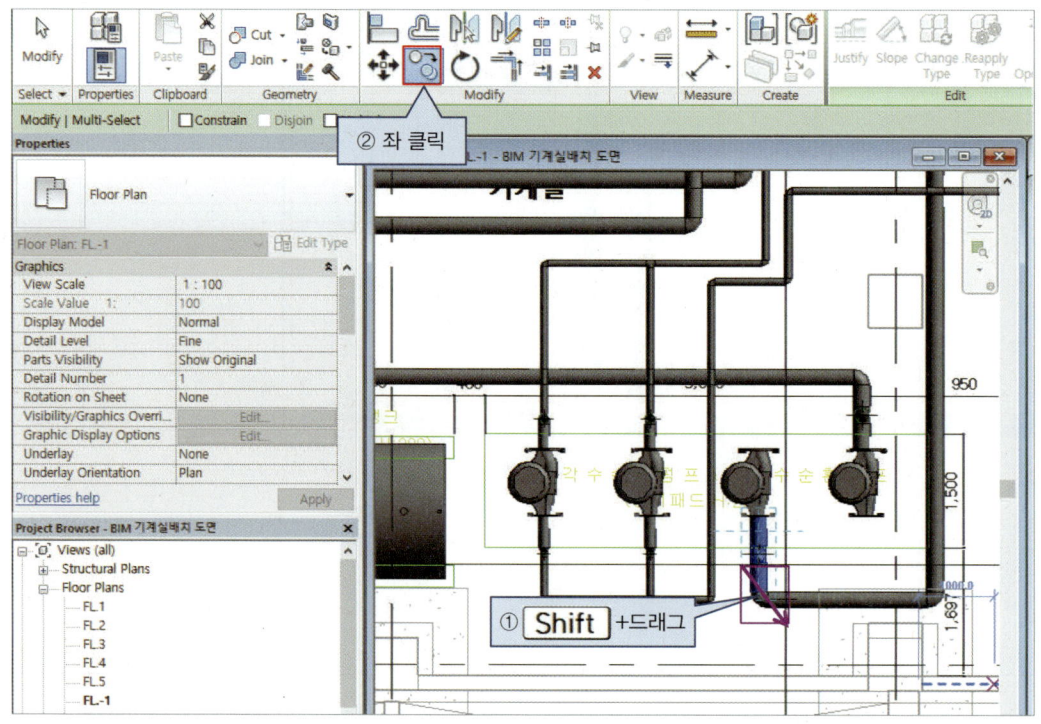

[그림 10-74]

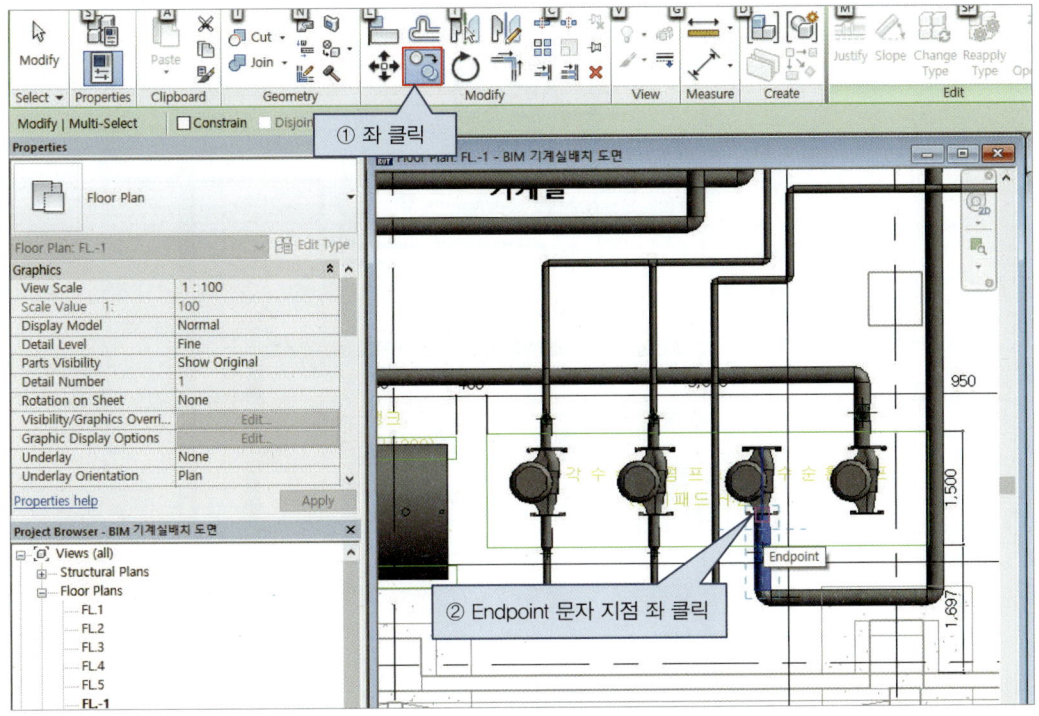

[그림 10-75]

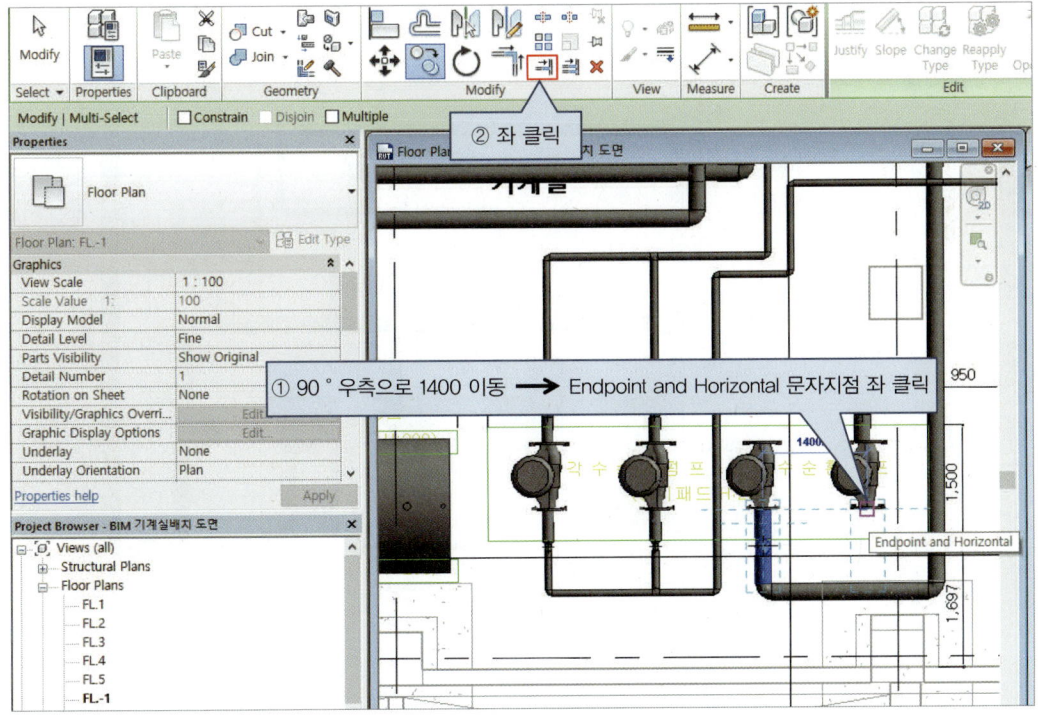

[그림 10-76]

Chapter 10 BIM 기계실 공조배관 설계 359

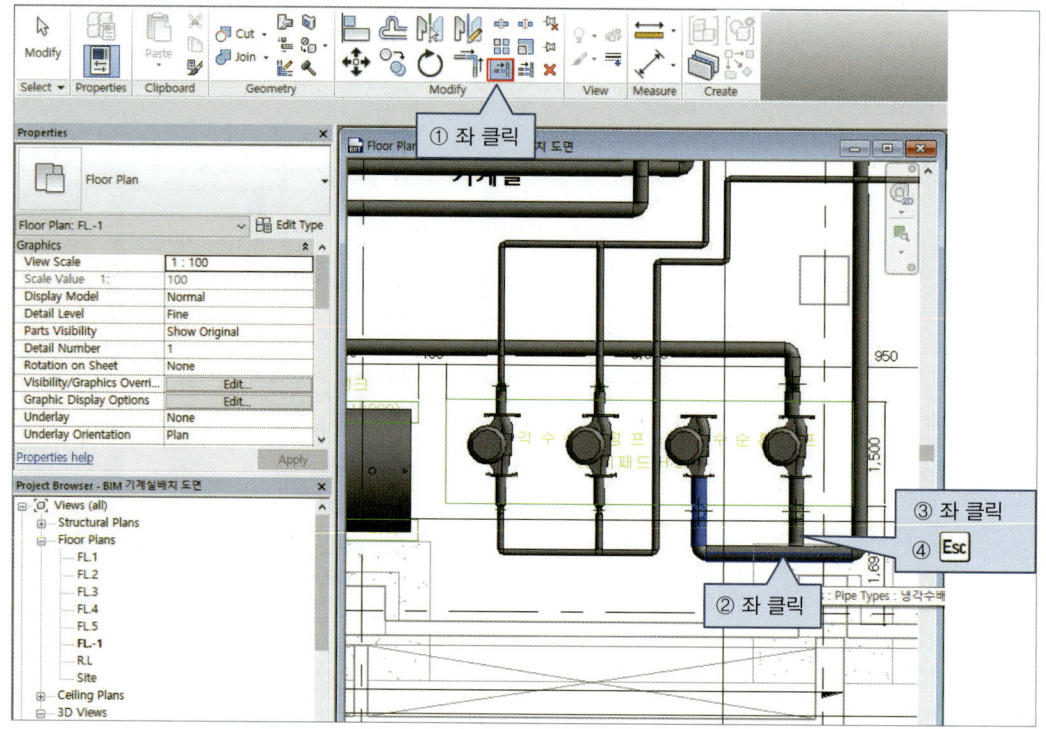

[그림 10-77]

그림 10-78~10-82와 같이 좌측 네 번째 냉각수 펌프와 연결된 환수배관을 복사하여 세 번째 냉각수 펌프에 붙여 넣으시오.

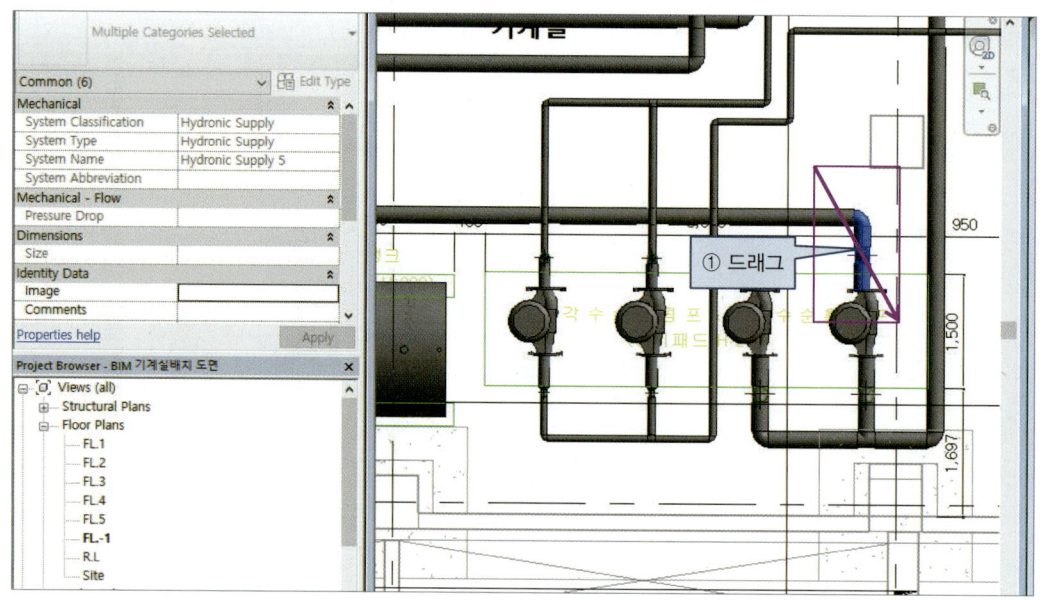

[그림 10-78]

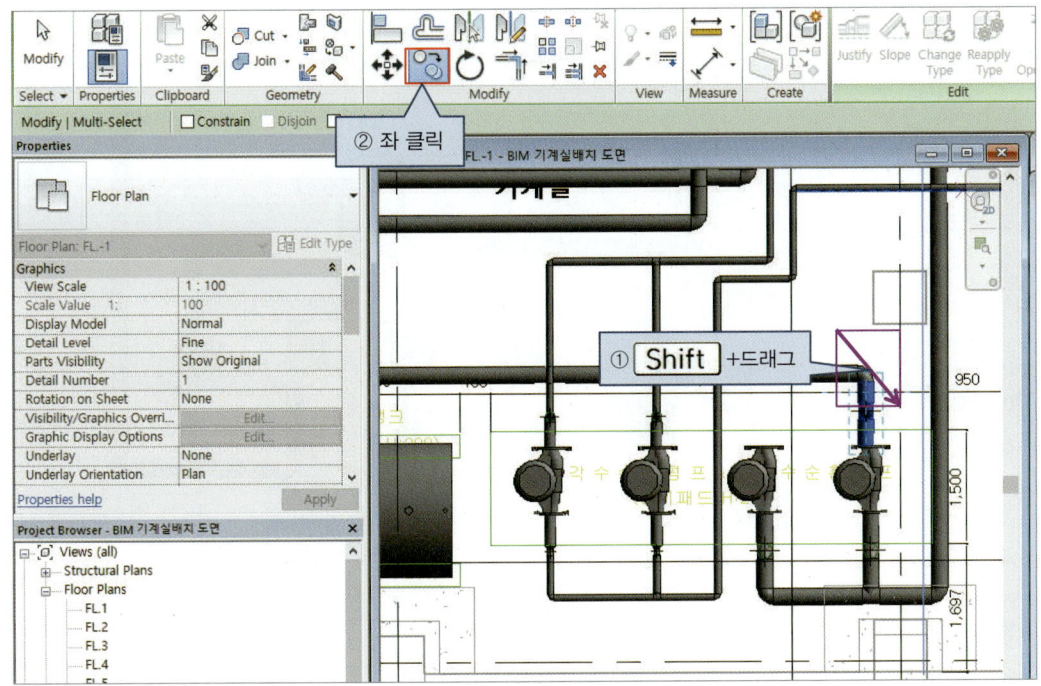

[그림 10-79]

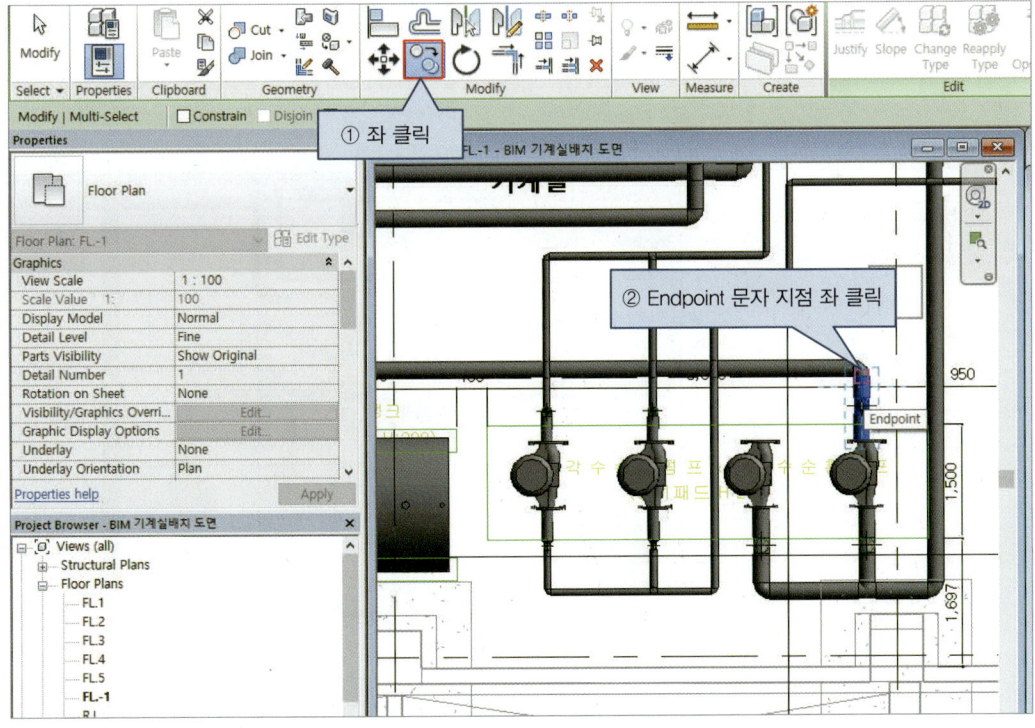

[그림 10-80]

Chapter 10 BIM 기계실 공조배관 설계 361

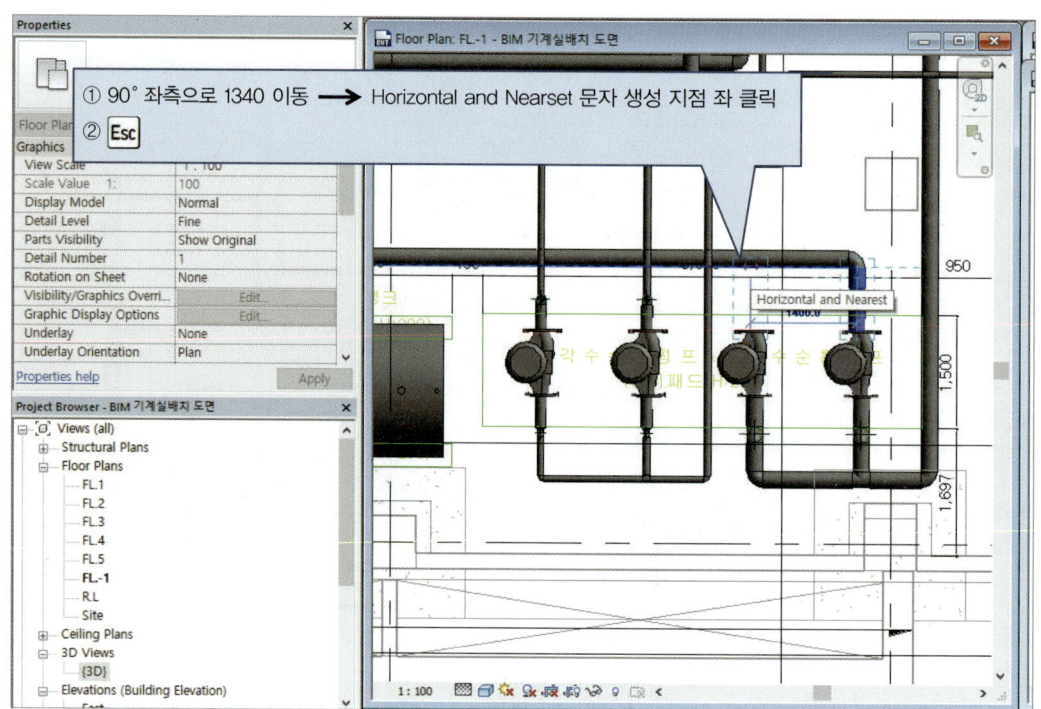

[그림 10-81]

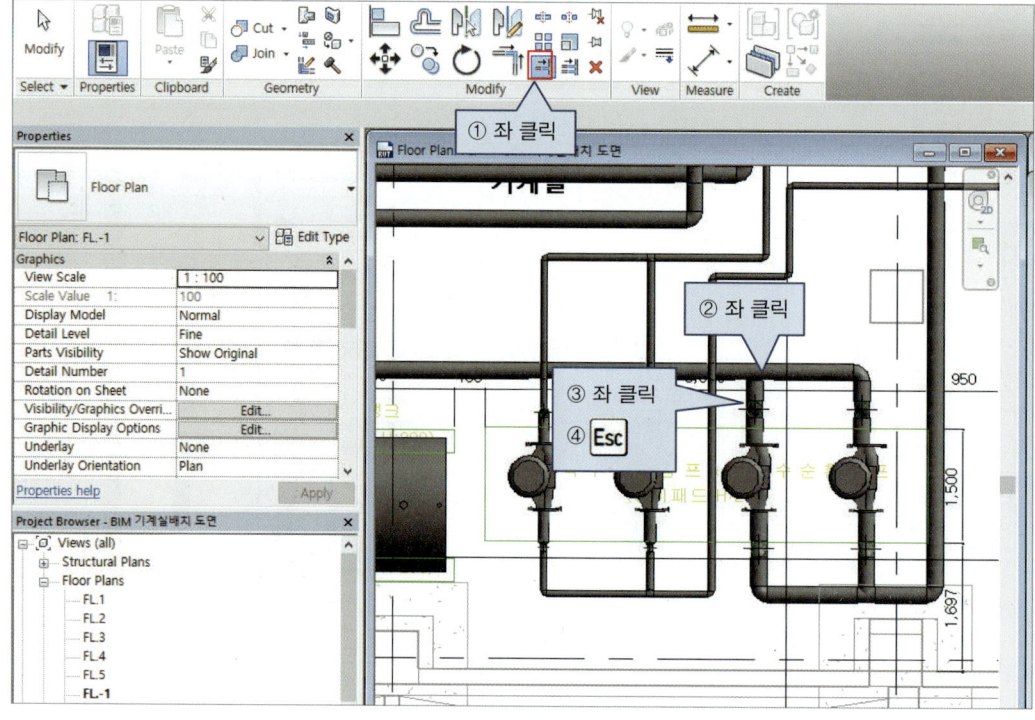

[그림 10-82]

공조배관을 실물처럼 보이기 위하여 그림 10-83과 같이 설정하시오.

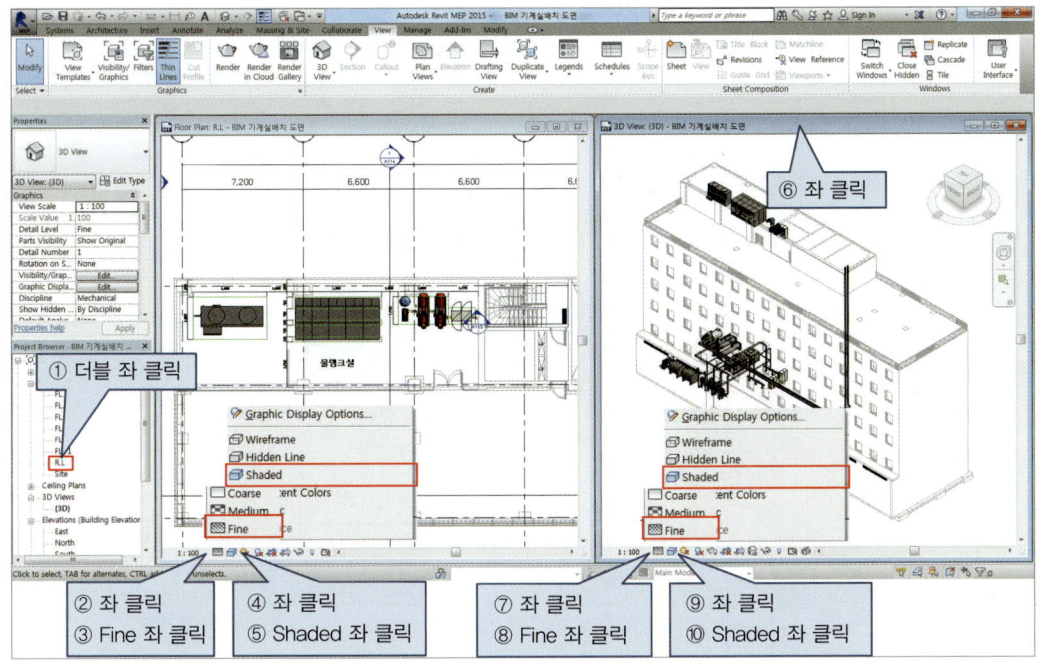

[그림 10-83]

그림 10-84와 같이 Offset을 -1000으로 설정하여 그려지는 배관이 보이도록 하시오.

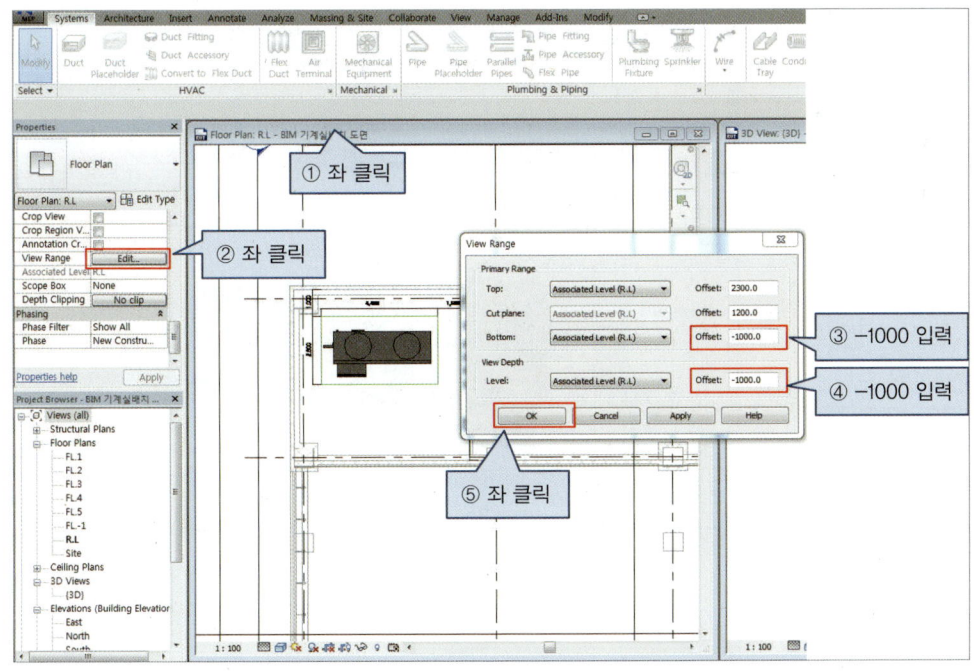

[그림 10-84]

그림 10-85~10-91과 같이 냉각탑에 냉각수 급수배관을 연결하시오.

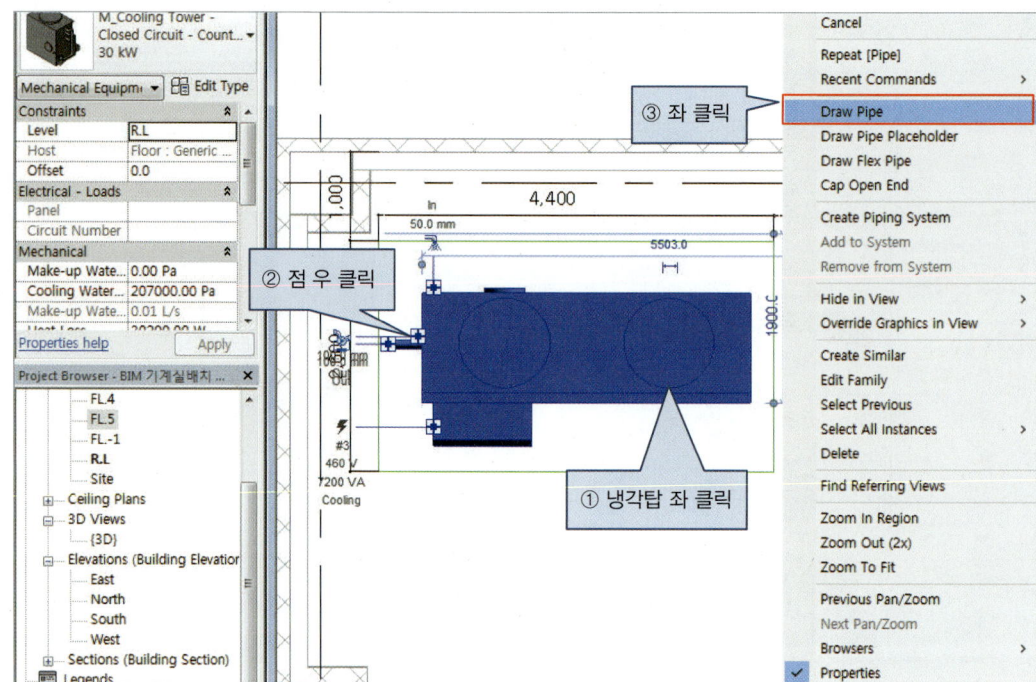

[그림 10-85]

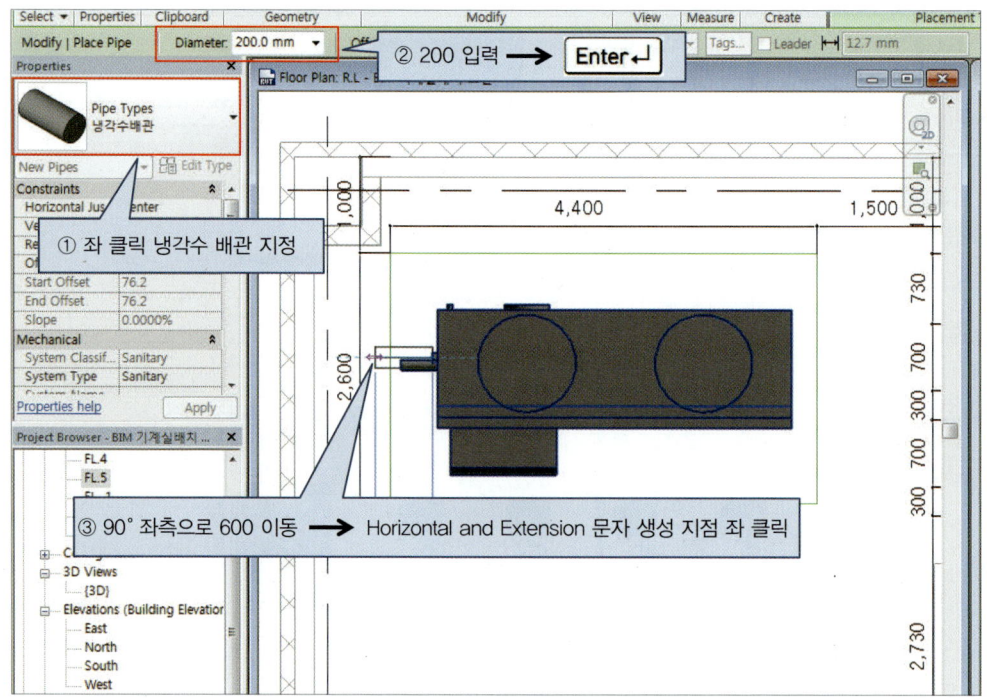

[그림 10-86]

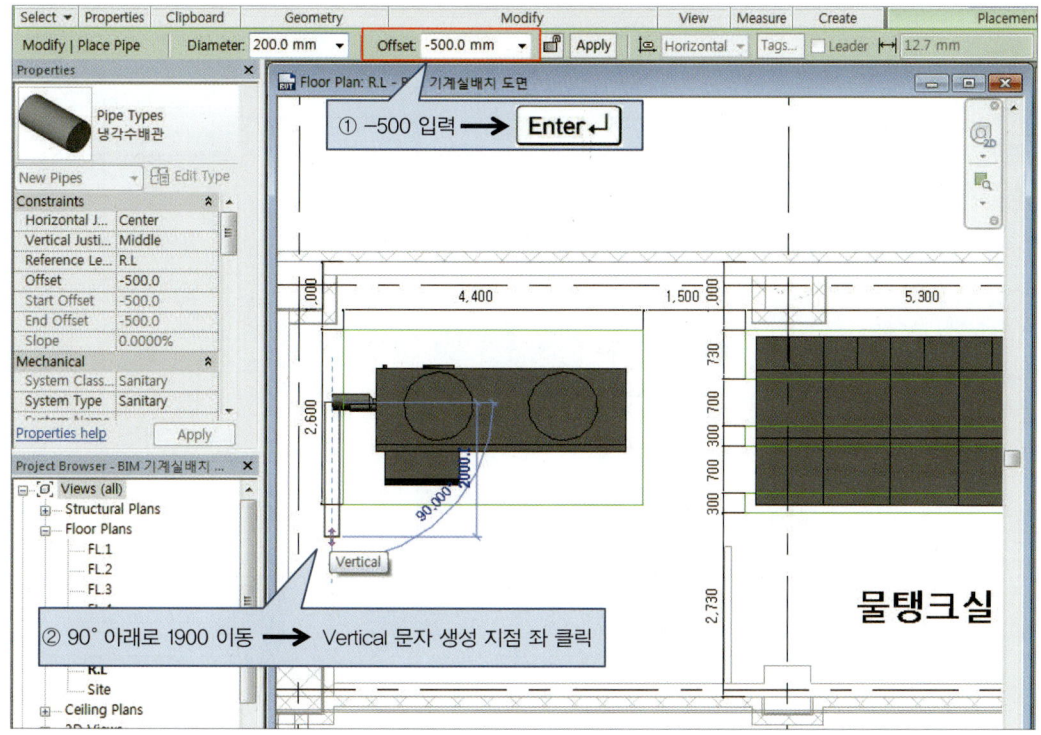

[그림 10-87]

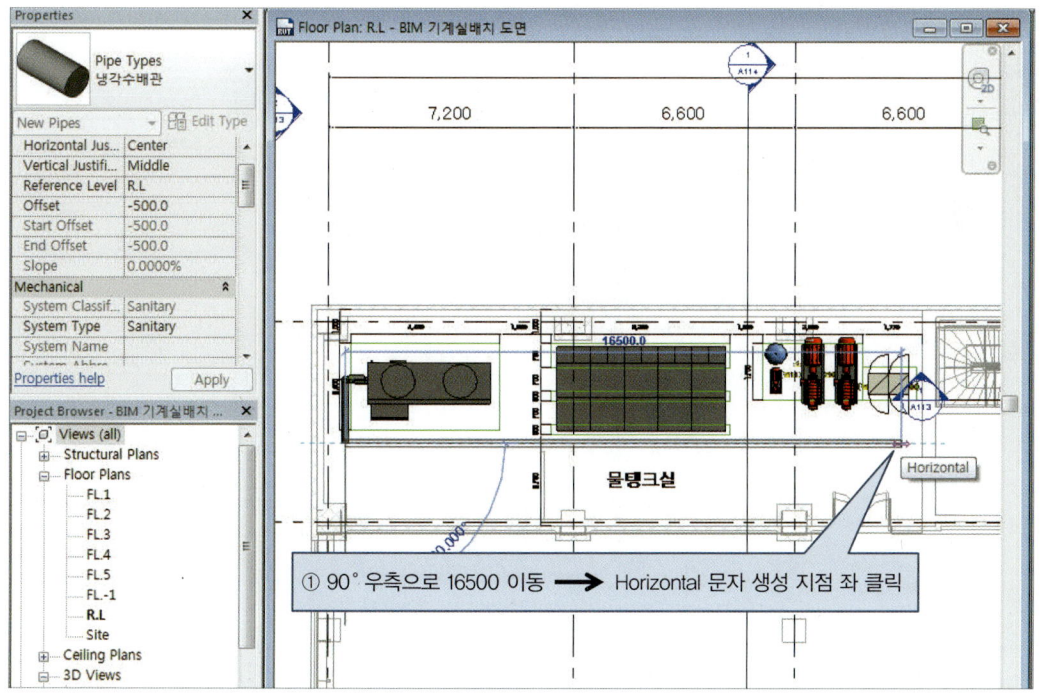

[그림 10-88]

Chapter 10 BIM 기계실 공조배관 설계   365

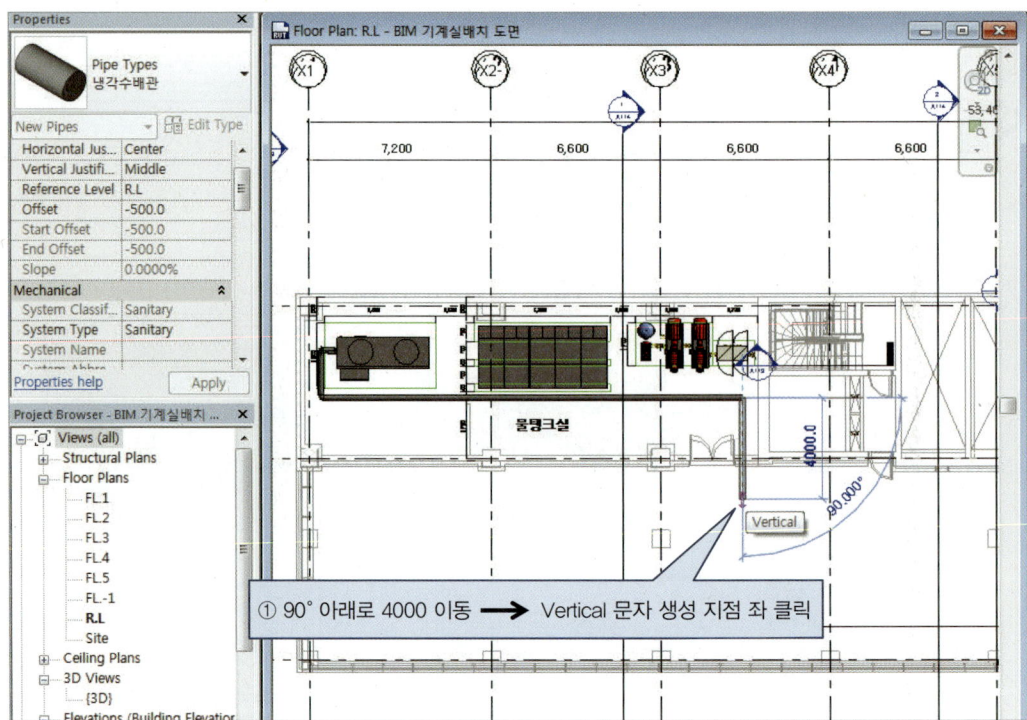

[그림 10-89]

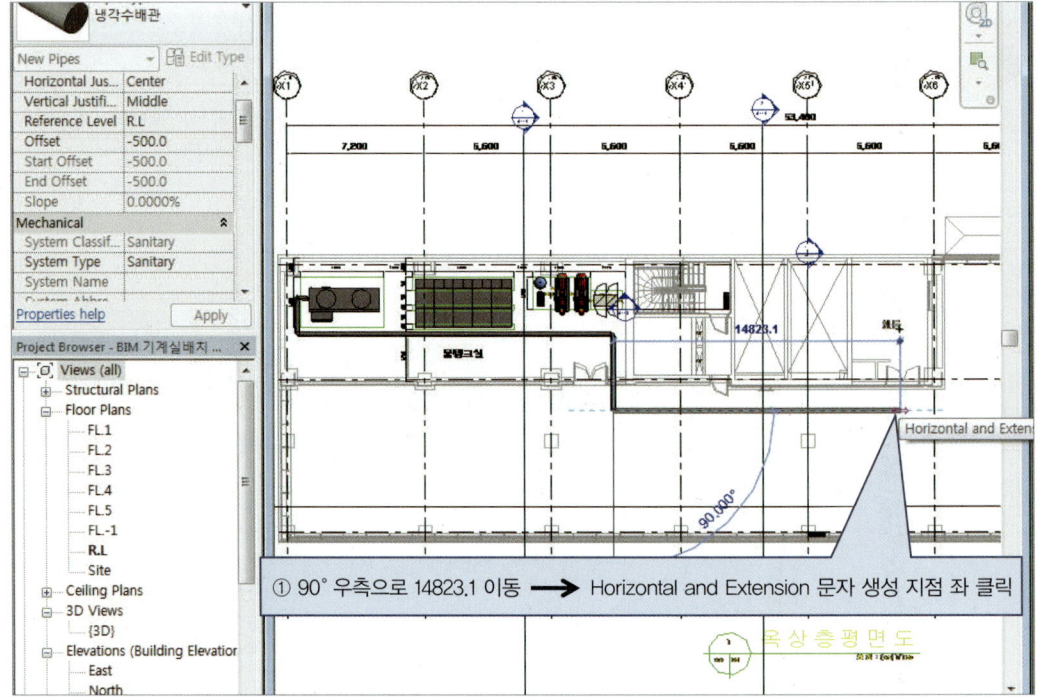

[그림 10-90]

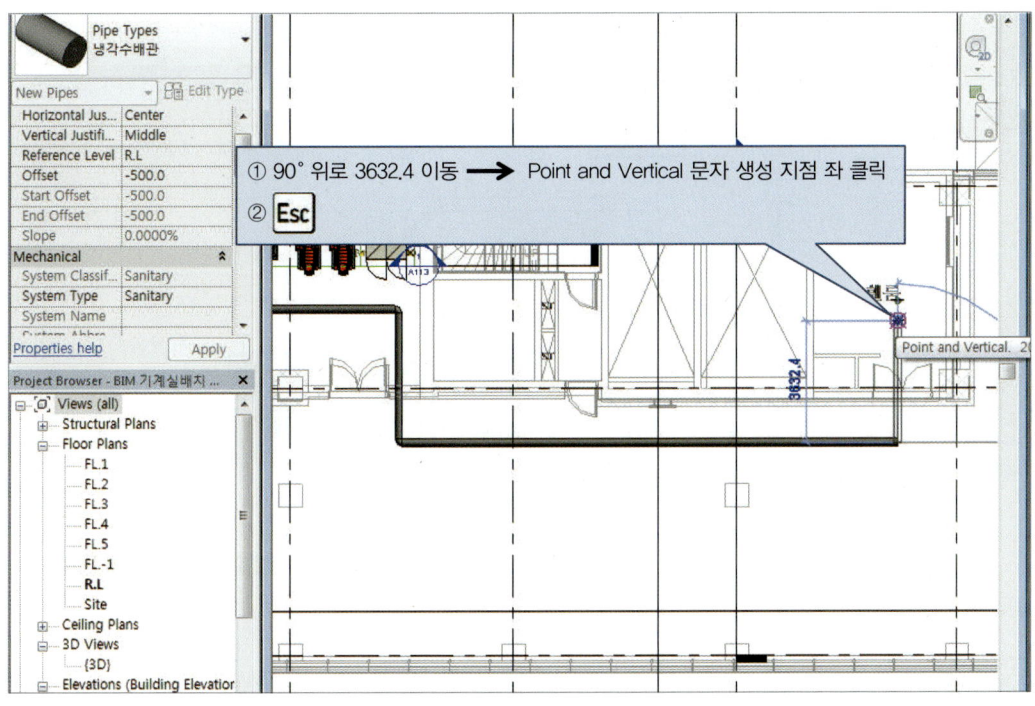

[그림 10-91]

그림 10-92~10-100과 같이 냉각탑에 냉각수 환수배관을 연결하시오.

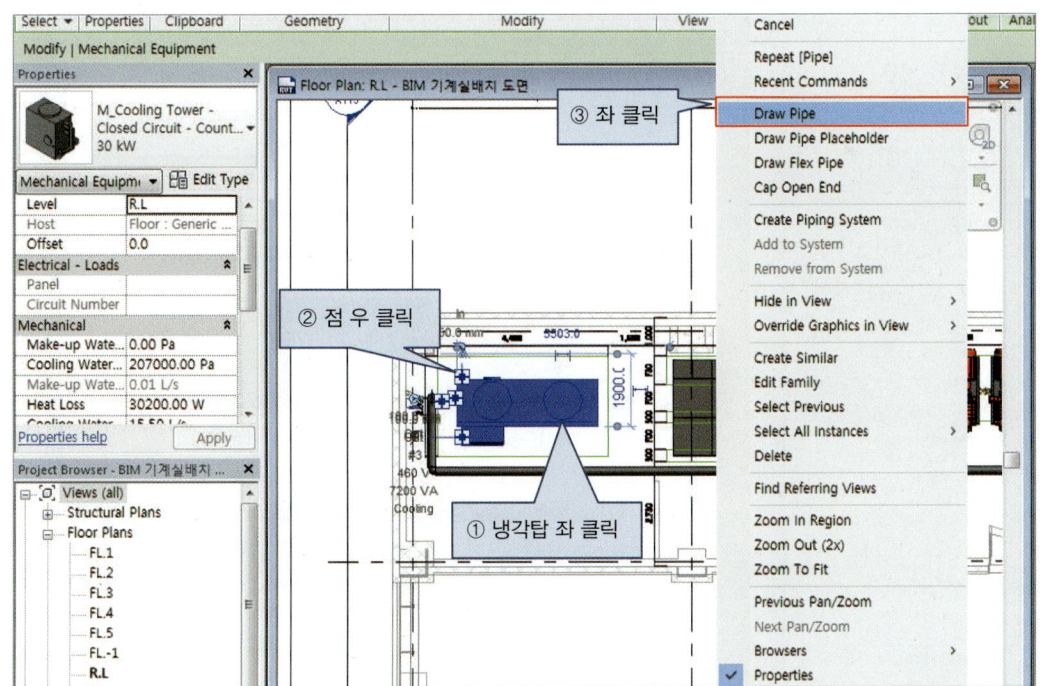

[그림 10-92]

Chapter 10 BIM 기계실 공조배관 설계

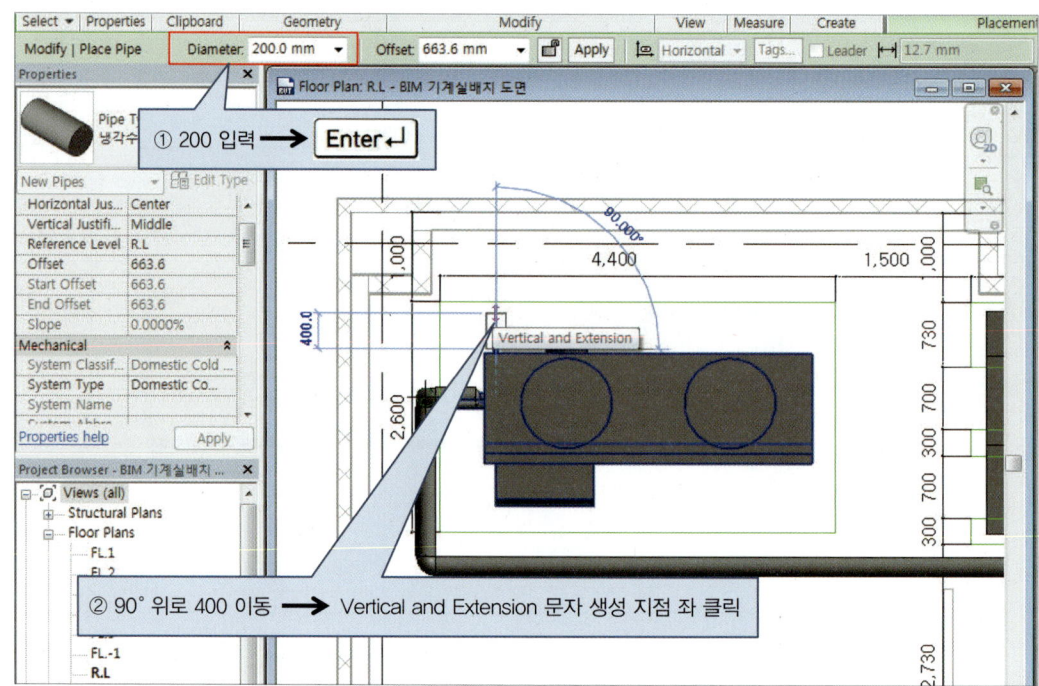

[그림 10-93]

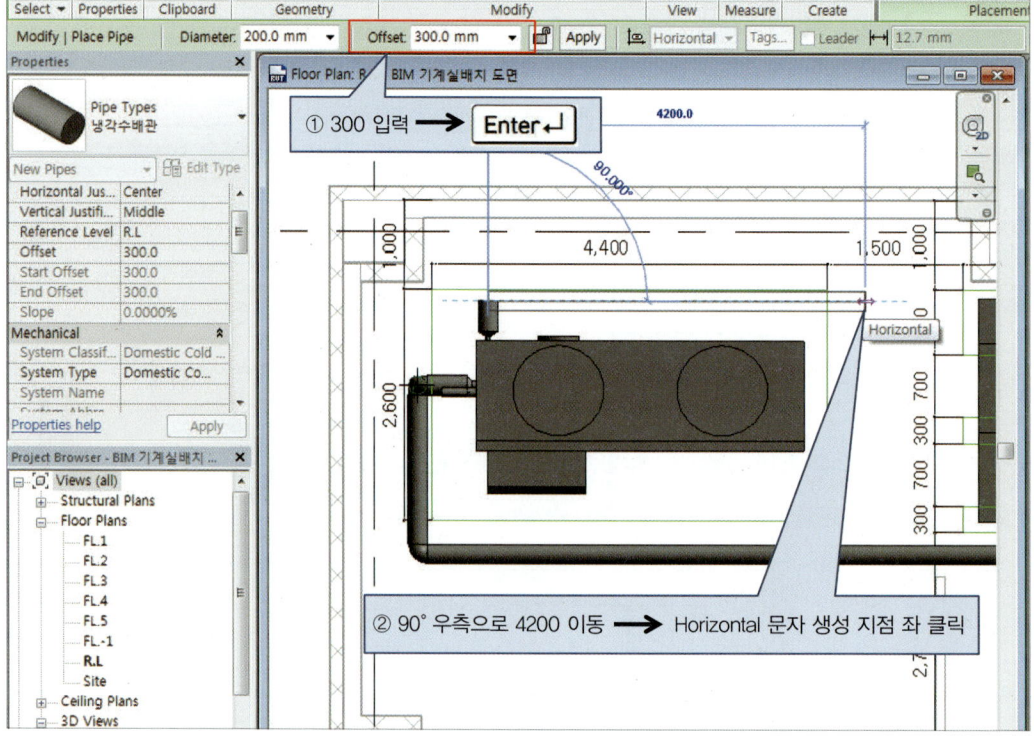

[그림 10-94]

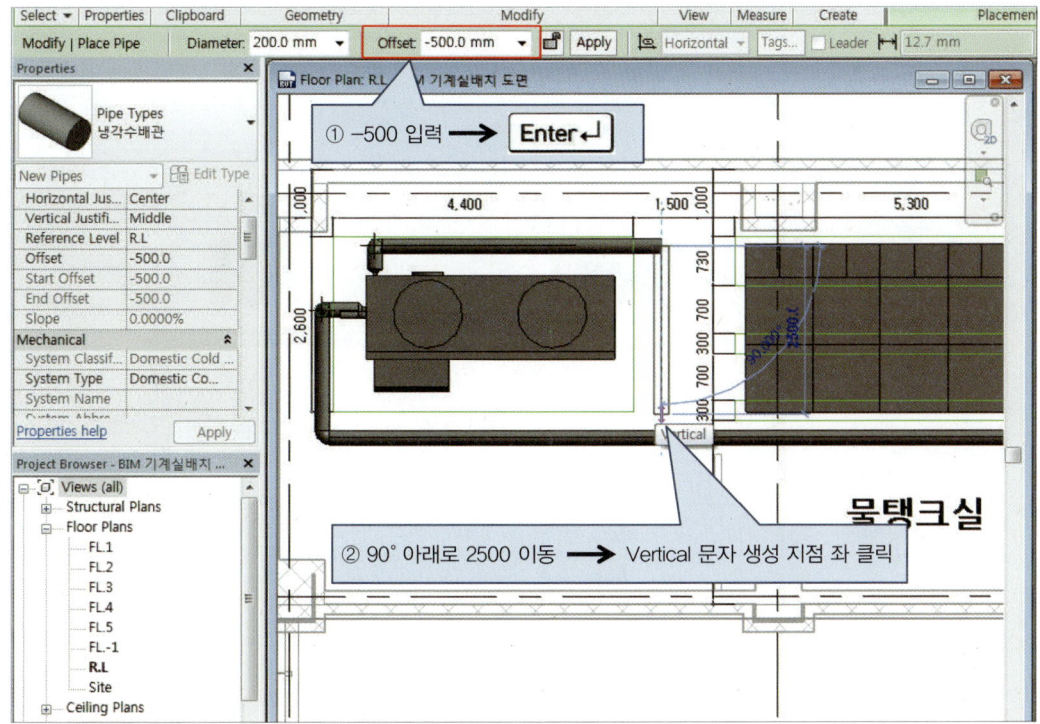

[그림 10-95]

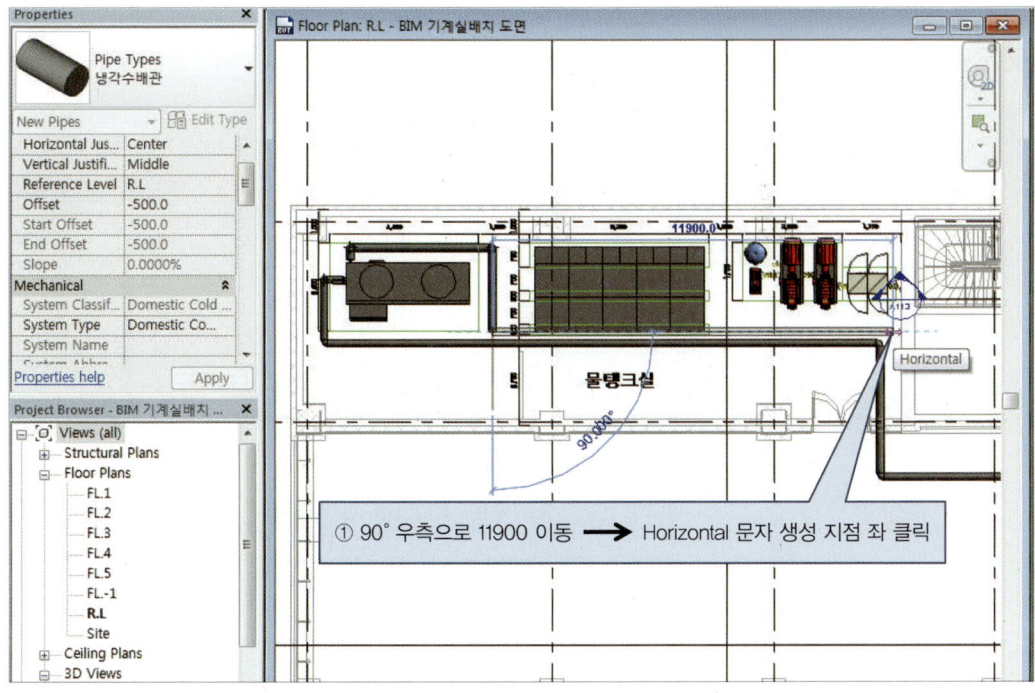

[그림 10-96]

Chapter 10 BIM 기계실 공조배관 설계

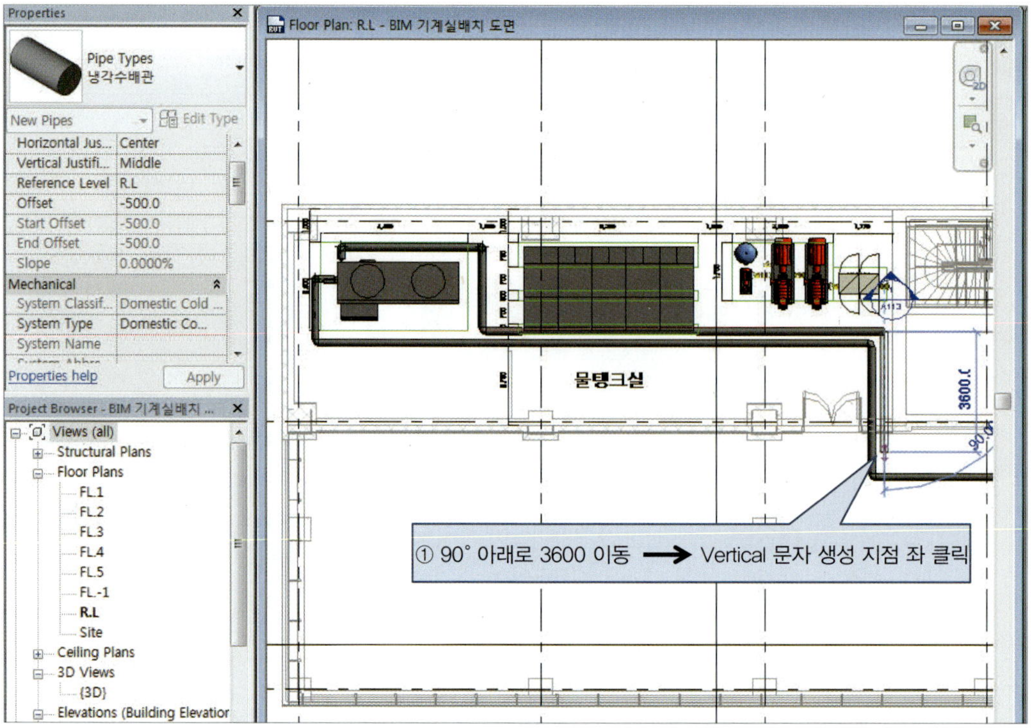

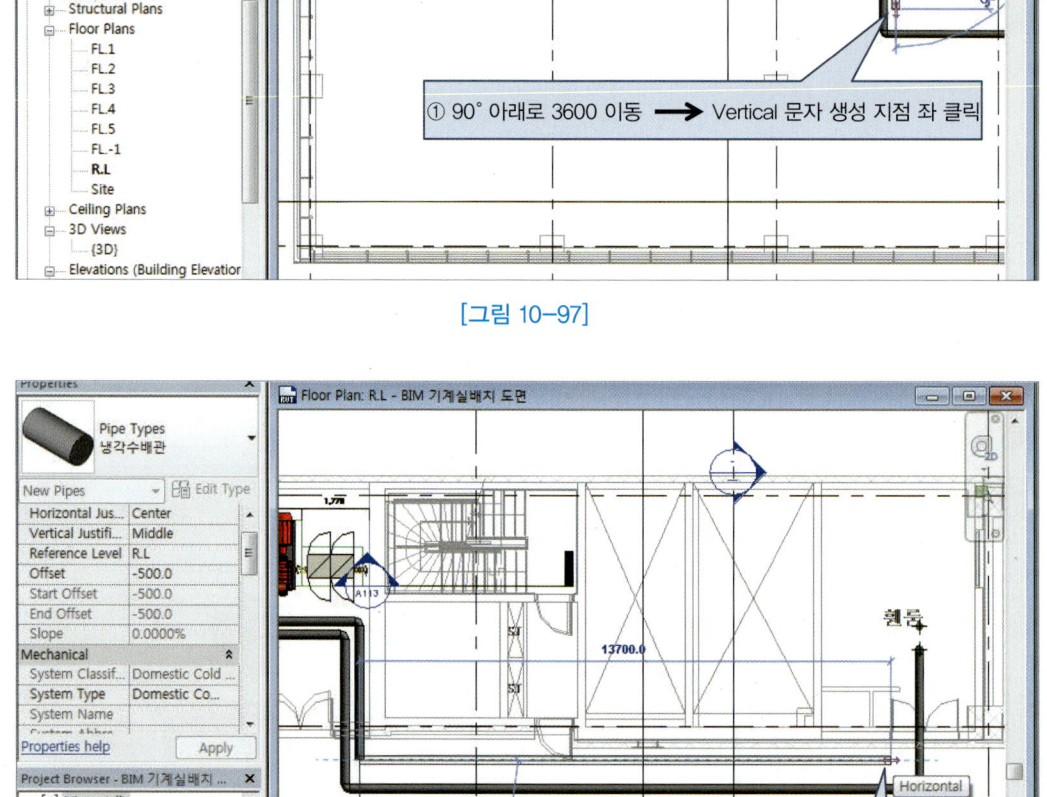

[그림 10-97]

[그림 10-98]

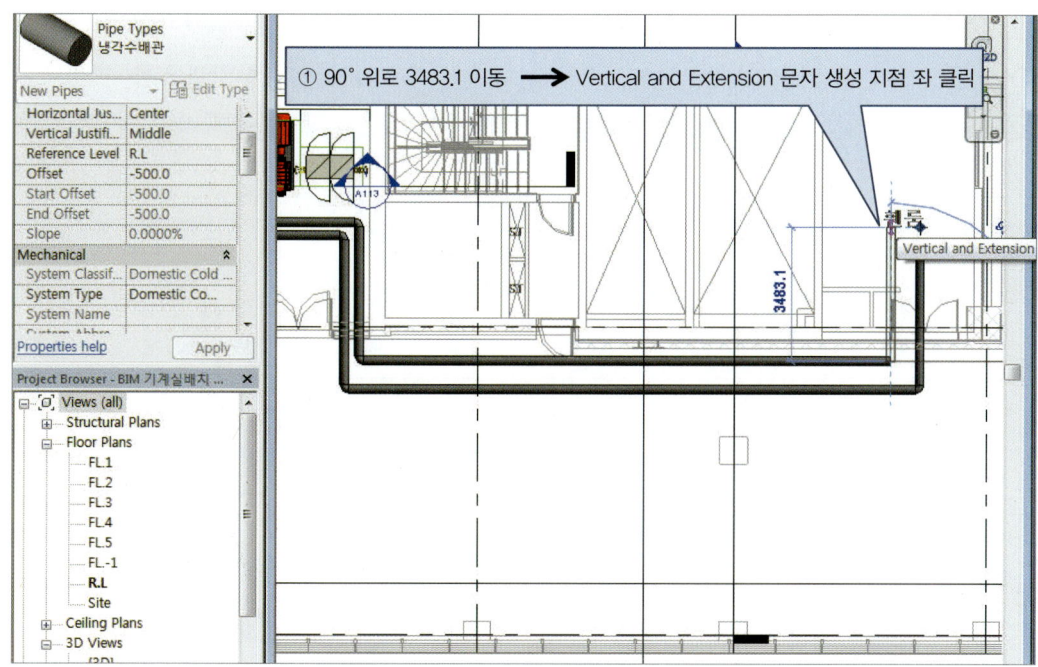

[그림 10-99]

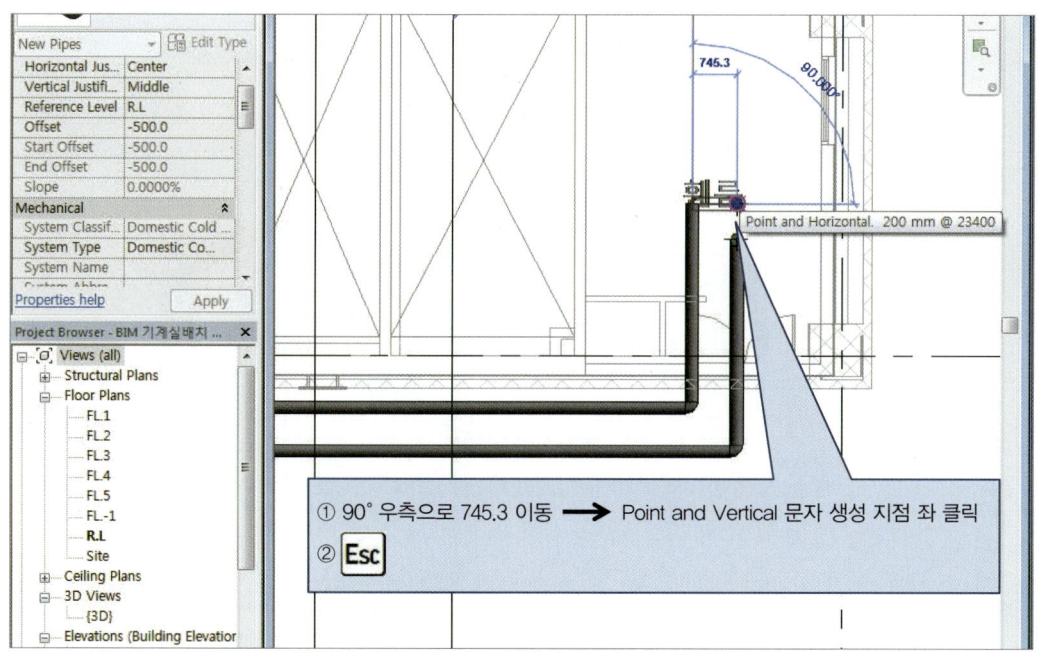

[그림 10-100]

그림 10-101~10-103과 같이 필요 없는 냉각수 입상배관을 지우고, 엘보우로 연결하시오.
(3D에서 연결이 안 되면 RL X5열 Section 좌 클릭한 후, 입상관과 횡지관을 연결하시오.)

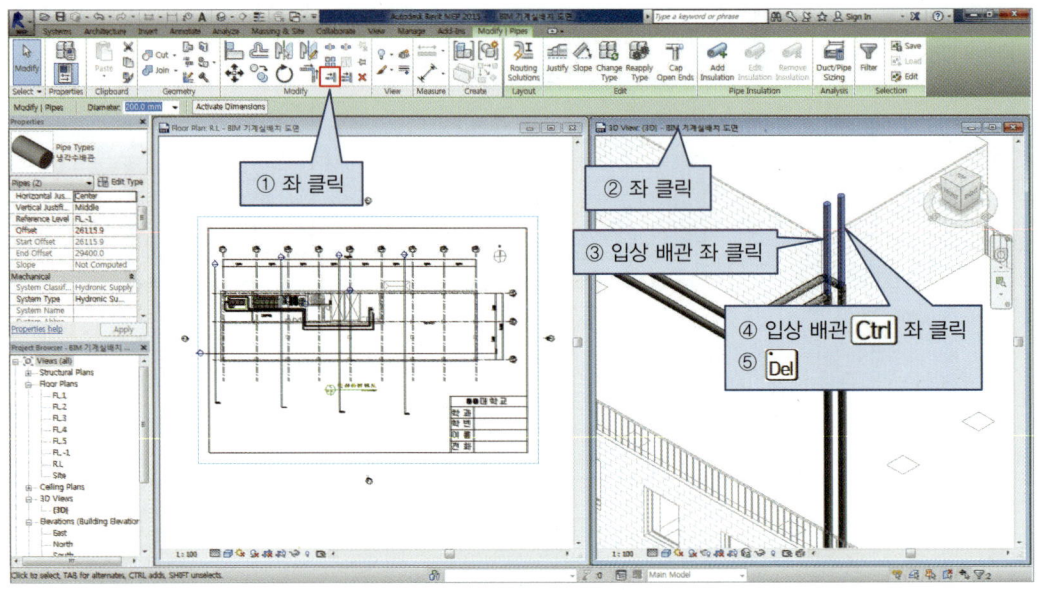

[그림 10-101]

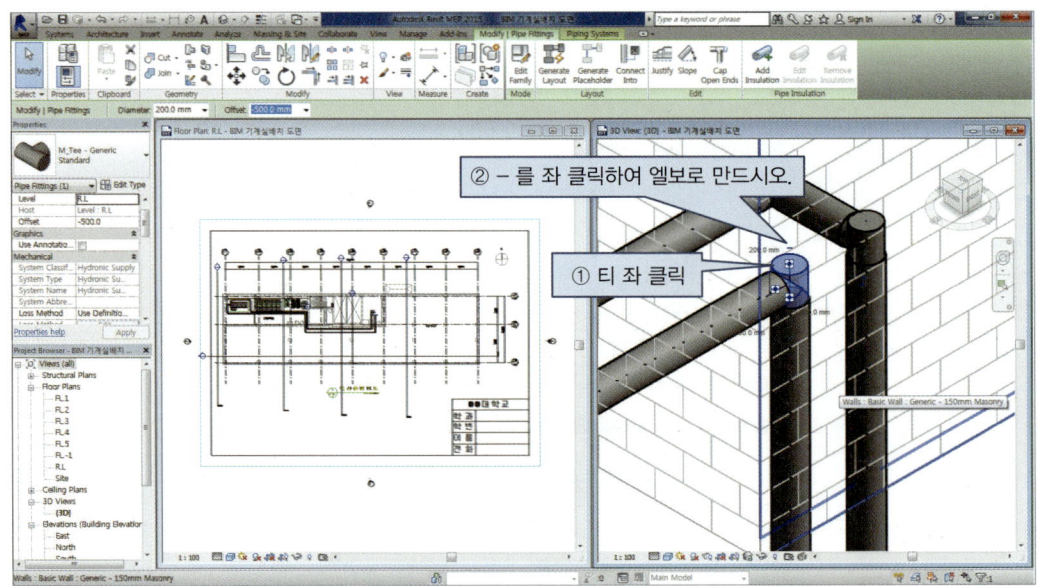

[그림 10-102]

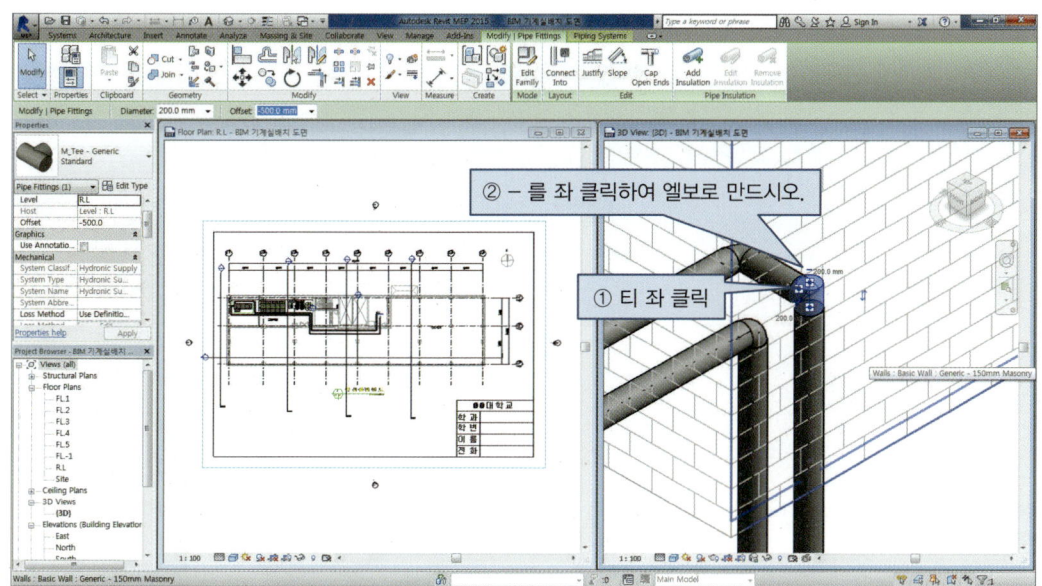

[그림 10-103]

Chapter 04.에서 그린 것과 같이 그림 10-104를 완성하시오.

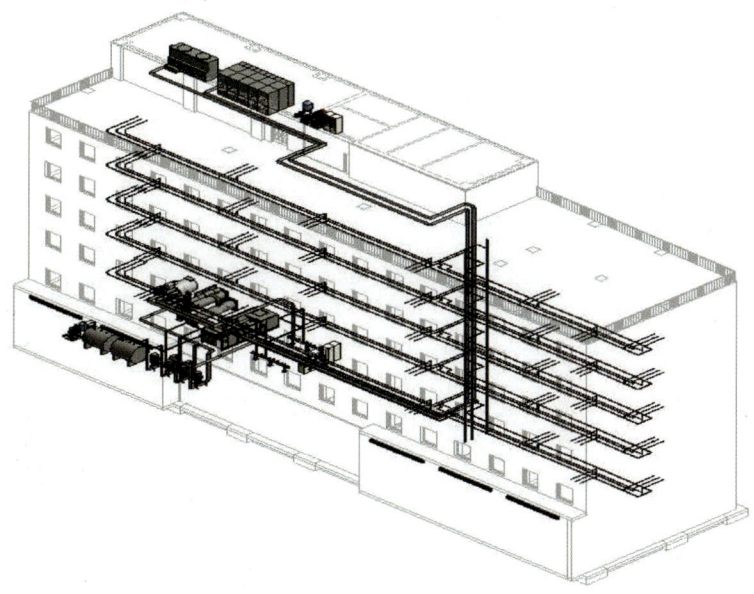

[그림 10-104]

냉온수 입상배관과 기계실 횡지 냉온수배관을 그림 10-105~10-109와 같이 연결하시오.

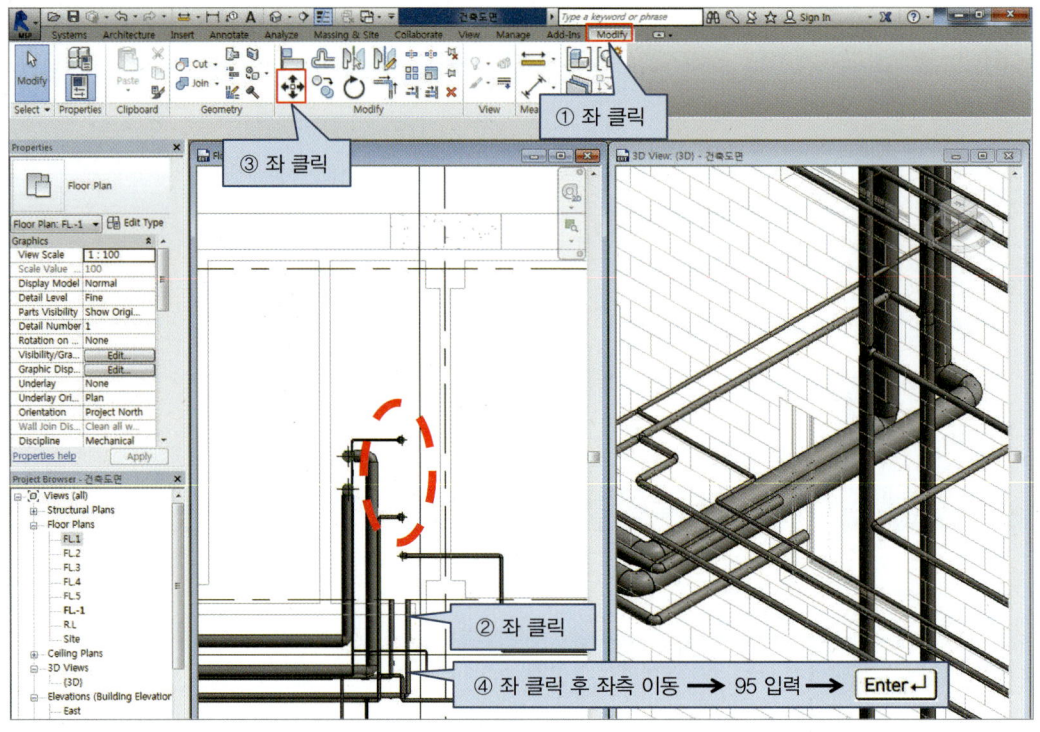

[그림 10-105]

(3D로 연결이 안 되면 점선원 부위에 Section을 설정하여 배관을 연결하시오.)

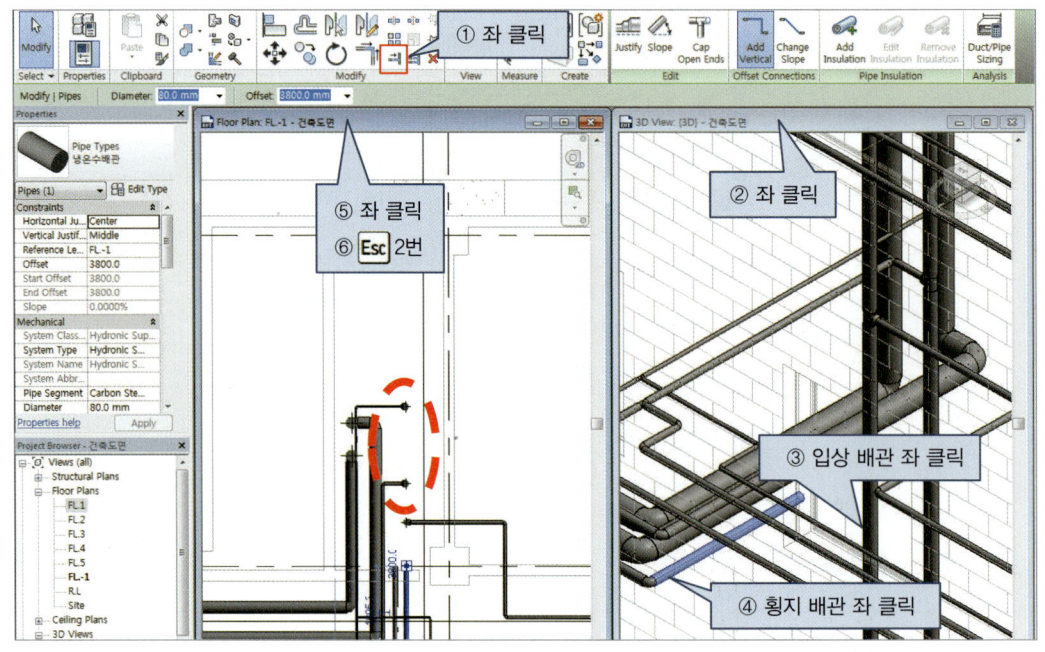

[그림 10-106]

(3D로 연결이 안 되면 점선원 부위에 Section을 설정하여 배관을 연결하시오.)

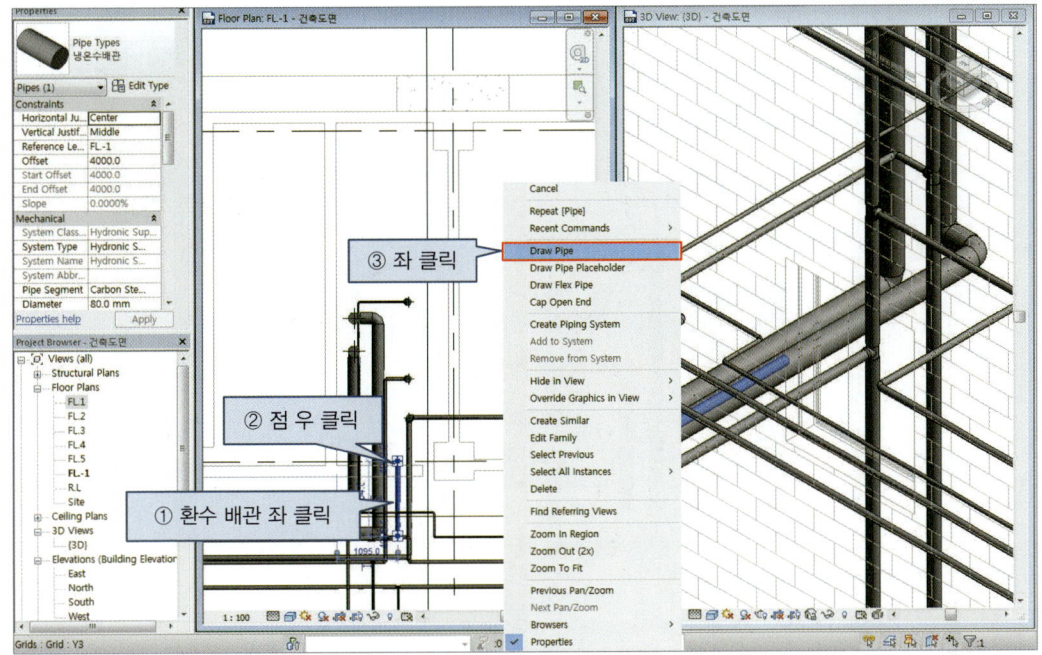

[그림 10-107]

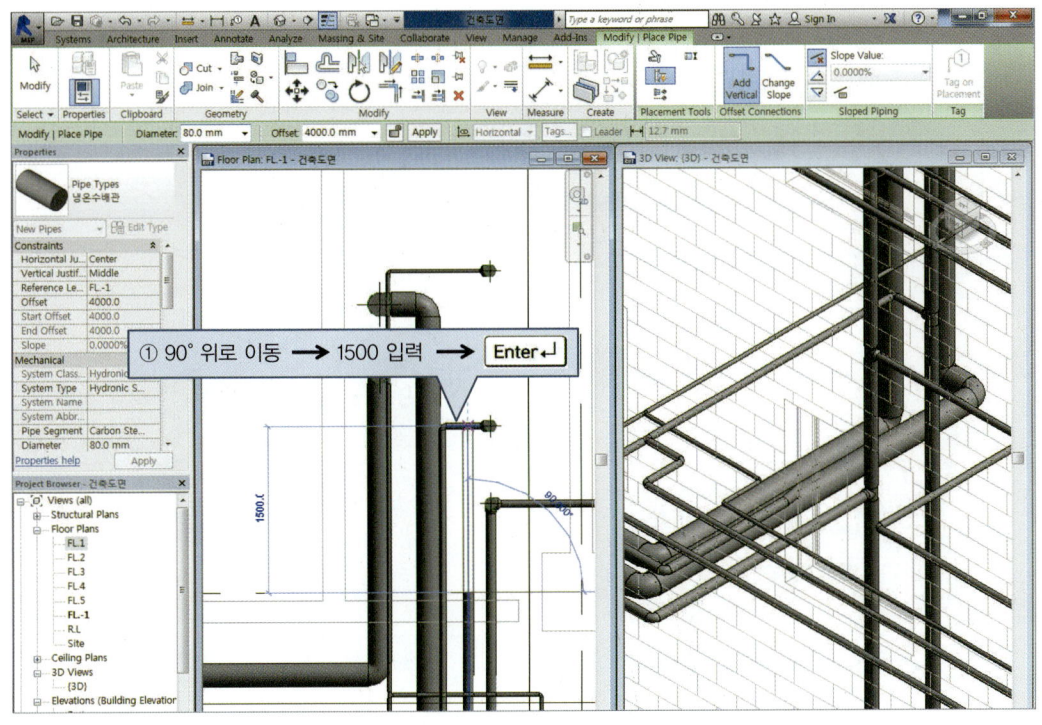

[그림 10-108]

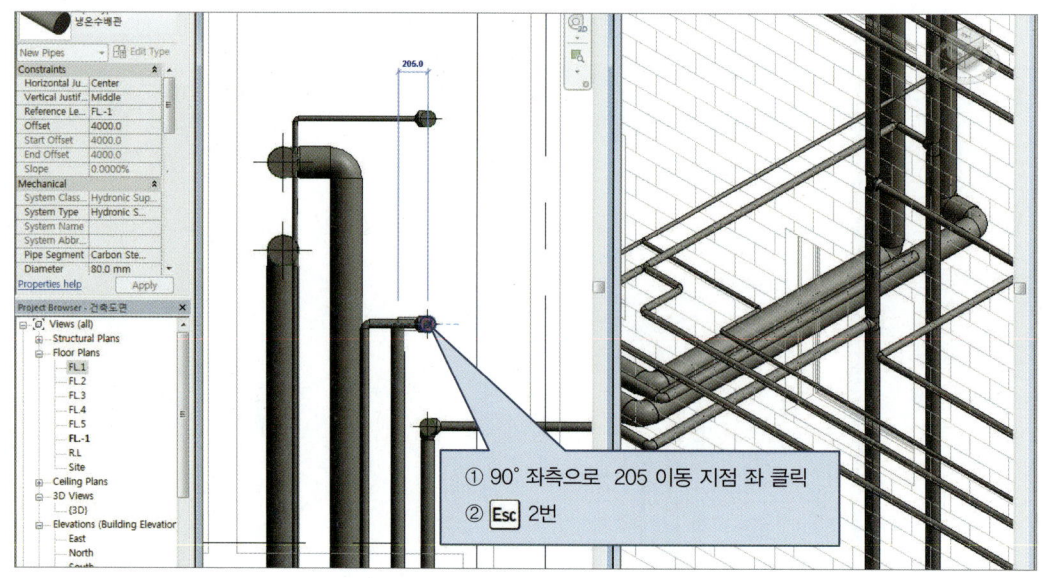

[그림 10-109]

다음과 같이 저장하시오.

파일명 : CHAPTER10_학번_홍길동(년/월/일)

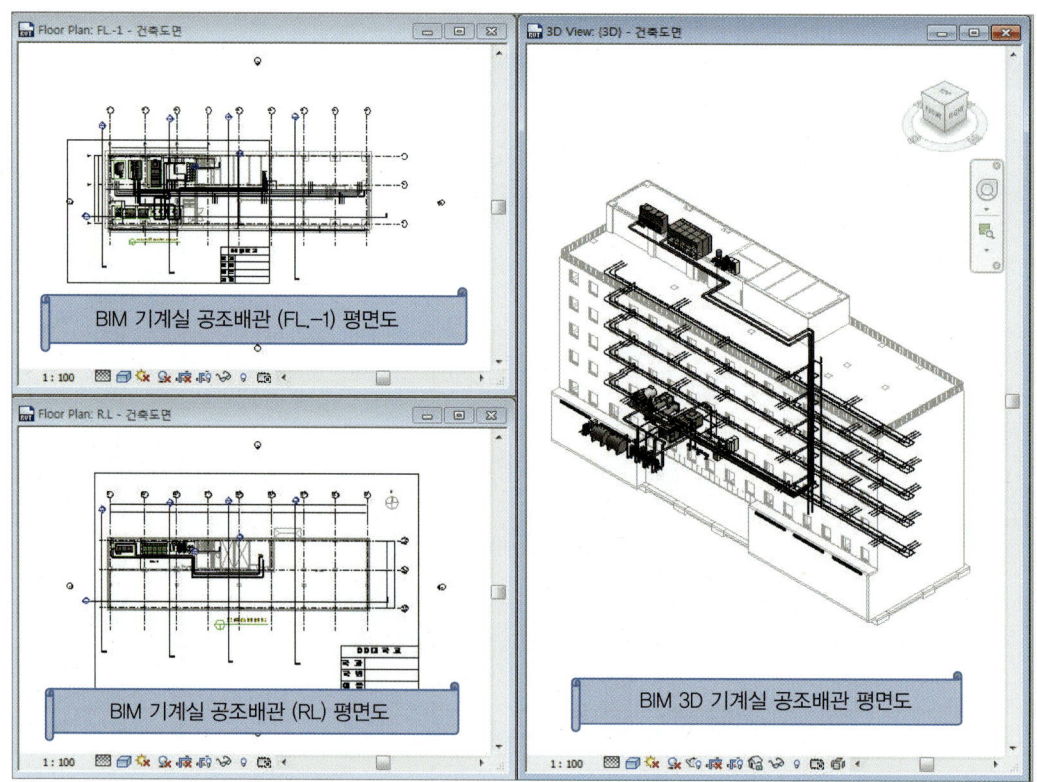

[그림 10-110]

그림 11-1 BIM 기계실 배치 도면을 이용하여 그림 11-2 BIM 기계실 위생배관 도면을 만드는 방법을 알아본다.

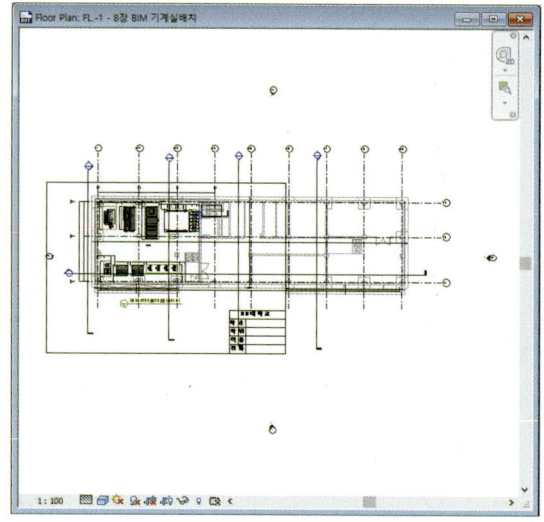
(a) BIM 기계실 배치 평면도

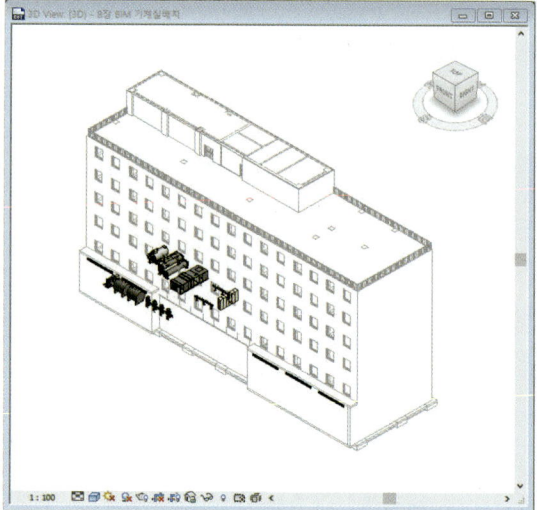
(b) BIM 3D 기계실 배치 평면도

[그림 11-1] BIM 기계실 배치 도면

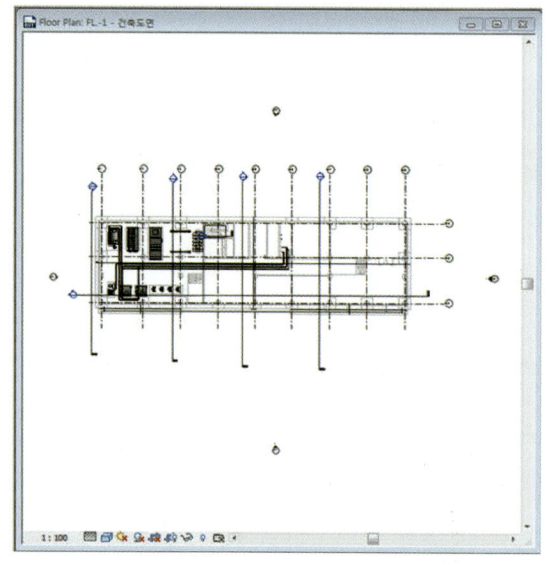
(a) BIM 기계실 위생배관 평면도

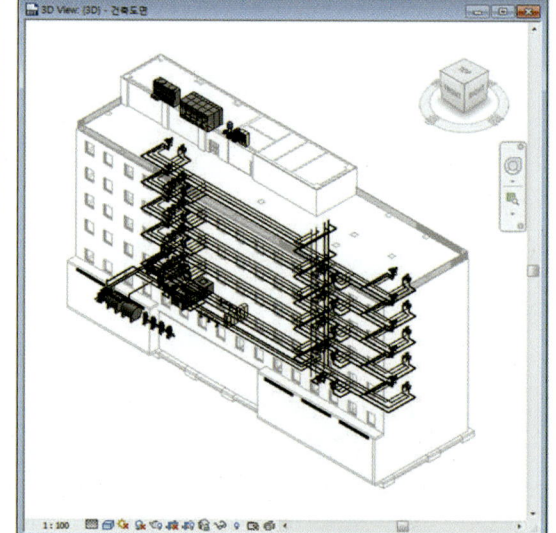
(b) BIM 3D 기계실 위생배관 평면도

[그림 11-2] BIM 기계실 위생배관 도면

다운로드 받은 chapter 11.의 BIM 기계실 배치 도면.rvt 파일을 더블 좌 클릭하여 실행시킨다.
1. 그림 11-3(a) 기계실 배치 평면도에서 설계되어야 하기 때문에, ① Floor Plan FL -1 - 기계실 배치 평면도를 좌 클릭하여 도면을 활성화시킨다. 현재 활성화 창이 그림 11-3 과 같지 않으면 좌측 Project Browser 창에서 3D Views 〉 3D 더블 좌 클릭한다.
2. 활성화된 창을 그림 11-3과 같이 보이도록 하려면 WT라고 입력한다.

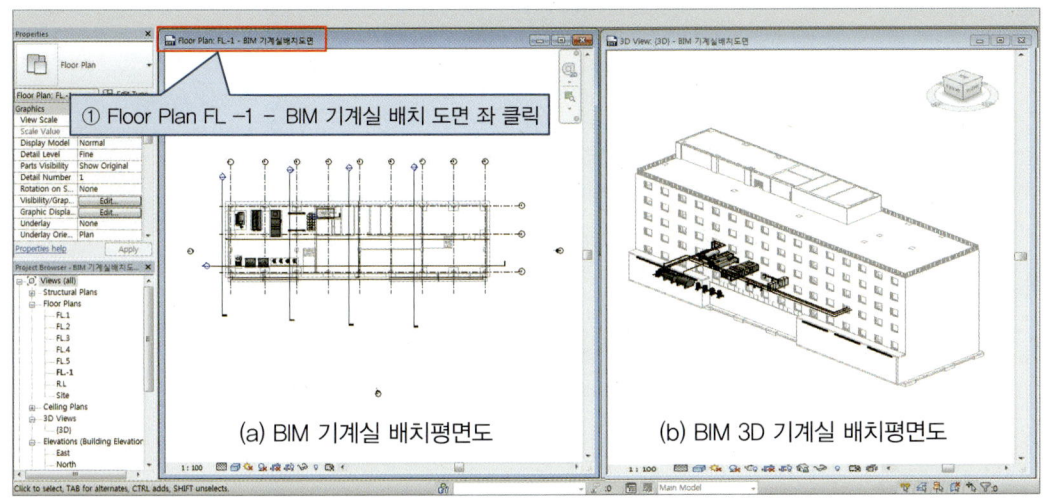

[그림 11-3]

그림 11-4~11-8과 같이 급수배관의 엘보우, 티 및 트랜지션을 선택하시오.

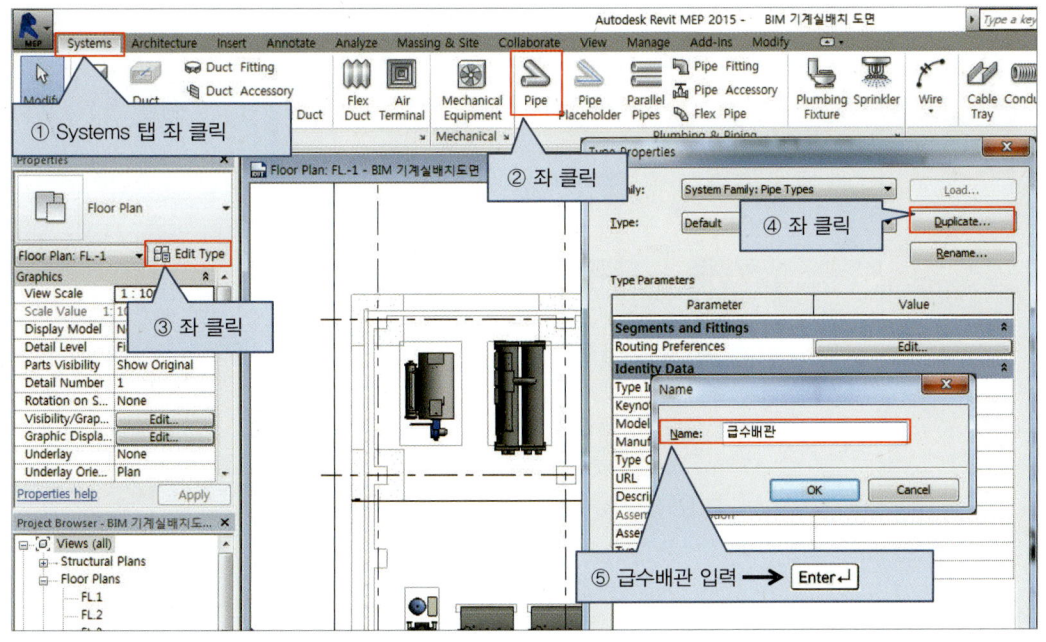

[그림 11-4]

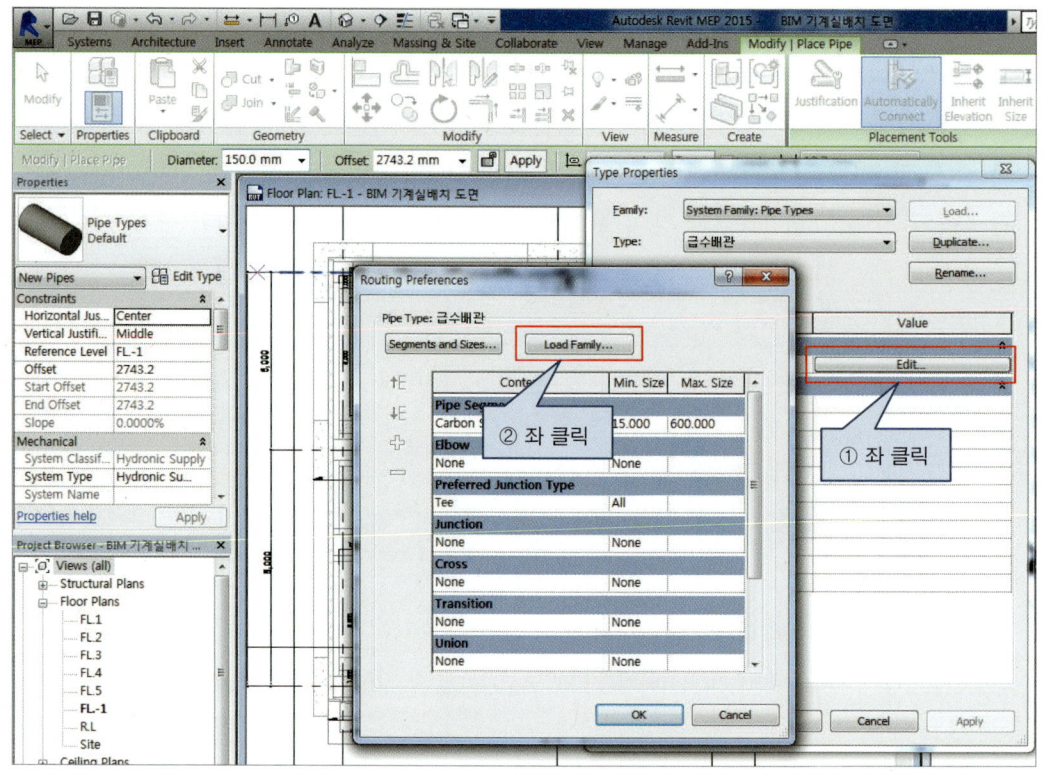

[그림 11-5]

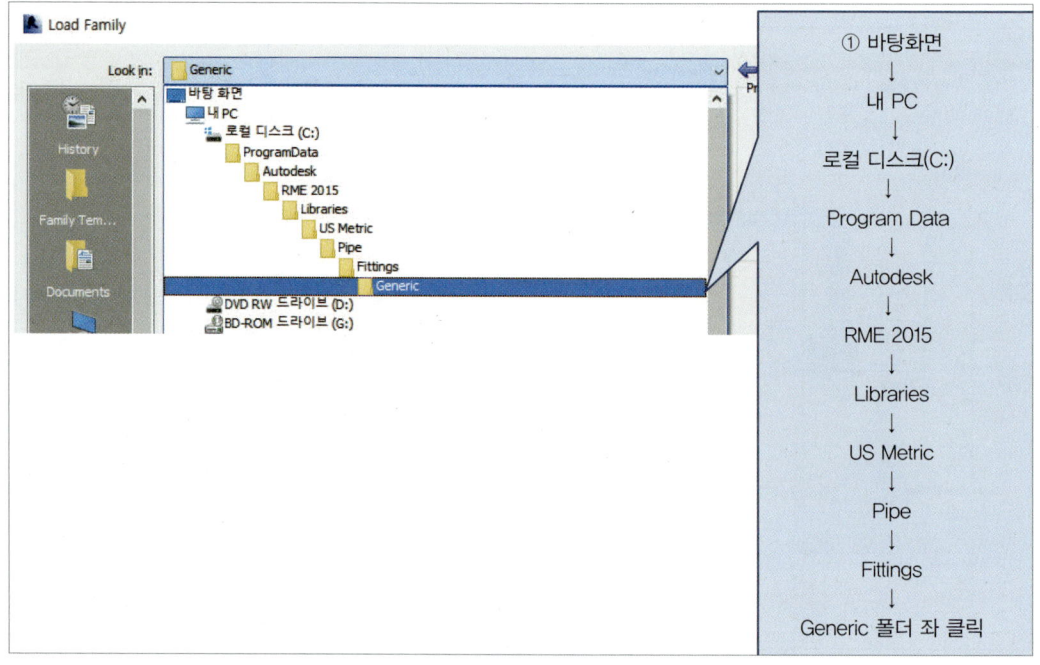

[그림 11-6]

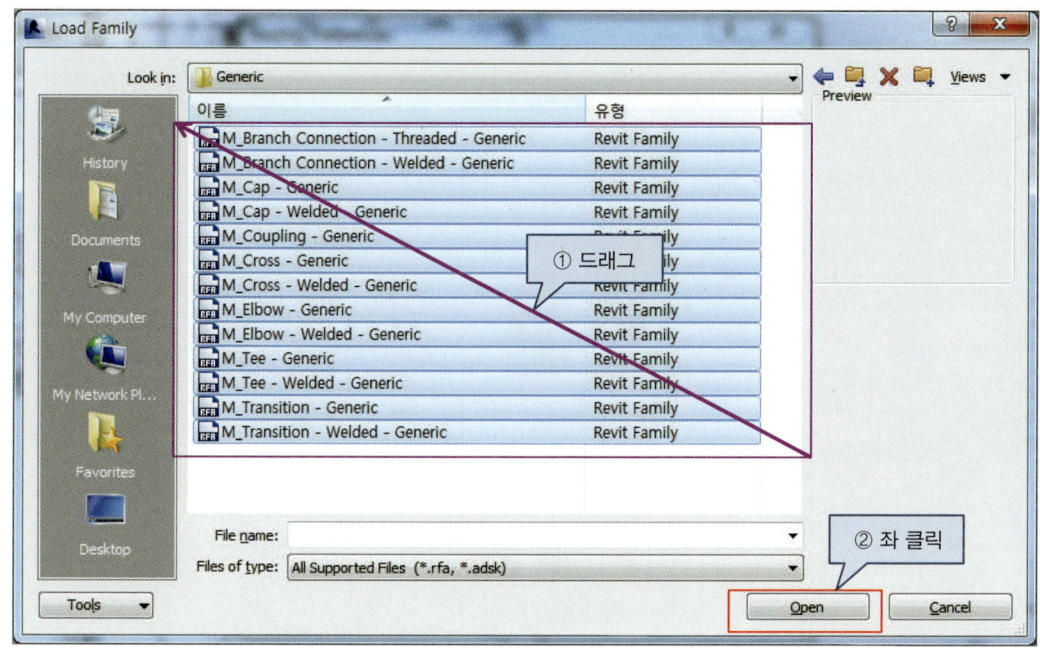

[그림 11-7]

그림 11-8과 같이 지정하시오.

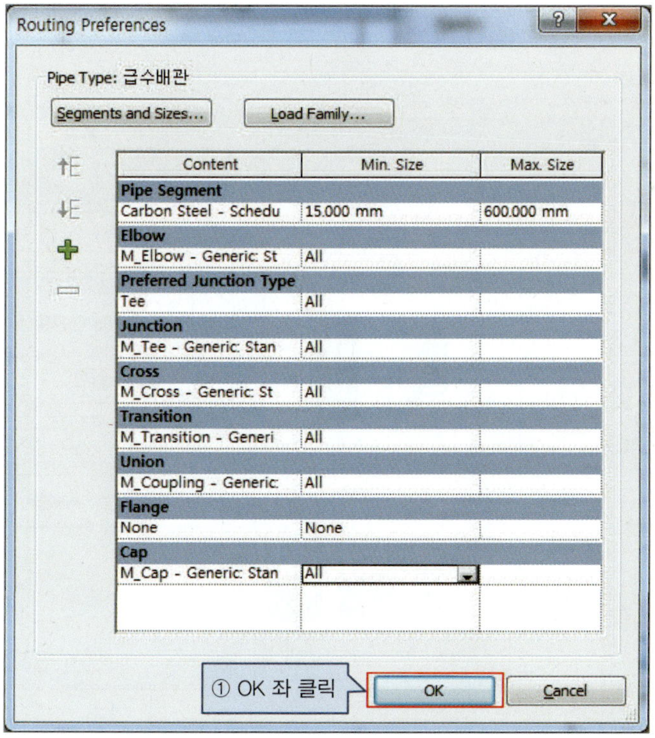

[그림 11-8]

Chapter 11 BIM 기계실 위생배관 설계　381

그림 11-9와 같이 급탕배관의 패밀리를 만드시오. 급수배관과 같은 재질을 사용하시오.

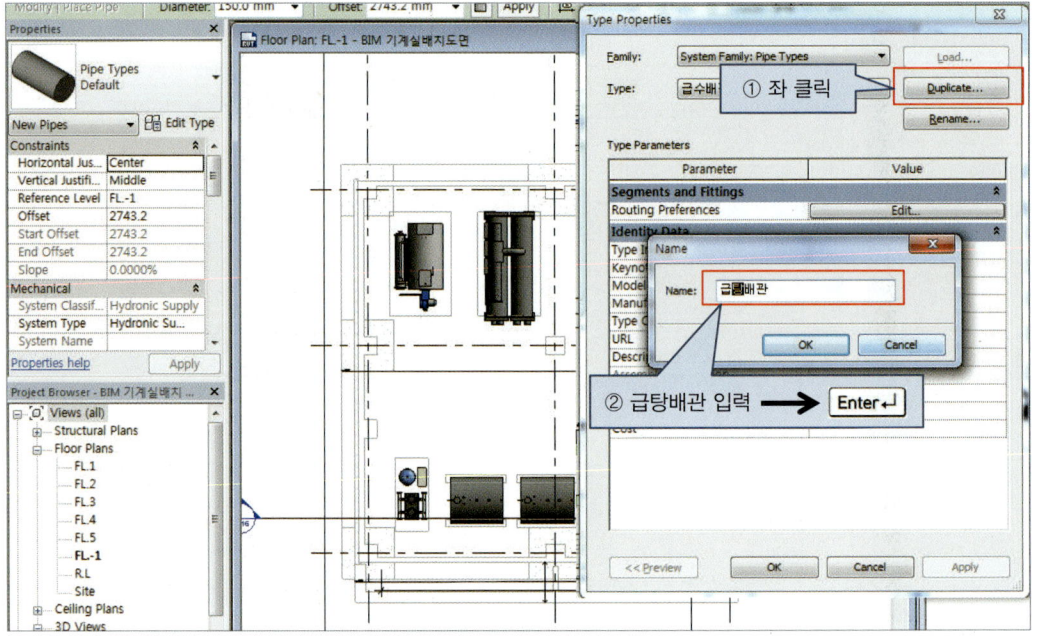

[그림 11-9]

그림 11-10~11-11과 같이 환탕배관의 패밀리를 만드시오. 급수배관과 같은 재질을 사용하시오.

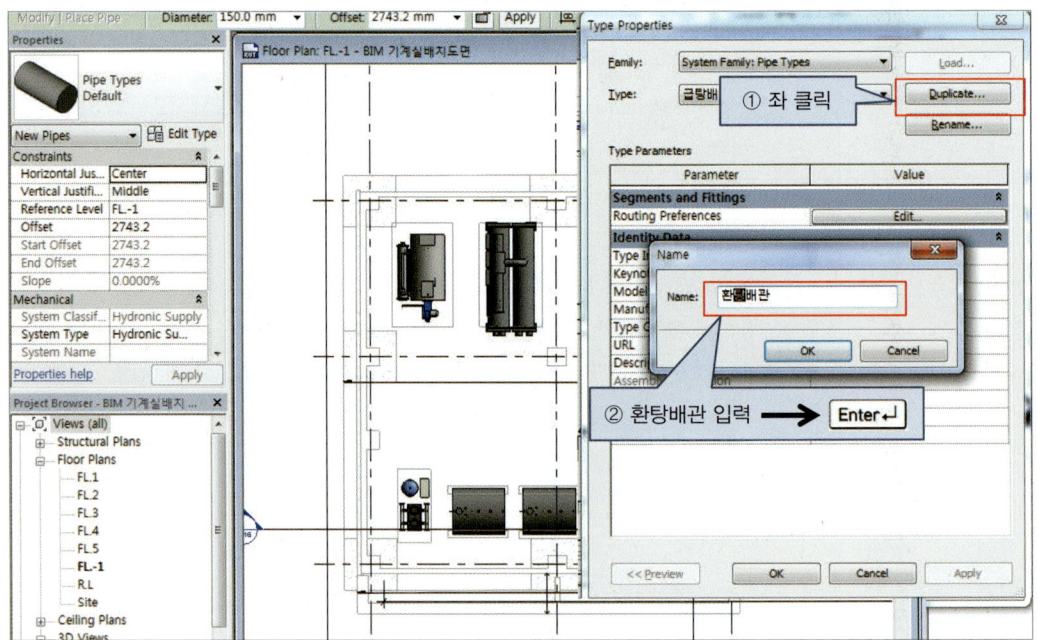

[그림 11-10]

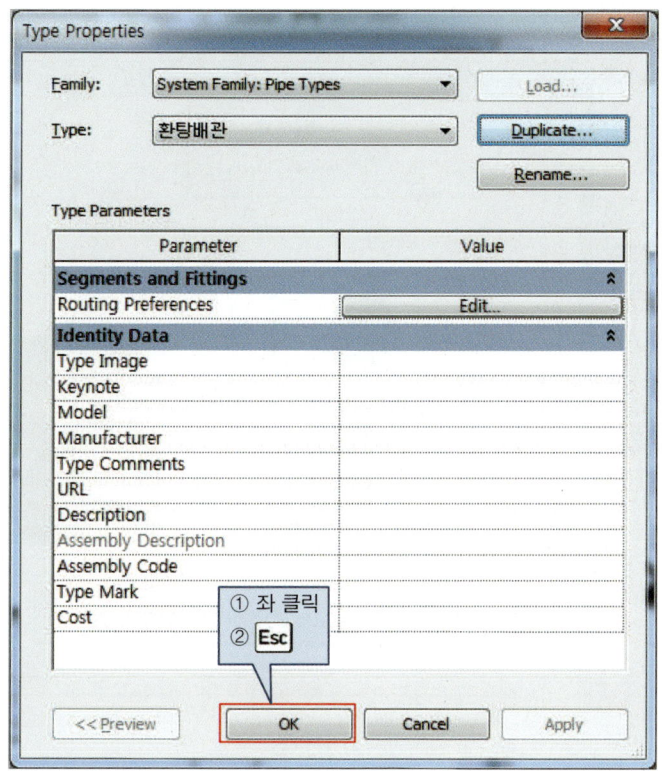

[그림 11-11]

그림 11-12~11-16과 같이 부스터펌프에 급수배관을 연결하시오.

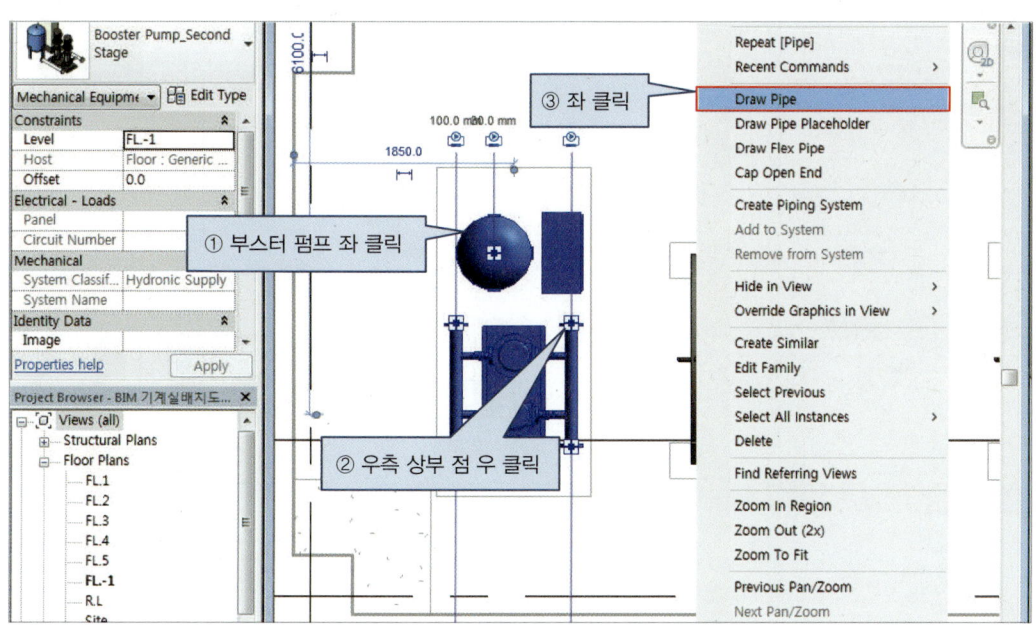

[그림 11-12]

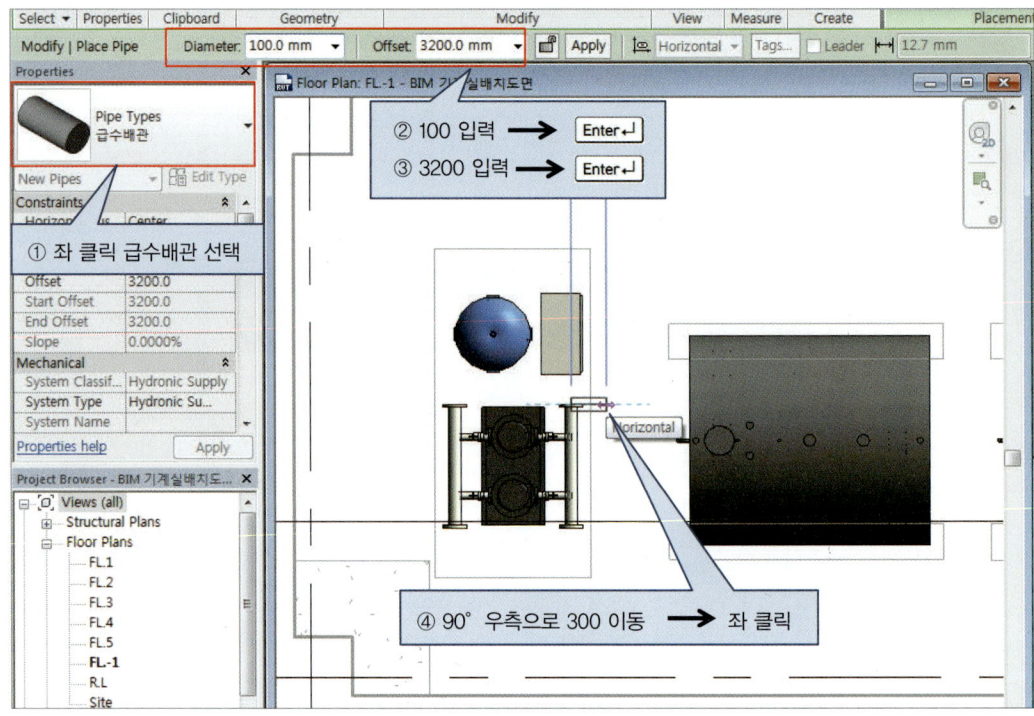

[그림 11-13]

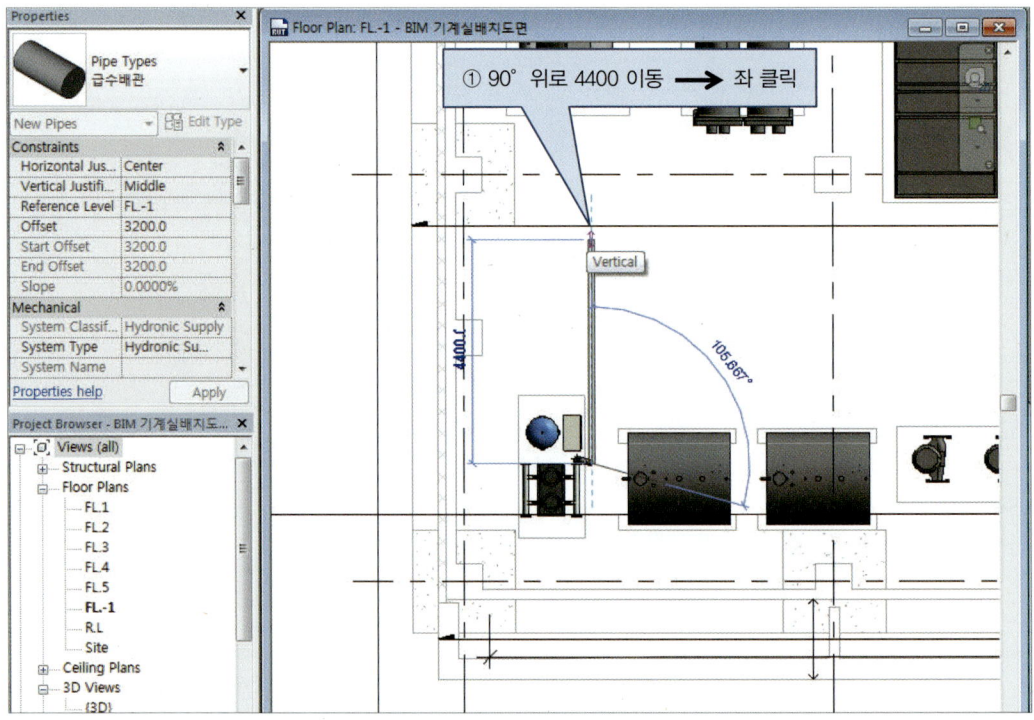

[그림 11-14]

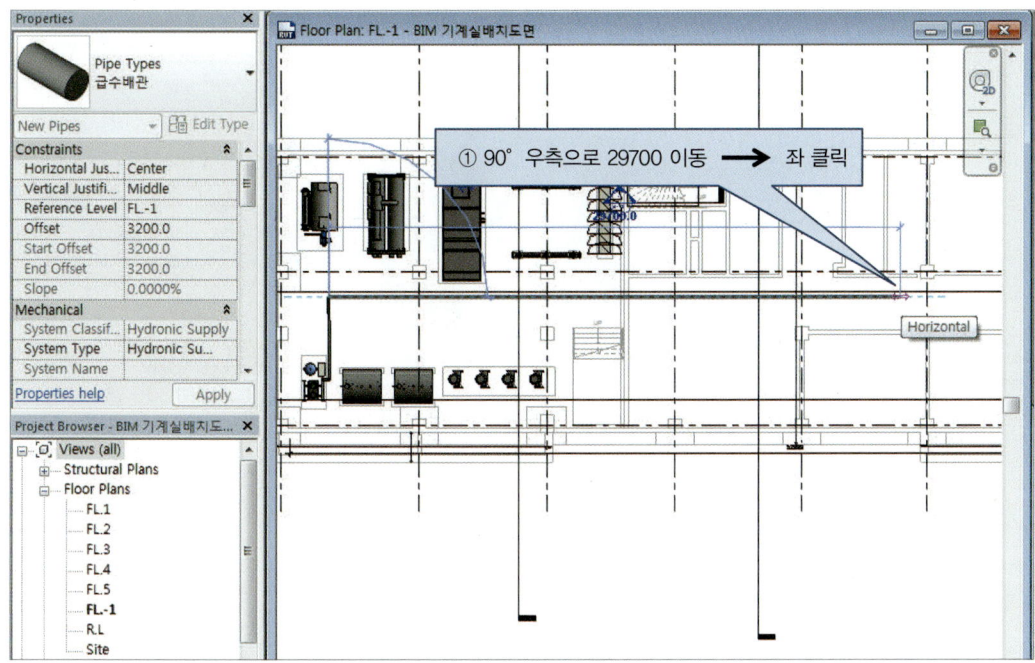

[그림 11-15]

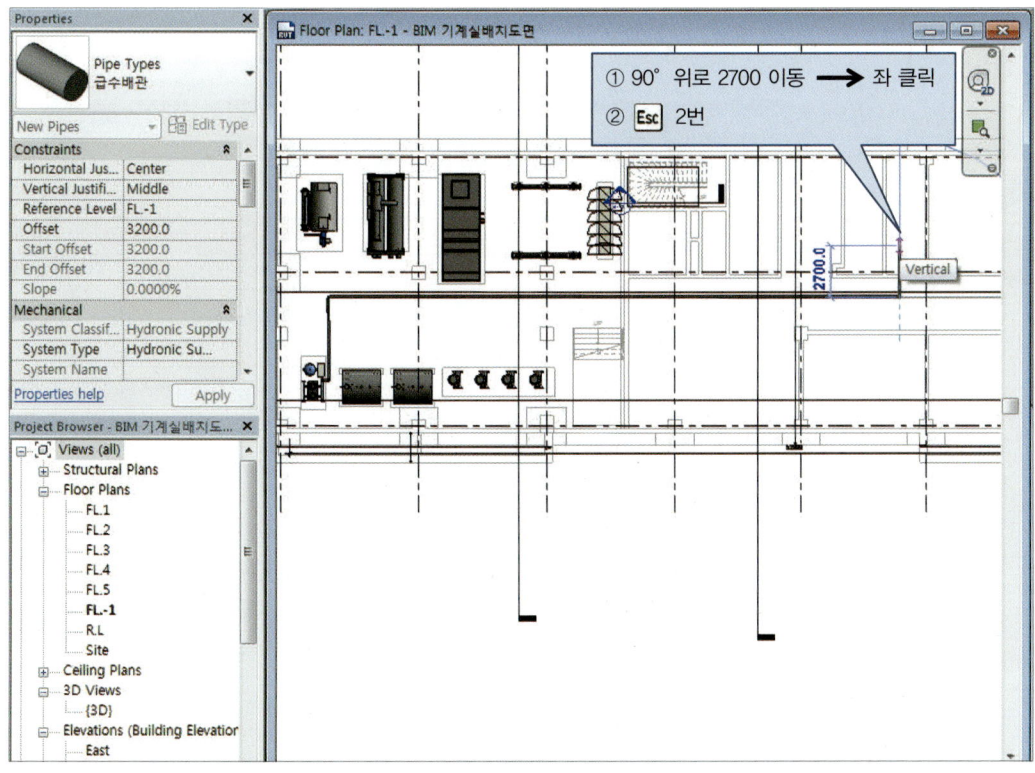

[그림 11-16]

그림 11-17~11-26과 같이 보일러와 저탕조를 급탕배관으로 연결하시오.

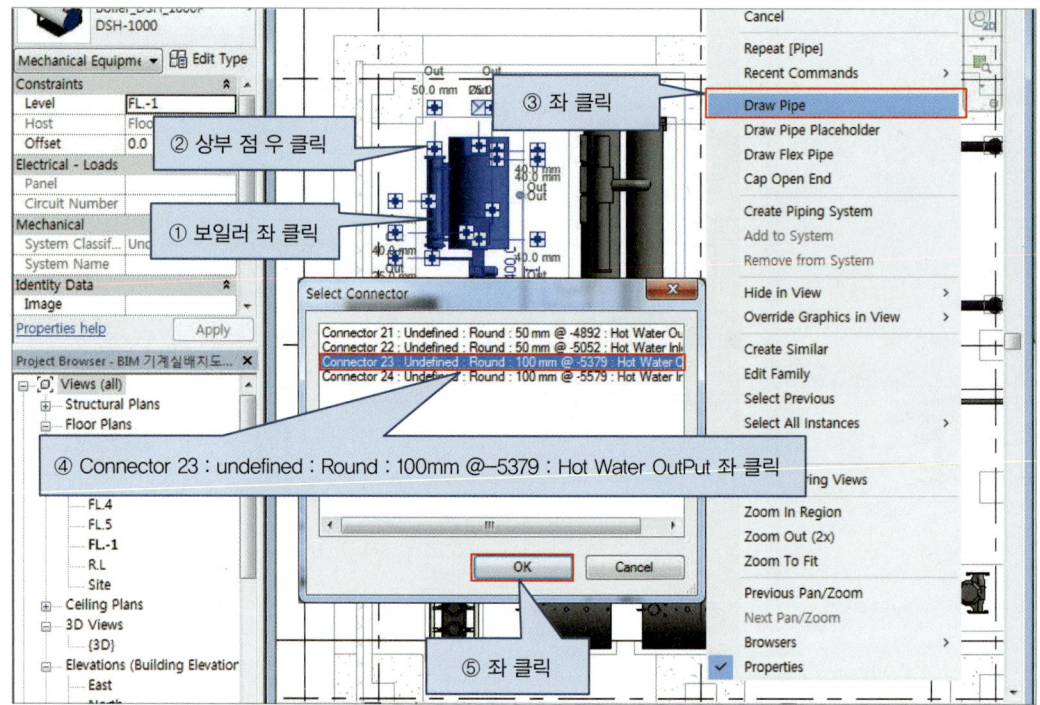

[그림 11-17]

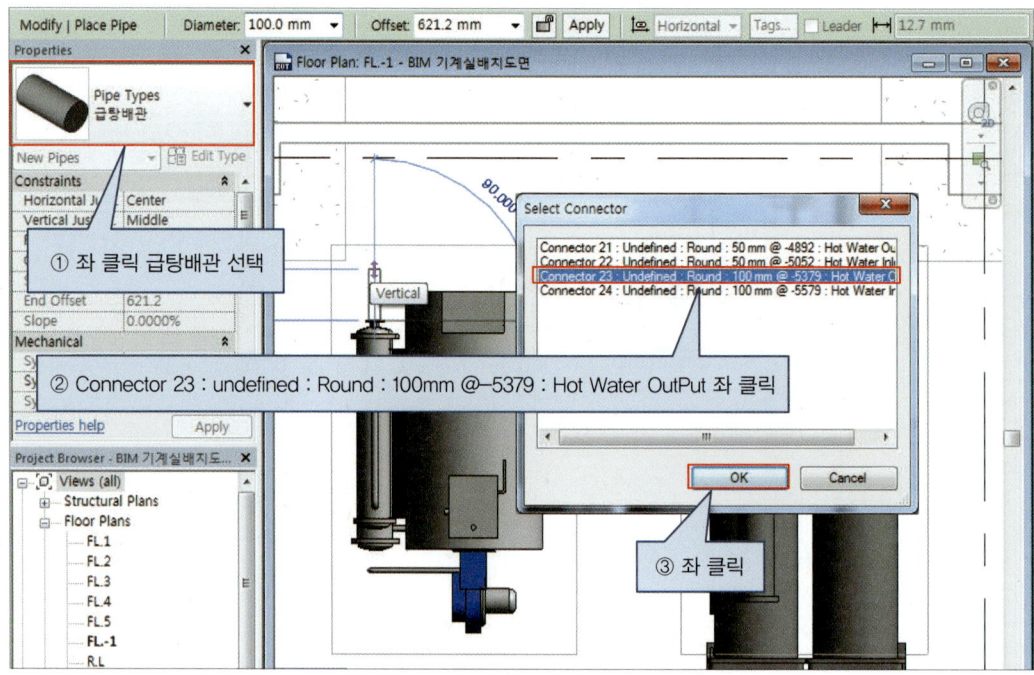

[그림 11-18]

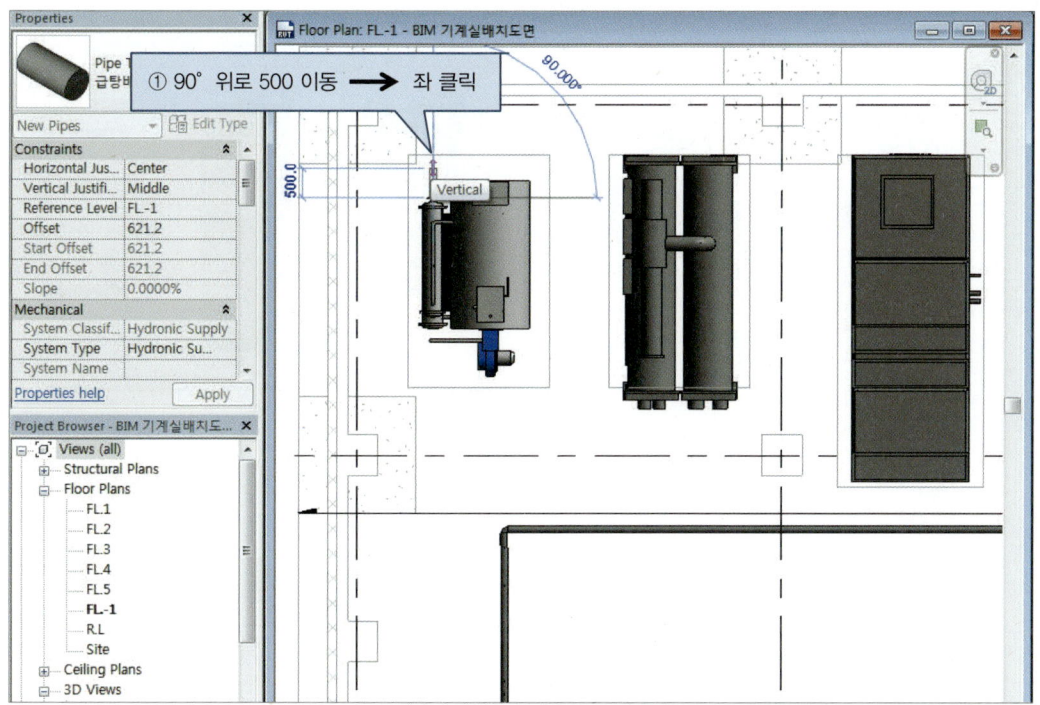

[그림 11-19]

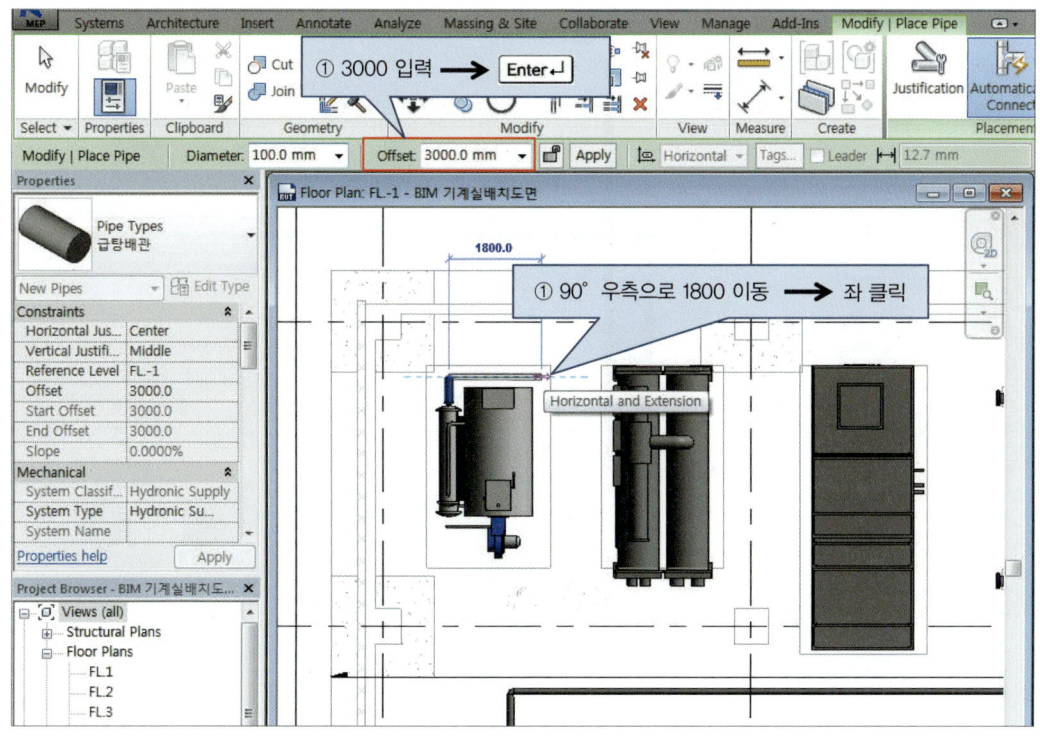

[그림 11-20]

Chapter 11 BIM 기계실 위생배관 설계 387

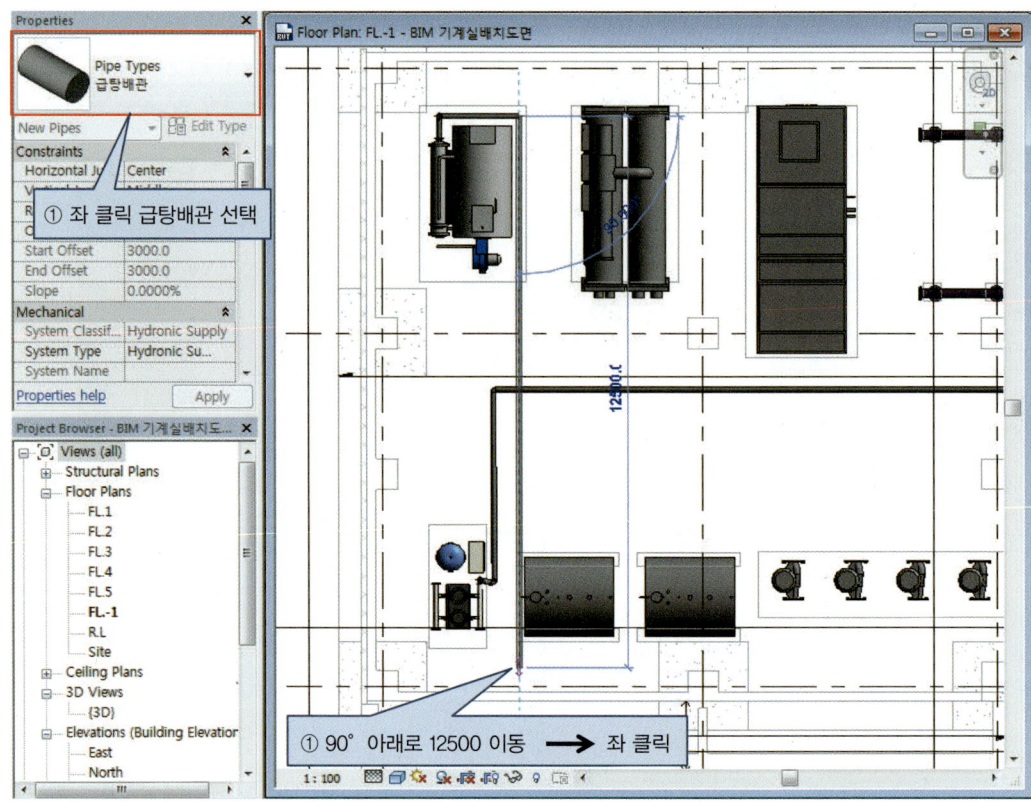

[그림 11-21]

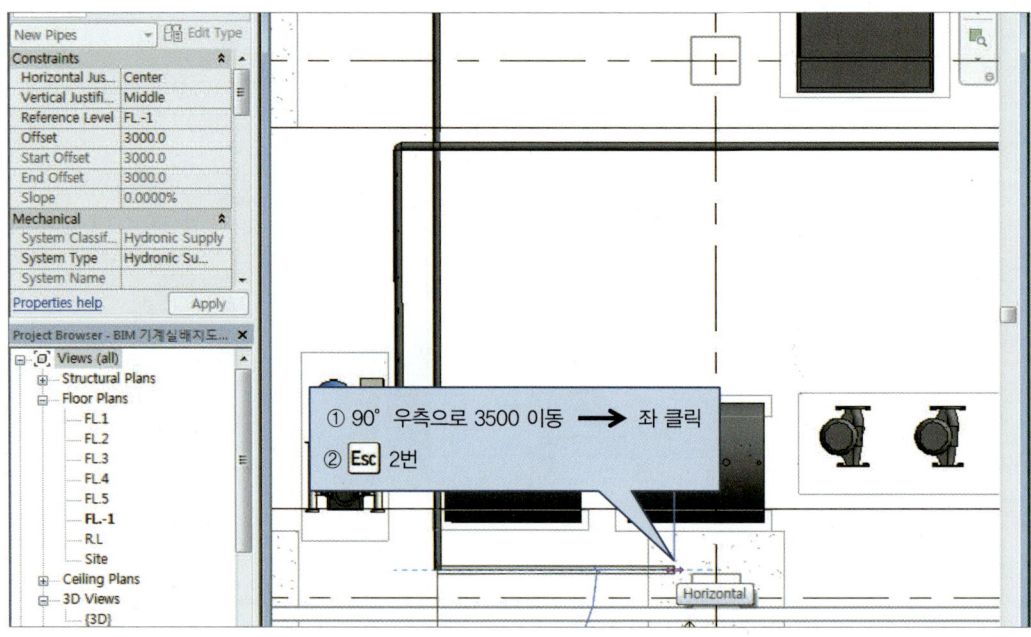

[그림 11-22]

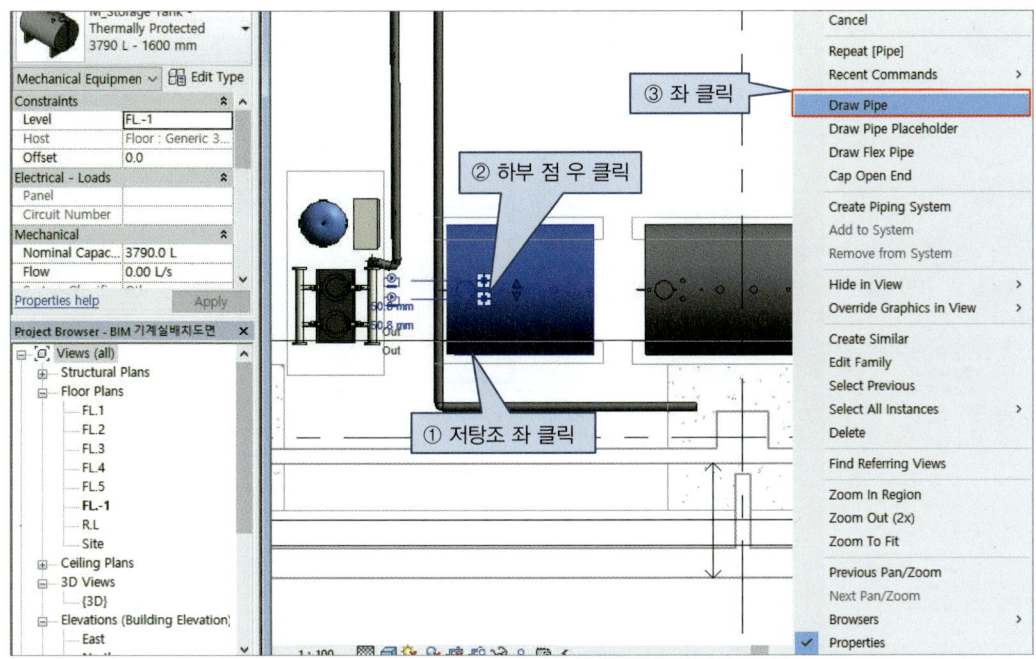

[그림 11-23]

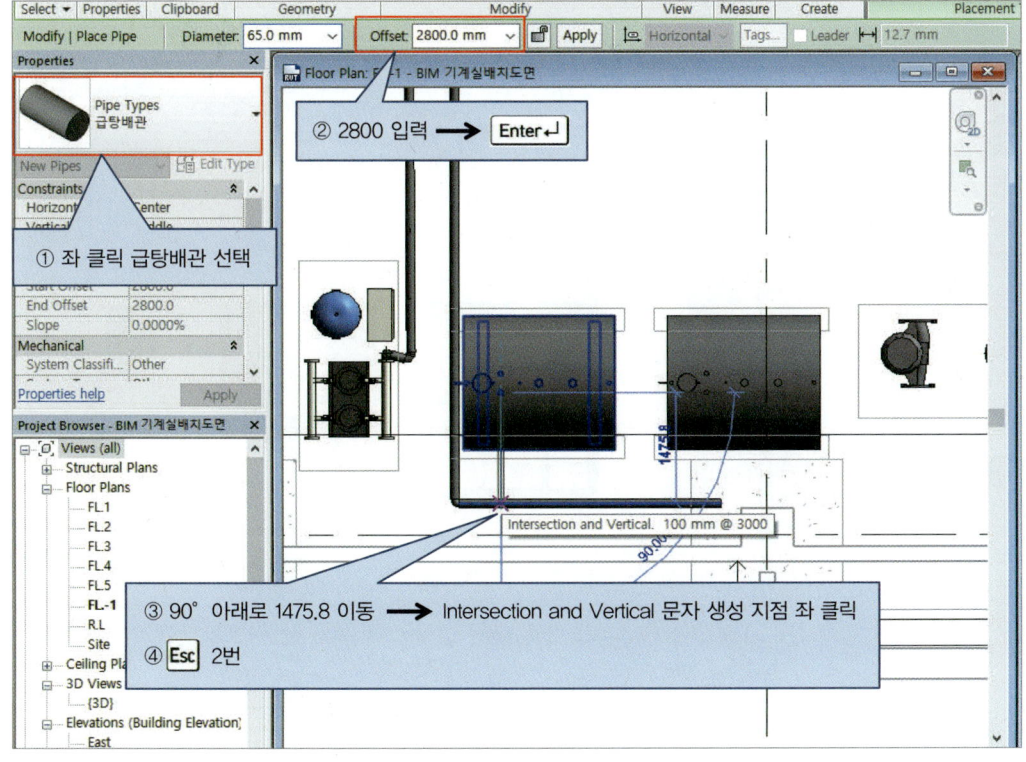

[그림 11-24]

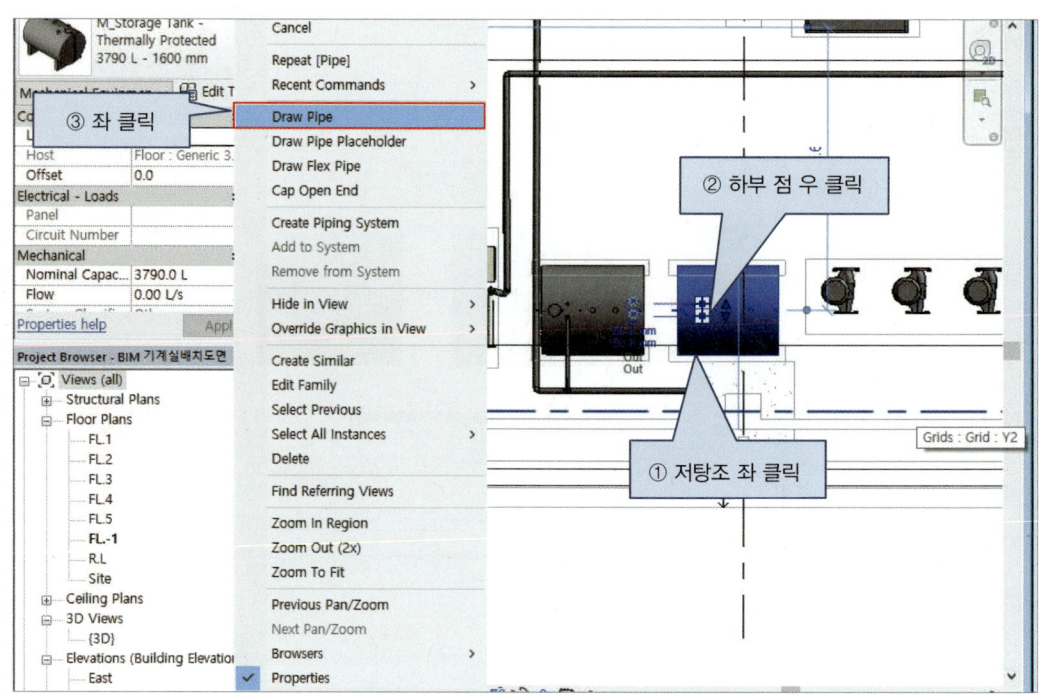

[그림 11-25]

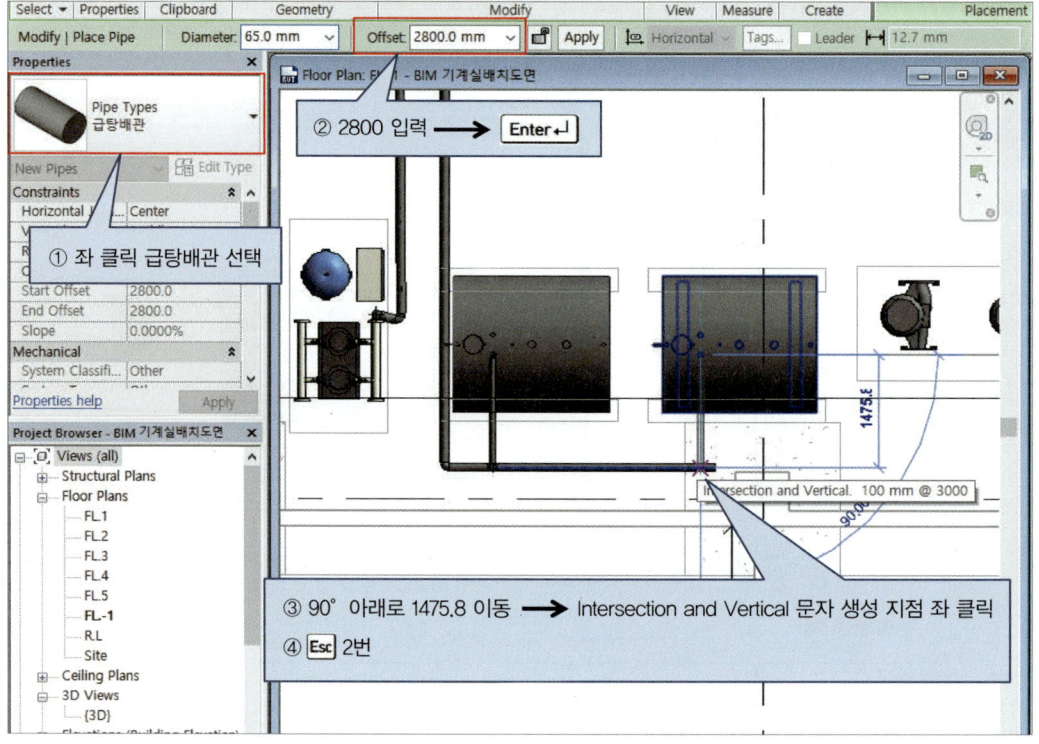

[그림 11-26]

그림 11-27~11-32와 같이 보일러와 저탕조를 환탕배관으로 연결하시오.

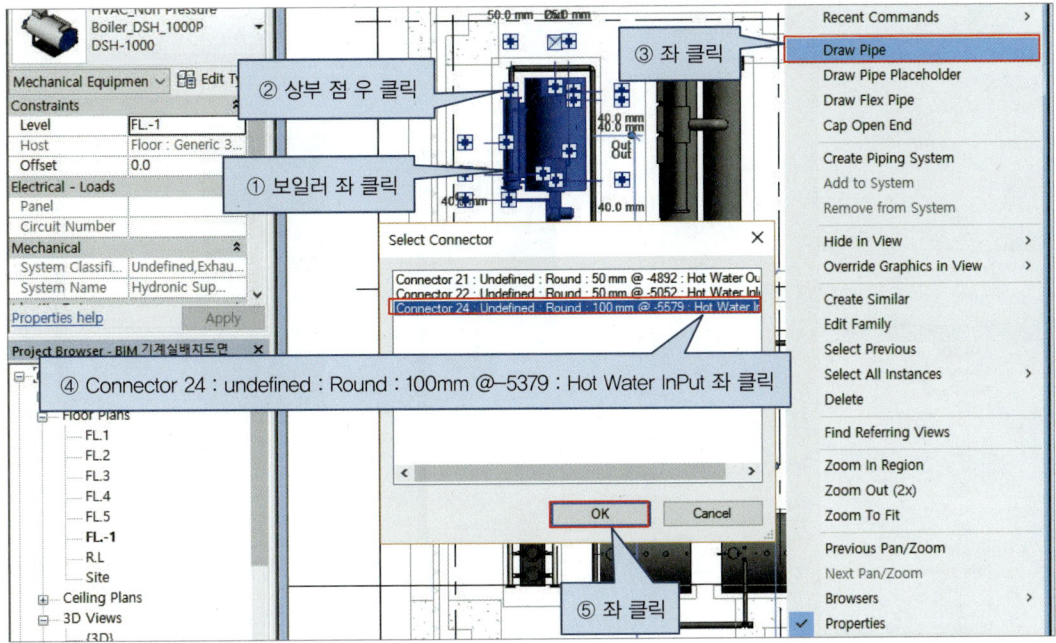

[그림 11-27]

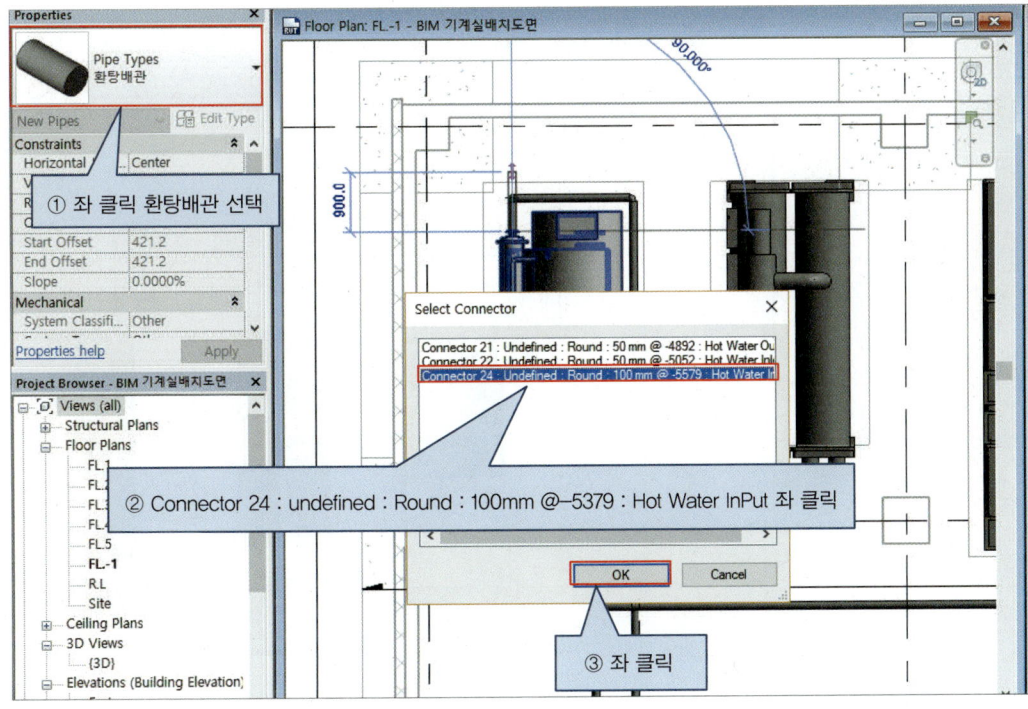

[그림 11-28]

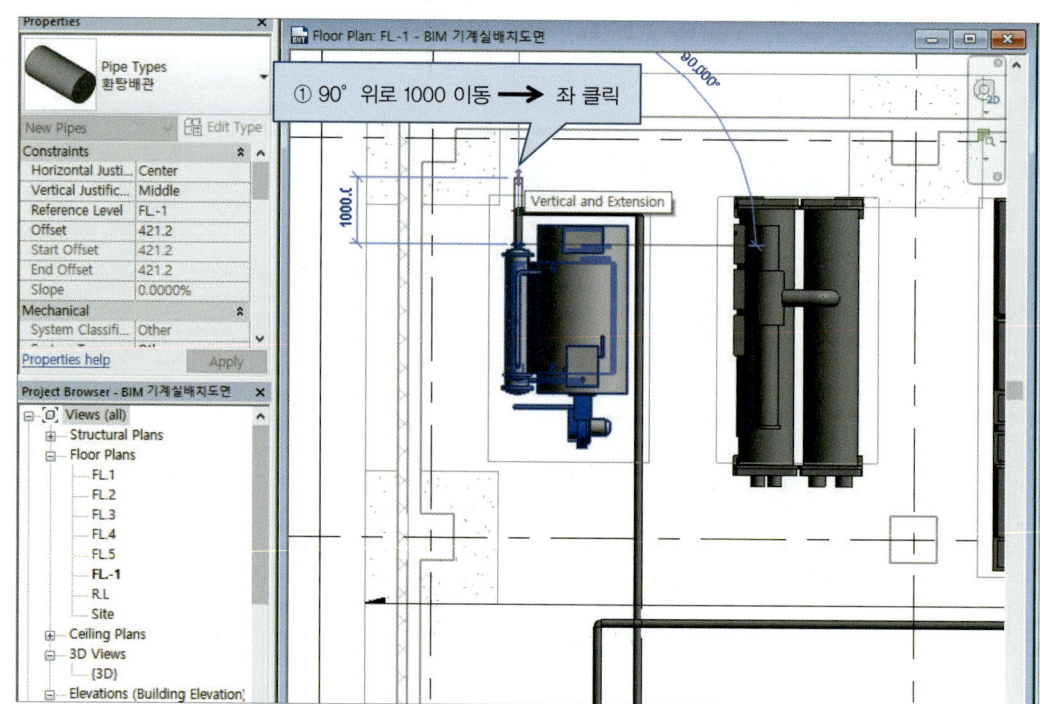

[그림 11-29]

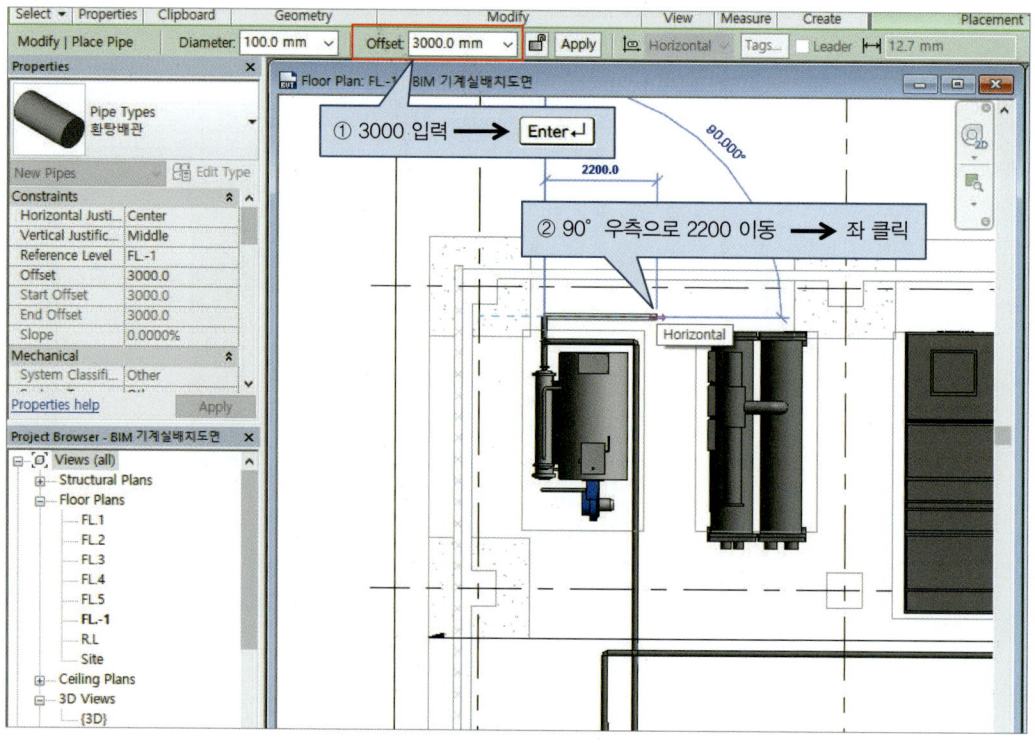

[그림 11-30]

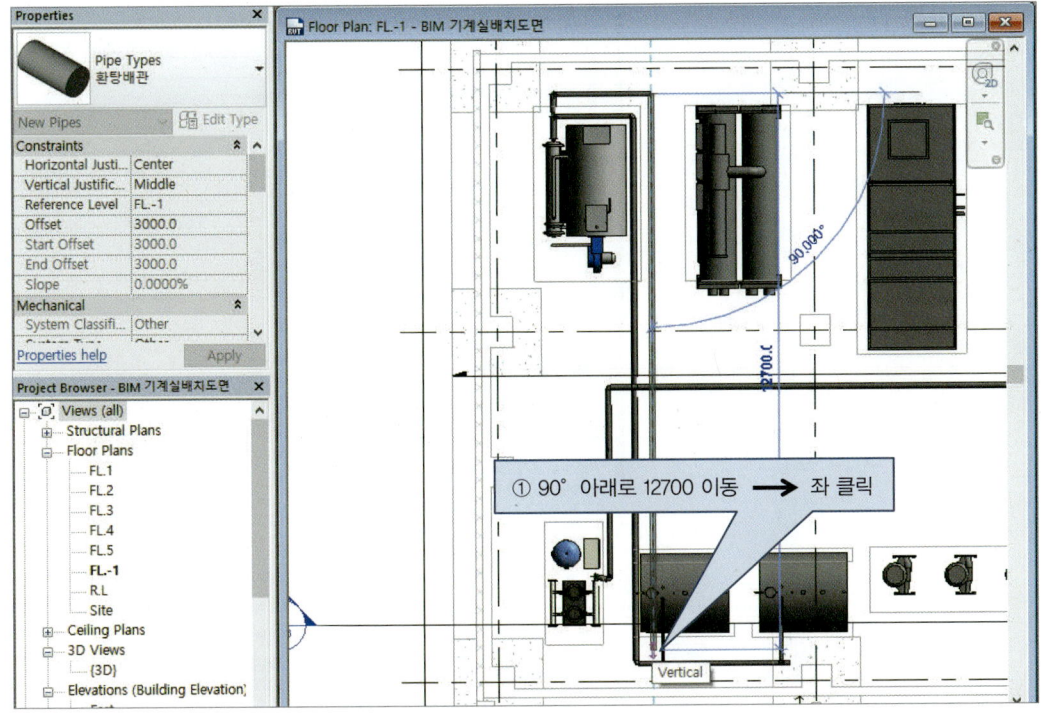

[그림 11-31]

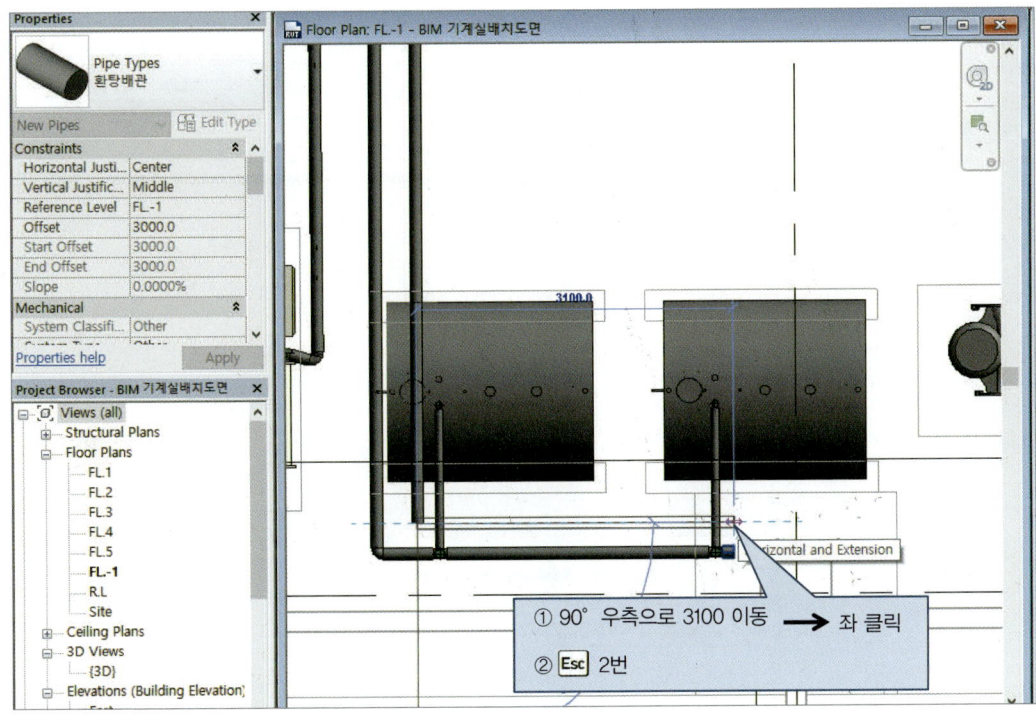

[그림 11-32]

그림 11-33~11-38과 같이 저탕조에 급탕배관을 연결하시오.

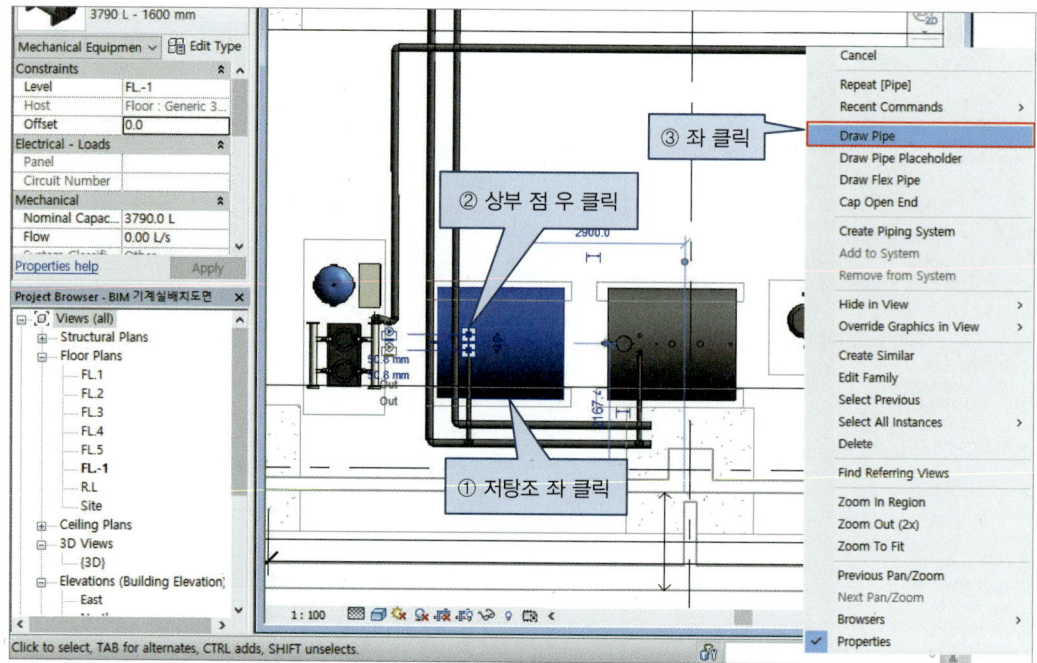

[그림 11-33]

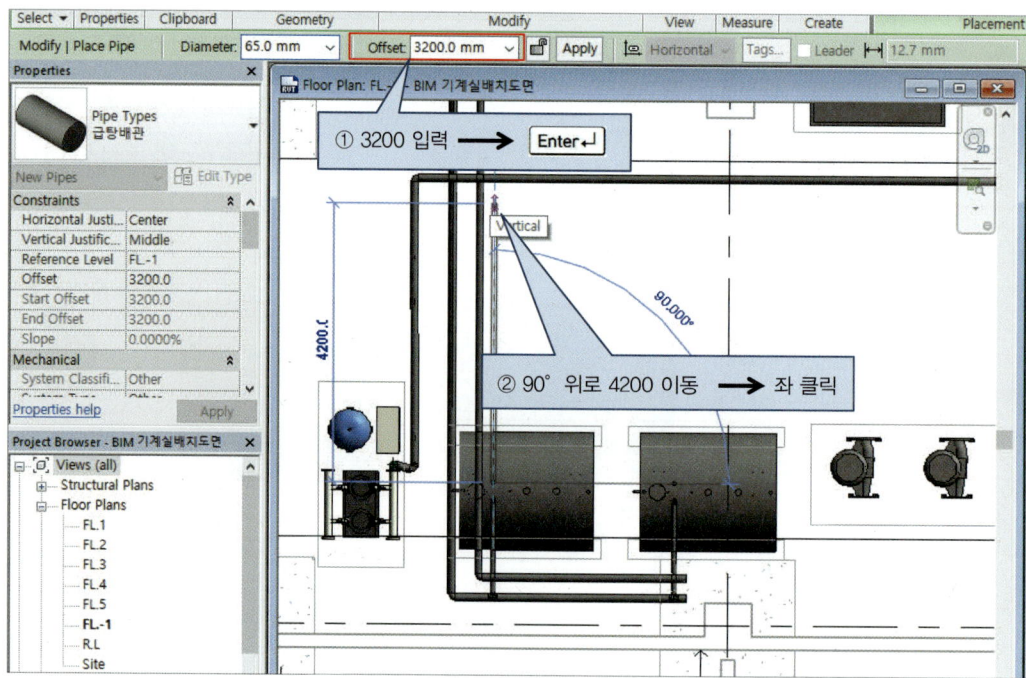

[그림 11-34]

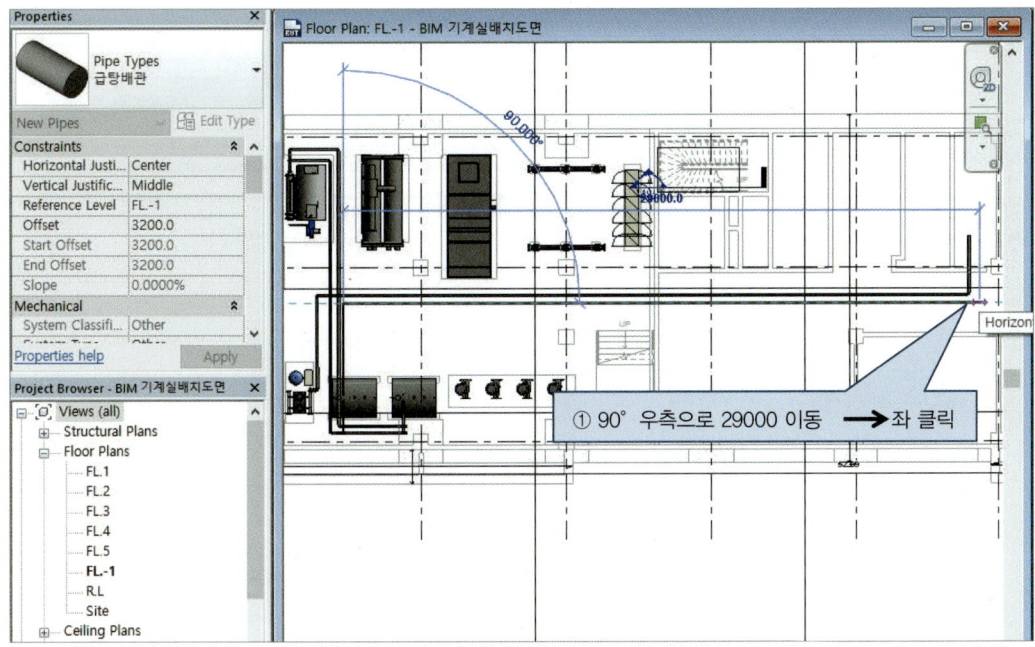

[그림 11-35]

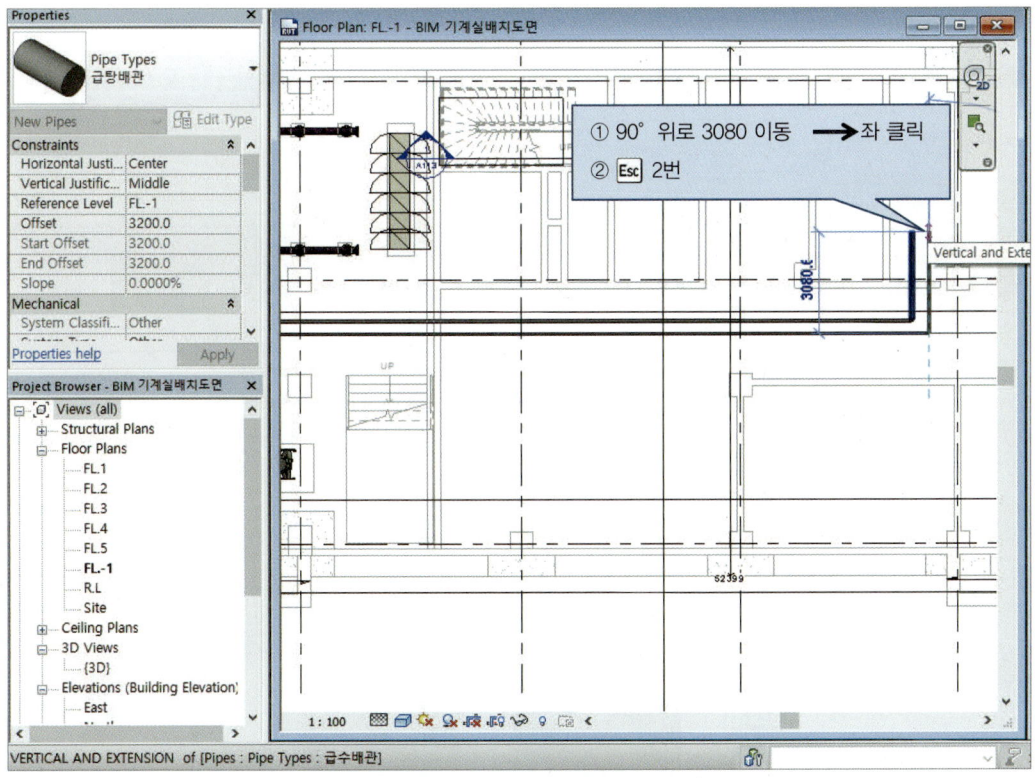

[그림 11-36]

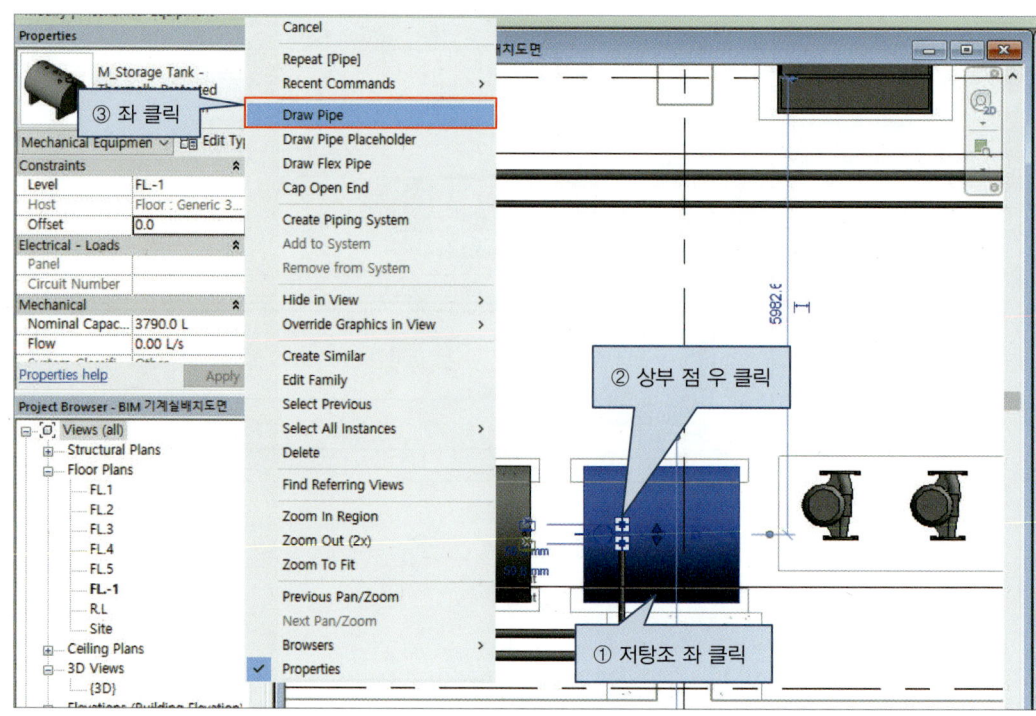

[그림 11-37]

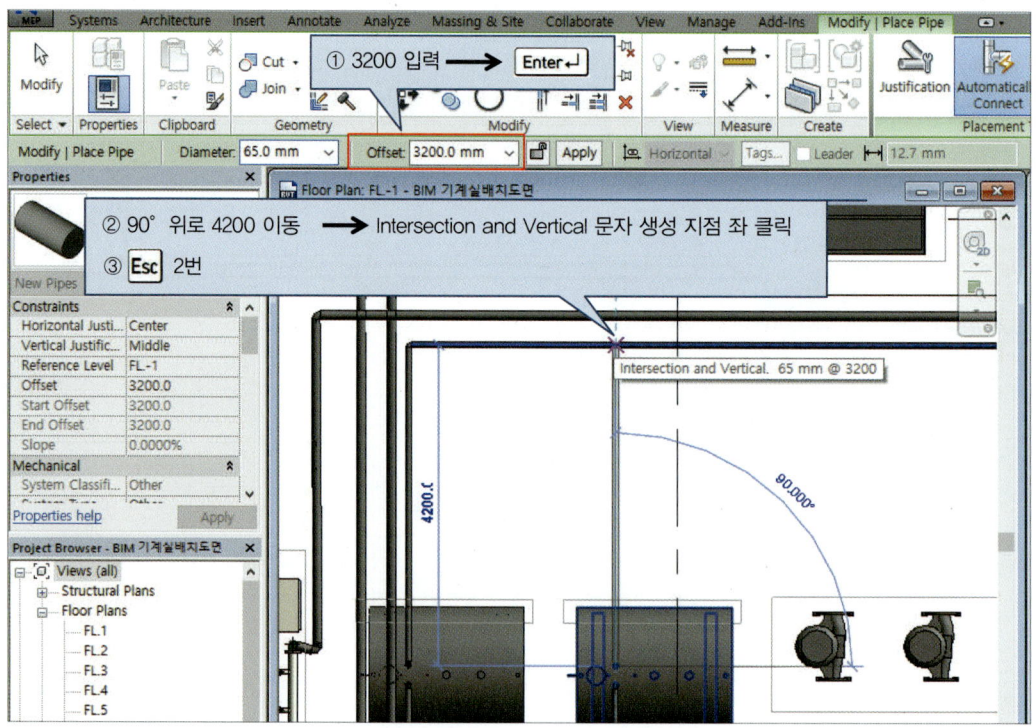

[그림 11-38]

그림 11-39~11-44와 같이 저탕조에 환탕배관을 연결하시오.

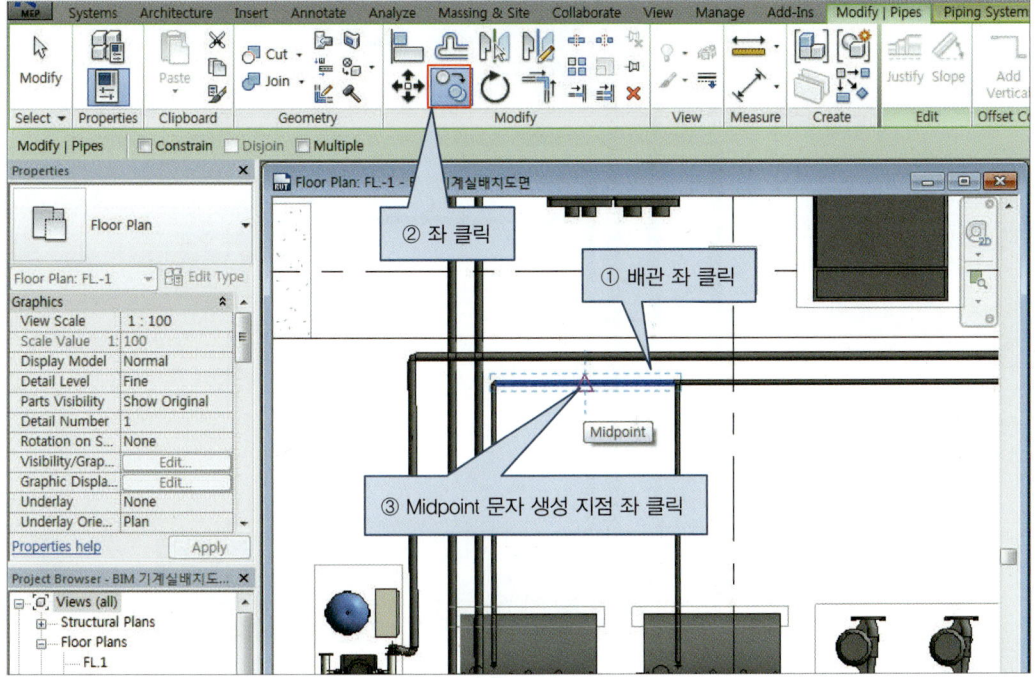

[그림 11-39]

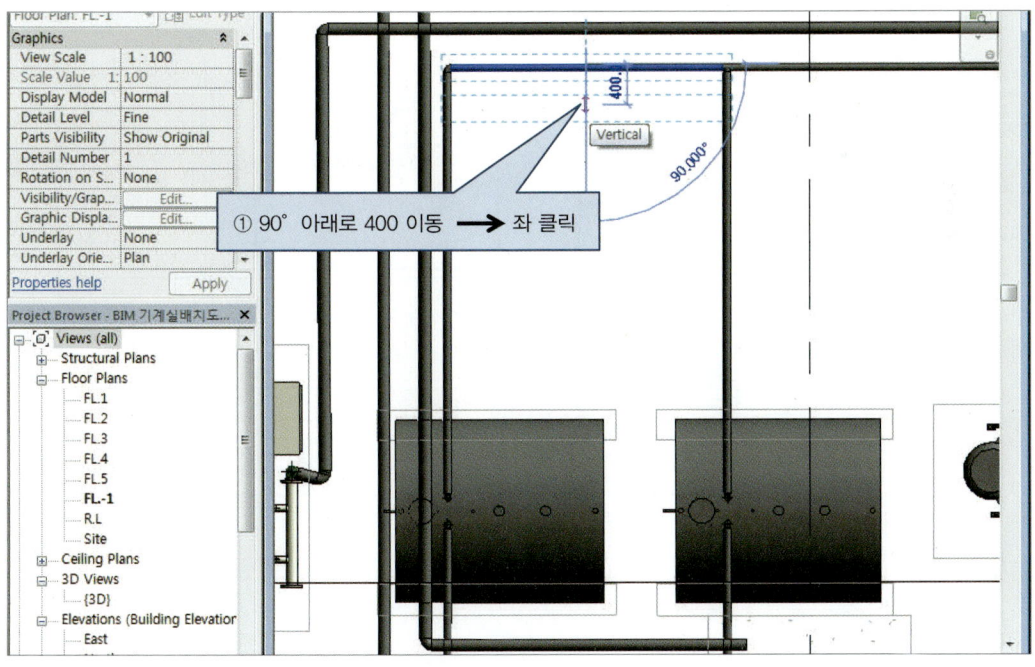

[그림 11-40]

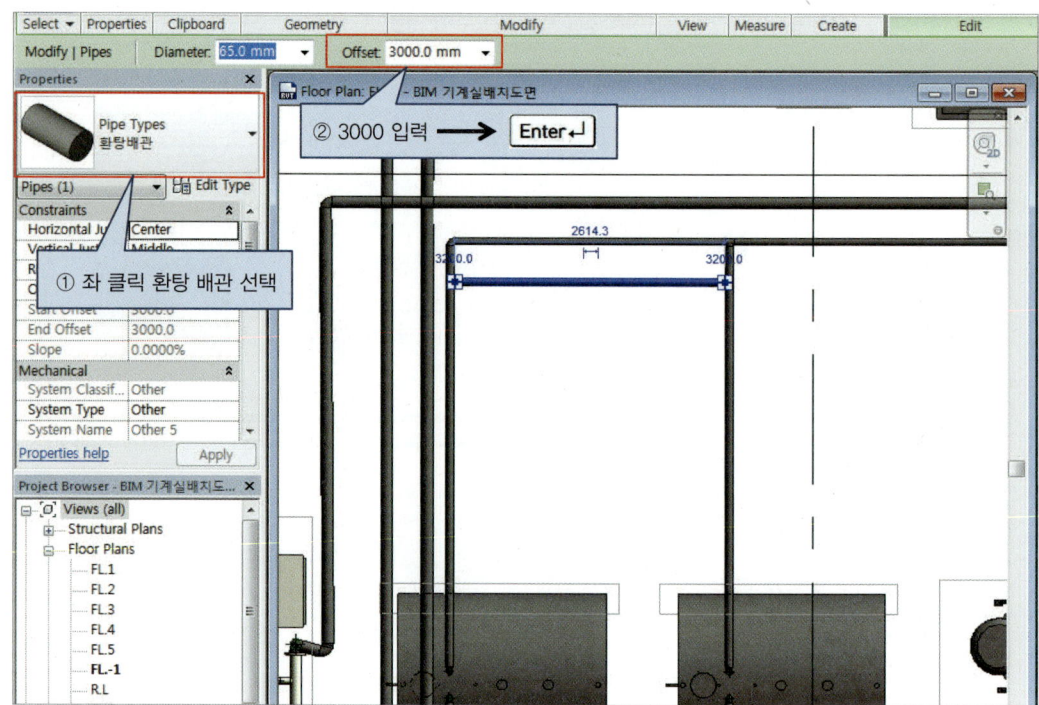

[그림 11-41]

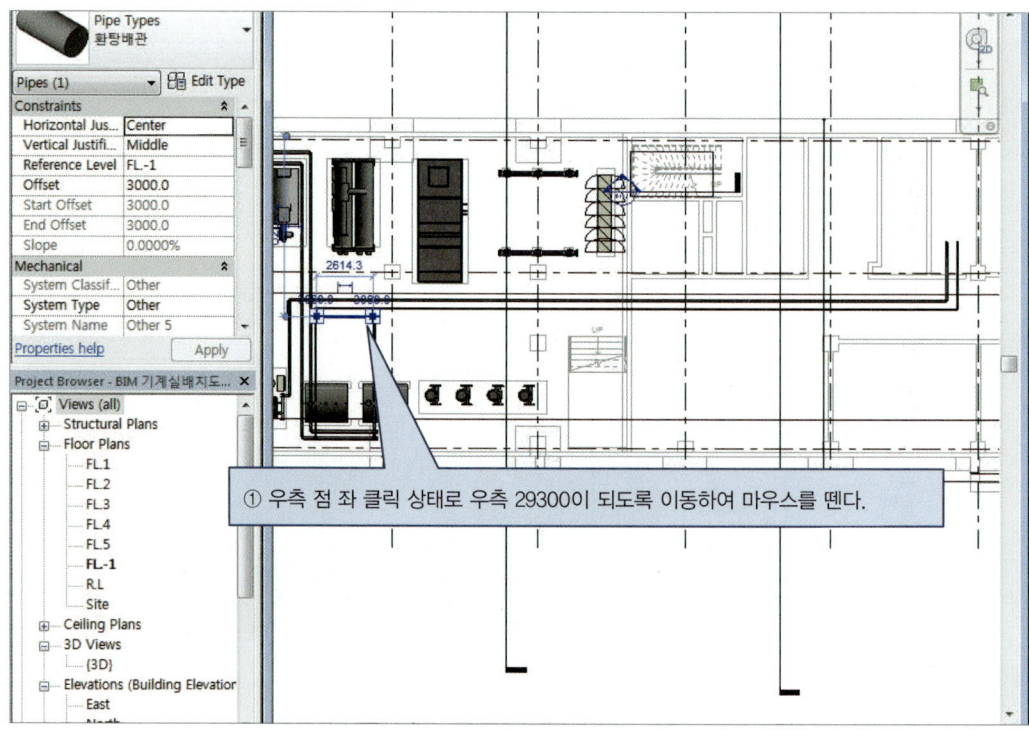

[그림 11-42]

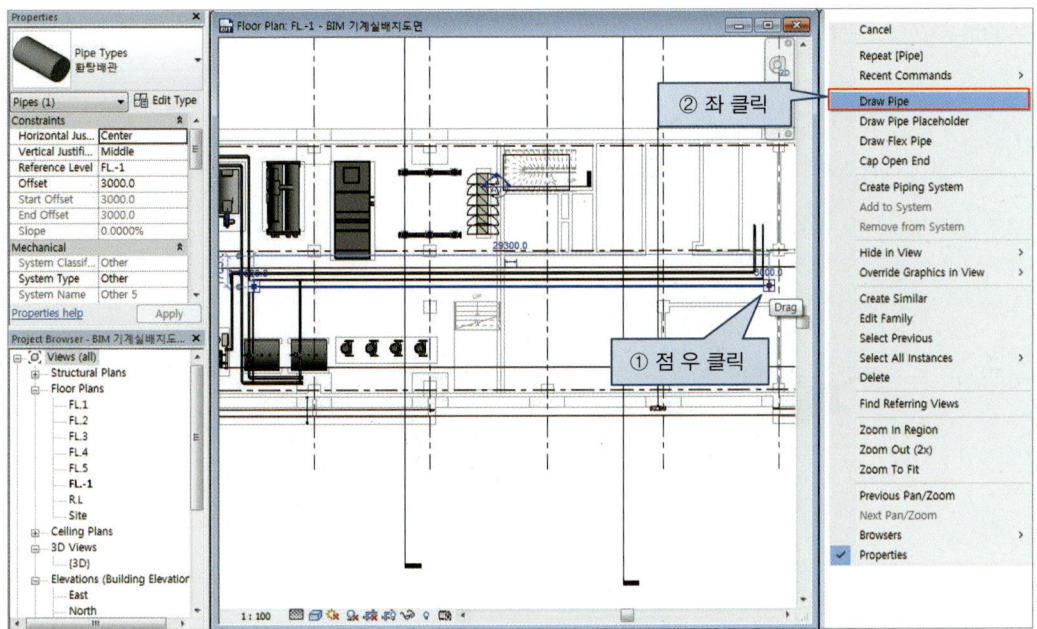

[그림 11-43]

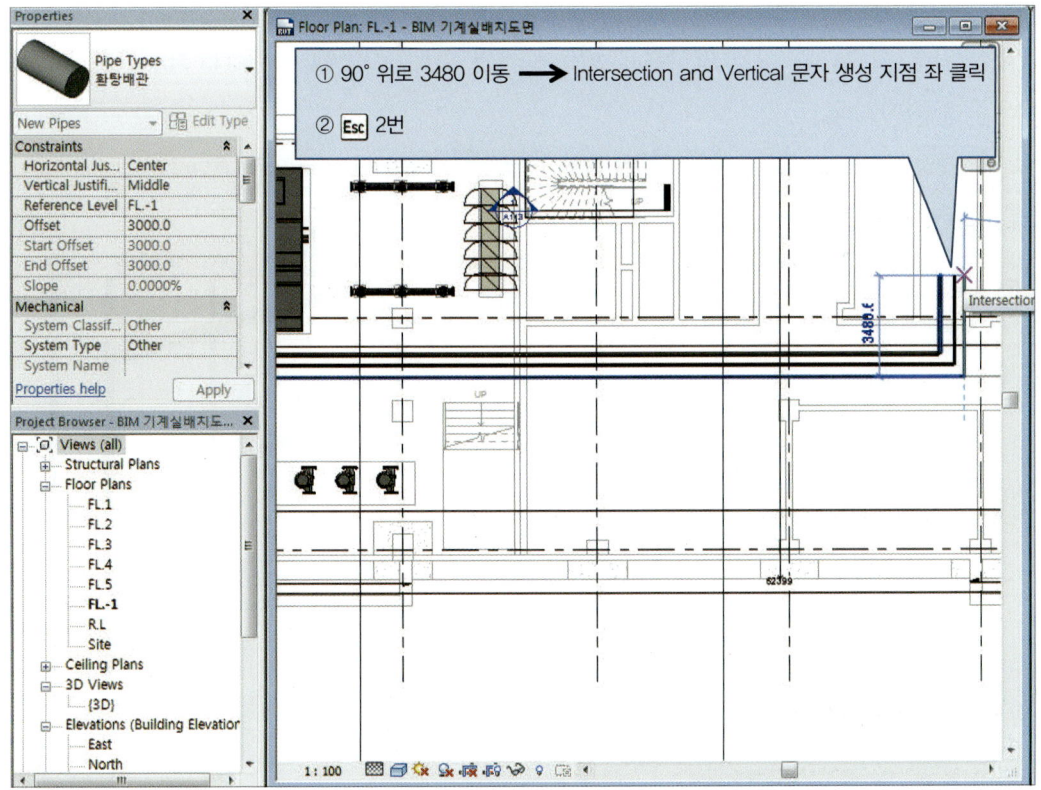

[그림 11-44]

Chapter 05.에서 그린 것과 같이 그림 11-45를 완성하시오.

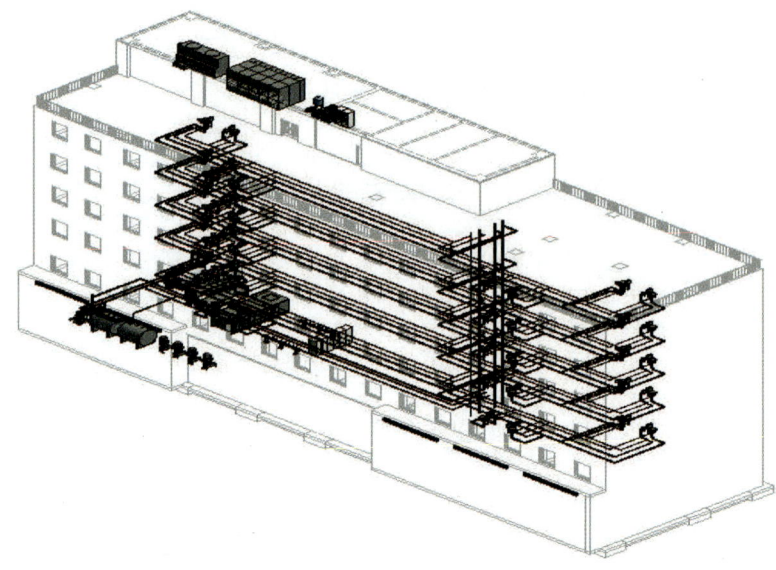

[그림 11-45]

기계실 위생 횡지관과 위생 입상관을 연결시키기 위해 그림 11-46~11-50과 같이 Offset을 3200으로 조정하시오.

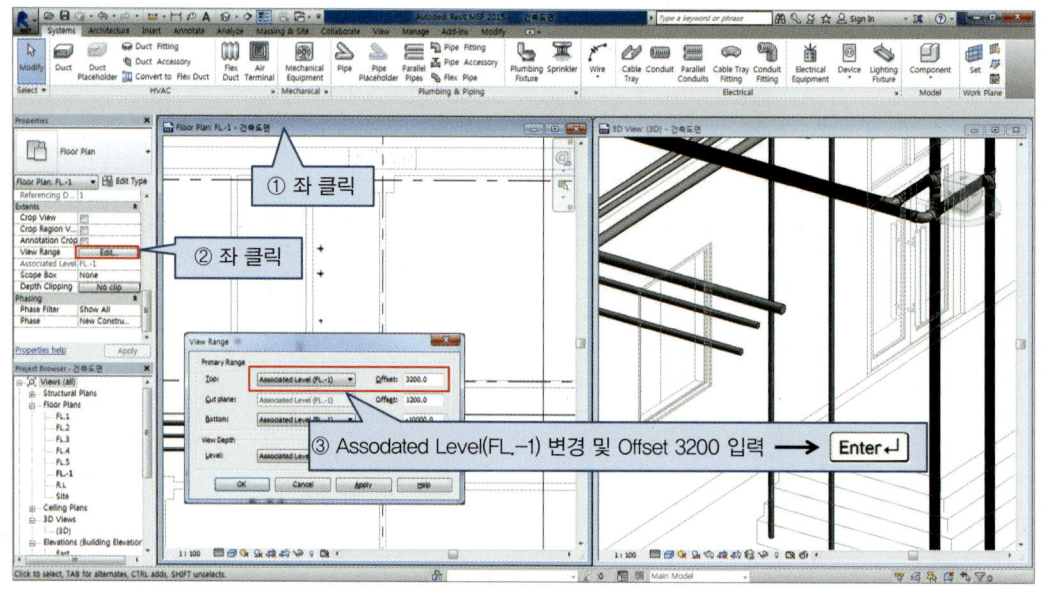

[그림 11-46]

그림 11-47~11-51과 같이 기계실 위생 횡지관과 위생 입상관을 연결하시오.

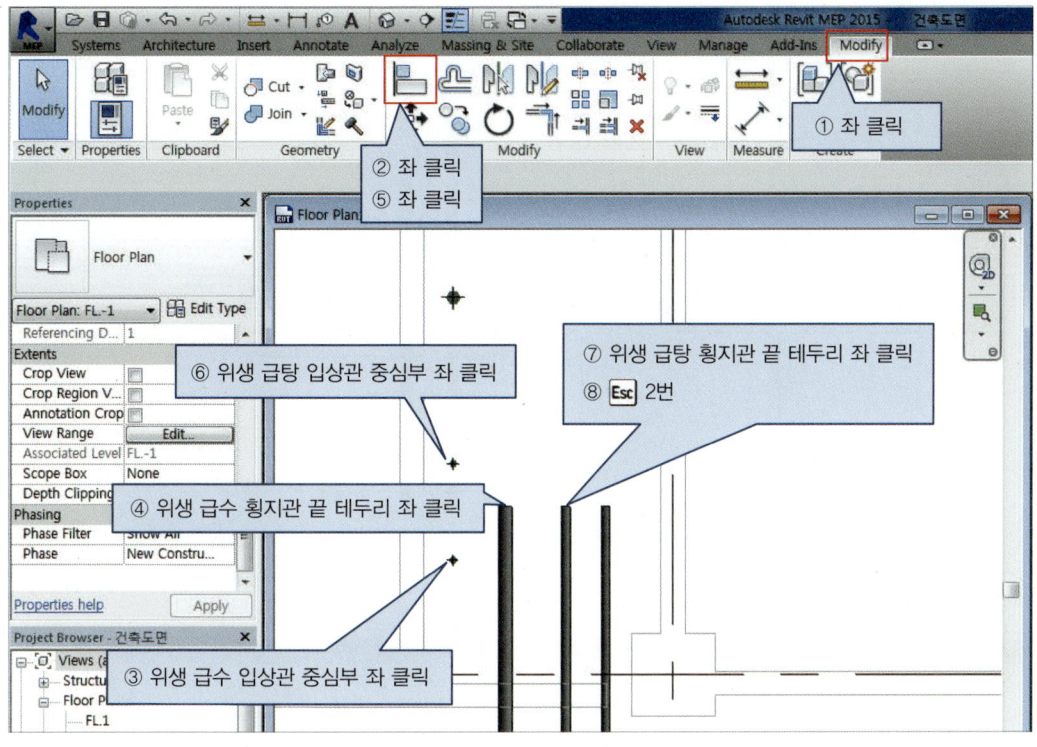

[그림 11-47]

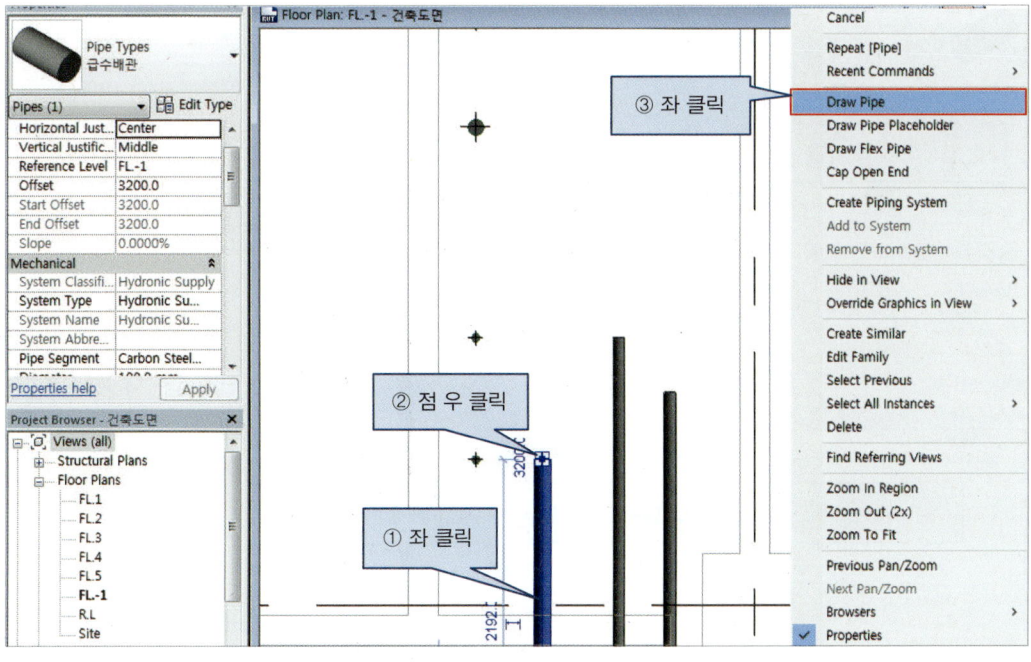

[그림 11-48]

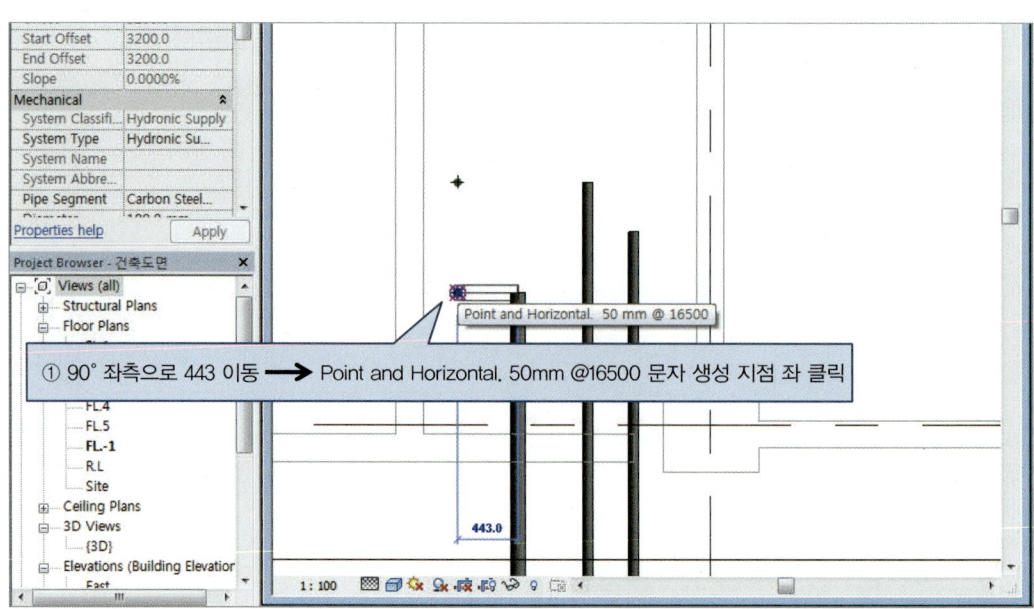

[그림 11-49]

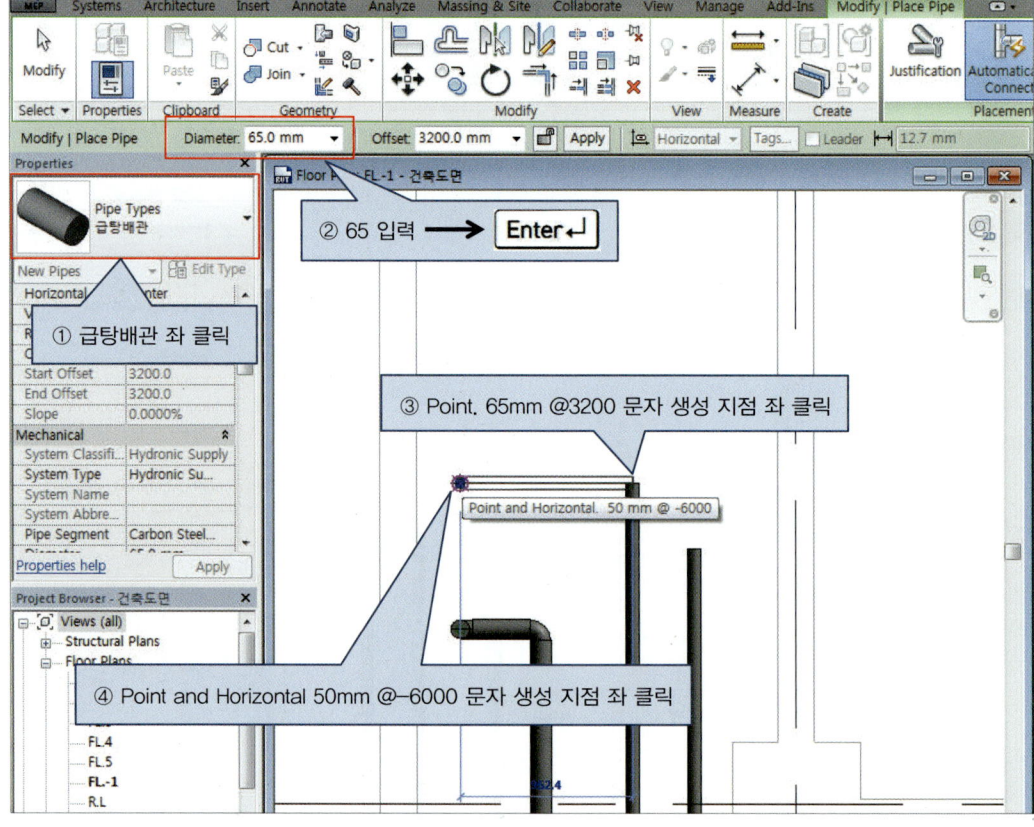

[그림 11-50]

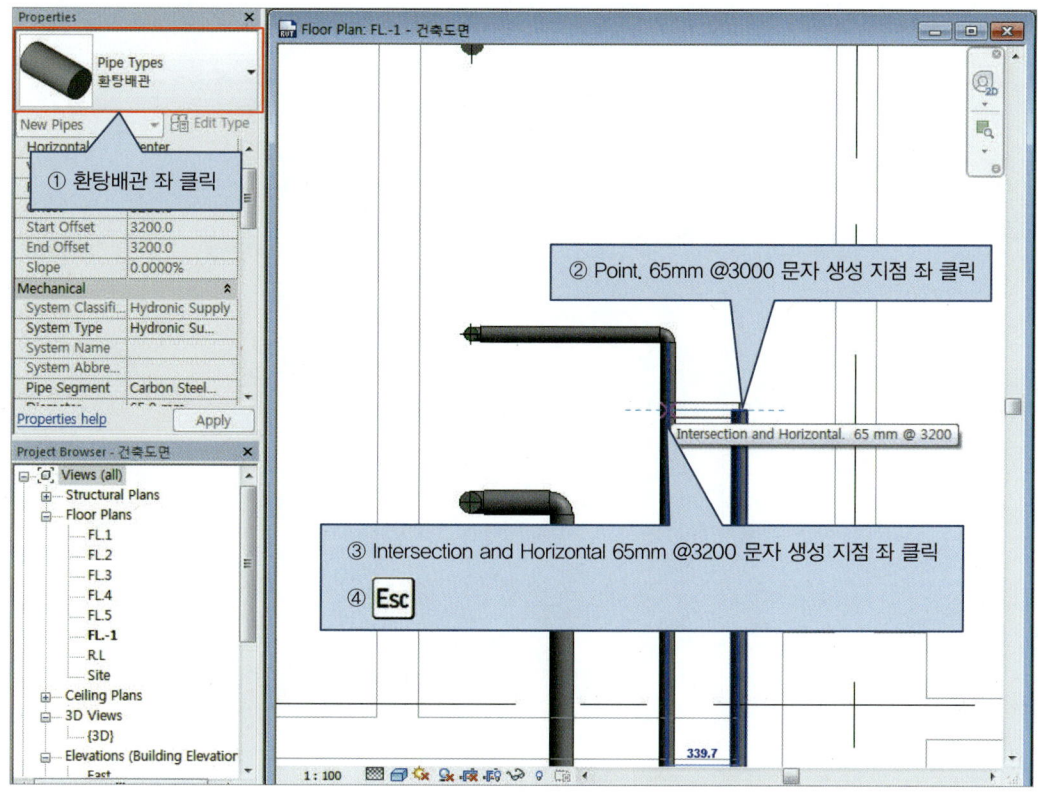

[그림 11-51]

다음과 같이 저장하시오.

파일명 : CHAPTER11_학번_홍길동(년/월/일)

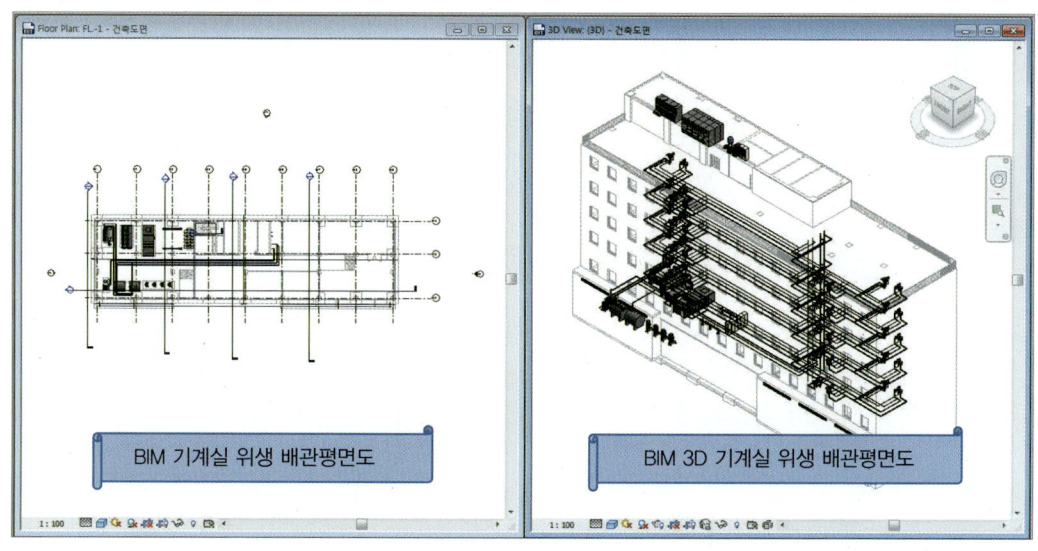

[그림 11-52]

그림 12-1 BIM 기계실 배치 도면을 이용하여 그림 12-2 BIM 기계실 가스배관 도면을 만드는 방법을 알아본다.

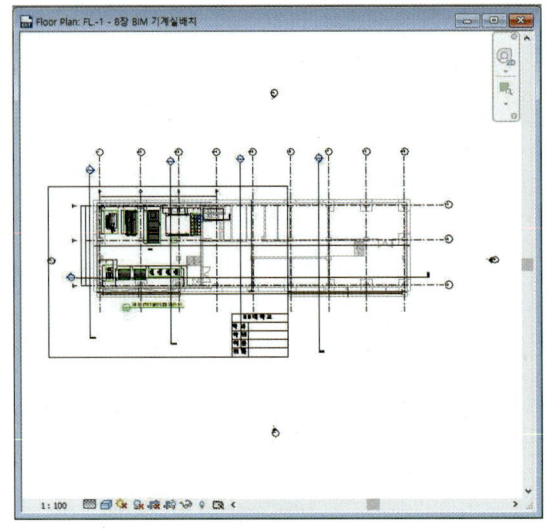 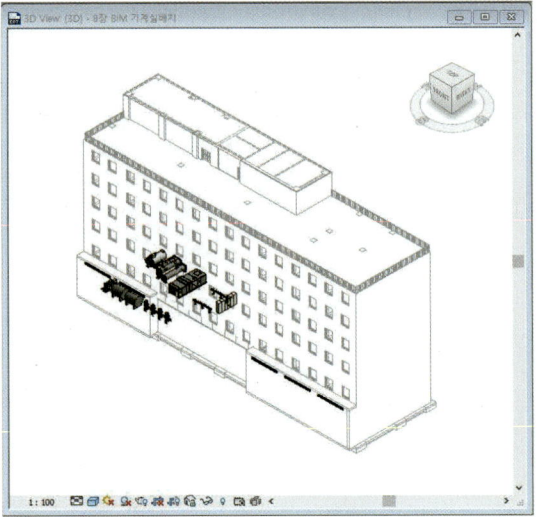

(a) BIM 기계실 배치 평면도　　　　　　　(b) BIM 3D 기계실 배치 평면도

[그림 12-1] BIM 기계실 배치 도면

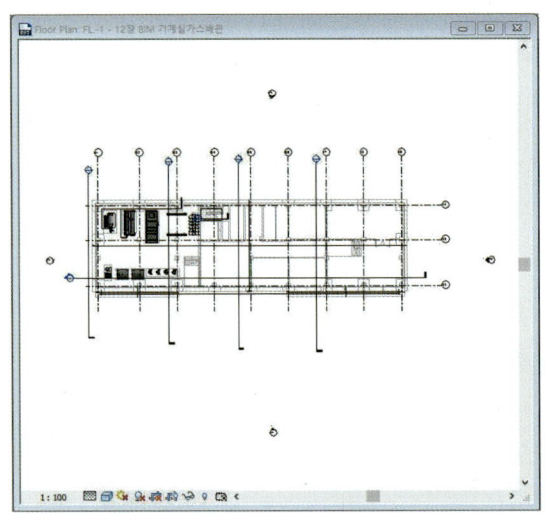 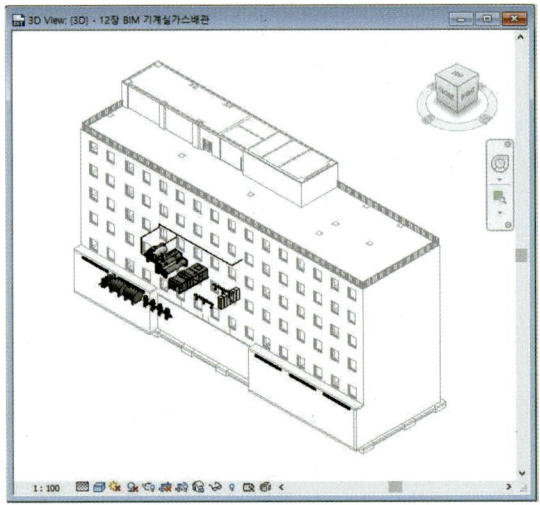

(a) BIM 기계실 가스배관 평면도　　　　　(b) BIM 3D 기계실 가스배관 평면도

[그림 12-2] BIM 기계실 가스배관 도면

다운로드 받은 chapter 12.의 BIM 기계실 배치 도면.rvt 파일을 더블 좌 클릭하여 실행시킨다.

1. 그림 12-3(a) 기계실배치 평면도에서 설계되어야 하기 때문에, ① Floor Plan FL -1 - 기계실 배치 평면도를 좌 클릭하여 도면을 활성화시킨다. 현재 활성화 창이 그림 12-3 과 같지 않으면 좌측 Project Browser 창에서 3D Views 〉 3D 더블 좌 클릭한다.

2. 활성화된 창을 그림 12-3과 같이 보이도록 하려면 WT라고 입력한다.

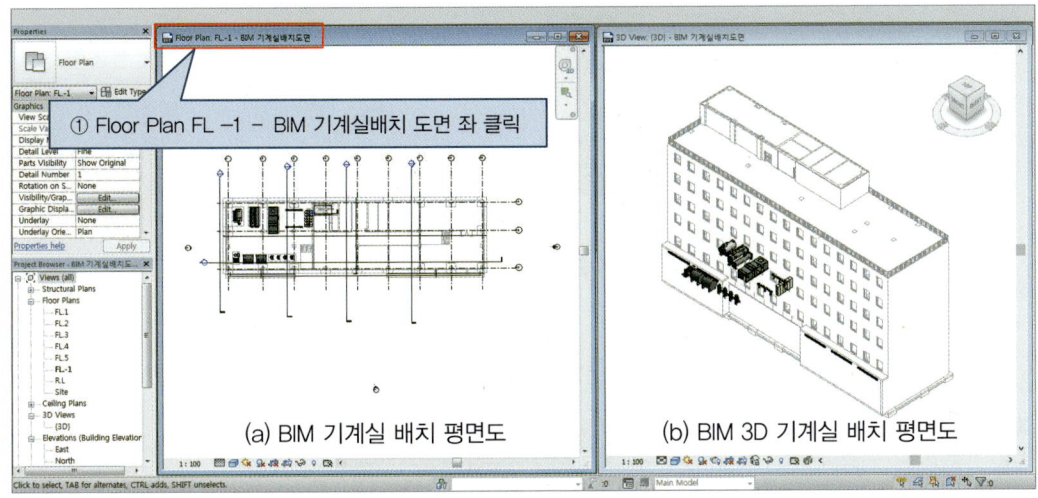

[그림 12-3]

그림 12-4~12-8과 같이 엘보우, 티 및 트랜지션을 선택하시오.

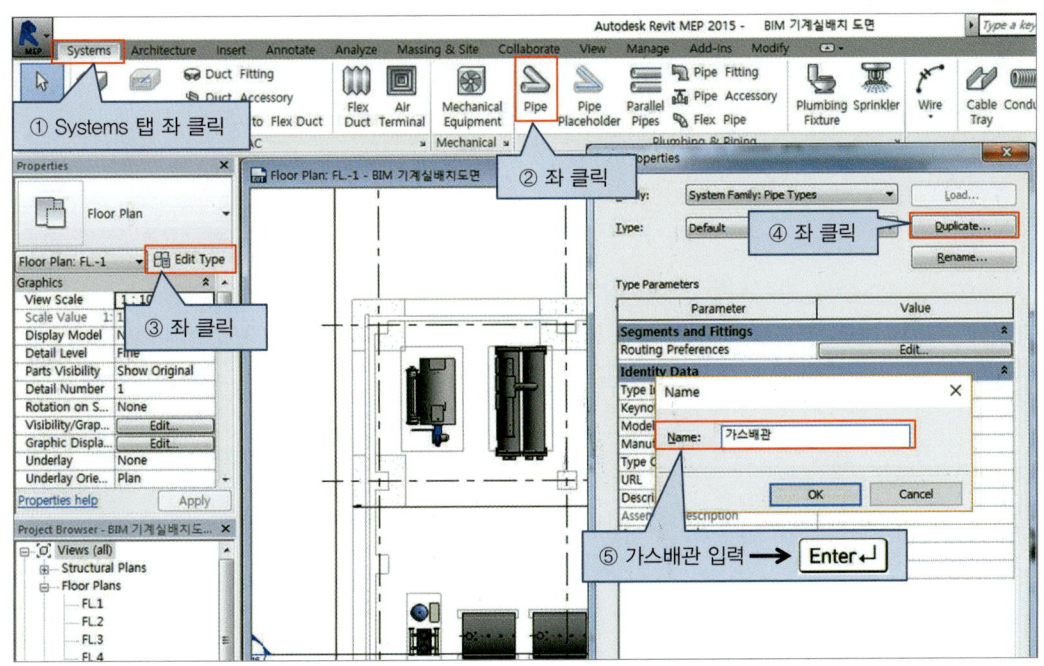

[그림 12-4]

Chapter 12 BIM 기계실 가스배관 설계 407

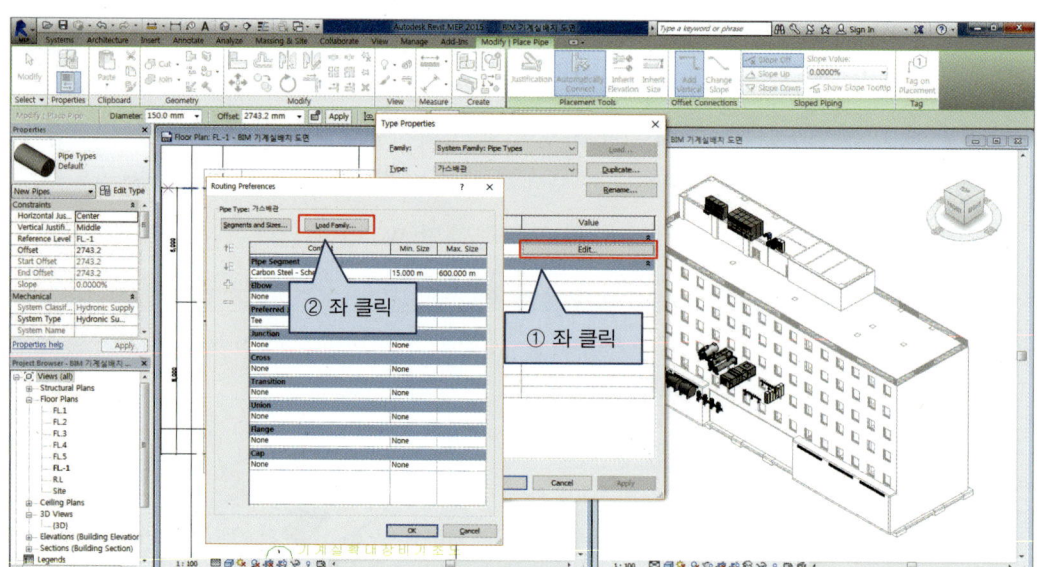

[그림 12-5]

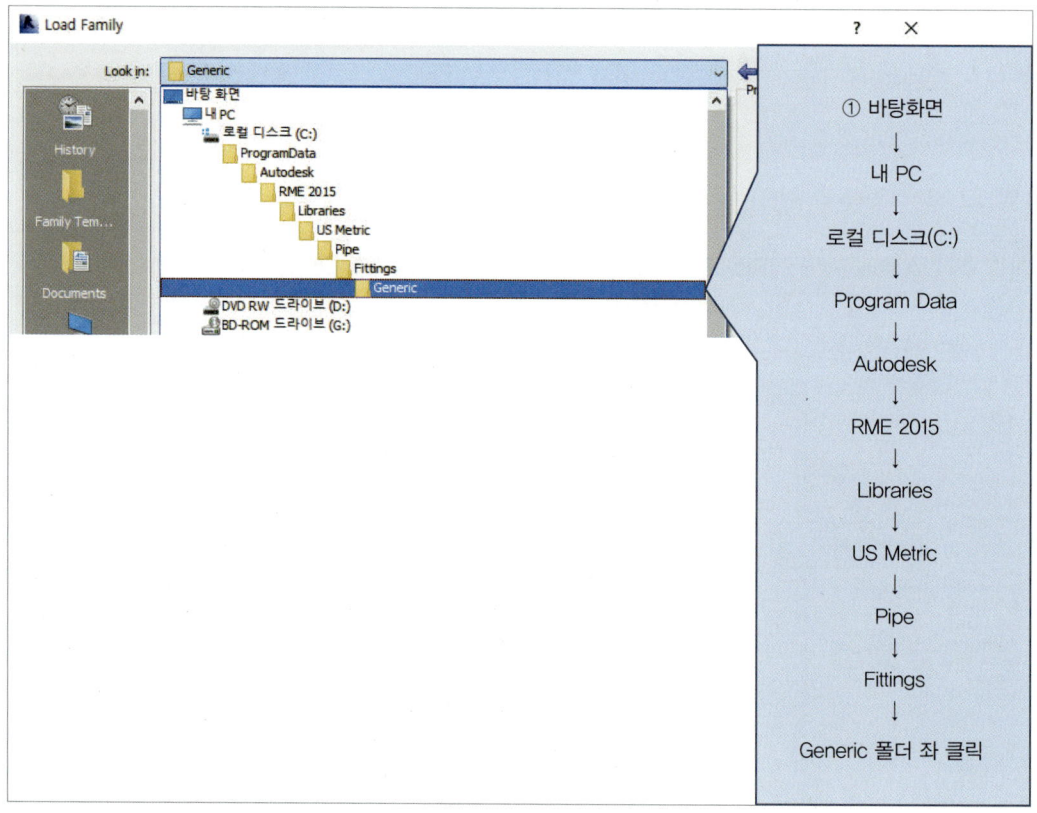

[그림 12-6]

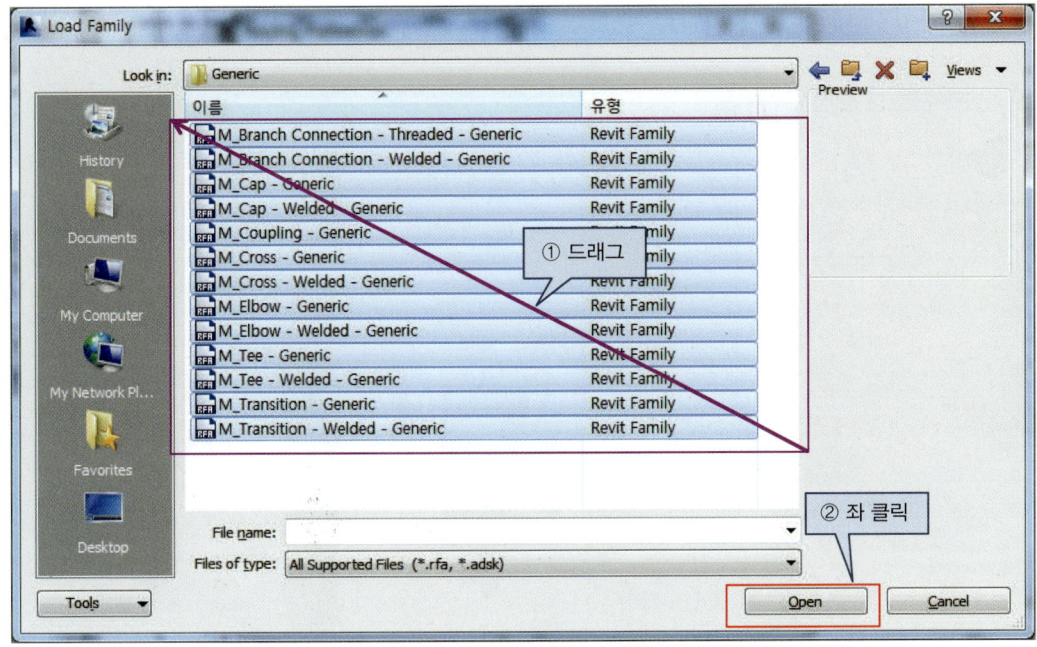

[그림 12-7]

그림 12-8과 같이 지정하시오.

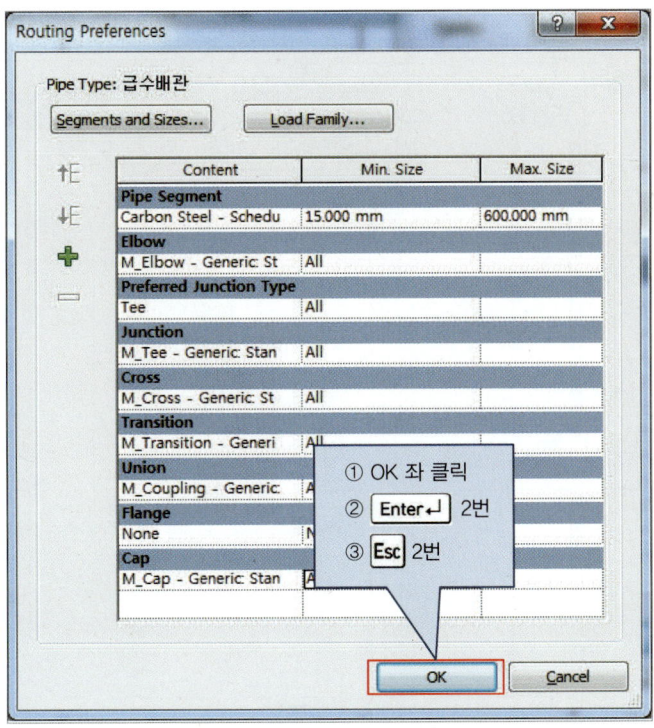

[그림 12-8]

그림 12-9~12-13과 같이 보일러에 가스배관을 연결하시오.

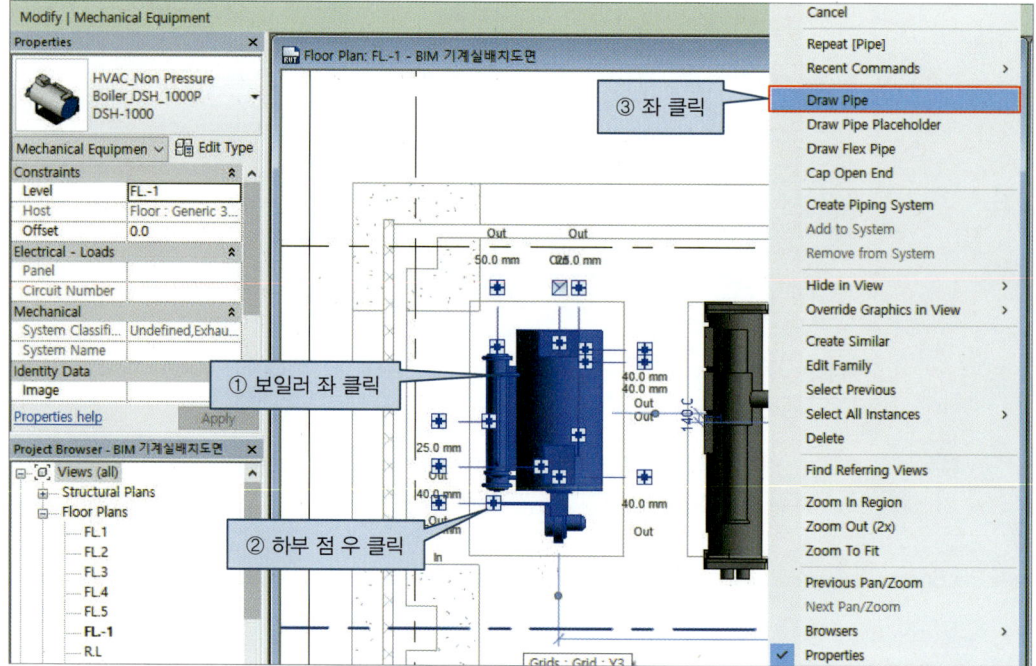

[그림 12-9]

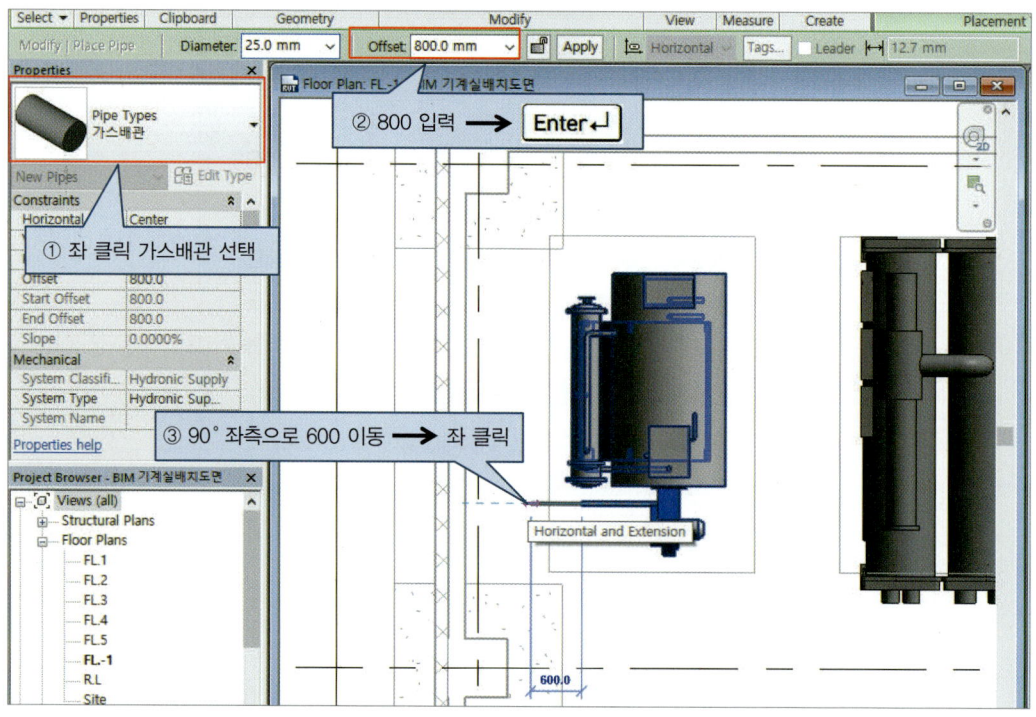

[그림 12-10]

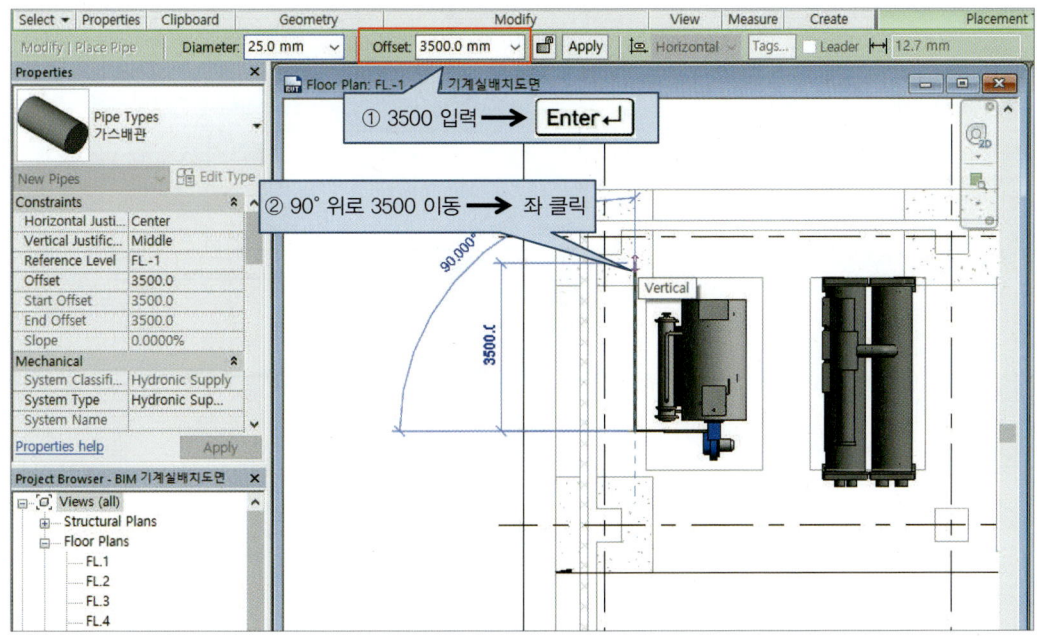

[그림 12-11]

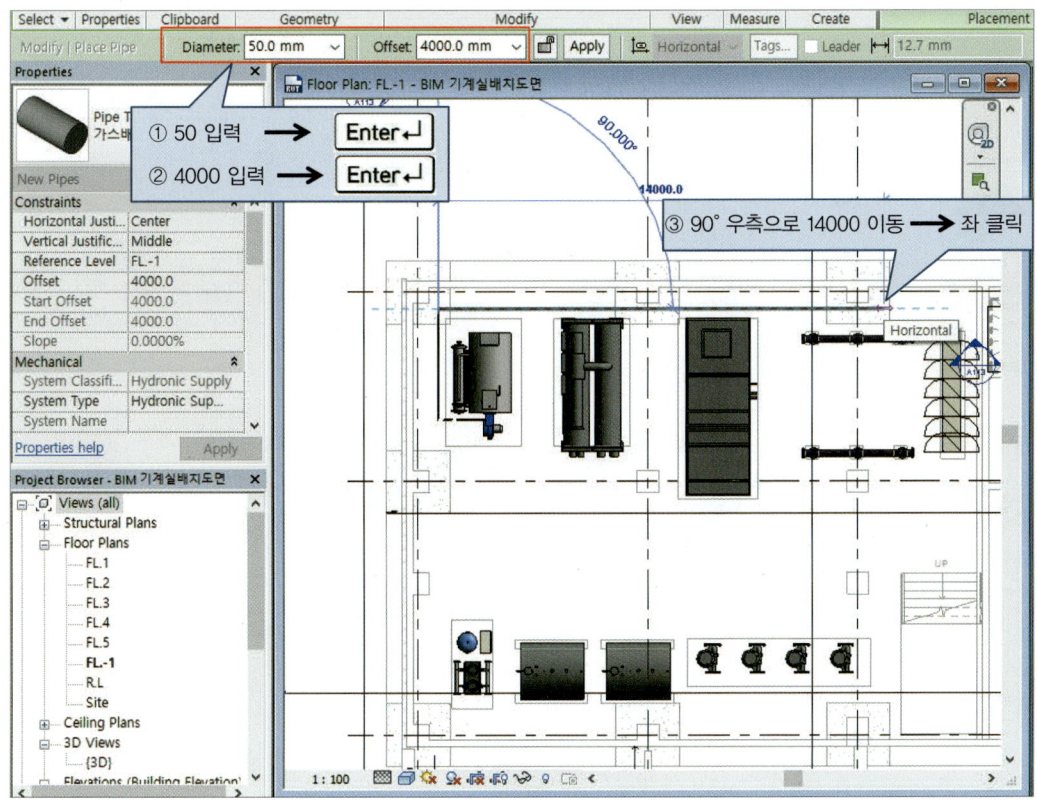

[그림 12-12]

Chapter 12 BIM 기계실 가스배관 설계

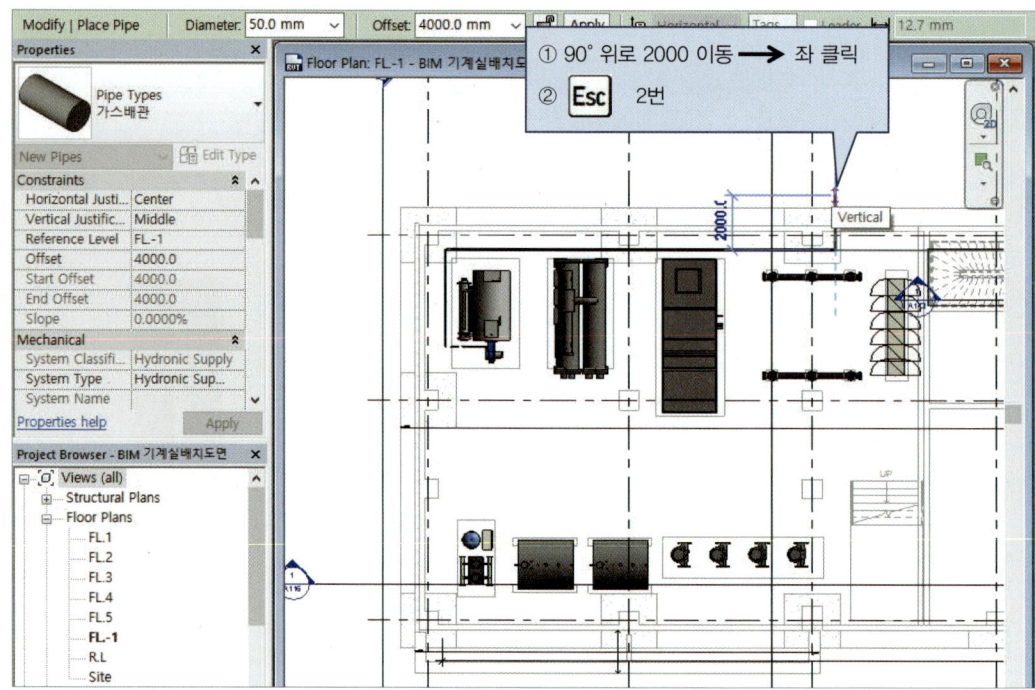

[그림 12-13]

그림 12-14~12-17과 같이 냉온수기에 가스배관을 연결하시오.

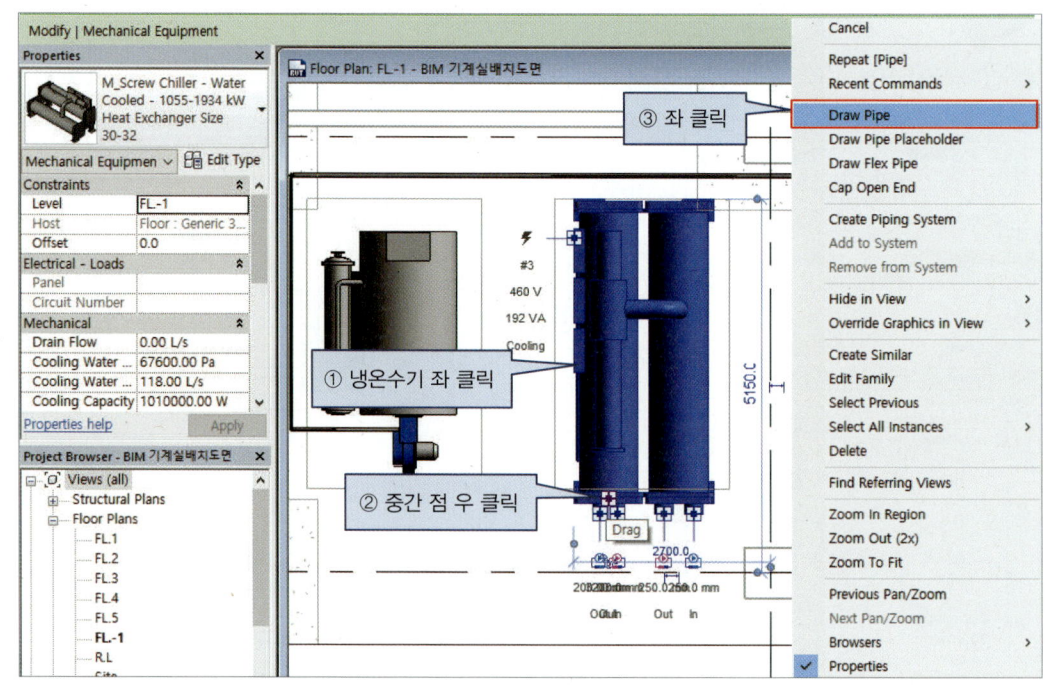

[그림 12-14]

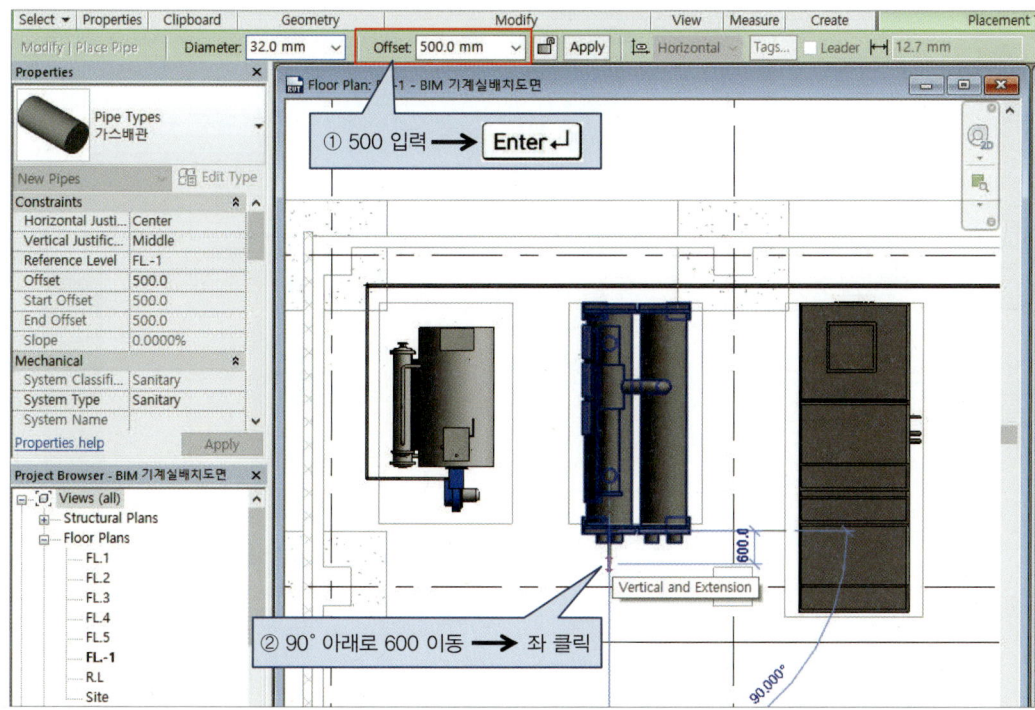

[그림 12-15]

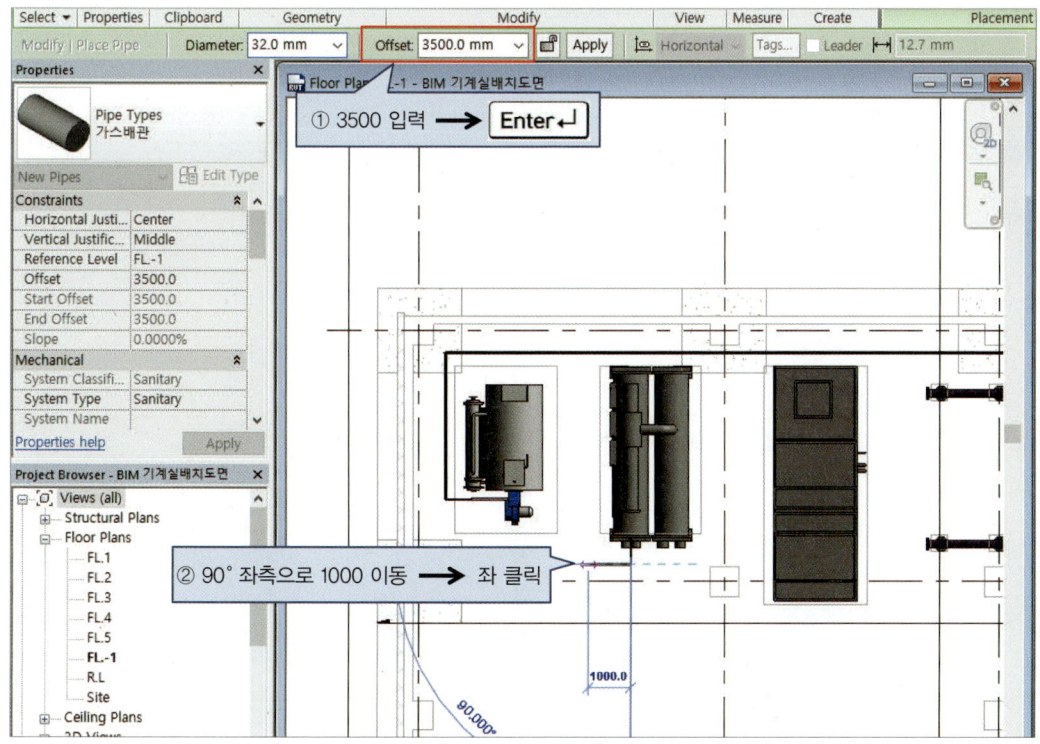

[그림 12-16]

Chapter 12 BIM 기계실 가스배관 설계

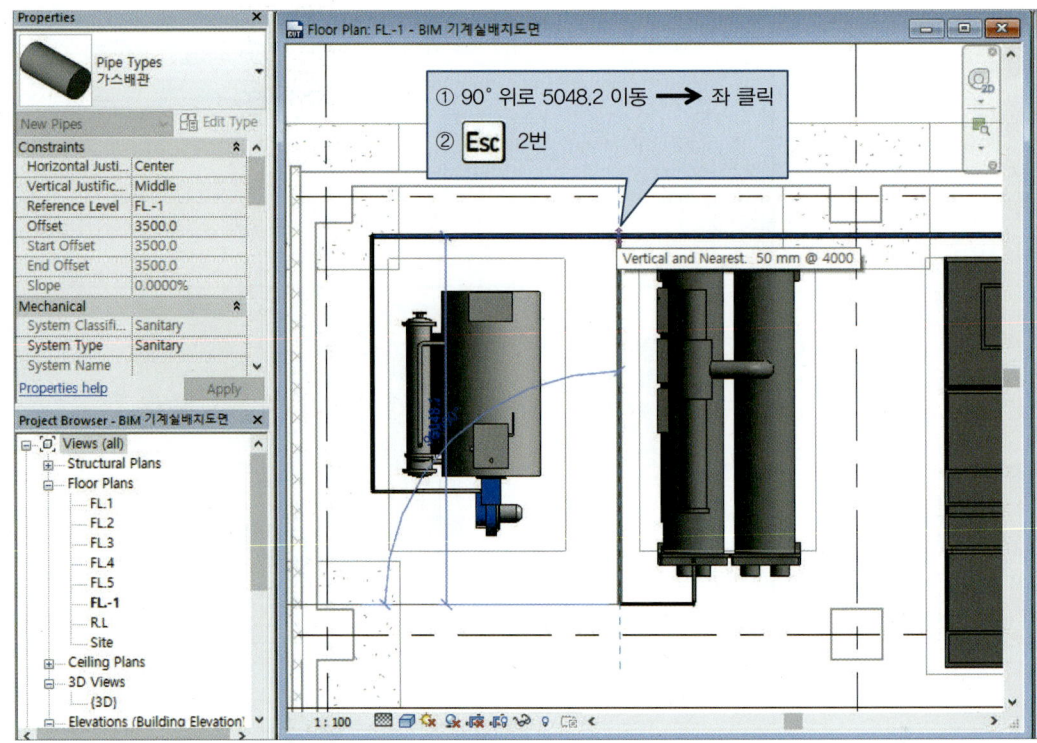

[그림 12-17]

다음과 같이 저장하시오.

파일명 : CHAPTER12_학번_홍길동(년/월/일)

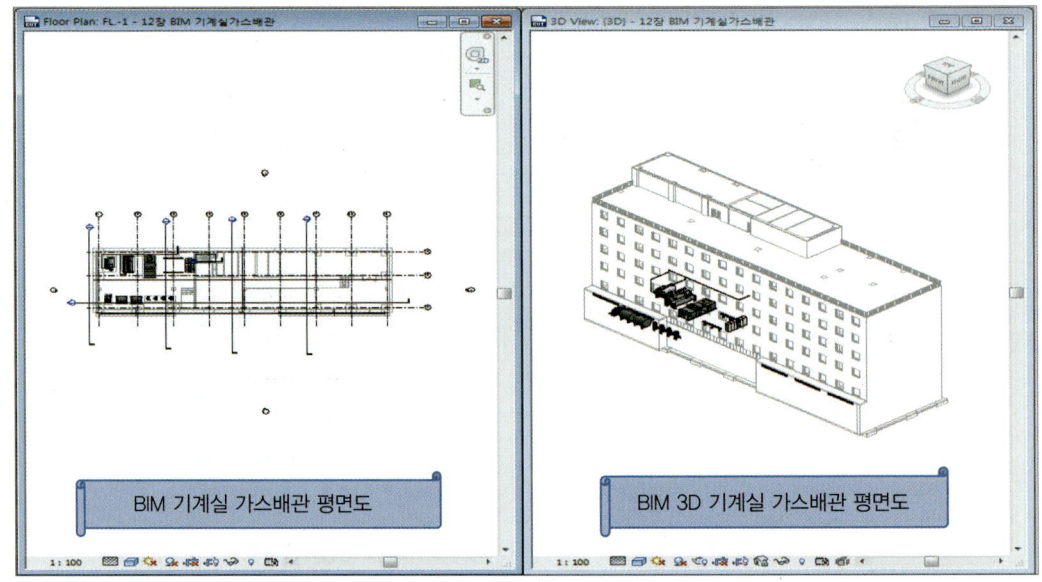

[그림 12-18]

Chapter 13

BIM 기계실 소화배관 설계

그림 13-1 BIM 기계실 배치 도면을 이용하여 그림 13-2 BIM 기계실 소화배관 도면을 만드는 방법을 알아본다.

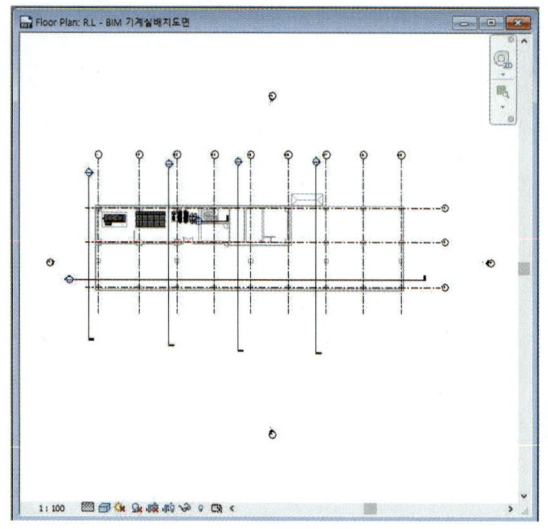
(a) BIM 기계실 배치 평면도

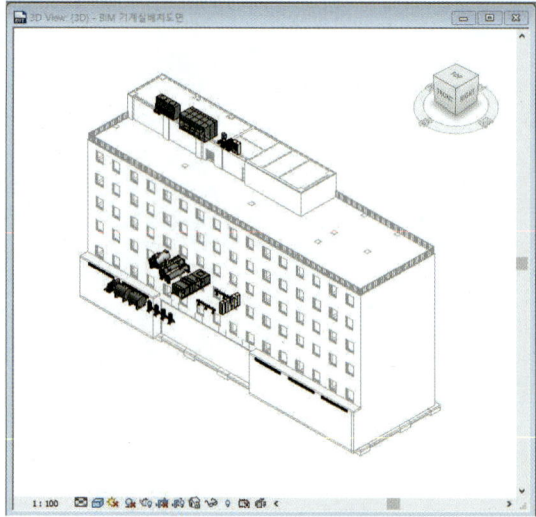
(b) BIM 3D 기계실 배치 평면도

[그림 13-1] BIM 기계실 배치 도면

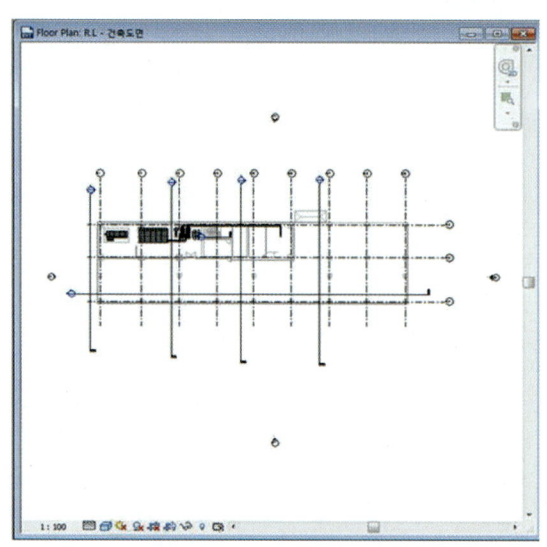
(a) BIM 기계실 소화배관 평면도

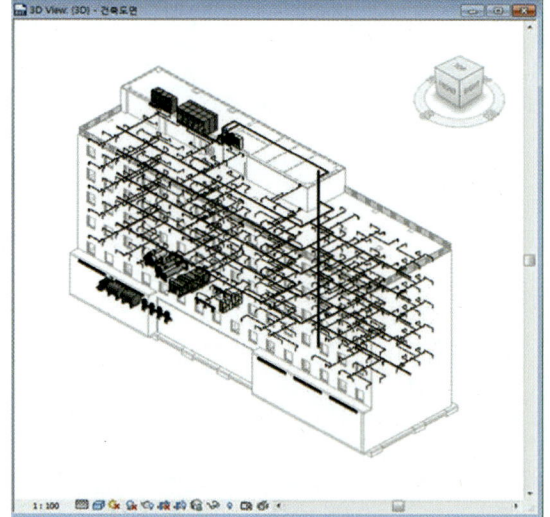
(b) BIM 3D 기계실 소화배관 평면도

[그림 13-2] BIM 기계실 소화배관 도면

다운로드 받은 chapter 13.의 BIM 기계실 배치 도면.rvt 파일을 더블 좌 클릭하여 실행시킨다.
1. 그림 13-3(a) 기계실 배치 평면도에서 설계되어야 하기 때문에, ① Floor Plan FL -1 - 기계실 배치 평면도를 좌 클릭하여 도면을 활성화시킨다. 현재 활성화 창이 그림 13-3과 같지 않으면 좌측 Project Browser 창에서 3D Views > 3D 더블 좌 클릭한다.
2. 활성화된 창을 그림 13-3과 같이 보이도록 하려면 WT라고 입력한다.

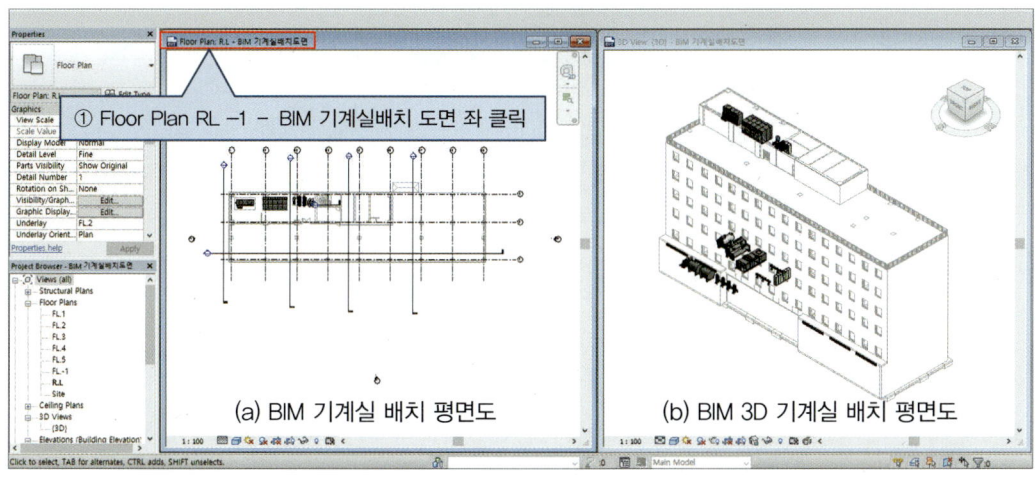

[그림 13-3]

그림 13-4~13-8과 같이 엘보우, 티 및 트랜지션을 선택하시오.

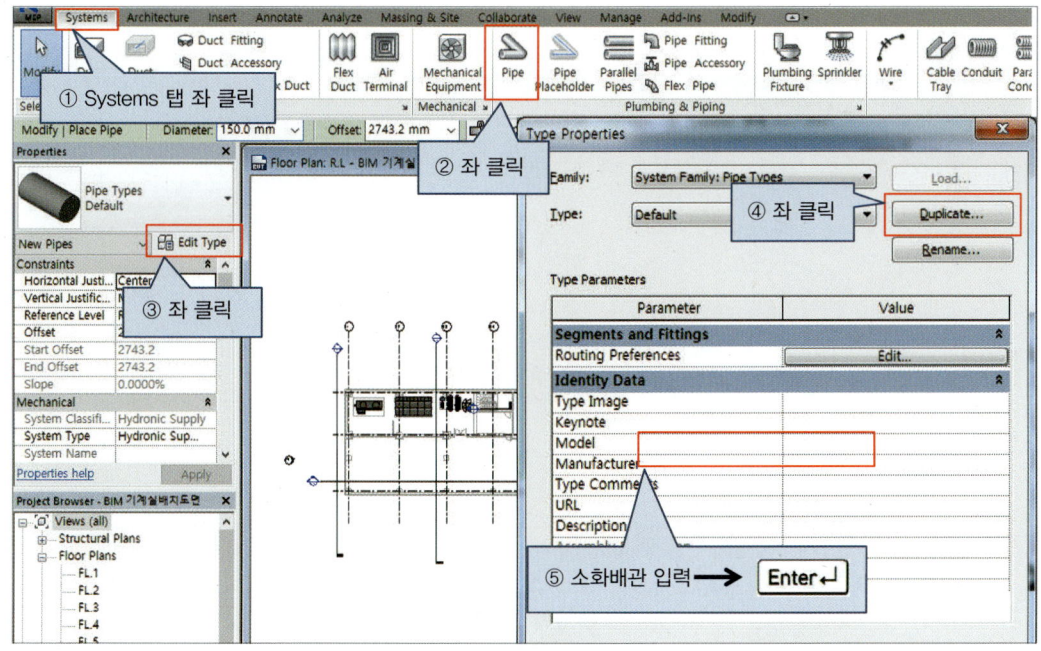

[그림 13-4]

Chapter 13 BIM 기계실 소화배관 설계   417

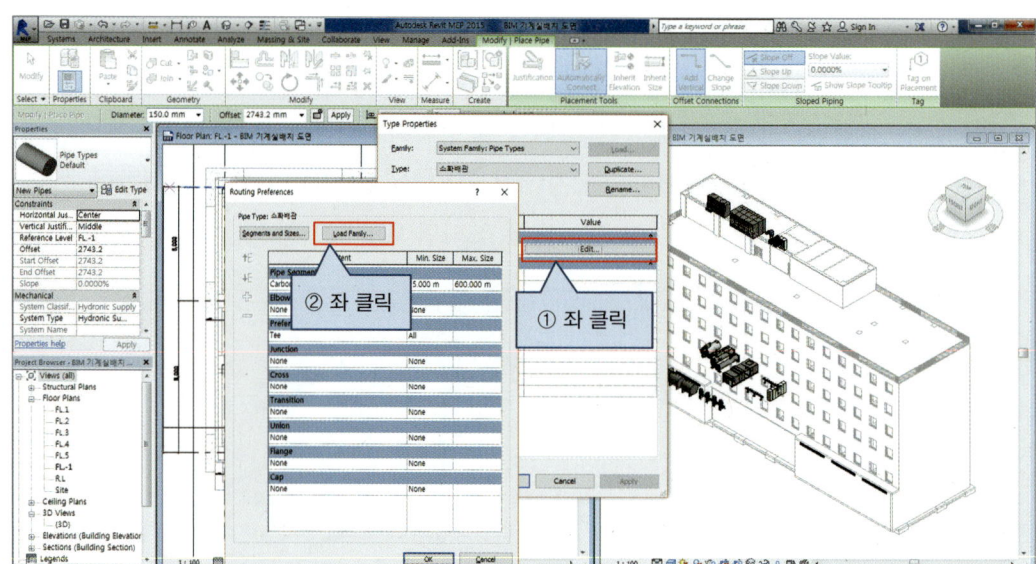

[그림 13-5]

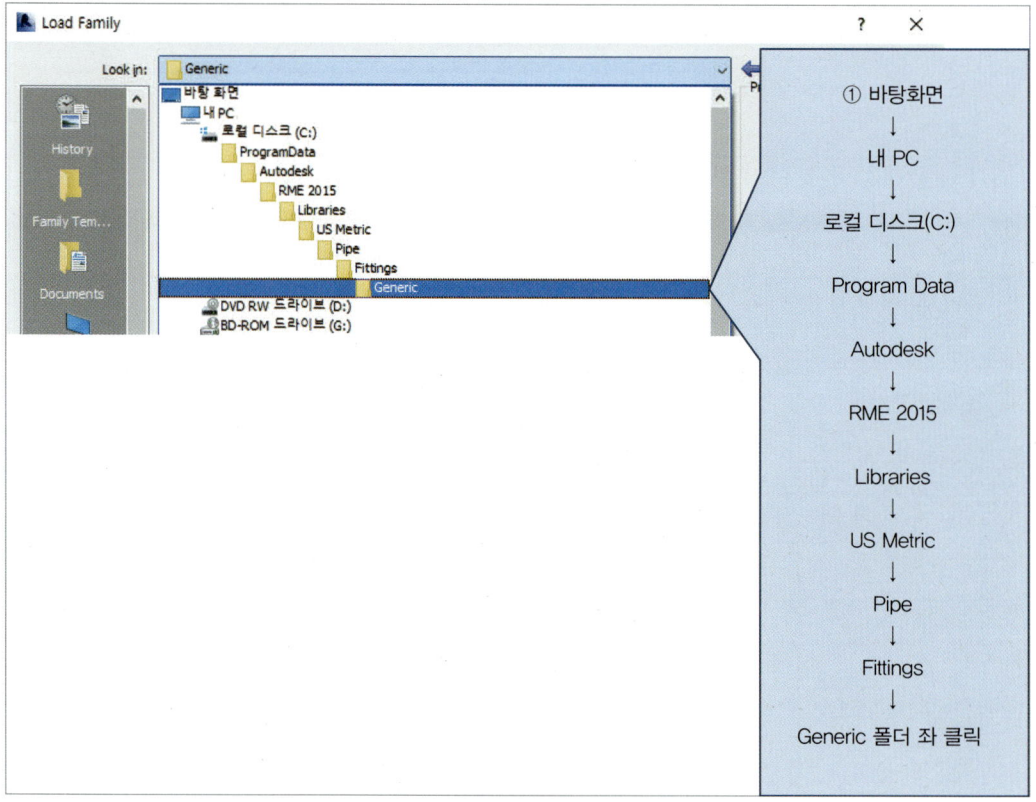

[그림 13-6]

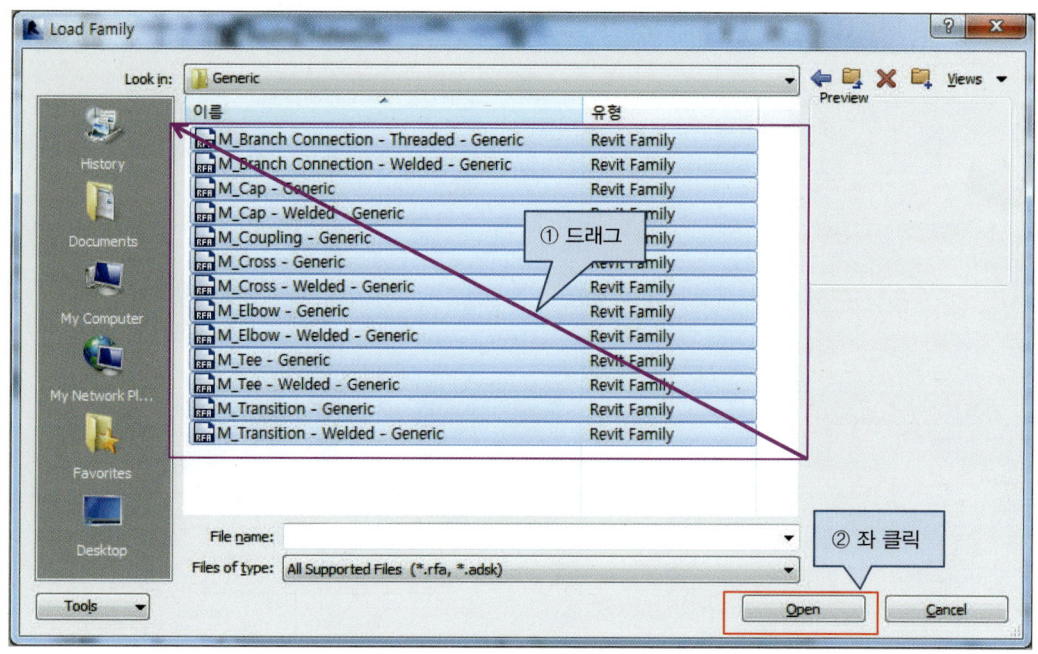

[그림 13-7]

그림 13-8과 같이 지정하시오.

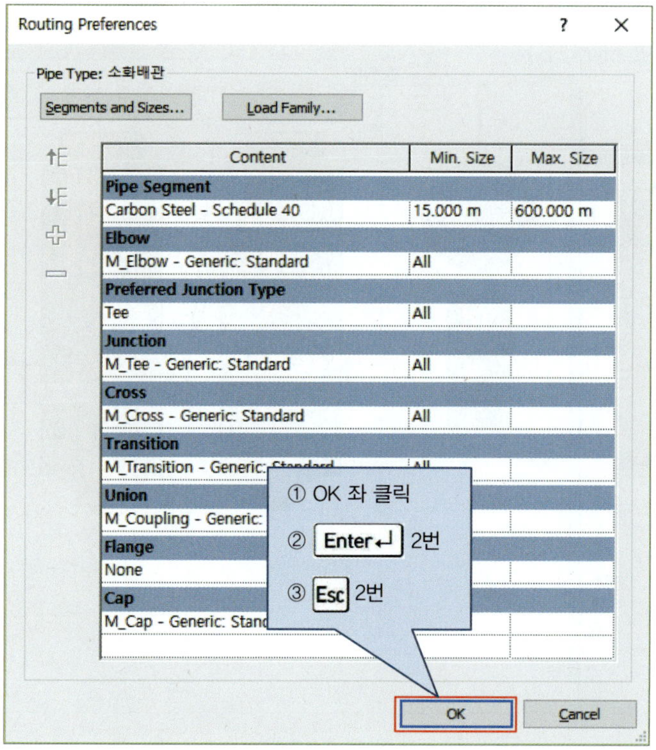

[그림 13-8]

그림 13-9~13-16과 같이 소화펌프와 옥상물탱크를 소화배관으로 연결하시오.

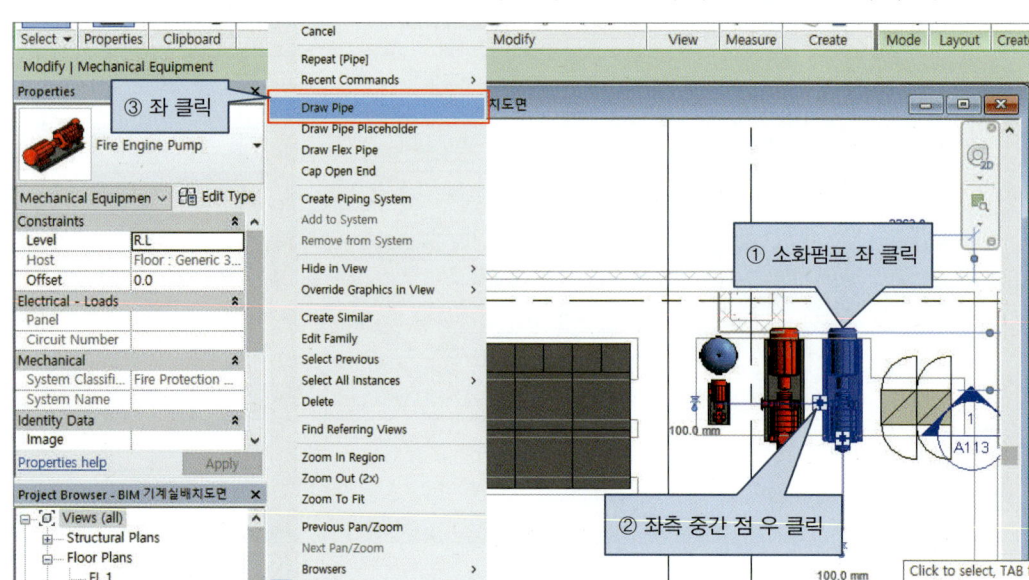

[그림 13-9]

101.9 숫자 입력 후 → Enter ⏎ 입력 시 거리가 짧기 때문에 배관이 생성되지 않는다. 따라서 여기에서는 그림 13-10과 같이 마우스로 101.9만큼 좌측 이동시킨 후 좌 클릭하시오.

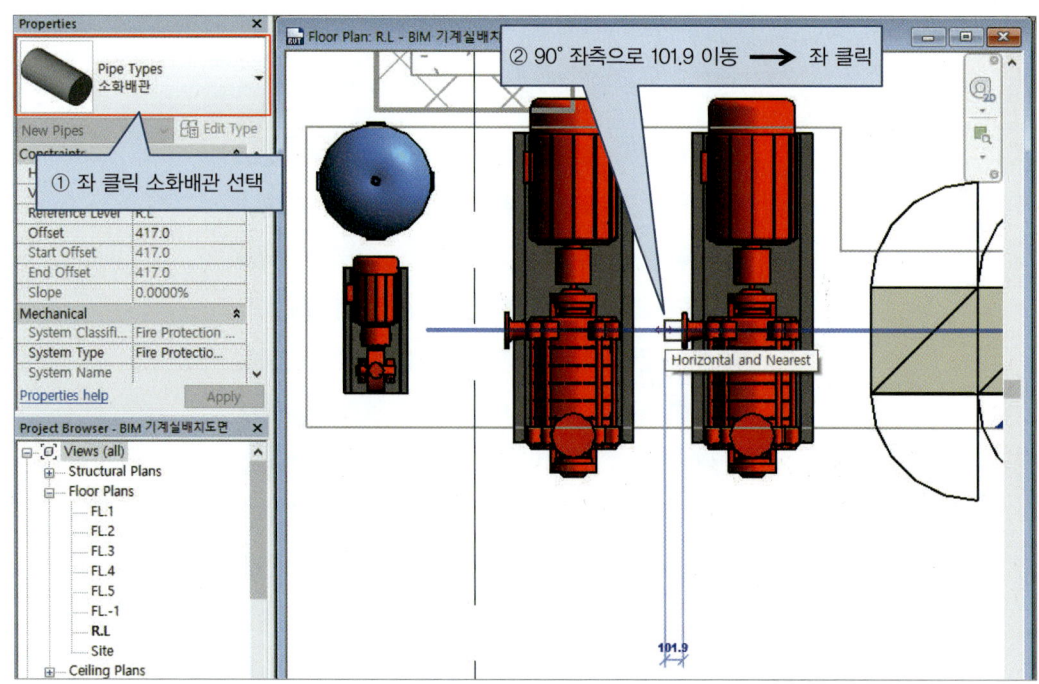

[그림 13-10]

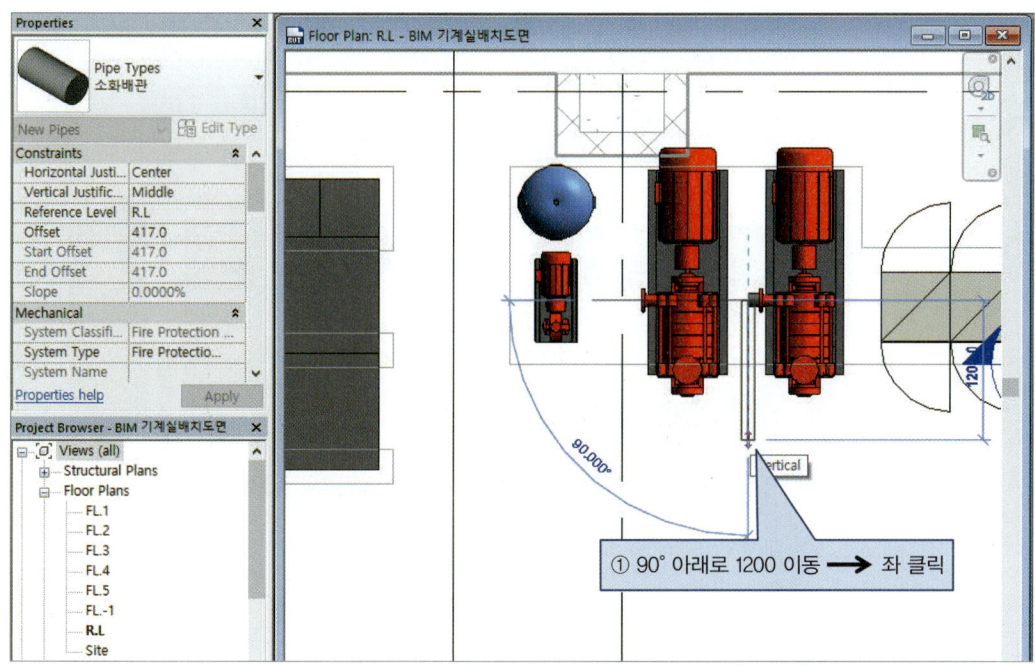

[그림 13-11]

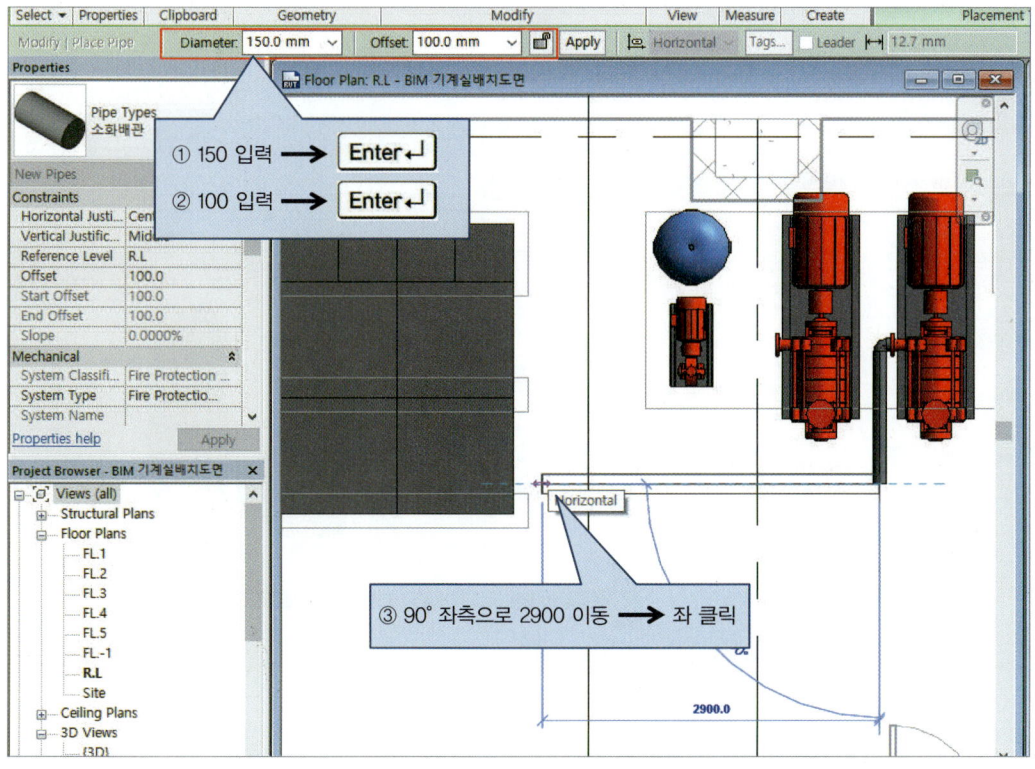

[그림 13-12]

Chapter 13 BIM 기계실 소화배관 설계

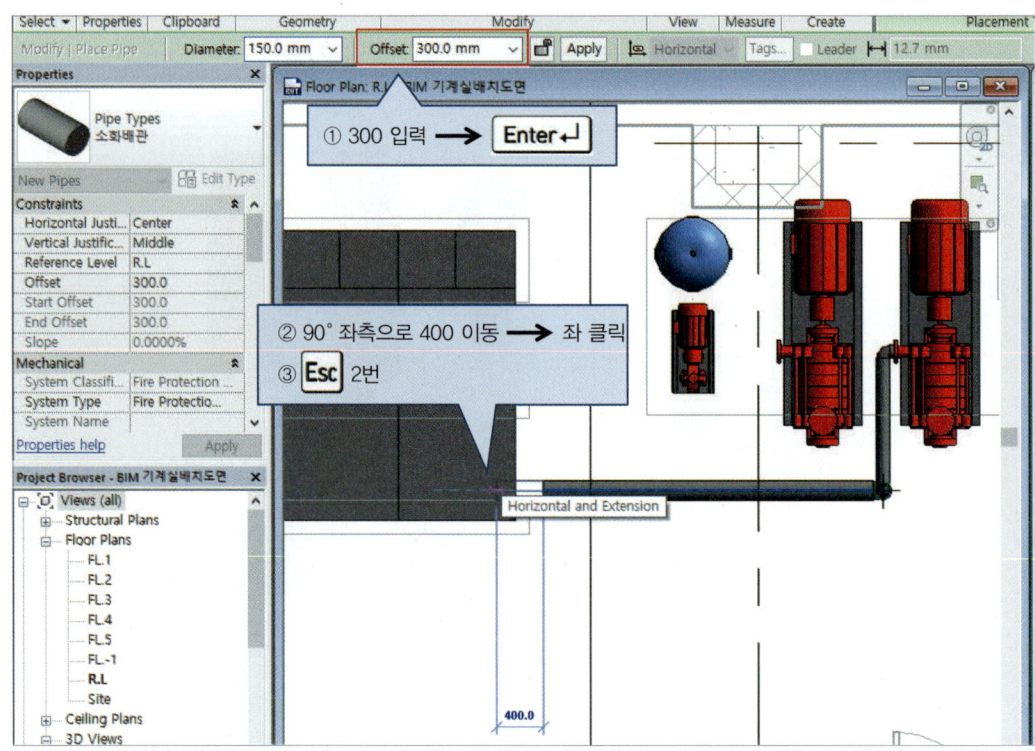

[그림 13-13]

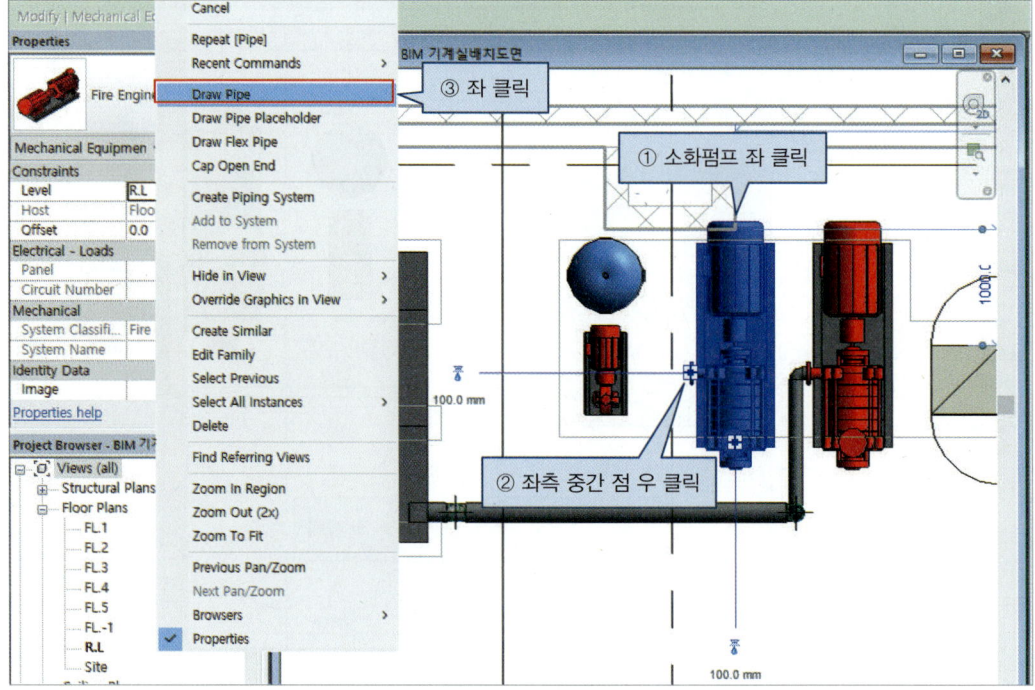

[그림 13-14]

101.9 숫자 입력 후 → Enter 입력 시 거리가 짧기 때문에 배관이 생성되지 않는다. 따라서 여기에서는 그림 13-15와 같이 마우스로 101.9만큼 좌측 이동시킨 후 좌 클릭하시오.

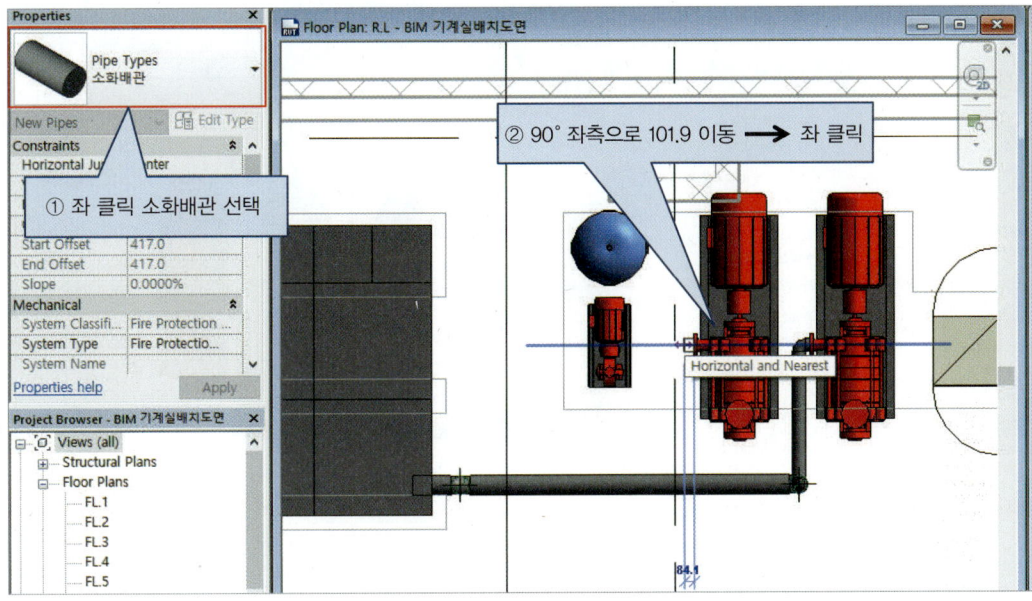

[그림 13-15]

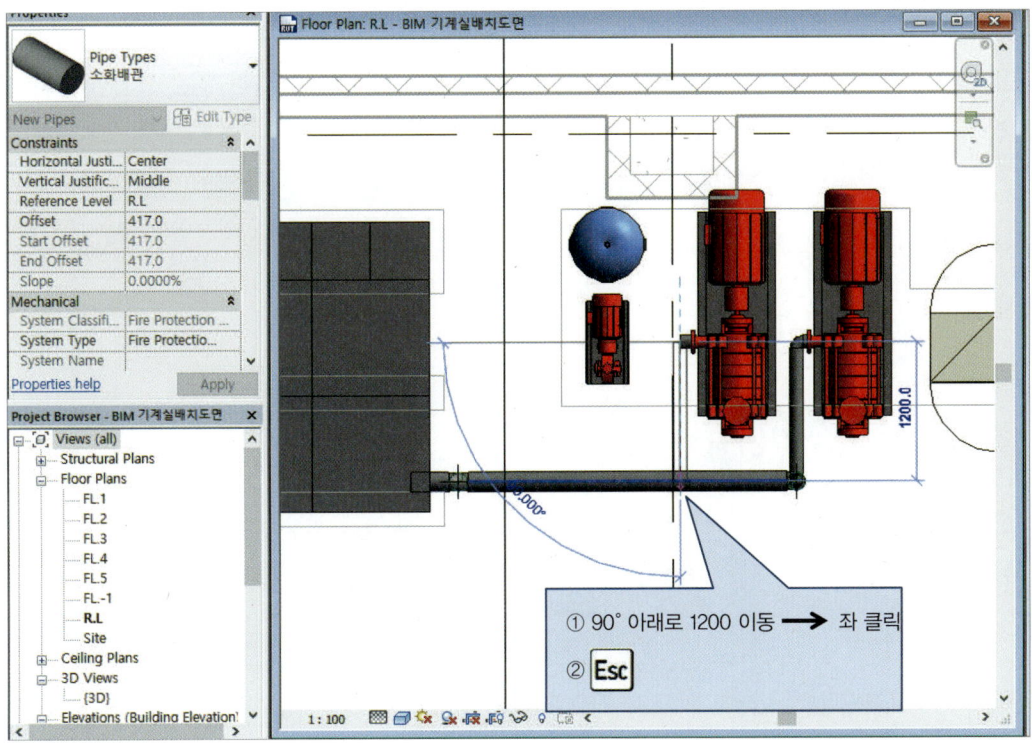

[그림 13-16]

그림 13-17~13-22와 같이 소화펌프에 소화배관을 연결하시오.

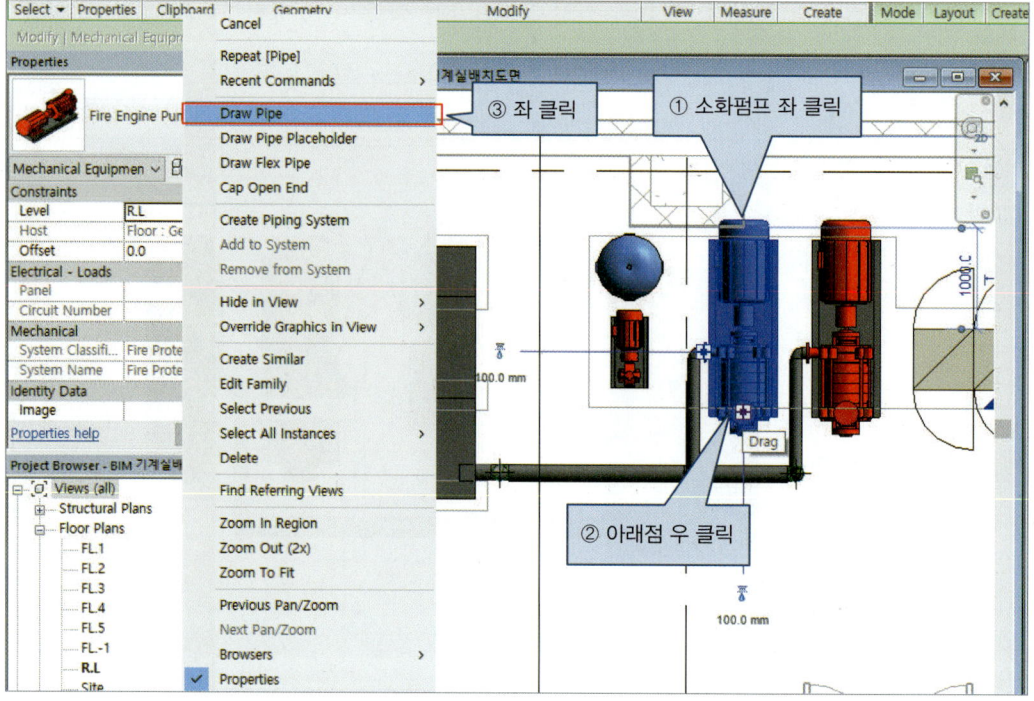

[그림 13-17]

그림 13-18과 같이 View Range의 Offset을 3000으로 설정하여 그려지는 소화배관이 보이도록 하시오.

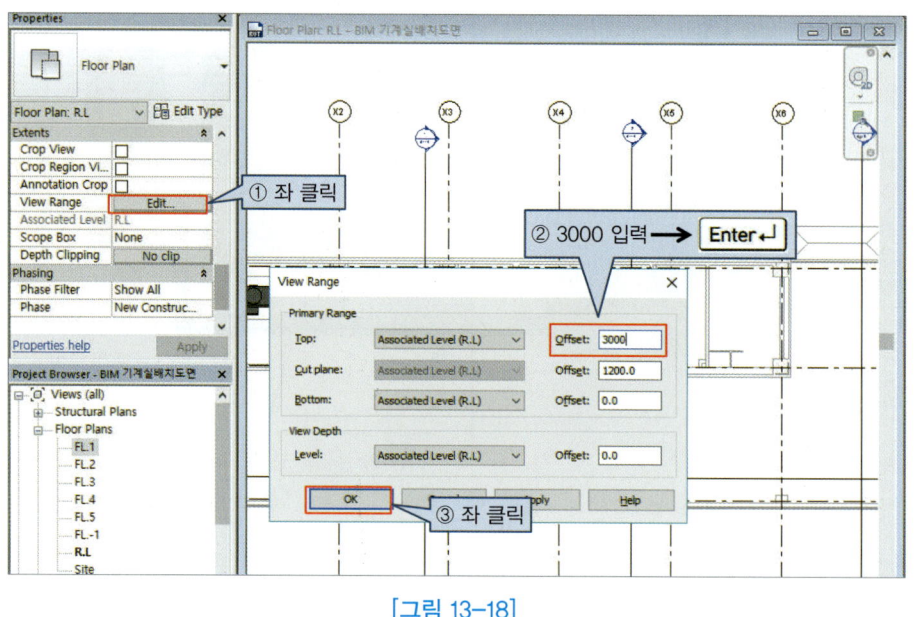

[그림 13-18]

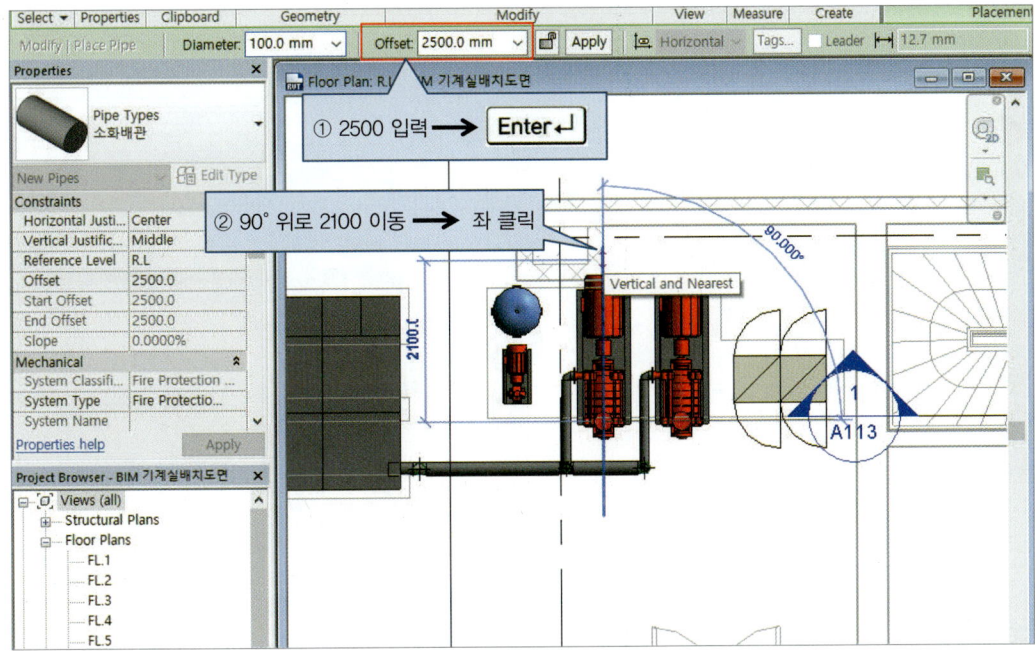

[그림 13-19]

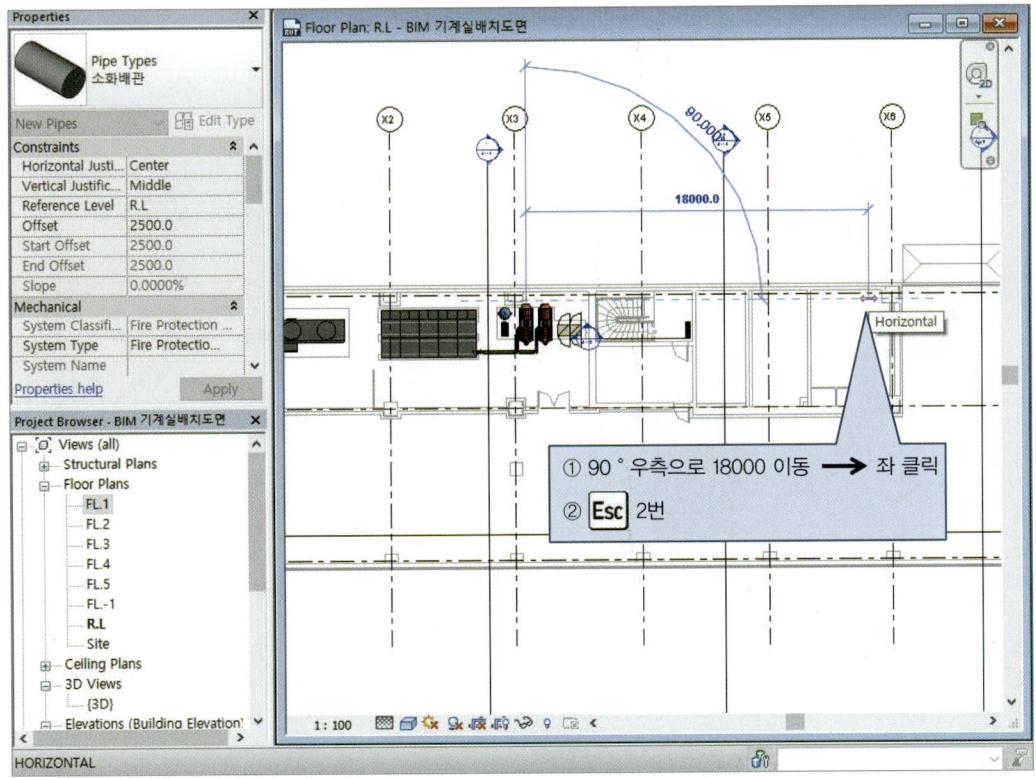

[그림 13-20]

Chapter 13 BIM 기계실 소화배관 설계 425

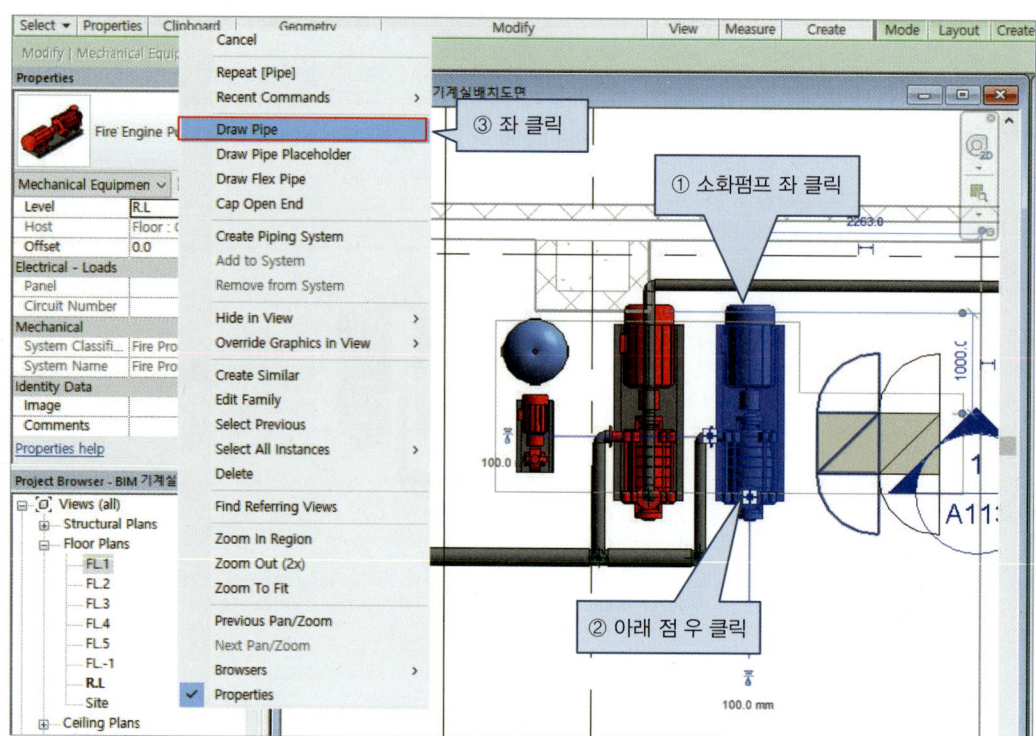

[그림 13-21]

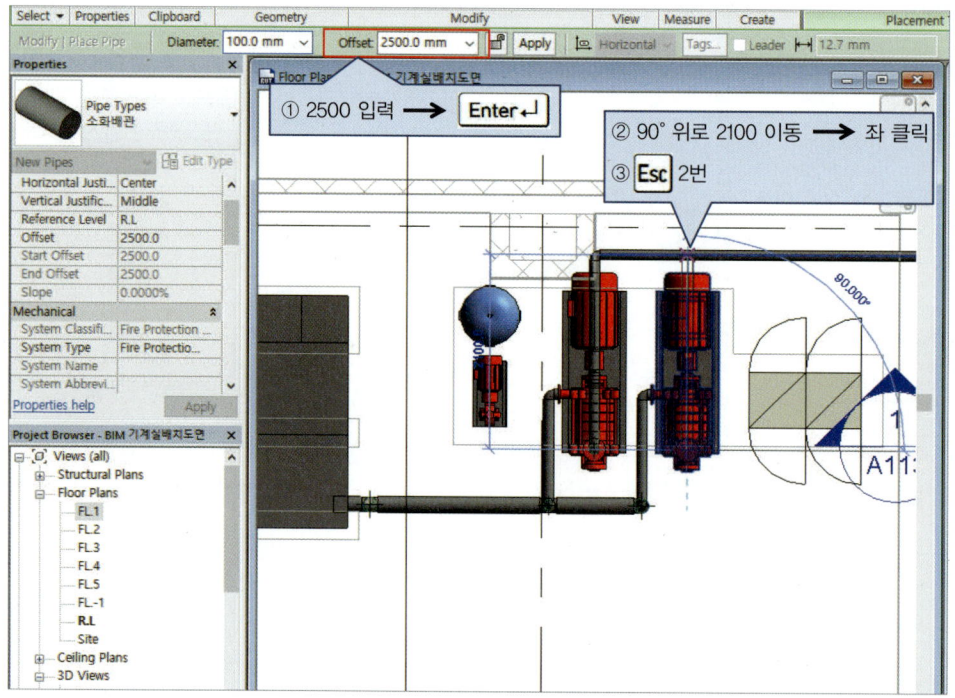

[그림 13-22]

Chapter 07.에서 그린 것과 같이 그림 13-23을 완성하시오.

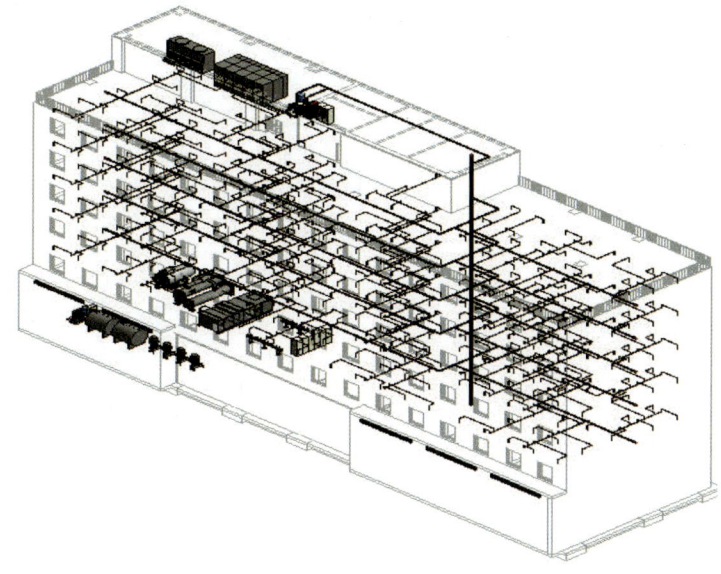

[그림 13-23]

(옥상기계실(RL)을 활성화시키시오.) 기계실 소화 횡지배관과 입상배관을 그림 13-24~26과 같이 연결하시오.

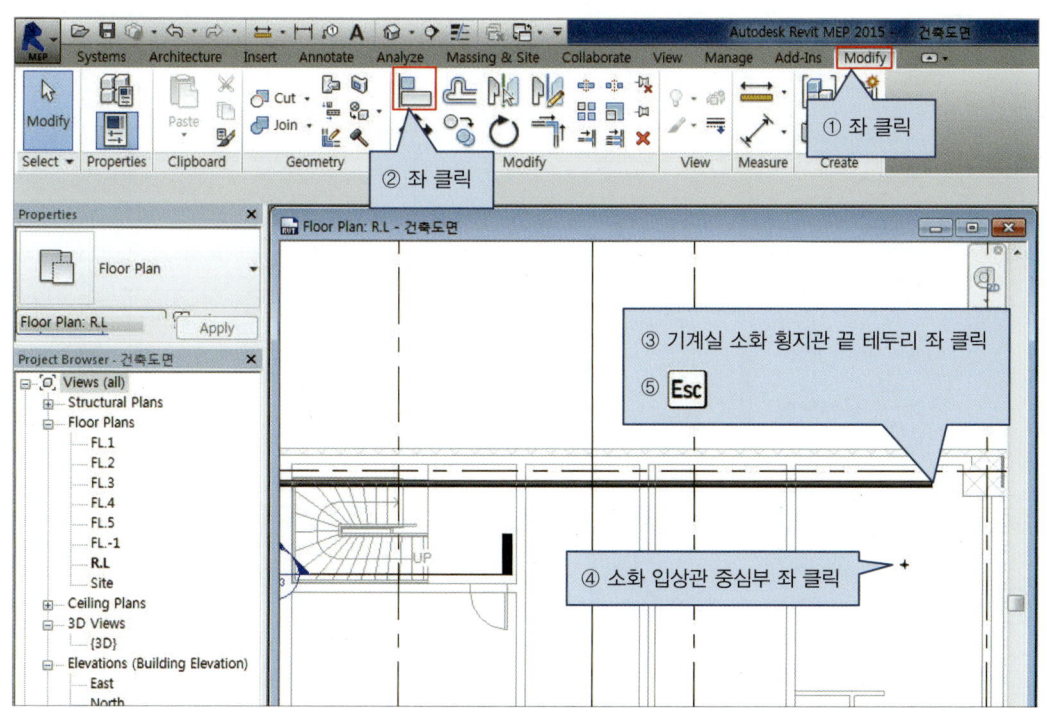

[그림 13-24]

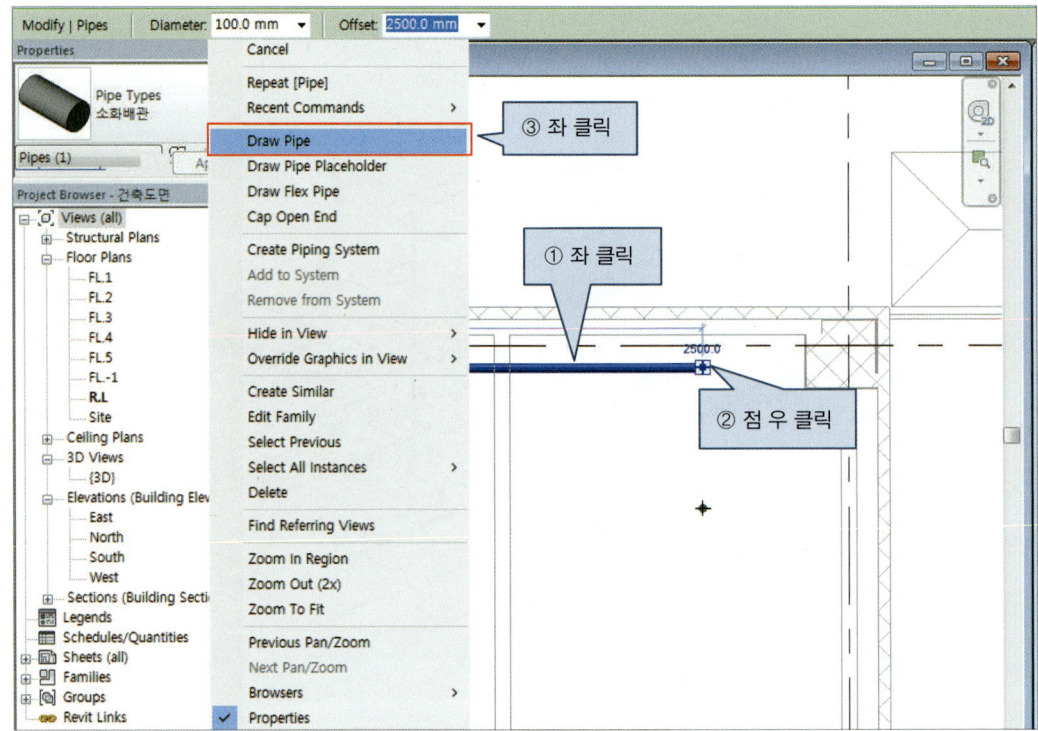

[그림 13-25]

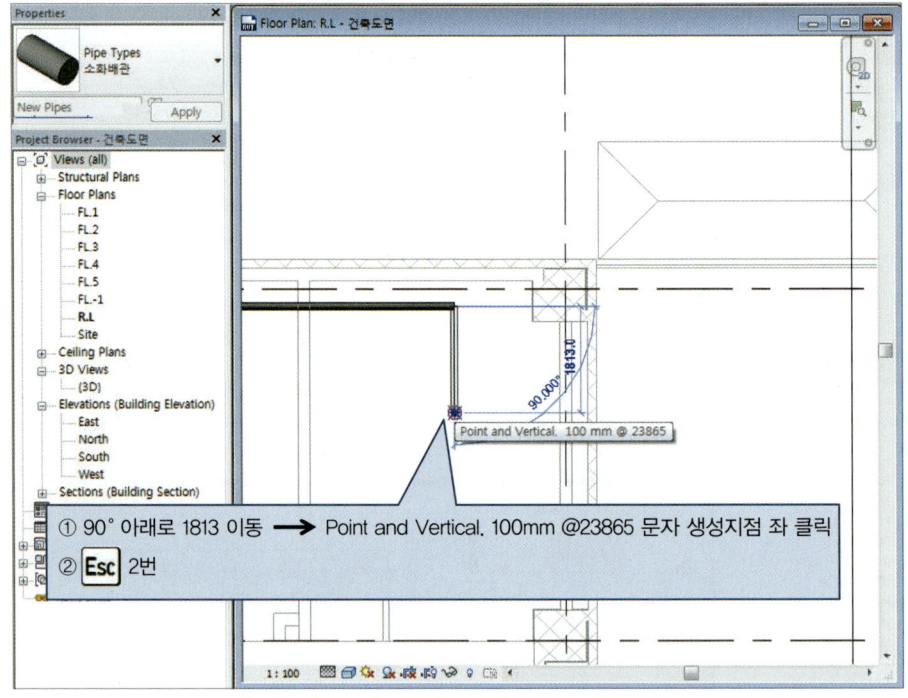

[그림 13-26]

다음과 같이 저장하시오.

파일명 : CHAPTER13_학번_홍길동(년/월/일)

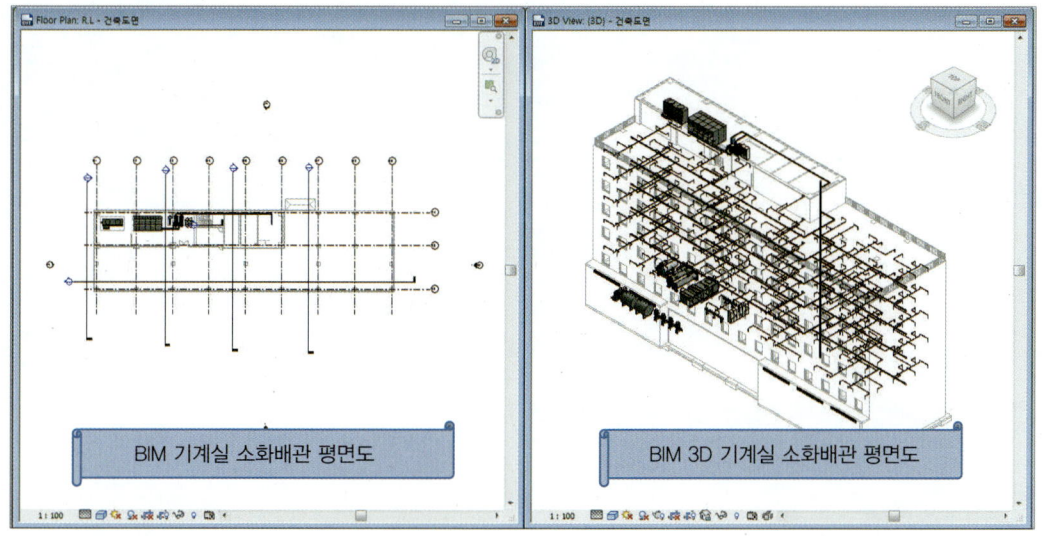

[그림 13-27]

패밀리 다운로드 방법

패밀리 다운로드 사이트 및 방법

1. 패밀리 다운로드 주소

주소	BIM 종류	국적
http://bimobject.com/en-us?origin=seek	위생, 인테리어 분야	해외
http://www.daikinapplied.com/bim-files.php	Chiller &Fan coil장비	해외
https://www.web2cad.co.kr:444/	위생도기, 덕트, 배관, 장비류 등	한국
https://www.revitcity.com/downloads.php?action=view&object_id=2214	가스	해외
https://www.bradleycorp.com/bim	위생도기	해외
https://www.arcat.com/products/plumbing/	위생도기	해외

2. 패밀리 다운로드 방법(바닥배수구 다운로드 방법)

https://www.arcat.com/products/plumbing/

2-1. 인터넷 주소 입력

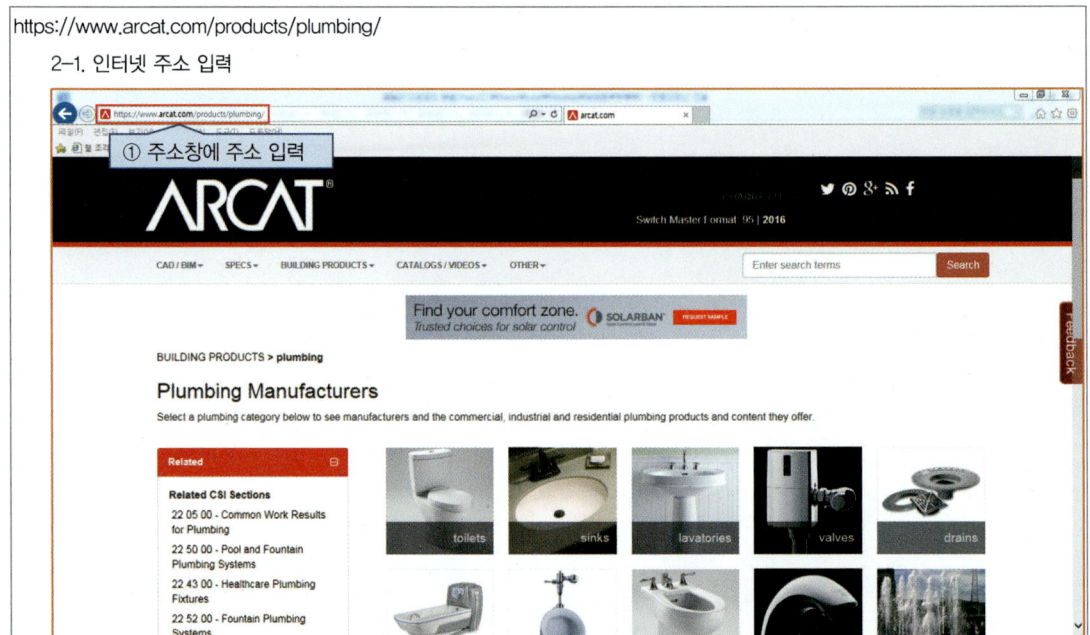

https://www.arcat.com/products/plumbing/

2-2. 패밀리 파일 다운 ①

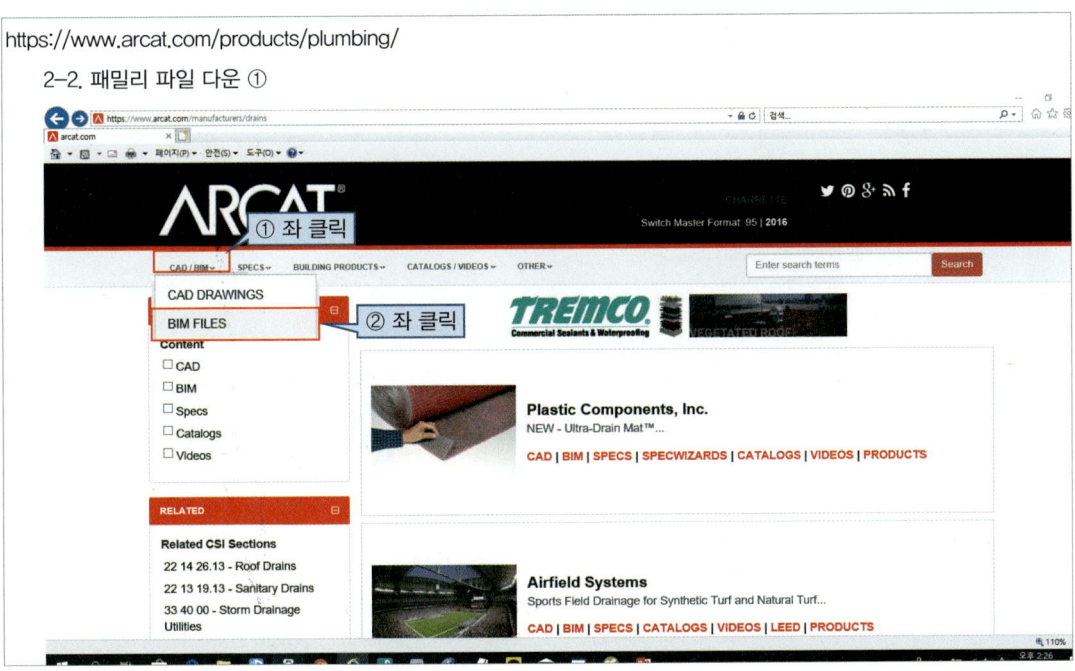

https://www.arcat.com/products/plumbing/

2-3. 패밀리 파일 다운 ②

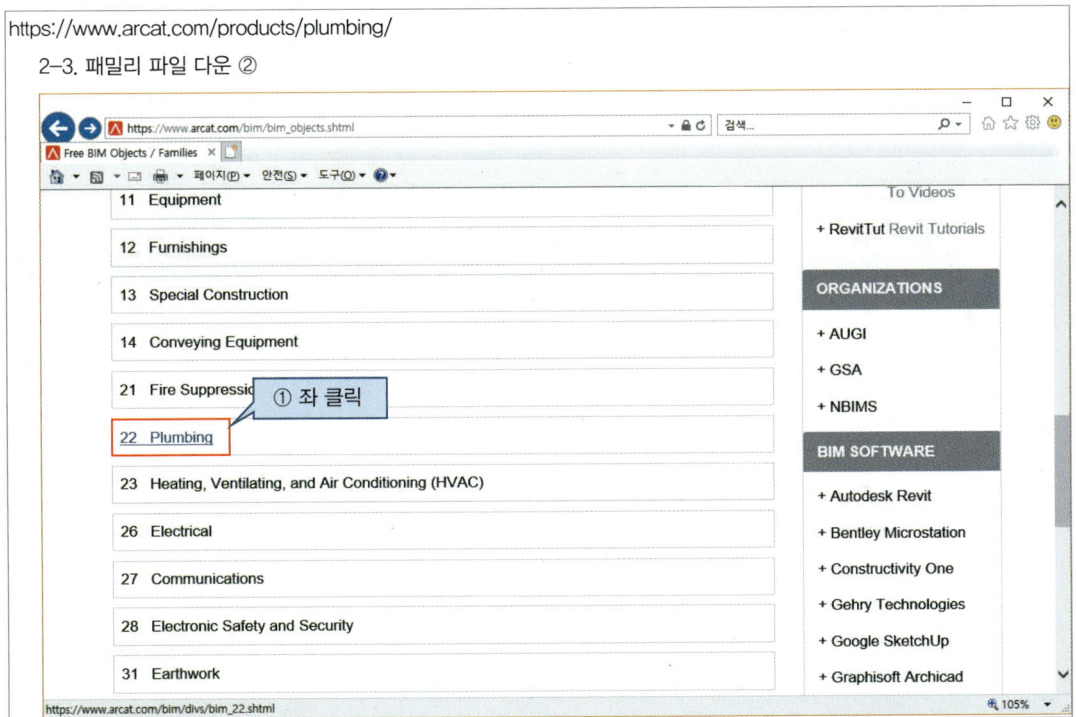

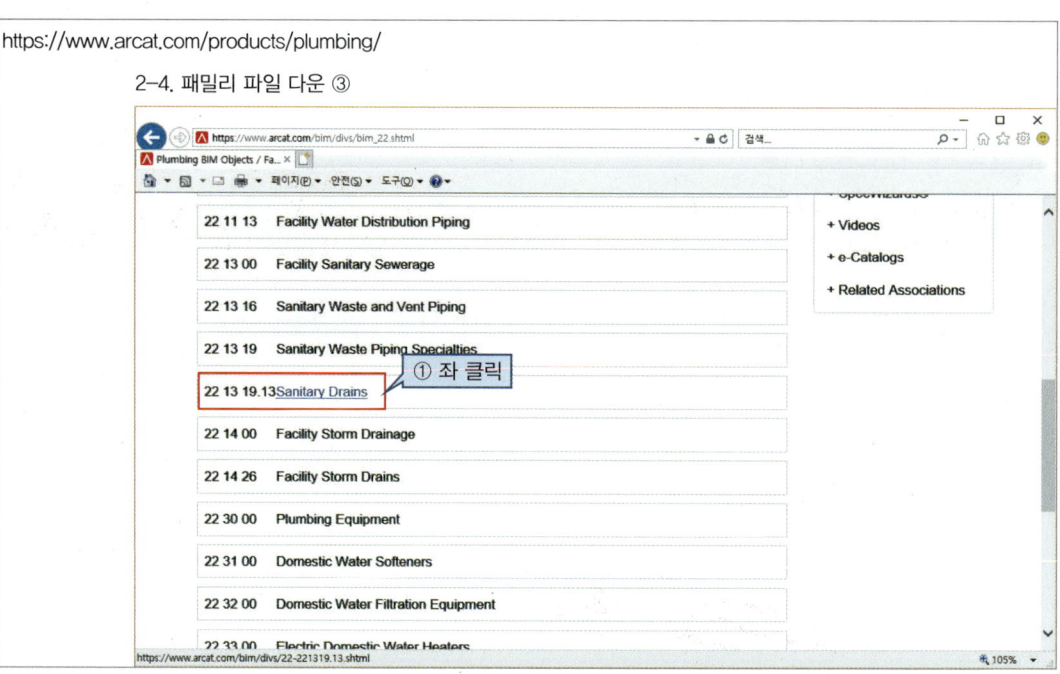

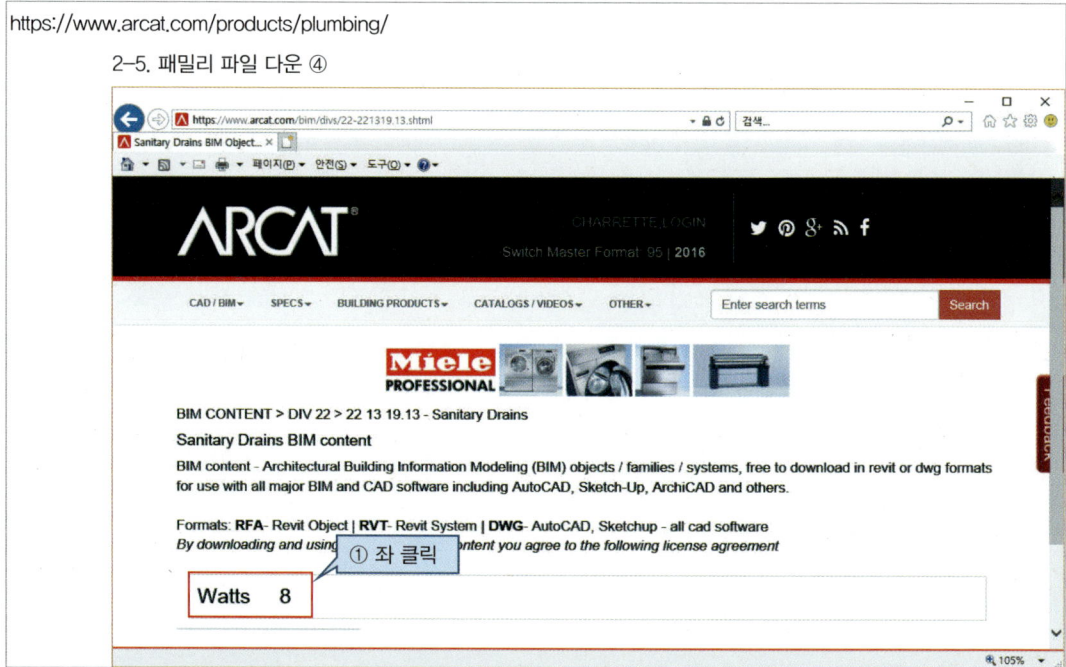

https://www.arcat.com/products/plumbing/

2-6. 패밀리 파일 다운 ⑤

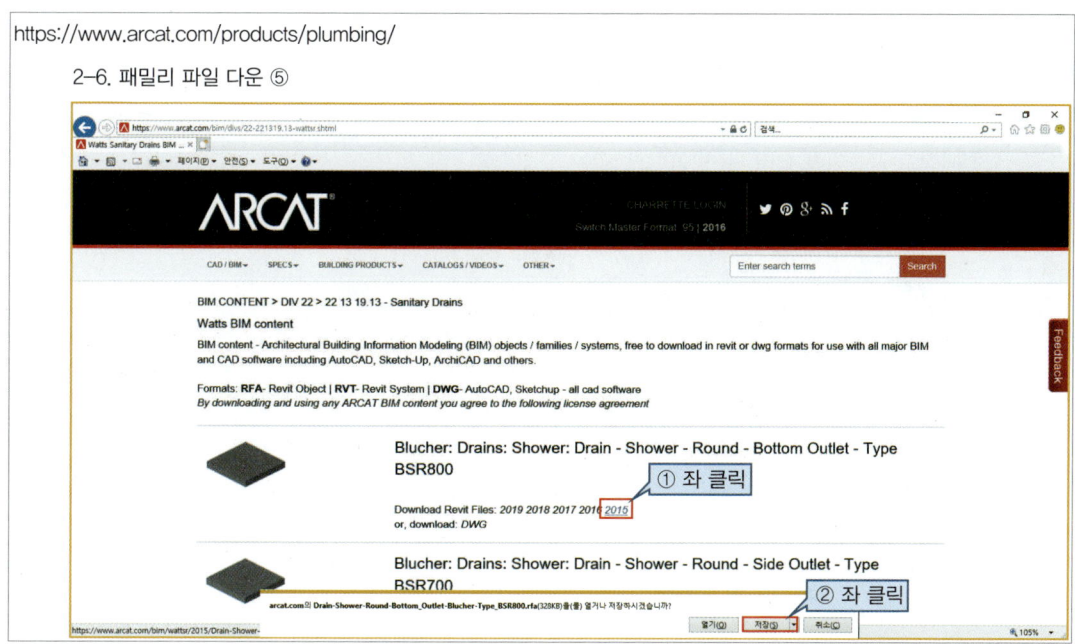

2-7. 경로 확인 후 개인 PC 저장

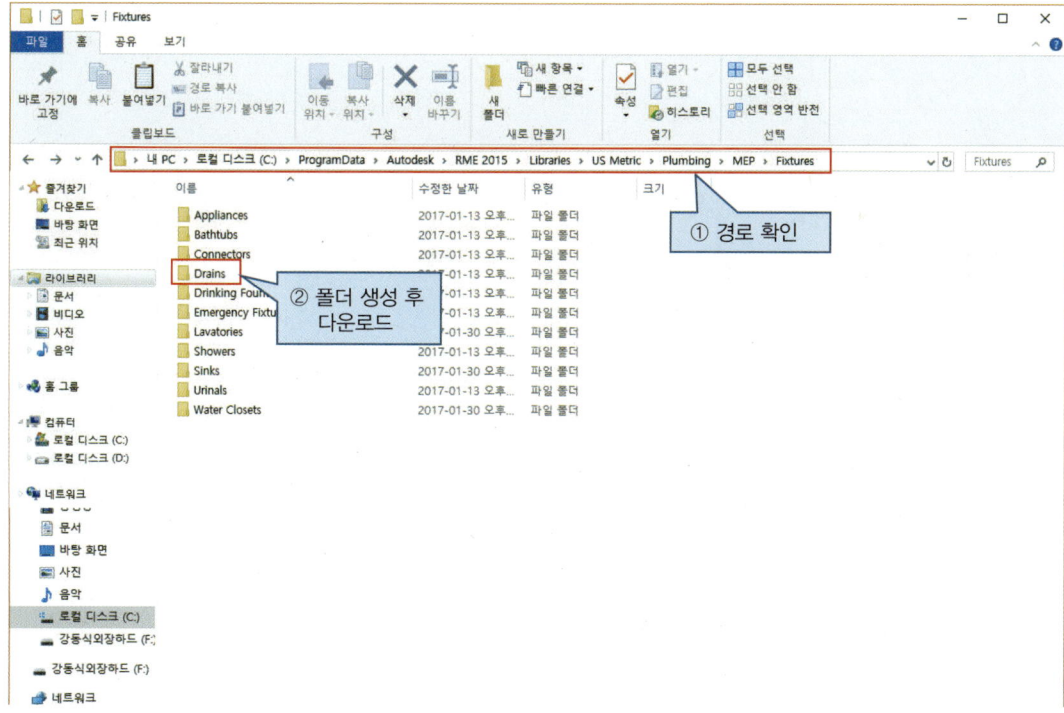

저자소개

- **김명호**(공학박사)

    가천대학교 공과대학 설비·소방공학과 교수

    저서 : 건축전기설비 개론 / 웅보출판사
    　　　건축전기설비공학 / 건기원
    　　　빌딩자동제어 / 건기원
    　　　건축설비자동제어 용어사전 / 건기원
    　　　빌딩설비백과 / 기문당
    　　　AutoCAD 2009 / 건기원

- **강동식**(공학석사)

    코오롱글로벌(주) 건축본부 기전 팀

순서대로 따라 하며 완성하는
BIM 실무설비설계

정가 | 28,000원

지은이 | 김명호·강동식
펴낸이 | 차 승 녀
펴낸곳 | 도서출판 건기원

2019년 2월 20일 제1판 제1인쇄
2019년 2월 25일 제1판 제1발행

주소 | 경기도 파주시 산남로 141번길 59(산남동)
전화 | (02)2662-1874~5
팩스 | (02)2665-8281
등록 | 제11-162호, 1998. 11. 24.

- 건기원은 여러분을 책의 주인공으로 만들어 드리며 출판 윤리 강령을 준수합니다.
- 본서에 게재된 내용 일체의 무단복제·복사를 금하며 잘못된 책은 교환해 드립니다.

ISBN 979-11-5767-388-9 13540